非线性发酵动力系统

—— 辨识、控制与并行优化

冯恩民 修志龙 等 编著

科学出版社

北 京

内容简介

本书系统阐述了一类微生物发酵非线性动力系统的参数辨识与最优控制的理论与方法.首先论述了不同微生物发酵方式（间歇发酵、连续发酵和批式流加发酵）下的非线性、非光滑动力系统的性质：稳定性、鲁棒性以及不同动力系统参数辨识的方法，即实验数据辨识法和系统鲁棒性辨识法；其次阐述了不同动力系统的最优控制方法及数值模拟方法，证明了可辨识性或最优解的存在性以及达到最优解的必要条件；最后用并行优化算法研究了数百个混杂动力系统约束下的参数辨识与超复杂系统的最优控制问题.

本书是作者十余年科研工作的系统总结，也是以微生物发酵的实际科研问题驱动的生物数学研究的范例.可作为信息与计算科学、应用数学、自动控制、生物化工、生物工程与技术等专业高年级本科生、研究生、教师及相关工程技术人员的教材或参考书.

图书在版编目(CIP)数据

非线性发酵动力系统：辨识、控制与并行优化/冯恩民等编著. —北京：科学出版社，2012

ISBN 978-7-03-034959-0

Ⅰ. ①非… Ⅱ. ①冯… Ⅲ. ①微生物-发酵-非线性力学-动力学-研究 Ⅳ. ①TQ920.1

中国版本图书馆 CIP 数据核字（2012）第 133971 号

责任编辑：李　欣　赵彦超／责任校对：张怡君
责任印制：徐晓晨／封面设计：陈　敬

科学出版社 出版
北京东黄城根北街 16 号
邮政编码：100717
http://www.sciencep.com

北京京华虎彩印刷有限公司 印刷
科学出版社发行　各地新华书店经销

*

2012 年 8 月第 一 版　　开本：B5(720×1000)
2018 年 4 月第三次印刷　　印张：22
字数：431 000
定价：149.00 元
(如有印装质量问题，我社负责调换)

前　言

　　生物质能源 (如燃料乙醇、生物柴油、生物氢气等) 及生物基大宗化学品 (如 1,3- 丙二醇、2,3- 丁二醇、乳酸、琥珀酸及丁醇等) 的研究受石油价格影响引起各国的关注，许多国家都加大了对生物能源、石油代用品的研发力度. 作为石油代用品 —— 生物柴油的产量增长迅猛，使生产生物柴油的副产品 —— 甘油的产量过剩，价格逐年下降. 因此，生物发酵法将甘油转化为 1,3- 丙二醇的研究受到世界各国的关注.

　　本书以实际发酵过程为背景，叙述一类非线性、非光滑动力系统的参数辨识、最优控制及并行算法等的最新研究成果. 这是一项实际问题驱动的应用数学研究. 自 1999 年以来，我们在这方面的研究先后获得六项国家自然科学基金、一项国家"十五"科技攻关课题、一项"863"课题和两项"973"子课题的资助，在此对上述各单位的支持表示感谢!

　　现代生物学运用各种数学、物理学的理论与方法，以计算机为工具进行生物理论的研究，特别是在计算机上进行的数值模拟已经成为十分重要和活跃的前沿领域. 正如 1982 年 Nobel 物理学奖获得者 S.Wilson 在其著作 *Chemistry by Computer*(1986 年) 里所说的"今天，已达到的状况是在很多时候计算化学家可用计算机代替试管. 相对传统的实验化学技术，计算化学家不应看做是一个竞争对手. 两种方法是相互补充的，一种方法提供另一种方法不能提供的数据."应用计算机进行数值模拟可以解决很多用解析解法难以解决的复杂系统中的问题，这些复杂系统超越了解析法所能达到的程度. 在计算机上通过对各种复杂系统模拟真实体系，可用来比较各种近似理论的标准. 相反，实验结果又可用来评估计算机上数值模拟所用模型的正确与否，加强了理论与实验的结合. 另外，有些物理量可能是实验上无法或很难测量的，而应用计算机数值模拟，这些物理量可以计算出来，实现了计算机上数值模拟与化学实验两种方法的相互补充.

　　本书首先简述了微生物发酵过程与当前的研究状况，以及各种非线性动力系统的研究状况. 较详细地叙述了目前微生物发酵过程中各种不同工况 (间歇发酵、连续发酵与批式流加发酵) 下的动力系统、稳定性及主要性质. 这些动力系统均为非线性、非光滑、且无法求得解析解的. 由于某些发酵机理尚不明确，发酵实验仅能测得部分数据，有些数据无法测试或者测试不准等. 因此，本书叙述了判别数学模型正确与否的另一标准，即生物系统自身固有的鲁棒性及其定量的鲁棒性定义.

本书讨论的参数辨识问题除包括通常的对一个非线性动力系统依实验数据的辨识问题外，还包括以数百个以上的不同非线性动力系统为主要约束、以实验数据和生物系统的鲁棒性为性能指标的辨识问题，它含有连续的与离散的两种辨识参量．本书叙述了此类辨识模型与最优控制模型的建立方法、可辨识性或最优解的存在性、达到最优解的必要条件、优化算法与数值模拟等．

由于发酵过程中出现的动力系统无法求得解析解，辨识问题中包括多个不同的动力系统，性能指标中又含有系统的鲁棒性等，这些使得求解参数辨识问题的计算量特别大，在一般个体机上无法实现．所以，本书叙述了在并行计算机执行并行优化计算的方法，以及用并行计算机求解此类参数辨识问题、实现最优控制及进行数值模拟等具体方法．

全书分 5 章．第 1 章由叶剑雄、滕虎与孙亚琴编写；第 2 章由晏海花、翟金刚与张誉铎编写；第 3 章由王磊与王娟编写；第 4 章由张誉铎、高井贵、王娟与翟金刚编写；第 5 章由叶剑雄、姜珊与崔春红编写．全书由冯恩民与修志龙整理、修改和定稿．

本书的编著与出版过程得到辽宁省数学会理事长张庆灵教授、秘书长吕方教授、大连理工大学数学科学学院院长卢玉峰教授、副院长张立卫教授、夏尊铨教授、林贵华教授、张宏伟教授和庞丽萍教授的关心与指导，在此向他们表示衷心的感谢．

生物质能源、生物基大宗化学品、非线性混杂动力系统的参数辨识、最优控制、并行优化理论与算法等仍是当前国内外的研究热点课题．由于我们的研究能力与水平所限，错误与不足之处在所难免，恳切希望读者给予批评指正．

编著者

2012 年 3 月

目 录

前言
第 1 章　绪论 ··· 1
  1.1　甘油生物转化过程简介 ··· 1
  1.2　甘油生物转化过程动力学 ·· 5
    1.2.1　甘油代谢细胞生长动力学 ·· 6
    1.2.2　底物甘油消耗动力学模型 ·· 9
    1.2.3　细胞外主要产物形成动力学 ··· 9
    1.2.4　底物甘油跨膜运输动力学模型 ·· 10
    1.2.5　细胞内 3-羟基丙醛动力学模型 ·· 11
    1.2.6　细胞内 1,3-丙二醇动力学模型 ··· 11
  1.3　发酵工程中的动力系统及研究现状 ··· 12
    1.3.1　脉冲微分方程及研究现状 ·· 12
    1.3.2　混杂动力系统及其研究现状 ··· 13
    1.3.3　时滞动力系统及其研究现状 ··· 15
    1.3.4　随机动力系统及其研究现状 ··· 18
  1.4　代谢工程的定量分析 ·· 18
    1.4.1　代谢通量分析 ·· 19
    1.4.2　代谢控制分析 ·· 21
    1.4.3　S 系统方法 ··· 23
  1.5　发酵工程中的优化 ··· 31
    1.5.1　非线性参数优化问题的研究概况 ····································· 31
    1.5.2　非线性最优控制的研究概况 ··· 33
    1.5.3　生物鲁棒性及其研究现状 ·· 36
  1.6　本书的主要内容 ·· 37
第 2 章　非线性动力系统与并行算法 ··· 38
  2.1　符号与各种空间 ·· 38
    2.1.1　拓扑向量空间 ·· 39
    2.1.2　变分分析 ·· 45
  2.2　集中参数动力系统 ··· 48
    2.2.1　常微分方程的定性理论 ··· 48

2.2.2　最优控制问题 · 49
2.3　混杂动力系统 · 54
　　2.3.1　理论框架模型 · 54
　　2.3.2　参数灵敏度分析 · 56
　　2.3.3　切换系统 · 57
2.4　脉冲动力系统 · 58
　　2.4.1　系统描述 · 58
　　2.4.2　脉冲系统解的性质 · 61
　　2.4.3　脉冲系统最优控制 · 65
2.5　随机动力系统 · 67
　　2.5.1　随机微分方程的定性理论 · 67
　　2.5.2　随机最优控制 · 70
2.6　时滞动力系统 · 71
2.7　几乎线性系统的稳定性 · 74
　　2.7.1　局部几乎线性系统稳定性 · 74
　　2.7.2　Lyapunov 第二方法 · 77
2.8　最优性原理 · 79
　　2.8.1　极大值函数 · 79
　　2.8.2　双层规划 · 81
　　2.8.3　最优性条件 · 82
2.9　并行算法 · 87
　　2.9.1　并行计算的背景与现状 · 88
　　2.9.2　并行计算的基本概念 · 89
　　2.9.3　并行算法设计 · 90
　　2.9.4　并行程序设计——MPI 编程 · 91
　　2.9.5　MPI 常用函数 · 101

第 3 章　微生物间歇发酵非线性动力系统 · 111
3.1　引言 · 111
3.2　间歇发酵 Monod 型动力系统 · 111
　　3.2.1　系统解的性质 · 112
　　3.2.2　参数辨识及优化 · 113
　　3.2.3　数值模拟 · 115
　　3.2.4　最优控制模型及性质 · 117
　　3.2.5　最优性条件与最优性函数 · 122
3.3　间歇发酵多阶段动力系统 · 126

3.3.1　系统解的性质 ··· 127
　　3.3.2　参数辨识模型 ··· 130
　　3.3.3　优化算法 ··· 131
　　3.3.4　数值模拟 ··· 132
3.4　时变函数多阶段动力系统 ··· 135
　　3.4.1　系统辨识模型 ··· 135
　　3.4.2　优化算法 ··· 136
　　3.4.3　数值模拟 ··· 137
3.5　间歇发酵随机动力系统 ·· 139
　　3.5.1　比生长速率的白噪声扰动 ·· 140
　　3.5.2　随机系统解的性质 ·· 141
　　3.5.3　随机动力系统的生存集 ·· 142
　　3.5.4　数值模拟 ··· 145
　　3.5.5　随机最优控制 ··· 146
3.6　间歇发酵的 S 系统 ··· 149
　　3.6.1　S 系统的参数辨识 ·· 150
　　3.6.2　优化算法 ··· 150
　　3.6.3　数值结果 ··· 151
3.7　间歇发酵酶催化混杂动力系统 ··· 152
　　3.7.1　酶催化混杂动力系统模型 ·· 152
　　3.7.2　酶催化混杂动力系统性质 ·· 154
　　3.7.3　系统辨识、优化算法及数值模拟 ··· 155
　　3.7.4　参数灵敏度分析及数值结果 ··· 157

第 4 章　微生物连续发酵非线性动力系统 ··· 160
4.1　引言 ··· 160
4.2　基于 Monod 模型的微生物连续发酵动力系统 ································· 161
　　4.2.1　模型描述 ··· 161
　　4.2.2　非线性动力系统的性质 ·· 163
　　4.2.3　参数辨识模型 ··· 163
　　4.2.4　优化算法及数值模拟 ··· 164
　　4.2.5　非线性动力系统的稳定性 ·· 166
4.3　连续发酵非线性随机动力系统 ··· 178
　　4.3.1　非线性随机动力系统 ··· 178
　　4.3.2　非线性随机动力系统性质 ·· 180
　　4.3.3　数值模拟 ··· 182

- 4.4 微生物连续发酵时滞动力系统 ································· 183
  - 4.4.1 无量纲连续发酵时滞动力系统 ···························· 183
  - 4.4.2 无量纲连续发酵时滞动力系统的性质 ······················ 188
  - 4.4.3 无量纲连续发酵时滞动力系统的数值模拟 ·················· 189
- 4.5 连续发酵酶催化混杂动力系统独立参数辨识与并行优化 ············ 190
  - 4.5.1 复杂代谢网络及混杂动力系统模型 ························ 191
  - 4.5.2 连续发酵酶催化动力系统的性质 ·························· 194
  - 4.5.3 性能指标与鲁棒性分析 ·································· 195
  - 4.5.4 一簇混杂动力系统的独立参数辨识 ························ 197
  - 4.5.5 一簇混杂动力系统独立参数辨识的并行优化 ················ 199
  - 4.5.6 数值模拟 ··· 201
- 4.6 基于双层规划推断甘油代谢的目标函数 ························· 201
  - 4.6.1 甘油在克雷伯氏杆菌中的代谢 ···························· 201
  - 4.6.2 通量平衡分析模型 ······································ 202
  - 4.6.3 推断目标函数的双层优化模型 ···························· 203
  - 4.6.4 通量模型性质及数值计算 ································ 204
- 4.7 酶催化动力系统共同参数系统辨识及并行优化 ··················· 208
  - 4.7.1 性能指标与鲁棒性分析 ·································· 210
  - 4.7.2 共同参数辨识模型及并行优化算法 ························ 212
  - 4.7.3 数值结果 ··· 214

第 5 章 批式流加发酵动力系统辨识与最优控制 219
- 5.1 引言 ··· 219
- 5.2 耦联批式流加发酵脉冲动力系统 ······························· 220
  - 5.2.1 批式流加的非线性脉冲动力系统 ·························· 221
  - 5.2.2 非线性脉冲动力系统的参数辨识 ·························· 227
  - 5.2.3 非线性脉冲动力系统的最优控制 ·························· 237
- 5.3 耦联批式流加发酵多阶段动力系统 ····························· 246
  - 5.3.1 非线性多阶段动力系统 ·································· 247
  - 5.3.2 非线性多阶段动力系统的性质 ···························· 249
  - 5.3.3 多阶段动力系统的参数辨识 ······························ 250
  - 5.3.4 多阶段动力系统的最优控制 ······························ 253
  - 5.3.5 基于最优控制策略的设计 ································ 261
- 5.4 耦联批式流加发酵多阶段脉冲动力系统 ························· 265
  - 5.4.1 多阶段脉冲系统及性质 ·································· 266
  - 5.4.2 双层参数辨识 ··· 267

		5.4.3	优化算法 ·· 269
		5.4.4	数值结果 ·· 270
	5.5	耦联批式流加发酵自治切换动力系统 ································ 272
		5.5.1	自治切换动力系统 ································ 272
		5.5.2	最优控制模型 ···································· 275
		5.5.3	优化算法 ·· 276
		5.5.4	数值结果 ·· 279
	5.6	耦联批式流加发酵的最优切换控制 ·································· 281
		5.6.1	非线性切换动力系统 ······························ 282
		5.6.2	非线性切换系统的性质 ·························· 284
		5.6.3	最优切换控制模型及其等价形式 ·················· 286
		5.6.4	优化算法 ·· 288
		5.6.5	数值结果 ·· 295
	5.7	非耦联批式流加发酵混杂系统 ···································· 297
		5.7.1	非线性混杂动力系统 ······························ 297
		5.7.2	混杂系统的适定性分析 ·························· 302
		5.7.3	数值模拟 ·· 309
		5.7.4	批式流加发酵反馈控制的设计 ···················· 312

参考文献 ·· 321
附录 A　关于非线性发酵动力系统其他文献 ·························· 338
附录 B　发酵动力系统研究获得资助情况 ····························· 342

第 1 章 绪　　论

微生物的生长、繁殖与代谢是一个复杂的生物化学过程. 该过程既包括细胞内的生化反应, 又包括细胞内、细胞外物质的交换, 以及细胞外物质的传递与反应. 要对这样一个复杂体系进行描述, 首先要进行合理必要的简化, 考虑的角度不同, 建立的模型也不同. 微生物反应动力学是对细胞群体行为的描述, 若不考虑细胞之间的差别, 而是取其行为的平均值, 在此基础上建立的模型称为确定模型; 如果考虑细胞之间的差别, 则建立的模型称为概率模型. 细胞的组成也是复杂的, 含有蛋白质、脂肪、核酸、碳水化合物、维生素等, 组成成分的含量随着环境条件的变化而变化. 如果建立模型时考虑了细胞组成的变化, 则建立的模型称为结构模型. 该模型能从机理上描述细胞的动态行为, 但由于存在诸多困难, 如细胞反应过程极其复杂、检测手段限制、缺乏可直接用于在线确定反应系统状态的传感器等, 所以结构模型的应用受到了限制; 如果把菌体视为单组分, 则环境的变化对细胞组成的影响可被忽略, 在此基础上建立的模型称为非结构模型. 在细胞生长过程中, 如果细胞内的各组分均以相同的比例增长, 则称之为均衡增长. 如果由于各组分的合成速率不同而使各组分增加的比率不同, 则称为非均衡增长. 从简化模型的角度考虑一般采用均衡生长的非结构模型[1].

微生物发酵过程有一般化工过程的特点, 又有生命体代谢反应的特点. 近年来, 随着生物技术的深入发展, 单凭经验来控制生产已远远不能满足实际的要求. 而计算机技术的快速发展在客观上为我们提供了对复杂的发酵过程进行分析和控制的手段. 因此, 借助数学和计算机对发酵过程建模和模拟越来越受到人们关注. 建模的目的就是做到对发酵过程定量、动态的表达, 对发酵过程建模, 是实现发酵过程最优控制、提高产品质量、获得最大收益的前提. 由于生物系统的复杂性, 描述其发酵或代谢过程的数学模型往往是高维的非线性复杂系统, 在此基础上所进行的优化控制等计算量可能变得极为庞大, 甚至是个体计算机所无法承受的. 并行计算机的迅速发展, 为解决非线性动力系统中大量的优化计算问题提供了有力保证. 因此, 研究非线性动力系统的并行优化极为必要.

本书总结归纳了我们近十年来所取得的研究成果, 包括多种非线性动力系统的建模、参数辨识、最优控制和并行优化.

1.1　甘油生物转化过程简介

生物炼制技术 (biorefinery technology) 或白色生物技术 (white biotechnology)

近几年受石油价格不断攀升的影响而越发受到人们的关注,尤其是生物质能源和生物基大宗化学品,如燃料乙醇、生物柴油、沼气、生物氢气以及 1,3-丙二醇、2,3-丁二醇、乳酸、琥珀酸、丁醇/丙酮等[2]. 作为可再生的石油替代品,生物柴油的产量近几年来增长迅猛,如 2005 年美国的生物柴油产量为 7600 万加仑 (1 加仑 = 3.78541 L), 2006 年达到 2.26 亿加仑, 约 85 万吨; 2000 年德国的生物柴油产量为 29 万吨, 2007 年达到 500 万吨. 而生物柴油副产 10% 的甘油,这必然导致甘油市场过剩,使 80% 的粗甘油价格由 2004 年的 25 美分/磅 (1 磅 =0.4536 kg) 降至 2006 年的 2 美分/磅. 以甘油为原料生产高附加值产品成为生物柴油行业的迫切愿望, 其中用生物法将甘油转化为 1,3-丙二醇 (简记为 1,3-PD) 是最受人们关注的方向之一.

1,3-PD 是生产新型聚酯材料 —— 聚对苯二甲酸丙二酯 (PTT) 的主要原料, 并可用作溶剂、抗冻剂或保护剂等[3]. 传统的 1,3-PD 化学合成法生产需要高温、高压及贵重催化剂才能实现, 且分离提纯困难, 成本高[4, 5], 极大限制了 1,3-PD 的发展. 微生物发酵法具有条件温和、操作简单、副产物少、绿色环保等优点, 受到国内外越来越多的关注[6-9]. 微生物法生产 1,3-PD 主要分为两类: 一是以葡萄糖作底物用基因工程菌生产 1,3-PD; 二是用肠道细菌将甘油歧化为 1,3-PD. 2004 年杜邦公司通过从葡萄糖到 1,3-PD 的一步发酵中试试验, 并于 2006 年实现产业化生产 (4.7 万吨/年); 1993 年德国生物技术研究中心开展了微生物甘油转化生产 1,3-PD 的中试发酵实验 ($2m^3$ 发酵罐); 2003—2006 年我国也先后通过了甘油发酵生产 1,3-PD 的中试 ($5m^3$、$20m^3$ 发酵罐) 与规模化生产 (2500 吨/年) 试验, 目前正在开展产业化研究与开发工作.

由于国外 1,3-PD 的生产技术不对我国转让, 国内 1,3-PD 的市场价格很高. 从国内的微生物发酵法生产 1,3-PD 的研究现状来看, 普遍存在 1,3-PD 产量过低、生产强度不高、生产成本较高等问题[10, 11]. 为了进一步降低生产成本, 开展了大量的研究工作, 除了采用廉价的原料如生物柴油副产甘油外, 通过改进现有的生物反应技术、提高反应效率来提高产品的转化率; 另外, 通过对生物加工过程工艺的优化, 确定目标产品生产的最优条件, 实现产品收率的提高, 降低能耗、物耗等方法来实现产品成本的降低. 在改进发酵生产工艺和优化发酵培养基基础上, 还应对发酵所用菌种生长的生化过程即代谢过程和基因调控机理进行深入研究, 以有助于对甘油发酵过程的菌种改进和过程优化控制.

自然界中存在能将甘油转化为 1,3-PD 的微生物, 主要是几种细菌, 包括克雷伯氏杆菌 (*Klebsiella*)、柠檬菌 (*Citrobacter*)、梭状芽孢杆菌 (*Clostridium*) 等, 其中克雷伯氏杆菌和丁酸梭状芽孢杆菌具有较高的转化率和 1,3-PD 生产能力, 因而受到更多的关注[12-14]. 克雷伯氏杆菌和丁酸梭状芽孢杆菌具有较高的甘油耐受力, 发酵速度较快, 但丁酸梭状芽孢杆菌要求严格的厌氧条件, 而克雷伯氏杆菌属于兼性菌,其生化特性与大肠杆菌(E.coli)非常相近,这就为菌种的基因改良和利用基因工程构建新的菌种提供了便利,故其被广泛地用于研究甘油生物歧化生产 1,3-PD[15].

图 1.1 展示了甘油在克雷伯氏杆菌歧化过程中存在两条途径:一是氧化途径,甘油被与 NAD^+ 相连的甘油脱氢酶(GDH)催化脱氢生成二羟基丙酮(DHA),

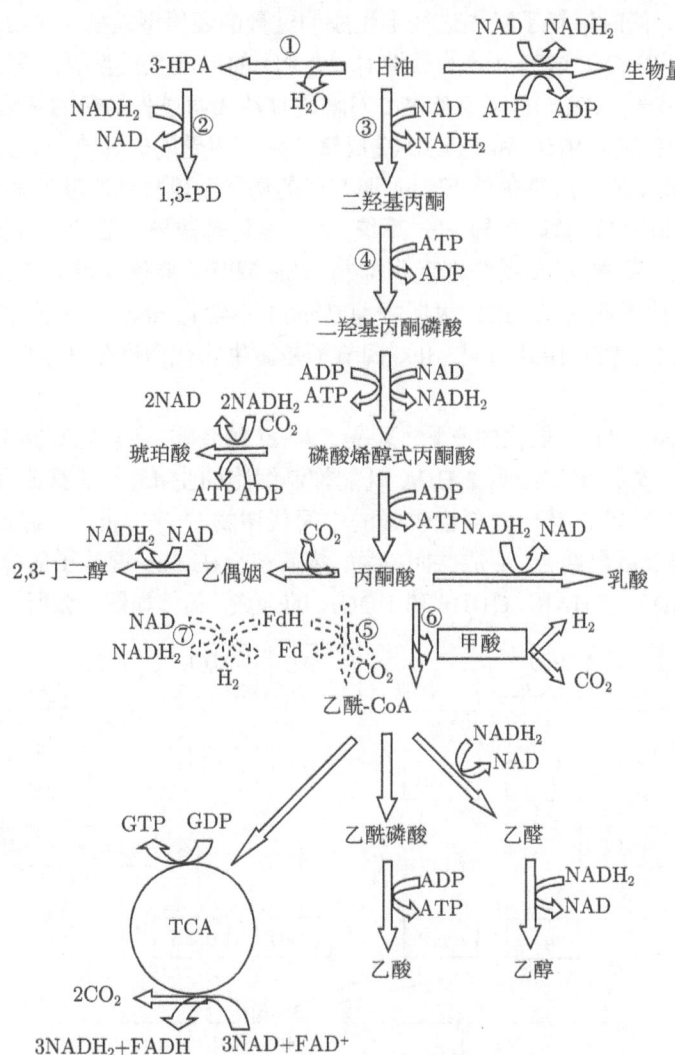

图 1.1 克雷伯氏杆菌转化甘油的代谢途径
① 甘油脱水酶(GDHt); ② 1,3-丙二醇氧化还原酶(PDOR); ③ 甘油脱氢酶(GDH); ④ 二羟基丙酮激酶(DHAK); ⑤ 丙酮酸脱氢酶(PDH); ⑥ 丙酮酸-甲酸裂解酶(PFL); ⑦ 铁氧还蛋白氧化还原酶(FOR)

然后进一步代谢为丙酮酸，生成能量 ATP 和还原当量 $NAD^+/NADH_2$ 及乙酸、乙醇，并伴随着微生物细胞的生长，好氧条件下，还包括了三羧酸循环途径；二是还原途径，甘油被与维生素 B12 相关联的甘油脱水酶 (GDHt) 催化脱水生成 3-羟基丙醛 (3-HPA)，其进一步由与 $NADH_2$ 相连的 1,3-PD 氧化还原酶 (PDOR) 还原为产物 1,3-PD，同时消耗了氧化途径上生成的过量的还原型辅酶 $I(NADH_2)$. 其中 GDH、GDHt、PDOR 这三个酶的活性对 1,3-PD 的形成至关重要，是甘油歧化过程的关键酶. 另外, GDHt 是限速酶[16]. 对编码甘油代谢过程的酶的基因研究发现，其中 GDH、DHAK、GDHt 和 PDOR 在厌氧条件下都受同一调节子 dha 系统的控制. 进一步研究发现在厌氧条件下 dha 调节子的诱导不受甘油浓度的影响. 而在好氧条件下，甘油浓度过量时诱导 dha 系统，甘油限量时诱导主要调控甘油 –3-磷酸酶的操纵子 glp 系统，dha 系统则受到抑制. dha 调节子能使克雷伯氏菌以甘油为底物在厌氧条件下产生 1,3-PD，大肠杆菌 E.coli 中不含有 dha 调节子，所以同样条件下不能产生 1,3-PD. 由此可见, dha 调节子是微生物代谢产生 1,3-PD 的关键调节子[17].

3-HPA 既是 GDHt 催化的产物，又是 1,3-PD 的底物，所以它直接关系到目标产物的产生. 另外，研究发现, 3-HPA 既能抑制细胞的生长，又能抑制氧化途径上 GDHt 的活性，所以它是一种毒性较强的中间代谢物[18, 19]. 此外, 通过研究推断 3-HPA 会与调节蛋白结合，形成共阻抑物，然后结合在 dha 调节子的操纵基因上，从而阻断了 GDH、DHAK、GDHt 和 PDOR 的合成. 具体如图 1.2 所示.

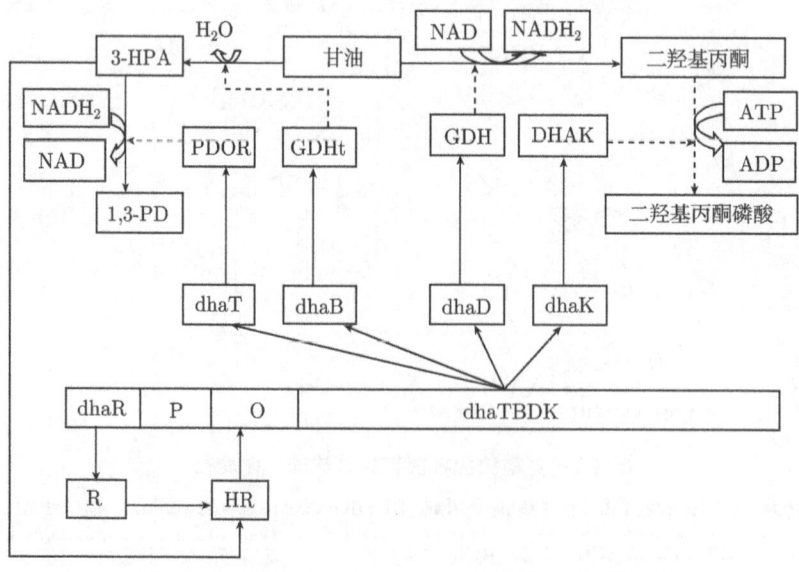

图 1.2 克雷伯氏菌 dha 调节子和甘油代谢部分路径

1.2 甘油生物转化过程动力学

细胞生长动力学

根据均衡生长模型假设, 细胞的生长过程可用细胞浓度的变化来加以描述. 间歇发酵时细胞的浓度变化可分为延迟期、对数生长期、衰减期、静止期和衰亡期等五个阶段. 微生物细胞的生理活性在对数生长期最高, 因此在工业微生物发酵中, 常将细胞培养至对数生长期后再加入发酵罐中. 细胞生长的动力学模型是以酶动力学为基础的, 现代微生物生长的动力学理论起源于 Monod 方程. Monod 早在 1942 年就指出, 细胞的比生速率与限制性基质 S 的浓度关系可用下式表示:

$$\mu = \mu_{\max} \frac{C_S}{K_S + C_S}.$$

其中 $\mu_{\max}$ 为最大比生长速率, h^{-1}; K_S 为饱和常数, mol/L; C_S 为限制性基质浓度, mol/L. Monod 方程的基本假设是: 培养基中只有一种基质是生长限制性基质, 而其他成分过量, 不影响细胞的生长; 细胞的生长视为简单的单一反应, 细胞得率为一常数. Monod 方程在形式上与酶催化动力学的米氏方程 (M-M) 相似, 但是 Monod 方程是从经验得出的, 而米氏方程则是从反应机理推导得到的. Monod 方程表述简单, 应用范围广泛, 但它仅适用于细胞生长较慢和细胞密度较低的环境下. 因此, 微生物学家还提出了各种不同形式的微生物比生长速率和基质浓度关系表达式.

(i) 因初始基质浓度过高, 细胞生长过快, 可采用下述方程描述:

$$\mu = \mu_{\max} \frac{C_S}{K_S + K_{S0}C_{S0} + C_S}.$$

(ii) Tessier 方程:

$$\mu = \mu_{\max}(1 - e^{KC_S}).$$

(iii) Contois 方程:

$$\mu = \mu_{\max} \frac{C_S}{K_S C_x + C_S}.$$

(iv) Blackman 方程:

$$\mu = \begin{cases} \mu_{\max} \dfrac{C_S}{2K_S}, & \text{当} C_S < 2K_S, \\ \mu_{\max}, & \text{当} C_S \gg 2K_S. \end{cases}$$

(v) Moser 方程:

$$\mu = \mu_{\max} \frac{C_S^n}{K_S C_x + C_S^n}.$$

基质消耗动力学

单位体积培养液中基质 S 的消耗速率 r_S 可表示为

$$r_S = \frac{dC_S}{dt} = q_S X \quad (\text{mol}\cdot\text{L}^{-1}\cdot\text{h}^{-1}).$$

代谢产物生成动力学

根据相关模型，产物的生成与细胞的生长有关，此时产物通常是基质的分解代谢产物，代谢产物的生成与细胞的生长同步进行. 单位体积培养液中产物 P 的生成速率 r_P 可表示为

$$r_P = \frac{dC_P}{dt} = q_P X \quad (\text{mol}\cdot\text{L}^{-1}\cdot\text{h}^{-1}).$$

酶催化反应动力学

酶是生物为提高其生化反应效率而产生的生物催化剂，生物体内几乎所有的反应都需要酶的催化作用才能完成. 酶的活性通常用酶活力来表示，所谓酶活力是指在特定条件下，1min 内催化 1μmol 底物转化为产物所需的酶量，称为一个酶活力单位，用 U 表示. 酶活性还可用比活力表示，比活力是指 1mg 酶蛋白中所含有的酶活力单位，用 U/mg 蛋白表示.

对于酶催化的反应，底物 S 在酶 E 催化作用下生成产物 P，可用米氏方程，即 M-M 方程描述：

$$r_P = \frac{dC_P}{dt} = \frac{r_{p,\max} C_S}{K_m + C_S} \quad (\text{mol}\cdot\text{L}^{-1}\cdot\text{h}^{-1}).$$

其中 r_P 为产物 P 的生成速率，$\text{mol}\cdot\text{L}^{-1}\cdot\text{h}^{-1}$；$r_{P,\max}$ 为产物的最大生成速率，$\text{mol}\cdot\text{L}^{-1}\cdot\text{h}^{-1}$；$K_m$ 为米氏常数，mol/L.

1.2.1 甘油代谢细胞生长动力学

甘油生物转化为 1,3- 丙二醇过程的动力学主要包括细胞生长、底物消耗、产物形成动力学. 克雷伯氏杆菌发酵甘油生产 1,3- 丙二醇是个非常复杂的生物过程，微生物生长受到底物和产物如甘油、乙酸、乙醇、1,3- 丙二醇、3- 羟基丙醛等的抑制作用[139].

甘油生物歧化过程包括氧化途径和还原途径，详细的代谢过程如图 1.3 所示. 还原途径相对简单，由两步催化反应完成. 首先，甘油在甘油脱水酶 (GDHt) 催化生成 3-羟基丙醛 (3-HPA)，然后 3-HPA 在 1,3-丙二醇氧化还原酶 (PDOR) 的作用下，生成 1,3-丙二醇，该过程需要消耗氧化途径产生的还原当量. 在偶联的氧化途径中，甘油首先在甘油脱氢酶 (GDH) 的氧化下，生成二羟基丙酮 (DHA)，该过程伴随着还原当量 (NADH_2) 的形成. 随后，DHA 在二羟基丙酮激酶 I 和 II (DHAK I 和 DHAK II) 的作用下，磷酸化形成磷酸二羟基丙酮 (DHAP)，其中 DHAK I 和 DHAK II 分别依赖于 ATP 和 PEP，生成的 DHAP 在五步酶催化作用下，生成磷酸

1.2 甘油生物转化过程动力学

烯醇式丙酮酸 (PEP). PEP 有两条代谢途径,一部分 PEP 通过丙酮酸激酶 (PK) 和

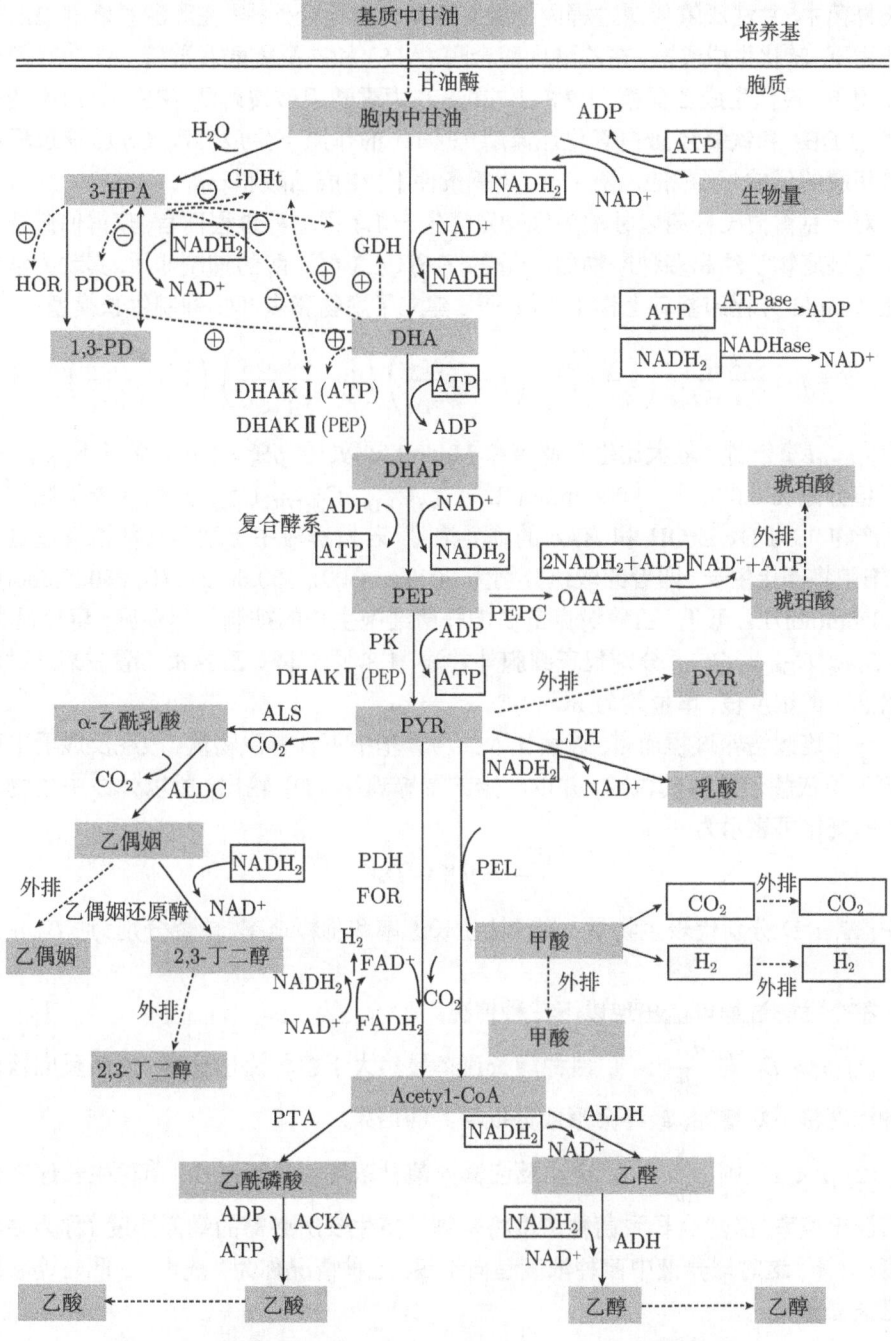

图 1.3 克雷伯氏杆菌厌氧发酵甘油生产 1,3-丙二醇代谢途径

DHAK II (PEP) 的催化作用, 转化为丙酮酸, 另有一部分转化生成琥珀酸. 在克雷伯氏杆菌中, 甘油厌氧代谢过程丙酮酸有四条代谢途径外排: 在乳酸脱氢酶 (LDH) 的作用下, 转化生成乳酸; 在乙酰乳酸合酶 (ALS) 和乙酰乳酸脱羧酶 (ALDC) 等酶的作用下, 转化生成乙偶姻和 2,3-丁二醇; 在丙酮酸甲酸裂解酶 (PFL)、丙酮酸脱氢酶 (PDH) 和铁氧还蛋白氧化还原酶 (FOR) 的作用下生成乙酰 CoA, 该过程伴随着甲酸的形成. 形成的乙酰 CoA 厌氧条件下, 生成乙酸和乙醇.

对于克雷伯氏杆菌以甘油为底物发酵生产 1,3-丙二醇过程而言, 克雷伯氏杆菌生长受到底物甘油和多种产物如: 乙酸、乙醇、1,3-丙二醇的抑制作用, 其动力学方程在 Monod 方程的基础上作了修改[139], 建立了底物和多产物抑制生长模型:

$$\mu = \mu_m \frac{C_{se}}{C_{se} + K_s} \left(1 - \frac{C_{se}}{C_{se}^*}\right) \left(1 - \frac{C_{PDe}}{C_{PDe}^*}\right) \left(1 - \frac{C_{EtOH}}{C_{EtOH}^*}\right) \left(1 - \frac{C_{HAc}}{C_{HAc}^*}\right).$$

其中, μ_m, K_s 分别为最大比生长速率和 Monod 常数, 在 pH = 7.0 的条件下, μ_m, K_s 的取值分别为 0.67h^{-1} 和 0.28mmol/L. $C_{se}^*, C_{PDe}^*, C_{EtOH}^*, C_{hac}^*$ 分别代表了底物甘油、产物 1,3-PD、EtOH 和 HAc 的临界浓度, 若发酵液中上述四者的浓度超过该值, 细胞将停止生长, 四者的取值分别为 2039mmol/L, 939.5mmol/L, 360.9mmol/L 和 1026mmol/L. 可见, 乙醇对克雷伯氏杆菌细胞生长的抑制作用最强, 毒性最大. $C_{se}, C_{PDe}, C_{EtOH}, C_{HAc}$ 分别代表细胞外甘油、1,3-丙二醇、乙醇和乙酸在某一时刻或状态下的浓度值, 单位均为 mmol/L.

对于连续培养过程而言, 连续加入的培养基中不含有生物量, 故在反应器中菌种的生长依赖于原料的供给, 并以一定的稀释速率 (D) 输出, 所以体系中生物量 (X) 的变化可表示为

$$\frac{dX}{dt} = \mu X - DX,$$

其中, X, μ, D 分别代表生物量、菌种比生长速率和稀释速率, 单位分别为 g/L, h^{-1}, h^{-1}.

整个发酵过程可能出现以下三种情况:

(1) $\mu > D$, 则 $\frac{dX}{dt} > 0$, 菌种增长速率显然大于菌种流出速率, 说明反应器内菌种浓度将不断增加, 最终会形成分批培养的结果.

(2) $\mu < D$, 则 $\frac{dX}{dt} < 0$, 说明反应器内菌种浓度将不断减少, 菌种生长速率低于其流出速率, 必然会导致菌种浓度将降到维持生长所必需的最低浓度 (称为临界浓度) 之下, 这时培养液中菌种浓度趋向于零, 这种情况称为"洗出". 此时连续培养已失去意义.

(3) $\mu = D$, 则 $\frac{dX}{dt} = 0$, 说明反应器中菌种浓度保持恒定, 即菌种处于生长速

率等于流出速率的动态平衡状态.

显而易见, 连续培养要求的是第三种状况. 这意味着菌种的比生长速率决定于培养液的供给速度. 也就是说, 人为地改变培养液的加入速度能够控制比生长速率. 但是, 在所规定的培养条件下, 各种菌种的比生长速率有一定的界限, 在 $D < \mu_m$(最大比生长速率) 的范围内, 上述论述才成立, 否则会形成"洗出"的结果.

1.2.2 底物甘油消耗动力学模型

对于底物建立物料衡算方程有: 底物的变化率 = 单位时间的输入 − 输出 − 消耗量. 针对甘油生物歧化过程, 建立的底物消耗方程为[140]

$$\frac{dC_{\text{se}}}{dt} = D(C_{S_0} - C_{\text{se}}) - q_S X . \qquad (1.2.1)$$

其中, C_{S_0}, C_{se} 分别代表底物甘油的初始浓度和发酵过程中底物甘油的残余浓度, 单位均为 mmol/L; q_S 代表底物甘油的比消耗速率, 单位 mmol $\cdot$ g$^{-1}\cdot$ h^{-1}.

甘油既是菌种生长的底物, 又是菌种生长潜在的抑制剂. 在甘油过剩的情况下, 甘油的比消耗速率随生物反应器中甘油的残余浓度呈 S 型饱和曲线变化, 针对此现象, 曾安平等在 Pirt 模型的基础上, 提出了过量动力学模型, 甘油的比消耗速率为[141]

$$q_S = m_S + \frac{\mu}{Y_S^m} + \Delta q_S^m \frac{C_{\text{se}} - C_S^*}{C_{\text{se}} - C_S^* + K_S^*}, \quad C_S \geqslant C_S^*. \qquad (1.2.2)$$

式 (1.2.2) 中的右端第三项称为过量项, 反映了甘油过剩时的过量代谢. 其中, C_S^* 为相应的比生长速率 μ 最小时的底物甘油浓度[141]

$$C_S^* = \frac{k_S - \mu}{\mu_m - \mu}. \qquad (1.2.3)$$

通常情况下 C_S^* 值较小, 为简化起见, 一般不予考虑.

式 (1.2.2) 中参数取值是由在不同稀释速率和不同甘油初始浓度下进行的克雷伯氏杆菌厌氧发酵所取得的多组稳态数据拟合而得, 如表 1.1 所示.

1.2.3 细胞外主要产物形成动力学

与底物消耗动力学模型类似, 建立产物物料平衡方程为: 产物的变化率 = 单位时间的生成量 − 输出量. 可得甘油生物歧化过程胞外产物的生成动力学模型为[140]

$$\frac{dC_i}{dt} = q_i X - DC_i, \quad i = 1,3\text{-PD}, \text{EtOH}, \text{HAc}.$$

其中, $C_i(i = 1, 3\text{-PD}, \text{EtOH}, \text{HAc})$ 为细胞外主要产物 1,3- 丙二醇、乙醇和乙酸的浓度, 单位均为 mmol/L; $q_i(i = 1, 3\text{-PD}, \text{EtOH}, \text{HAc})$ 为上述三种胞外产物的比生成速

率, 单位为 $\mathrm{mmol\cdot g^{-1}\cdot h^{-1}}$; 其他参数意义同上. 与底物甘油的比消耗速率随甘油残余浓度变化而变化相似, 胞外的主要产物, 1,3- 丙二醇、乙醇和乙酸的比生长速率也随着生物反应器中甘油的残余浓度呈 S 型饱和曲线变化, 同样采用过量动力学模型为[141]

$$q_i = m_i + \mu Y_i^m + \Delta q_i^m \frac{C_{\mathrm{se}} - C_S^*}{C_{\mathrm{se}} - C_S^* + K_i^*}, \quad C_S \geqslant C_S^*. \tag{1.2.4}$$

其中 $i = 1, 3\text{-PD}, \mathrm{EtOH}, \mathrm{HAc}$.

同样的, 式 (1.2.4) 中的参数值根据稳态实验值拟合而得, 如表 1.1 所示.

表 1.1 式 (1.2.2) 和 (1.2.4) 中的参数值

底物/产物	$m_\lambda(\mathrm{mmol\cdot g^{-1}\cdot h^{-1}})$	$Y_i^m/(\mathrm{mmol/g})$	$\Delta q_i^m/(\mathrm{mmol\cdot g^{-1}\cdot h^{-1}})$	$K_i^*/(\mathrm{mmol/L})$
甘油	2.20	0.0082	28.58	11.43
1,3–PD	−2.69	67.69	26.59	15.50
HAc	−0.97	30.07	5.74	85.71
EtOH	5.26	11.66	−	−

1.2.4 底物甘油跨膜运输动力学模型

厌氧条件下克雷伯氏杆菌将甘油转化为 1,3-PD 的过程中, 甘油作为底物首先由微生物细胞外跨过细胞膜进入到胞内, 该过程由甘油通透酶催化完成, 由甘油转运因子 (glPF) 表达. 该因子与 E.coli 的转运因子有 80.9% 的相似性. 在细胞内的甘油浓度比较低的情况下 (通常为 8mmol/L), 此时甘油转运因子所呈现的主动转运占主导地位; 而当细胞内甘油浓度高的时候, 甘油的被动转运占主导地位. 主动转运在甘油通透酶的催化下完成, 因此该过程可用 Michaelis-Menten 动力学方程来描述. 假设甘油的被动转运遵守 Fick 扩散定律. 另外细胞内的甘油除了用于产物的生成外还要用于细胞的生长, 甘油的胞内浓度将由于细胞的生长而稀释. 基于上述事实, 建立的底物甘油跨膜运输动力学模型为[142]

$$\frac{dC_{\mathrm{si}}}{dt} = \frac{1}{V_s}\left(J_{\max}\frac{C_{\mathrm{se}}}{C_{\mathrm{se}}+K_m} + \frac{1}{A_S}(C_{\mathrm{se}}-C_{\mathrm{si}}) - q_S\right) - \mu C_{\mathrm{si}}. \tag{1.2.5}$$

其中, $A_s = \delta/(B\cdot D)$, B 为单位质量细胞的表面积, 单位为 $\mathrm{mm^2\cdot g^{-1}}$; D 为扩散系数, 单位为 $\mathrm{L\cdot h\cdot mm^{-1}}$; δ 为细胞膜厚度, 单位为 mm; K_m 代表通透酶的米氏常数, 单位为 mmol/L; $J_{\max}$ 为甘油跨膜运输的最大比速率, 单位为 $\mathrm{mmol\cdot g^{-1}\cdot h^{-1}}$; V_s 为单位生物量细胞内体积, 单位为 L/g; C_{si} 为胞内甘油的残余浓度, 单位为 mmol/L. 式 (1.2.5) 右端第一项代表甘油的主动运输项, 第二项为甘油的被动转运, 第四项为稀释项.

1.2.5 细胞内 3-羟基丙醛动力学模型

3-羟基丙醛 (3-HPA) 为一毒性中间物, 它对细胞的生长和 1,3-PD 的生成都具有抑制作用. 在很多肠道细菌中, 如 *K.pneumoniae*, *C.freundii* 和 *E.agglomerans* 都发现了 3-HPA 的积累, 而且 3-HPA 对 *K.pneumoniae* 甘油代谢中关键酶, 如 GDHt、PDOR、GDH 的活性也具有一定的抑制作用. 基于 Michaelis-Menten 动力学方程, 考虑到 3-HPA 对甘油脱水酶的产物抑制和对 1,3-丙二醇氧化还原酶的底物抑制作用, 故胞内 3-HPA 的浓度随时间的变化表示为[142]

$$\frac{dC_{3\text{-HPA}}}{dt} = \beta C_{\text{protein}} \left(\frac{k_{\text{GDHt}} U_{\text{GDHt}} C_{\text{si}}}{K_m^{\text{GDHt}} \left(1 + \frac{C_{3\text{-HPA}}}{K_i^{\text{GDHt}}}\right) + C_{\text{si}}} \right.$$

$$\left. - \frac{k_{\text{PDOR}} U_{\text{PDOR}} C_{3\text{-HPA}}}{K_m^{\text{PDOR}} + C_{3\text{-HPA}} \left(1 + \frac{C_{3\text{-HPA}}}{K_i^{\text{PDOR}}}\right)} \right)$$

$$- \mu C_{3\text{-HPA}}. \quad (1.2.6)$$

式 (1.2.6) 右端最后一项为稀释项影响. 其中, C_{protein} 为胞内蛋白的平均检测浓度, 取值为 1.7mg/ml; $K_m^{\text{GDHt}}, K_m^{\text{PDOR}}$ 分别为 GDHt 和 PDOR 的米氏常数[17], 取值分别为 0.53mmol/L 和 0.14mmol/L; $k_{\text{GDHt}}, k_{\text{PDOR}}$ 分别为测量酶活时最佳反应条件下酶活与实验条件下酶活的校正值; β 为酶活单位由 $\mu\text{mol}\cdot\text{mL}^{-1}\cdot\text{min}^{-1}$ 到 $\text{mmol}\cdot\text{L}^{-1}\cdot\text{h}^{-1}$ 变换的转换常数, 其值为 60; $C_{3\text{-HPA}}$ 为胞内 3-HPA 的浓度, 单位为 mmol/L; $K_i^{\text{GDHt}}, K_i^{\text{PDOR}}$ 分别为抑制剂 3-HPA 对 GDHt 和 PDOR 活性的抑制常数, 单位为 mmol/L; $U_{\text{GDHt}}, U_{\text{PDOR}}$ 分别表示胞内 GDHt 和 PDOR 的比活性, 单位为 U/mg, 可表示为[142]

$$U_i = U_{0i} + \alpha_i \mu + \Delta U_{\text{mi}} \frac{C_{\text{se}}}{C_{\text{se}} + K_{\text{si}}}, \quad i = \text{GDHt}, \text{PDOR}. \quad (1.2.7)$$

1.2.6 细胞内 1,3-丙二醇动力学模型

假设胞内 1,3-丙二醇从细胞内到细胞外的扩散遵守 Fick 扩散定律, 则基于 Michaelis-Menten 动力学方程, 并考虑到 3-HPA 对 PDOR 的底物抑制作用, 胞内 1,3-PD 的浓度随时间的变化表示为[142]

$$\frac{dC_{\text{PDi}}}{dt} = \beta C_{\text{protein}} \frac{k_{\text{PDOR}} U_{\text{PDOR}} C_{3\text{-HPA}}}{K_m^{\text{PDOR}} + C_{3\text{-HPA}} \left(1 + \frac{C_{3\text{-HPA}}}{K_i^{\text{PDOR}}}\right)} - K_{PD}(C_{\text{PDi}} - C_{\text{PDe}}) - \mu C_{\text{PDi}}$$

$$(1.2.8)$$

其中, K_{PD} 为 1,3-PD 的 Fick 扩散常数, 单位为 h^{-1}; $C_{\text{PDi}}, C_{\text{PDe}}$ 分别为胞内和胞外的 1,3-丙二醇的浓度, 单位为 mmol/L. 式 (1.2.8) 右端最后一项为稀释项影响.

1.3 发酵工程中的动力系统及研究现状

在生物系统建模中, 一个重要问题是刻画时间和空间上特定属性的依赖关系. 一个通用的策略是采用微分方程描述状态变量的改变. 如果仅考虑时间, 可以采用常微分方程. 事实上, 利用常微分方程来研究生物系统是生物数学研究上历史最久、成果最为丰富的一个分支. 该方面的研究最早可以追溯到 1798 年的 Malthus 人口增长模型[20]; 而影响最为深远的有 1838 年 Verhulst 提出的 Logistic 种群增长模型[21]、1913 年 Michaelis 和 Menten 提出的描述单底物酶催化反应动力学的 Michaelis-Menten 方程 (或称 M-M 速度定律, 简称 M-M 方程)[22], 以及 20 世纪初 Lotka[23] 和 Volterra[24] 各自独立提出的 Lotka-Volterra 捕食模型.

但是, 很多生物现象不能用连续的常微分方程来描述: 生物系统中可能存在脉冲的瞬时行为, 如药物注射和底物填加; 生物生长或者生物反应过程中, 各种各样随机因素的干扰无处不在、无时不在, 不同程度地影响到生物生长或生物反应的各个方面; 生物化工的生产过程中, 可能存在着多种模式之间的交互作用. 为了适应不同的实际需要, 对客观实际的生物系统进行更加全面的了解和认识, 有必要采用新的理论和方法来描述生物系统. 近三十年来, 非线性动力学理论研究的迅速发展, 特别是脉冲动力系统、随机动力系统、时滞动力系统和混杂系统等多种等理论工具的不断完善以及计算机代数、数值模拟和图形技术的进步, 使得生物动力学的研究逐步发生了一些本质的变化. 非线性动力学所能处理的生物系统的规模和难度不断提高, 并能逐步接近一些实际系统.

1.3.1 脉冲微分方程及研究现状

脉冲微分方程描述了某些运动状态在固定或不固定时刻的快速变化或跳跃. 它是对自然界的发展过程更真实的反映, 科学和技术的许多领域如理论物理、机械、种群动力系统、流行病动力系统、工业控制、生物技术、经济等许多方面的变化规律都可以用脉冲微分方程来刻画或描述. 脉冲微分方程一般按脉冲时间可划分为: 在固定时刻的脉冲微分方程和在非固定时刻的脉冲微分方程. 若按方程类型又可分为: 脉冲常微分方程、脉冲时滞微分方程、脉冲积分方程等. 1989 年 Lakshmikantham 等著 *Theory of Impulsive Differential Equations*[25] 一书标志脉冲微分方程从常 (偏) 微分方程中分离出来, 自此脉冲微分方程的理论研究吸引了国内外的众多学者, 已有很大发展[25-27], 特别是对一般脉冲微分方程解的定性理论已基本完善, 如脉冲微分方程解的存在性、唯一性, 解对初值的连续性, 解的稳定性, Lyapunov 方法, 边值问题解的存在性、唯一性, 周期解以及解的动力学系统性质, 分歧理论, 时滞脉冲微分方程, 泛函脉冲微分方程等.

1.3 发酵工程中的动力系统及研究现状

Lakshmikantham, Bainov, Simenov, Liu Xinzhi 等系统研究 n 维欧氏空间脉冲系统解的存在性、正则性、初边值问题、系统稳定性、振荡性、比较原理等理论[28-30]. 近几年, 出现了许多无限维欧氏空间及 Banach 空间中的结果：Ahmed[31,32], Kaul, Liu Xinzhi[33], 董玉君等[34]研究了 Banach 空间中半线性脉冲系统适度解的存在性, 正则性, 系统的稳定性；Cooke[35]给出周期解的存在性结果；孙金丽[36]、郭大均[37]、申建华[38]等讨论了非线性脉冲系统初值、边值问题新的极大值原理、无限时滞泛函脉冲系统的稳定性和有界性；傅希林、等[39,40]得出可变时间脉冲系统极限环的存在性和广义比较原理；燕居让[41]考虑了一类高阶非线性时滞微分方程的广义振动性和广义非振动性, 给出了该类方程广义振动和广义非振动的判定定理, 所研究范围涉及微分方程的各领域.

在应用方面, 脉冲微分方程广泛应用于疾病的脉冲免疫[42]、种群的控制、杀虫剂的脉冲投放、药物的新陈代谢[43]、具有脉冲需求的最优物流控制问题[44] 等实际问题, 涉及的学科范围很广, 有药物动力学、经济学、医学、生物学等. 对实际问题的分析用到脉冲微分方程中的分支理论, 解的周期性、振荡性、稳定性等.

目前脉冲微分方程领域的定性理论研究集中于系统解的周期性、振荡性、稳定性, 时滞脉冲系统, 基于脉冲微分方程的最优控制理论等方面. 在与其他学科的交叉研究中, 陈兰荪、马知恩等[45,46]研究了脉冲微分方程理论在流行病学及种群生态学中的应用, 脉冲时滞微分方程在草原生态系统中的应用；Bobisud[47], 王克等[48]研究了种群脉冲系统的拟稳态解和周期解；Abdelkader Lakmeche[49]考虑了医药学中新陈代谢的非线性脉冲模型, 得出疾病稳定性条件及系统非平凡解的分歧理论. 但具有时滞的脉冲微分方程和一般脉冲方程在种群动力学和流行病动力学方面的应用研究还刚刚起步, 很不完善, 需要进一步加以研究.

相对而言, 对以脉冲微分方程为约束的最优控制问题的研究很少, 且都集中于定性理论研究: Ahmed 和 Xiang[50—55]研究了无限维空间中半线性脉冲系统的最优控制问题, 得出最优控制的存在性及最优性条件；Akhmetov[56]给出拟线性脉冲系统的最优控制问题解的一致逼近方法；Pereira 等[57]得出向量值脉冲控制问题的最优性必要条件. 总的说来, 众多学者的研究都集中在定性理论研究, 缺乏对系统的可辨识性、可控性研究和实用有效的数值优化理论和算法, 极需实用、有效的数值优化理论与算法. 在应用方面, 生命科学、工程科学、经济学中的很多问题可建立非线性脉冲动力系统模型, 通过模型的研究来进一步对某些生物现象、经济现象进行优化控制. 可脉冲动力系统及其最优控制在这些领域的应用尚在起步阶段, 要实现对实际过程的模拟和控制还需进一步的理论和应用上的深入探讨.

1.3.2 混杂动力系统及其研究现状

"混杂系统" 一词最早出现在麻省理工大学的 Hans 等[58]1966 年发表在*IEEE Transactions on Automatic Control*上的论文*A class of hybrid-state continuous-time* *dynamic systems*中, 紧随其后的是 Pavlidis 等在 1967 年研究了一类特殊混杂系统的稳定性问题[59]. 但是, 在接下来的很长一段时间里, 混杂系统没有得到充分的研究和发展[60]. 这主要是因为在建模领域中普遍接受的一个观点, 即对于大部分物理系统而言, 并没有必要甚至是不被建议把系统的方方面面都考虑到模型中[61]. 基于这个观点, 以往的大部分动力学建模文献中, 即便所考虑的系统本身具有混杂特性, 往往也会通过一定的简化, 选择连续或者离散动力系统来描述其物理过程.

直到 20 世纪末, 由于计算机技术的迅速发展, 计算机控制系统得到了普及应用. 在此背景下, 出现了大量的逻辑和连续系统之间的交替作用的系统, 例如, 汽车的计算机控制系统、飞机的平稳控制系统、数字控制器、机器人、蒸汽锅炉系统等[62]. 这些物理系统中的混杂特性往往是无法通过传统的简化方法来避免. 因此, 混杂系统研究才再次引起了人们的关注, 并迅速发展起来. 当然, 除了物理过程的计算机控制中不可避免的混杂特性, 这一时期混杂系统在其他许多领域中的广泛应用也是促进其迅速发展的一个重要因素. 下面列出部分领域的基于混杂系统的研究进展:

- 控制理论: 分层控制和基于切换控制的非线性系统镇定[63, 64];
- 计算机科学: 程序正确性验证与连续模拟环境的结合 (嵌入式系统)[65, 66];
- 动力系统: 不连续系统中出现了新的分岔类型, 并提供了丰富的混沌例子[67, 68].

由于混杂系统在众多领域中的成功运用及取得的大量成果, 其理论研究在最近 20 年成为了控制理论和计算机科学两大领域的热点, 并被 IEEE 控制协会称为一个具有很大发展和应用前景的崭新学科[69]. 根据研究内容的不同, 可以把混杂系统研究分为如下四个方面.

混杂系统建模: 主要是针对各种实际混杂物理过程建立模型, 并从各个研究领域的混杂建模中, 总结出混杂系统的建模方法和抽象出混杂系统的理论框架模型. 该方面的研究主要集中在 20 世纪 90 年代, 例如, Gollu 等[70] 和 Noguchi 等[71] 针对计算机硬盘工作过程建立了混杂模型; Back 等考虑了机器人系统的混杂系统建模[72]; Varaiya 等[73] 和 Hynes 等[74] 分别讨论了汽车控制系统和高速交通系统的混杂系统建模. 文献 [62] 给出了一种混杂系统的理论框架模型; 文献 [75, 76] 综述了混杂系统的建模方法和理论框架模型等. 此外, 也有部分文献从对策论的角度研究了具有扰动的混杂系统的建模等问题[77, 78]. 但由于混杂系统涉及的领域广泛, 所遇的问题复杂多样, 目前还没有一个通用模型可解决所有问题.

混杂系统分析: 主要包括混杂系统的稳定性、可达性、可行性和适定性等方面. 稳定性方面主要是研究如何把传统的 Lyapunov 稳定性理论推广到混杂系统中. Branicky 等[79] 和 Dayawansa 等[80] 基于 Lyaponov 函数研究了切换和混杂系统的稳定性, Hespanha 等[81] 和 Zhai 等[82] 利用平均驻留时间方法讨论了切换系统的稳定性, Michael 等[83] 和 Mancilla-Aguilara 等[84] 分别基于变分原理和 LaSalle

不变性原理讨论了切换系统的稳定性. 可达性分析主要研究系统能否到达预期状态, 可行性 (亦称生存性) 关注的是离散迁移是否在可行核内发生. 适定性讨论的是系统的非奇诺 (non-Zeno) 性、解的存在唯一性和解对参数依赖性等问题. 由于实际系统过度抽象后得到的模型容易出现奇诺现象, 即系统在某有限时间内发生无穷多次状态迁移, 而实际物理系统中并不存在奇诺现象, 因此, 如何从数学理论上证明系统的非奇诺性是混杂系统分析与经典常微分方程理论的重要区别之一. 目前, 在混杂系统适定性方面的研究还比较少, 而且大部分都是针对某一类特殊混杂系统进行讨论的 [85-89].

混杂系统最优控制: 指在一定的约束条件下, 一方面通过对事件发生的逻辑选择来实现优化决策, 保证系统在各个不同阶段的动态演进; 另一方面要在允许的连续控制域中寻求控制律, 使得系统的性能指标尽可能小. 在理论方面, Branicky 从动态规划的角度研究了混杂系统的最优控制[62]; Sussmann 把庞特里亚金最大值原理推广到混杂系统的最优控制[90]; Riedinger 等用类似方法给出了具有二次线性目标泛函的自治和受控切换系统的最优性条件[91]; Cassandras 等基于变分计算推导了一类混杂系统的分片常值最优控制问题的一阶必要性条件[92]. 在算法方面, Sven Hedlund 和 Anders Rantzer 根据 Bellman 不等式的离散化方法, 提出算法估计混杂最优控制问题值函数的下界[93]; Xu 等通过对值函数的直接微分, 推导出一类切换系统最优控制问题的必要性条件[94], 并提出了相应的算法; Shaikh 等基于广义最大值原理, 推广了 Xu 等的结果[95].

混杂系统设计: 主要指混杂系统的控制器设计. 长期以来, 控制器设计都是自动控制和计算机领域的一个重要研究内容. 最早的控制器设计仅针对完全离散的动力系统, 而且都是从计算机理论的角度出发的[96-98]. 这一方面所取得成果后被推广到自动机模型[99,100]. 对于同时具有控制和扰动输入的混杂系统, Lygeros 等[101-103] 利用追逃对策方法设计了一般混杂系统的安全控制器; Gao Yan (高岩) 等同样利用追逃对策方法, 并结合非光滑分析和生存性理论, 推广了 Lygeros 等的结果[78].

虽然混杂系统在许多领域都取得了一定成果, 但仍具有巨大的潜在应用前景, 特别地, 基于混杂系统模拟和控制批处理及间歇特性的中小流程的化工生产正在受到越来越多的关注.

1.3.3 时滞动力系统及其研究现状

科学与工程技术研究中包括数字电路、生态、生物学、神经网络、物理学与信息技术、机械学、航空航天、经济等领域中大量的动力系统都存在时间滞后现象, 其系统的变化不仅依赖于当前状态, 也依赖于系统在过去某一时刻或过去某一时间段的状态, 这类动力系统称作时滞动力系统, 描述这类系统的数学模型是时滞微分方程,也可在更一般的数学框架——泛函微分方程之下加以研究[104-106]. 和无时滞系统相比,时滞系统的动力学行为更丰富、更复杂. 例如单变量的一阶非线性时滞动力系统都可能发生混沌等复杂的动力学行为等.

导致系统产生时滞的原因很多,系统状态的测量、物理和化学性质、信号处理与传输、能量损耗与外界阻力等都会使系统产生时滞[107]. 实际上,几乎所有的受控系统、人机交互作用系统、社会与经济环境系统等都存在一定程度的时滞效应. 在某些情况下,由于略去滞量不改变动力系统解的性态,人们常常忽略时滞的影响,得到了足够满意的研究结果. 但在大多数情况下,时滞的影响是不可忽略的[105,108,109]. 例如,大量的低阶(单变量、一阶)数字电路会发生分岔、混沌等复杂现象,如果用常微分方程来描述,就无法得到这些结果,而单变量的一阶非线性时滞动力系统则可以预测这些现象. 因此,在分析动力系统行为时,通常必须充分考虑时滞对系统的影响.

时滞常常导致系统失稳,因此在控制界,有大量的研究就是采取适当的控制策略来消除时滞的影响. 另一方面,可以适当地利用时滞来控制动力系统的行为或改善它的性能,时滞反馈控制就是控制动力系统混沌的主要方法之一[110,111], 还可以利用时滞反馈控制改善周期解的稳定性[112] 等. 实际生活中这样的具体问题也有很多,例如:在种群动力学中,可以根据时滞的影响更全面地研究该种群的特性,以尽可能地控制不同种群的繁衍和发展[113-115];在传染病动力学中寻找使疾病消失的临界值,以达到治愈该疾病的目的[116].

自20世纪60年代以来,时滞系统已逐渐成为国内外的研究热点,并取得了许多重要进展[105,107-109]. 人们最关心的中心问题是:这些时滞会导致什么样的复杂动力学? 时滞如何影响系统的动力学行为? 如何利用时滞来控制或改善系统的动力学行为?

与用映射和微分方程所描述的动力系统相比,时滞微分方程有其明显的特点:一方面,初值空间是全体连续函数泛函空间,以往的微分方程理论已经不适用. 另一方面,由于时滞的出现,系统在平衡点附近的线性近似系统的特征方程就由一般的有限次多项式代数方程变为超越方程,特征根也由有限个变为无限多个,解空间也成为无限维. 时滞微分方程的特点使得对时滞动力系统研究难度大大增加,以往工程界通常采用忽略时滞的影响来简化问题,从20世纪90年代起,国内外工程界和学术界开始更加关注对时滞系统的研究.

与常微分的研究相同,人们研究时滞微分方程的着重点在于研究其解的动力学性质. 例如时滞微分方程的解的存在性、唯一性条件,解的有界性、振荡性、平衡解及其稳定性、周期解及其稳定性等. 对一些有特殊要求的系统,如生态系统等,还研究解的非负性、有界性等.

1.3 发酵工程中的动力系统及研究现状

理论上,时滞微分方程的研究主要沿两条主线:一条是将常微分方程的研究方法平行地移到时滞微分方程上,如建立了时滞微分方程解的存在唯一性定理[106, 108]、判断平衡解的稳定性的特征值法[104, 105, 117]和 Lyapunov 方法[105, 106];运用泛函方法研究了分叉存在性定理、周期解的分叉方向和稳定性的判定等,这些理论都是在函数空间上建立的. 另一条是利用临界点理论、不动点理论和拓扑度理论研究时滞动力系统的周期解的存在性和唯一性及利用重合度理论研究多重周期解的存在性.

目前,在非线性时滞动力系统的分岔中,讨论最多的是 Hopf 分岔. 它与人们普遍关心的非平衡非线性系统中发生的各种时空有序现象,尤其周期性的时间振荡现象是紧密相关的. 已有的工作中大多是针对一维系统或单自由度系统来进行的;对于含参数的非线性时滞动力系统,要给出分岔存在的条件常常非常困难. 要得到系统的分岔方程,则一般需借助于计算机代数,对于多时滞动力系统更是如此. 关于 Hopf 分叉的一般理论和应用,国内外已有不少专著论述[118-121].

众所周知,时滞可以对生态系统的性质产生相当大的影响. 理论生态学家们普遍认为在种群的相互作用中,时滞是不可避免的,并且较长的时滞会破坏系统平衡位置的稳定性[122, 123]. 一些不稳定的现象,如平衡位置的不稳定性和周期波动都可以被解释为在模型中引入了时滞所产生的后果. 时滞可分为离散时滞和分布时滞两种,第一个将离散时滞引入恒化器模型的是文献 [124],其目的是为研究恒化器中一种酵母的持久振荡. 文献 [125] 的模型即包含了离散时滞也包含了分布时滞,其研究目的是恒化器中种群的即时振动. 在恒化器模型中引入的时滞一般是用来描述种群的妊娠期和生长期,如文献 [126—128];另一类含有时滞的恒化器模型为具有养分再生的模型,如文献 [129],这类模型一般以分布时滞作为养分循环项.

在微生物连续培养过程中经常会观察到振荡现象. 在实际的自然环境中,根据生物意义通过在已有模型中引入时滞来解释其中的振荡现象. 通常出现时滞的可能性有两种:一种是微生物储存底物以备后用;另一种是微生物从消化到细胞分裂需要时间. Capeson(1969) 首先将第一类型的时滞引入模型. Bush 和 Cook(1975) 改进了 Capeson 的模型,且将时滞解释为是从消耗到增长的时滞. Thingstad 和 Langeland(1974),Bush 和 Cook(1975) 考察了单种群微生物的带时滞的恒化器模型,都得到了解的局部稳定性和周期解的存在性. Freedman 和 Waltman 等 (1989) 在两种微生物的竞争模型中引入时滞,得到了正周期解. Wolkowicz 和 Xia(1997) 考察了更一般的多种群微生物的竞争模型,结果显示竞争排斥原理依然成立. Kuang[105] 在文中对时滞在种群动力系统中的应用作了系统的介绍. 这些模型大多是建立在 Logistic 模型、Lotka-Volterra 模型或 Monod 模型基础上,使得从理论上分析成为可能. 上述文章主要应用 Lyapunov 函数 (泛函)、Hopf 分叉理论、微分方程比较原理、各种不动点定理及其推广等分析方法研究模型.

1.3.4 随机动力系统及其研究现状

当用确定性的微分方程描述自然现象的时候,实际上已经或多或少地忽略掉了一些比较次要的因素的影响.随着研究的深入和对自然现象描述要求的提高,应该考虑到曾经忽略掉的随机因素的影响.人们逐渐认识到,随机因素的影响不仅仅是对确定性模型存在的缺陷的补充,而且很多时候反映了这些现象的内在的本质.于是在这种背景下,随机微分方程的研究就势在必行了.

目前非线性动力学研究的重点是在确定性与 (或) 随机激励下复杂 (多自由度强非线性、多稳态、时变、时滞、非光滑等) 非线性系统与生物、生态、信息、金融、经济等领域中的非线性系统的动力学与控制问题.

在随机非线性系统动力学方面,1951 年伊藤清发表了著名的关于随机微分方程的论文[130](现在称之为 Itô 型随机微分方程),从此才有了对随机因素影响的严格的数学描述.到 20 世纪 80 年代左右,K.D.Elworthy 等[131]发现随机微分方程生成了一个比一族随机过程更加丰富的结构,对给定的初值,每个这样的结构都形成了此随机微分方程的一个解,从而架起了随机分析和动力系统之间的桥梁.

国际上对于随机动力系统的研究虽然起步比较晚,但是却发展得很迅速,并且取得了很大的进展,从而吸引了而且正在吸引越来越多的数学家的关注.目前欧洲在随机动力系统方面的研究走在前列.例如 Bremen 的 L.Arnold,由他亲自领导的被大家所熟知的德国 "Bremen group" 在此领域中作出了很多重要的工作.

国内的学者在随机微分方程和随机动力系统方面也做出了很多重要的工作.彭实戈教授率先提出的倒向随机微分方程理论[132]以及他的随机最优控制方面的彭最大值原理在国际上是领先的.刘培东教授在随机动力系统的光滑遍历理论方面作出了重要的工作[133].雍炯敏教授也对随机最优控制问题与随机哈密顿系统进行了细致的研究,得到了很好的结果[134].对于确定性哈密顿系统加随机外力的情形,朱位秋等利用他们创建的随机平均法,对这类随机哈密顿系统的解的稳定性、分支等动力系统行为进行了细致的研究.由常微分方程所描述的生物种群模型,加上随机扰动项后变为随机生物学模型更加符合实际,东北师范大学蒋达清教授在这方面的研究已取得了一定成果[135, 136].

1.4 代谢工程的定量分析

代谢工程方法可分为两部分:前期对生物代谢途径控制策略的研究,以及后期通过生物加工技术在生物体上实现代谢设计策略.前者主要包括代谢通量分析和代谢控制分析等理论分析方法,后者主要包括重组 DNA 等基因工程技术.在进行代谢工程分析过程中需要用到细胞生理学、生物化学、化学计量学、细胞过程热力学

1.4 代谢工程的定量分析

等多方面的技术手段, 而这一切的基础是细胞内普遍存在的代谢途径的基本生化过程. 代谢途径和代谢通量是代谢工程的核心概念. 代谢途径定义为一组可进行并且可观测的生化反应步骤, 这些反应步骤通过一组特定的输入和输出代谢物相连; 代谢通量定义为输入代谢物生成输出代谢物的速率. 代谢通量分析 (metabolic flux analysis, MFA) 侧重于利用数学方法解释代谢的生化网络中物质流经各条途径的情况. 代谢通量分析对于已知途径而言是了解环境条件变化时生物体内的代谢流分布, 确定流向终产物的比例; 对于未知的细胞途径而言, 则是鉴别主、副途径, 为代谢设计提供量化依据.

1.4.1 代谢通量分析

代谢通量分析源于化学计量学, 它反映的是底物转化为产物的生化反应网络量化关系. 化学计量学主要是将涉及一定比例的化学计量系数以及物质和能量守恒定律应用于化学行为. 换而言之, 这种方法建立了反应和途径必须满足的约束条件. 通过对代谢过程研究得到的各个反应的化学计量方程, 是建立代谢系统物质、能量平衡及途径间相互作用的基础.

假定一个化学反应系统, 有 N 个底物 S, 转化出 M 个代谢产物 P, Q 个生物大分子 X_{macro} 以及 K 个代谢中间产物 X_{met}, 则其化学计量式为

$$\sum_{i=1}^{N} \alpha_{ji} S_i + \sum_{i=1}^{M} \beta_{ji} P_i + \sum_{i=1}^{Q} \gamma_{ji} X_{\text{macro},j} + \sum_{i=1}^{K} g_{ji} X_{\text{met},i} = 0, \tag{1.4.1}$$

以矩阵形式表示则为

$$A \cdot S + B \cdot P + \Gamma \cdot X_{\text{macro}} + G \cdot X_{\text{met}} = 0. \tag{1.4.2}$$

其中 A, B, Γ 和 G 分别为底物、代谢产物、生物大分子、中间代谢物的化学计量系数矩阵. 代谢通量分析 (MFA) 是确定细胞代谢过程中参与各条代谢途径的物质净通量, 其单位一般为 mmol/(L·min) 或 mmol/(g·min). 对于胞内反应, 其质量平衡的向量表达式为

$$\frac{d\boldsymbol{X}_{\text{met}}}{dt} = \boldsymbol{r}_{\text{met}} - \mu \boldsymbol{X}_{\text{met}}. \tag{1.4.3}$$

式中 $\boldsymbol{X}_{\text{met}}$ 为胞内代谢物浓度向量, $\boldsymbol{r}_{\text{met}}$ 为胞内代谢物形成的净速率向量, μ 为细胞比生长速率, 上式右边第二项表示由于细胞生物量增加带来的代谢池浓度下降. 通常可以假定途径代谢物处于拟稳态, 即

$$\boldsymbol{0} = \boldsymbol{r}_{\text{met}} - \mu \boldsymbol{X}_{\text{met}}. \tag{1.4.4}$$

由于大多数代谢物在胞内的浓度很低, 所以可以忽略细胞生物量增加带来的稀释作用, 则上式的右边第二项可以忽略不计, 进而得到

$$\mathbf{0} = \mathbf{r}_{\text{met}} = G \cdot \mathbf{v}. \tag{1.4.5}$$

式中 G 为化学反应计量矩阵, v 为反应速率向量. 显然, 由化学计量关系可以判定式 (1.4.5) 是一个线性方程组.

根据式 (1.4.5) 可以对一个代谢网络建立通量平衡的化学计量方程. 根据实际测量参数的多少和任务的不同, 代谢通量模型的计算可以分为确定性系统的计算、不确定性系统计算和超定系统计算. 对于式 (1.4.5) 形成的代谢通量模型, 如果包含了 K 个代谢物和 J 个反应 (即 J 个途径通量), 则线性方程组 (1.4.5) 的自由度为 $F = J - K$. 显然, 要想计算该通量模型, 向量 v 中的一些通量应该被测量. 如果向量 v 的数目恰好等于自由度 F, 则该计算问题为确定系统, 并具有唯一解; 如果向量 v 的数目小于自由度 F, 则为不定系统, 系统可能有无数个解, 可以通过额外的约束条件寻找一个最优解; 如果向量 v 的数目大于自由度 F, 则为超定系统, 可以用来确定模型的平衡一致性、实测通量参数的准确性和拟稳态假设等. 下面分别讨论这几种系统的模型计算问题:

(1) 确定系统

对于包含了 K 个代谢物和 J 个反应的代谢网络, 其化学计量系数矩阵 G 为 $K \times J$ 维. 当系统为确定性时, 恰好有 F 个通量被实验测定, 则可以根据测量的通量数据计算代谢通量模型的解, 即式 (1.4.5) 可分解为两项:

$$G \cdot v = G_m v_m + G_c v_c = 0. \tag{1.4.6}$$

其中 v_m 和 G_m 分别代表了实测通量及其化学反应计量系数矩阵, v_c 和 G_c 分别代表了待求的通量及其化学反应计量系数矩阵, 并且 G_c 是一个 $K \times K$ 维方阵, G_m 是 $K \times (J-K)$ 维, v_m 和 v_c 分别为 K 维和 $J-K$ 维向量. 假设 G_c 可逆, 则待求通量可写为

$$v_c = -(G_c)^{-1} \cdot G_m \cdot v_m. \tag{1.4.7}$$

需要说明的是, G 中的 K 个行矢量必须是线性无关的. 若存在线性相关的, 则系统不是确定的, 而是不定的. 因此在建立系数矩阵 G 时应先检验其线性相关性.

(2) 超定系统

对于超定系统, 式 (1.4.7) 中的 G_c 不是一个方阵, 若可测通量数目为 F', 其矩阵维数为 $K \times (J - F')$, 并且 $K > J - F'$. 由于线性方程的个数大于待求通量的个数, 故无法用确定的方式求解, 但可以基于最小二乘原理对待求通量寻求最优解, 具体的计算式为

$$v_c = -(G_c^{\mathrm{T}} G_c)^{-1} \cdot G_c^{\mathrm{T}} \cdot G_m \cdot v_m, \tag{1.4.8}$$

其中 G_c 和 G_m 分别为 $K \times (J-F')$ 维和 $K \times F'$ 维矩阵，v_c 和 v_m 分别为 $(J-F')$ 维和 F' 维向量.

(3) 不定系统

对于不定系统，式 (1.4.7) 中的 G_c 也不是一个方阵，若可测通量数目为 F'，矩阵维数为 $K \times (J-F')$，其中 $K < J-F'$. 此时线性方程的个数小于待求通量的个数，理论上这种情况下待求通量会有无数个解. 此时，可以确定一个关于待求通量的目标函数，以线性方程组为约束条件，利用线性规划进行求解，具体形式为

$$\max \sum_{i=1}^{n} w_i v_i \quad \text{或} \quad \min \sum_{i=1}^{n} w_i v_i \quad (1 \leqslant n \leqslant J - F'). \tag{1.4.9}$$

满足约束条件：

$$G \cdot v = 0,$$

其中 w_i 为第 i 个待求通量 v_i 的权重.

代谢通量分析主要包括以下几个方面：

① 确定胞内代谢途径中各支路的通量分布，确定途径分支点上的通量分配比，判断胞内物质的代谢流向. 进一步地，通过比较不同环境操作条件的分支点通量分配比的变化来判断分支点是刚性还是柔性的. 刚性分支点抗拒分支点上通量分配比的变化，柔性分支点趋向于适应通量分配比的变化.

② 识别胞内是否存在某条代谢途径. 对于某些微生物其胞内的代谢途径并不是十分清楚，但如果已经知道几种类似生物体的胞内替代途径，则可以通过通量分布的对比分析确定哪些途径可能是存在的.

③ 预测未测量的胞外通量. 在能够测量的胞外参数少于胞内通量计算所需的数目时，可通过前期实验确定的通量分配比计算胞外未测量的通量. 这种利用通量计算模型确定胞外通量的方法可用来进行发酵过程，特别是稳态连续培养过程的监测和控制.

④ 计算最大理论得率. 根据代谢网络的通量计算模型，可以计算目标产物的最大理论得率，并确定这种极限条件下物流在代谢网络中的分配情况. 此外，还可以计算特定条件下的理论最大得率. 最大理论得率的计算对发酵过程的最优控制具有指导意义.

1.4.2 代谢控制分析

作为代谢工程的最终目的还是通过对代谢途径的分析找到途径中的改进点. 代谢通量分析虽然能够确定不同途径之间代谢通量的分布，但要想了解这种分布方式是如何被控制并保证当外部条件变化时代谢物之间仍能保持平衡，则需要借助于途径网络的代谢控制分析 (metabolic control analysis, MCA). 代谢控制分析的目的就

是将代谢系统的变量 (如通量) 同其参数 (如酶活) 联系起来, 这样就可以确定代谢通量对酶活性的敏感性.

在代谢控制分析中, 一般用通量控制系数、浓度控制系数和弹性系数这三个参数来描述反应网络的控制规律, 对于复杂的代谢网络则需要定义组控制系数.

(1) 通量控制系数 (FCCs) 定义为: 代谢途径中由任意小的酶活性变化引起的通量相对变化与该酶活性相对变化之比, 即在特定稳态条件下该酶对代谢通量控制的影响程度, 其数学表达定义为

$$C_i^{J_k} = \frac{E_i}{J_k} \times \frac{\partial J_k}{\partial E_i} = \frac{\partial \ln J_k}{\partial \ln E_i}, \quad i,k \in \{1,2,\ldots,L\}. \tag{1.4.10}$$

式中 E_i 为第 i 个酶的活性, J_k 为酶 E_i 催化下的第 k 个反应的稳态通量, L 表示途径中有 L 个酶, 即有 L 个反应.

通量的加和定理: 对于每一个通量来说, 其控制系数之和必为 1, 即

$$\sum_{i=1}^{L} C_i^{J_k} = 1, \quad k \in \{1,2,\ldots,L\}. \tag{1.4.11}$$

从加和定理可以看出, 如果一个支路代谢途径非常长, 那么其中多数 FCCs 的值都比较小. 这也解释了为什么提高菌株的代谢物产量需要反复的连续诱变和筛选. 加和定理还表明, 如果要改变一个酶的通量控制系数, 即使其他酶的活性没有变化, 其通量控制系数也会改变.

(2) 浓度控制系数 (CCCs) 定义为: 途径中第 i 个酶的活性相对变化引起中间产物 X_j 浓度的相对变化, 即

$$C_i^{X_j} = \frac{E_i}{c_j} \times \frac{\partial c_j}{\partial E_i} = \frac{\partial \ln c_j}{\partial \ln E_i}, \quad i \in \{1,2,\ldots,L\}, \quad j \in \{1,2,\ldots,K\}. \tag{1.4.12}$$

同样以反应速率代替酶活可表示为

$$C_i^{X_j} = \frac{v_i}{c_j} \times \frac{\partial c_j}{\partial v_i} = \frac{\partial \ln c_j}{\partial \ln v_i}, \quad i \in \{1,2,\ldots,L\}, \quad j \in \{1,2,\ldots,K\}. \tag{1.4.13}$$

对于浓度控制系数同样可以使用加和定理. 当所有酶活都发生同样幅度变化时, 则任何中间代谢物 X_j 的浓度都保持不变, 因此有

$$\sum_{i=1}^{L} C_i^{X_j} = 0, \quad j \in \{1,2,\ldots,K\}. \tag{1.4.14}$$

(3) 弹性系数定义为: 在系统其他代谢物浓度不变的前提下, 由第 j 个代谢物浓度的相对变化引起第 i 个反应速率的相对变化:

$$\varepsilon_{X_j}^i = \frac{c_j}{v_i} \times \frac{\partial v_i}{\partial c_j} = \frac{\partial \ln v_i}{\partial \ln c_j}, \quad i \in \{1,2,\ldots,L\}, \quad j \in \{1,2,\ldots,K\}. \tag{1.4.15}$$

1.4 代谢工程的定量分析

弹性系数反映了代谢网络的局部特性,这和前面两种反映代谢途径整体特性的控制系数不同. 浓度弹性系数相当于特定代谢物表观反应速率的动力学级数. 控制系数和弹性系数满足连接定理 (connective theorem):

$$\sum_{i=1}^{n+1} C_i^J \varepsilon_{sj}^{v^i} = 0, \quad (1.4.16)$$

并且

$$\sum_{i=1}^{n+1} C_i^{SK} \varepsilon_{sj}^{v_i} = -\delta_{jk}. \quad (1.4.17)$$

这里 δ_{jk} 是克罗内克 (Kronecker) 符号,当 $j = k$ 时,等于 1, 否则为 0.

除了代谢物浓度弹性系数,还有用来表征酶对参数变化敏感性的参数弹性系数:

$$\pi_{p_l}^i = \frac{p_l}{v_i} \times \frac{\partial v_i}{\partial p_l} = \frac{\partial \ln(v_i)}{\partial \ln(p_l)}. \quad (1.4.18)$$

从数学表达来看,上述三类用于代谢控制分析的参数都可以看做是独立变量变化对代谢途径影响的对数增益. 如果反应的动力学方程能够确定下来, 则这些参数都可以通过求偏导数得到.

1.4.3 S 系统方法

在生物化学领域应用最广泛的动力学形式是米氏 (Michaelis-Menten) 形式的酶反应动力学. 需要说明的是, 由酶反应动力学构建的模型中存在着大量的非线性, 使得其在数学上并不是很容易处理, 尤其是在有时间限制 (例如根据代谢模型进行发酵过程在线控制) 的条件下, 可能会带来错误的结果. 另外一个问题是这种非线性对代谢途径控制优化的不利影响. 对于非线性函数的优化问题, 远没有线性函数的优化问题更容易处理, 尽管一些仿生的进化算法已经被用来解决这类问题.

接下来将介绍一种近似的线性化方法, 以处理复杂代谢网络的非线性问题, 并实现代谢途径控制优化的目的.

1. 幂函数近似法

对于米氏函数, 都可以在任意稳态操作点找到一个幂函数表达式:

$$v = aX^g, \quad (1.4.19)$$

使这个表达式与米氏函数在一定范围内近似, 其中的 a 为速率常数, g 为动力学级数, X 对应于底物浓度. 幂函数 (1.4.19) 的优点在于其可以通过对等式两边直接取

对数进行线性化:

$$\ln(v) = \ln(a) + g\ln(X). \tag{1.4.20}$$

根据式 (1.4.19) 可直接求得动力学级数 g, 并根据 g 求得速率常数 a:

$$g = \frac{dv}{dX} \cdot \frac{X}{v} = \frac{d\ln v}{d\ln X}, \tag{1.4.21}$$

$$\alpha = v(X_0) \cdot (X_0)^{-g}. \tag{1.4.22}$$

其中 X_0 是一个已知的操作点. 动力学级数和速率常数的数值会随着操作点选择的不同而变化, 但是近似方程的结构总是不变的, 也就是 $\alpha \cdot X^g$ 型的幂函数. 这意味着即使不知道基本过程的确切结构也可以建立近似方程.

这种方法还有一个好处是它可直接推广到更高因次. 在计算多变量速度定律 $V(X_1, X_2, X_3, X_4, \ldots, X_n)$ 的幂函数近似值时, 在 $n+1$ 次对数空间中通过线性化得到如下的幂函数形式:

$$V = \alpha \cdot X_1^{g_1} X_2^{g_2} X_3^{g_3} X_4^{g_4} \cdots X_n^{g_n}. \tag{1.4.23}$$

可以选择一个含有 n 维的操作点 $P(p_1, p_2, \ldots, p_n)$, 每一个动力学级数 g_i 可以直接通过在操作点 P 处的 V 对 X_i 求偏导数得出

$$g_i = \frac{\partial V}{\partial X_i} \cdot \frac{X_i}{V}, \tag{1.4.24}$$

同样, 类似于单底物 (1.4.22) 的情形, 速率常数为

$$\alpha = V(p_1, p_2, \ldots, p_n) p_1^{-g_1} p_2^{-g_2} \cdots p_n^{-g_n}. \tag{1.4.25}$$

只有那些直接影响反应的变量才出现在幂函数表达式中. 如果变量 X_k 不影响 V, V 对 X_k 的偏导数为 0, 结果 g_k 为 0, 并且 $X_k^{g_k}$ 的值等于 1, 与 X_k 值无关, 因此表达式的乘积结构使得因子 $X_k^{g_k} = 1$ 多余且没有任何影响.

2. S 系统

S 系统是由 Savageau 等在 1969 年提出的一种生化系统的建模方法[137, 138]. 它可以通过其他系统 (例如 M-M 系统) 在 Taylor 展式的基础上推导出来, 这也是 S 系统的起源. 但是, Savageau 和 Voit 等在后续的研究中证实了任何以基本函数或其加减、乘积乃至复合的函数所描述的常微分方程组的解都可以等价地用 S 系统来描述. S 系统的独特模型框架和它特有的线性结构 (对数坐标下) 性质使之被很多的生物学家所接受, 并在大量的应用实例取得了很好的结果.

1.4 代谢工程的定量分析

一般在生化系统分析中, 会采用一系列微分方程定义系统动力学. 每一个方程代表因变量 X_i 的变化, 其中 X_i 假设为正值. 系统也可能包含自变量, 它们在任何给定实验过程中都不变化, 但从一个实验到下一个实验可能是不同的. 一般地, 一个生化系统的动力学可抽象地表示为

$$\dot{X}_i = V_i^+(X_1, X_2, \ldots, X_n, X_{n+1}, X_{n+2}, \ldots, X_{n+m})$$
$$-V_i^-(X_1, X_2, \ldots, X_n, X_{n+1}, X_{n+2}, \ldots, X_{n+m}), \quad i = 1, 2, \ldots, n. \quad (1.4.26)$$

其中前 n 个变量 $X_1, X_2, \ldots, X_n$ 是因变量, 而随后的 m 个变量 $X_{n+1}, X_{n+2}, \ldots, X_{n+m}$ 是自变量. 正值函数 V_i^+ 代表促进 X_i 生成的所有作用, 而负值函数 V_i^- 代表促进 X_i 分解的所有作用. 以式 (1.4.23) 形式描述式 (1.4.26) 中的幂函数 V_i^+ 和 V_i^- 的表达式, 就得到对应的 S 系统表达式:

$$\dot{X}_i = \alpha_i \prod_{j=1}^{n+m} X_j^{g_{ij}} - \beta_i \prod_{j=1}^{n+m} X_j^{h_{ij}}, \quad i = 1, 2, \ldots, n. \quad (1.4.27)$$

式中每一项仅包括那些与动力学级数有关并对该项有直接影响的变量. 例如, 如果仅有 X_1, X_3 和 X_6 影响 V_2^-, 那么它的表达式为

$$V_2^- = \beta_2 X_1^{h_{21}} X_3^{h_{23}} X_6^{h_{26}}. \quad (1.4.28)$$

可以看出, 幂函数近似法是 S 系统的基础.

3. 综合质量作用 (GMA) 系统

在式 (1.4.27) 的 S 系统表达形式中, 影响某一个变量 X_i 生成的所有过程汇集成一个过程 V_i^+, 而离开代谢池或影响其降解的所有过程也类似地组成另一个过程 V_i^-. 如果不进行集成, 而是将每个反应或过程分别列出, 就可以得到另一种基于幂函数的表达形式. 在这种综合质量作用 (GMA) 表达中, 每个进入或者离开代谢物的过程单独用幂函数的乘积来代替, 得到公式

$$\dot{X}_i = \gamma_{i1} \prod_{j=1}^{n+m} X_j^{f_{ij1}} \pm \gamma_{i2} \prod_{j=1}^{n+m} X_j^{f_{ij2}} \pm \cdots \pm \gamma_{ik} \prod_{j=1}^{n+m} X_j^{f_{ijk}}, \quad i = 1, 2, \ldots, n. \quad (1.4.29)$$

其中速率常数 γ_{il} 是正的或者为 0, 动力学级数 f_{ijk} 可以为任意实数值.

GMA 系统表达和 S 系统表达各有优缺点, 这需要在特定情况下进行权衡. 相对于 S 系统, GMA 系统表达方式更接近于生物化学的直观知识, 因为它清晰地表达了途径中的每个流量, 也正确无误地保留了分支点流量的化学计量关系. S 系统需要额外的步骤, 即分支点流量的汇集, 而且 S 系统形式与流量的化学计量上有略

微差异. 对于非分支代谢途径, GMA 和 S 系统是等价的. 对于分支体系, 两种形式的数值偏差通常很小. 然而, GMA 系统表达形式的缺点是它不能像 S 系统那样允许稳态代数计算, 而此缺点对优化问题是至关重要的.

与使用线性系统一样, S 系统和 GMA 系统均可以用分段方式表示. 一旦变量离开操作点一定程度, 都可选择新的稳态操作点, 重新计算幂函数近似表达式, 并且分析转至新的参数表征.

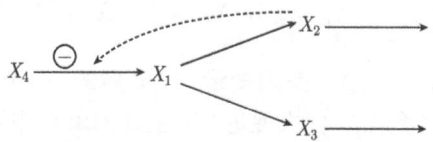

图 1.4 分支反应示意图

下面以一个简单的分支反应例子 (图 1.4) 来说明 S 系统表达和 GMA 表达的差别. 图 1.4 表示了一个有抑制作用的分支反应. 系统有一个独立变量和三个非独立变量. 初始底物用独立变量 X_4 表示, X_1 的生成受到独立输入变量 X_4 的影响, 同时也受 X_2 的抑制作用. 因此这两个变量都列入方程的生成项中. X_1 的降解仅与本身有关, 虽然它流向 X_2, X_3, 但是这两个变量仅仅是被动的接受, 对 X_1 的降解速度没有直接影响. 因此, 图示的 S 系统方程表示如下:

$$\begin{aligned}
\dot{X}_1 &= \alpha_1 X_2^{g_{12}} X_4^{g_{14}} - \beta_1 X_1^{h_{11}}, \quad X_1(0) = X_1 \text{的初值}, \\
\dot{X}_2 &= \alpha_2 X_1^{g_{21}} - \beta_2 X_2^{h_{22}}, \quad X_2(0) = X_2 \text{的初值}, \\
\dot{X}_3 &= \alpha_3 X_1^{g_{31}} - \beta_3 X_3^{h_{33}}, \quad X_3(0) = X_3 \text{的初值}, \\
X_4 &= \text{常数}.
\end{aligned} \quad (1.4.30)$$

建立 GMA 模型的方法与上面所述的基本相同, 区别在于每一个生成或降解过程都分别由幂函数和速率常数的乘积构成. 在 S 系统模型中, 只要求是直接影响, 并不关心变量是独立的还是非独立的, 它们都以同样的方式进行处理.

分别对每一个过程建模, 在问题考察范围内有多少影响变量的过程, 在 GMA 方程的右边就有多少关系式. 与 S 系统模型不同, GMA 方程可能有任意多的幂函数式.

GMA 系统的动力学级数通常用 f_{ijk} 表示, 它有三个下角标: 第一个下角标表示待考察的非独立变量; 第二个下角标是影响过程的独立或非独立变量, 不管以何种形式影响; 第三个下角标是影响 X_i 的动力学过程个数. 速率常数用 γ_{ik} 表示, 为一正数. 如果第 k 项表示生成过程, 则速率常数前加一个正号; 如果代表一个分解过程, 则速度常数前加一个负号.

对于图 1.4 所示的例子, 同 S 系统方法一样, 以 GMA 表达方式对 X_1 生成过

程和分解为 X_2, X_3 的过程建模. 唯一的区别在于 X_1 分解的同时伴随着 X_2, X_3 的转化, 这些步骤可用 GMA 模型中第一个方程的两个关系式来表示, 每个过程对应一个关系式, 具体如下:

$$\begin{aligned}
\dot{X}_1 &= \alpha_1 X_2^{g_{12}} X_4^{g_{14}} - \gamma_1 X_1^{f_{111}} - \gamma_2 X_1^{f_{112}}, \\
\dot{X}_2 &= \gamma_1 X_1^{f_{111}} - \beta_2 X_2^{h_{22}}, \\
\dot{X}_3 &= \gamma_2 X_1^{f_{112}} - \beta_3 X_3^{h_{33}}, \\
X_4 &= 常数.
\end{aligned} \quad (1.4.31)$$

将上式与式 (1.4.30) 进行对比可以看出, 这些新关系式中有些项与 S 系统模型是一致的, 即 $\gamma_1 X_1^{f_{111}} = \alpha_2 X_1^{g_{21}}$ 和 $\gamma_2 X_1^{f_{112}} = \alpha_3 X_1^{g_{31}}$. 尽管存在这些相同之处, GMA 系统和 S 系统模型关于 X_1 分解的数学表示还是有所不同的.

4. S 系统的灵敏度分析

灵敏度分析研究的是生化系统对偏离稳态的瞬态扰动的响应. 在灵敏度分析中涉及到两个重要的概念: 对数增益 (log gain) 和灵敏度. 前者反映的是生化系统对独立变量变化的响应程度, 典型的独立变量变化的例子是当生物从一个环境转移到另一个环境的条件变化; 后者反映的是生化系统对其内部参数变化的响应程度, 例如途径结构改变、酶活改变、基因突变等.

在系统处于稳定状态时, 即使有物流穿越系统, 所有变量值都是保持恒定, 换而言之, 所有变量的导数均为零, 即

$$0 = \alpha_i \prod_{j=1}^{n+m} X_j^{g_{ij}} - \beta_i \prod_{j=1}^{n+m} X X_j^{h_{ij}}, \quad i = 1, 2, \ldots, n. \quad (1.4.32)$$

假设速率常数 α_i 和 β_i 都不为零, 则可以将等式右边带负号的项都移到左边, 通过取对数, 就可得到关于初始变量的对数线性方程, 即

$$\ln(\beta_i) + \sum_{j=1}^{n+m} [h_{ij} \ln(X_j)] = \ln(\alpha_i) + \sum_{j=1}^{n+m} [g_{ij} \ln(X_j)], \quad i = 1, 2, \ldots, n. \quad (1.4.33)$$

定义 $y_i = \ln(X_i)$, 并将所有含 y_i 的项移到等式左边, 所有不含 y_i 的项移到等式右边, 得

$$\sum_{j=1}^{n+m} g_{ij} y_j - \sum_{j=1}^{n+m} h_{ij} y_j = \ln(\beta_i) - \ln(\alpha_i), \quad i = 1, 2, \ldots, n. \quad (1.4.34)$$

令 $a_{ij} := g_{ij} - h_{ij}$ 和 $b_i := \ln(\beta_i) - \ln(\alpha_i) = \ln(\beta_i/\alpha_i)$. 由此可以明显看出, 具有 m 个独立变量以及 n 个非独立变量的 S 系统稳态可以用一组 (n 个) 线性方程表示

出来, 即
$$a_{i,1}y_1 + a_{i,2}y_2 + \cdots + a_{i,n}y_n + a_{i,n+1}y_{n+1} + \cdots + a_{i,n+m}y_{n+m} = b_i. \tag{1.4.35}$$

对上式进行进一步整理: 以 A_D 表示非独立变量的系数 a_{ij} 构成的矩阵, 以 $\boldsymbol{y}_D$ 表示由非独立变量对数值组成的向量; 以 A_I 表示独立变量 $(j = n+1, \ldots, n+m)$ 的系数 a_{ij}, 以 $\boldsymbol{y}_I$ 表示由独立变量对数值组成的向量; 以 $\boldsymbol{b}$ 表示由速率常数比值的对数值 b_j 组成的向量, 则方程 (1.4.35) 可简写为

$$A_D \cdot \boldsymbol{y}_D + A_I \cdot \boldsymbol{y}_I = \boldsymbol{b}. \tag{1.4.36}$$

如果系统存在一个非零的稳态点, 那么 A_D 的逆阵存在, 则非独立变量的值为

$$\boldsymbol{y}_D = A_D^{-1} \cdot \boldsymbol{b} - A_D^{-1} \cdot A_I \cdot \boldsymbol{y}_I = M \cdot \boldsymbol{b} + L \cdot \boldsymbol{y}_I. \tag{1.4.37}$$

其中矩阵 $M = A_D^{-1}$, 其组成元素即为考虑速率常数变化的系统灵敏度; 而乘积 $L = -A_D^{-1} \cdot A_I$ 由对数增益 $L_{j,n+k} = L(X_j, X_{n+k})$ 组成. 在式 (1.4.37) 中, 每一个灵敏度都量化了一个由速率常数如 α_j 的相对变化引起的非独立变量 X_i 的相对变化程度. 在数学上, 灵敏度是一个无限小的量

$$S(X_i, \alpha_j) = \frac{\partial \ln(X_i)}{\partial \ln(\alpha_j)} = \frac{\partial y_j}{\partial \ln(\alpha_j)}. \tag{1.4.38}$$

同理, 每个对数增益 $L(X_j, X_{n+k})$ 都量化了由独立变量 X_{n+k} 的相对变化引起的非独立变量 X_j 的相对变化程度. 在数学中, 代谢产物的对数增益定义为

$$L(X_j, X_k) = \frac{\partial \ln(X_j)}{\partial \ln(X_{n+k})} = \frac{\partial y_j}{\partial y_{n+k}}. \tag{1.4.39}$$

灵敏度和对数增益将代谢途径的局部特性与整个系统的反应联系起来, 研究这些局部特性, 可用来判断模型设计是否存在错误.

除了上面所说的代谢物浓度的对数增益之外, 还存在作为独立变量的通量对数增益. 在 S 系统中, 任意一个非独立变量 $X_i (i = 1, 2, \ldots, n)$ 的稳态通量都可表示为

$$V_i^+ = \alpha_i \prod_{j=1}^{n+m} X_j^{g_{ij}} = \beta_i \prod_{j=1}^{n+m} X_j^{h_{ij}} = V_i^-. \tag{1.4.40}$$

将等式两边取对数后, 得到一个关于对数变量 $y_j = \ln(X_j)(j = 1, 2, \ldots, n+m)$ 的线性方程. 例如对于 V_i^+, 可得到

$$\ln(V_i^+) = \ln \alpha_i + \sum_{j=1}^{n} g_{ij} y_j + g_{ik} y_k + \sum_{j=n+1, j \neq k}^{n+m} g_{ij} y_j. \tag{1.4.41}$$

1.4 代谢工程的定量分析

这里将等式右边分为四项. 前两项含有速率常数和与非独立变量严格相关的要素, 第三项表示 y_k 对流量 V_i^+ 的直接影响, 第四项是与独立变量严格相关的要素. 如果某个独立变量 (如 y_k) 发生变化, 第四项是不受影响的. 与代谢物浓度增益类似, 关于 X_k 对通量 V_i^+ 的对数增益定义为与 y_k 变化相关的 $\ln(V_i^+)$ 或 $\ln(V_i^-)$ 的变化. 这种变化同样可由偏导数方程求得, 如下式:

$$L(V_i^+, X_k) = g_{ik} + \sum_{j=1}^{n} g_{ij} L_{jk}. \tag{1.4.42}$$

其中 $L_{jk} = L(X_j, X_k)$ 指的是式 (1.4.39) 中所提到的代谢物浓度增益 $\dfrac{\partial y_j}{\partial y_k}$. 与 X_k 相关的通量 V_i^- 的增益同样可如下式表示

$$L(V_i^-, X_k) = h_{ik} + \sum_{j=1}^{n} h_{ij} L_{jk}. \tag{1.4.43}$$

由于稳态时 V_i^+ 和 V_i^- 是相等的, 故它们的增益也是相等的.

$$L(V_i^+, X_k) = L(V_i^-, X_k). \tag{1.4.44}$$

上面的表达形式直观地反映出系统在受到干扰前后都是处于稳定状态, 任何 V_i^+ 和 V_i^- 的变化都应具有相同的幅度.

其实, 对数增益的定义在代谢控制分析中已经涉及到. 当 X_j 为途径通量、X_k 为酶活时, 对比式 (1.4.10) 就会发现, 对数增益 $L(X_j, X_k)$ 即为通量控制系数; 同样, 当 X_j 为代谢物浓度、X_k 为酶活时, 对数增益 $L(X_j, X_k)$ 即为浓度控制系数. 因此, 当代谢系统动力学模型已知时, 很容易通过 S 系统表达形式求出这些控制系数.

灵敏度和对数增益在模型诊断方面是非常有用的工具. 高灵敏度和对数增益说明一个参数或独立变量的微小变化会对系统受到干扰后的响应产生很强烈的影响. 但是在大多数情况下, 这种强烈的响应可能是不现实的, 这就表示模型中存在错误的地方.

对数增益对于问题的优化尤为重要, 因为这些增益指出了每个非独立变量或通量受独立变量变化影响的程度. 因此, 对数增益提供了一个可能对优化工作有用的独立变量筛选工具. 如果一个独立变量与接近为零的对数增益之间具有相关性, 那么, 即使这个变量发生很大变化也不会产生多大的影响. 另一方面, 如果目标代谢产物或通量对某个特定的独立变量的对数增益很高, 这个变量就可能是操纵变量的一个非常好的选择.

5. 代谢途径的 S 系统优化方法

进行代谢途径控制分析的目的在于: 通过对代谢途径控制结构的了解, 确定有效的通量扩增和通量分配方案. 这是一个针对代谢系统的优化问题.

可把代谢途径优化分为五类：第一类涉及反应速率和稳态通量的最大化；第二类致力于物质转换时间的最小化，即在单位时间内得到较高的生产率；第三类是中间代谢物浓度的最小化；第四类是热力学效率的优化；第五类是最优的化学计量和代谢网络设计.

然而，即便是个很小的生物化学系统，其反应毫无疑问也不是线性的. 而类似于生物代谢这样复杂的生化反应网络，更具有复杂的非线性动力学特征. 对于非线性最优化问题，如果函数或约束条件非常复杂，就不可能获得精确的解析解，而必须利用搜索算法寻找最优解. 相对于非线性问题而言，线性系统的优化就要简单得多. 因此，如果可以将非线性优化转换为可解的线性问题，事情就容易多了.

前面已经提到，可以在指定的稳态操作点处将通常的米氏速率函数形式转换为幂函数的 S 系统形式，进一步通过取对数的方式就可以对其进行线性化. 因此，在适当的条件下，将代谢途径优化的非线性问题限定在可以合理线性化的范围内是可行的.

对数得率是一个非常重要的指标. 代谢途径优化即需要对某些独立变量进行指标控制，这些变量通常为输入、酶活性或运输步骤，以及温度或 pH 值等. 由于优化的目的是将系统改变为一个远离初始状态的新稳态，而改变具有很高对数得率的非独立变量比改变一个对数得率值很低的变量要容易获得成功. 当然，高对数得率值并不总是一件好事，因为有着高对数得率的非独立变量对系统的影响很大，所以在改变酶活等优化实验中任何实验误差在实际操作过程中都可能被放大，理论最优值在实际过程中或许就无法实现.

在稳态条件下，S 系统形式通过取对数线性化，这样就可以直接使用单纯形法进行优化计算，把对极值的搜索有效减少到可行域的几个顶点上. 一个典型的 S 系统优化问题包括以下一些方面：

目标函数 (优化目标可以为目标途径的通量最大化、底物转化率最大化、代谢物浓度最大化等)：

(1) max ln(通量)

满足以下条件 (可能只需满足部分条件也可能全部都必须满足)：

(2) 稳态方程，用变量的对数形式表示

(3) ln(独立或非独立变量) $\leqslant$ 常数

(4) ln(独立或非独立变量) $\geqslant$ 常数

(5) ln(独立或非独立变量) $=$ 常数

(6) ln(独立或非独立变量) 无限制条件

(7) ln(通量) $\leqslant$ 常数

(8) ln(通量) $\geqslant$ 常数

(9) ln(通量) 无限制条件

(10) ln(通量 1/通量 2) ⩽ 常数

约束条件 (3) 和 (4) 规定了变量取值必须在一定范围内. 在某些情况下, 变量是不能改变的, 这种情况可以通过约束条件 (5) 表示; 而在其他的某种极端情况下, 变量可以假定为任何正数, 这种情况以约束条件 (6) 表示; 条件 (1)—(9) 是关于通量的类似约束; 条件 (10) 规定代谢流 V_i 和 V_j 的比值保持在某个界限以下. 上述目标函数和约束条件都可以通过取对数进行线性化, 非线性优化问题就变成一个简单的线性规划.

1.5 发酵工程中的优化

在发酵动力系统研究中, 往往需要涉及几类优化问题: 参数优化问题、最优控制问题以及近年来才逐渐被重视的生物系统的鲁棒优化. 本节主要介绍参数优化和最优控制问题的理论基础和数值计算方法, 简述生物系统鲁棒性特征及其研究现状, 并阐明在甘油研究中考虑生物鲁棒性的原因. 此外, 还介绍系统生物学研究中引入并行计算的必要性, 并介绍并行计算的研究现状.

1.5.1 非线性参数优化问题的研究概况

利用数学模型模拟和控制实际工业生产过程时, 模型的可信性和准确度至关重要. 因此, 寻找模型的最优参数 (称为参数优化或参数辨识) 也就极为重要了. 在过去的几十年里, 参数优化问题已经得到了广泛的研究[143,144], 特别是常微分动力系统参数优化问题.

参数优化问题实际上是一个逆问题. 它是根据测定的数据和建立的模型来确定一组参数使得由模型得到的数值结果能最好的拟合测试值, 是系统建模中极其关键的一个工作. 参数估计的好坏决定了用模型来解释实际问题的可信度.

一般来说, 基于实际问题提出的数学模型的参数都是有实际意义的, 如表示某一反应的速率常数, 因此都有约束范围. 参数优化多数按照以下步骤进行 (见图 1.5):

① 比较实验数据和仿真数据的值;
② 如果差值足够小, 结束仿真, 否则调整模型参数值;
③ 仿真实验;
④ 返回步骤①.

正如 Wolpert[145] 所指出的, 没有任何一个数值优化算法对于所有问题而言都适合. 优化算法的性能是与问题和数据本身有关的, 而且变化相当大. 常用的优化算法很多, 而最常用的是以下三类: ①梯度搜索; ②直接搜索; ③随机方向搜索.

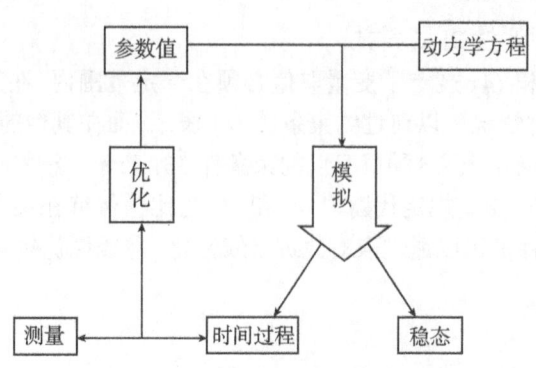

图 1.5　调谐模型的模拟–优化过程

(1) 梯度搜索是沿着由函数所确定的方向寻找最小值. 其中许多方法都源于牛顿法, 使用一阶和二阶导数. 这类方法的共同点是它们总是收敛到与初始猜测值最接近的最小值. 目前, 已有很多基于梯度的算法 (统称直接法) 被提出并成功地运用于各种常微分动力系统的参数优化问题[146-148]. 在这些方法中, 可以通过两种途径获取梯度信息: 一种是通过有限差分获得; 另一种是通过求解一个额外的常微分方程组获得, 即求解参数灵敏度函数的常微分方程组. 一般来说, 第二种途径要比第一种途径更有效[149].

(2) 直接搜索方法不需要计算方向导数使目标函数最小化. 这类方法大都是确定性的, 也就是说并不使用随机数. 在任何时候使用相同的数据和初始猜测值都会得到一致的结果. 这类搜索算法的步骤是, 在上一步有限个候选解的基础上, 确定如何继续在误差超平面上下降. 尽管这类算法的收敛速度比目标函数选取得好的梯度搜索方法慢一些, 但该方法的鲁棒性更强.

(3) 随机搜索算法是基于对随机数的操作, 因此即便是使用相同的数据和初始猜测, 通常也不会有一致的结果. 这类方法包括进化算法 (如遗传算法、粒子群算法等) 和模拟退火算法. 这类方法的主要优点是能够找到全局最优解, 但其运行时间却远远大于其他两类方法.

在实际问题中, 特别是大规模的系统中, 如全细胞模型, 系统往往有大量的动力学参数需要估计. 一般来说, 很难有算法对所有的参数都能得到最佳估计. 这主要是有以下原因: 第一, 当参数很多时, 初始猜测值离最优解很近的可能性就很小, 而很多算法 (如梯度算法) 只有在初始猜测值离最优解很近时才能得到好的收敛性; 第二, 对于时间过程的数据而言, 可能有些参数有相当大的变化, 但时间过程并没有受到任何可见的影响, 也就是说, 模型对这些参数并不敏感; 第三, 收集的观测数据太少, 如用 20 个样本估计 36 个参数, 这样得到的参数估计结果往往不具有代表性.

1.5.2 非线性最优控制的研究概况

最优控制理论是研究和解决从一切可能方案中寻求最优解的一门学科. 它的目标是对于给定的系统, 寻找一个控制规律使它在满足一定的约束条件下目标函数值最优, 它是现代控制理论的重要组成部分. 目前最优控制已经在航天、电力系统、控制装置、生产设备和生产过程中得到成功的应用, 而且在经济系统和社会系统中也得到了广泛的应用.

1. 最优控制的发展

最优控制发展的历史可以追溯到三百多年前[150]. 1638 年, G. Galileo 提出了两个典型问题: 第一个是重链悬挂在两点之间, 仅受重力场的作用, 问它的形状方程应是什么, 即悬链线问题. 第二个是设计出一条曲线, 使得一个钢球沿着重力作用下从较高点滑到较低点沿该曲线所用的时间最短, 即最速降线问题. 后来, L. Euler 把这个问题表达成一般的形式, 即在区间 $[a,b]$ 上, 寻找对于给定的端点值 $x(a)$ 和 $x(b)$ 的曲线 $x(t)$, 使得

$$J = \int_a^b L(t, x(t), \dot{x}(t))dt \tag{1.5.1}$$

最小, 这里 $L(t, x(t), \dot{x}(t))$ 是已知函数. 进一步, 他给出了解最优的必要条件, 即

$$\frac{d}{dx}L_{\dot{x}}(t, x(t), \dot{x}(t)) = L_x(t, x(t), \dot{x}(t)). \tag{1.5.2}$$

1755 年, J.L. Lagrange 在给 L. Euler 的信中写道: 他基于最优曲线的扰动或利用未确定的乘子描述了一个解的解析逼近, 并且能够直接导出 Euler 条件, 这就是众所周知的 "Euler-Lagrange 方程". 后来, 这种逼近法就被称为变分法.

然而, 控制论作为一门学科是到 20 世纪中叶才开始形成的. 由 N.Wiener 等于 20 世纪 40 年代创立的. 20 世纪 50 年代, L.S. Pontryagin 等发展的最大值原理, R. Bellman 的动态规划和 R.E. Kalman 关于线性二次最优调节器的理论, 于 20 世纪 60 年代形成最优控制理论. 非线性动力系统的最优控制理论与算法是非线性规划与控制论的重要内容, 它处于数学规划、工程科学、生命科学、计算机科学与经济学等交叉发展的前沿. 自 1970 年以来, Rockafellar, Clarke, Loewen, Mordukhovich 和 Vinter 等研究了微分包含与广义 Bolza 等问题的最优性条件[151-153]. 近十几年来, Hartl[154], Zeiden[155], 李训经与雍炯敏等[156]研究了约束最优控制的最大值原理、满足 Riccati 方程的充要条件以及无限维空间中的控制理论. Polak[157], Dontchev[158], Hage[159], Schwartz[160] 等在 Gâteaux 可微或 Fréchet 可微条件下, 研究了非线性动力系统的最优性条件、稳定性、乘子法与 Runge-Kutta 法迭代的逼近.

2000 年以来，Ahmed[31, 50]、Rodrigues[161]、Cuzzala[162]、El-Farra[163]、Fernando[164] 等研究了 Banach 空间中脉冲系统与分段仿射系统中测度解、适度解的存在性、正则性与可控性，并用 Lyapunov 函数论述了在有界噪声影响下的鲁棒性，以及鲁棒混杂预测控制结构. 我国学者对最优控制理论进行了一系列研究，并取得了不少引人注目结果. 我国科学家钱学森、宋键、张嗣瀛等人较早开始了最优控制研究. 汪更生[165, 166]、楼红卫[167, 168]、高夯[169] 等对多种类型的抛物型方程(如非适定半线性的、Navier-Stokes 型、带有非单调算子的半线性的) 和退化拟线性、半线性椭圆方程等动力系统的最优控制问题，论述了最大值原理，对应的倒向线性伴随系统的 Karlman 不等式、松弛控制及应用. Smolen[170]、江胜宗、冯恩民[171-173] 对基因网络中转录作用控制、侧钻水平井轨道控制等非线性分段光滑动力系统研究了解的存在性、可控性及优化算法. 李健全和陈任昭等[174] 对各种非线性种群系统的控制论述了其最优性条件. 刘康生等[175] 研究了非均匀各向异性问题的辨识性及应用. 姚鹏飞等[176] 研究了薄壳等各种模型的能观性不等式. 王康宁[177] 对最优控制理论的数学基础作了详细的论述. 喻文焕[178] 就参数带有逐点约束与不等式约束的识别问题作了详细的探讨，将原问题抽象为一个约束最优化问题. 宫锡芳对最优控制问题的计算方法作过系统的研究，陈祖浩研究了约束最优控制问题的罚函数. 钟万勰、邓子辰[179] 利用精细积分方法计算非线性动力系统. 最优控制理论在工业过程控制和航天、武器控制等方面应用上取得许多成果.

2. 最优控制中的优化方法

一般说来，解决具有动力系统约束的泛函极值问题，即求解最优控制问题的优化方法有三种：第一种是基于变分原理推导出的最优性条件，即基于最大值原理的算法，该算法每步迭代中包含解最大值原理中的状态方程与协态方程. 还需用直接微分法求泛函的梯度等，因此使数值计算难以实现，且要求动力系统是光滑的; 第二种方法是动态规划法 (dynamic programming approach)，它的依据是由 R. Bellman 给出的动态规划原理，对于无约束最优控制问题，在每个瞬间应用这个原理可得 Hamilton-Jacobi-Bellman(HJB) 方程. 基于 HJB 方程导出的一个特殊方法是微分动态规划 (differential dynamic programming, 简记为 DDP)，它是应用性能指标关于控制与状态轨道的 Taylor 一、二阶展开式逐次逼近其解. 对于线性动力系统二次性能指标的最优控制问题 (LQP)，可证明 DDP 法一步收敛. 另外 DDP 法也可应用于非线性动力系统的最优控制问题. 如应用于水资源问题与非线性挠性结构问题等. 一般说 DDP 法比常规的线性化法好得多. 第三种方法是解约束或无约束最优控制问题的非线性规划法 (non-linear programming, 简记为 NLP). 该方法的第一步是对控制变量的参量化，即利用内插技术 (interpolation technique)，把内插函数的系数作为优化变量. NLP 法中存在的主要问题是如何保证内插函数张成的集合就是所要求的允许控制集. 因允许控制集一般为无限维空间中的子集. 其次还需应用直接微分法求性能指标泛函关于优化参数的梯度. 因此需十分巨大的计算量.

综上所述, 具有动力系统约束的泛函极值问题的优化方法中: 应用最大值原理或动态规划原理的方法, 特别是 DDP 法等都要求动力系统是充分光滑的, 而 NLP 法用于非线性分段光滑动力系统为约束的泛函优化问题时, 以内插型函数生成的集合不能逼近允许控制集, 所以用 NLP 法求解此类问题只能得到较好的可行解, 无法保证获得最优解. 其次, 当变量较多时, 巨大的计算量也是很难解决的. 因此, 对非线性分段光滑动力系统为约束的泛函极值问题, 即一类特殊的最优控制问题的研究, 当前仅限于不可微动力系统解的存在性 (如测度解、适度解的存在性)、正则性、可控性、稳定性、鲁棒性等定性理论研究. 对如何求此类问题的数值优化理论与算法研究的极少. 而这些工作是工程科学、生命科学、经济学等许多交叉学科迫切需要的.

3. 最优控制问题的数值解法

非线性最优控制问题的求解有着很长历史, 除了变分法、极大值原理及动态规划方法外, 对最优控制问题提出了许多的数值解法, 但是归纳起来有下面三种形式:

(1) 由必要条件得到两点边值问题, 对两点边值问题求解.
(2) 把最优控制问题离散化, 转化为有限维非线性规划问题求解.
(3) 参数化法, 即把控制轨迹用参数表示, 然后把它转化有限维非线性规划求解.

早期数值方法解决的是没有控制变量或终端约束的问题, 这类问题可以转化为对状态方程给定初值, 对伴随方程给定终值的两点边值问题. Bryson[180] 和 Breakwell[181] 利用打靶法技术解决了这类两点边值问题, 即估计伴随变量的初值, 通过对状态方程和伴随方程积分, 根据与终值的偏差更新初始估计值, 直到满足必要条件这为止. 但是两点边值问题的解关于估计的初始值非常灵敏甚至不稳定. 正因存在这样的困难, Miele 和他的合作者[182] 提出了 "多重打靶法", 就是把时间区间分成若干个子区间, 在每个子区间上估计初始值, 根据偏差重新估计每个子区间初始值, 直到满足边界条件和在每个子区间终点的连续性为止.

几乎同时, Kelley[183] 提出梯度法, 他在小间距的固定格子上估计控制变量值, 利用这个格子对系统积分. 然后, 他依据已知值对伴随方程反向积分, 并用得到结果获得关于控制变量的的梯度, 从而对估计的控制变量值得到一个校正. 当然, 梯度法收敛速度慢, 为了加快收敛速度, 一些学者使用了基于二次变分技术[184]. 随着非线性规划发展, 人们不断改进较好的数值方法, 比如, Lasdon 等[185] 结合了共轭梯度法, Pollard 和 Sargent[186] 使用了拟牛顿法等.

对最优控制问题离散化最早使用有限差分方法，但是 Tsang 等[187] 引入了配置法，这个方法被 Biegle 等[188] 进一步发展，他们提出了怎样引入误差量作为约束来确定增加的结点和位置. Betts 等[189] 也改进了这个方法，并应用到航空领域. 最近，Dennis 等[190] 提出了信赖域内点 SQP 方法.

Vassilladis 等[191] 提出了控制参数法，把控制变量用参数来表示，然后转化为非线性规划问题求解，该方法扩展到处理多阶段系统和有状态不等式最优控制问题. 20 世纪 80 年代初，Bock 等[192] 提出了多重打靶参数化法. 刘同仁[193] 改进了 Bock 方法，解决了飞行轨迹问题.

Stoer[194] 和 Maurer[195] 对解决两点边值问题进一步深入的研究了多重打靶法，特别解决带有状态不等式约束的最优控制问题. Miele 等[196] 把拟线性化法与多重打靶法结合起来. Dixon 和 Bartholomew-Biggs[197] 提出 NOC 打靶法，最近，Fraser-Andrews[198] 发展了 NOC 打靶法，他把 NOC 打靶法与多重打靶法结合起来提出多重 NOC 打靶法.

2000 年，Bell 和 Sargent[199] 对有微分–代数等式和不等式约束混合问题，提出一个新方法，该方法首先用松弛变量把不等式约束转化为等式约束，然后用障碍函数处理边界，得到一个光滑的 DAE 系统. 根据给出的必要条件得到一个两点边值问题，用内点法解决这个问题. 他的主要结果是用光滑问题逼近原始问题.

1.5.3 生物鲁棒性及其研究现状

生物鲁棒性是指在受到外部扰动或内部参数摄动等不确定因素干扰时，生物系统保持其结构和功能稳定的一种特性[200]. 近年来，生物系统的这一基本性质得到了广泛研究[200-206]. Barkai 等认为，生化网络 (系统) 的一些主要性质应该是鲁棒的，换而言之，它们对生化参数应该要比较不敏感[202]. 这一观点在大量实验中得到了验证[207-209]，并被越来越多的系统生物学家们所接受.

在各种生物鲁棒性中，最引人关注的一个问题是生物系统的鲁棒性是如何实现、如何发展的. 迄今为止，广被认知的引起生物系统鲁棒性的机制有反馈、冗余、模块和结构稳定等[210]. 反馈是生物鲁棒性最重要的一类实现机制: 多数的生物系统是通过正、负反馈两种机制联合作用实现系统的功能和维持系统的鲁棒性，负反馈在对抗干扰并保持鲁棒性中发挥了主要的作用，而正反馈通过增强刺激强度使系统鲁棒性增强. 冗余是生物系统保持鲁棒性的另外一类重要机制: 生物系统中可以经多条途径来实现某一生物功能，当其中一条途径发生问题时，可以由其他冗余的途径来实现功能. 生物系统中还普遍存在着具有相同或相似功能的系统成分组成一个相对独立的模块，而这些模块对于降低内外干扰因素对整个系统的影响发挥了重要的作用，因此，模块也是生物系统保证鲁棒性的重要机制. 生物系统的结构稳定性是指系统的网络对参数变化、噪声和微小突变的反应会很小，也就是说网络对这些变化的不敏感性在增加, 显然, 具有此类性质的生物系统必然具有较强的鲁棒性.

迄今为止, 生物系统鲁棒性研究主要集中在实验观察和定性分析中. 在数学理论上尚未见到关于生物系统这一指标的定量描述. 由于生物系统并不是在各个方面都具有鲁棒性, 故很难有适用于各种生物系统鲁棒性的通用定量定义.

1.6 本书的主要内容

本书余下的主要内容: 第 2 章为非线性动力系统与并行算法; 第 3 章介绍间歇发酵的多种动力学模型及其参数优化和最优控制问题; 第 4 章介绍连续发酵的胞外动力学模型 (无时滞和有时滞两类)、酶催化动力学模型、基于生物鲁棒性参数优化及其并行优化算法; 第 5 章介绍批式流加发酵的多种动力学模型、参数辨识和最优控制问题, 以及批式流加过程的自动控制设计.

第 2 章　非线性动力系统与并行算法

2.1　符号与各种空间

$A := B$：变量 A 由右边表达式 B 定义.

$I_n := \{1, 2, \ldots, n\}$;　　$\bar{I}_n := \{0, 1, \ldots, n\}$.

s.t.：满足或使.

$\overline{\mathbb{R}} := [-\infty, +\infty]$：广义实数域；　$\mathbb{R} := (-\infty, +\infty)$：实数域.

$\mathbb{R}^n$：n 维欧氏空间；　$\mathbb{R}_+$：非负实数域.

设 $M \subset \mathbb{R}$ 为非空数集.

若存在 $\beta \in \mathbb{R}$，满足 (i) $\forall x \in M$，有 $x \leqslant \beta$，(ii) $\forall \varepsilon > 0, \exists x_0 \in M$, s.t. $\beta - \varepsilon < x_0$，则称 β 为集合 M 的上确界，记为 $\sup M$，即 $\beta = \sup M$；

若存在 $\alpha \in \mathbb{R}$，满足 (i) $\forall x \in M$，有 $x \geqslant \alpha$，(ii) $\forall \varepsilon > 0, \exists x_0 \in M$, s.t. $\alpha + \varepsilon > x_0$，则称 α 为集合 M 的下确界，记为 $\inf M$，即 $\alpha = \inf M$.

设 $f : C \subset \mathbb{R}^n \to \mathbb{R}$，其中 $x = (x_1, x_2, \ldots, x_n) \in C$. $\{f(x) | x \in C\}$ 的上、下确界为

$$\sup_C f := \sup_{x \in C} f(x) := \sup\{f(x) | x \in C\};$$

$$\inf_C f := \inf_{x \in C} f(x) := \inf\{f(x) | x \in C\}.$$

f 在 C 上的最大值点及最小值点的集合定义为

$$\arg\max_C f := \arg\max_{x \in C} f(x) := \begin{cases} \{x \in C | f(x) = \sup_C f\}, & \text{若 } \sup_C f \neq -\infty, \\ \varnothing, & \text{若 } \sup_C f = -\infty. \end{cases}$$

$$\arg\min_C f := \arg\min_{x \in C} f(x) := \begin{cases} \{x \in C | f(x) = \inf_C f\}, & \text{若 } \inf_C f \neq \infty, \\ \varnothing, & \text{若 } \inf_C f = \infty. \end{cases}$$

设函数 $f : \mathbb{R}^n \to \mathbb{R}, \alpha \in \mathbb{R}$，则 f 的各种不同形式的水平集分别为

$\text{lev}_{\leqslant \alpha} f := \{x \in \mathbb{R}^n | f(x) \leqslant \alpha\}$，　$\text{lev}_{< \alpha} f := \{x \in \mathbb{R}^n | f(x) < \alpha\}$，

$\text{lev}_{= \alpha} f := \{x \in \mathbb{R}^n | f(x) = \alpha\}$，　$\text{lev}_{> \alpha} f := \{x \in \mathbb{R}^n | f(x) > \alpha\}$，

$\text{lev}_{\geqslant \alpha} f := \{x \in \mathbb{R}^n | f(x) \geqslant \alpha\}$.

称集合 X 的所有子集构成的集合为 X 的幂集，记为 2^X；子集 $Y \subset X$ 在 X 中的补集定义为：$Y^c := \{x | x \in X, x \notin Y\}$.

2.1.1 拓扑向量空间

定义 2.1.1 集合 X 上的一个拓扑是满足下述三条公理的 X 的子集类 $\mathcal{G} \subset 2^X$:

(i) X 与 $\varnothing$ 属于 $\mathcal{G}$;

(ii) $\mathcal{G}$ 中的任何元素的并属于 $\mathcal{G}$;

(iii) $\mathcal{G}$ 中任何有限个元素的交属于 $\mathcal{G}$.

$\mathcal{G}$ 中的元素被称为开集, $(X, \mathcal{G})$ 被称为拓扑空间.

设 Y 是拓扑空间 X 的子集, $x \in Y$. 如果存在开集 U, s.t. $x \in U \subset Y$, 则称 x 是 Y 的一个内点, U 是 x 的一个邻域. Y 的所有内点的集合称为 Y 的内部, 记为 Y°. 如果 x 的每个邻域都含有 $Y \backslash \{x\}$ 中的点, 则称 x 为 Y 的一个极限点. Y 的所有极限点的集合称为 Y 的导集, 记作 Y'. 称集合 $\mathrm{cl}(Y) := Y \cup Y'$ 为 Y 的闭包.

集合 $Y \subset X$ 称为在 X 中是稠密, 若 $\mathrm{cl}(Y) = X$. 空间 X 称为是可分的, 若它含有可数的稠密子集.

拓扑空间 $(X, \mathcal{G})$ 称为 Hausdorff 空间, 若在 $(X, \mathcal{G})$ 上满足下述分离公理: $\forall (x, y) \in X \times X, x \neq y, \exists (G_1, G_2) \in \mathcal{G} \times \mathcal{G} : x \in G_1, y \in G_2$ 且 $G_1 \bigcap G_2 = \varnothing$.

定义 2.1.2 设映射 $f : X \to Y$, 其中 X 与 Y 是拓扑空间. 称 f 在点 $x \in X$ 处是连续的, 若对 $f(x)$ 的每一邻域 $V \subset Y$, 存在 x 的邻域 $U \subset X$, 满足 $f(U) \subset V$; 称 f 在 X 上是连续的, 若它在每一点 $x \in X$ 处是连续的. f 连续性的充要条件是 Y 中的任意的开 (闭) 集的逆象是 X 中的开 (闭) 集.

定义 2.1.3 设 X 是一个非空集, 若存在一个双变量实值函数 $\rho : X \times X \to \mathbb{R}_+$, 满足 $\forall x, y, z \in X$, 有

(i) $\rho(x, y) \geqslant 0$ 且 $\rho(x, y) = 0$ 当且仅当 $x = y$;

(ii) $\rho(x, y) = \rho(y, x)$;

(iii) $\rho(x, z) \leqslant \rho(x, y) + \rho(y, z)$.

则称 (X, ρ) 为一个度量空间, 称 ρ 为 X 上的一个度量.

定义 2.1.4 度量空间 X 的序列 $\{x_n\}$ 被称为 Cauchy 序列, 若

$$\lim_{m,n \to \infty} \rho(x_n, x_m) = 0.$$

度量空间 X 被称为是完备的, 若 X 中的每一 Cauchy 序列均是收敛的, 即 $\exists x \in X$, 使 $\lim_{n \to \infty} \rho(x_n, x) = 0$.

定义 2.1.5 映射 $T : X \to X$ 称为是压缩的, 若存在常数 $\alpha \in (0, 1)$ 满足

$$\rho(T(x), T(y)) \leqslant \alpha \rho(x, y), \quad \forall x, y \in X. \tag{2.1.1}$$

定理 2.1.1 设 (X, ρ) 是一完备的度量空间, $T : X \to X$ 是一压缩映射, 则存在唯一一点 $\bar{x} \in X$ 满足 $T(\bar{x}) = \bar{x}$.

设 Y 是拓扑空间 X 的子集, 若存在子集族 $\{Y_i\}_{i\in I} \subset 2^X$, 满足 $Y \subset \bigcup_{i\in I} Y_i$, 则称 $\{Y_i\}_{i\in I}$ 为 Y 的覆盖; 覆盖 $\{Y_i\}_{i\in I}$ 被称为是开的, 若每一 Y_i 均是开集; 被称为是有限的, 若 I 是有限集. $\{Y_i\}_{i\in J}$, 且 $Y \subset \bigcup_{i\in J} Y_i$, 其中 $J \subset I$, 则称 $\{Y_i\}_{i\in J}$ 为子覆盖. 称集合 $Y \subset X$ 是紧致的, 若 Y 的任意开覆盖均含有一有限子覆盖. X 是紧致的, 若 Y 的任意开覆盖均含有一有限子覆盖.

定理 2.1.2 (i) 紧致集在连续映射下的像亦是紧致的.

(ii) Hausdorff 空间中的任何紧致子集是闭集.

(iii) 紧致空间的任何闭子集是紧致的.

定理 2.1.3 (i) 紧致空间的任何序列至少有一极限点.

(ii) 紧致空间的任何序列均含有一收敛子序列.

(iii) 拓扑空间 X 的子集 Y 是序列紧的, 若每一序列 $\{x_n\} \subset Y$ 均有一收敛到 Y 中的某一元素的子序列 $\{x_{n(k)}\}$. 度量空间是紧致的充要条件是序列紧的.

定义 2.1.6 设 X 为向量空间, 若在 X 上赋予一拓扑, 并定义了连续的代数运算 $X \times X \to X : (x,y) \mapsto x+y$ 与 $\mathbb{R} \times X \to X : (\alpha,x) \mapsto \alpha x$, 则称 X 为拓扑向量空间. 记 X^* 为 X 的拓扑对偶, 即所有 X 上的连续的线性泛函 $x^* : X \to \mathbb{R}$ 构成的向量空间.

定义 2.1.7 设 X 为向量空间, 函数 $p : X \to \mathbb{R}_+$ 称为 X 的半范数, 若 $\forall x,y \in X$ 及 $\alpha \in \mathbb{R}$, 满足下述公理:

(i) $p(x+y) \leqslant p(x)+p(y)$.

(ii) $p(\alpha x) = |\alpha| p(x)$.

定义 2.1.8 称集合 $M := \{x \in X : p(x) \leqslant 1\} \subset X$ 是一桶集, 若它满足下述性质:

(i) 集合 M 是凸的, 即 $\forall x,y \in M, \alpha \in [0,1]$, 均有 $\alpha x + (1-\alpha)y \in M$.

(ii) 集合 M 是均衡的, 即 $\forall x \in M$ 及 $|\alpha| \leqslant 1$, 均有 $\alpha x \in M$.

(iii) 集合 M 是吸引的, 即 $\forall x \in X$, 存在 $\alpha > 0$, 满足 $\alpha x \in M$.

由 (ii) 得, 任何桶集均包含 $0 \in X$.

定义 2.1.9 称拓扑向量空间 X 为局部凸的, 若 $0 \in X$ 的任何邻域均包含一开的桶集, 且 X 的拓扑是 Harsdorff 的, 即满足分离公理.

定义 2.1.10 设 X 为向量空间. 称函数 $p : X \to \mathbb{R}$ 是正齐次且次可加的, 若

$$p(\alpha x) = \alpha p(x), \quad \forall \alpha \geqslant 0, x \in X;$$
$$p(x+y) \leqslant p(x)+p(y), \quad \forall x,y \in X.$$

定理 2.1.4 (Hahn-Banach) 设 X 为向量空间, $p : X \to \mathbb{R}$ 是正齐次且次可加的函数, L 是 X 的线性子空间, $l(\cdot)$ 是定义在 L 上的线性泛函. 设 p 在下述意义下

控制 l, 即对所有 $x \in L$, 有 $l(x) \leqslant p(x)$. 那么, 存在定义于 X 的线性泛函 $\hat{l}$, 它是 l 的延拓且被 p 控制, 即 $\hat{l}$ 满足

$$\hat{l}(x) = l(x), \quad \forall x \in L, \quad \text{且 } \hat{l}(x) \leqslant p(x), \quad \forall x \in X.$$

定义 2.1.11 称函数 $\|\cdot\|: X \to \mathbb{R}_+$ 为 X 上的范数, 若 $\forall x, y \in X, \alpha \in \mathbb{R}$, 有
(i) $\|x\| \geqslant 0, \|x\| = 0 \Leftrightarrow x = 0$.
(ii) $\|x + y\| \leqslant \|x\| + \|y\|$.
(iii) $\|\alpha x\| = |\alpha|\|x\|$.

称赋予范数 $\|\cdot\|$ 的向量空间为赋范空间.

定义 2.1.12 设 H 是 $\mathbb{R}$ 上的向量空间. 若 $H \times H$ 上定义了一个实值函数 $\langle \cdot, \cdot \rangle$, $\forall x, y \in X$, 满足如下内积公理:
(i) $\langle x, y \rangle$ 对 x 是线性的;
(ii) 对称性: $\langle x, y \rangle = \langle y, x \rangle$;
(iii) 正定性: $\langle x, x \rangle \geqslant 0, \langle x, x \rangle = 0 \Leftrightarrow x = 0$,

则称 $\langle x, y \rangle$ 为 H 上的一个内积, 称 $(H, \langle \cdot, \cdot \rangle)$ 或 H 为内积空间. 在内积空间 H 中定义范数 $\|x\| = \sqrt{\langle x, x \rangle}$, 若 H 在此范数下完备, 则称之为 Hilbert 空间.

相应地, Cauchy-Schwarz 不等式与 Parallelogram 恒等式为

$$\langle x, y \rangle \leqslant \|x\| \cdot \|y\|; \quad \|x + y\|^2 + \|x - y\|^2 = 2(\|x\|^2 + \|y\|^2).$$

定义在赋范空间 X 上的线性泛函 x^* 是连续的当且仅当

$$\|x^*\|_* := \sup_{\|x\| \leqslant 1} \langle x^*, x \rangle \tag{2.1.2}$$

是有限数. (2.1.2) 中的函数 $\|\cdot\|_*$ 定义了在拓扑对偶空间 X^* 上的范数, 称之为范数 $\|\cdot\|$ 的对偶.

由 (2.1.2) 可推出广义的 Cauchy-Schwarz 不等式

$$|\langle x^*, x \rangle| \leqslant \|x\|\|x^*\|. \tag{2.1.3}$$

称完备的赋范空间 X 为 Banach 空间. 任何赋范 (Banach) 空间 X 赋予其范数拓扑, 是一局部凸的拓扑向量空间.

若 Y 是另一 Banach 空间, 记线性连续映射 $A: X \to Y$ 的集合为 $\mathcal{L}(X, Y)$, 它是赋予下述范数的 Banach 空间

$$\|A\| := \sup_{\|x\| \leqslant 1} \|Ax\|.$$

特别地, 记集合 $\mathcal{L}(X,X)$ 为 $\mathcal{L}(X)$.

设 X 是 Banach 空间, 其拓扑对偶空间 X^*(线性连续泛函 $x^*: X \to \mathbb{R}$ 的全体) 在 (2.1.2) 定义的对偶范数下是 Banach 空间. 因 $\langle x^*, x\rangle \leqslant \|x\|\cdot\|x^*\|$, 故对任意 $x \in X$, 有

$$\|x\| = \sup\{\langle x^*, x\rangle : \|x^*\| \leqslant 1, x^* \in X^*\}, \tag{2.1.4}$$

且其上确界是可达的. 称 $x \longmapsto \arg\max_{\|x^*\|\leqslant 1}\langle x^*, x\rangle$ 为对偶映射 (通常为多值映射).

类似地, 定义拓扑双对偶 X^{**} 为对偶的对偶, 即定义于对偶空间上的连续线性泛函 $x^{**}: X^* \to \mathbb{R}$ 构成的向量空间 (对偶空间赋予对偶范数的拓扑), 赋予 X^{**} 范数

$$\|x^{**}\| := \sup_{\|x^*\|\leqslant 1}\langle x^{**}, x^*\rangle.$$

有

$$\langle x^{**}, x^*\rangle := \langle x^*, x\rangle, \quad \forall x^* \in X^*.$$

映射 $x \to x^{**}$ 称为是等距的, 若 $\|x^{**}\| = \|x\|$. 若 $X = X^{**}$, 则称 X 是自反的.

定义 2.1.13　设 X 是 Banach 空间, 若 $\forall f \in X^*$, 有

$$\lim_{n\to\infty} f(x_n) = f(x),$$

则称 $\{x_n\} \subset X$ 弱收敛到 $x \in X$, 记作 $x_n \rightharpoonup x$, 并称 x 为点列 $\{x_n\}$ 的弱极限.

定义 2.1.14　设 X 是 Banach 空间, 若 $\forall x \in X$, 有

$$\lim_{n\to\infty} f_n(x) = f(x),$$

则称 $\{f_n\} \subset X^*$ 弱 * 收敛到 $f \in X^*$, 并称 f 为泛函序列 $\{f_n\}$ 的弱 * 极限.

定理 2.1.5　(i) Banach 空间是自反的当且仅当任何有界序列都有弱收敛子列.

(ii) 设 X 是可分的 Banach 空间, 则 X^* 中的任何有界序列均存在弱 * 收敛子列.

定义 2.1.15　设 $f: \mathbb{R}^n \to \overline{\mathbb{R}}$ 是增广实值函数, f 的上图定义为

$$\operatorname{epi} f := \{(x, \alpha) \in \mathbb{R}^{n+1} | f(x) \leqslant \alpha\};$$

f 的有效域定义为

$$\operatorname{dom} f := \{x \in \mathbb{R}^n | f(x) < +\infty\}.$$

若 $\operatorname{dom} f \neq \varnothing$ 且 $\forall x \in \mathbb{R}^n$ 均有 $f(x) > -\infty$, 则称函数 f 是正常的, 否则称它是非正常的.

定义 2.1.16　设 $f\colon \mathbb{R}^n \to \overline{\mathbb{R}}$ 是增广实值函数, 称 f 在 x 处上半连续的 (简记为 u.s.c.), 如果
$$f(x) \geqslant \limsup_{y \to x} f(y).$$

若 $\forall x \in \mathbb{R}^n, f$ 是 u.s.c., 则称 f 在 $\mathbb{R}^n$ 上是 u.s.c..

定义 2.1.17　设 $f\colon \mathbb{R}^n \to \overline{\mathbb{R}}$ 是增广实值函数, 称 f 在 x 处下半连续的 (简记为 l.s.c.), 如果
$$f(x) \leqslant \liminf_{y \to x} f(y).$$

如果 $\forall x \in \mathbb{R}^n, f$ 是 l.s.c., 则称 f 在 $\mathbb{R}^n$ 上是 l.s.c..

定理 2.1.6　设 $f\colon \mathbb{R}^n \to \overline{\mathbb{R}}$ 是一增广实值函数, 则下述条件等价:

(i) f 在 $\mathbb{R}^n$ 上是下半连续的;

(ii) $\forall \alpha \in \mathbb{R}, \{x | f(x) \leqslant \alpha\}$ 是闭集;

(iii) epi f 是 $\mathbb{R}^{n+1}$ 的闭子集.

推论 2.1.1　设 X 是 Banach 空间, 则

(i) 若 $f\colon X^* \to \overline{\mathbb{R}}$ 是弱 * l.s.c. 函数 (即按 X^* 的弱 * 拓扑是 l.s.c.), 且至少有一水平集是非空有界的, 则 f 在 X^* 上可取到最小值;

(ii) 若空间 X 是自反的, $f\colon X \to \overline{\mathbb{R}}$ 是弱 l.s.c. 函数, 且至少有一水平集是非空有界的, 则 f 在 X 可取到最小值.

定理 2.1.7　设 X 是自反的 Banach 空间, $f\colon X \to \overline{\mathbb{R}}$ 是一 l.s.c. 凸函数, 且至少有一水平集是非空有界的, 则 f 在 X 可取到最小值.

定理 2.1.8 (Riesz 表示定理)　设 X 是 Hilbert 空间, 则对每一连续的线性泛函 $x^* \in X^*$, 存在一向量 $x \in X$, 满足
$$(x, h) = \langle x^*, h \rangle, \quad \forall h \in X,$$

且 $\|x^*\| = \|x\|$.

常见的函数空间

1) $C(X, \mathbb{R})$ 表示紧距离空间 X 映射到 $\mathbb{R}$ 的所有连续函数的全体, $\forall y \in C(X, \mathbb{R})$, $\|y\| := \max\limits_{x \in X} y(x)$ 为其范数.

2) $C^p([t_0, t_f], \mathbb{R}^n)$ 为 $[t_0, t_f] \subset \mathbb{R}$ 到 $\mathbb{R}^n$ 上的 p 次可微连续映射构成的 Banach 空间, 当 $p = 0$ 时, $C([t_0, t_f], \mathbb{R}^n) = C^0([t_0, t_f], \mathbb{R}^n)$, 其中范数 $\|\cdot\|$ 定义为
$$\|\phi\| := \max_{t_0 \leqslant \theta \leqslant t_f} |\phi(\theta)|, \quad \forall\, \phi \in C([t_0, t_f], \mathbb{R}^n),$$

此处 $|\cdot|$ 表示 $\mathbb{R}^n$ 上某一取定的范数.

3) $C_b([t_0, t_f], \mathbb{R}^n)$ 表示区间 $[t_0, t_f]$ 到 $\mathbb{R}^n$ 的所有连续有界函数构成的空间, $x \in C_b([t_0, t_f], \mathbb{R}^n)$, $\|x\|_c := \sup\{\|x(t)\|, t \in [t_0, t_f]\}$ 为范数, 其中 $\|\cdot\|$ 是欧氏范数.

4) $L_1[t_0, t_f]$ 是 $[t_0, t_f]$ 到 $\mathbb{R}$ 上的 Lebesgue 可积函数空间, $z \in L_1[t_0, t_f]$, $\|z\|_1 := \int_{t_0}^{t_f} |z(t)| dt$ 为其范数.

5) $L_2[t_0, t_f]$ 是 $[t_0, t_f]$ 到 $\mathbb{R}$ 上的 Lebesgue 平方可积函数空间, $u, v \in L_2[t_0, t_f]$, 其内积 $\langle u, v \rangle_2$ 定义如下:

$$\langle u, v \rangle_2 := \int_{t_0}^{t_f} u(t)v(t)dt,$$

其范数为 $\|u\|_2 = \sqrt{\langle u, u \rangle_2}$.

6) $L_\infty[t_0, t_f]$ 表示 $[t_0, t_f]$ 到 $\mathbb{R}$ 上的 Lebesgue 可测、本性有界函数空间, 其范数 $\|u\|_\infty := \operatorname{ess\,sup}_{t \in [t_0, t_f]} |u(t)|$.

7) $H_2 := \mathbb{R}^n \times L_2[t_0, t_f]$. 对任意的 $\eta = (\xi, u) \in H_2$ 和 $\eta' = (\xi', u') \in H_2$, 定义内积如下:

$$\langle \eta, \eta' \rangle_{H_2} := \langle \xi, \xi' \rangle + \langle u, u' \rangle_2,$$

其中, $\langle \xi, \xi' \rangle$ 表示欧氏内积. 对任意的 $\eta = (\xi, u) \in H_2$, 定义范数

$$\|\eta\|_{H_2} := \sqrt{\langle \eta, \eta \rangle_{H_2}} = \sqrt{\|\xi\|^2 + \|u\|_2^2}.$$

记 H_2 的满足分量 $u \in L_\infty[t_0, t_f]$ 的元素所构成的子空间为 $H_{\infty, 2}$, 其范数与 H_2 的范数一致, 即

$$H_{\infty, 2} := \mathbb{R}^n \times L_{\infty, 2}[t_0, t_f] := (\mathbb{R}^n \times L_\infty[t_0, t_f], \langle \cdot, \cdot \rangle_{H_2}, \|\cdot\|_{H_2}).$$

这里, $L_{\infty, 2}[t_0, t_f]$ 是一个拟 Hilbert 空间, 其元素与 $L_\infty[t_0, t_f]$ 相同, 但其上的内积及范数与 $L_2[t_0, t_f]$ 空间上的相同.

8) $PWC(I, X)$ 表示 $I \subset \mathbb{R}_+$ 到 X 中的逐段连续函数空间,

$$PWC_l(I, X)(PWC_r \cdot (I, X)) 为 PWC(I, X)$$

中的左 (右) 连续有右 (左) 极限. 定义 $PWC(I, X)$ 上的范数为:

$$\|z\|_0 := \sup\{\|z(t)\|_X, t \in I\}.$$

在此范数意义下 $PWC(I, X)$ 为 Banach 空间, $PWC_l(I, X)(PWC_r(I, X))$ 为 $PWC(I, X)$ 的闭子空间, 故也为 Banach 空间.

9) $\mathcal{L}_s^+(X)$ 表示 Hilbert 空间 X 中所有正自伴算子空间; $\mathcal{L}_s(X)$ 表示 X 中的所有有界线性对称算子空间.

定义 2.1.18 设 F 是 $C(X,\mathbb{R})$ 的一个子集, X 为紧距离空间. 称 F 是一致有界的, 如果 $\exists M_1 > 0$, 使得

$$|\varphi(x)| \leqslant M_1, \quad \forall x \in X, \quad \forall \varphi \in F;$$

称 F 是等度连续的, 如果 $\forall \varepsilon > 0, \exists \delta(\varepsilon) > 0$, 使得

$$|\varphi(x) - \varphi(y)| < \varepsilon, \quad \forall x, y \in X, \rho(x,y) < \delta, \quad \forall \varphi \in F.$$

定理 2.1.9 (Arzela-Ascoli) $F \subset C(X,\mathbb{R})$ 为列紧集当且仅当 F 是一致有界且等度连续的函数族.

2.1.2 变分分析

设函数 $f : C \subset \mathbb{R}^n \to \mathbb{R}$, 将 f 在 $\mathbb{R}^n$ 上作延拓:

$$F(x) = \begin{cases} f(x), & x \in C, \\ \infty, & x \in \mathbb{R}^n \backslash C. \end{cases}$$

则优化问题

$$\min_{x \in C} f(x)$$

等价于

$$\min_{x \in \mathbb{R}^n} F(x).$$

定义 2.1.19 设 X 是内积空间, $C \subset X$ 是一集合, C 的指示函数与支撑函数分别定义为

$$I_C(x) := \begin{cases} 0, & x \in C, \\ +\infty, & x \notin C \end{cases}$$

与

$$\sigma(x^*|C) := \sup_{x \in C} \langle x^*, x \rangle, \quad x^* \in X^*.$$

定义 2.1.20 设 $f(x)$ 是 $\mathbb{R}^n$ 上的实值函数, $d \in \mathbb{R}^n$, 若极限

$$\lim_{t \to 0^+} \frac{f(x+td) - f(x)}{t} \tag{2.1.5}$$

存在, 则称这个极限是 $f(x)$ 在 x 点沿方向 d 的方向导数, 记为 $f'(x;d)$.

定义 2.1.21 设 $f(x)$ 为开集 $S \subset \mathbb{R}^n$ 上的局部 Lipschitz 函数, $f(x)$ 在点 x 处关于方向 $d \in \mathbb{R}^n$ 的广义方向导数定义为

$$f^o(x;d) := \limsup_{y \to x, t \to 0^+} \frac{f(y+td) - f(y)}{t}. \tag{2.1.6}$$

定义 2.1.22　设 X 为实赋范空间.

(i) 称连续函数 $f: X \to \mathbb{R}^n$ 在 $x_0 \in X$ 点处 Gâteaux 可微, 如果存在有界线性算子 $f_x(x_0): X \to \mathbb{R}^n$, 使得对每个 $\delta x \in X$, 有

$$\lim_{\lambda \downarrow 0} \frac{\|f(x_0 + \lambda \delta x) - f(x_0) - \lambda f_x(x_0)\delta x\|}{\lambda} = 0,$$

称 $f_x(x_0)$ 为 $f(x)$ 在 x_0 处的 Gâteaux 微分.

(ii) 称连续函数 $f: X \to \mathbb{R}^n$ 在 $x_0 \in X$ 点处 Fréchet 可微, 如果它在 x_0 处 Gâteaux 可微, 且 Gâteaux 微分满足如下性质

$$\lim_{\delta x \to 0} \frac{\|f(x_0 + \delta x) - f(x_0) - f_x(x_0)\delta x\|}{\|\delta x\|} = 0,$$

则称 $f_x(x_0)$ 为 $f(x)$ 在 x_0 处的 Fréchet 微分.

引理 2.1.1 (下极限的性质)

$$\liminf_{x \to \bar{x}} f(x) = \min\{\alpha \in \overline{\mathbb{R}} | \exists x^v \to \bar{x}, f(x^v) \to \alpha\}. \tag{2.1.7}$$

定理 2.1.10　设函数 $f: C \subset \mathbb{R}^n \to \overline{\mathbb{R}}$, 若 f 是紧集 C 上的连续函数, 则函数 f 在 C 上可取到最小值.

定义 2.1.23 (水平有界)　称函数 $f: \mathbb{R}^n \to \overline{\mathbb{R}}$ 是水平有界的, 若对任意 $\alpha \in \mathbb{R}$, 水平集 $\mathrm{lev}_{\leqslant \alpha} f$ 是有界的.

定理 2.1.11　设增广实值函数 $f: \mathbb{R}^n \to \overline{\mathbb{R}}$ 是下半连续的、水平有界的正常函数, 则 $\inf f$ 是有限的且集合 $\arg\min f$ 是非空紧集.

定理 2.1.12　设 $f: \mathbb{R}^n \to \overline{\mathbb{R}}$ 为连续函数, $C \subset \mathbb{R}^n$ 是一非空闭集. 若集合

$$\{x \in C | f(x) \leqslant \alpha\}$$

对一切的 $\alpha \in \mathbb{R}$ 均有界, 则 $\min_C f$ 为有限值, 且可在集合 C 的一非空紧集上达到.

设函数 $f: \mathbb{R}^n \times \mathbb{R}^m \to \overline{\mathbb{R}}$, 考虑参数依赖的优化问题:

$$\min\{f(x, u) | x = (x_1, x_2, \ldots, x_n)^\mathrm{T} \in \mathbb{R}^n, u = (u_1, u_2, \ldots, u_m)^\mathrm{T} \in \mathbb{R}^m\}.$$

定义 2.1.24 (局部一致水平有界)　设函数 $f: \mathbb{R}^n \times \mathbb{R}^m \to \overline{\mathbb{R}}$. 称函数 $f(x, u)$ 关于变量 x 是水平有界且关于参数 u 是局部一致的, 若 $\forall \bar{u} \in \mathbb{R}^m$ 和 $\alpha \in \mathbb{R}$, 存在邻域 $V \in \mathcal{N}(\bar{u})$ 和有界集 $B \subset \mathbb{R}^n$, 使得 $\forall u \in V$, 有 $\{x \in \mathbb{R}^n | f(x, u) \leqslant \alpha\} \subset B$ 成立; 或等价地, 存在一个邻域 $V \in \mathcal{N}(\bar{u})$, 使得集合 $\{(x, u) \in \mathbb{R}^n \times \mathbb{R}^m | u \in V, f(x, u) \leqslant \alpha\}$ 在 $\mathbb{R}^n \times \mathbb{R}^m$ 上有界.

定理 2.1.13 (参数极小化定理)　设 $f: \mathbb{R}^n \times \mathbb{R}^m \to \overline{\mathbb{R}}$ 是正常的、下半连续且局部一致水平有界的. 令

$$p(u) := \inf_x f(x, u), \quad P(u) := \arg\min_x f(x, u).$$

则

(i) 函数 p 在 $\mathbb{R}^m$ 上是正常的下半连续函数, 且当 $u \notin \operatorname{dom} p$ 时, $P(u) = \varnothing$; 当 $u \in \operatorname{dom} p$ 时, 集合 $P(u)$ 是非空紧的.

(ii) 设 $x^\nu \in P(u^\nu)$, 函数 p 在 $\bar{u} \in U$ 处关于 $U \subset R^m$ 连续, $u^\nu \in U$, 若当 $u^\nu \to \bar{u} \in \operatorname{dom} p$ 时, 有 $p(u^\nu) \to p(\bar{u})$, 则序列 $\{x^\nu\}_{\nu \in \mathbb{N}}$ 有界, 且其所有聚点均属于集合 $P(\bar{u})$.

(iii) 函数 p 在点 $\bar{u}$ 相对于集合 U 连续 ($\bar{u} \in U$) 的一个充分条件是: 存在 $\bar{x} \in P(\bar{u})$, 使得函数 $f(\bar{x}, u)$ 在点 $\bar{u}$ 关于集合 U 连续.

定理 2.1.14　设 $U \subset \mathbb{R}^m$ 为有界闭集, $\forall u \in U$, 令 $p(u), P(u)$ 分别为下述问题的最优值和最优解集:

$$\begin{aligned}\min_{x \in X} \quad & f_0(x, u) \\ \text{s.t.} \quad & f_i(x, u) \begin{cases} \leqslant 0, & i \in I, \\ = 0, & i \in E. \end{cases}\end{aligned}$$

其中, $f_0: \mathbb{R}^n \times \mathbb{R}^m \to \mathbb{R}$, $X \subset \mathbb{R}^n$ 为一闭子集, I, E 分别为约束函数 $f_i: X \times U \to \mathbb{R}$ 对应不等式约束与等式约束的指标集. $\forall i \in \{0\} \cup I \cup E$, 函数 f_i 连续. $\forall \bar{u} \in U, \varepsilon > 0$ 以及 $\alpha \in \mathbb{R}$, 集合 $S := \{(x, u) \in X \times U \mid |u - \bar{u}| \leqslant \varepsilon, f_0(x, u) \leqslant \alpha, f_i(x, u) \leqslant 0, i \in I, f_i(x, u) = 0, i \in E\}$ 在 $\mathbb{R}^n \times \mathbb{R}^m$ 上有界.

那么, p 是 U 上的下半连续函数, 且 $\forall u \in U, p(u) < \infty$, 集合 $P(u)$ 是非空紧的. 如果 f_0 仅依赖于 u 且至少有一个 x 满足约束条件, 则 $\operatorname{dom} p = U$, 且 p 相对于集合 U 连续. 在这种情况下, 只要当 $u^\nu \to \bar{u}$ 时, 有 $x^\nu \in P(u^\nu)$, 则序列 $\{x^\nu\}_{\nu \in \mathbb{N}}$ 的所有聚点都在集合 $P(\bar{u})$ 中.

定理 2.1.15 (极小化次序的交换)　设 $f: \mathbb{R}^n \times \mathbb{R}^m \to \overline{\mathbb{R}}$, 且下列函数有定义:

$$p(u) := \inf_x f(x, u), \quad q(x) := \inf_u f(x, u). \tag{2.1.8}$$

则

$$\inf_{x, u} f(x, u) = \inf_u p(u) = \inf_x q(x), \tag{2.1.9}$$

$$\arg\min_{x, u} f(x, u) := \{(\bar{x}, \bar{u}) \mid \bar{u} \in \arg\min_u p(u), \bar{x} \in \arg\min_x f(x, \bar{u})\} \tag{2.1.10}$$

$$= \{(\bar{x}, \bar{u}) \mid \bar{x} \in \arg\min_x q(x), \bar{u} \in \arg\min_u f(\bar{x}, u)\}. \tag{2.1.11}$$

2.2 集中参数动力系统

2.2.1 常微分方程的定性理论

本节的结果选自文献[153, 157, 211], 主要介绍常微分方程解的存在性、唯一性以及解对初值和参数的连续依赖性.

引理 2.2.1 (Bellman Gronwall 不等式) 设绝对连续函数 $y:[t_0,t_f] \to \mathbb{R}^n$ 满足下面的不等式

$$\|\dot{y}(t)\| \leqslant \gamma_1 \|y(t)\| + c_1(t), \quad \text{a.e.} \ \ t \in [t_0, t_f],$$

其中 $c_1(\cdot) \in L_1[t_0, t_f]$, γ_1 为非负常数, 则有下式成立

$$\|y(t) - y(t_0)\| \leqslant (e^{\gamma_1(t-t_0)} - 1)\|y(t_0)\| + \int_{t_0}^{t} e^{\gamma_1(t-s)} c_1(s) ds, \quad \forall t \in [t_0, t_f].$$

引理 2.2.2 (解的存在唯一性) 考虑初值问题:

$$\begin{cases} \dot{x} = f(t,x), \\ x(t_0) = x^0. \end{cases} \quad (2.2.1)$$

其中 $t \in \mathbb{R}$, $x \in \mathbb{R}^n$, $f: \mathbb{R} \times \mathbb{R}^n \to \mathbb{R}^n$. 设 $l_1, l_2 > 0$ 是与 t 无关的常数, 函数 $f(t,x)$ 在闭区域 $\Omega := \{(t,x) \, | \, |t-t_0| \leqslant l_1, \|x-x^0\| \leqslant l_2, \} \subseteq \mathbb{R}^{n+1}$ 中满足下列条件:

(i) f 在 Ω 上连续, 即 $f \in C(\Omega, \mathbb{R}^n)$;

(ii) f 关于 x 满足 Lipschitz 条件:

$$\|f(t, x^1) - f(t, x^2)\| \leqslant l_3 \|x^1 - x^2\|, \quad \forall (t, x^1), (t, x^2) \in \Omega, \quad (2.2.2)$$

其中 $l_3 > 0$ 是与 t 无关的常数.

令 $\omega_1 = \max_{(t,x) \in \Omega} \|f(t,x)\|$, $h_1^* = \min\left(l_1, \dfrac{l_2}{\omega_1}\right)$, 则初值问题 (2.2.1) 在区间 $\{t \, | \, |t-t_0| \leqslant h_1^*\}$ 上存在唯一解. □

引理 2.2.3 (解对初值的连续依赖性) 考虑初值问题

$$\begin{cases} \dot{x} = f(t,x), \\ x(\xi) = \eta. \end{cases} \quad (2.2.3)$$

式中 $t, \xi \in \mathbb{R}$, $\eta \in \mathbb{R}^n$, $f: \mathbb{R} \times \mathbb{R}^n \to \mathbb{R}^n$. 设函数 $f(t,x)$ 在引理2.2.2 所定义的闭区域 Ω 上连续且关于 x 满足 Lipschitz 条件. 令 $h_2^* = \min\left\{\dfrac{l_1}{2}, \dfrac{l_2}{2\omega_1}\right\}$, 其中 l_1, l_2 和

ω_1 如引理 2.2.2 所定义. 则对于所有满足 $|\xi-t_0|\leqslant \frac{h_2^*}{2}$, $\|\eta-x^0\|\leqslant \frac{l_2}{2}$ 的初值 (ξ,η), 初值问题 (2.2.3) 在区间 $\left\{t\mid |t-t_0|\leqslant \frac{h_2^*}{2}\right\}$ 上存在唯一解 $x(t;\xi,\eta)$, 且它是 $(t;\xi,\eta)$ 的连续函数. □

引理 2.2.4 (解对参数的连续依赖性) 考察含参数的初值问题

$$\begin{cases} \dot{x}=f(t,x,p), \\ x(t_0)=x^0. \end{cases} \tag{2.2.4}$$

式中 $t\in\mathbb{R}, x\in\mathbb{R}^n, p\in\mathbb{R}^m, f:\mathbb{R}\times\mathbb{R}^n\times\mathbb{R}^m\to\mathbb{R}^n$. 给定 $p^0\in\mathbb{R}^m$, 设函数 $f(t,x,p)$ 在闭区域 $\Omega_{p^0}:=\{(t,x,p)\mid |t-t_0|\leqslant l_1, \|x-x^0\|\leqslant l_2, \|p-p^0\|\leqslant l_4\}$ 上连续且关于 x 满足 Lipschitz 条件. 令 $\omega_2=\max_{(t,x,p)\in\Omega_{p^0}}\|f(t,x,p)\|$, $h_3^*=\min\left\{l_1,\frac{l_2}{\omega_2}\right\}$. 则对于任何满足 $\|p-p^0\|\leqslant l_4$ 的 p, 初值问题 (2.2.4) 在区间 $\{t\mid |t-t_0|\leqslant h_3^*\}$ 上存在唯一解 $x(t;t_0,x^0,p)$, 且它关于 p 连续. 进一步地, 若 $f(t,x,p)$ 在 Ω_{p^0} 上 $n(n\geqslant 1)$ 阶连续可微, 则对于任何满足 $\|p-p^0\|\leqslant l_4$ 的 p, 初值问题 (2.2.4) 在区间 $\{t\mid |t-t_0|\leqslant h_3^*\}$ 上存在唯一解 $x(t;t_0,x^0,p)$, 且它关于 p 是 n 阶连续可微的. □

引理 2.2.5 (全局解的存在唯一性) 给定 $(t_0,x^0)\in\mathbb{R}^{n+1}$, 假设 $x(\cdot;t_0,x^0)$ 为初值问题 (2.2.1) 在开区间 $(t_0-\delta,t_0+\delta)$ 上的一个解, f 关于 (t,x) 局部 Lipschitz 连续, 且满足线性增长条件:

$$\|f(t,x)\|\leqslant l_5\|x\|+l_6,$$

式中 l_5, l_6 为非负常数. 则初值问题 (2.2.1) 在 $(-\infty,+\infty)$ 上存在过点 (t_0,x^0) 的唯一解. □

2.2.2 最优控制问题

由常微分方程组描述的动力系统, 即

$$\begin{cases} \dot{x}(t)=f(t,x(t),u(t)), \quad t\in\mathcal{I}:=[t_0,t_f], \\ x(t_0)=x^0, \end{cases} \tag{2.2.5}$$

其中, $x(t)\in\mathbb{R}^n$ 为状态变量; $u(t)\in\mathbb{R}^m$ 为控制函数, 一般有 $u(t)\in U_m\subseteq\mathbb{R}^m$, U_m 是 $\mathbb{R}^m$ 中非空开集或闭集; t 是时间变量且 $t\in\mathcal{I}$; $f:\mathcal{I}\times\mathbb{R}^n\times U_m\to\mathbb{R}^n$. 通常 n 与 m 均为正整数, 且 $m\leqslant n$. 进一步, 设 $S_0\subseteq\mathbb{R}^n$ 为初始状态 x^0 的集合, 且为非空有界开或闭子集.

对于动力系统 (2.2.5), 总假设 $f:\mathcal{I}\times\mathbb{R}^n\times U_m\to\mathbb{R}^n, x^0\in S_0$ 及 $u(t)\in U_m$ 使系统 (2.2.5) 存在唯一解, 记为 $x(\cdot)=x(\cdot;x^0,u)$. $\forall x^0\in S_0$, 令系统 (2.2.5) 对应控

制函数 $u(t) \in U_m$ 的解的集合：

$$S(x^0) := \{x(t; x^0, u) \in \mathbb{R}^n, \ \forall \, t \in \mathcal{I} | x(\cdot; x^0, u) \text{ 为系统}((2.2.5)) \text{以} x^0$$
$$\text{为初值, 对应控制函数} u(t) \in U_m \text{ 的解}\}. \tag{2.2.6}$$

把系统 (2.2.5) 的状态 $x(t)$ 从初值 $x^0 \in S_0$ 经控制函数 $u(t) \in U_m$ 的作用，使其轨道 $x(t) \in M(t) \subseteq \mathbb{R}^n$, $t \in \mathcal{I}$, 称子集 $M(t)$ 为系统 (2.2.5) 的状态约束集. 另外, 还要求终端状态 $x(t_f)$ 属于集合 $S_{t_f} \subset \mathbb{R}^n$, 称 S_{t_f} 为系统 (2.2.5) 的目标集, 可定义为

$$S_{t_f} := \{x \in \mathbb{R}^n \mid g_f(t_f, x) = 0, g_f \in \mathbb{R}^q, q \leqslant n\}. \tag{2.2.7}$$

对于控制函数 $u(t), t \in \mathcal{I}$, 定义其允许函数集为

$$U_\mathcal{I} := \{u(t) \in PWC(\mathcal{I}, \mathbb{R}^m) \mid x(t_f; x^0, u) \in S_{t_f}\}. \tag{2.2.8}$$

表征系统 (2.2.5) 的品质优劣的性能指标是依赖控制函数 $u(t) \in U_\mathcal{I}$ 的泛函, 又称性能指标泛函或代价函数, 记为 $J(u(\cdot)) \in (-\infty, +\infty)$. 一般地,

$$J(u(\cdot)) := \psi(t_f, x(t_f)) + \int_{t_0}^{t_f} f^0(t, x(t), u(t))dt, \tag{2.2.9}$$

其中, $\psi: \mathbb{R}^+ \times \mathbb{R}^n \to \mathbb{R}, f^0: \mathcal{I} \times \mathbb{R}^n \times U_\mathcal{I} \to \mathbb{R}$ 为已知函数, $x(t) = x(t; x^0, u) \in S(x^0)$, 称 $x(t), \forall \, t \in \mathcal{I}$, 为系统 (2.2.5) 的轨道.

考虑动力系统 (2.2.5), $\forall x^0 \in S_0$, 求允许控制 $u^*(t) \in U_\mathcal{I}$, 使系统 (2.2.5) 在控制函数 u^* 的作用下, 从初态 $x^0 \in S_0$ 出发, 到终端时刻 t_f 达到 S_{t_f}, 即 $x(t_f) \in S_{t_f}$, 且使性能指标达到极小 (或极大), 即

$$J(u^*(\cdot)) \leqslant J(u(\cdot)), \quad \forall u(t) \in U_\mathcal{I}. \quad t \in \mathcal{I}, \quad x(t_f) \in S_{t_f}. \tag{2.2.10}$$

这样, 一个最优控制问题可以表示为

$$\begin{aligned} \min \quad & J(u(\cdot)) \\ \text{s.t.} \quad & u(t) \in U_\mathcal{I}, \\ & x(t_f) \in S_{t_f}. \end{aligned} \tag{2.2.11}$$

称 $u^*(\cdot)$ 为最优控制. 系统 (2.2.5) 对应的解 $x^*(\cdot) = x^*(\cdot; x^0, u^*)$ 称为最优轨道, 且 $J(u^*(\cdot))$ 为最优性能指标, 记为 $J^* = J(u^*(\cdot))$. 把 $(x^*(\cdot), u^*(\cdot))$ 称为最优控制问题 (2.2.11) 的最优解.

为了讨论动力系统 (2.2.5) 解的性质, 现对系统中的函数 $f(t, x, u) = f(t, x(t), u(t))$ 作如下假设:

2.2 集中参数动力系统

H2.2.1: $\forall\, u(t) \in U_\mathcal{I}$, 对每个固定的 $x(\cdot) \in C(\mathcal{I}, \mathbb{R}^n)$, $f(t, x(t), u(t))$ 关于 $t \in \mathcal{I}$ 是可测的, 对于任意固定的 $t \in \mathcal{I}$, $f(t, x(t), u(t))$ 关于 $x(\cdot) \in C(\mathcal{I}, \mathbb{R}^n)$ 是连续的. 另外, 对任意常数 $c > 0$, 存在 $K(\cdot, c) \in L_1(\mathcal{I}, \mathbb{R})$, 使

$$\|f(t, x(t), u(t))\| \leqslant K(t, c), \quad \forall\, t \in \mathcal{I}, \quad \|x(t)\| \leqslant c. \tag{2.2.12}$$

H2.2.2: $\forall\, u(t) \in U_\mathcal{I}$, 对任一固定的 $x(\cdot) \in C(\mathcal{I}, \mathbb{R}^n)$, $f(t, x(t), u(t))$ 关于 $t \in \mathcal{I}$ 是可测的. 对任意的常数 $c > 0$, 存在 $K(\cdot, c), L(\cdot, c) \in L_1(\mathcal{I}, \mathbb{R})$, 使 (2.2.12) 成立, 且

$$\|f(t, x(t), u(t)) - f(t, y(t), u(t))\| \leqslant L(t, c) \|x(t) - y(t)\|,$$
$$\forall\, t \in \mathcal{I}, \quad \|x(t)\| \leqslant c, \quad \|y(t)\| \leqslant c. \tag{2.2.13}$$

显然, 若假设 H2.2.2 成立, 则 H2.2.1 必成立.

依定义, 系统 (2.2.5) 的解 $x(\cdot)$ 在 $\mathcal{I}$ 上绝对连续且在 $\mathcal{I}$ 上几乎处处成立. 在假设 H2.2.1 下, $u(t) \in U_\mathcal{I}, x(\cdot) \in C(\mathcal{I}, \mathbb{R}^n)$, 函数 $t \to f(t, x(t), u(t))$ 是可测的 (在 $\mathcal{I}$ 上). 因此, $f(t, x(t), u(t)) \in L_1(\mathcal{I}, \mathbb{R}^n)$. 从而系统 (2.2.5) 等价于积分方程:

$$x(t) = x^0 + \int_{t_0}^t f(\tau, x(\tau), u(\tau)) d\tau. \tag{2.2.14}$$

下面给出系统 (2.2.5) 解的一些性质.

引理 2.2.6 在假设 H2.2.2 下, 系统 (2.2.5) 存在唯一解.

推论 2.2.1 在假设 H2.2.2 下, 若 $x_1(\cdot)$ 与 $x_2(\cdot)$ 为系统 (2.2.5) 分别对应初值 x_{01} 与 x_{02} 的解, 且存在常数 $c > 0$, 使 $\|x_1(t)\| \leqslant c, \|x_2(t)\| \leqslant c, \forall\, t \in \mathcal{I}$, 则

$$\|x_1(t) - x_2(t)\| \leqslant \|x_{01} - x_{02}\| \exp\left(\int_{t_0}^t L(\tau, c) d\tau\right), \quad t \in \mathcal{I}, \tag{2.2.15}$$

其中, $L(\cdot, c)$ 为假设 H2.2.2 中的函数. 进一步, 若 $x_{01} = x_{02}$, 则 $x_1(t) = x_2(t)$, $\forall\, t \in \mathcal{I}$.

引理 2.2.7 在假设 H2.2.2 下, 若 $x(\cdot)$ 是系统 (2.2.5) 在区间 $\mathcal{I}$ 上的解且

$$\|x(t)\| \leqslant c, \quad \forall\, t \in \mathcal{I} \tag{2.2.16}$$

成立, 则存在 $t'_f, t'_f > t_f$, 使系统 (2.2.5) 的解 $x(\cdot)$ 可以延拓到区间 $[t_0, t'_f]$ 且该解与原来的解 $x(\cdot)$ 在 $\mathcal{I}$ 上一致.

引理 2.2.8 设系统 (2.2.5) 满足假设 H2.2.2, 且存在函数 $C(\cdot) \in L_1(\mathcal{I}, \mathbb{R})$ 使 $C(t) \geqslant 0, \text{a.e.}$, 且

$$< x(t), f(t, x(t), u(t)) > \leqslant C(t)(1 + \|x(t)\|^2), \quad \forall t \in \mathcal{I}, \quad x(t) \in C(\mathcal{I}, \mathbb{R}^n), \tag{2.2.17}$$

则存在常数 $M > 0$, 使系统 (2.2.5) 的解 $x(\cdot)$ 满足: $\|x(t)\| \leqslant M, \forall\, t \in \mathcal{I}$.

若 $f(t,x(t),u(t))$ 在 $t \geqslant t_0$ 有定义, 则要求假设 H2.2.2 在 $[t_0,\infty)$ 中任一有限区间 $\mathcal{I}$ 上成立. 这时函数 $K(\cdot,c)$ 和 $L(\cdot,c)$ 与 t_f 有关.

对于最优控制问题 (2.2.11), 下边讨论其最优解的存在性问题.

设子集 $U_m \subset \mathbb{R}^m$ 为控制集, 令允许控制集为

$$\mathcal{U}_{ad}(\mathcal{I},U_m) := \{u \in PWC(\mathcal{I},U_m) \mid u(\cdot)$$
$$\text{使对应的} f(t,x(t),u(t)) \text{满足假设 H2.2.1 与 H2.2.2}\}.$$

将系统 (2.2.5) 对应 $u \in \mathcal{U}_{ad}(\mathcal{I},U_m)$ 的解记为 $x(\cdot;u)$, 且满足状态约束与终端约束:

$$x(t;u) \in M(t), \quad \forall t \in \mathcal{I}, \quad x(t_f;u) \in S_{t_f}.$$

令

$$\mathcal{U}_{adf}(\mathcal{I},U_m) := \{u \in \mathcal{U}_{ad}(\mathcal{I},U_m) \mid \text{系统}(2.2.5)\text{对应}u\text{的解}$$
$$x(\cdot;u) \text{满足}: x(t;u) \in M(t), t \in \mathcal{I}, x(t_f;u) \in S_{t_f}\}, \quad (2.2.18)$$

则称集合 $\mathcal{U}_{adf}(\mathcal{I},U_m)$ 为系统 (2.2.5) 的允许可行控制集.

定义 2.2.1 若存在允许控制序列 $\{u^n\}$, $u^n \in \mathcal{U}_{ad}(\mathcal{I},U_m)$, 使对应系统 (2.2.5) 的解 $x(\cdot;u^n)$ 在 $\mathcal{I}$ 上存在且满足

$$\lim_{n \to \infty} \text{dist}(x(t;u^n), M(t)) = 0, \quad \forall t \in [t_0,t_n], \quad (2.2.19)$$

$$\lim_{n \to \infty} \text{dist}(x(t_n;u^n), S_{t_f}) = 0, \quad (2.2.20)$$

$$\limsup_{n \to \infty} J(u^n(\cdot)) \leqslant K := \inf\{J(u^n(\cdot)) | u^n \in \mathcal{U}_{adf}([t_0,t_n],U_m)\}, \quad (2.2.21)$$

这里, t_n 表示可变的终止时刻. 若终止时间 t_f 给定, 则 $t_n \equiv t_f$, 称 $\{u^n\}$ 为最优控制问题 (2.2.11) 的极小化序列.

最优控制 u^* 存在性证明的一般步骤为: 对给定的极小化序列, 选择 $\{u^n\}$ 与 $\{x(\cdot;u^n)\}$ 的收敛子列, 然后取极限. 另外, 可应用 Arzela-Ascoli 定理实现子列 $\{x(\cdot;u^{n_k})\}$ 的一致收敛性. 但是子列 $\{u^{n_k}(\cdot)\}$ 至多在某个 L_p 空间中弱收敛, 这使得非线性最优控制问题变得十分复杂, 因为子列 $\{u^{n_k}(\cdot)\}$ 的弱收敛不一定能保证对应序列 $\{f(t,x(t;u^{n_k}),u^{n_k}(t))\}$ 或 $\{J(u^{n_k}(\cdot))\}$ 的收敛性.

有界变差函数

有界变差函数在证明最优控制问题最优控制的存在性方面具有重要的意义. 以下简单介绍有界变差函数及其相关性质.

定义 2.2.2 函数 $h: \mathcal{I} \to \mathbb{R}$ 称为有界变差函数, 若存在常数 $\bar{K}$, 使得对区间 $\mathcal{I}$ 的任意划分 $\{t_i\}_{i=0}^m$ 满足

$$\sum_{i=0}^m |h(t_i) - h(t_{i-1})| \leqslant \bar{K}. \quad (2.2.22)$$

2.2 集中参数动力系统

函数 h 的全变分, 记作 $\bigvee_{t_0}^{t_f} h(t)$, 由下式定义

$$\bigvee_{t_0}^{t_f} h(t) := \sup\left\{\sum_{i=0}^{m}|h(t_i) - h(t_{i-1})| \,\Big|\, \{t_i\}_{i=0}^{m} \text{ 是 } \mathcal{I} \text{ 的一个划分}\right\}. \tag{2.2.23}$$

显然非降函数一定是有界变差函数, 有界变差函数的一个充要条件是它可以表示为两个非降函数的差. 常值函数的全变分为零, 单调函数的全变分为函数端点值之差的绝对值.

记区间 $\mathcal{I}$ 上所有有界变差函数构成的空间为 $BV(\mathcal{I}, \mathbb{R})$, 其范数定义为

$$\|h\|_{BV} := |h(t_0)| + \bigvee_{t_0}^{t_f} h(t). \tag{2.2.24}$$

若 $h \in BV(\mathcal{I}, \mathbb{R})$, 则 h 在 $\mathcal{I}$ 上几乎处处可微. 如果 $h: \mathcal{I} \to \mathbb{R}$ 是绝对连续函数, 那么 h 是有界变差函数.

对于向量值函数 $\tilde{h} := (h_1, h_2, \ldots, h_n) : \mathcal{I} \to \mathbb{R}^n$. $\tilde{h}$ 的全变分定义为

$$\bigvee_{t_0}^{t_f} \tilde{h}(t) := \sum_{i=1}^{n} \bigvee_{t_0}^{t_f} h_i(t). \tag{2.2.25}$$

进一步, 记 $BV(\mathcal{I}, \mathbb{R}^n)$ 为所有 $\mathcal{I}$ 上有界变差函数 $\tilde{h}: \mathcal{I} \to \mathbb{R}^n$ 构成的空间, 相应的范数定义为

$$\|\tilde{h}\|_{BV} := \|h(t_0)\| + \sum_{i=1}^{n} \bigvee_{t_0}^{t_f} h_i(t). \tag{2.2.26}$$

定理 2.2.1 若 $\tilde{h} \in BV(\mathcal{I}, \mathbb{R}^n)$, 则对于 $t_0 \leqslant t < t_f$, 极限 $\tilde{h}(t+0) := \lim_{s \to t+0} \tilde{h}(s)$ 存在. 且对于 $t_0 < t \leqslant t_f$, 极限 $\tilde{h}(t-0) := \lim_{s \to t-0} \tilde{h}(s)$ 存在.

定理 2.2.2 若 $\tilde{h} \in BV(\mathcal{I}, \mathbb{R}^n)$, 则 $\tilde{h}$ 不连续点构成的集合是可数集.

定义 2.2.3 令 $\{\tilde{h}\}$ 是 $BV(\mathcal{I}, \mathbb{R}^n)$ 中的一族函数, 称函数族 $\{\tilde{h}\}$ 是等度有界的且有等度有界的全变分, 如果存在常数 $\bar{K}_1 > 0$, $\bar{K}_2 > 0$ 使得对任意的 $\tilde{h} \in \{\tilde{h}\}$ 有

$$\|\tilde{h}(t)\| \leqslant \bar{K}_1 \text{ 和 } \bigvee_{t_0}^{t_f} \tilde{h}(t) \leqslant \bar{K}_2 \tag{2.2.27}$$

成立.

定理 2.2.3 (Helly 选择定理) 设 $\{\tilde{h}\}$ 是 $BV(\mathcal{I}, \mathbb{R}^n)$ 中等度有界且有等度有界的全变分的一族函数, 则 $\{\tilde{h}\}$ 中任何序列 $\{\tilde{h}^i\}$ 一定存在子序列 $\{\tilde{h}^{i_k}\}$ 在 $\mathcal{I}$ 上

几乎处处逐点收敛于 $BV(\mathcal{I}, \mathbb{R}^n)$ 中的函数 $\tilde{h}^0$ 且

$$\bigvee_{t_0}^{t_f} \tilde{h}^0(t) \leqslant \liminf_{k \to \infty} \bigvee_{t_0}^{t_f} \tilde{h}^{i_k}(t) \qquad (2.2.28)$$

成立.

2.3 混杂动力系统

2.3.1 理论框架模型

本节的内容主要选自文献[62, 212], 介绍混杂系统的一般框架模型及其涉及的相关概念和符号.

一般确定型混杂控制系统可由七元组 $H_c := (Q, \Sigma, A, V, G, C, R)$ 组成, 具体如下:

Q 为离散状态空间, $l \in Q$ 为离散变量;

$\Sigma := \{\Sigma_l\}_{l \in Q}$, Σ_l 为离散状态 l 下对应的连续控制系统, 由连续状态变量 x_l, 连续向量场 f_l 和连续控制输入 u_l 构成, 并记 X_l 为连续状态空间, U_l 为连续输入控制空间, $S := \bigcup_{l \in Q} X_l \times \{l\}$ 为混杂状态空间;

$A := \{A_l\}_{l \in Q}$, $A_l \subset X_l$ 为自治跳跃集;

$V := \{V_l\}_{l \in Q}$, $v \in V_l$ 为转换控制律, V_l 为转换控制律 (或称离散控制) 的集合;

$G := \{G_l\}_{l \in Q}$, $G_l : A_l \times V_l \to S$ 为自治跳跃转换映射;

$C := \{C_l\}_{l \in Q}$, $C_l \subset X_l$ 为控制跳跃集;

$R := \{R_l\}_{l \in Q}$, $R_l : C_l \to 2^S$ 为控制跳跃目标映射.

混杂控制系统 (H_c) 的动力学行为可描述如下: 假设系统从混杂状态 $P_0 = (x^0, l_0)$ 出发, 其连续状态 x_{l_0} 一直受向量场 f_{l_0} 驱动, 直到首次进入集合 A_l 或 C_l, 记此时混杂状态为 $P_1^- = (x_1^-, l_0)$. 若 $P_1^- \in A_{l_0}$, 则选择一个自治转换律 $v \in V_{l_0}$, 然后混杂状态 P_1^- 经映射 $G_{l_0}(x_1^-, v)$ 作用后迁移到新的状态; 若 $P_1^- \in C_{l_0}$, 则可选 $R_{l_0}(x_1^-)$ 上的任意一点为混杂状态的迁移目标. 无论哪一种情形, 混杂状态都将迁移到新的状态, 记为 $P_1 = (x_1, l_1)$, 如此循环下去.

注 2.3.1 在很多具有混杂特性的物理过程中, 有些连续状态在发生离散事件之后可能不再被关注 (即状态失能), 而有些新的连续状态需要被考虑 (即状态使能). 换而言之, 我们允许不同的离散状态下的连续状态变量不同. 因此, 在混杂控制系统 (H_c) 中用 x_l 来区分不同离散状态对应的连续状态变量.

2.3 混杂动力系统

混杂控制系统 (H_c) 是一个比较一般性框架的模型, 该模型覆盖了迄今为止出现的大部分混杂系统, 如自治 (或受控) 切换系统、自治 (或受控) 脉冲系统、数字自动机模型等等. 但对于理论分析来说, 该模型的形式则往往显得过于抽象而不便于数学上的分析. 为此, 下面介绍另外一种在理论分析中更便于应用但覆盖面较窄的混杂系统模型.

$$\dot{x}_l = f_l(x_l, p, t), \quad d_j^l(x_l, p, t) \neq 0, \quad j = 1, 2, \ldots, n_j, \tag{2.3.1}$$

$$\begin{bmatrix} l(t^+) \\ x_l(t^+) \end{bmatrix} = \begin{bmatrix} r_l^{l,j}(x_l, p, t) \\ r_x^{l,j}(x_l, p, t) \end{bmatrix}, \quad d_j^l(x_l, p, t) = 0, \quad j \in I_{n_j}. \tag{2.3.2}$$

其中, x_l, f_l, l 与混杂控制系统 (H_c) 中的定义一致; p 为时不变参数, 其允许集为 P_{ad}; $r_x^{l,j}$ 和 $r_l^{l,j}$ 分别为连续状态和离散状态的转换 (重置) 映射; d_j^l 为离散事件发生函数, 有时也称不连续函数 (discontinuity function), 它决定着离散事件的发生与否, n_j 为不连续函数的总个数; $x_l(t^+)$ 和 $l(t^+)$ 表示 x_l 和 l 在转换时刻的继任状态. 记由 (2.3.1) 和 (2.3.2) 构成的混杂系统为 (HSM).

定义 2.3.1(混杂系统(HSM)的解) 设混杂系统(HSM)从初值 (x^0, l_0) 出发, 在时间区间 $[t_0, t_f]$ 上经历过 n_s ($n_s \leqslant +\infty$) 次离散事件, 转换时刻依次为 $t_1, t_2, \ldots, t_{n_s}$, 相应的离散状态依次为 $l_0, l_1, \ldots, l_{n_s}$. 令字符串 $\mathbf{L} = l_0 l_1 \ldots l_{n_s}$, 称之为混杂系统 (HSM) 在 $[t_0, t_f]$ 上的切换字 (switching word). 若存在一族函数 $\{x_{l_i}(\cdot)\}_{i=0}^{n_s}$ 满足下列条件:

(i) $x_{l_0}(t_0) = x^0$;

(ii) $x_{l_i} : (t_i, t_{i+1}] \to X_{l_i}$, 满足

$$\dot{x}_{l_i} = f_{l_i}(x_{l_i}, p, t), \quad \text{a.e.} \quad t \in (t_i, t_{i+1}], \quad i = 0, 1, 2, \ldots, n_s,$$

其中 $t_{n_s+1} = t_f$;

(iii) $\exists j_i \in I_{n_j}$, s.t. $d_{j_i}^{l_{i-1}}(x_{l_{i-1}}(t_i), p, t_i) = 0$, $l_i = r_l^{l_{i-1}, j_i}(x_{l_{i-1}}(t_i), p, t_i)$, $x_{l_i}(t_i^+) = r_x^{l_{i-1}, j_i}(x_{l_{i-1}}(t_i), p, t_i)$, $i = 1, 2, \ldots, n_s$. 则称 $\{x_{l_i}(\cdot)\}_{i=1}^{n_s}$ 为混杂系统 (HSM) 定义在 $[t_0, t_f]$ 上的解. 特别地, 把离散状态 l_i, $i = 0, 1, 2, \ldots, n_s$, 视为分片常值函数, 即 $l_i(\cdot) : [t_i, t_{i+1}] \to Q$, 则称 $(\{x_{l_i}(\cdot)\}_{i=0}^{n_s}, \{l_i(\cdot)\}_{i=0}^{n_s})$ 为混杂系统 (HSM) 定义在 $[t_0, t_f]$ 上的混杂轨迹, 简记为 $(x, l)(\cdot)$.

称 $\{x_{l_i}(\cdot)\}_{i=1}^{n_s}$ 为混杂系统 (HSM) 在 $[t_0, t_f]$ 上具有驻留时间 τ_D 的解, 如果它是混杂系统 (HSM) 在 $[t_0, t_f]$ 上的解, 且存在常数 $\tau_D > 0$, 使得转换时刻满足

$$t_{i+1} - t_i \geqslant \tau_D, \quad i = 0, 1, 2, \ldots, n_s - 1,$$

即在每一个子系统的停留时间不少于 τ_D.

2.3.2 参数灵敏度分析

所谓的参数灵敏度函数, 即为连续状态关于参数的偏导数. 由于连续状态是时间的函数, 这个偏导数也就是时间的函数.

考虑动力系统

$$\frac{\partial x_c}{\partial t} = f_c(x_c, p), \quad x_c(0) = x^0, \quad (2.3.3)$$

其中 p 为参数向量. 假设函数 $f_c(\cdot, \cdot)$ 关于 (x_c, p) 连续可微, 则对方程 (2.3.3) 的两边关于 p 进行微分并整理可得

$$\frac{\partial}{\partial t}\frac{\partial x_c}{\partial p} = \frac{\partial f_c}{\partial x_c} \cdot \frac{\partial x_c}{\partial p} + \frac{\partial f_c}{\partial p}. \quad (2.3.4)$$

令 $s_p := \frac{\partial x_c}{\partial p}$, 则由 (2.3.4) 可得

$$\frac{\partial s_p}{\partial t} = \frac{\partial f_c}{\partial x_c} \cdot s_p + \frac{\partial f_c}{\partial p}. \quad (2.3.5)$$

假设初值 x^0 与参数 p 无关, 则参数灵敏度函数可以通过求解如下初值问题来获得

$$\frac{\partial s_p}{\partial t} = \frac{\partial f_c}{\partial x_c} \cdot s_p + \frac{\partial f_c}{\partial p}, \quad s_p(0) = 0. \quad (2.3.6)$$

显然, 参数灵敏度函数 s_p 是时间 t 的连续可微函数.

与常微分方程动力系统不同, 即使混杂系统具有连续可微的子系统, 其参数灵敏度往往都不再是连续可微的函数. 事实上, 大部分混杂系统的参数灵敏度函数都会存在不可微甚至是不连续点. 1999 年, Barton 及其学生 Galan 等[213] 针对一类由微分代数方程组构成连续子系统的混杂系统, 推导出其参数灵敏度函数的微分方程. 下面给出这一结果在混杂系统 (HSM) 中的相应结论.

引理 2.3.1 考虑混杂系统

$$\dot{x}_l = f_l(x_l, p, t), \quad d^l_j(x_l, p, t) \neq 0, \quad j = 1, 2, \ldots, n_j,$$

$$\begin{bmatrix} x_l(t^+) \\ l(t^+) \end{bmatrix} = \begin{bmatrix} r^{l,j}_x(x_l, p, t) \\ r^{l,j}_l(x_l, p, t) \end{bmatrix}, \quad d^l_j(x_l, p, t) = 0, \quad j \in I_{n_j}, \quad (2.3.7)$$

$$\begin{bmatrix} l(t_0) \\ x_{l_0}(t_0) \end{bmatrix} = \begin{bmatrix} l_0 \\ x^0 \end{bmatrix}.$$

给定参数 $p \in P_{ad}$, 假设系统 (2.3.7) 在 $[t_0, t_f]$ 上经历 n_s 次转换, 转换时刻依次为 $t^p_1, t^p_2, \ldots, t^p_{n_s}$, $\mathbf{L}(p) = l_0 l_1 \ldots l_{n_s}$ 为其相应的切换字, 并设 $\{x_{l_i}(\cdot; p)\}_{i=1}^{n_s}$ 为系统 (2.3.7) 在 $[t_0, t_f]$ 上的一个解. 假设对任意 $t \in (t^p_i, t^p_{i+1}]$, $\frac{\partial f_{l_i}}{\partial x_{l_i}}$ 和 $\frac{\partial f_{l_i}}{\partial p}$ 存在且关于

2.3 混杂动力系统

x_{l_i} 在 $x_{l_i}(t;p)$ 的一个邻域内连续. 进一步地, 假设代数方程组

$$h(t_{i+1}^p, x_{l_i}, x_{l_{i+1}}; p) = \begin{bmatrix} x_{l_i}(t_{i+1}^p) - x_{l_i}(t_i^p) - \int_{t_i^p}^{t_{i+1}^p} f_{l_i}(x_{l_i}(t), p, t) dt \\ d_{j_{i+1}}^{l_i}(x_{l_i}(t_{i+1}^p), p, t_{i+1}^p) \\ x_{l_{i+1}}(t_{i+1}^p) - r_x^{l_i, j_{i+1}}(x_{l_i}(t_{i+1}^p), p, t_{i+1}^p) \end{bmatrix}$$
$$= 0, \quad i = 0, 1, 2, \ldots, n_s - 1$$

在点 $(t_{i+1}^p, x_{l_i}(t_{i+1}^p), x_{l_{i+1}}(t_{i+1}^p))$ 的某邻域内的 Jacobi 矩阵存在、可逆且连续可微. 那么, $\dfrac{\partial x_{l_i}}{\partial p}$ 存在且满足

$$\begin{cases} \dfrac{\partial}{\partial t}\left(\dfrac{\partial x_{l_i}}{\partial p}\right) = \dfrac{\partial f_{l_i}}{\partial x_{l_i}} \dfrac{\partial x_{l_i}}{\partial p} + \dfrac{\partial f_{l_i}}{\partial p}, \\ \dfrac{\partial x_{l_0}}{\partial p}(t_0) = 0, \end{cases} \quad t \in (t_i^p, t_{i+1}^p], \quad i = 0, 1, 2, \ldots, n_s, \quad (2.3.8)$$

且在转换时刻 t_i^p, $i = 1, 2, \ldots, n_s$, 满足

$$\dfrac{\partial x_{l_i}}{\partial p} = \dfrac{\partial x_{l_{i-1}}}{\partial p} + \left[-(f_{l_i} - f_{l_{i-1}}) + \left(\dfrac{\partial r_x^{l_{i-1}, j_i}}{\partial x_{l_{i-1}}} - \boldsymbol{I}\right) f_{l_{i-1}} + \dfrac{\partial r_x^{l_{i-1}, j_i}}{\partial t}\right] \dfrac{dt}{dp}$$
$$+ \left(\dfrac{\partial r_x^{l_{i-1}, j_i}}{\partial x_{l_{i-1}}} - \boldsymbol{I}\right) \dfrac{\partial x_{l_{i-1}}}{\partial p} + \dfrac{\partial r_x^{l_{i-1}, j_i}}{\partial p}. \quad (2.3.9)$$

其中, $\boldsymbol{I}$ 为单位阵, $\dfrac{dt}{dp}$ 由下式给出

$$\dfrac{dt}{dp} = \dfrac{\dfrac{\partial d_{j_i}^{l_{i-1}}}{\partial x_{l_{i-1}}} \dfrac{\partial x_{l_{i-1}}}{\partial p} + \dfrac{\partial d_{j_i}^{l_{i-1}}}{\partial p}}{\dfrac{\partial d_{j_i}^{l_{i-1}}}{\partial x_{l_{i-1}}} \dfrac{\partial x_{l_{i-1}}}{\partial t} + \dfrac{\partial d_{j_i}^{l_{i-1}}}{\partial t}}. \quad (2.3.10)$$

2.3.3 切换系统

切换系统是一类特殊的混杂系统, 它由若干个子系统和一个切换信号组成. 下面给出切换系统的定义及切换系统的最优控制问题 (即寻求控制函数和切换序列使得某种性能达到最优) 的数学描述.

定义 2.3.2 切换系统是一个二元组 $\bar{\mathcal{S}} := (\mathcal{D}, \hat{\mathcal{F}})$, 其中

$\mathcal{D} := (M, E)$ 是一个表示系统的离散结构的有向图. $M := \{1, 2, \ldots, \tilde{K}\}$ 是子系统的指标集. 有向图的边集 E 是有效事件集 $M \times M := \{(i,j) | i, j \in M\}$ 的子集. 如果事件 $e = (i_1, i_2)$ 发生, 则切换系统从子系统 i_1 切换到子系统 i_2.

$\hat{\mathcal{F}} := \{f_i : \mathbb{R} \times \mathbb{R}^n \times \mathbb{R}^m \to \mathbb{R}^n | i \in M\}$, 其中 f_i 表示第 i 个子系统的向量场.

如果由状态空间划分或时间演化可以指定切换信号，则上述定义中的切换系统可以描述为如下形式：

$$\dot{x}(t) = f_{i(t)}(t, x(t), u(t)), \tag{2.3.11}$$

$$i(t) = \phi(t, x(t), i(t-)). \tag{2.3.12}$$

这里，$\phi : \mathbb{R} \times \mathbb{R}^n \times M \to M$ 决定了 t 时刻活动的子系统. 一般情形下，ϕ 不是事先给定的，但是它是确定切换信号的一部分.

对于一个切换系统，其控制既包含控制函数又包含切换序列. 下面给出切换序列的定义.

定义 2.3.3 对于切换系统 $\bar{S}$，一个定义在 $[t_0, t_f]$ 上的切换序列 σ 为

$$\sigma = ((t_0, e_0), (t_1, e_1), \ldots, (t_K, e_K)), \tag{2.3.13}$$

其中，$0 \leqslant \tilde{K} \leqslant \infty, t_0 \leqslant t_2 \leqslant \ldots \leqslant t_K = t_f$，且对 $k = 1, 2, \ldots, \tilde{K}$ 有 $e_0 = i_0 \in M, e_k = (i_{k-1}, i_k) \in E$.

一般地，切换系统的最优控制问题 (即寻求控制函数和切换序列使得某种性能达到最优) 数学上可以描述为

问题 2.3.1 对于切换系统 $\bar{S}$，寻找控制函数 u 和切换序列 σ 使得状态 x 从初始时刻 t_0 和初始状态 $x(t_0) = x^0$ 出发，在终端时刻 t_f 达到 $(n-q)$ 维光滑流形 $S_{t_f} := \{x \mid g_f(t_f, x(t_f)) = 0, g_f : \mathbb{R} \times \mathbb{R}^n \to \mathbb{R}^q\}$，且使性能指标

$$J = \psi(t_f, x(t_f)) + \int_{t_0}^{t_f} f^0(t, x(t), u(t)) dt \tag{2.3.14}$$

最小，这里，t_0, t_f 和 x^0 为定值，$\psi : \mathbb{R} \times \mathbb{R}^n \to \mathbb{R}, f^0 : \mathbb{R} \times \mathbb{R}^n \times \mathbb{R}^m \to \mathbb{R}$.

值得注意的是：本书考虑的切换系统不存在 Zeno 现象 (即在有限时间内产生无穷多次切换). 另外，在切换系统 $\bar{S}$ 中，若切换序列 σ 是一个确定的序列，则切换系统成为一个多阶段系统. 此时系统的控制仅为控制函数 $u(t)$. 若每一个子系统都不含有控制函数，即有 $\dot{x}(t) = f_i(t, x(t)), i = 1, 2, \ldots, \tilde{K}$，形式则切换系统 $\bar{S}$ 称为自治切换系统. 对于自治切换系统的控制仅为控制切换序列.

2.4 脉冲动力系统

2.4.1 系统描述

(i) 设微分系统为

$$\frac{dx}{dt} = f(t, x), \tag{2.4.1}$$

2.4 脉冲动力系统

其中 $t \in \mathbb{R}_+, x = (x_1, x_2, \ldots, x_n)^T \in \Omega \subset \mathbb{R}^n$,其中$\Omega$是$\mathbb{R}^n$的开集,$f: \mathbb{R}_+ \times \Omega \to \mathbb{R}^n$.

(ii) 当 $t \in \mathbb{R}_+$ 时,集合 $M(t), N(t) \subset \Omega$.

(iii) 算子 $A(t) : M(t) \to N(t), t \in \mathbb{R}_+$.

令 $x(t) = x(t; t_0, x^0)$ 是系统 (2.4.1) 过初值 (t_0, x^0) 的解,则该发展过程为:点 $P_t(t, x(t))$ 从初始位置 $P_{t_0} = (t_0, x^0)$ 沿着曲线 $\{(t, x)| t \geq t_0, x = x(t)\}$ 运动到时刻 $t_1, t_1 > t_0$,点 P_t 遇到集合 $M(t)$. 算子 $A(t)$ 把点 $P_{t_1} = (t_1, x(t_1))$ 映射到点 $P_{t_1^+} = (t_1, x_1^+) \in N(t_1), x_1^+ = A(t_1)x(t_1)$,然后点 P_t 从点 $P_{t_1^+} = (t_1, x_1^+)$ 开始沿系统 (2.4.1) 的解曲线 $x(t) = x(t; t_1, x_1^+)$ 继续运动,直到下一个时刻 $t_2, t_2 > t_1$,点 P_t 再次遇到集合 $M(t)$. 然后,点 $P_{t_2} = (t_2, x(t_2))$ 又被算子 $A(t)$ 映射到点 $P_{t_2^+} = (t_2, x_2^+) \in N(t_2)$,其中 $x_2^+ = A(t_2)x(t_2)$. 同样,点 P_t 又从点 $P_{t_2^+} = (t_2, x_2^+)$ 开始沿着系统 (2.4.1) 的解 $x(t) = x(t; t_2, x_2^+)$ 继续运动. 因此,只要系统 (2.4.1) 的解存在,那么这种运动就会继续下去.

这样称刻画上述发展过程的关系 (i),(ii),(iii) 构成一个脉冲微分系统,点 P_t 的运动所描述的曲线称为该脉冲微分系统的积分曲线,并把定义积分曲线的函数称为脉冲微分系统的解.

脉冲微分系统与连续微分系统的解有很大的差异,其解的形式有以下三种情形:

(a) 连续函数,如果积分曲线与集合 $M(t)$ 不相交或交与算子 $A(t)$ 的不动点.

(b) 具有有限个第一类间断点的分段连续函数,如果积分曲线与集合 $M(t)$ 只相交有限次而且这有限个交点不是算子 $A(t)$ 的不动点.

(c) 具有可数个第一类间断点的分段连续函数,如果积分曲线与集合 $M(t)$ 相交可数次而且这可数个交点不是算子 $A(t)$ 的不动点.

点 P_t 遇到集合 $M(t)$ 的时刻 $t_k, k = 1, 2, \ldots$ 称为脉冲时刻,而且假定脉冲微分系统的解 $x(t)$ 在 t_k 处是左连续的,即 $x(t_k^-) = \lim\limits_{h \to 0^+} x(t_k - h) = x(t_k)$.

通过对集合 $M(t), N(t)$ 和算子 $A(t)$ 的自由选择可以得到各种不同的脉冲微分系统. 在应用中,常见的是以下三种典型的脉冲微分系统.

(1) 固定脉冲时刻的脉冲微分系统

令集合 $M(t)$ 表示一系列平面 $t = t_k$,其中 $\{t_k\}$ 是一个时间序列而且当 $k \to \infty$ 时, $t_k \to \infty$. 只对 $t = t_k$ 定义算子 $A(t)$,算子序列 $\{A(k)\}$ 满足

$$A(k) : \Omega \to \Omega, x \to A(k)x = x + I_k(x).$$

其中 $I_k : \Omega \to \Omega$. 相应地,集合 $N(t)$ 也只对 $t = t_k$ 定义,因此 $N(k) = A(k)M(k)$. 这样,在固定时刻发生脉冲的脉冲微分系统为

$$\begin{cases} \dfrac{dx}{dt} = f(t,x), & t \neq t_k, \\ \Delta x = I_k(x), & t = t_k, \quad k = 1, 2, \ldots. \end{cases} \quad (2.4.2)$$

其中 $\Delta x(t_k) = x(t_k^+) - x(t_k), x(t_k^+) = \lim\limits_{h \to 0^+} x(t_k + h)$. 于是脉冲微分系统 (2.4.2) 的任意解 $x(t)$ 都满足

(i) $\dfrac{dx}{dt} = f(t, x(t)), t \in (t_k, t_{k+1}]$,

(ii) $\Delta x(t_k) = I_k(x(t_k)), k = 1, 2, \ldots$.

显然, 系统 (2.4.2) 的解的性质受脉冲作用的影响.

(2) 脉冲时刻变化的脉冲微分系统

令集合 $M(t)$ 是由一系列平面 $\{S_k\}$ 组成, 其中 $S_k : t = \tau_k(x), k = 1, 2, \ldots$, 且 $\tau_k(x) < \tau_{k+1}(x), \lim\limits_{k \to \infty} \tau_k(x) = \infty$, 则脉冲时刻变化的脉冲微分系统为

$$\begin{cases} \dfrac{dx}{dt} = f(t,x), & t \neq \tau_k(x), \\ \Delta x = I_k(x), & t = \tau_k(x), \quad k = 1, 2, \ldots. \end{cases} \quad (2.4.3)$$

对每一个 k 来说, 系统 (2.4.3) 的脉冲作用时刻都依赖于方程 $t_k = \tau_k(x(t_k)), k \in \mathbb{N}$ 的解. 所以, 系统 (2.4.3) 从不同初始位置出发的解就会有不同的间断点. 而且, 一个解可能多次遇到同一个曲面 $t = \tau_k(x)$, 这种现象称为 "鞭打现象". 此外, 不同的解可以经过一段时间之后重合为一个解, 这种现象称为 "合流现象".

(3) 自治脉冲微分系统

设集合 $M(t) \equiv M, N(t) \equiv N$ 和算子 $A(t) \equiv A$ 与时间 t 无关, 而且算子 $A : M \to N$ 可定义为 $Ax = x + I(x)$, 其中 $I : \Omega \to \Omega$, 则自治脉冲微分系统为

$$\begin{cases} \dfrac{dx}{dt} = f(x), & x \notin M, \\ \Delta x = I(x), & x \in M. \end{cases} \quad (2.4.4)$$

当系统 (2.4.4) 的任意解 $x(t) = x(t; 0, x^0)$ 在时刻 t 碰到集合 M 时, 算子 A 立即把点 $x(t) \in M$ 映到点 $y(t) = x(t) + I(x(t)) \in N$. 由于系统 (2.4.4) 是自治的, 所以点 $x(t)$ 的运动在 Ω 中可沿着系统 (2.4.4) 的轨线来考虑.

上述三类脉冲微分系统的共同特征是: 它们的解都是分段连续函数, 间断点就是脉冲作用时刻. 这就是为什么系统 (2.4.2) 的所有解都有相同的间断点, 而系统 (2.4.3) 和 (2.4.4) 的不同解有不同的间断点. 系统 (2.4.3) 和 (2.4.4) 的这一特点使它们的研究更复杂. 另外, 系统 (2.4.4) 具有自治性, 即对所有的 $t_0 \in \mathbb{R}, x^0 \in \Omega$ 和 $t > t_0$ 都有 $x(t; t_0, x^0) = x(t - t_0; 0, x^0)$. 而系统 (2.4.2) 和 (2.4.3) 不具有这种性质, 即使是对 $t \in \mathbb{R}, k \in \mathbb{Z}, x \in \Omega$ 有 $f(t, x) = f(x), I_k(x) = I(x)$, 这里 $I(x) = 0$ 不恒成立.

2.4.2 脉冲系统解的性质

1. 解的局部存在性

设 $\Omega \subset \mathbb{R}^n$ 是一个开集, $D = \mathbb{R}^+ \times \Omega$, 对任意的 $k = 1, 2, \ldots$, $x \in \Omega$ 有 $\tau_k \in C(\Omega, (0, \infty))$, $\tau_k(x) < \tau_{k+1}(x)$ 且 $\lim\limits_{k \to \infty} \tau_k(x) = \infty$. 为方便起见, 令 $\tau_0(x) \equiv 0$ 且 k 总是从 1 到 ∞, $S_k : t = \tau_k(x)$ 为曲面.

考虑下列的脉冲微分系统的初值问题:

$$\begin{cases} \dfrac{dx}{dt} = f(t, x), & t \neq \tau_k(x), \\ \Delta x = I_k(x), & t = \tau_k(x), \\ x(t_0^+) = x^0, & t_0 \geqslant 0, \end{cases} \tag{2.4.5}$$

其中, $f : D \to \mathbb{R}^n$, $I_k : \Omega \to \mathbb{R}^n$.

定义 2.4.1 称函数 $x(t) : (t_0, t_0 + \alpha) \to \mathbb{R}^n$, $t_0 \geqslant 0$, $\alpha > 0$ 为系统 (2.4.5) 的解, 如果

(i) $x(t_0^+) = x^0$ 且对所有的 $t \in [t_0, t_0 + \alpha)$ 均有 $(t, x(t)) \in D$.

(ii) 当 $t \in [t_0, t_0 + \alpha)$, $t \neq \tau_k(x(t))$ 时, 有 $\dfrac{dx}{dt} = f(t, x)$.

(iii) 当 $t \in [t_0, t_0 + \alpha)$, $t = \tau_k(x(t))$, 那么 $x(t^+) = x(t) + I_k(x(t))$, 在这样的时刻 t 处, 总假设 $x(t)$ 是左连续的, 且对某个 $\delta > 0$, 任意的 $j \in \mathbb{N}$ 及 $t < s < \delta$, $s \neq \tau_j(x(s))$.

定理 2.4.1 假设

(i) 函数 $f : D \to \mathbb{R}^n$ 在 $t \neq \tau_k(x)$, $k = 1, 2, \ldots$, $(t, x) \in D$ 处连续, 且存在一个局部可积函数 l 使得在 (t, x) 的某个小邻域内

$$\|f(s, y)\| \leqslant l(s); \tag{2.4.6}$$

(ii) 对任意的 k, $t_1 = \tau_k(x_1)$ 蕴含着存在一个 $\delta > 0$ 使得当 $0 < t - t_1 < \delta$, $\|x - x_1\| < \delta$ 时,

$$t \neq \tau_k(x), \tag{2.4.7}$$

那么, 对每一个 $(t_0, x^0) \in D$, 初值问题 (2.4.5) 一定存在着一个解 $x(t) : [t_0, t_0 + \alpha) \to \mathbb{R}^n$, 其中, $\alpha > 0$.

定理 2.4.2 假设

(i) 函数 $f : D \to \mathbb{R}^n$ 是连续的;

(ii) 函数 $\tau_k : \Omega \to (0, \infty)$ 是可微的;

(iii) 如果对某个 $(t_1, x_1) \in D$, $k \geqslant 1$, 有 $t_1 = \tau_k(x_1)$, 那么一定有一个 $\delta > 0$ 使得当 $0 < t - t_1 < \delta$, $\|x - x_1\| < \delta$ 时,

$$\frac{\partial \tau_k(x)}{\partial x} \cdot f(t, x) \neq 1, \tag{2.4.8}$$

那么, 对每一个 $(t_0, x^0) \in D$, 初值问题 (2.4.5) 一定存在着一个解 $x(t) : [t_0, t_0 + \alpha) \to \mathbb{R}^n$, 其中, $\alpha > 0$.

定理 2.4.3 假设 $\Omega = \mathbb{R}^n$ 且

(i) 函数 $f : D \to \mathbb{R}^n$ 是连续的;

(ii) 对所有的 $k \geqslant 1$, 有 $I_k \in C(\Omega, (0, \infty))$, $\tau_k \in C(\Omega, (0, \infty))$;

设 $x(t)$ 为系统 (2.4.5) 在区间 $[t_0, b)$ 的解, 且满足下面三个条件之一:

(a) 对任意的 $k \geqslant 1$, $t_1 = \tau_k(x_1)$ 意味着存在一个 $\delta > 0$, 使得对 $0 < t - t_1 < \delta$, $\|x - x_1\| < \delta$ 内的所有 (t, x) 均有 $t \neq \tau_k(x)$;

(b) 对所有的 $k \geqslant 1$, $t_1 = \tau_k(x_1)$ 意味着对所有的 $j \geqslant 1$, $t_1 \neq \tau_j(x_1 + I_k(x_1))$;

(c) 对所有的 $k \geqslant 1$, $\tau_k \in C^1(\Omega, (0, \infty))$ 且 $t_1 = t_k(x_1)$ 意味着存在某个 $j \geqslant 1$, 使得 $t_1 = \tau_j(x_1 + I_k(x_1))$ 且

$$\frac{\partial \tau_j(x_1^+)}{\partial x} \cdot f(t_1, x_1^+) \neq 1, \tag{2.4.9}$$

其中, $x_1^+ = x_1 + I_k(x_1)$. 那么,

$$\lim_{t \to b^-} \|x(t)\| = \infty. \tag{2.4.10}$$

2. 解的全局存在性

设 $f : \mathbb{R}^+ \times \mathbb{R}^n \to \mathbb{R}^n$, $I_k : \mathbb{R}^n \to \mathbb{R}^n$, $\tau_k : \mathbb{R}^n \to (0, \infty)$ 且对 $x \in \mathbb{R}^n$, $\tau_k(x) \leqslant \tau_{k+1}(x)$, $\lim_{k \to \infty} \tau_k(x) = \infty$.

定理 2.4.4 假设定理 2.4.2 条件均满足, 进一步假设系统 (2.4.5) 无 "鞭打" 现象, 且

$$\|f(t, x)\| \leqslant g(t, \|x\|), \quad (t, x) \in \mathbb{R}^+ \times \mathbb{R}^n, \tag{2.4.11}$$

$$\|x + I_k(x)\| \leqslant \|x\|, \quad x \in \mathbb{R}^n. \tag{2.4.12}$$

其中, $g \in C(\mathbb{R}^+ \times \mathbb{R}^+, \mathbb{R}^+)$, 对任意的 $t \in \mathbb{R}^+$, $g(t, y)$ 关于 y 是非减的. 令 $y(t) = y(t; t_0, y^0)$ 是下列方程在 $[t_0, \infty)$ 上的最大解:

$$\frac{dy}{dt} = g(t, y), \quad y(t_0) = y^0 \geqslant 0, \tag{2.4.13}$$

那么, 系统 (2.4.5) 的解 $x(t) = x(t; t_0, x^0)$, $\|x\| \leqslant y^0$ 的最大存在区间是 $[t_0, \infty)$.

定理 2.4.5　若定理 2.4.3 假设成立，且对 $(t,x) \in \mathbb{R}^+ \times \mathbb{R}^n$，有

$$[x, f(t,x)]_+ := \lim_{h \to 0^+} \frac{1}{h}[\|x + hf(t,x)\| - \|x\|] \leqslant g(t, \|x\|), \tag{2.4.14}$$

$$\|x + I_k(x)\| \leqslant \|x\|, \quad x \in \mathbb{R}^n. \tag{2.4.15}$$

其中 g 如定理 2.4.4 定义，$y(t) = y(t, t_0, y^0)$ 是 (2.4.13) 在 $[t_0, \infty)$ 上的最大解，那么，定理 2.4.4 的结论仍成立.

3. 解的唯一性

定理 2.4.6　假设函数 $f \in C(R_0, \mathbb{R}^n)$，$g \in C([t_0, t_0 + a] \times [0, 2b], \mathbb{R}^+)$，其中 $a, b > 0$，对任意 $(t, x_1), (t, x_2) \in R_0$ 有

$$\|f(t, x_1) - f(t, x_2)\| \leqslant g(t, \|x_1 - x_2\|), \tag{2.4.16}$$

其中，$R_0 := \{(t, x) : t_0 \leqslant t \leqslant t_0 + a, \|x - x^0\| \leqslant b\}$，进而对任意的 $t_0 \leqslant t^* < t_0 + a$，初值问题

$$\frac{dy}{dt} = g(t, y), \quad y(t^*) = 0 \tag{2.4.17}$$

在 $[t^*, t_0 + a]$ 上有唯一的解 $y(t) = 0$，那么系统 (2.4.5) 在 $[t_0, t_0 + a]$ 上至多有一个解.

推论 2.4.1　对每个 (t_0, x^0)，初值问题 $\dfrac{dx}{dt} = f(t, x), x(t_0) = x^0$ 的解的唯一性蕴含初值问题 (2.4.5) 的解的唯一性.

特别地，对以下固定脉冲时刻的系统 (2.4.18)：

$$\begin{cases} \dfrac{dx}{dt} = f(t, x), & t \neq \tau_k, \\ \Delta x = I_k(x), & t = \tau_k, \\ x(t_0^+) = x^0, \end{cases} \tag{2.4.18}$$

其中，$\tau_k < \tau_{k+1}(k \in \mathbb{Z})$，$\lim\limits_{k \to \pm\infty} \tau_k = \pm\infty$，关于解的存在唯一性，有以下定理：

定理 2.4.7　设函数 $f : \mathbb{R} \times \Omega \to \mathbb{R}^n$ 在 $(\tau_k, \tau_{k+1}] \times \Omega(k \in \mathbb{Z})$ 上连续，且对任意的 $k \in \mathbb{Z}$，$x \in \Omega$，当 $(t, y) \to (\tau_k, x)$，$t > \tau_k$ 时，$f(t, y)$ 存在有限的极限，那么对任意的 $(t_0, x^0) \in \mathbb{R} \times \Omega$，一定存在 $\beta > t_0$ 及初值问题 (2.4.18) 的一个解 $x(t) : (t_0, \beta) \to \mathbb{R}^n$. 更进一步，如果函数 f 在 $\mathbb{R} \times \Omega$ 内相对于 x 是局部 Lipschitz 连续的，则此解唯一.

4. 解对初值和参数的连续依赖

考虑固定脉冲时刻的系统：

$$\begin{cases} \dfrac{dx}{dt} = f(t, x, \lambda), & t \neq t_k, \quad k = 1, 2, \ldots, \\ \Delta x = I_k(x, \lambda), & t = t_k. \end{cases} \quad (2.4.19)$$

其中 $\lambda \in \Lambda \subset \mathbb{R}^m$, $f: D \times \Lambda \to \mathbb{R}^n$, $I_k: \Omega \times \Lambda \to \mathbb{R}^n$, 令 $\Omega_k = \{x \in \mathbb{R}^n : (\tau_k, x) \in D\}$.

定理 2.4.8 假设

(1) 函数 $f: D \times \Lambda \to \mathbb{R}^n$ 在 $D \times \Lambda$ 上连续;

(2) 函数 f 在 $D \times \Lambda$ 上关于 (x, λ) 局部 Lipschitz 连续;

(3) 对任何 $k \in \mathbb{N}$ 和 $(x^0, \lambda_0) \in \Omega_k \times \Lambda$, 函数 $f(t, x, \lambda)$ 在 $(t, x, \lambda) \to (t_k, x^0, \lambda_0)$ 时的极限存在且有限;

(4) 映射 $\Psi_k : \Omega_k \times \Lambda \to \Omega_k \times \Lambda$, $(x, \lambda) \to (z, \lambda)$, $z = \Psi_k(x, \lambda) = x + I_k(x, \lambda)$ 是同胚的.

(5) 对 $\lambda = \lambda^* \in \Lambda$, 系统 (2.4.19) 存在定义在 $[\alpha, \beta](\alpha, \beta \neq t_k)$ 上的解 $\varphi(t)$.

则存在 $\delta > 0$ 和集合 $U = \{(t, x, \lambda) \in D \times \Lambda : \alpha \leqslant t \leqslant \beta, \|x - \varphi(t+0)\| < \delta, \|\lambda - \lambda^*\| < \delta\}$, 使得如下结论成立:

(i) 对任意 $(t_0, x^0, \lambda_0) \in U$, 系统存在定义在 $[\alpha, \beta]$ 上的唯一解 $x(t; t_0, x^0, \lambda_0)$.

(ii) 解 $x(t; t_0, x^0, \lambda_0)$ 对 $t \in [\alpha, \beta]$, $(t_0, x^0, \lambda_0) \in U, t, t_0 \neq t_k$ 连续.

5. 解的稳定性

考虑脉冲微分系统

$$\begin{cases} \dfrac{dx}{dt} = f(t, x), & t \neq t_k(x), \\ \Delta x = I_k(x), & t = t_k(x), \\ x(t_0^+) = x^0. \end{cases} \quad (2.4.20)$$

假设 $x_0(t)$ 是 (2.4.20) 的一个解. 一般来说, 这个解不能通过变量变换转变成平凡解的稳定性概念. 这是因为解 $x_0(t)$ 和邻近解 $x(t)$ 的脉冲作用时刻不一定相同, 而且后面要求 $\|x(t) - x_0(t)\|$ 对所有的 $t \geqslant t_0$ 很小也是不成立的. 为此, 要把脉冲微分方程的稳定性概念作适当的修改.

定义 2.4.2 设 $x_0(t) = x(t; t_0, y^0), t \geqslant t_0$ 是系统 (2.4.20) 的一个解, 假定 $x_0(t)$ 在 t_k 碰到曲面 $S_k : t = \tau_k(x)$, 而且 $t_k < t_{k+1}$, 当 $t_k \to \infty$ 时. 则 (2.4.20) 的解 $x_0(t)$ 被称为

(S_{1_η}) 稳定的, 如果对任意的 $\epsilon > 0, \eta > 0$ 和 $t_0 \in \mathbb{R}_+$, 存在一个 $\delta = \delta(t_0, \epsilon, \eta) > 0$ 使得 $\|x^0 - y^0\| < \delta$ 蕴含

$$\|x(t) - x_0(t)\| < \epsilon, \quad t \geqslant t_0 \text{和} |t - t_k| > \eta,$$

其中 $x(t) = x(t; t_0, x^0), t \geqslant t_0$ 是 (2.4.20) 的任意解;

(S_{2_η}) 一致稳定, 如果 (S_{1_η}) 中的 δ 与 t_0 无关;

(S_{3_η}) 吸引, 如果对任意的 $\epsilon > 0, \eta > 0$ 和 $t_0 \in \mathbb{R}_+$, 存在 $\delta_0 = \delta_0(t_0) > 0$ 和 $T = T(t_0, \epsilon, \eta) > 0$, 使得 $\|x^0 - y^0\| < \delta_0$ 蕴含

$$\|x(t) - x_0(t)\| < \epsilon, \quad t \geqslant t_0 + T \text{和} |t - t_k| > \eta;$$

(S_{4_η}) 一致吸引, 如果 (S_{3_η}) 中的 δ_0 和 T 与 t_0 无关;

(S_{5_η}) 渐近稳定, 如果 (S_{1_η}) 和 (S_{3_η}) 成立;

(S_{6_η}) 一致渐近稳定, 如果 (S_{2_η}) 和 (S_{4_η}) 成立.

注意到, 如果对所有的 $k \in N$ 有 $f(t, 0) \equiv 0, I_k(0) = 0$, 那么系统 (2.4.20) 有平凡解. 如果 $\tau_k(x) = t_k$, 也就是 $\tau_k(x)$ 与 x 无关, 那么对每一个解, 脉冲作用发生的时刻是一样的. 因此, 在这种情况下, 脉冲微分方程解的稳定性概念和常微分方程解的稳定性概念是一致的.

2.4.3 脉冲系统最优控制

本节介绍由脉冲微分方程确定的最优控制问题.

$I = (0, T)$ 为实有界区间, 定义集合 $D = \{t_1, t_2, \ldots, t_n\} \subset (0, T)$, 半线性脉冲系统为

$$\dot{x}(t) = Ax(t) + f(x(t)), \quad t \in I \backslash D, \quad x(0) = x^0, \qquad (2.4.21)$$

$$\Delta x(t_i) = G_i(x(t_i)), \quad t_i \in D. \qquad (2.4.22)$$

这里 A 为 Banach 空间 E 上 C_0-半群 $S(t)(t \geqslant 0)$ 的无穷小生成元, $f, G_i, i = 0, 1, 2, \ldots, n$ 是从 E 到 E 的连续非线性映射, $\Delta x(t_i) = x(t_i^+) - x(t_i^-)$ 为 t_i 时刻状态变量的跳跃, G_i 表示 t_i 时刻的状态变化量. 下面介绍一类更广义的脉冲系统, 考虑开有界区间 $I = (0, T)$, $\mathcal{B}$ 表示集合 I 的布尔子集的 σ 代数, ν 为 $\mathcal{B}$ 上的有界符号测度, 可以将由符号测度 ν 确定的演化方程为

$$dx(t) = Ax(t)dt + f(t, x(t))dt + g(t, x(t))\nu(dt), \quad t \in I,$$
$$x(0) = x^0.$$

定义 2.4.3 (σ-代数) 称样本空间 Ω 的子集类 $\mathcal{F}$ 为一个 σ-代数, 如果:

(i) $\varnothing \in \mathcal{F}$, 其中 $\varnothing$ 表示空集;

(ii) $A \in \mathcal{F} \Rightarrow A^c \in \mathcal{F}$;

(iii) $\{A_i\}_{i \geqslant 1} \subset \mathcal{F} \Rightarrow \bigcup_{i=1}^{\infty} A_i \in \mathcal{F}$.

$\mathcal{F}$ 的元素称为 $\mathcal{F}$-可测集. 如果 $\mathcal{G}$ 是 $\mathcal{F}$ 的一个子集族, 以 $\sigma(\mathcal{G})$ 表示包含 $\mathcal{G}$ 的最小的 σ-代数, 称 $\sigma(\mathcal{G})$ 是由 $\mathcal{G}$ 生成的 σ-代数. 如果 C 是 $\mathbb{R}^d$ 中的所有开集组成的集合, 称 $\mathcal{B}(\mathbb{R}^d) = \sigma(C)$ 为 Borel-σ-代数, $\mathcal{B}$ 中的元称为是 Borel 可测集.

定义 2.4.4 设 X 是 Banach 空间, $T:[0,+\infty] \to L(X)$ 是算子函数, 如果满足

(i) $T(0) = I$ (I 表示 X 上的恒等算子);

(ii) $T(t+s) = T(t)T(s)$, $t,s \in [0,+\infty]$.

则称 $T(t)(t \geqslant 0)$ 为 X 上的有界线性算子半群, 简称算子半群.

如果 $x \in X$ 使得 $T(t)x$ 在 $t=0$ 处强可导, 即极限 $\lim\limits_{t \to 0^+} \dfrac{T(t)x - x}{t}$ 在 X 中存在, 其极限记为 $A(x)$, 则算子 A 称为半群 $T(t)$ 的无穷小生成元.

定义 2.4.5 若算子半群 $T(t)(t \geqslant 0)$ 作为算子函数在 $t \geqslant 0$ 上一致强连续, 则算子半群 $T(t)(t \geqslant 0)$ 称为 C_0 半群.

定义 2.4.6 设 $(\Omega, \mathcal{F})$ 为一可测空间, ν 为 $\mathcal{F}$ 上的一 σ 可加集函数, 即有 $\{A_n, n \geqslant 1\} \subset \mathcal{F}$, $A_n \cap A_m = \varnothing$, $n \neq m \Rightarrow \nu\left(\sum\limits_n A_n\right) = \sum\limits_n \nu(A_n)$, 称 ν 为符号测度.

定义目标泛函为

$$J(u) = \int_I l(t, x(t))dt + \Phi(x(T)) + \varphi(u).$$

设 F 是 Banach 空间, 其对偶空间记为 F^*, $\mathcal{M}_c(I, F^*)$ 表示 I 的子集的 σ 代数 $\mathcal{B}$ 上的有界可数可加向量测度空间, 取值在 Banach 空间 F^* 中, 赋予强总变分范数, 即对每个 $\mu \in \mathcal{M}_c(I, F^*)$,

$$|\mu|_v \equiv |\mu|(I) \equiv \sup_\pi \left\{ \sum_{J \in \pi} \|\mu(J)\|_{F^*} \right\}.$$

这里的上确界对区间 I 上的所有分划 π 选取:

$$\pi := \{0 = t_0 \leqslant t_1 \leqslant t_2 \leqslant \ldots \leqslant t_n \leqslant t_{n+1} = T, \ J_i \equiv (t_i, t_{i+1}], n \in \mathbb{N}\}.$$

$\mathcal{M}_c(I, F^*)$ 在此拓扑下为 Banach 空间, 对 $J \in \mathcal{B}$, 定义 μ 在 J 上的变分为

$$V(\mu)(J) := V(\mu, J) := |\mu|(J).$$

由于 μ 是可数可加有界的, V 定义的是 $\mathcal{B}$ 上的可数可加有界正测度, 特别在 $F^* = \mathbb{R}$ 的情况下, $\mathcal{M}_c(I, \mathbb{R})$ 成为实值符号测度空间, 简记为 $\mathcal{M}_c(I)$. 对 $\nu \in \mathcal{M}_c(I)$, $V(\nu)$ 也为可数可加有界正测度. 为表示的一致性, 用 λ 表示 Lebesgue 测度.

定理 2.4.9 考虑系统 (2.4.21),(2.4.22), 假设 E, F 为 Banach 空间, A 为 Banach 空间 E 上 C_0 半群 $S(t)(t \geqslant 0)$ 的无穷小生成元, $\nu \in \mathcal{M}_c(I)$, $u \in \mathcal{M}_c(I, F^*)$.

记所有从 I 映射到 $\mathbb{R}_+$ 的 λ 可测函数构成的集合为 $L_1^+(I,\lambda)$. 设 f 和 g 是从 $I \times E$ 到 E 的映射, 在 I 上关于 t 可测, 在 E 上关于 x 连续, 且满足全局 Lipschitz 条件和线性增长条件, 即存在非负函数 $K \in L_1^+(I,\lambda)$ 和 $L \in L_1^+(I,V(\nu))$, 使得对所有 $x,y \in E$, 有

$$\|f(t,x) - f(t,y)\|_E \leqslant K(t)\|x-y\|_E, \quad \|f(t,x)\| \leqslant K(t)(1+\|x\|),$$
$$\|g(t,x) - g(t,y)\|_E \leqslant L(t)\|x-y\|_E, \quad \|g(t,x)\| \leqslant L(t)(1+\|x\|),$$

这里前两个公式关于测度 λ 几乎处处成立, 后两个公式对 $V(\nu)$ 几乎处处成立. 算子值函数 $C(t) \in \mathcal{L}(F^*,E)$ 关于 I 上的一致算子拓扑连续, 对 u 导出的测度 $V(u)$ 局部可积, 则对每个 $x^0 \in E$, 系统 (2.4.21),(2.4.22) 在 $PWC(I,E)$ 上有唯一解.

定理 2.4.10 在定理 2.4.9 的假设下, 控制对解的映射 $u \to x(\cdot;u)$ 对 Banach 空间 $\mathcal{M}_c(I,F^*)$ 和 $PWC(I,E)$ 上的范数拓扑连续, 如果 f 和 g 在 E 上 Gâteaux 可微, 导数有界一致可测, 则映射 $u \to x(\cdot;u)$ 连续 Gâteaux 可微.

H2.4.1 对每个 $t \in I$, 算子

$$L_t := \int_0^t S(t-s)C(s)\mu(ds), \quad \mu \in \mathcal{M}_c(I,F^*)$$

将 $\mathcal{M}_c(I,F^*)$ 中的弱 * 收敛子列映为 E 中的强收敛序列.

H2.4.2 函数 l 在 I 上关于 t 可测, 在 E 上下半连续, Φ 在 E 上下半连续, 且存在 $h \in L_1(I)$, $c_2 \in \mathbb{R}$, $c_1, c_3 \geqslant 0$ 和 $p, q \in [1,\infty)$ 使得

$$\|l(t,x)\| \geqslant h(t) + c_1\|x\|^p, \quad \forall x \in E,$$
$$\|\Phi(x)\| \geqslant c_2 + c_3\|x\|^q, \quad \forall x \in E.$$

这里 φ 是 $\mathcal{M}_c(I,F^*)$ 上的弱下半连续泛函.

定理 2.4.11 考虑系统 (2.4.21),(2.4.22), 设允许控制 $\mathcal{U}$ 是 $\mathcal{M}_c(I,F^*)$ 上的弱序列紧子集. 假设H2.4.1和H2.4.2及定理 2.4.9 的假设成立, 则存在最优控制 $u^0 \in \mathcal{U}_{ad}$ 使目标泛函 $J(u)$ 达到极小.

2.5 随机动力系统

2.5.1 随机微分方程的定性理论

这部分内容来自文献 [214].

定义 2.5.1 (随机变量和随机过程) $(\Omega, \mathcal{F})$ 和 $(\mathbb{R}^d, \mathcal{B}(\mathbb{R}^d))$ 是两个测度空间, 一个函数 $X: \Omega \to \mathbb{R}^d$ 称为是 $\mathcal{F}$- 可测的随机变量, 如果对任意的 $B \in \mathcal{B}(\mathbb{R}^d)$, 都有

$X^{-1}(B) \in \mathcal{F}$. 以 T 记所用的参数集. 任一族随机变量 $\{X(t,\omega): t \in T\}$ 称为以 T 为参数集的随机过程, 简写为 $X(t)$ 或 X_t.

$\sigma(X)$ 表示包含所有形如 $X^{-1}(U)$ 的集合, 其中 U 是 $\mathbb{R}^d$ 中的开子集, 称 $\sigma(X)$ 为由随机变量 X 生成的 σ-代数.

定义 2.5.2 (σ-代数流) 设 $T = \mathbb{R}_+$, $\{\mathcal{F}_t : t \in T\}$ 是 $\mathcal{F}$ 的一族子 σ-代数, 它随 t 上升, 即 $s < t \Rightarrow \mathcal{F}_s \subset \mathcal{F}_t$, 则称 $\{\mathcal{F}_t : t \in T\}$ 为概率空间 $(\Omega, \mathcal{F}, \mathbf{P})$ 上的一个 σ-代数流或称为滤子, 通常简写为 $\mathcal{F}_t$.

定义 2.5.3 (自然滤子和适应过程) 对任何随机过程 $X(t)(t \in T)$ 都伴随着一族逐渐扩大的自然滤子 $\mathcal{F}_t^X = \sigma(X(s), t \geqslant s \in T)$, 凡满足 $\mathcal{F}_t^X \subset \mathcal{F}_t$ 的随机过程 $X(t)$ 称为 $\mathcal{F}_t$ 适应过程.

定义 2.5.4 (m 维布朗运动) 定义在概率空间 $(\Omega, \mathcal{F}, \mathcal{F}_t, \mathbf{P})$ 上满足下列条件的适应随机过程 $W(t)$ 称为 m 维布朗运动:

(i) 对所有满足 $0 \leqslant s < t < \infty$ 的实数 s 和 t, $W(t) - W(s)$ 与 $\mathcal{F}_s$ 独立;

(ii) 当 $0 \leqslant s \leqslant t$ 时, $W(t) - W(s)$ 服从均值为 0, 方差为 $(t-s)C$ 的 m 维正态分布, 其中 C 为给定的非随机矩阵.

定义 2.5.5 (概率测度空间) 定义在 $\mathcal{F}$ 上的一个非负、可列可加且使得 $\mathbf{P}(\Omega) = 1$ 的集函数 $\mathbf{P}$, 称为一个概率测度. 即测度空间 $(\Omega, \mathcal{F})$ 上的概率测度 $\mathbf{P}$ 是一个函数 $\mathbf{P} : \mathcal{F} \to [0, 1]$, 使得

(i) $\mathbf{P}(\Omega) = 1$;

(ii) 对任何一个互不相容序列 $\{A_i\}_{i \geqslant 1} \subset \mathcal{F}$ (即 $A_i \cap A_j = \varnothing$, 如果 $i \neq j$)

$$\mathbf{P}\left(\bigcup_{i=1}^{\infty} A_i\right) = \sum_{i=1}^{\infty} \mathbf{P}(A_i)$$

将样本空间 Ω、Ω 子集构成的 σ-代数 $\mathcal{F}$ 及 $\mathcal{F}$ 上的概率测度 $\mathbf{P}$, 三者联系起来构成的三元组: $(\Omega, \mathcal{F}, \mathbf{P})$ 称为概率测度空间.

设 $(\Omega, \mathcal{F}, \mathcal{F}_t, \mathbf{P})$ 是完备的概率空间, 即 $\mathcal{F}$ 含有所有 Ω 的 $\mathbf{P}$-外测度为零的子集, 具有流 $\mathcal{F}_t$ 满足通常条件, 即单调递增右连续, 且包含所有的零测集. 设 $W(t) = (W_1(t), \ldots, W_m(t))$, $t \geqslant 0$ 是定义在这个概率空间上 m 维标准布朗运动. 设 $f(X(t), t) = \{f_i(X(t), t)\} : \mathbb{R}^n \times \mathbb{R}^+ \to \mathbb{R}^n$ 和 $g(X(t), t) = \{g_{ij}(X(t), t)\} : \mathbb{R}^n \times \mathbb{R}^+ \to \mathbb{R}^{n \times m}$ 都是 Borel 可测的, 其中 $i \in I_n$, $j \in I_m$. 考虑伊藤 (Itô) 形式的 n 维随机微分方程

$$dX(t) = f(X(t), t)dt + g(X(t), t)dW(t), \quad 0 \leqslant t \leqslant \infty, \quad X(0) = X^0. \quad (2.5.1)$$

该随机微分方程还可以写成如下分量的形式:

$$dX_i(t) = f_i(X(t),t)dt + \sum_{j=1}^{m} g_{ij}(X(t),t)dW_j(t), \quad i \in I_n, \quad 0 \leqslant t < \infty. \quad (2.5.2)$$

称随机微分方程 (2.5.1) 的解为扩散过程.

定义 2.5.6(随机微分方程的强解)　随机微分方程 (2.5.1) 的强解是指在给定概率空间 $(\Omega, \mathcal{F}, \mathbf{P})$ 上, 关于固定的布朗运动 W 和初值 X^0 的一个随机过程 $X = \{X(t); 0 \leqslant t < \infty\}$, 这个随机过程具有连续的样本轨道和下面的性质.

(i) $X(t)$ 是关于滤子 $\mathcal{F}_t$ 的适应过程;

(ii) $\mathbf{P}(X(0) = \xi) = 1$;

(iii) $\mathbf{P}\left[\int_0^t \{|f_i(X(s),s)| + g_{ij}^2(X(s),s)\}ds < \infty\right] = 1$ 对所有的 $1 \leqslant i \leqslant n$, $1 \leqslant j \leqslant m$ 和 $0 \leqslant t \leqslant \infty$ 成立;

(iv) 随机微分方程 (2.5.1) 的积分形式

$$X(t) = X(0) + \int_0^t f(X(s),s)ds + \int_0^t g(X(s),s)dW(s), \quad 0 \leqslant t \leqslant \infty, \quad (2.5.3)$$

或者等价的分量形式

$$X_i(t) = X_i(0) + \int_0^t f_i(X(s),s)ds + \sum_{j=1}^{m} \int_0^t g_{ij}(X(s),s)dW(s), \quad 1 \leqslant i \leqslant n, \quad 0 \leqslant t \leqslant \infty, \quad (2.5.4)$$

几乎处处成立.

定义 2.5.7　设 $X(t)$ 和 $\tilde{X}(t)$ 是随机微分方程 (2.5.1) 关于布朗运动 W 和相同初始条件 X^0 的任意两个解, 如果

$$\mathbf{P}[X(t) = \tilde{X}(t); 0 \leqslant t < \infty] = 1,$$

则随机微分方程 (2.5.1) 的解唯一.

定理 2.5.1(存在唯一性定理)　假设: $f: \mathbb{R}^n \times \mathbb{R}^+ \to \mathbb{R}^n$ 和 $g: \mathbb{R}^n \times \mathbb{R}^+ \to \mathbb{R}^{n \times m}$ 关于 $(x,t) \in \mathbb{R}^n \times \mathbb{R}^+$ 可测, 并关于 x 满足局部 Lipschitz 条件和线性增长条件, 即存在 $K > 0$, 使得 $\forall x, y \in \mathbb{R}^n$, 有不等式

$$\|f(x,t) - f(y,t)\| + \|g(x,t) - g(y,t)\| \leqslant K\|x - y\|$$

成立. 同时存在 $K' > 0$, 使得 $\forall x \in \mathbb{R}^n$ 有

$$\|f(x,t))\| + \|g(x,t))\| \leqslant K'(1 + \|x\|).$$

则具有确定初始条件 $X(0) = X^0 \in \mathbb{R}^n$ 的随机微分方程 (2.5.1) 存在唯一连续的全局解 $X(t), t \in [0, \infty)$, 而且对于每个 $p > 0$, 有

$$E[\sup_{0 \leqslant s \leqslant t} |X(s)|^p] < \infty, \quad t \geqslant 0.$$

定义 2.5.8 (随机微分方程的弱解)　$\tilde{X}(t)$ 是随机微分方程 (2.5.1) 的一个弱解是指存在一个概率空间 $(\Omega, \mathcal{F}, \mathbf{P})$ 上的一个过程对 $((\tilde{X}(t), \tilde{W}(t)), \mathcal{H}_t)$ 使得随机微分方程 (2.5.1) 成立, 这里 $\tilde{X}(t)$ 不必关于滤子 $\mathcal{F}_t$ 适应, $\mathcal{H}_t$ 是一个 σ-代数, 使得 $\tilde{X}(t)$ 为 $\mathcal{H}_t$ 适应的, 且 $\tilde{W}(t)$ 是一个关于 $\mathcal{H}_t$ 适应的布朗运动.

定理 2.5.2 (伊藤公式)　设 $X(t)(t \geqslant 0)$ 是方程 (2.5.1) 的解, V 是 $\mathbb{R}^n \times \mathbb{R}^+$ 到 $\mathbb{R}$ 上的二次连续可微函数, 则 $V(X(t), t)$ 具有随机微分:

$$\begin{aligned} dV(X(t), t) = &[V_t(X(t), t) + V_x(X(t), t) f(X(t), t) \\ &+ \frac{1}{2} \mathrm{Tr}(g^\mathrm{T}(X(t), t) V_{xx}(X(t), t) g(X(t), t)] dt \\ &+ V_x(X(t), t) g(X(t), t) dW(t), \quad \text{a.s.}, \end{aligned}$$

其中 $\mathrm{Tr}(\cdot)$ 表示矩阵的迹.

2.5.2　随机最优控制

随机最优控制理论的一个研究热点是扩散过程的 Markov 反馈控制, 控制的对象模型转化为扩散过程, 用 Itô 随机微分方程描述. 其中, 一个受控系统可用如下形式的 Itô 随机微分方程表示

$$dX(t) = m(X(t), u, t) dt + \sigma(X(t), u, t) dW(t), \quad t \in \mathcal{I}, \quad X(0) = X^0.$$

式中 $X(t)$ 为 n 维矢量系统状态过程; $W(t)$ 为 m 维矢量标准布朗运动. 反馈控制 $u(t)$ 为同一时刻上状态 $X(t)$ 的函数 $u(X(t), t)$, t_0 为初始时刻, 当 m 和 σ 不显含 t 时, 常取 $t_0 = 0$; t_f 为控制终了时刻, 可为有限值、无限值或随机变量; m 和 σ 分别为给定的 n 维矢量函数与 $n \times m$ 维矩阵值函数, 满足解存在与唯一性条件. 随机最优控制问题的特定提法取决于受控系统运动方程的类型、对控制所施加的约束、性能指标及控制时间区间等.

控制的约束形式取决于控制器. 一种约束形为

$$u \in U, \quad U \subset \mathbb{R}^r. \tag{2.5.5}$$

它表明所有控制过程的样本属于集合 U, 可解释为对控制力大小的限制. 另一类约束形为

$$E\left[\int_{t_0}^{t_f} |u(t)|^\gamma dt\right] \leqslant u_0 < \infty. \tag{2.5.6}$$

式中 $\gamma > 0$, $u_0 > 0$ 为常数, $E[\cdot]$ 为期望算子. 性能指标是最优控制的目标, 常用一个泛函的极小或极大来表示, 该泛函亦称成本泛函. 对有限时间区间控制问题, 性能指标通常形为

$$E\left[\int_{t_0}^{t_f} f(X, u, t)dt + g(X(t_f))\right]. \tag{2.5.7}$$

式中 f 与 g 为给定函数, 分别称为流动成本与终时成本.

2.6 时滞动力系统

时滞微分方程用于描述既依赖当前的状态又依赖过去的状态的发展系统, 其特点是考虑历史对现状的影响, 因此在许多领域有着广泛的应用. 当时间滞后不太长时, 称为有限时滞, 在数学上表示为

$$\frac{dx}{dt} = f(t, x_t),$$

其中 x 是定义在 $[-\tau, t]$, $\tau > 0$ 上的函数, 定义 $[-\tau, 0]$ 上的函数 x_t 为

$$x_t(\theta) = x(t + \theta), \quad -\tau \leqslant \theta \leqslant 0.$$

若时间滞后非常大的时候, 通常把时滞考虑为无限, 这样就得到了无限时滞泛函微分方程

$$\frac{dx}{dt} = f(t, x_t),$$

其中 x 是定义在 $[-\infty, t]$ 上的函数, 定义 $[-\infty, 0]$ 上的函数 x_t 为

$$x_t(\theta) = x(t + \theta), \quad -\infty < \theta \leqslant 0.$$

上述的两类方程已不再是经典的常微分方程, 它不但含有自变量, 而且含有带滞量的变元.

考虑一般形式的泛函微分方程组

$$\frac{dx}{dt} = f(t, x_t), \tag{2.6.1}$$

其中 $S \subset \mathbb{R}^n$, $\Omega \subset \mathbb{R}^n$ 为紧集, $f(t, x_t) \in C(\mathbb{R} \times S, \Omega)$ 是含有有限时滞及无限时滞的连续泛函.

考虑自治的单时滞微分方程

$$\begin{cases} \dot{y}(t) = Ay(t) + By(t - \tau) + f(y(t), y(t - \tau)), & t \geqslant 0, \\ y(t) = \varphi(t), & t \in [-\tau, 0]. \end{cases} \tag{2.6.2}$$

其中 $\varphi(t)$ 是给定的连续初值函数, $y(t) \in \mathbb{R}^n$, $\tau > 0$ 为常时滞量, $f: \mathbb{R}^n \times \mathbb{R}^n \to \mathbb{R}^n$ 满足

$$f(0, 0) = 0, \quad Df(0, 0) = 0.$$

令
$$\eta(\theta) = \begin{cases} A+B, & \theta = 0, \\ B, & -\tau < \theta < 0, \\ 0, & \theta = -\tau, \end{cases}$$

则 $\eta(\theta)$ 为 $[-\tau, 0]$ 上的 $n \times n$ 有界变差矩阵值函数. 再令 $C^p = C^p([-\tau, 0], \mathbb{R}^n)$ 为 $[-\tau, 0]$ 到 $\mathbb{R}^n$ 上的 p 次可微连续映射构成的 Banach 空间, 当 $p = 0$ 时, 记为 $C = C([-\tau, 0], \mathbb{R}^n)$, 其中范数 $\|\cdot\|$ 定义为

$$\|\phi\| := \max_{-\tau \leqslant \theta \leqslant 0} |\phi(\theta)|, \quad \forall\, \phi \in C,$$

此处 $|\cdot|$ 表示 $\mathbb{R}^n$ 上某一取定的范数.

定义有界线性算子
$$L : C \to \mathbb{R}^n,$$
$$L\phi = \int_{-\tau}^{0} d\eta(\theta)\phi(\theta),$$

其中积分为 Stieltjes 积分.

再定义 $y_t(\theta) := y(t+\theta)$, $\forall\, \theta \in [-\tau, 0]$, 则 $y_t \in C$, $\forall\, t \in \mathbb{R}$. 利用以上记号, 可以将方程 (2.6.2) 在 $y = 0$ 处的线性化方程

$$\dot{y}(t) = Ay(t) + By(t - \tau), \tag{2.6.3}$$

改写为如下滞后型泛函微分方程

$$\dot{y}(t) = Ly_t, \tag{2.6.4}$$

则 (2.6.2) 可以写作

$$\dot{y}(t) = Ly_t + f(y_t). \tag{2.6.5}$$

线性滞后型泛函微分方程 (2.6.4) 的解定义了 C 上的 C_0 半群 $T(t), t \geqslant 0$, 其无穷小生成子 $A : C \to C$ 的定义如下

$$A\phi = \phi',$$
$$D(A) = \left\{ \phi \in C^1([-\tau, 0], \mathbb{R}^n) \,\bigg|\, \phi'(0) = \int_{-\tau}^{0} d\eta(\theta)\phi(\theta) = L\phi \right\}.$$

另外, 算子 A 的谱由点谱构成, 即 $\sigma(A) = \sigma_p(A)$, 且 $\lambda \in \sigma_p(A)$ 的充要条件是: 存在 $\zeta \in \mathbb{R}^n \setminus \{0\}$, 使得 $(\lambda E - L(e^{\lambda \theta}E))\zeta = 0$, 这也就是说 λ 需要满足

$$\Delta(\lambda) := \det(\lambda E - L(e^{\lambda \theta}E)) = \det(\lambda E - A - Be^{-\lambda}) = 0, \tag{2.6.6}$$

通常称 (2.6.6) 为时滞微分方程 (2.6.3) 的特征方程[108].

关于时滞微分方程 (2.6.3) 的特征值的分布, 有如下引理.

2.6 时滞动力系统

引理 2.6.1[108] $\forall r \in \mathbb{R}$, (2.6.6) 至多有有限个根位于半 (复) 平面 $\text{Re}\lambda > r$.

定义 2.6.1[108] 称系统 (2.6.2) 是无条件稳定的, 如果对于所有的 $\tau \geqslant 0$, 系统是渐近稳定的.

在具有时滞的恒化器模型中, 主要讨论离散时滞和连续时滞的模型.

(1) 具有离散时滞的微分方程

对于方程

$$\frac{dx(t)}{dt} = f(x(t), x(t-\tau)), \qquad (2.6.7)$$

其中设 τ 是与 t 无关的常数, 称为常量时滞. 方程 (2.6.7) 即是一个具有确定时滞的常微分方程, 或者称为差分微分方程. 它表示的意义是 t 时刻 x 的平均增长率不仅与 t 时刻的量 $x(t)$ 有关, 而且依赖于 $t-\tau$ 时刻的量 $x(t-\tau)$.

(2) 具有连续 (分布) 时滞的微分方程

如果 t 时刻 x 的平均增长率不仅与 $t-\tau$ 时刻 x 的量有关, 而且依赖于 t 时刻以前的整个历史时期中 x 的发展. 这样, 将得到一个具有分布时滞的动力学模型

$$\frac{dx(t)}{dt} = x(t) \int_{-\infty}^{t} f(x(s)) p(t-s) ds, \qquad (2.6.8)$$

其中 $p(u)$ 为概率分布密度, $\int_{0}^{+\infty} p(u) du = 1$.

方程 (2.6.8) 称为具有连续时滞的动力学模型, 其中 $p(u)$ 称为方程的核函数.

定理 2.6.1 (有限时滞的 n 维 Hopf 分叉定理[104]) 考虑非线性时滞微分方程组

$$\dot{y}(t) = f(y(t), y(t-\tau), \alpha), \quad t \geqslant 0, \qquad (2.6.9)$$

其中 $y(t) \in \mathbb{R}^n, \alpha \in \mathbb{R}$.

对于方程 (2.6.9) 的基本假设

(i) 函数 $f(x, y, \alpha) \in C^{p+1}(\mathbb{R}^n \times \mathbb{R}^n \times \mathbb{R}, \mathbb{R}^n)$, 且存在 α_0 以及 α_0 的某个领域 $\delta(\alpha_0)$, 有 $f(0, 0, \alpha) = 0, \forall \alpha \in \delta(\alpha_0)$.

记 $\frac{\partial}{\partial x} f(0, 0, \alpha) = a(\alpha), \frac{\partial}{\partial y} f(0, 0, \alpha) = b(\alpha)$, 其中 $a(\alpha), b(\alpha)$ 均为 $n \times n$ 实矩阵函数.

利用上述记号可将方程 (2.6.9) 化为如下形式

$$\dot{y}(t) = a(\alpha) y(t) + b(\alpha) y(t-\tau) + F(y(t), y(t-\tau), \alpha), \qquad (2.6.10)$$

其中, F 为关于 x, y 的非线性函数, 满足 $F(0, 0, \alpha) = 0$, 且

$$D_{(x,y)} F(x, y, \alpha)|_{(x,y)=(0,0)} = 0, \quad \forall \alpha \in \delta(\alpha_0).$$

从而 (2.6.9) 的线性化方程可以写成

$$\dot{y}(t) = a(\alpha)y(t) + b(\alpha)y(t-\tau),$$

其特征方程为

$$D(\lambda, \alpha) = \det d(\lambda, \alpha) = 0,$$

其中 $d(\lambda, \alpha) = \lambda E_n - a(\alpha) - b(\alpha)e^{-\lambda \tau}$.

(ii) $\forall\, \alpha \in \delta(\alpha_0), D(\lambda, \alpha) = 0$ 有一对共轭复根 $\lambda_{1,2} = \eta(\alpha) \pm i\omega(\alpha)$, 其余的根都有负实部.

(iii) $\eta(\alpha_0) = 0, \omega(\alpha_0) = \omega_0 > 0$;

(iv) $\eta'(\alpha_0) \neq 0$.

上述条件 (i)—(iv) 保证当参数 α 经历 α_0 时, 方程 (2.6.9) 在零解处产生 Hopf 分叉.

2.7 几乎线性系统的稳定性

2.7.1 局部几乎线性系统稳定性

考虑平面自治系统

$$\begin{cases} \dfrac{dx_1}{dt} = f(x_1, x_2), \\ \dfrac{dx_2}{dt} = g(x_1, x_2). \end{cases} \quad (2.7.1)$$

不妨设 $f(0,0) = g(0,0) = 0$, 即 $(0,0)$ 为奇点, 那么当 $f(x_1,x_2), g(x_1,x_2)$ 关于 x_1, x_2 二阶连续可微时, 利用 Taylor 公式把它们在 $(0,0)$ 点展开为

$$f(x_1, x_2) = f'_{x_1}(0,0)x_1 + f'_{x_2}(0,0)x_2 + \varphi(x_1, x_2),$$

$$g(x_1, x_2) = g'_{x_1}(0,0)x_1 + g'_{x_2}(0,0)x_2 + \psi(x_1, x_2),$$

并记 $a = f'_{x_1}(0,0), b = f'_{x_2}(0,0), c = g'_{x_1}(0,0), d = g'_{x_2}(0,0)$. 将系统 (2.7.1) 写成如下形式:

$$\begin{cases} \dfrac{dx_1}{dt} = ax_1 + bx_2 + \varphi(x_1, x_2), \\ \dfrac{dx_2}{dt} = cx_1 + dx_2 + \psi(x_1, x_2). \end{cases} \quad (2.7.2)$$

2.7 几乎线性系统的稳定性

并把线性系统

$$\begin{cases} \dfrac{dx_1}{dt} = ax_1 + bx_2, \\ \dfrac{dx_2}{dt} = cx_1 + dx_2 \end{cases} \tag{2.7.3}$$

称为 (2.7.2) 的线性近似系统.

与线性系统类似, 若 $q = ad - bc \neq 0$, 则称 $(0,0)$ 为系统 (2.7.2) 的初等奇点, 若 $q = 0$, 则称 $(0,0)$ 为系统 (2.7.2) 的高阶奇点.

我们的问题是: 若 $(0,0)$ 是系统 (2.7.2) 的初等奇点时, 奇点 $(0,0)$ 的类型及稳定性与它的线性近似系统 (2.7.3) 的奇点类型及稳定性是否相同? 换句话说当 $\varphi(x_1,x_2), \psi(x_1,x_2)$ 满足什么条件时, 系统 (2.7.2) 与 (2.7.3) 在 $(0,0)$ 点邻域有相同的定性结构? 为此引入几乎线性系统的定义.

若系统 (2.7.2) 的函数 $\varphi(x_1,x_2), \psi(x_1,x_2)$ 在 $(0,0)$ 邻域一阶连续可微, 且满足

$$\lim_{(x_1,x_2) \to (0,0)} \frac{\varphi(x_1,x_2)}{\sqrt{x_1^2 + x_2^2}} = \lim_{(x_1,x_2) \to (0,0)} \frac{\psi(x_1,x_2)}{\sqrt{x_1^2 + x_2^2}} = 0, \tag{2.7.4}$$

则称系统 (2.7.2) 在奇点 $(0,0)$ 邻域是几乎线性系统.

在许多情况下, 几乎线性系统与其对应的线性系统的奇点类型和稳定性是相同的, 关于这方面的结果我们不加证明地引入下边的定理 (详细证明可参看文献 [215]).

定理 2.7.1 设 $O(0,0)$ 是几乎线性系统 (2.7.2) 的初等奇点, 则当 $O(0,0)$ 是其线性近似系统 (2.7.3) 的鞍点、结点、焦点时, 它也必是系统 (2.7.2) 的鞍点、结点、焦点, 且具有相同的稳定性.

上述定理的用处在于当得知非线性系统 (2.7.2) 在奇点邻域是几乎线性系统时, 可以通过研究其线性近似系统 (2.7.3) 的奇点去弄清几乎线性系统的奇点类型.

定理 2.7.1 也说明了当线性近似系统的系数矩阵的特征根 λ, μ 具有非零实部, 且非线性项 $\varphi(x_1,x_2), \psi(x_1,x_2)$ 在 $(0,0)$ 邻域是 $r = \sqrt{x_1^2 + x_2^2}$ 的高阶无穷小时, 则非线性项的添加不影响其奇点的类型和稳定性. 但是定理的条件是充分条件, 且对于 λ, μ 是纯虚数, 即 $(0,0)$ 是线性化系统的中心时没有相应的结论.

关于定理 2.7.1 还有几点需要说明:

注 2.7.1 定理 2.7.1 只能保证在奇点线性系统加上 "小" 的非线性项才不会改变奇点的类型和稳定性. 但在大范围内, 非线性项将对解的性态产生很大的影响.

注 2.7.2 当 $(0,0)$ 是线性系统的临界结点和退化结点时, 定理所给条件只能保证非线性系统奇点的稳定性. 但不能保证类型不变, 即奇点可以变成非线性系统

的焦点或正常结点, 若要保持奇点的类型不变, 则需对 $\varphi(x_1,x_2), \psi(x_1,x_2)$ 加更强的条件. 进一步的结果参阅文献 [215, 216].

注 2.7.3 当 $(0,0)$ 是线性系统的中心型奇点时 (λ 是一对纯虚根), 无论 $\varphi(x_1,x_2), \psi(x_1,x_2)$ 多小都有可能改变奇点的类型和稳定性.

n 阶常系数线性微分方程组
$$\frac{dx}{dt} = Ax, \tag{2.7.5}$$
其中, $x = (x_1, x_2, \ldots, x_n)^{\mathrm{T}}, A = (a_{ij})_{n \times n}$.

系统 (2.7.5) 的任一解均可表示为形如 $P_{ik}(t)e^{\lambda_i t}$ 的线性组合, 这里 λ_i 为系数矩阵 A 的特征方程 $\det(A - \lambda I) = 0$ 的根 (I 为 n 阶单位阵), $P_{ik}(t)$ 是 t 的多项式, 其次数低于 λ_i 所对应的初等因子的次数, 由线性方程组解的理论可以得到如下定理.

定理 2.7.2 设系统 (2.7.5) 的系数矩阵 A 的特征根为 $\lambda_1, \lambda_2, \ldots, \lambda_r$, 则有下面三个结论:

(1) 若 $\lambda_1, \lambda_2, \ldots, \lambda_r$ 均具有负实部, 则系统 (2.7.5) 的零解是渐近稳定的;

(2) 若 $\lambda_1, \lambda_2, \ldots, \lambda_r$ 中至少有一个具有正实部, 则系统 (2.7.5) 的零解是不稳定的;

(3) 若 $\lambda_1, \lambda_2, \ldots, \lambda_r$ 中没有正实部的根, 但是有零根或零实部的纯虚根, 则当零根或零实部根的初等因子都是一次时, (2.7.5) 的零解是稳定的. 当零根或零实部的根中至少有一个初等因子的次数大于 1 时, 系统 (2.7.5) 的零解是不稳定的.

由此定理看出, 系统 (2.7.5) 的零解的稳定性完全由其系数矩阵 A 的特征根的符号确定. 这样就把稳定性问题转化为代数问题.

一般情况下 n 阶线性微分方程组的系数矩阵 A 的特征方程是一个一元 n 次代数方程, 其根是不易求得的, 但定理 2.7.2 说明在讨论稳定性时不必把方程的特征根具体求出而只需知道特征根的实部的正、负号即可. 针对这个问题有一个代数学中著名的 Routh-Hurwitz 判据.

定理 2.7.3 对一元 n 次常系数代数方程
$$a_0\lambda^n + a_1\lambda^{n-1} + a_2\lambda^{n-2} + \ldots + a_{n-1}\lambda + a_n = 0, \tag{2.7.6}$$
其中 $a_0 > 0$, 构造行列式

$$\Delta_n = \begin{vmatrix} a_1 & a_0 & 0 & 0 & \ldots & 0 \\ a_3 & a_2 & a_1 & a_0 & \ldots & 0 \\ \vdots & \vdots & \vdots & \vdots & & \vdots \\ a_{2n-1} & a_{2n-2} & a_{2n-3} & a_{2n-4} & \ldots & a_n \end{vmatrix},$$

式中, 当 $i > n$ 时, $a_i = 0$, 则 (2.7.6) 的所有根均具有负实部的充要条件是 Δ_n 的一切主子式都大于零, 即下边不等式同时成立:

$$\Delta_1 = a_1 > 0, \quad \Delta_2 = \begin{vmatrix} a_1 & a_0 \\ a_3 & a_2 \end{vmatrix} > 0,$$

$$\Delta_3 = \begin{vmatrix} a_1 & a_0 & 0 \\ a_3 & a_2 & a_1 \\ a_5 & a_4 & a_3 \end{vmatrix} > 0, \ldots, \Delta_n = a_n \Delta_{n-1} > 0.$$

下面考虑非线性微分方程组

$$\frac{dx}{dt} = Ax + F(x), \tag{2.7.7}$$

其中 A 的定义同 (2.7.5), $F(x) = (f_1(x), f_2(x), \ldots, f_n(x))^{\mathrm{T}}$, 且满足 $F(0) = 0$ 及

$$\lim_{\|x\| \to 0} \frac{\|F(x)\|}{\|x\|} = 0. \tag{2.7.8}$$

这时 (2.7.7) 也称为几乎线性系统, 且 $x = 0$ 是其解.

关于系统 (2.7.7) 在条件 (2.7.8) 下零解的稳定性问题有如下定理.

定理 2.7.4 若 A 的所有特征根均具有负实部, 则系统 (2.7.7) 的零解是渐近稳定的. 若 A 的特征根中至少有一个具有正实部, 则系统 (2.7.7) 的零解是不稳定的.

关于定理 2.7.3 和 2.7.4 有几点需要说明:

(1) 由定理 2.7.3 得到的常系数的线性方程组的稳定性是大范围的, 而由定理 2.7.4 得到的非线性方程组的稳定性是小范围的.

(2) 当系统 (2.7.7) 的线性近似系统 (2.7.5) 的系数矩阵 A 的特征根均具有非正实部, 但至少有一个零实部的根或零根, 这时非线性系统 (2.7.7) 的稳定性并不能由其线性近似系统来决定, 这种情形称之为临界情形, 而如何确定临界情形的稳定性问题, 至今仍为微分方程的研究课题.

2.7.2 Lyapunov 第二方法

2.7.1 节介绍了按线性近似决定非线性方程组零解的稳定性问题, 这仅是在零解邻域内的稳定性. 本节介绍研究大范围稳定性的 Lyapunov 方法.

设 $H > 0$, $V(x) = V(x_1, x_2, \ldots, x_n)$ 是定义在 $D := \{x \in \mathbb{R}^n \mid \|x\| \leqslant H\}$ 上的单值实连续函数, 并且具有连续偏导数和 $V(0) = 0$. 若 $\forall x \in D$, 恒有 $V(x) \geqslant 0 (\leqslant 0)$, 则称函数 $V(x)$ 为常正 (常负) 的; 若 $\forall x \in D \setminus \{0\}$, 都有 $V(x) > 0 (< 0)$, 则称 $V(x)$ 为正定 (负定) 的. 习惯上把这类函数称为 V 函数或 Lyapunov 函数.

这里关于 V 函数有两个结论:

结论 1   如果函数 $V(x)$ 是正定 (常正) 的, 则 $-V(x)$ 是负定 (常负) 的;

结论 2   如果 $V(x,y)$ 是一个有二阶连续偏导数的二维正定 V 函数, 则对于适当的 $h>0, V(x,y)=h$ 是一条包围原点的闭曲线.

现讨论如何应用 V 函数来确定非线性微分方程组解的稳定性问题. 为了简单, 只考虑非线性自治系统

$$\frac{dx}{dt} = f(x), \tag{2.7.9}$$

其中, $x=(x_1,x_2,\ldots,x_n)^{\mathrm{T}}$, $f(x)=(f_1(x),f_2(x),\ldots,f_n(x))^{\mathrm{T}}$.

假定 $f(0)=0$ 且 $f(x)$ 在原点的某个邻域内满足解的存在唯一性条件. 把 (2.7.9) 的解 $x=x(t)$ 代入 V 函数中得 t 的复合函数, 对 V 函数关于 t 求导数得到

$$\frac{dV}{dt} = \frac{\partial V}{\partial x_1}\frac{dx_1}{dt} + \frac{\partial V}{\partial x_2}\frac{dx_2}{dt} + \cdots + \frac{\partial V}{\partial x_n}\frac{dx_n}{dt} = \sum_{i=1}^{n}\frac{\partial V}{\partial x_i}\frac{dx_i}{dt}.$$

用方程组 (2.7.9) 的解代入上式得出

$$\frac{dV}{dt} = \sum_{i=1}^{n}\frac{\partial V}{\partial x_i}f_i(x_1(t),x_2(t),\ldots,x_n(t)). \tag{2.7.10}$$

这样求得的导数 $\dfrac{dV}{dt}$ 称为函数 $V(x)$ 沿着方程组 (2.7.9) 的全导数, 它仍为 $x_1,x_2,\ldots,x_n$ 的函数.

下边给出 Lyapunov 判定系统 (2.7.9) 零解的稳定性态的几个准则.

定理 2.7.5   对于系统 (2.7.9), 如果可以找到一个正定的函数 $V(x)$, 且此 V 函数沿着系统 (2.7.9) 的全导数 $\dfrac{dV}{dt}$ 为常负函数或恒等于零, 则方程组 (2.7.9) 的零解是稳定的.

定理 2.7.6   对于系统 (2.7.9), 如果可以找到一个正定的函数 $V(x)$, 且沿着方程组 (2.7.9) 的全导数 $\dfrac{dV}{dt}$ 为负定函数, 则 (2.7.9) 的零解是渐近稳定的.

定理 2.7.7   对于系统 (2.7.9), 如果能找到一个连续可微函数 $V(x), V(0)=0$, 它在 $x=0$ 点的任何邻域内至少有一点 $x^*, V(x^*)>0\ (<0)$, 那么, 如果存在 $x=0$ 的某个邻域 D, 使得在 D 中 $\dfrac{dV}{dt}$ 是正定的, 则系统 (2.7.9) 的零解是不稳定的.

定理 2.7.5— 定理 2.7.7 给出了自治方程组零解稳定、渐近稳定及不稳定的充分条件. 但这些条件不是必要的, 而且也没有具体的构造 Lyapunov 函数的一般方法, 对于一些具体的系统关于 Lyapunov 函数的构造有许多更深入的工作, 比如由代数知识对于平面系统常用二次型作为正定或负定 V 函数.

2.8 最优性原理

2.8.1 极大值函数

极大值函数在优化问题中有着重要的作用,但同时它也是一种很难求解的不可微函数.本节给出极大值函数的一些重要性质,为将来研究以极大值函数作为约束的优化问题提供有效的工具.

定义 2.8.1 (外半连续) 如果集值映射 $f: \mathbb{R}^n \to 2^{\mathbb{R}^n}$ 在 $\hat{x}$ 处的值 $f(\hat{x})$ 是闭集,且对于每个使得 $f(\hat{x}) \cap S = \varnothing$ 的紧集 S,存在 $\hat{\rho} > 0$,对任意的 $x \in B(\hat{x}, \hat{\rho})$,有 $f(x) \cap S = \varnothing$,则称 f 在 $\hat{x}$ 点外半连续.

如果集值映射 $f: \mathbb{R}^n \to 2^{\mathbb{R}^n}$ 在每一点都是外半连续的,那么称 f 为外半连续的.

定义 2.8.2 (内半连续) 如果集值映射 $f: \mathbb{R}^n \to 2^{\mathbb{R}^n}$ 对每个使得 $f(\hat{x}) \cap G \neq \varnothing$ 的开集 G,存在 $\hat{\rho} > 0$,对任意的 $x \in B(\hat{x}, \hat{\rho})$,有 $f(x) \cap G \neq \varnothing$,则称 f 在 $\hat{x}$ 点内半连续. 如果集值映射 $f: \mathbb{R}^n \to 2^{\mathbb{R}^n}$ 在每一点都是内半连续的,那么称 f 为内半连续的.

如果集值映射 $f: \mathbb{R}^n \to 2^{\mathbb{R}^n}$ 在每一点既是内半连续的又是外半连续的,那么称 f 为连续的.

设函数 $f^j: \mathbb{R}^n \to \mathbb{R}$ 是连续的,$j \in I_q := \{1, 2, \ldots, q\}$,令

$$\psi(x) := \max_{j \in I_q} f^j(x), \tag{2.8.1}$$

$\forall x \in \mathbb{R}^n$,定义

$$\hat{q}(x) := \{j \in I_q \,|\, f^j(x) = \psi(x)\}. \tag{2.8.2}$$

定理 2.8.1 函数 $\psi(\cdot)$ 如 (2.8.1) 式定义,这里 $f^j: \mathbb{R}^n \to \mathbb{R}, j \in I_q$,是局部 Lipschitz 连续的,且 $\forall x, h \in \mathbb{R}^n$,方向导数 $df^j(x; h)$ 存在,那么

(i) $\psi(\cdot)$ 是局部 Lipschitz 连续的;

(ii) $\forall x, h \in \mathbb{R}^n$,方向导数 $d\psi(x; h)$ 存在且

$$d\psi(x; h) = \max_{j \in \hat{q}(x)} df^j(x; h) \tag{2.8.3}$$

其中 $\hat{q}(x)$ 如 (2.8.2) 式定义.

推论 2.8.1 函数 $\psi(\cdot)$ 如 (2.8.1) 式定义,$f^j: \mathbb{R}^n \to \mathbb{R}, j \in I_q$,是连续可微的,那么

(i) $\forall x, h \in \mathbb{R}^n$,广义方向导数 $d^o\psi(x; h)$ 和方向导数 $d\psi(x; h)$ 都存在,且

$$d^o\psi(x; h) = d\psi(x; h) = \max_{j \in \hat{q}(x)} <\nabla f^j(x), h>. \tag{2.8.4}$$

(ii) 方向导数 $d\psi(\cdot;\cdot)$ 是上半连续的, 且 $\forall x \in \mathbb{R}^n$, 函数 $d\psi(x;\cdot)$ 是正齐次、次可加的 Lipschitz 连续函数;

(iii) $\psi(\cdot)$ 在 $x \in \mathbb{R}^n$ 处的次梯度 $\partial\psi(x)$ 为

$$\partial\psi(x) := \mathrm{co}_{j \in \hat{q}(x)}\{\nabla f^j(x)\}, \tag{2.8.5}$$

并且

$$d\psi(x;h) = \max_{\xi \in \partial\psi(x)} \langle \xi, h \rangle. \tag{2.8.6}$$

此外, $\partial\psi(x)$ 是外半连续的.

定理 2.8.2 如果函数 $\psi(x)$,

$$\psi(x) := \max_{y \in Y} \phi(x, y) \tag{2.8.7}$$

满足:

(i) $\phi: \mathbb{R}^n \times \mathbb{R}^m \to \mathbb{R}$ 是连续的;

(ii) $\nabla_x \phi(\cdot, \cdot)$ 存在且连续;

(iii) $Y \subset \mathbb{R}^m$ 是紧集,

则有下列结论成立:

(i) 对任意的 $x, h \in \mathbb{R}^n$, 广义方向导数 $d^o\psi(x;h)$ 和方向导数 $d\psi(x;h)$ 存在, 并且

$$d^o\psi(x;h) = d\psi(x;h) = \max_{y \in \hat{Y}(x)} \langle \nabla_x \phi(x, y), h \rangle, \tag{2.8.8}$$

其中

$$\hat{Y}(x) := \{y \in Y \mid \psi(x) = \phi(x, y)\}. \tag{2.8.9}$$

(ii) 方向导数 $d\psi(\cdot;\cdot)$ 是上半连续的, 对任意的 $x \in \mathbb{R}^n$, 函数 $d\psi(x;\cdot)$ 是正齐次、次可加的 Lipschitz 连续函数;

(iii) 次梯度 $\partial\psi(x)$ 为

$$\partial\psi(x) = \mathrm{co}_{y \in \hat{Y}(x)}\{\nabla_x \phi(x, y)\}, \tag{2.8.10}$$

并且

$$d\psi(x;h) = \max_{\xi \in \partial\psi(x)} \langle \xi, h \rangle. \tag{2.8.11}$$

此外, $\partial\psi(x)$ 是外半连续的. □

定理 2.8.3 假定函数 $\psi: \mathbb{R}^n \to \mathbb{R}$

$$\psi(x) := \max_{j \in I_q} \psi^j(x), \tag{2.8.12}$$

$$\psi^j(x) := \max_{y \in Y_j} \phi^j(x, y). \tag{2.8.13}$$

对所有的 $j \in I_q$ 有

(i) 函数 $\phi^j : \mathbb{R}^n \times \mathbb{R}^m \to \mathbb{R}$ 是连续的,并且集合 $Y_j \subset \mathbb{R}^{m_j}$ 是紧集;

(ii) 梯度 $\nabla_x \phi^j(\cdot, \cdot)$ 存在且连续.

则对任意的 $x, h \in \mathbb{R}^n$,方向导数 $d\psi(x; h)$ 存在且

$$d\psi(x;h) = \max_{\xi \in \partial\psi(x)} <\xi, h> = \max_{j \in \hat{q}(x)} d\psi^j(x;h), \quad (2.8.14)$$

其中,次梯度 $\partial\psi(x) = \text{co}_{j \in \hat{q}(x)} \partial\psi^j(x) = \text{co}_{j \in \hat{q}(x)} \{\text{co}_{y \in \hat{Y}_j(x)} \{\nabla_x \phi^j(x, y)\}\}, \partial\psi(x)$ 是外半连续的.

2.8.2 双层规划

考虑如下形式的双层规划模型 (BLP):

$$\text{BLP} \quad \min_x \quad F(x, y)$$
$$\text{s.t.} \quad g(x, y) \leqslant 0,$$

其中 y 是下面问题的解

$$\min_y \quad f(x, y)$$
$$\text{s.t.} \quad h(x, y) \leqslant 0,$$

其中,$x \in \mathbb{R}^m, y \in \mathbb{R}^n$ 分别称为上层规划问题和下层规划问题的决策变量,$F, f : \mathbb{R}^m \times \mathbb{R}^n \to \mathbb{R}$ 分别称为上层规划问题和下层规划问题的目标函数,$g(x, y) : \mathbb{R}^m \times \mathbb{R}^n \to \mathbb{R}^w, h(x, y) : \mathbb{R}^m \times \mathbb{R}^n \to \mathbb{R}^l$ 分别称为上层规划问题和下层规划问题的约束条件.

从上面的模型中可以看出:双层规划是一种具有双层递阶结构的系统优化问题,并且上层规划问题和下层规划问题都有各自的目标函数和约束条件. 上层规划问题的目标函数和约束条件不仅与上层规划问题的决策变量有关,而且还依赖于下层规划问题的最优解,而下层规划问题的最优解又受上层决策变量的影响.

下面介绍双层规划问题的一些基本概念.

定义 2.8.3　(BLP) 问题的约束域 $\Omega_{xy} := \{(x, y) | g(x, y) \leqslant 0, h(x, y) \leqslant 0\}$.

定义 2.8.4　对任意给定的 x,下层规划问题的约束域 $\Omega_x := \{y | h(x, y) \leqslant 0\}$.

定义 2.8.5　对任意给定的 x,(BLP) 问题的下层规划问题的合理反应集 $M(x) := \{y | y \in \text{argmin}\{f(x, y), y \in \Omega_x\}\}$.

定义 2.8.6　对任意给定的 x 和相应的 $y \in M(x)$,(BLP) 问题的下层规划问题的最优值: $v(x) = f(x, y)$.

定义 2.8.7　(BLP) 问题的诱导域: $IR := \{(x, y) | (x, y) \in \Omega_{xy}, y \in M(x)\}$.

诱导域是双层规划问题的可行解集，而且诱导域是非凸的，并且在上层约束中包含有下层决策变量时诱导域还可能是不连通的．对于任意的上层决策变量 x，当 (BLP) 问题的下层规划问题的合理反应集 $M(x)$ 为非单点集时，上层规划问题的目标函数 $F(x,y)(y \in M(x))$ 是多值函数，一般来说，$\min_x F(x,y)$ 无定义．因此，一般假定 $M(x)$ 为单点集，即下层规划问题的解是唯一的．除此之外，为了保证问题有解，一般假定 Ω_{xy} 和 IR 是非空有界的．下面给出问题的可行解和最优解的定义．

定义 2.8.8 如果 $(x,y) \in IR$，则称点 (x,y) 为双层规划问题的可行解．

定义 2.8.9 如果 $(x^*,y^*) \in IR$ 且 $F(x^*,y^*) \leqslant F(x,y), \forall (x,y) \in IR$，则称点 (x^*,y^*) 为双层规划问题的最优解．

2.8.3 最优性条件

1. $\mathbb{R}^n$ 空间约束优化问题的最优性条件

考虑如下约束优化问题：

$$\text{OCP2.8.1} \quad \min_{x \in \mathbb{R}^n} \quad f(x)$$
$$\text{s.t.} \quad c_i(x) = 0, \quad i = 1, \ldots, m_e;$$
$$c_i(x) \geqslant 0, \quad i = m_e + 1, \ldots, m.$$

其中 $f(x)$ 和 $c_i(x)(i \in I_m)$ 都是定义在 $\mathbb{R}^n$ 上的实值连续函数，m 是一正整数，m_e 是介于 0 和 m 之间的整数．

定义 2.8.10 $x \in \mathbb{R}^n$ 被称为问题 OCP2.8.1 的可行点当且仅当在该点处 OCP2.8.1 的所有等式和不等式约束成立；所有可行点所组成的集合被称为可行域，记为 $X := \{x | c_i(x) = 0, i = 1, \ldots, m_e; c_i(x) \geqslant 0, i = m_e + 1, \ldots, m\}$．

定义 2.8.11 设 $x^* \in X$，如果 $f(x) \geqslant f(x^*), \forall x \in X$ 成立，则称 x^* 是问题 OCP2.8.1 的全局极小点；如果对一切 $x \in X$ 且 $x \neq x^*$ 有 $f(x) > f(x^*)$ 成立，则称 x^* 是全局严格极小点．

定义 2.8.12 设 $x^* \in X$，如果对某一 $\delta > 0$，有 $f(x) \geqslant f(x^*), \forall x \in X \cap B(x^*, \delta)$ 成立，则称 x^* 是问题 OCP2.8.1 的局部极小点，其中 $B(x^*, \delta)$ 是以 x^* 为中心以 δ 为半径的广义球：$B(x^*, \delta) = \{x | \|x - x^*\|_2 \leqslant \delta\}$．如果对一切 $x \in X \cap B(x^*, \delta)$ 且 $x \neq x^*$ 有 $f(x) > f(x^*)$ 成立，则称 x^* 是严格局部极小点．

定义 2.8.13 设 $x^* \in X, 0 \neq d \in \mathbb{R}^n$，如果存在 $\delta > 0$，使得 $x^* + kd \in X, \forall k \in [0, \delta]$，则称 d 是 X 在 x^* 处的可行方向．X 在 x^* 处的所有可行方向的集合记为 $FD(x^*, X)$．

定义 2.8.14 设 $x^* \in X, d \in \mathbb{R}^n$，如果

$$d^T \nabla c_i(x^*) = 0, \quad i \in I_{m_e};$$
$$d^T \nabla c_i(x^*) \geqslant 0, \quad i \in \{j | c_j(x^*) \leqslant 0, j = m_e + 1, \ldots, m\}.$$

2.8 最优性原理

则称 d 是 X 在 x^* 处的线性化可行方向. X 在 x^* 处的所有线性化可行方向的集合记为 $\text{LFD}(x^*, X)$.

定义 2.8.15 设 $x^* \in X, d \in \mathbb{R}^n$, 如果存在序列 $d_k(k=1,2,\ldots)$ 和 $\delta_k > 0(k=1,2,\ldots)$, 使得 $x^* + \delta_k d_k \in X, \forall k$, 且有 $d_k \to d$ 和 $\delta_k \to 0$, 则称 d 是 X 在 x^* 处的序列可行方向, X 在 x^* 处的所有序列可行方向的集合记为 $\text{SFD}(x^*, X)$.

定理 2.8.4 设 $x^* \in X$, 如果所有的约束函数都在 x^* 处可微, 则有
$$\text{FD}(x^*, X) \subseteq \text{SFD}(x^*, X) \subseteq \text{LFD}(x^*, X).$$

定理 2.8.5 (Kuhn-Tucker 定理) 设 x^* 是问题 OCP2.8.1 的一个局部极小点, 如果 $\text{SFD}(x^*, X) = \text{LFD}(x^*, X)$, 则必存在 $\lambda_i(x^*)(i \in I_m)$, 使得
$$\nabla f(x^*) = \sum_{i=1}^m \lambda_i^* \nabla c_i(x^*),$$
$$\lambda_i^* \geqslant 0, \quad \lambda_i^* c_i(x^*) = 0, \quad i \in \{m_e+1,\ldots,m\}.$$

定义 2.8.16 如果 $x^* \in X$, 且存在 $\lambda^* = (\lambda_1^*, \ldots, \lambda_m^*) \in \mathbb{R}^m$, 满足
$$\nabla f(x^*) = \sum_{i=1}^m \lambda_i^* \nabla c_i(x^*),$$
$$\lambda_i^* \geqslant 0, \quad \lambda_i^* c_i(x^*) = 0, \quad i \in \{m_e+1,\ldots,m\}.$$

则称 x^* 是 OCP2.8.1 的 Kuhn-Tucker 点 (简称 K-T 点), 称 λ^* 是在 x^* 点的 Lagrange 乘子.

定义 2.8.17 如果 x^* 是一个 K-T 点, λ^* 是相应的 Lagrange 乘子, 如果 d 是 X 在 x^* 处的线性化可行方向且使 $\lambda_i^* d^T \nabla c_i(x^*) = 0, \forall i \in \{i | c_i(x^*) \leqslant 0, i = m_e+1,\ldots,m\}$, 则称 d 是在 x^* 处的线性化零约束方向, 在 x^* 处的所有线性化零约束方向的集合记为 $G(x^*, \lambda^*)$.

定义 2.8.18 如果 x^* 是一个 K-T 点, λ^* 是相应的 Lagrange 乘子, 如果存在序列 $d_k(k=1,2,\ldots)$ 和 $\delta_k(k=1,2,\ldots)$, 使得
$$x^* + \delta_k d_k \in X,$$
$$\sum_{i=1}^m \lambda_i^* c_i(x^* + \delta_k d_k) = 0,$$

且有 $d_k \to d$ 和 $\delta_k \to 0$, 则称 d 是在 x^* 处的序列零约束方向, 在 x^* 处的所有序列零约束方向的集合记为 $S(x^*, \lambda^*)$.

定理 2.8.6 设 x^* 是 OCP2.8.1 的一个局部极小点, 如果 $\{\nabla c_i(x^*)\}_{i \in I_E}$ 线性无关, 其中 I_E 为 x^* 处所有等式约束和起作用的不等式约束的指标集, 则必存在

$\lambda_i^* (i \in I_m)$, 使得

$$\nabla f(x^*) = \sum_{i=1}^m \lambda_i^* \nabla c_i(x^*),$$
$$\lambda_i^* \geqslant 0, \quad \lambda_i^* c_i(x^*) = 0, \quad i \in \{m_e+1, \ldots, m\}.$$

定理 2.8.7 (一阶充分性条件) 设 $x^* \in X$, 如果 $f(x)$ 和 $c_i(x)(i \in I_m)$ 都在 x^* 处可微, 且 $d^{\mathrm{T}} \nabla f(x^*) > 0, \forall 0 \neq d \in \mathrm{SFD}(x^*, X)$, 则 x^* 是 OCP2.8.1 的局部严格极小点.

定理 2.8.8 (一阶必要性条件) 设 $f(x)$ 和 $c_i(x)(i \in I_m)$ 在包含可行域 X 的某一开集上连续可微, 如果 x^* 是约束优化问题 OCP2.8.1 的局部极小点, 则必存在 $\lambda_0^* \geqslant 0, \lambda^* \in \mathbb{R}^m$, 使得

$$\lambda_0^* \nabla f(x^*) - \sum_{i=1}^m \lambda_i^* \nabla c_i(x^*) = 0,$$
$$\lambda_i^* \geqslant 0, \quad \lambda_i^* c_i(x^*) = 0, \quad i \in I_m,$$
$$\sum_{i=0}^m (\lambda_i^*)^2 > 0.$$

定理 2.8.9 (二阶必要性条件) 设 $f, c_i, i=1,2,\ldots,m$, 至少二次连续可微, x^* 是 OCP2.8.1 的一个局部极小点, λ^* 是相应的 Lagrange 乘子, 则必有 $d^{\mathrm{T}} \nabla_{xx}^2 L(x^*, \lambda^*) d \geqslant 0, \forall d \in S(x^*, \lambda^*)$, 其中 $L(x, \lambda) = f(x) - \sum_{i=1}^m \lambda_i c_i(x)$.

定理 2.8.10 (二阶充分性条件) 设 x^* 是 OCP2.8.1 的一个 K-T 点, λ^* 是相应的 Lagrange 乘子, 如果 $d^{\mathrm{T}} \nabla_{xx}^2 L(x^*, \lambda^*) d > 0, \forall 0 \neq d \in G(x^*, \lambda^*)$, 则 x^* 是局部严格极小点.

2. 带轨道和控制约束的最优控制问题的最优性条件

给定动力系统

$$\begin{cases} \dot{x}(t) = h(x(t), u(t)), & t \in [0,1], \\ x(0) = \xi, \end{cases} \tag{2.8.15}$$

其中 $x(t) \in \mathbb{R}^n$ 是状态变量, $u \in U := \{u \in L_{\infty,2}^m[0,1] \mid \|u\|_\infty \leqslant \rho_{\max}\}$ 为控制变量, 其中 $\rho_{\max} \in (0, \infty)$ 是任意大的常数, 设 $H := \mathbb{R}^n \times U \subset H_{\infty,2}$, H 中的每个元素都是由动力系统 (2.8.15) 中的初始状态 ξ 和控制变量 u 组成的向量对, 动力系统相应于 $\eta = (\xi, u) \in H$ 求得的解记作 $x^\eta(\cdot)$. 进一步, 为了讨论可微性, 考虑 H 的子集 H^0

$$H^0 := \mathbb{R}^n \times U^0 \subset H, \tag{2.8.16}$$

2.8 最优性原理

其中 $U^0 := \{u \in L_{\infty,2}^m[0,1] \mid \|u\|_\infty < r\rho_{\max}\}, r \in (0,1)$.

当 u 满足逐点约束条件，即 $\forall t \in [0,1], u(t) \in \mathcal{U}$ 时，这里 $\mathcal{U} \subset \mathbb{R}^m$ 是凸紧集，则 u 的可行域记为 U_c,

$$U_c := \{u \in U^0 \mid u(t) \in \mathcal{U} \subset B(0, r\rho_{\max}), \forall t \in [0,1]\}. \tag{2.8.17}$$

令 $H_c := \mathbb{R}^n \times U_c, \eta := (\xi, u)$.

假设 H2.8.1:

(i) 函数 $h(\cdot, \cdot)$ 是连续可微的;

(ii) 存在常数 $K \in [1, \infty)$ 使得 $\forall x', x'' \in \mathbb{R}^n$ 和 $\forall v', v'' \in B(0, \rho_{\max})$，下面三种关系成立：

$$\|h(x', v') - h(x'', v'')\| \leqslant K[\|x' - x''\| + \|v' - v''\|], \tag{2.8.18}$$

$$\|h_x(x', v') - h_x(x'', v'')\| \leqslant K[\|x' - x''\| + \|v' - v''\|], \tag{2.8.19}$$

$$\|h_u(x', v') - h_u(x'', v'')\| \leqslant K[\|x' - x''\| + \|v' - v''\|]. \tag{2.8.20}$$

引理 2.8.1 设 $\eta \in H$，在 H2.8.1 下，对任意给定的绝对连续函数 $x^0 : [0,1] \to \mathbb{R}^n$，系统 (2.8.15) 存在解 $x^\eta(\cdot)$，且满足

$$\|x^\eta(t) - x^0(t)\| \leqslant \varepsilon(x^0, \eta), \quad \forall t \in [0,1]. \tag{2.8.21}$$

$$\varepsilon(x^0(0), \eta) := \|x^0(0) - \xi\| + \int_0^1 \|\dot{x}^0(t) - h(x^0(t), u(t))\| dt. \tag{2.8.22}$$

定理 2.8.11 在 H2.8.1 下，系统 (2.8.15) 存在唯一的有界解，记为 $x^\eta(\cdot)$.

定理 2.8.12 在 H2.8.1 下，存在 $L < \infty$，使得 $\forall \eta, \eta' \in H, t \in [0,1]$，系统 (2.8.15) 的解满足下面结论：

$$\|x^\eta(t) - x^{\eta'}(t)\| \leqslant L\|\eta - \eta'\|_{H_2}. \tag{2.8.23}$$

以 $f^0(\eta)$ 为性能指标，以 $f^j(\eta), j \in I_q$ 为轨道约束条件的带控制约束的最优控制问题可描述为

$$\text{OCP2.8.2} \quad \min \quad f^0(\eta)$$
$$\text{s.t.} \quad f^j(\eta) \leqslant 0, \quad j \in I_q,$$
$$\eta \in H_c.$$

$$\text{OCP2.8.2}' \quad \min \quad f^0(\eta)$$
$$\text{s.t.} \quad f^j(\eta) \leqslant 0, \quad j \in I_q,$$
$$\eta \in \{\xi_0\} \times U_c.$$

OCP2.8.2, OCP′2.8.2 可分别简记为

$$\text{OCP2.8.2} \quad \min_{\eta \in H_c}\{f^0(\eta)\,|\,f^j(\eta) \leqslant 0, j \in I_q\},$$

$$\text{OCP}'2.8.2 \quad \min_{\eta \in \{\xi_0\} \times U_c}\{f^0(\eta)\,|\,f^j(\eta) \leqslant 0, j \in I_q\}.$$

对约束条件而言, 较为简单的情形是只对端点时刻的状态变量有约束, 即

$$f^j(\eta) := F^j(\xi, x^\eta(1)), \quad j \in \bar{I}_q. \tag{2.8.24}$$

复杂的情形是对整个动态过程都有约束, 那么

$$f^j(\eta) := \max_{t \in [0,1]} \phi^j(\eta, t), \tag{2.8.25}$$

其中

$$\phi^j(\eta, t) := \tilde{\phi}^j(\xi, x^\eta(t), t), \tag{2.8.26}$$

$\tilde{\phi}^j : \mathbb{R}^n \times \mathbb{R}^n \times \mathbb{R} \to \mathbb{R}$, 这类问题是半无限约束优化的推广. 为了方便讨论, 将两种不同的情形进行统一, $f^j(\cdot)$ 如 (2.8.24) 定义时可以令 $\phi^j(\cdot, \cdot)$ 如下

$$\phi^j(\eta, t) := F^j(\xi, x^\eta(1)), \quad \forall t \in [0,1]. \tag{2.8.27}$$

定义函数 $\hat{\mathcal{F}} : H^0 \to \mathbb{R}$

$$\hat{\mathcal{F}}(\eta) := \max\{f^0(\eta) - f^0(\hat{\eta}), \psi(\eta)\}, \tag{2.8.28}$$

其中 $\hat{\eta} \in H^0$ 是参数, $\psi(\eta) := \max\limits_{j \in I_q} f^j(\eta)$.

定理 2.8.13 假设 H2.8.1 成立,

(i) 若 $\hat{\eta}$ 是问题 OCP2.8.2 的局部最优解, 则 $\hat{\eta}$ 也是 $\min\limits_{\eta \in H_c} \hat{\mathcal{F}}(\eta)$ 的最优解;

(ii) 若 $\hat{\eta}$ 是问题 OCP′2.8.2 的局部最优解, 则 $\hat{\eta}$ 也是 $\min\limits_{\eta \in \{\xi_0\} \times U_c} \hat{\mathcal{F}}(\eta)$ 的局部最优解.

定理 2.8.14 假设 H2.8.1 成立, 若 $\hat{\eta}$ 是问题 OCP2.8.2 的局部最优解, 则

(i)

$$d\hat{\mathcal{F}}(\hat{\eta}; \delta\eta) \geqslant 0, \quad \forall \delta\eta \in H_{\infty, 2}; \tag{2.8.29}$$

(ii) (2.8.29) 成立当且仅当

$$0 \in \partial\hat{\mathcal{F}}(\hat{\eta}), \tag{2.8.30}$$

其中次梯度

$$\partial\hat{\mathcal{F}}(\hat{\eta}) = \bar{\text{co}}\{\bar{\text{co}}_{t \in \hat{T}_0(\hat{\eta})}\{\nabla_\eta \phi^0(\hat{\eta}, t)\}, \bar{\text{co}}_{j \in I_q} \bar{\text{co}}_{t \in A_j(\hat{\eta})}\{\nabla_\eta \phi^j(\hat{\eta}, t)\}\}, \tag{2.8.31}$$

这里
$$\hat{T}_0(\hat{\eta}) := \{t \in [0,1] | \phi^0(t) = f^0(t)\}, \tag{2.8.32}$$
$$A_j(\hat{\eta}) := \{t \in [0,1] | \phi^j(\hat{\eta},t) = 0\}, \quad j \in I_q. \tag{2.8.33}$$

定理 2.8.15 考虑最优控制问题 OCP2.8.2, 假设

(i) 函数 $f^j(\cdot), j \in I_q$, 由 (2.8.24) 定义;

(ii) H2.8.1 成立, 此外, 函数 $h(\cdot,\cdot)$ 和 $F^j(\cdot,\cdot), j \in I_q$, 是二阶连续可微的;

(iii) $\hat{\eta}$ 是 (OCP2.8.2) 的局部最优解, 且 $\hat{\mu} \in \sum\limits_{q}^{0} := \left\{(\mu^0,\mu) | \mu^0 \in \mathbb{R}_+, \mu \in \mathbb{R}_+^q, \sum\limits_{j=0}^{q}\mu^j = 1\right\}$ 是相关的乘子, 满足

$$\sum_{j=0}^{q} \hat{\mu}^j \nabla f^j(\hat{\eta}) = 0 \tag{2.8.34}$$

和

$$\sum_{j=1}^{q} \hat{\mu}^j [\psi(\hat{\eta}) - f^j(\hat{\eta})] = 0; \tag{2.8.35}$$

(iv) 向量 $\nabla f^j(\hat{\eta}), j \in q_A(\hat{\eta})$, 是线性独立的, 这里 $q_A(\hat{\eta}) := \{j \in I_q | f^j(\hat{\eta}) = \psi(\hat{\eta})\}$, 设

$$\boldsymbol{H}_1(\hat{\eta}) := \{\delta\eta \in \mathbb{R}^n \,|\, \langle \nabla f^j(\hat{\eta}), \delta\eta \rangle = 0, j \in q_A(\hat{\eta})\}, \tag{2.8.36}$$

则对所有的 $\delta\eta \in \boldsymbol{H}_1(\hat{\eta})$ 有

$$df^0(\hat{\eta}; \delta\eta) = 0.$$

定理 2.8.16 假设 H2.8.1 成立,

(i) 若 $\hat{\eta} \in H_c$ 是 OCP2.8.2 的局部最优解, 则

$$d\hat{\mathcal{F}}(\hat{\eta}, \eta - \hat{\eta}) \geqslant 0, \quad \forall \eta \in H_c; \tag{2.8.37}$$

(ii) 若 $\hat{\eta} \in \{\xi_0\} \times U_c$ 是 OCP'2.8.2 的局部最优解, 则

$$d\hat{\mathcal{F}}(\hat{\eta}, \eta - \hat{\eta}) \geqslant 0, \quad \forall \eta \in \{\eta_0\} \times U_c. \tag{2.8.38}$$

2.9 并行算法

随着计算机技术的发展, 人们需要解决的问题也越来越复杂. 人类对计算能力的需求远远快于摩尔定理所能提供的芯片发展速度, 通过提高单个处理器的运算速

度和采用传统的串行计算技术已难以胜任. 为了达到高效而快速计算的目的, 除了提高计算机系统的 CPU 等元器件的速度外, 计算机的体系结构也必须不断改进, 同时, 量子计算、生物计算和并行计算成为人们解决高速计算新的方案, 但目前, 只有并行计算才是最为现实的大幅度提高计算速度的方法. 另一方面, 越来越多的科研工作者认识到"计算"已经成为与理论分析和实验并列的第三种科研手段, 许多科研工作已无法离开高性能计算机的支持, 并行处理与并行计算技术是实现高性能计算的有效途径.

2.9.1 并行计算的背景与现状

20 世纪 70 年代以来, 以并行计算技术、并行算法和并行计算机为核心的并行化技术受到了国内外计算机科学、计算数学、工程技术等各个领域的广泛重视. 从 1976 年到 20 世纪 90 年代, 向量并行是主流, 第一台亿次高性能计算机是美国的向量计算机 CRAY-1, 中国在上世纪 80 年代, 成功研制了首台亿次双向量阵列计算机 YH-1. 从 20 世纪 90 年代开始, 大规模并行处理开始发展并逐渐成为主流, 采用商用处理器技术, 数目达到 1000 量级. 1996 年, 美国的 ASIC RED 大规模并行计算机突破了万亿次计算性能, 2000 年, 我国也成功研制了万亿次计算机. 20 世纪 90 年代后期, 机群技术逐渐成为主流, 2004 年曙光 4000A 系统突破 10 万亿次峰值运算能力. 2007 年, 我国首台采用国产高性能通用处理芯片"龙芯 2F"的万亿次高性能计算机"KD-50-I"也在中国科学技术大学研制成功[217].

并行算法研究的高峰期在 20 世纪 70 年代和 80 年代[218]. 这一阶段, 在各种不同互连结构的 SIMD(single instruction multiple data) 模型上和共享存储的 SIMD 模型上设计出了很多优秀的非数值并行算法, 它们在整个并行算法研究历史上占据着辉煌的一页. 20 世纪 90 年代以来, 并行算法的研究渐渐面向实际而内容有所拓宽. 不但研究并行算法的设计与分析, 而且也同时兼顾到并行机体系结构和并行程序设计, 相应的出版了多部并行算法方面的专著和教材[217,219~222]. 当前并行算法的研究更重视实用, 更多地集中在应用领域并行算法的研究上, 如计算生物学、计算化学、计算流体力学、飞行动力学、计算机辅助设计、数据库管理、油藏建模、中长期天气预报、海洋环流等问题以及大型科学与工程问题的并行数值计算, 如求解大型稀疏方程组、大型非线性方程和有限元分析等.

近几年来, 随着半导体器件工艺水平的提高, 计算技术和通讯网络的迅速发展, 双 CPU 或者 4CPU 的高档机随处可见. 随着并行机的普及, 使用并行计算也甚为迫切, 为并行优化算法的研究带来新的机遇. 1997 年, D.Conforti 等[223] 提出求解大型无约束优化问题的可实现的并行梯度分布算法 (parallel gradient distribution(PGD)method), 是基于分解方法的无约束优化的并行算法. 2000 年, Chin-Sung Liu 等[224] 对大型极小值问题给出并行同步和异步空间分解算法. 2003 年,

A.Migdalas 等[225] 发表在 *Parallel Computing* 杂志中的文章介绍了 2001 年 9 月在意大利 Naples 召开的关于非线性优化并行计算的研讨会, 论述了非线性优化与并行计算新的发展趋势. 2004 年, J.F.Schutte 等[226] 讨论了并行的粒子群全局优化算法, 为提高计算效率, B.Koh 等[227] 进一步引入了异步的 PSO 算法. 2007 年, Ender Ozcan 等[228] 利用 Memetic 算法研究了并行计算中处理器和数据分配的优化策略等.

2.9.2 并行计算的基本概念

在讨论并行计算之前, 先来了解几个基本概念.

并行处理技术是指在同一时间间隔内增加操作数量的技术. 可以把并行技术理解为由多个计算机共同完成同一个任务, 从而提高完成任务的效率.

并行计算机(简称**并行机**) 是为进行并行处理所设计的计算机系统.

并行计算是相对于串行计算而言的, 简单地说就是在并行计算机上求解问题的模式, 将一个任务分解为多个子任务分配给不同的计算机, 每个计算机相互协同、并行地执行子任务, 最终完成指定的任务.

并行算法是指用多台处理机联合求解问题的方法和步骤, 将给定的问题首先分解成若干个尽量相互独立的子问题, 然后使用多台计算机同时求解它, 从而最终求得原问题的解.

数值并行算法是研究基于代数关系运算的数值计算问题的并行算法, 主要包括矩阵计算、方程组的求解、矩阵特征值的计算、快速傅氏变换和离散小波变换等问题.

非数值并行算法是研究基于比较关系运算的符号处理问题的并行算法, 主要包括排序、图论问题、数据库操作和组合优化问题.

同步算法是指某些进程必须等待别的进程的一类并行算法.

异步算法是指诸进程的执行一般不必相互等待的一类并行算法. 在此情况下, 进程的通信是通过动态地读取 (修改) 共享存储器的全局变量来实现.

并行算法的研究可分为并行计算理论、并行算法的设计与分析, 以及并行算法的实现三个层次. 并行计算理论主要研究并行计算模型、计算问题的下界、问题的可并行化、NC 类问题 (即在多项式数目的处理器和对数多项式的并行时间内可计算的问题称为 NC 类问题) 和 P 完全问题 (即可用确定性图灵机在多项式时间内可计算的问题) 等. 并行算法的设计与分析着重研究计算机科学中可用多项式数目处理器、在对数多项式 (Poly-logarithmic) 时间内可求解的计算问题的并行算法设计与分析方法. 并行算法的实现主要研究并行算法的硬件实现平台 (即并行计算机) 和软件支持环境 (并行编程).

在并行机上求解问题, 首先要写出求解问题的并行算法. 并行算法是在并行计算模型上设计出的. 而并行计算模型是从不同的并行计算机体系结构模型中抽象出来的, 供并行算法设计者使用的一种抽象的并行机. 主要包括:

共享存储模型
- 共享存储的 SIMD(single instruction multiple data) 同步 PRAM(parallel random access machine) 模型
- 共享存储的 MIMD(multiple instruction multiple data) 异步 APRAM(asynchronous parallel random access machine) 模型

分布式存储模型
- SIMD 互联网络模型
- MIMD 大同步 BSP(bulk synchronous parallel) 模型
- MIMD 异步 LogP(latency, overhead, gap and number of processor) 模型

分布共享存储模型
- MIMD 均匀存储层次 UMH(uniform memory hierarchy) 模型
- 扩充 logP 存储 Memory-logP 模型
- 分布式存储层次 DRAM(h)(distributed random access machine) 模型

所谓 PRAM 模型即在任何时刻各处理器均可通过共享存储单元相互交换数据. PRAM 模型的优点是表达、分析和使用简单, 易于设计算法, 稍加修改便可运行在不同的并行机上; 缺点是很费时, 共享单一存储器的假定, 显然不适合于分布存储的异步的 MIMD 机器. 分布存储的 SIMD 模型是基于各种互连网络连接起来, 从而形成各种不同互连结构. APRAM 异步模型是由 p 个处理器组成, 每个处理器都有其本地存储器、局部时钟和局部程序, 处理器间的通信经过共享全局存储器; 无全局时钟, 各处理器异步地独立执行各自的指令; 处理器任何时间依赖关系需明确地在各处理器的程序中加入同步障 (synchronization barrier); 一条指令可在非确定但有限的时间内完成. BSP 和 LogP 等能反映大规模并行机的通信特性; UMH、Memory-logP 和 DRAM(h) 等能反映近代主流并行机的多层次存储特性. 此外, 对于松散耦合的并行系统 (如基于局域网连接的 PC 机群等), 也提出了异构非独占使用方式的分时计算模型.

2.9.3 并行算法设计

并行算法设计重点研究并行算法的常用设计策略、基本设计技术、一般设计过程、标准性能评测等. 并行算法是一些可同时执行的诸进程的集合, 这些进程互相作用和协调动作从而达到给定问题的求解. 由于并行算法设计的不同, 可能对程序的执行效率有很大的影响, 不同的算法有几倍、几十倍甚至上百倍性能差异是完全有可能的. 最常见的并行算法设计可以归纳为如下几类[229]:

阶段并行: 并行程序由一些步骤组成, 每一步骤分为两阶段. 在计算阶段, 每

一个进程完成一个独立计算. 此后是交互阶段, 在这一阶段, 这些进程完成一个或多个同步交互操作.

分而治之：父进程将其工作负载分割成若干个较小的子块并将它们分派给一些子进程. 然后这些子进程并行地计算它们的工作负载, 所产生的结果由父进程进行合并.

进程农庄：主进程执行并行程序中基本的顺序部份, 并派生出一些从进程去执行并行的工作负载. 当一个从进程完成其工作时通知主进程, 让其分派一个新的工作负载, 由主进程完成协调工作.

工作池：工作池以全局数据结构方式实现, 将创建一些进程. 开始时, 池中只有一件工作, 任何空闲进程可从池中获取一件工作并加以执行, 执行后可能产生新的多个工作件放入工作池中. 当工作池为空时, 并行程序结束.

2.9.4 并行程序设计 ——MPI 编程

1. 并行软件环境

UNIX 操作系统几乎是当前所有高性能并行机 (SMP, DSM, MPP, beowulf PC-cluster) 采用的标准操作系统, 其中包括 HP 公司的 HPUX, IBM 公司的 AIX, SUN 公司的 Solaris 和自由软件 Linux 等. 虽然各并行机厂商研制的 UNIX 操作系统的实现原理不尽相同, 但是, 它们给用户提供的基本 UNIX 操作系统界面大体是一致的. 因此, 用户只要对 UNIX 操作系统有一定的了解, 就可以方便地使用以上介绍的各类并行机. RedHat 是 Linux 操作系统中一个应用较为广泛的分支之一, 它能提供很好的机群管理功能, 属于自由软件, 可在 Linux 网站中自由下载. 在程序设计语言方面, SMP, DSM 和 MPP 并行机一般均提供符合国际标准的 Fortran77, Fortran90, C/C++ 等语言, 而机群系统一般免费提供 GNU Fortran77, GNU C/C++ 等语言.

如何编写出能在并行计算机上运行的并行程序是学习并行程序开发的重要内容. 并行计算将进程相对独立地分配于不同的节点上, 享有独立的 CPU 和内存资源, 而消息传递是实现进程间通信的唯一方式, 消息传递操作有发送消息 (send)、接受消息 (receive)、进程同步 (barrier)、规约 (reduction)、广播 (broadcast)、收集 (gather), 实现各个进程之间交换信息、协调步伐、控制执行. 在消息传递模型中, 广泛使用的标准库之一是 MPI(message passing interface) 消息传递接口库, 用于开发基于消息传递的并行程序. MPI 本身不是一个具体的函数实现, 而是根据应用程序对消息传递功能的需求, 全球工业、应用和研究部门联合推出标准的消息传递界面函数标准, 从而保证并行应用程序的可移植性. MPI 以语言独立的形式提供了与 Fortran77 / 90、C / C++ 语言的绑定, 并将任务进行划分, 同时启动多个进程并发的执行, 而各个进程之间通过 MPI 的库函数来实现其中的消息传递.

要编写基于 MPI 的并行程序, 还必须借助具体的 MPI 实现. MPICH 是 Linux 平台下最重要的一种 MPI 实现, 是一个与 MPI 标准同步发展的版本, 因此, 必须安装和配置 MPICC, 目前, MPICH 的发行版本有 MPICH1 和 MPICH2. 具体配置和安装 MPICH 的方法参见文献 [217].

2. 并行编程的简单实例

本节及以后的例程是用 C++ 语言绑定 MPI 编写的, 并介绍两种不同操作平台具体使用方法. 首先介绍在联想深腾 1800 集群上编译运行, 该集群基本配置为: 16 个计算节点, 1 个存储节点, 1 个管理节点, 1 个光纤磁盘阵列 (4.5TB), 每个节点配有 2 块 Intel 5420CPU(4 核, 64 位, 主频 2.5GHz) 和 8GB 内存, 运算理论值是 1.28 万亿次浮点运算/秒, 实际峰值达到 0.9577 万亿次浮点运算/秒, 可以同时运行 128 个进程. 下面以经典的 "Hello World" 程序 hello.cpp 为例, 介绍 MPI 程序的基本结构 (图 2.4).

我们利用 SSH Secure Shell 软件通过网络连接远程登录到集群上, 把求解任务以作业的形式提交到系统上, 集群利用自身的作业管理系统编译和运行作业. 在集群上运行作业的具体步骤如下:

(1) 编写基于 MPI 的 C++ 并行源程序;

(2) 利用 SSH Secure File Transfer 把源程序上传到集群上相应的目录中;

(3) 打开 SSH Secure Shell, 登录某一个集群计算节点, 命令格式:

rsh "节点名", 在这里, 我们的节点取名为 c0101,c0102,...,c0116, 共 16 个节点;

(4) 进入程序所在目录: cd "目录的路径";

(5) 编译源程序, 编译命令格式: mpicc -o "可执行文件名" "源程序文件名";

(6) 编写作业脚本, 其中包括了开辟的进程数和运行源程序编译后的可执行文件等命令;

(7) 运行脚本, 命令格式: qsub -l nodes=N:ppn=M "脚本文件名", 其中 N 为计算节点个数, M 为每个节点开辟的进程数.

以 hello.cpp 为例, 首先在本机编辑好源程序, 然后利用 SSH Secure File Transfer 将源程序上传至/export/home/username/test 中把图 2.1 左边的 hello.cpp 拖到右边即可, 登陆 SSH Secure Shell(如图 2.2 所示), 登陆后进入图 2.3 的界面, 在 Linux 系统提示符后输入:

rsh c0101

cd test

2.9 并行算法

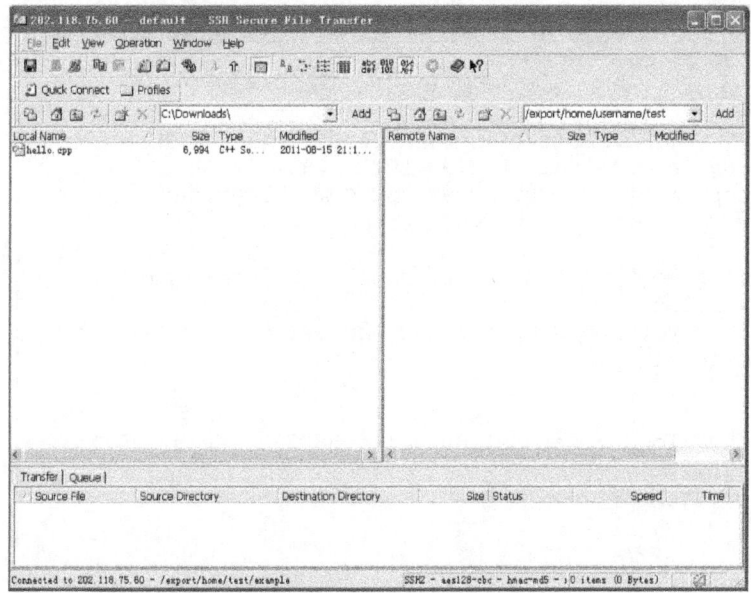

图 2.1　SSH Secure File Transfer 界面

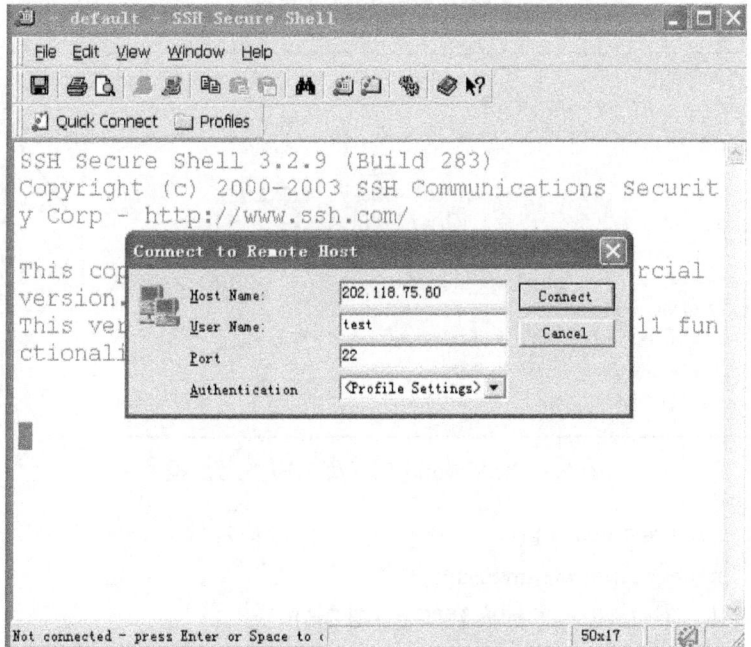

图 2.2　SSH Secure Shell 登陆界面

· 94 ·　　　　　　　　　　　　　第 2 章　非线性动力系统与并行算法

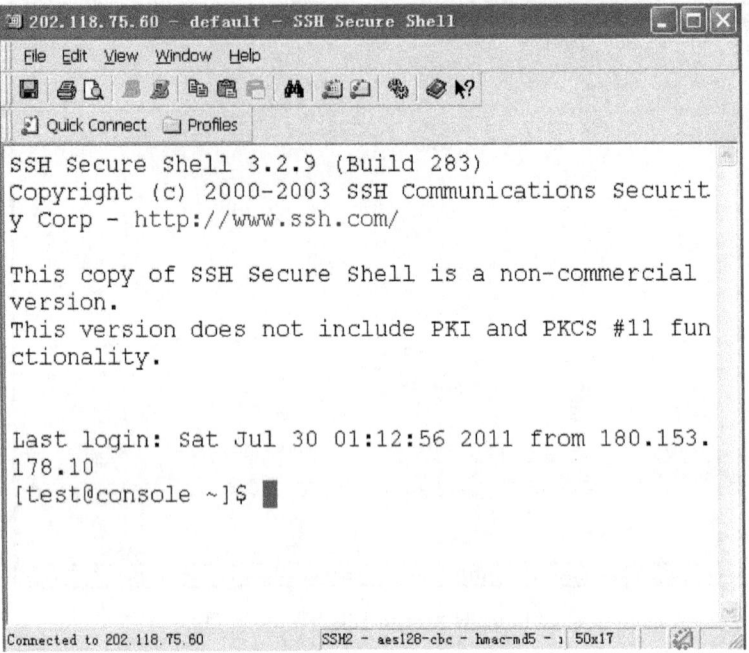

图 2.3　登陆节点后的界面

```
#include <iostream>
#include "mpi.h"    //MPI 头文件
main( int argc, char *argv[] )
{
    int myid, numprocs;    //分别存放进程的标识、总的进程数
    MPI_Init( &argc, &argv );    //MPI 初始化函数
    MPI_Comm_rank( MPI_COMM_WORLD, &myid );    //获取进程的标识
    MPI_Comm_size( MPI_COMM_WORLD, &numprocs );    //获取总的进程数
    cout<<"Hello world!";
    cout<<"I am "<<myid<<" of "<<numprocs<<"!"<<endl;
    MPI_Finalize();    //MPI 结束函数
}
```

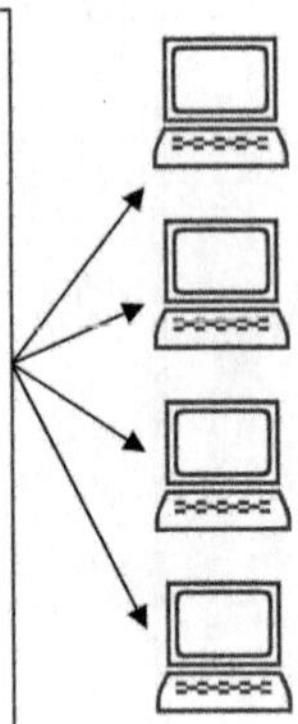

图 2.4　hello world 例程及 MPI 执行过程

mpicc -o myexec hello.cpp

qsub -l nodes=2:ppn=2 myScript

其中脚本文件 myScript 的内容如下 (图 2.5):

初学者运行程序时, 只需将脚本文件最后一行修改为自己程序所在的路径, 以及可执行文件名即可. 程序提交运行后, 会立刻返回一个类似于 "2631.console" 的

2.9 并行算法

```
echo this script pid is $$
echo Working directory is $LJRS_O_WORKDIR
echo $LJRS_0_WORKDIR = $LJRS_O_WORKDIR
cd $LJRS_O_WORKDIR
echo Runing on host `hostname`
echo Time is `date`
echo Directory is `pwd`
echo This jobs runs on the following processors:
echo \$LJRS_NODEFILE=$LJRS_NODEFILE
echo `cat $LJRS_NODEFILE`
NPROCS=`wc -l < $LJRS_NODEFILE`
echo This job has allocated $NPROCS nodes
mpirun -m $LJRS_NODEFILE -np $NPROCS /export/home/username/test/myexec
echo `date`
```

图 2.5 脚本文件

提示, 数字 2631 表示的是作业号, 每一次运行作业号都是不同的, 若要查看运行结果, 在 Linux 系统提示符后输入:

vi myScript.o2631

显示的运行结果为

Hello World! I am 3 of 4!

Hello World! I am 2 of 4!

Hello World! I am 0 of 4!

Hello World! I am 1 of 4!

通过显示的结果, 可以看出, 并行程序的执行过程: 在运行前被分发到 4 个进程上同时执行, 每个进程返回结果的顺序是随机的. 需要说明的是, 在某一个进程上的执行其 myid 是被 MPI 确定的, myid 存放的就是该进程的标识; 而 numprocs 的取值就是 N*M.

再介绍在联想深腾 7000 集群上编译运行, 该集群基本配置为: 64 个计算节点, 2 个存储节点, 2 个管理节点, 2 个光纤磁盘阵列, 每个节点配有 2 块 Intel 5520CPU (4 核, 64 位, 主频 3.0GHz) 和 32GB 内存, 250GB SATA 硬盘. 运算理论值是 106.5 万亿次浮点运算/秒, 实际峰值达到 4.68 万亿次浮点运算/秒, 可以同时运行 512 个进程.

用户要使用计算平台, 必须登录计算平台, 通过作业调度系统进行作业提交、管理、监控、删除等操作. 所有作业提交均通过提交作业脚本的方式来进行, 计算平台有专用的 SSH 登录节点和 FTP 文件传输节点.

一个正常作业基本步骤如下:

1) 模型准备: 用户准备模型数据文件和作业脚本文件.

2) 模型上传: 通过 FTP 工具将模型数据文件和脚本文件上传至 FTP 节点.

3) 编译: 利用 Putty 工具登陆计算平台, 编译源程序.

4) 作业提交: 用 dos2unix 命令处理上传的文本文件后, 用作业提交命令提交脚本文件进行计算.

5) 作业监控: 采用作业管理命令监控作业的执行情况.

6) 结果下载: 计算完成后, 通过 FTP 工具从 FTP 节点下载结果文件.

下面具体介绍如何利用 Putty 工具登录计算平台、传输文件、编译程序以及提交作业.

SSH 登录

为保证系统安全, 用户必须通过 SSH 证书方式登录系统 (开户时管理员会签发初始证书, 用户可凭此证书登录). 在 Windows 下建议使用 putty 软件, 可以从 www.putty.org 下载. 用户如需要自行更换证书, 可按步骤如下: 从开始程序 Putty 运行 PuTTYgen, 如图 2.6 所示, 选择 SSH RSA, Generate.

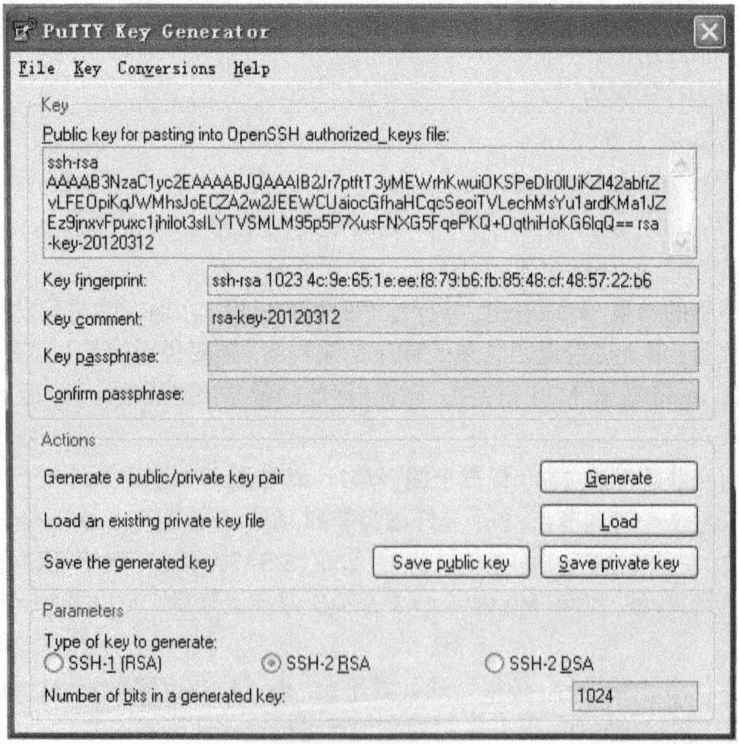

图 2.6　更换证书

2.9 并行算法

在 key passphrase 和 confirm passphrase 中输入私钥 (private key) 密码, 后生成新的公钥 (Save public key) 和私钥 (Save private key). 然后将生成的公钥文件通过 FTP 节点上传 (覆盖) 至服务器用户主目录下的.ssh 目录中, 并修改访问权限为 600, 之后用户可以使用 putty 登录系统. 具体流程如下:

如图 2.7 所示在 SSH ->Auth 菜单中的, Private key file for authentication 选择刚才保存的私钥文件. 如图 2.8 所示在 Session 菜单的 Host Name 输入 202.118.65.200, Saved Sessions 输入一个便于记忆的名字, 如 test, 然后点击 Save 保存 Session, 下次就可以直接从这个 Session 连接. 保存好后, 点击 Open 就可以联入登录节点.

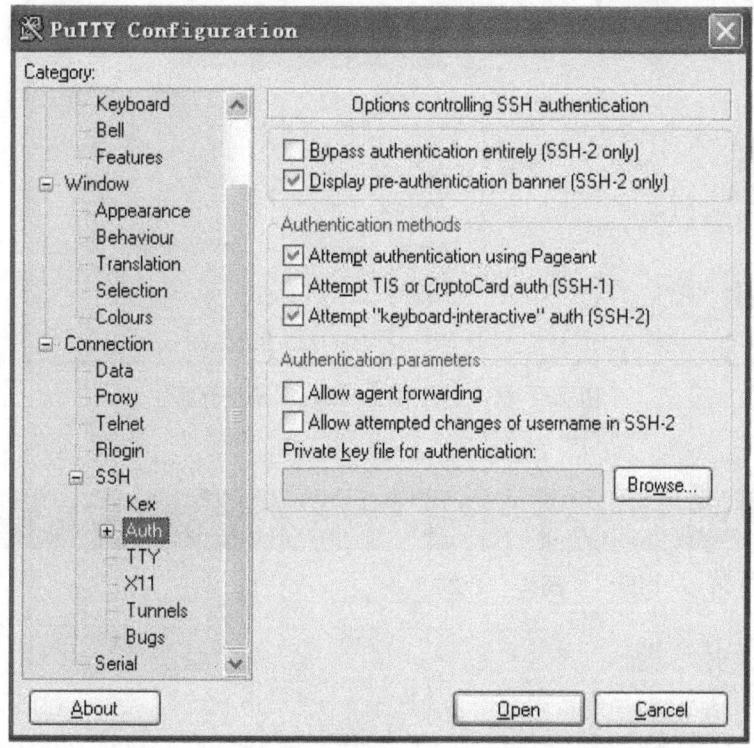

图 2.7 载入 key 文件界面

FTP 传输

计算平台的文件上载和下载通过专用的 FTP 节点进行. 用户可以使用常用的 FTP 软件通过密码登录 ftp://202.118.65.201 进行传输. 下面介绍如何利用 Flash-FXP 把源程序上传到集群上相应的目录中, 首先如图 2.9 所示在相应的位置填入服务器域、用户名、密码. 然后点击连接, 连接成功后会出现如图 2.10 所示的界面. 便可以进行数据的传输.

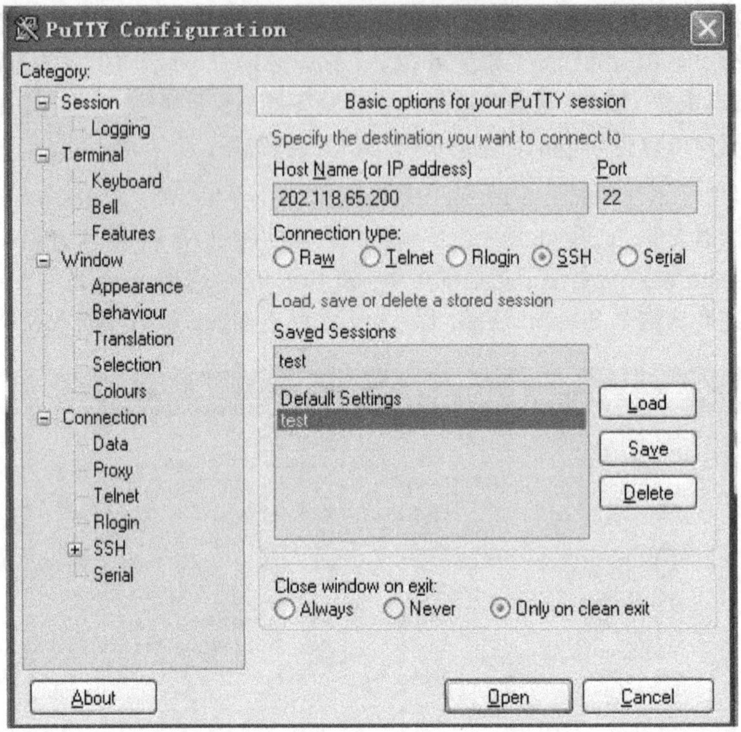

图 2.8 输入主机 (Host Name) 地址界面

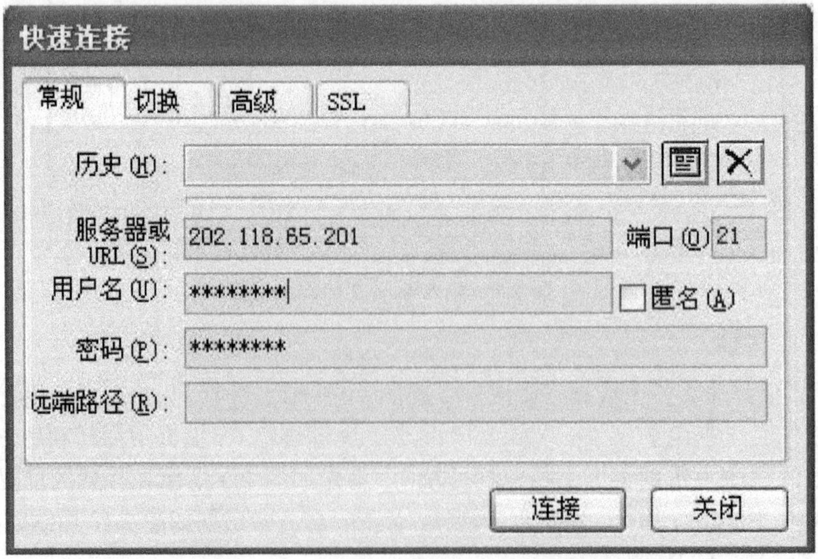

图 2.9 快速连接 FlashFXP 的登录界面

2.9 并行算法

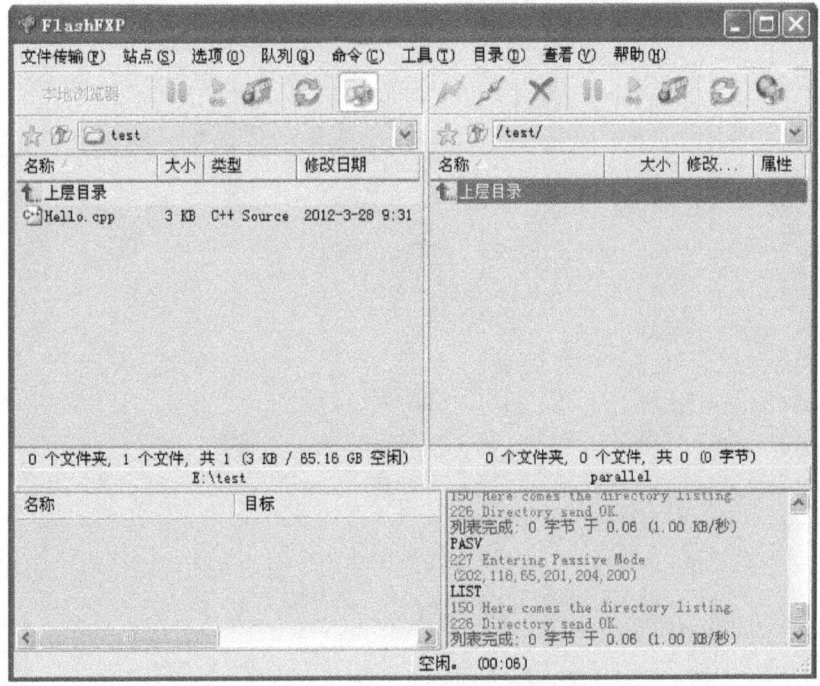

图 2.10　FlashFXP 登陆后界面

图 2.11　putty 登录后输入用户名界面

图 2.12　putty 登录后输入密码界面

编译

用户成功登录后，首先进入的是登录节点. 用户可以在登录节点查看目录、编辑文件、编译、查看做业、查看资源使用情况等. 编译命令格式：mpicxx -o "可执行文件名""源程序文件名".

```
#LJRS -N impi
#LJRS -S/bin/bash
#LJRS -l nodes=□:ppn=□ %在空格处填入所需要调入的节点数(上限64节点)及每
个节点的CPU数(上限8核).
echo this script pid is $$
echo Working directory is $LJRS_O_WORKDIR
echo $LJRS_O_WORKDIR = $LJRS_O_WORKDIR
cd $LJRS_O_WORKDIR
echo Runing on host `hostname`
echo Time is `date`
echo Directory is `pwd`
echo This jobs runs on the following processors:
echo \$LJRS_NODEFILE=$LJRS_NODEFILE
echo `cat $LJRS_NODEFILE` 调度系统分配的计算节点
NPROCS=`wc -l < $LJRS_NODEFILE`
NODES=`cat $LJRS_NODEFILE | sort | uniq | wc -l`
echo This job has allocated $NODES nodes
mpdboot -p -r rsh -n $NODES -f $LJRS_O_WORKDIR/mpd.hosts
mpdtrace
mpiexec -machinefile $LJRS_NODEFILE -env I_MPI_DEVICE ssm -np $NPROCS
_____ 2>&1 %启动计算,在空格处填入自己的程序
echo End time is `date`
pkill -P $$ 清除垃圾进程
exit 0
```

图 2.13 脚本文件

作业提交

计算任务是通过脚本文件提交到作业管理系统的,脚本文件是一个常规文本文件,具有可执行权限,建议直接在登入节点使用 vi 编辑器编写,如对 vi 使用不熟悉也可异地编写完成后保存为纯文本文件上传至用户工作目录,但要注意用 dos2unix 作文本格式转换. 为便于管理和查错,对作业脚本文件名建议按以下规则命名:软件名称,接下划线,接作业标识. 编辑完成脚本文件后,将脚本赋予可执行权限,然后提交.

同样以 hello.cpp 为例,首先在本机编辑好源程序,然后利用 FlashFXP 将源程序上传至/export/home/emfeng 中,把图 2.10 左边的 hello.cpp 拖到右边即可. 登陆

2.9 并行算法

putty(如图 2.11 所示), 登陆后进入图 2.12 的界面输入密码后可进入操作平台. 在 Linux 系统提示符后输入: mpicxx -o test hello.cpp 进行源文件编译. 编译完成后, 需要在脚本文件中 (如图 2.13 所示) 第三行填入为所需用的节点数 2、每个节点所要调用的 CPU 个数 2 以及倒数第四行填入自己程序所在的路径下的可执行文件名/export/home/emfeng/test, 最后提交作业到操作平台中需要在 Linux 系统提示符后输入: qsub test.ljrs.

程序提交运行后, 会立刻返回一个类似于 "12631.console" 的提示, 数字 12631 表示的是作业号, 每一次运行作业号都是不同的, 若要查看运行结果, 在 Linux 系统提示符后输入:

vi test.out 即可得到上面相应的结果.

这里的 vi 是调用的 vi 编辑器, 它是所有 Unix 和 Linux 系统标准的编辑器, 熟悉 vi 编辑器的可以直接利用它编辑源程序. 不熟悉 Linux 系统的读者, 可以利用自己熟悉的编辑器来编辑源程序 (例如 VC++ 等), 然后将源程序和脚本文件再上传到集群上, 也是一样的. vi 查看运行结果之后, vi 编辑器暂处于命令行模式, 下面列几个简单的操作命令来操作编辑器:

编辑文件(进入插入模式): 按字母 "i". 这时候, 就可以输入文字了.

从插入模式切换到命令行: 按 ESC 键.

退出 vi: 按 "shift" + ":", 例如:

: w 写入 (= 存入).

: wq (或 x) 写入并退出.

: q 直接退出命令行模式, 前提是没有修改过文件.

: q! 退出无论是否修改过文件.

更详细的 vi 编辑器使用方法, 请参考相关资料.

2.9.5 MPI 常用函数

MPI 功能十分强大, 在 MPI-1 中, 共有 128 个接口调用, 在 MPI-2 中有 287 个. 但常用的 MPI 接口并不是很多, 下面是几个最基本的 MPI 函数.

1. MPI 初始化函数

int MPI_Init(&argc,&argv);

MPI_Init 是程序的第一个调用, 它完成 MPI 程序的所有初始化工作, 同一个程序中, 只能调用一次.

2. MPI 结束函数

int MPI_Finalize();

MPI_Finalize() 是 MPI 程序的最后一个调用，它结束 MPI 程序的运行，标志着并行程序的结束，这条语句之后的代码仍然可以进行串行程序的运行.

3. 获取当前进程标识函数

int MPI_Comm_rank(MPI_Comm comm,&myid);

comm 该进程所在的通信域句柄

myid 调用这一函数的进程在通讯域中的标识号

这一调用通过指针返回调用该函数的进程标识，有了这一标识，不同的进程就可以将自身和其他的进程区别开来，实现各进程的并行与协作.

4. 获取总进程数

int MPI_Comm_size(MPI_Comm comm,&numprocs)

comm 该进程所在的通信域句柄

numprocs 通信域 comm 内包含的进程总数

这一调用返回进程总的个数，也就是在执行"qsub -l nodes=N:ppn=M 脚本文件"后，总的进程数就是 N*M.

5. 计时功能

double MPI_Wtime()

MPI_Wtime() 返回一个浮点数表示的秒数，单个 MPI_Wtime 返回值意义不大，一般采取的方式是：

double starttime,endtime;

...

starttime = MPI_Wtime();

...

endtime = MPI_Wtime();

cout<<"That tooks "<<endtime-starttime<<"seconds "<<endl;

6. 同步路障函数

int MPI_Barrier(MPI_Comm comm)

MPI_Barrier 阻塞通信域中所有调用本函数的进程，直到所有的调用者都调用它，才可以返回，该函数用于对各进程实施同步.

7. 消息发送函数

int MPI_Send(void* buf, int count, MPI_Datatype datatype, int dest, int tag, MPI_Comm comm);

buf　　　　发送缓冲区的起始地址

count　　　要发送信息的元素个数

datatype　　发送信息的数据类型

dest　　　　目标进程标识号

tag　　　　消息标签

comm　　　通信域句柄

MPI_Send 是 MPI 中一个基本的消息发送函数, 实现消息的阻塞发送, 在程序未发送完成时, 程序处于阻塞状态. 前三个参数为发送的数据, 分别为数据的起始地址、数据个数、数据类型; 后三个参数可以形象地理解为消息的信封, 分别为发送的目的进程 (发给谁)、标签 (发的什么) 和通信域. 一个预定义的通信域为 MPI_COMM_WORLD, 它在 MPI 初始化后便会产生, 包括了初始化时可得到的全部进程. 后面介绍的消息函数, 一般指定通信域为 MPI_COMM_WORLD 即可. 其中 datatype 是 MPI 预定义的数据类型, 也可以是用户自定义的类型. MPI 预定义的数据类型见表 2.1.

表 2.1　MPI 预定义的数据类型与 C++ 数据类型的对比

MPI_CHAR	signed char
MPI_SHORT	signed short int
MPI_INT	signed int
MPI_LONG	signed long int
MPI_FLOAT	float
MPI_DOUBLE	double
MPI_UNSIGNED_CHAR	unsigned char
MPI_UNSIGNED_SHORT	unsigned short int
MPI_UNSIGNED	unsigned int
MPI_UNSIGNED_LONG	unsigned long int
MPI_LONG_DOUBLE	long double

8. 消息接收函数

int MPI_Recv(void* buf, int count, MPI_Datatype datatype, int source, int tag, MPI_Comm comm, MPI_Status *status);

buf　　　　接收缓冲区的起始地址

count　　　要接收信息的元素个数

datatype　　接收信息的数据类型

source　　　源进程的标识号

tag　　消息标签, 要与发送消息的标签相匹配

comm　　通信域句柄

status　　返回状态变量.

MPI_Recv 是与 MPI_Send 匹配的函数, 后者发送, 前者接收, 要求是数据类型、消息标签必须匹配. 接收缓冲区的长度是由 buf, count, datatype 共同决定, 必须大于或等于接收消息的长度. MPI_Recv 比 MPI_Send 多了一个 status, 它是 MPI 定义的一个数据类型, 使用之前, 需要用户为它分配空间. 通过调用 status.MPI_SOURCE, status.MPI_TAG 和 status.MPI_ERROR 就可以得到返回状态中所包含的发送消息进程的标识、发送消息使用的 tag 标识和本接收操作返回的错误代码.

下面给出一个消息发送和接收的例程 SendRecvMessage.cpp:

```cpp
#include <iostream>
#include <string>
#include "mpi.h"  //MPI 头文件
using namespace std;
int main (int argc, char* argv[ ])
{
    int numprocs, myid, source;
    MPI_Status status; //定义返回状态变量;
    char message[100]; //定义字符串, 用于发送和接收消息;
    MPI_Init(&argc, &argv); //MPI 初始化函数;
    MPI_Comm_rank (MPI_COMM_WORLD, &myid); //获取进程的标识;
    MPI_Comm_size (MPI_COMM_WORLD, &numprocs); //获取总的进程数;
    if (myid!=0) //判断是否为 0 进程;
    {
        sprintf(message, "Greetings from process %d!",myid);
        //各进程将本进程中的字符串存入 message 变量中;
        MPI_Send(message,strlen(message)+1,MPI_CHAR,0,99,MPI_COMM_WORLD);
        //除 0 进程以为, 其他各进程分别将本进程字符串发送到 0 进程, 消息标签为 99;
    }
    else //在 0 进程接收消息
    {
```

```
        for (source = 1; source < numprocs; source++)
        {       //依次从各进程接收消息;
            MPI_Recv(message,100,MPI_CHAR,source,99,MPI_COMM_WORLD,
&status);
            //0 进程依次接收其他进程中标签为 99 的消息内容, 并存放到 message
中;
            cout << "message: " << message << endl;
            //0 进程依次输出 message 中内容;
        }
    }
    MPI_Finalize(); //MPI 结束函数
    return 0;
}
```

9. 数据规约函数

int MPI_Reduce(void* sendbuf, void* recvbuf, int count, MPI_Datatype datatype, MPI_Op op, int root, MPI_Comm comm)

  sendbuf 发送消息的缓冲区的起始地址

  recvbuf 接收消息的缓冲区中的地址

  count 发送消息缓冲区的数据个数

  datatype 发送信息缓冲区的数据类型

  op 规约操作符

  root 根进程序列号

  comm 通信域句柄

MPI_Reduce 是一种主从式的并行函数, MPI_Reduce 将组内每个进程输入缓冲区中的数据按给定的操作符 op 进行运算, 并将其结果返回到根进程的输出缓冲区中.

下面显示一个利用规约操作来近似计算 π 值的例程 calc_pi.cpp, 计算 π 值的积分公式为

$$\pi = \int_0^1 \frac{4}{1+x^2} dx \simeq \sum_{0 \leqslant i < N} \frac{4}{1+\left(\frac{i+0.5}{N}\right)^2} \cdot \frac{1}{N},$$

表 2.2　规约操作符的含义

名　字	含　义
MPI_MAX	最大值
MPI_MIN	最小值
MPI_SUM	求和
MPI_PROD	求积
MPI_LAND	逻辑与
MPI_BAND	按位与
MPI_LOR	逻辑或
MPI_BOR	按位或
MPI_LXOR	逻辑异或
MPI_BXOR	按位异或
MPI_MAXLOC	最大值及相应进程序列号
MPI_MINLOC	最小值及相应进程序列号

其中, N 取值越大, π 值越精确, 需要的循环次数越多, 计算时间越长, 程序如下:

```
#include <iostream>
#include <mpi.h>
using namespace std;
int main(int argc,char *argv[ ])
{
    int myid, numprocs;
    int N=100000;    //总的循环次数
    int interval;    //每个进程上的任务数;
    int ibeg,iend,i;
    double local=0.0,pi,w,temp=0.0;
    w=1.0/N;
    MPI_Init(&argc,&argv);
    MPI_Comm_size(MPI_COMM_WORLD,&numprocs);
    MPI_Comm_rank(MPI_COMM_WORLD,&myid);
    interval=N/numprocs;    //取得每个进程上的任务数;
    ibeg=myid*interval;    //一个进程 (取决于 myid 的取值) 上部分和的起始位置;
    iend=ibeg+interval-1;    //一个进程上部分和的终止位置;
    for(i=ibeg;i<=iend;i++) //求一个进程上部分和;
    {
```

2.9 并行算法

```
        temp=(i+0.5)*w;
        local+=4.0/(1+temp*temp);        //部分和
    }
    MPI_Reduce(&local,&pi,1,MPI_DOUBLE,MPI_SUM,0,MPI_COMM_WORLD);
    //将各个进程上的部分和再求和到 0 进程, 存放在变量 pi 中;
    if(myid==0)
        cout << "pi is " << pi*w <<endl;
    //在 0 进程输出 pi 的近似计算值;
    MPI_Finalize();
    return 0;
}
```

10. 数据的广播函数

int MPI_Bcast(void* buffer, int count, MPI_Datatype datatype, int root, MPI_Comm comm)

    buffer   通信消息缓冲区的起始地址
    count   广播/接收的数据个数
    datatype 广播/接收的数据类型
    root   广播数据的根进程标识
    comm   通信域句柄

MPI_Bcast 是一对多通信的典型例子, 它将根进程的消息广播发送到组内所有的进程, 也包括它本身. 广播的发送机制见图 2.14. 需要说明的是, MPI_Bcast 不能包含在某一进程判断语句中而选择执行 (诸如 if 语句), 而是对所有进程有效.

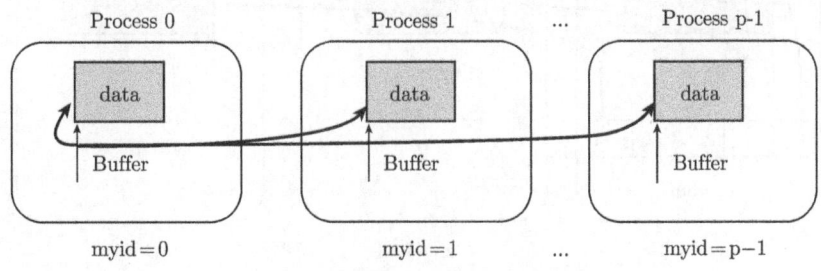

图 2.14　消息广播的发送机理

11. 数据的收集函数

int MPI_Gather(void* sendbuf, int sendcount, MPI_Datatype sendtype, void* recvbuf, int recvcount, MPI_Datatype recvtype, int root, MPI_Comm comm)

sendbuf	发送消息缓冲区的起始地址
sendcount	发送消息缓冲区的数据个数
sendtype	发送消息缓冲区的数据类型
recvbuf	接收消息缓冲区的起始地址
recvcount	待接收的数据个数 (仅对根进程有意义)
recvtype	接收元素的数据类型
root	根进程的标识
comm	通信域句柄

MPI_Gather 是多对一通信的典型例子, 它将每个进程的消息收集到根进程, 也包括它本身. 收集的接收机制见图 2.15. 同广播一样, MPI_Gather 也不能包含在某一进程判断语句中而选择执行 (诸如 if 语句), 而是对所有进程有效. 根进程根据发送进程的标识, 按序号顺序依次存放到自己的消息缓冲区中, 与广播不同的是, 虽然收集到的数据个数必须是相同的, 但从各个进程收集到的数据一般是互不相同的, 就像一个进程组的 N 个进程都执行了一次发送调用, 同时根进程执行 N 次接收操作. 由于根进程需要接收来自各个进程的数据, 这就需要根进程提供的消息缓冲区要有足够容纳所有进程数据的空间, 但调用函数中待接收的数据个数 recvcount 指的是从每一个进程接收到的数据个数, 而不是总的接收个数, 因此应与 sendcount 相同.

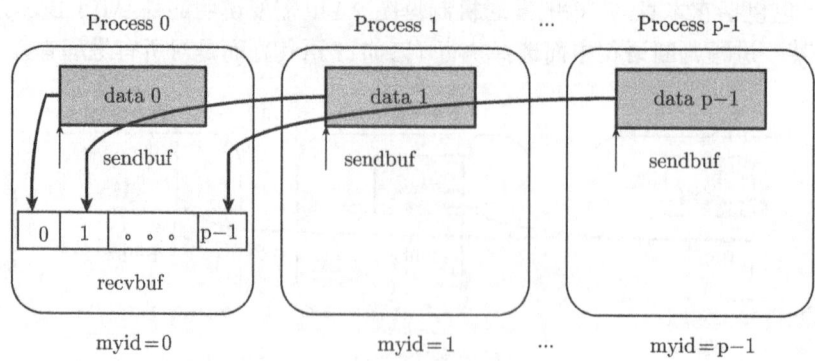

图 2.15 消息收集的接收机理

2.9 并行算法

下面给出一个消息广播和收集的例程，其中显示了对文本文件的操作. 需要注意的是，操作文件必须在一个进程中进行，否则，不同进程都来操作文件，文件被不同进程同时打开、关闭、读写，文件就会出现操作混乱，无所适从. 解决办法是，指定根进程进行读写操作，利用广播和收集函数，在不同进程中进行数据共享. 在这里，需要事先准备好文件内容，例如在 mydata.txt 事先输入 10 个数，保存后和源文件 BcastGatherData.cpp 一起上传到集群上编译运行. 下面看程序:

```
#include <iostream>
#include <fstream>
#include <mpi.h>
using namespace std;
const int N=10;
int Readdata(char *filename,int *data)
{
    ifstream file(filename,ios::in);
    if(!file.is_open()) return 1;
    for(int i=0;i<N;i++)      //依次读入数据;
    {
        if(!file.eof())
            file>>data[i];
        else { file.close(); return 1; }
    }
    file.close();
    return 0;
}
int main(int argc,char *argv[ ])
{
    int numprocs,myid,i;
    int data[N];      //定义一个整形数组;
    int *data_c;      //定义一个整形指针，作为收集数组，在 0 进程分配空间;
    MPI_Init(&argc,&argv);
    MPI_Comm_size(MPI_COMM_WORLD,&numprocs);
    MPI_Comm_rank(MPI_COMM_WORLD,&myid);
    if(myid==0)
        if(Readdata("mydata.txt",data))   //从文件 mydata.txt 中读入数据
            cout<<"Something wrong reading file!"<<endl;
```

```cpp
MPI_Bcast(data,N,MPI_INT,0,MPI_COMM_WORLD);
//将 data 广播到所有进程;
cout << "myid=" << myid << ", data=";
for(i=0;i<N;i++)
    cout << data[i] << ",";        //显示广播后数组内容;
cout << endl;
if(myid==0)
    data_c=new int[numprocs*N];
//在 0 进程为收集数组分配空间, 数组大小与进程总数有关;
MPI_Gather(data,N,MPI_INT,data_c,N,MPI_INT,0,MPI_COMM_WORLD);
//将各进程数据收集到 0 进程;
if(myid==0)
{
    cout << "After gather: myid=" << myid << ", data_c=";
    for(i=0;i<numprocs*N;i++)
        cout << data_c[i] << ",";     //显示在 0 进程的收集数组内容;
    cout << endl;
}
MPI_Finalize();
return 0;
}
```

第3章 微生物间歇发酵非线性动力系统

3.1 引言

近年来,微生物间歇发酵生产 1,3-丙二醇已被广泛的研究.关于克雷伯氏杆菌对甘油歧化生成 1,3-PD 的间歇发酵的研究是在文献 [141] 中首次涉及,但是并没有明确提出模型的具体形式,直到 2000 年,修志龙[140]给出了基于 Monod 型物料平衡方程.在此基础上,在不考虑过量因素影响的情况下,高彩霞、李晓红分别讨论了微生物间歇发酵生产 1,3-丙二醇过程的辨识优化问题[230]和系统的最优控制、最优性条件等问题[231].由于系统生物学、基因改造和代谢工程等方面研究工作的不断发展,需要人们对微生物发酵反应的机理有更清楚地认识,也促使人们不断地改进原有的模型.根据微生物细胞增长的多阶段特性,单锋等[232]讨论了一类非线性动力系统多阶段辨识模型、算法及应用.王磊[233,234]提出了描述这种多阶段特性的非线性动力系统,证明解的存在唯一性、有界性和正则性等重要性质并构造了优化方法求解引入的参数,并在此基础上讨论了最优控制问题[235].宫召华[236,237]用引入的控制函数来描述这种多阶段特性,数值模拟的结果更好.在考虑细胞内物质浓度和不同的跨膜运输方式的情况下,王娟[238]提出了一个酶催化模型并利用灵敏度分析等方法对该模型的参数辨识问题进行了讨论.随着研究的不断深入,细胞增长的随机特性不能完全的忽略不计,王磊等[239,240]建立了以随机微分方程驱动的非线性随机动力系统,并证明了关于随机系统的不变集的存在性.

3.2 间歇发酵 Monod 型动力系统

对甘油歧化生成 1,3-PD 的间歇发酵过程作如下假设:

H3.2.1 在反应进行过程中无物料的输入和输出;

H3.2.2 反应器内物料充分混合,浓度均一,而且反应物系的浓度仅随反应时间变化.

在假设 H3.2.1 和 H3.2.2 下,由发酵机理知微生物间歇发酵的物料平衡方程[241]:

$$\begin{cases} \dot{x}_1(t) = \mu x_1(t), \\ \dot{x}_2(t) = -q_2 x_1(t), \quad t \in [0, t_f], \\ \dot{x}_i(t) = q_i x_1(t), \quad i = 3, 4, 5, \end{cases} \quad (3.2.1)$$

$$x_i(0) = x_i^0, \quad i \in I_5.$$

依间歇发酵特点, 在文献 [241] 的基础上, 考虑到间歇发酵过程中没有培养基甘油的加入, 故将发酵中甘油的比消耗速率和产物的比生长速率中的过量项去掉, 从而系统 (3.2.1) 中的菌体 (即微生物) 的比生长速率 μ, 底物比消耗速率 q_2, 产物的比生成速率 q_i, $i=3,4,5$, 可分别表示为

$$\mu = \mu_m \frac{x_2(t)}{x_2(t)+k_s} \prod_{i=2}^{5}\left(1-\frac{x_i(t)}{x_i^*}\right)^{n_i}, \tag{3.2.2}$$

$$q_2 = m_2 + \frac{\mu}{Y_2}, \tag{3.2.3}$$

$$q_i = m_i + \mu Y_i, \quad i=3,4,5. \tag{3.2.4}$$

选择动力系统中涉及参数记为

$$p^l = (p_1, p_2, \cdots, p_8)^{\mathrm{T}} := (m_2, m_3, m_4, m_5, Y_2, Y_3, Y_4, Y_5)^{\mathrm{T}} \in \mathcal{P}_{ad}^l \subset \mathbb{R}^8,$$
$$p^n = (n_2, n_3, n_4, n_5)^{\mathrm{T}} \in \mathcal{P}_{ad}^n \subset \mathbb{N}^4.$$

其中,

$$\mathcal{P}_{ad}^l := \prod_{i=1}^{8}[p_i^0 - \Delta p_i^0, \ p_i^0 + \Delta p_i^0],$$
$$\mathcal{P}_{ad}^n := \{n_i \in \{0,1,2,3\} | i=2,3,4,5\}.$$

令

$$f(x(t), p^l, p^n) = (f_1(x(t), p^l, p^n), \cdots, f_5(x(t), p^l, p^n))^{\mathrm{T}}, \tag{3.2.5}$$

其中每个 $f_i(x(t), p^l, p^n)$ 分别为式 (3.2.1) 的第 i 个等式的右端项. 这样, 含参数的微生物间歇培养过程的物料平衡方程可表示为

$$\begin{cases} \dot{x}(t) = f(x(t), p^l, p^n), & t \in (0, t_f), \\ x(0) = x^0 = (x_1^0, x_2^0, x_3^0, x_4^0, x_5^0)^{\mathrm{T}}. \end{cases} \tag{3.2.6}$$

3.2.1 系统解的性质

依间歇发酵特点, 发酵过程中各底物和产物的浓度不会超过其临界浓度, 定义 $W_{ad} := \{x \in \mathbb{R}^5 \mid x_i \in [x_{i*}, x_i^*], i=1,2,3,4,5\}$ 为状态变量的允许集, 其具体取值见表 3.2.3.

根据引理 2.2.1—2.2.5, 以及上述定义可证明间歇发酵动力系统 (3.2.6) 具有以下性质:

3.2 间歇发酵 Monod 型动力系统

性质 3.2.1 设 $p^l \in \mathcal{P}_{ad}^l, p^n \in \mathcal{P}_{ad}^n$, 则由 (3.2.5) 式定义的函数 $f(x(t), p^l, p^n)$ 在 $[0, t_f]$ 上是连续可微的, 即 $f \in C([0, t_f]; \mathbb{R}^5)$, 且 f 关于参数 $p^l \in \mathcal{P}_{ad}^l$ 连续.

性质 3.2.2 设 $p^l \in \mathcal{P}_{ad}^l, p^n \in \mathcal{P}_{ad}^n$, 则非线性动力系统有唯一解 $x(\cdot; p^l, p^n)$, 且 $x(\cdot; p^l, p^n)$ 关于 $p^l \in \mathcal{P}_{ad}^l$ 连续.

对给定的 $n_i, i = 2, 3, 4, 5$, 根据性质 3.2.2 可设系统 (3.2.6) 在 $\mathcal{P}_{ad}^l$ 上的解集为

$$S_1(x^0) := \{x(\cdot, p^l, p^n) \in C_b([0, t_f]; \mathbb{R}^5) \,|\, x(\cdot, p^l, p^n)$$
$$\text{为系统 } (3.2.6) \text{ 对应} p^l \in \mathcal{P}_{ad}^l \text{的解}\}. \tag{3.2.7}$$

依参数允许集 $\mathcal{P}_{ad}^l$ 的定义可知 $\mathcal{P}_{ad}^l$ 为空间 $\mathbb{R}^8$ 中的有界闭集, 从而为紧集. 根据性质 3.2.1 和性质 3.2.2, 从 $p^l \in \mathcal{P}_{ad}^l$ 到 $x(\cdot; p^l, p^n) \in S_1$ 的映射是连续的. 由此可得下面性质.

性质 3.2.3 由 (3.2.7) 式定义的集合 $S_1(x^0)$ 是 $C_b([0, t_f]; \mathbb{R}^5)$ 中的紧集.

3.2.2 参数辨识及优化

对给定初始值 x^0, 在间歇发酵过程中进行 l 次浓度测量, 在不同时刻 t_j 处测得的生物量, 底物和产物的浓度分别记为 $y_{j1}, y_{j2}, y_{j3}, y_{j4}, y_{j5}$. 令 $y_j = (y_{j1}, y_{j2}, y_{j3}, y_{j4}, y_{j5})^\mathrm{T} \in \mathbb{R}^5$, $j \in I_l$. 依已知数据 x^0 及实测数据 y_j, $j \in I_l$, 求参量 $p^{l*} \in \mathcal{P}_{ad}^l$ 和 $p^{n*} \in \mathcal{P}_{ad}^n$, 使系统 (3.2.6) 在 t_j 的解 $\{x(t_j, p^l, p^n)\}$ 逼近实测值 $\{y_j\}$ 的参数辨识问题记为 PIP1, 可描述为

$$\text{PIP1} \quad \min \quad J(p^l, p^n) = \sum_{j=1}^{l} |x(t_j, p^l, p^n) - y_j|,$$
$$\text{s.t.} \quad p^l \in \mathcal{P}_{ad}^n, \quad p^n \in \mathcal{P}_{ad}^n, \quad x(t_j, p^l, p^n) \in S_1(x_0).$$

由于 $\forall t \in [0, t_f]$, $f(x(t), p^l, p^n)$ 关于 p^l 在 $\mathcal{P}_{ad}^l$ 上连续, 并且 $\mathcal{P}_{ad}^l$ 为空间 $\mathbb{R}^8$ 中的紧集, 根据甘油歧化间歇培养 1,3-PD 的发酵机理, 可作如下假设:

H3.2.3 对给定的 $p^l \in \mathcal{P}_{ad}^l, p^n \in \mathcal{P}_{ad}^n$, 对应的系统 (3.2.6) 是能控和能观的.

定理 3.2.1 在假设 H3.2.3 下, 辨识问题 PIP1 存在最优解 (p^{l*}, p^{n*}), 即, $\exists (p^{l*}, p^{n*}) \in \mathcal{P}_{ad}^l \times \mathcal{P}_{ad}^n$, 使

$$J(p^{l*}, p^{n*}) \leqslant J(p^l, p^n), \quad \forall (p^l, p^n) \in \mathcal{P}_{ad}^l \times \mathcal{P}_{ad}^n.$$

证明 由于 $\mathcal{P}_{ad}^n$ 包含 4^4 有限个元. 则在 PIP1 中只需证明对给定的 $p^n \in \mathcal{P}_{ad}^n$, $J(p^l, p^n)$ 关于 p^l 在 $\mathcal{P}_{ad}^l$ 有极小值即可. 依性质 3.2.1 和性质 3.2.2, $p^l \in \mathcal{P}_{ad}^l$ 到 $x(t, p^l, p^n) \in S_1(x^0)$ 的映射是连续的. 由性质 3.2.3, $S_1(x^0)$ 为紧集, 从 $x(t, p^l, p^n) \in S_1(x_0)$ 到 $J(p^l, p^n) \in \mathbb{R}$ 的映射是连续的, 根据定理 2.1.10, $J(p^l, p^n)$ 在 p^l 上存

极小解, 记为 p^{l*}. $\forall p^n \in \mathcal{P}_{ad}^n$, $J(p^l, p^n)$ 关于 p^l 在 $\mathcal{P}_{ad}^l$ 上都存在极小解. 从而存在 $p^{l*} \in \mathcal{P}_{ad}^l$ 和 $p^{n*} \in \mathcal{P}_{ad}^n$, 使得

$$J(p^{l*}, p^{n*}) \leqslant J(p^l, p^n), \quad \forall (p^l, p^n) \in \mathcal{P}_{ad}^l \times \mathcal{P}_{ad}^n. \qquad \square$$

由于辨识问题 PIP1 中主要约束是非线性动力系统 (3.2.6), 目标泛函 $J(p^l, p^n)$ 与参数 (p^l, p^n) 之间无显示表达式, 无法找出可用于优化计算的依赖关系, 考虑到动力系统的解在观测时刻 t_j 的计算值 $x_i(t_j, p^l, p^n)$ 与观测值 y_{ji} 均是非负有界的, 即存在 $b > 0$, 使得

$$0 \leqslant x_i(t_j, p^l, p^n) \leqslant b, \quad \forall (p^l, p^n) \in \mathcal{P}_{ad}^l \times \mathcal{P}_{ad}^n,$$
$$0 \leqslant y_{ji} \leqslant b, \quad i \in I_5, \quad j \in I_l.$$

依定理 3.2.1, 存在 $(p^{l*}, p^{n*}) \in \mathcal{P}_{ad}^l \times \mathcal{P}_{ad}^n$, 使得 $0 \leqslant J(p^{l*}, p^{n*}) \leqslant J(p^l, p^n), \forall (p^l, p^n) \in \mathcal{P}_{ad}^l \times \mathcal{P}_{ad}^n$, 令

$$mx_i(p^l, p^n) = \sum_{j=1}^{l} x_i(t_j, p^l, p^n), \quad my_i = \sum_{j=1}^{l} y_{ji}, \quad i \in I_5.$$

对给定的 $p^n \in \mathcal{P}_{ad}^n$, 令 $p_2' = (m_2, 1/Y_2)$, 依动力系统 (3.2.6), 甘油的比消耗速率 q_2 关于 p_2' 单调上升, 从而 x_2 关于 p_2' 单调下降, 令 $p_3' = (m_3, Y_3)$, 则 q_3 关于 p_3' 单调上升, 从而 x_3 关于 p_3' 单调上升, 同理 x_4 关于 $u_4' = (m_4, Y_4)$ 单调上升, x_5 关于 $p_5' = (m_5, Y_5)$ 单调上升.

由于 y_{ji} 是实验值, $my_i, i \in I_5$, 是常数.

当 $mx_2(p^l, p^n) > my_2$ 时, 应增大下降速率 q_2, 改进 $p_2' = p_2' + \Delta p_2'$, $\Delta p_2' > 0$, 否则 $p_2' = p_2' - \Delta p_2'$, $\Delta p_2' > 0$.

当 $mx_i(p^l, p^n) > my_i, i = 3, 4, 5$ 时, 应降低生长速率 $q_i, i = 3, 4, 5$, 即应减小 p_i', $p_i' = p_i' - \Delta p_i'$, $\Delta p_i' > 0$, 否则 $p_i' = p_i' + \Delta p_i'$, $\Delta p_i' > 0$.

这样, 对于给定的 $p^n \in \mathcal{P}_{ad}^n$, 可通过求解如下问题 $\text{PIP1}'_{p^n}$ 得出问题 PIP1 的一个次优解:

$$\text{PIP1}'_{p^n} \quad \min \quad J_1^{p^n}(p^l) = \sum_{i=1}^{5} |mx_i(p^l, p^n) - my_i|$$
$$\text{s.t.} \quad p^l \in \mathcal{P}_{ad}^l.$$

从上述分析易证明:

性质 3.2.4 若 $(p^{l*}, p^{n*}) \in \mathcal{P}_{ad}^l \times \mathcal{P}_{ad}^n$ 是问题 PIP1 的最优解, 则 p^{l*} 也是问题 $\text{PIP1}'_{p^{n*}}$ 的一个最优解.

根据 $mx_i(p^l, p^n)$ 关于分量 p_i' 的单调性, 可构造求解 PIP1$'_{p^n}$ 的优化算法. 主要步骤如下:

算法 3.2.1 步 1. 读入系统的已知数据, 选择计算精度 $\varepsilon > 0$ 和初始参量 $p^{l0} \in \mathcal{P}_{ad}^l$, 令 $k = 0$. 计算 $my_i = \sum_{j=1}^{l} y_{ji}, i \in I_5$.

步 2. 求 $(p^{lk}, p^n) \in \mathcal{P}_{ad}^l \times \mathcal{P}_{ad}^n$ 对应动力系统 (3.2.6) 的数值解 $x_i(t; p^{lk}, p^n)$. 并计算

$$mx_i(p^{lk}, p^n) = \sum_{j=1}^{l} x_i(t_j; p^{lk}, p^n).$$

步 3. 如果 $J_1^{p^n}(p^{lk}) = \sum_{i=1}^{5} |mx_i(p^{lk}, p^n) - my_i| \leqslant \varepsilon$, 则算法结束, $p^{l*} = p^{lk}$ 为最优解, 否则转步 4.

步 4. 如果 $|mx_i(p^{lk}, p^n) - my_i| \leqslant \varepsilon/5$, 则令 $e(i) = 0$, 否则 $e(i) = 1, i \in I_5$.

步 5. 如果 $e(i) \geqslant 1$ 且 $mx_i(p^{lk}, p^n) \geqslant my_i$, 则

对 $i = 3, 4, 5$, 选择 p_i^{lk} 的修正量 $\Delta p_i' < 0$, 并满足 $p_i^{lk} + \Delta p_i' \in \mathcal{P}_{ad}$;

对 $i = 2$, 选择 p_2^{lk} 的修正量 $\Delta p_2' > 0$, 并满足分量 $p_2^{lk} + \Delta p_2'$ 在允许集内. 否则

对 $i = 3, 4, 5$, 选择 p_i^{lk} 的改变量 $\Delta p_i' > 0$, 并满足分量 $p_i^{lk} + \Delta p_i'$ 在允许集内;

对 $i = 2$, 选择 p_2^{lk} 的改变量 $\Delta p_2' < 0$, 并有 $p_2^{lk} + \Delta p_2'$ 在允许集内.

步 6. 令修正后的连续参数为 $p^{l,k+1}$, 并令 $k := k + 1$, 转步 2.

设 $\{p^{lk}\}$ 是由算法 3.2.1 产生的点列, 则 $\forall p^n \in \mathcal{P}_{ad}^n$, $J_1^{p^n}(p^{lk}) \geqslant J_1^{p^n}(p^{l(k+1)})$, 且 $\{p^{lk}\} \subset \mathcal{P}_{ad}^l$. $\mathcal{P}_{ad}^l$ 为紧集, 依定理 2.1.3 知, $\{p^{lk}\}$ 中必存在收敛子列, 故算法 3.2.1 是收敛的.

3.2.3 数值模拟

在甘油间歇发酵实验中, 根据实验测得的两组间歇数据, 应用算法 3.2.1 对问题 PIP1$'$ 进行求解, 在实际计算时, 取文献 [241] 中的经验参数值作为初始值 $p^{l0} = (2.2, -2.69, -0.97, 5.26, 0.0082, 67.69, 33.07, 11.66)^T$. 由 n_i 的生物学意义和简化计算的角度考虑, 取 $n_3 = n_5 \equiv 1$, 经过数值求解, 我们得到最优解 (p^{l*}, p^{n*}), 其具体结果见表 3.1, 同时给出了本文模型和文献 [241] 中模型所得数据与实验数据的相对误差, e_1 表示本文模型计算结果和实验数据的相对误差, e_2 表示文献 [241] 中模型计算结果和实验数据的相对误差.

表 3.1 间歇发酵系统 (3.2.6) 中的参数

底物/产物	x_{i*}	x_i^*	m_i	Y_i	n_i	$e_1/\%$	$e_2/\%$
—	0	10	—	—	—	18.67	49.36
$i = 2$ (甘油)	100	2100	0.0100	0.0165	0	6.71	41.53

续表

底物/产物	x_{i*}	x_i^*	m_i	Y_i	n_i	$e_1/\%$	$e_2/\%$
$i=3$ (1,3-PD)	0	940	-3.9472	41.2584	1	9.44	54.72
$i=4$ (乙酸)	0	1050	2.1098	4.5410	3	48.1	96.61
$i=5$ (乙醇)	0	361	-0.1830	3.0460	1	47.71	21.43

$$e_1 = \frac{\sum_{j=1}^{l}|x(t_j,p^{l*},p^{n*})-y_j|}{\sum_{j=1}^{l}|y_j|}, \quad e_2 = \frac{\sum_{j=1}^{l}|x(t_j,p^{l0},p^{n0})-y_j|}{\sum_{j=1}^{l}|y_j|}$$

图 3.1(左)(实线表示计算模拟结果, 离散点表示实验值) 显示了参数 $p=p^*$ 确定的模型式 (3.2.6) 在间歇发酵过程中底物消耗、生物量和产物形成随时间变化的模拟曲线与实验值的比较结果, 图 3.1(右) 显示了应用文献 [241] 中模型的计算结果和实验结果的比较曲线. 从结果可以看出, 本文的模型能更好地描述底物限制条件下间歇培养的适应期和对数生长期, 缺点是乙醇的误差偏大. 同时, 由于模型的

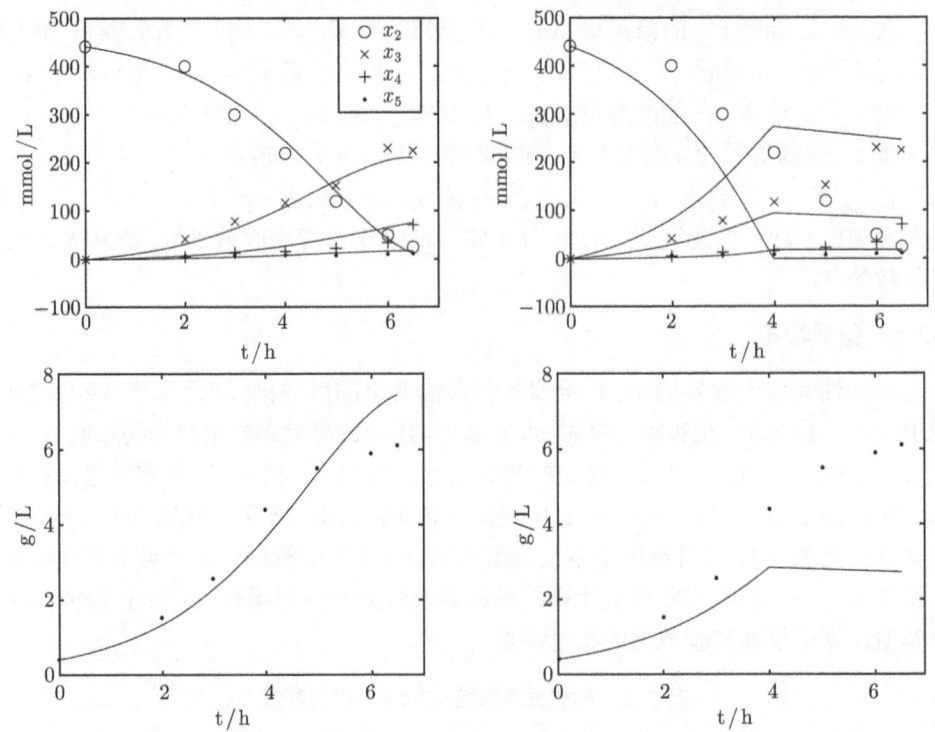

图 3.1 本文模型 (左) 与文献[241](右) 模型对各浓度的变化模拟比较

3.2 间歇发酵 Monod 型动力系统

限制, 模型 (3.2.6) 无法描述延滞期较长或在静止期仍能形成产物的情形.

3.2.4 最优控制模型及性质

本小节以微生物间歇发酵动力系统为主要约束, 建立了最优控制模型. 证明了模型最优解的存在性, 给出一阶最优性必要条件, 定义了最优控制模型的最优性函数, 并讨论了最优性条件与最优性函数零点的等价性.

对系统 (3.2.6) 作变换 $s = t/t_f$, 再把 s 改写成 t, 这样, 就把时间区间 $[0, t_f]$ 变换为时间区间 $[0, 1]$. 因终止时刻 t_f 不固定, 故引入变量 $x_6(t) = t_f t$ 和 $x_7(t) = t_f$. 为了数学上方便讨论, 这里对状态变量和初值的允许集作如下的修改, 设 ϵ_1 和 ϵ_2 是充分小的正数, 取

$$\widetilde{W}_{ad} := [\epsilon_1, 10 - \epsilon_2] \times [100 + \epsilon_1, 2100 - \epsilon_2] \times [\epsilon_1, 940 - \epsilon_2] \times [\epsilon_1, 1050 - \epsilon_2]$$
$$\times [\epsilon_1, 361 - \epsilon_2] \times [0, t_f^*] \times [0, t_f^*]$$

和

$$H_{ad} := [0.01 + \epsilon_1, 0.9 - \epsilon_2] \times [100 + \epsilon_1, 2100 - \epsilon_2] \times \{0\} \times \{0\}$$
$$\times \{0\} \times \{0\} \times [0, t_f^*]$$

分别为状态变量和初值的允许集. 相应地状态变量和初值分别为 $x(t) = (x_1(t), \ldots, x_7(t))^\mathrm{T} \in \widetilde{W}_{ad} \subset \mathbb{R}^7$ 和 $x^0 = (x_1^0, x_2^0, 0, 0, 0, 0, t_f)^\mathrm{T} \in H_{ad} \subset \mathbb{R}w$, 这里 t_f^* 为终端时刻可取得的最大值.

在引入新的变量后, 系统 (3.2.6) 变为如下的常微分方程组:

$$\begin{cases} \dot{x}_1(t) = x_7(t)\mu x_1(t), \\ \dot{x}_2(t) = -x_7(t)q_2 x_1(t), \\ \dot{x}_3(t) = x_7(t)q_3 x_1(t), \\ \dot{x}_4(t) = x_7(t)q_4 x_1(t), \\ \dot{x}_5(t) = x_7(t)q_5 x_1(t), \\ \dot{x}_6(t) = x_7(t), \\ \dot{x}_7(t) = 0. \end{cases} \quad (3.2.8)$$

令 $g(x) := (g_1(x), \ldots, g_7(x))^\mathrm{T}$, 其中 $g_i(x)$ 表示常微分方程组 (3.2.8) 第 i 个等式的右端项, 这样 (3.2.8) 的向量形式的初值问题可由下面的系统来描述:

$$\begin{cases} \dot{x} = g(x), \\ x(0) = x^0 = (x_1^0, x_2^0, 0, 0, 0, 0, t_f)^\mathrm{T} \in H_{ad}, \end{cases} \quad (3.2.9)$$

由 $g(x)$ 的表达式可见 $g(x)$ 在 $\widetilde{W}_{ad}$ 上是局部 Lipschitz 连续可微的, 根据引理 2.2.1—2.2.5 可知, $\forall x^0 \in H_{ad}$ 系统 (3.2.9) 在 $[0, 1]$ 上的解存在且唯一, 且

连续依赖于初值 x^0, 记 (3.2.9) 的解为 $x(\cdot, x^0)$. 设其对应的解集为

$$S_2 := \{x(\cdot, x^0) \in C_b([0,1], \mathbb{R}^7) | x(\cdot, x^0) \text{ 是微分方程 (3.2.9) 对应初值 } x^0 \in H_{ad} \text{的解}\},$$

这样由系统 (3.2.9) 确定了集合 H_{ad} 到 $S_2 \subseteq C_b([0,1], \mathbb{R}^7)$ 的映射, 记为 $A_b : H_{ad} \mapsto S_2$ 即 $A_b(x^0) = x(\cdot, x^0)$, 且 $A_b(x^0)$ 在 H_{ad} 上连续。由 H_{ad} 的紧性及 $A_b(x^0)$ 的连续性可得 S_2 是 $C_b([0,1], \mathbb{R}^7)$ 中的紧集.

由于间歇发酵是把初始生物量与甘油放入发酵罐, 至甘油量达到一定浓度即 $x_2(x^0, 1) = 150$ mmol/L 时, 试验结束. 发酵的目的是使产物 1,3-丙二醇的生产量最大, 即 $\max x_3(1, x^0)$, 控制变量为初始生物量与甘油浓度 (即 x_1^0 与 x_2^0), 因此有最优控制模型 (记为 OCP1)

$$\begin{aligned}
\text{OCP1} \quad & \max \quad J(x^0) = x_3(1, x^0) \\
& \text{s.t.} \quad \dot{x}(t) = g(x), && (3.2.10) \\
& \qquad x(0) = x^0 \in H_{ad}, && (3.2.11) \\
& \qquad x(t, x^0) \in \tilde{W}_{ad}, && (3.2.12) \\
& \qquad x_2(1, x^0) = 150, && (3.2.13) \\
& \qquad t \in [0, 1].
\end{aligned}$$

$x_2(1, x^0)$, $x_3(1, x^0)$ 表示系统 (3.2.9) 的解 $x(\cdot, x^0)$ 在终止时刻的第 2、3 个分量, 即最终的甘油浓度和 1,3-丙二醇浓度. 因为 $x(\cdot, x^0)$ 是系统 (3.2.9) 对应于 $x^0 \in H_{ad}$ 的解, 即满足问题 OCP1 中约束条件 (3.2.4) 和 (3.2.11), 所以问题 OCP1 可表示为

$$\begin{aligned}
\text{OCP2} \quad & \max_{x^0 \in H_{ad}} \quad J(x^0) = x_3(1, x^0) \\
& \text{s.t.} \quad A_b(x^0) = x(\cdot, x^0) \in \tilde{W}_{ad}, \\
& \qquad x_2(1, x^0) = 150.
\end{aligned}$$

为研究问题 OCP2 的最优性条件, 令

$$\begin{aligned}
& \phi_b^1(t, x^0) := x_1(t, x^0) - 10 + \epsilon_2, && \phi_b^2(t, x^0) := x_2(t, x^0) - 2100 + \epsilon_2, \\
& \phi_b^3(t, x^0) := x_3(t, x^0) - 940 + \epsilon_2, && \phi_b^4(t, x^0) := x_4(t, x^0) - 1050 + \epsilon_2, \\
& \phi_b^5(t, x^0) := x_5(t, x^0) - 361 + \epsilon_2, && \phi_b^6(t, x^0) := x_6(t, x^0) - t_f^*, \\
& \phi_b^7(t, x^0) := x_7(t, x^0) - t_f^*, && \phi_b^8(t, x^0) := -x_1(t, x^0) + \epsilon_1, \\
& \phi_b^9(t, x^0) := -x_2(t, x^0) + 100 + \epsilon_1, && \phi_b^{10}(t, x^0) := -x_3(t, x^0) + \epsilon_1, \\
& \phi_b^{11}(t, x^0) := -x_4(t, x^0) + \epsilon_1, && \phi_b^{12}(t, x^0) := -x_5(t, x^0) + \epsilon_1,
\end{aligned} \quad (3.2.14)$$

3.2 间歇发酵 Monod 型动力系统

$$\phi_b^{13}(t,x^0) := -x_6(t,x^0), \qquad \phi_b^{14}(t,x^0) := -x_7(t,x^0),$$
$$f_b^j(x^0) := \max_{t\in[0,1]} \phi_b^j(t,x^0), \quad j \in \boldsymbol{q}_b, \quad \boldsymbol{q}_b := \{1,2,\ldots,14\}.$$

则 $x_2(1,x^0) = 150$ 等价于 $g_2(x^0) = x_2(1,x^0) - 150 = 0$, $x(\cdot,x^0) \in \tilde{W}_{ad}$ 等价于 $f_b^j(x^0) \leqslant 0$. 设 $f_b^0(x^0) = -x_3(1,x^0) = -J(x^0)$, 则问题 OCP2 等价于问题:

$$\text{OCP3} \quad \min_{x^0 \in H_{ad}} \{f_b^0(x^0) | f_b^j(x^0) \leqslant 0,\ j \in \boldsymbol{q}_b,\ g_2(x^0) = 0,\ A_b(x^0) = x(t,x^0)\}.$$

由上面讨论可知, 问题 OCP3 的最优解也是问题 OCP1 的最优解.

接下来介绍系统 (3.2.9) 的解关于控制变量的几个重要的性质.

性质 3.2.5 $\forall\ x^0,\ y^0 \in H_{ad},\ x(t,x^0), x(t,y^0)$ 是系统 (3.2.9) 对应于 $x^0,\ y^0$ 的解, 则对 (3.2.9) 中函数 $g(x)$, 存在常数 $K > 0$, 使下面二式成立:

$$\|g(x(t,x^0)) - g(x(t,y^0))\| \leqslant K(\|x(t,x^0) - x(t,y^0)\|), \tag{3.2.15}$$
$$\|\nabla_x g(x(t,x^0)) - \nabla_x g(x(t,y^0))\| \leqslant K(\|x(t,x^0) - x(t,y^0)\|). \tag{3.2.16}$$

证明 设 $x(t,y^0) = x(t,x^0) + \Delta x$, 由微分中值定理有

$$\|g(x(t,y^0)) - g(x(t,x^0))\| = \|\nabla_x g(x(t,x^0) + \theta \Delta x)\| \cdot \|\Delta x\|,$$

其中

$$\nabla_x g(x) = \begin{pmatrix} \nabla_x g_1(x) \\ \vdots \\ \nabla_x g_7(x) \end{pmatrix} = \begin{pmatrix} x_7\mu & x_7 x_1 \dfrac{\partial \mu}{\partial x_2} & \cdots & x_7 x_1 \dfrac{\partial \mu}{\partial x_5} & 0 & \mu x_1 \\ -x_7 q_2 & -x_7 x_1 \dfrac{\partial q_2}{\partial x_2} & \cdots & -x_7 x_1 \dfrac{\partial q_2}{\partial x_5} & 0 & -q_2 x_1 \\ \vdots & \vdots & & \vdots & \vdots & \vdots \\ x_7 q_5 & x_7 x_1 \dfrac{\partial q_5}{\partial x_2} & \cdots & x_7 x_1 \dfrac{\partial q_5}{\partial x_5} & 0 & q_5 x_1 \\ 0 & 0 & \cdots & 0 & 0 & 1 \\ 0 & 0 & \cdots & 0 & 0 & 0 \end{pmatrix}.$$

从 μ 及 $q_i(i=2,3,4,5)$ 的表达式可见 $\dfrac{\partial \mu}{\partial x_i}(i=2,3,4,5)$, $\dfrac{\partial q_i}{\partial x_j}(i,j=2,3,4,5)$ 连续可微且有界, 因而 $\|\nabla_x g(x(t,x^0) + \theta \Delta x)\|$ 有界, 这样有 (3.2.15) 式成立, 同理可知 $\|\nabla_{xx} g(x(t,x^0) + \theta \Delta x)\|$ 也有界, 因而 (3.2.16) 式也成立. □

由性质 3.2.5 和 3.2.6 及引理 2.2.1—2.2.5, 可以立即得到下面的性质 3.2.6.

性质 3.2.6 设H3.2.1—H3.2.3成立, 则系统 (3.2.9) 的解关于初值 $x^0 \in H_{ad}$ 是 Lipschitz 连续的, 并且存在连续偏导数.

由性质 3.2.6 可知, 函数 $f_b^0(x^0)$, $g(x^0)$, $\phi_b^j(t,x^0)$ 关于 x^0 具有连续偏导数, 并且 $f_b^j(x^0)(j\in \boldsymbol{q}_b)$ 在有界集上的方向导数为

$$df_b^j(x^0,\delta x^0) = \max_{t\in \hat{T}^j(x^0)} <\nabla_{x^0}\phi_b^j(t,x^0),\ \delta x^0>,$$

其中 $\hat{T}^j(x^0) = \left\{t\in[0,1]|\phi_b^j(t,x^0)=f_b^j(x^0)\right\}$. $f_b^0(x^0)$ 的方向导数为

$$df_b^0(x^0,\delta x^0) = <\nabla_{x^0}f_b^0(x^0),\ \delta x^0>.$$

$\forall j\in \boldsymbol{q}_b$, 令 $g_b^j(x(t,x^0)) := \phi_b^j(t,x^0)$, 由性质 3.2.6, 解 $x(\cdot,x^0)$ 对初值的 Lipschitz 连续可微性知, $g_b^j:\mathbb{R}^7\mapsto\mathbb{R}$ 在有界集上 Lipschitz 连续可微.

性质 3.2.7 假设 H3.2.1—H3.2.3 成立, $\forall j\in \boldsymbol{q}_b$, $\forall t\in [0,1]$, $\forall x^0\in H_{ad}$, 则

$$\nabla_{x^0}\phi_b^j(t,x^0) = p_0^j(0),$$

其中 $p_0^j(\tau)$ 是下面伴随方程的解:

$$\dot{p}_0^j(\tau) = -\nabla_x g(x(\tau))^{\mathrm{T}} p_0^j(\tau) = -\nabla_x \mathcal{H}_b(x(x^0,\tau),p_0^j(\tau)), \quad \tau\in[0,t], \quad (3.2.17)$$
$$p_0^j(t) = \nabla_x g_b^j(x(t,x^0)).$$

由 $\mathcal{H}_b(x,p) := <p,g(x)>$ 定义的 $\mathcal{H}_b: \mathbb{R}^7\times\mathbb{R}^7\mapsto\mathbb{R}$ 是 Hamilton 函数.

证明 $\forall x^0\in H_{ad}$, 由 $\phi_b^j(t,x^0)$ 的定义 2.1.22 可知, 其 Gateaux 微分 $D\phi_b^j(\xi,t;\delta\xi)$ 存在且等于其方向导数. 令 $p^j:[0,t]\mapsto\mathbb{R}^7$ 是任意绝对连续函数, 则有

$$\phi_b^j(t,x^0) = g_b^j(x(0,x^0)) + \int_0^t <p^j(s),g(x(s,x^0))-\dot{x}(s,x^0)>ds.$$

利用分部积分有

$$\phi_b^j(t,x^0) = g_b^j(x(0,x^0)) + \int_0^t [\mathcal{H}_b(x(s;x^0),p^j(s)) + <\dot{p}^j(s),x(s;x^0)>]ds$$
$$-<p^j(t),x(t,x^0)> + <p^j(0),x(0;x^0)>.$$

$\forall \delta x^0\in\mathbb{R}^7$, 注意到 $Dx(t,x^0;\delta x^0) = \delta x^0$, 则 $\phi_b^j(t,x^0)$ 的 Gateaux 微分为

$$D\phi_b^j(t,x^0;\delta x^0) = <\nabla_x g_b^j(x(t,x^0))-p^j(t),\ Dx(t,x^0;\delta x^0)>$$
$$+\int_0^t <\nabla_x \mathcal{H}_b(x(s,x^0),p^j(s))+\dot{p}^j(s),$$
$$Dx(t,x^0;\delta x^0)>ds + <p^j(0),\delta x^0>. \quad (3.2.18)$$

现设 $p^j(s) := p_0^j(s)$, 即 (3.2.17) 式的解, 并注意到 $\nabla_x \mathcal{H}_b(x(s,x^0),p_0^j(s)) + \dot{p}_0^j(s) = 0$, $\nabla_x g_b^j(x(t,x^0)) - p_0^j(t) = 0$, 则 (3.2.18) 式化为

$$D\phi_b^j(t,x^0;\delta x^0) = <p_0^j(0),\ \delta x^0>,$$

所以
$$\nabla_{x^0}\phi_b^j(t,x^0) = p_0^j(0).$$

推论 3.2.1 设H3.2.1—H3.2.3成立, $\forall j \in \boldsymbol{q}_b$, $\forall t \in [0,1]$, 则

(i)
$$\nabla_{x^0}\phi_b^j(t,x^0) = p^j(0), \quad t \in [0,1],$$

其中 $p^j(s)$ 是下面伴随方程的解:
$$\begin{cases} \dot{p}^j(s) = -\nabla_x g(x(s))^{\mathrm{T}} p^j(s) & s \in [0,t], \\ p^j(t) = p_j = e_j \in \mathbb{R}^7 & (j=1,2,\ldots,7), \\ p^j(t) = p_j = -e_{j-7} \in \mathbb{R}^7 & (j=8,9,\ldots,14). \end{cases}$$

(ii)
$$\nabla_{x^0} f_b^0(x^0) = p_f(0),$$
$$\nabla_{x^0} g(x^0) = p_g(0),$$

其中 $p_f(s)$ 是下面伴随方程的解:
$$\dot{p}(s) = -\nabla_x g(x(s))^{\mathrm{T}} p(s),$$
$$p(1) = \nabla_x(-x_3(1,x^0)) = -e_3 \in \mathbb{R}^7, \quad s \in [0,1],$$

其中 $p_g(s)$ 是下面伴随方程的解:
$$\begin{cases} \dot{p}(s) = -\nabla_x g(x(s))^{\mathrm{T}} p(s), & s \in [0,1], \\ p(1) = \nabla_x(x_2(1,x^0)) = e_2 \in \mathbb{R}^7, \end{cases} \tag{3.2.19}$$

定理 3.2.2 假设H3.2.1—H3.2.3成立, 则问题 OCP3 的最优解存在.

证明 由 OCP3 的约束条件知其可行域为

$$C_b := \{x^0 \in H_{ad} | f_b^j(\xi) \leqslant 0, \ j \in \boldsymbol{q}_b, \ g_2(x^0) = 0\}$$
$$= \{x^0 \in H_{ad} | \max_{t \in [0,1]} \phi_b^j(t,x^0) \leqslant 0, j \in \boldsymbol{q}_b\} \cap \{x^0 \in H_{ad} | x_2(1,x^0) = 150\}.$$

$\forall j \in \boldsymbol{q}_b$, $\phi_b^j(t,x^0)$ 关于 t 在 $(0,1)$ 有连续的偏导数, 关于 $x^0 \in H_{ad}$ 连续, 因而 $\phi_b^j(t,x^0)$ 在 $[0,1] \times H_{ad}$ 连续, 并且 $f_b^j(x^0)$ 在 H_{ad} 连续. 显然 $g(x^0)$ 在 H_{ad} 也连续. 而由 C_b 的定义可见 C_b 是闭集. 又由于 H_{ad} 是 $\mathbb{R}^7$ 中紧集, $C_b \subseteq H_{ad}$, 所以 C_b 也是 $\mathbb{R}^7$ 的有界闭子集. 由 $f_b^0(x^0)$ 在 C_b 上的连续性可知 OCP3 的最优解存在.

3.2.5 最优性条件与最优性函数

设 $\hat{x^0}$ 是 OCP3 的局部极小, 定义:

$$F_b(x^0) := \max\left\{f_b^0(x^0) - f_b^0(\hat{x^0}),\ \psi_b(x^0)\right\}, \tag{3.2.20}$$

$$\psi_b(x^0) := \max_{j \in q_b} f_b^j(x^0), \tag{3.2.21}$$

$$H_E(x^0) := \{y^0 \in H_{ad} | <p_g(0),\ x^0 - y^0> = 0\}, \tag{3.2.22}$$

其中 $p_g(s)$ 由伴随方程 (3.2.19) 定义, 且易见 $H_E(x^0)$ 是非空凸集. $\psi_b(x^0)$ 在 $\hat{x^0}$ 的方向导数为

$$\mathrm{d}\psi_b(\hat{x^0};\ x^0 - \hat{x^0}) = \max_{j \in \hat{q}_b(\hat{x^0})} \mathrm{d}f_b^j(\hat{x^0}; x^0 - \hat{x^0}),$$

其中 $\hat{q}_b(\hat{x^0}) = \{j \in q_b | f_b^j(\hat{x^0}) = \psi_b(\hat{x^0})\}$.

引理 3.2.1 设 H3.2.1—H3.2.3 成立, 若 $\hat{x^0}$ 是 OCP3 的局部极小, 则 $\hat{x^0}$ 也是下面问题的局部极小,

$$\min_{x^0 \in H_{ad}} \left\{F_b(x^0) | g(x^0) = 0\right\}. \tag{3.2.23}$$

证明 设 $\hat{x^0}$ 是 OCP3 的局部极小, 代入式 (3.2.20) 中可得 $F_b(\hat{x^0}) = 0$. $\forall x^0 \in H_{ad}$, 且满足 $g(x^0) = 0$. 下面分两种情况.

若 $\psi_b(x^0) \leqslant 0$, 则由 $\hat{x^0}$ 是 OCP3 的局部极小有 $f_b^0(x^0) \geqslant f_b^0(\hat{x^0})$, 因而 $F_b(x^0) = \max\{f_b^0(x^0) - f_b^0(\hat{x^0}), \psi_b(x^0)\} \geqslant 0 = F_b(\hat{x^0})$.

若 $\psi_b(x^0) > 0$, 也有 $F_b(x^0) = \max\{f_b^0(x^0) - f_b^0(\hat{x^0}),\ \psi_b(x^0)\} > 0 = F_b(\hat{x^0})$.

所以 $\hat{x^0}$ 是 (3.2.23) 的局部极小. □

定理 3.2.3 假设 H3.2.1—H3.2.3 成立, 若 $\hat{x^0}$ 是 OCP3 的局部极小, 且由伴随方程 (3.2.19) 确定的 $p_g(s)$ 是非零向量, 则

$$\mathrm{d}F_b(\hat{x^0}; x^0 - \hat{x^0}) \geqslant 0, \quad \forall x^0 \in H_E(\hat{x^0}), \tag{3.2.24}$$

其中 $H_E(\hat{x^0})$ 由式 (3.2.22) 定义.

证明 若 $\hat{x^0}$ 是 OCP3 的局部极小, 则 $g(\hat{x^0}) = 0$. 由引理 (3.2.1), $\hat{x^0}$ 也是 (3.2.23) 的局部极小. 假设存在 $\xi \in H_E(\hat{x^0})$ 使 $dF_b(\hat{x^0}; x^0 - \hat{x^0}) < 0$.

由文献 [157] 中定理 4.2.25 知, 存在 $\hat{s} > 0$ 和一个连续可微函数 $\sigma : [0, \hat{s}] \mapsto H_{ad}$ 使得 $\sigma(0) = \hat{x^0}$, $\sigma'(0) = x^0 - \hat{x^0}$, 且 $\forall s \in [0, \hat{s}]$ 有 $g(\sigma(s)) = 0$. 令 $\hat{F}_b(s) := F_b(\sigma(s)), \forall s \in [0, \hat{s}]$. 则 $d\hat{F}_b(0; 1) = dF_b(\hat{x^0}; x^0 - \hat{x^0}) < 0$. 因而存在 $s^* \in [0, \hat{s}], \forall s \in (0, s^*]$, 有 $F_b(\sigma(s)) = \hat{F}_b(s) < \hat{F}_b(0) = F_b(\sigma(0)) = F_b(\hat{x^0})$, 且若令 $x_1^0 = \sigma(s)$, 有 $g(x_1^0) = 0$, 所以有 $F_b(x_1^0) = F_b(\sigma(s)) < F_b(\hat{x^0})$, 与 $\hat{x^0}$ 是 (3.2.23) 的局部极小矛盾. □

3.2 间歇发酵 Monod 型动力系统

定理 3.2.3 所给出的最优性条件仍是不等式, 因此考虑引入最优性函数. 对固定的 $j \in q_b$, 引入如下一些函数:

$$\bar{f}_b^j(x^0, y^0) := \max_{t \in [0,1]} \left\{ \phi_b^j(t, x^0) + <\nabla_{x^0}\phi_b^j(t, x^0), y^0 - x^0> + \frac{1}{2}\delta\|y^0 - x^0\|^2 \right\}, \quad (3.2.25)$$

$$\bar{f}_b^0(x^0, y^0) := f_b^0(x^0) + <\nabla_{x^0}f_b^0(x^0), y^0 - x^0> + \frac{1}{2}\delta\|y^0 - x^0\|^2, \quad (3.2.26)$$

$$\bar{\psi}_b(x^0, y^0) := \max_{j \in q_b} \bar{f}_b^j(x^0, y^0), \quad (3.2.27)$$

$$\bar{F}_b(x^0, y^0) := \max\left\{ \bar{f}_b^0(x^0, y^0) - f_b^0(x^0) - \gamma\psi_b(x^0)_+, \bar{\psi}_b(x^0, y^0) - \psi_b(x^0)_+ \right\}. \quad (3.2.28)$$

其中 $y^0, x^0 \in H_{ad}, \gamma, \delta \in \mathbb{R}_+$ 是参数, $\psi_b(x^0)_+ = \max\{\psi_b(x^0), 0\}$.

容易验证由式 (3.2.28) 定义的 $\bar{F}_b(x^0, y^0)$ 是 $y^0 \in H_{ad}$ 的凸函数.

定义 3.2.1 称

$$\theta_b(x^0) := \min_{y^0 \in H_E(x^0)} \bar{F}_b(x^0, y^0), \quad x^0 \in H_{ad} \quad (3.2.29)$$

为 (OCP3) 的最优性函数. 其中 $H_E(x^0)$ 由 (3.2.22) 式定义.

由 $\bar{F}_b(x^0, y^0)$ 是 $y^0 \in H_{ad}$ 的凸函数以及 $H_E(x^0)$ 的凸性可知 $\theta_b(x^0)$ 是适定的.

引理 3.2.2 假设H3.2.1—H3.2.3成立, $F_b(x^0)$ 和 $\bar{F}_b(x^0, y^0)$ 分别由 (3.2.20) 和 (3.2.28) 式定义, 则对任意 $x^{0*} \in H_E(\hat{x^0})$, 都有

$$d_2\bar{F}_b(\hat{x^0}, \hat{x^0}; x^{0*} - \hat{x^0}) = dF_b(\hat{x^0}; x^{0*} - \hat{x^0}),$$

其中 d_2 表示对第二个变量的方向导数, 由下式定义:

$$d_2\bar{F}_b(\hat{x^0}, \hat{x^0}; x^{0*} - \hat{x^0}) := \lim_{s \downarrow 0} \frac{\bar{F}_b(\hat{x^0}, \hat{x^0} + s(x^{0*} - \hat{x^0})) - \bar{F}_b(\hat{x^0}, \hat{x^0})}{s}.$$

$\square$

下面定理说明最优性函数的性质, 最优性函数与一阶最优性条件的等价性.

定理 3.2.4 假设H3.2.1—H3.2.3成立, 则:

(i) $\theta_b(x^0)$ 非正;

(ii) $\theta_b(x^0)$ 在 H_0 上连续;

(iii) 设 $\hat{x^0}$ 满足 $\psi_b(\hat{x^0}) \leqslant 0$, 则式 (3.2.24) 成立的充要条件是 $\theta_b(\hat{x^0}) = 0$.

证明

(i) $\forall x^0 \in H_{ad}$, 有 $x^0 \in H_E(x^0)$, 且 $\bar{F}_b(x^0, x^0) = 0$, 所以 $\theta_b(x^0) \leqslant 0$.

(ii) 由式 (3.2.26)—(3.2.28) 及性质 3.2.4 知 $\bar{F}_b(x^0, y^0)$ 关于 $x^0 \in H_{ad}$ 连续, 且在有界闭集 H_{ad} 上 Lipschitz 连续.

设 $x^0, x^{0,i} \in H_{ad}$, $i \in \mathbb{N}$ 且 $x^{0,i} \to x^0 (i \to +\infty)$, 令

$$y_0^0 = \arg\min_{y^0 \in H_E(x^0)} \bar{F}_b(x^0, y^0),$$

即

$$\theta_b(x^0) = \bar{F}_b(x^0, y^{0,0}),$$

则由 $\theta_b(x^{0,i}) \leqslant \bar{F}_b(x^{0,i}, y^{0,0})$ ($\forall\, i \in \mathbb{N}$) 知当 $i \to +\infty$ 时,

$$\overline{\lim}\theta_b(x^{0,i}) \leqslant \overline{\lim}\bar{F}_b(x^{0,i}, \eta_0) = \theta_b(x^0),$$

即 $\theta_b(x^0)$ 上半连续.

又令

$$y^{0,i} = \arg\min_{x^0 \in H_E(x^0)} \bar{F}_b(x^{0,i}, y^0),$$

即

$$\theta_b(x^{0,i}) = \bar{F}_b(x^{0,i}, y^{0,i}),$$

因为 $\bar{F}_b(x^0, y^0)$ 关于 x^0 在有界闭集 H_{ad} 上 Lipschitz 连续, 所以存在 $0 < L < +\infty$, 对所有 $i \in \mathbb{N}$, 有

$$\|\bar{F}_b(x^{0,i}, y^{0,i}) - \bar{F}_b(x^0, y^{0,i})\| \leqslant L\|x^0 - x^{0,i}\|.$$

则

$$\theta_b(x^0) = \bar{F}_b(x^0, y_0^0) \leqslant \bar{F}_b(x^0, y^{0,i}) = \bar{F}_b(x^0, y^{0,i}) - \bar{F}_b(x^{0,i}, y^{0,i}) + \bar{F}_b(x^{0,i}, y^{0,i})$$
$$\leqslant L\|x^0 - x^{0,i}\| + \theta_b(x^{0,i}).$$

令 $i \to +\infty$, 取下极限有

$$\theta_b(x^0) \leqslant \underline{\lim}\theta_b(x^{0,i}),$$

即 $\theta_b(x^0)$ 下半连续. 所以 $\theta_b(x^0)$ 连续.

(iii) $\Leftarrow$

已知 $\theta_b(\hat{x^0}) = 0$. 假设 $\exists x^{0*} \in H_E(\hat{x^0})$ 使 $d\bar{F}_b(\hat{x^0}, x^{0*} - \hat{x^0}) < 0$, 则由引理 3.2.4 知

$$d_2\bar{F}_b(\hat{x^0}, \hat{x^0}; x^{0*} - \hat{x^0}) = d\bar{F}_b(\hat{x^0}; x^{0*} - \hat{x^0}).$$

易证 $H_E(\hat{x^0})$ 是凸集, 所以任意 $s \in (0,1)$, 有 $\hat{x^0} + s(x^{0*} - \hat{x^0}) \in H_E(\hat{x^0})$. 则必存在 $s^* \in (0,1)$ 使

$$\bar{F}_b(\hat{x^0}, \hat{x^0} + s^*(x^{0*} - \hat{x^0})) < \bar{F}_b(\hat{x^0}, \hat{x^0}) = 0.$$

3.2 间歇发酵 Monod 型动力系统

所以 $\theta_b(\hat{x^0}) < 0$, 与已知矛盾.

$\Rightarrow$ 已知 (3.2.24) 式成立, 且 $\hat{x^0}$ 满足 $\psi_b(\hat{x^0}) \leqslant 0$, 则 $\psi_b(\hat{x^0})_+ = 0$. 假设 $\theta_b(\hat{x^0}) < 0$, 则有

$$\begin{aligned}0 > \theta_b(\hat{x^0}) \\ = \min_{y^0 \in H_E(\hat{x^0})} \bar{F}_b(\hat{x^0}, y^0) \\ = \min_{y^0 \in H_E(\hat{x^0})} \max\{\bar{f}_b^0(\hat{x^0}, y^0) - f_b^0(\hat{x^0}) - \gamma\psi_b(\hat{x^0})_+, \bar{\psi}_b(\hat{x^0}, y^0) - \psi_b(\hat{x^0})_+\} \\ = \min_{y^0 \in H_E(\hat{x^0})} \max\{<\nabla_{x^0} f_b^0(\hat{x^0}), y^0 - \hat{x^0}> + \frac{1}{2}\delta\|y^0 - \hat{x^0}\|^2, \\ \max_{j \in q_b}\max_{t \in [0,1]}\{\phi_b^j(t, \hat{x^0}) + <\nabla_{x^0}\phi_b^j(t, \hat{x^0}), y^0 - \hat{x^0}> + \frac{1}{2}\delta\|y^0 - \hat{x^0}\|^2\}\} \\ \geqslant \min_{y^0 \in H_E(\hat{x^0})} \max\{df_b^0(\hat{x^0}, y^0 - \hat{x^0}), \max_{j \in q_b}\max_{t \in [0,1]}\{\phi_b^j(t, \hat{x^0}) + <\nabla_{x^0}\phi_b^j(t, \hat{x^0}), y^0 - \hat{x^0}>\}\}.\end{aligned}$$

由 $\psi_b(\hat{x^0}) \leqslant 0$, $\psi_b(\hat{x^0})_+ = 0$ 知 $\bar{F}_b(\hat{x^0}, \hat{x^0}) = 0$, 再由对第二个变量的方向导数定义得

$$d_2\bar{F}_b(\hat{x^0}, \hat{x^0}; y^0 - \hat{x^0}) = \lim_{s \downarrow 0}\frac{\bar{F}_b(\hat{x^0}, \hat{x^0} + s(y^0 - \hat{x^0}))}{s},$$

而

$$\begin{aligned}\bar{F}_b(\hat{x^0}, \hat{x^0} + s(y^0 - \hat{x^0})) \\ = \max\{\bar{f}_b^0(\hat{x^0}, \hat{x^0} + s(y^0 - \hat{x^0})) - f_b^0(\hat{x^0}), \bar{\psi}_b(\hat{x^0}, \hat{x^0} + s(y^0 - \hat{x^0}))\} \\ = \max\{s<\nabla_{x^0}f_b^0(\hat{x^0}), y^0 - \hat{x^0}> + \frac{\delta}{2}s^2\|y^0 - \hat{x^0}\|^2, \\ \max_{j \in q_b}\max_{t \in [0,1]}(\phi_b^j(t, \hat{x^0}) + s<\nabla_{x^0}\phi_b^j(t, \hat{x^0}), y^0 - \hat{x^0}> + \frac{\delta}{2}s^2\|y^0 - \hat{x^0}\|^2)\}.\end{aligned}$$

又因为

$$0 \geqslant \psi_b(\hat{x^0}) = \max_{j \in q_b}f_b^j(\hat{x^0}) = \max_{j \in q_b}\max_{t \in [0,1]}\phi_b^j(t, \hat{x^0}),$$

所以对任意 $s \in (0, 1)$, 都有

$$0 \geqslant \max_{j \in q_b}\max_{t \in [0,1]}s\phi_b^j(t, \hat{x^0}) \geqslant \max_{j \in q_b}\max_{t \in [0,1]}\phi_b^j(t, \hat{x^0}),$$

即

$$\bar{F}_b(\hat{x^0}, \hat{x^0} + s(y^0 - \hat{x^0}))$$
$$\leqslant \max\{s<\nabla_{x^0} f_b^0(\hat{x^0}), y^0 - \hat{x^0}> + \frac{\delta}{2}s^2\|y^0 - \hat{x^0}\|^2,$$
$$\max_{j\in \boldsymbol{q}_b}\max_{t\in[0,1]}\{s\phi_b^j(t,\hat{x^0}) + s<\nabla_{x^0}\phi_b^j(t,\hat{x^0}), y^0 - \hat{x^0}> + \frac{\delta}{2}s^2\|y^0 - \hat{x^0}\|^2\}\}.$$

代入 (3.2.30) 式得

$$d_2 \bar{F}_b(\hat{x^0},\hat{x^0};y^0-\hat{x^0}) \leqslant \max\{<\nabla_{x^0} f_b^0(\hat{x^0}), y^0 - \hat{x^0}>,$$
$$\max_{j\in \boldsymbol{q}_b}\max_{t[0,1]}(\phi_b^j(t,\hat{x^0}) + <\nabla_{x^0}\phi_b^j(t,\hat{x^0}), y^0 - \hat{x^0}>)\}.$$

根据上面的分析, 利用引理 4.3.3 有

$$0 > \theta_b(\hat{x^0}) \geqslant \min_{y^0 \in H_E(\hat{\xi})} d_2\bar{F}_b(\hat{x^0},\hat{x^0};y^0-\hat{x^0}) = \min_{y^0 \in H_E(\hat{x^0})} dF_b(\hat{x^0};y^0-\hat{x^0}).$$

这与 (3.2.24) 式矛盾, 证毕. □

3.3 间歇发酵多阶段动力系统

间歇发酵中典型的细胞增长包括如下几个阶段: 延迟期、指数增长期、衰减期以及死亡期. 在发酵反应的初始阶段, 微生物对底物甘油环境需要一定的适应时间, 所以表现出微生物的生长与代谢比较缓慢, 底物甘油的消耗比较小, 此为延迟期; 当微生物适应了底物环境以后开始大量繁殖, 此时发酵罐中底物的浓度比较高, 因此无论是微生物的生长速率还是甘油的消耗速率都比较高, 此为指数增长期, 比生长速率 μ 的值在这一阶段逐渐增大并达到其最大值 μ_m; 随着底物的不断消耗, 其浓度也变得越来越低, 这时大量的微生物因赖以生存的底物的不足, 其细胞的比生长速率逐渐降低, 总体生长也变得相对缓慢. 当底物的浓度低于一定水平时, 微生物代谢反应停止[242].

观察系统 (3.2.6) 以及式 (3.2.2), (3.2.3) 和 (3.2.4), 可以发现 x_2 的值会下降到 0 以下, 即系统 (3.2.6) 不能很好的预测衰减期以及死亡期. 基于以上分析, 对方程 (3.2.2) 按文献 [243] 的方式做如下修改:

$$\mu = \mu_m \frac{x_2(t)}{x_2(t)+k_s} \prod_{i=2}^{5}\left(1-\frac{x_i(t)}{x_i^*}\right)\exp\left(\frac{-(t-t_m)^2}{2t_l^2}\right). \tag{3.3.1}$$

其中 t_l 和 t_m 是新引入的两个参数, t_l 表示延迟期的起始时刻, t_m 表示 μ 达到其最大值的时刻, $t_l < t_m$. 令 $p=(t_l,t_m)^{\mathrm{T}} \in \mathcal{P}_{ad}$ 为参数向量, 其中 $\mathcal{P}_{ad} = [0,t_f] \times [0,t_f]$ 表示参数向量的容许集.

3.3 间歇发酵多阶段动力系统

在假设H3.2.1的条件下,基于上面的分析,间歇发酵过程的动力系统可表示如下:

$$\dot{x}(t) = f(t,x,p), \quad t \in \mathcal{I} \quad x(0) = x^0. \tag{3.3.2}$$

其中

$$\begin{aligned}f(t,x,p) &= (f_1(t,x,p), f_2(t,x,p), f_3(t,x,p), f_4(t,x,p), f_5(t,x,p))^{\mathrm{T}} \\ &= (\mu x_1(t), -q_2 x_1(t), q_3 x_1(t), q_4 x_1(t), q_5 x_1(t))^{\mathrm{T}}. \end{aligned} \tag{3.3.3}$$

3.3.1 系统解的性质

本节将研究系统 (3.3.2) 解关于参数的存在性、唯一性和有界性. 首先讨论函数 $f(t,x,p)$ 的性质.

性质 3.3.1　给定 $p \in \mathcal{P}_{ad}$, 函数 $f(t,x,p)$ 由 (3.3.3) 所定义, 则

(i) $f \in C^2(\mathbb{R}_+ \times W_{ad} \times \mathcal{P}_{ad}, \mathbb{R}^5)$, 即函数 f 是二次连续可微的;

(ii) f 在 $\mathcal{I}$ 上关于 t 是 Borel 可测;

(iii) f 关于 x 在 $W_{ad} \subset \mathbb{R}^5$ 上 Lipschitz 连续;

(iv) f 关于 x 满足线性增长条件, 即存在一个常数 $K \in (0,\infty)$ 使得对所有的 $x \in W_{ad}$, 都有下式成立

$$\|f(t,x,p)\| \leqslant K(\|x\|+1).$$

证明

(i) 由函数 f 的定义以及 μ、q_2 和 q_i 的表达式容易验证结论成立.

(ii) 由 f 的定义易证其关于 t 在 $\mathcal{I}$ 上是 Borel 可测.

(iii) 令 $x^1, x^2 \in W_{ad}$, 依中值定理: $\exists \theta \in (0,1)$, 使

$$\|f(t,x^1,p) - f(t,x^2,p)\| \leqslant \|Jf(t, x^1+\theta(x^2-x^1),p)\| \cdot \|x^2-x^1\|. \tag{3.3.4}$$

其中 $Jf(t, x^1+\theta(x^2-x^1),p)$ 表示 f 在 $x^1+\theta(x^2-x^1)$ 处的 Jacobi 矩阵. 由于 $W_{ad} \subset \mathbb{R}^5$ 有界闭的, 由 (i) 可推出 f 的导数在 W_{ad} 上有界. 对任意的 $p \in \mathcal{P}_{ad}$, 令 $L = \max\limits_{x \in W_{ad}} \|Jf(x^1+\theta(x^2-x^1),p)\|$, 则由 (3.3.4) 可得

$$\|f(t,x^2,p) - f(t,x^1,p)\| \leqslant L\|x^2-x^1\|,$$

即 f 关于 x 是 Lipschitz 连续的.

(iv) 由式 (3.3.2) 可得

$$\|f(t,x,p)\| = \left(\sum_{j=1}^5 f_j^2(t,x,p)\right)^{\frac{1}{2}} = |x_1|(\mu^2 + q_2^2 + q_3^2 + q_4^2 + q_5^2)^{\frac{1}{2}}.$$

令 $a_1 = \max\left\{\dfrac{1}{Y_2}, Y_3, Y_4, Y_5, 1\right\}$, $a_2 = \max\{m_2, m_3, m_4, m_5, 0\}$. 由于 $\dfrac{x_i}{x_i + k_i} \leqslant 1$, 有 $q_i^2 \leqslant (a_1\mu + a_2)^2$, $i = 2,3,4,5$. 从而

$$\|f(t,x,p)\| \leqslant |x_1|\sqrt{5}(a_1\mu + a_2) \leqslant |x_1|\sqrt{5}(a_1\mu_m + a_2).$$

令 $K = \sqrt{5}(a_1\mu_m + a_2)$, 则有

$$\|f(t,x,p)\| \leqslant K|x_1| \leqslant K\|x\| \leqslant K(\|x\| + 1). \qquad \square$$

定义 3.3.1 设 $x^0 \in W_{ad}$, $p \in \mathcal{P}_{ad}$, 初始状态参数对 (x^0, p) 的容许集记为 $\mathbb{H} \triangleq W_{ad} \times \mathcal{P}_{ad}$. $x(\cdot; x_0, p) \in C_b(\mathcal{I}, \mathbb{R}^5)$ 称为系统 (3.3.2) 的一个解, 如果它满足下面的积分方程:

$$x(t; x_0, p) = x_0 + \int_0^t f(s, x, p) ds, \quad t \in I. \tag{3.3.5}$$

性质 3.3.2 存在一个常数 $K_1 \geqslant 1$ 使得对固定的 $t \in I$ 以及所有的 $x^1, x^2 \in W_{ad}$ 和 $p^1, p^2 \in \mathcal{P}_{ad}$, 由式 (3.3.3) 定义的函数 $f(t, x, p)$ 满足

$$\|f(t, x^1, p^1) - f(t, x^2, p^2)\| \leqslant K_1(\|x^1 - x^2\| + \|p^1 - p^2\|),$$
$$\|f_x(t, x^1, p^1) - f_x(t, x^2, p^2)\| \leqslant K_1(\|x^1 - x^2\| + \|p^1 - p^2\|),$$
$$\|f_p(t, x^1, p^1) - f_p(t, x^2, p^2)\| \leqslant K(\|x^1 - x^2\| + \|p^1 - p^2\|).$$

证明 令 $x^2 = x^1 + \Delta x$, $p^2 = p^1 + \Delta p$. 由中值定理, $\exists \theta_1, \theta_2 \in [0, 1]$, 使得

$$\|f(t, x^2, p^2) - f(t, x^1, p^1)\| \leqslant \left\|\dfrac{\partial f}{\partial x}(t, x^1 + \theta_1 \Delta x, p^2)\Delta x\right\| + \left\|\dfrac{\partial f}{\partial p}(t, x^1, p^1 + \theta_2 \Delta p)\Delta p\right\|$$

$$\leqslant \left\|\dfrac{\partial f}{\partial x}(t, x^1 + \theta_1 \Delta x, p^2)\right\| \|\Delta x\|$$
$$+ \left\|\dfrac{\partial f}{\partial p}(t, x^1, p^1 + \theta_2 \Delta p)\right\| \|\Delta p\|.$$

由性质 3.3.1 中函数 f 的连续可微性可以得到, $\exists M_1, M_2 > 0$, 使得.

$$\left\|\dfrac{\partial f}{\partial x}(t, x^1 + \theta_1\Delta x, p^2)\right\| \leqslant M_1, \quad \left\|\dfrac{\partial f}{\partial p}(t, x^1, p^1 + \theta_2\Delta p)\right\| \leqslant M_2.$$

再令 $K_1 \triangleq \max\{M_1, M_2\}$, 则.

$$\|f(t, x^2, p^2) - f(t, x^1, p^1)\| \leqslant K_1(\|x^2 - x^1\| + \|p^2 - p^1\|).$$

由性质 3.3.1 中的 (i) 可以得到 $\|\partial^2 f/\partial x^2\|$, $\|\partial^2 f/\partial p^2\|$, $\|\partial^2 f/\partial x \partial p\|$ 在 $\mathbb{H}$ 上都是有界的, 则可以验证

$$\|f_x(t, x^1, p^1) - f_x(t, x^2, p^2)\| \leqslant K_1(\|x^1 - x^2\| + \|p^1 - p^2\|),$$
$$\|f_p(t, x^1, p^1) - f_p(t, x^2, p^2)\| \leqslant K_1(\|x^1 - x^2\| + \|p^1 - p^2\|). \qquad \square$$

由性质 3.3.2 的结论并利用 Picard 引理 5.6.3[157] 可以得到下面的结论.

3.3 间歇发酵多阶段动力系统

性质 3.3.3 设 $(x^0,p) \in \mathbb{H}$. 对任一给定的连续函数 $y(\cdot;y^0,p): \mathcal{I} \to \mathbb{R}^5$, 都存在系统 (3.3.2) 的一个解 $x(\cdot;x^0,p) \in C_b(\mathcal{I},\mathbb{R}^5)$ 使得对所有的 $t \in \mathcal{I}$ 满足

$$\|x(t;x^0,p) - y(t;y^0,p)\| \leqslant e^{K_2}\varepsilon(y^0,x^0).$$

其中 $K_2 > 0$, 且

$$\varepsilon(y^0,x^0) \triangleq \|y^0 - x^0\| + \int_0^{t_f} \|\dot{x}(s) - f(s,y,p)\|dt.$$

性质 3.3.4 对任意的 $(x^0,p) \in \mathbb{H}$, 系统 (3.3.2) 有唯一解 $x(\cdot;x^0,p) \in C_b(\mathcal{I},\mathbb{R}^5)$, 且 $x(\cdot;x^0,p)$ 关于 $p \in \mathcal{P}_{ad}$ 连续.

证明 首先, 由性质 3.3.3 易证解的存在性. 下面将证明解的唯一性. 令 $x^1(\cdot;x^0,p)$ 和 $x^2(\cdot;x^0,p)$ 是系统 (3.3.2) 的两个解, 由式 (3.3.5) 及 f 关于 x 是 Lipschitz 连续可得

$$\|x^1(t;x^0,p) - x^2(t;x^0,p)\| \leqslant \int_0^t \|f(s,x^1,p) - f(s,x^2,p)\|ds$$
$$\leqslant L\int_0^t \|x^1(s;x^0,p)) - x^2(s;x^0,p)\|ds, \quad \forall t \in \mathcal{I}.$$

利用 Bellman Gronwall 不等式, 可以验证 $\|x^1(\cdot;x^0,p) - x^2(\cdot;x^0,p)\|_c = 0$, 即系统 (3.3.2) 的解是唯一的. 由定义 3.3.1 可知系统的解 $x(\cdot;x^0,p)$ 是连续的. 最后, 由引理 2.2.4 可知 $x(\cdot;x^0,p)$ 关于 $p \in \mathcal{P}_{ad}$ 连续. □

性质 3.3.5 对任意的 $(x^0,p) \in \mathbb{H}$, 系统 (3.3.2) 的解满足

$$\|x(\cdot;x^0,p)\|_c \leqslant (1+\|x^0\|)e^K.$$

其中 K 与性质 3.3.1 中的一致.

证明 由微分方程解的定义, 只需证明下面积分方程的解有界

$$x(t;x^0,p) = x^0 + \int_0^t f(s,x,p)ds, \quad t \in \mathcal{I}. \tag{3.3.6}$$

由性质 3.3.1, 可得

$$\|x(t;x^0,p)\| \leqslant \|x^0\| + \int_0^t \|f(s,x,p)\|ds \leqslant \|x^0\| + K\int_0^t (\|x(s;x^0,p)\|+1)ds, \quad \forall t \in \mathcal{I}.$$

令 $h(t) := \|x(t;x^0,p)\| + 1$, 则

$$h(t) \leqslant h(0) + K\int_0^t h(s)ds.$$

由引理 2.2.1(Bellman Gronwall) 不等式可知, 对所有 $t \in \mathcal{I}$, 有 $h(t) \leqslant h(0)e^K$, 从而有 $\|x(\cdot;x^0,p)\|_c \leqslant (1+\|x^0\|)e^K$. □

3.3.2 参数辨识模型

系统 (3.3.2) 含有未知的参数向量 p, 本节将建立系统 (3.3.2) 的参数辨识模型, 然后构造优化算法求得待辨识参数的最优值.

给定 N 组间歇发酵实验数据, $x^{0,l}$ 表示第 l 组间歇发酵实验的初始状态, $l = 1, 2, \cdots, N$. $y_1^l(t_{j_l}), y_2^l(t_{j_l}), y_3^l(t_{j_l}), y_4^l(t_{j_l}), y_5^l(t_{j_l})$ 分别表示第 l 次实验第 j_l 个观测时刻测得的各反应物的浓度, $j_l = 1, 2, \cdots, N_l$. 令 $y^l(t_{j_l}) = (y_1^l(t_{j_l}), y_2^l(t_{j_l}), y_3^l(t_{j_l}), y_4^l(t_{j_l}), y_5^l(t_{j_l}))^{\mathrm{T}} \in \mathbb{R}^5$. 对给定的 $x^{0,l} \in W_{ad}$, 定义

$$S_3(x^{0,l}) \triangleq \{x(\cdot; x^{0,l}, p) \in C_b(\mathcal{I}, \mathbb{R}^5) | x(\cdot; x^{0,l}, p) \text{ 是系统 (3.3.2) 的解}, p \in \mathcal{P}_{ad}\}. \quad (3.3.7)$$

根据性质 3.3.2、$\mathcal{P}_{ad}$ 的紧性及动力系统 (3.3.2) 的解关于参量 p 的连续性, 可以证明下面引理.

引理 3.3.1 给定 $x^{0,l} \in W_{ad}$, 由 (3.3.7) 定义的集合 $S_3(x^{0,l})$ 在 $C_b(I, R^5)$ 中是紧的.

在实际发酵过程中, 为保证发酵液 pH 值始终在 7 左右, 需要向发酵罐中不断加入碱, 这将导致乙酸、乙醇的产量与实测值不符. 因此, 本文仅考虑微生物、甘油和 1,3- 丙二醇的实验数据和对系统 (3.3.2) 数值计算的相对误差. 这样, 参数辨识问题描述如下:

$$\text{PIP2} \quad \min J(p) \triangleq \sum_{i=1}^{3} \frac{\sum_{l=1}^{N} \sum_{j_l=1}^{N_l} |x_i(t_{j_l}; x^{0,l}, p) - y_i^l(t_{j_l})|}{\sum_{l=1}^{N} \sum_{j_l=1}^{N_l} y_i^l(t_{j_l})}$$

$$\text{s.t.} \quad x(t; x^{0,l}, p) \in S_3(x^{0,l}), \quad l = 1, 2 \cdots, N,$$

$$t_0 \leqslant t_l \leqslant t_m \leqslant t_f.$$

定理 3.3.1 PIP2 问题存在最优控制, 即存在 $p^* \in \mathcal{P}_{ad}$ 使得

$$J(p^*) \leqslant J(p), \quad \forall p \in \mathcal{P}_{ad}. \quad (3.3.8)$$

证明 由性质 3.3.2 知 $p \in \mathcal{P}_{ad}$ 到 $x(\cdot; x^{0,l}, p) \in S_3(x^{0,l})$ 的映射是连续的, $l = 1, 2, \cdots, N$. 依 $x(\cdot; x^{0,l}, p)$ 到 $J(p) \in R$ 的映射的连续性以及 $S_3(x^{0,l})$ 的紧性可知 PIP2 问题有最优解, 记最优解为 p^*, 即

$$J(p^*) \leqslant J(p), \quad \forall p \in \mathcal{P}_{ad}.$$

□

3.3 间歇发酵多阶段动力系统

PIP2 问题是一个非线性动力系统的参数最优化问题, 且性能指标 $J(p)$ 不能被 p 解析的表达, 因此无法用 $J(p)$ 的梯度的相关方法来解决. 通过观察式 (3.3.1), 可以发现对于固定的 t_m, μ 关于 t_l 是单调递增的, 结合系统 (3.3.2), 利用比较定理, 可以推出关于 t_l, $x_1(t), x_3(t)$ 是单调递增的而 $x_2(t)$ 是单调递减的.

下面对于固定的 t_l, 构造辨识问题 PIP2 的子问题.

$$\text{PIP2}'(t_l) \quad \min_{t_m \in [t_l, t_f]} \quad J_{t_l}(t_m) = J(t_l, t_m) = J(p)$$
$$\text{s.t.} \quad x(t; x^{0,l}, p) \in S_1(x^{0,l}), \quad l = 1, 2 \ldots, N,$$
$$t_l \leqslant t_m \leqslant t_f.$$

PIP2$'(t_l)$ 是一个单参数辨识问题. 给定 $p \in \mathcal{P}_{ad}$, 定义

$$\text{Meas}(p) = \sum_{i=1}^{3} \lambda_i \left(\sum_{l=1}^{N} \sum_{j_l=1}^{N_l} x_i(t_{j_l}; x^{0,l}, p) - y_i^l(t_{j_l}) \right) \tag{3.3.9}$$

和

$$e_i = \frac{\sum_{l=1}^{N} \sum_{j_l=1}^{N_l} |x_i(t_{j_l}; x^{0,l}, p) - y_i^l(t_{j_l})|}{\sum_{l=1}^{N} \sum_{j_l=1}^{N_l} y_i^l(t_{j_l})}, \quad i = 1, 2, 3. \tag{3.3.10}$$

其中 $\lambda_1 = \sum_{l=1}^{N} \sum_{j_l=1}^{N_l} y_1^l(t_{j_l})$, $\lambda_2 = -\sum_{l=1}^{N} \sum_{j_l=1}^{N_l} y_2^l(t_{j_l})$ 和 $\lambda_3 = \sum_{l=1}^{N} \sum_{j_l=1}^{N_l} y_3^l(t_{j_l})$.

3.3.3 优化算法

对于给定的 t_l, 如果 t_m^* 为 PIP2$'(t_l)$ 的最优解, 但 (t_l, t_m^*) 不是 PIP2 的最优解且 Meas$(t_l, t_m^*) > 0$, 则可以通过减小 t_l 的值来减小性能指标 $J(p)$ 的值; 否则, 可以通过增大 t_l 的值来减小性能指标 $J(p)$ 的值. 因此可以构造如下的优化算法来求解辨识问题 PIP2.

算法 3.3.1 步 1. 从 $[0, t_f]$ 中产生一个 t_l 的初值, 令 $h = 0.1$, $h_{\min} = 0.001$, $\alpha = 0.8$, $\chi = 0$ 和 $\varepsilon = 0.05$, 转到步 2.

步 2. 通过区间分割法来求解 PIP2$'(t_l)$ 问题, 记 t_m^* 为最优解, 令 $p^* = (t_l, t_m^*)$, 转步 3.

步 3. 通过 (3.3.2) 计算 $x(t_{j_l}; x^{0,l}, p^*)$, $l = 1, 2, \ldots, N$, $j_l = 1, 2 \ldots, N_l$, 然后再计算 Meas(p^*) 和 e_i ($i = 1, 2, 3$) 相对应的值, 转步 4.

步 4. 如果 Meas$(p^*) = 0$ 或者 $e_i \leqslant \varepsilon$, $i = 1, 2, 3$, 则 $p^* = (t_l, t_m^*)$ 为 PIP2 的最优解, 算法结束; 否则转步 5.

步 5. 如果 $\text{Meas}(p^*) < 0$, 转步 6; 否则转步 7.

步 6. 如果 $\chi = 0$ 或者 $\chi = 1$, 令 $t_l := t_l + h$, $\chi = 1$, 然后转步 8; 否则令 $h := \alpha h$ 和 $t_l := t_l + h$, $\chi = 1$, 转步 8.

步 7. 如果 $\chi = 0$ 或者 $\chi = -1$, 令 $t_l := t_l - h$, $\chi = -1$, 然后转步 8; 否则令 $h := \alpha h$ 和 $t_l := t_l - h$, $\chi = -1$, 转步 8.

步 8. 如果 $h < h_{\min}$ 或者 $t_l \notin [0, t_f]$, 则 $p^* = (t_l, t_m^*)$ 为 PIP2 的最优解, 算法停止; 否则转步 2.

3.3.4 数值模拟

根据两组实验数据, 利用算法 3.3.1 计算出最优参数 $p^* = (1.769, 2.944)^{\text{T}}$.

图 3.2 和 3.3 分别画出了基于两组不同实验数据采用本文方法得到的微生物增长的拟合曲线以及比生长速率的变化曲线, 其中星点代表实验测得数据, 实线为微生物增长模型拟合结果, 虚曲线为微生物比生长速率的变化曲线. 从图中可以直观地看出模型参数的生物学意义: $[0, t_l]$ 为细胞生长的延迟期, $[t_l, t_m]$ 为细胞生长的指数增长期, t_m 之后为细胞比生长速率的衰减期. 图 3.4— 图 3.6 和图 3.7— 图 3.9 给出了实验数据和数值模拟值之间的比较, 图中星号表示实验数据点, 实线表示模拟曲线, 记作 $x_k^l(t), k = 1, 2, 3, l = 1, 2$. 定义误差如下:

$$e_{l,k} = \frac{\sum_{i=1}^{N_l} |x_k^l(\tau_i) - y_k^l(\tau_i)|}{\sum_{i=1}^{N_l} y^k(\tau_i)}, \quad k \in I_3, l \in I_2. \tag{3.3.11}$$

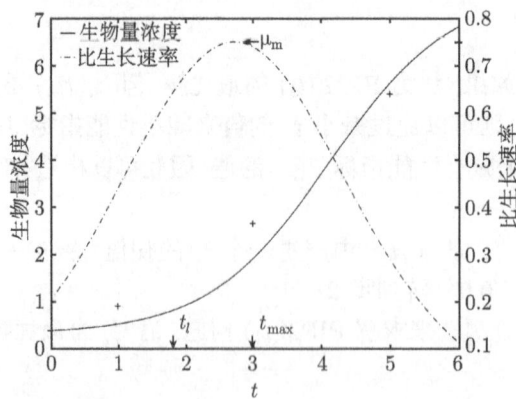

图 3.2 基于第一组实验数据的 Klebsiella 菌生长曲线及其比生长速率曲线

其中 N_l 表示第 l 次实验的测量数. 由 (3.3.11) 可计算得两组实验的误差分别为: $e_{1,1} = 4.57\%$, $e_{1,2} = 5.30\%$, $e_{1,3} = 10.59\%$ 和 $e_{2,1} = 4.23\%$, $e_{2,2} = 4.92\%$,

$e_{2,3} = 10.19\%$. 与上一节的误差结果相比,可以推断非线性多阶段动力系统更适于描述实际的微生物间歇发酵过程.

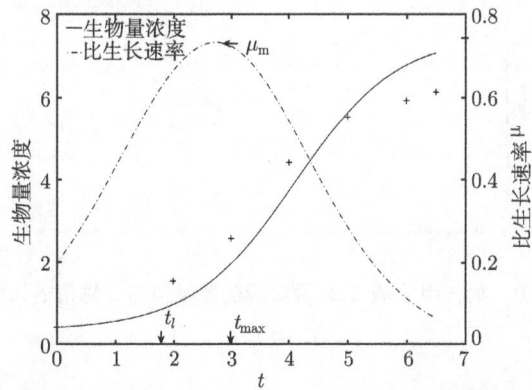

图 3.3 基于第二组实验数据的 klebsiella 菌生长曲线及其比生长速率曲线

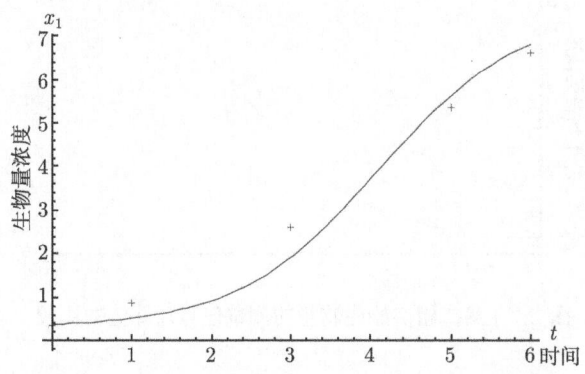

图 3.4 第一组实验生物量的测试值与计算值的比较

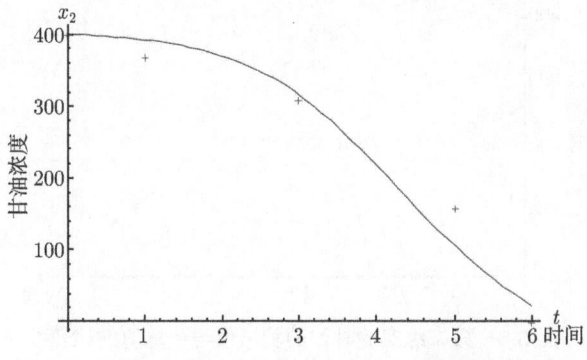

图 3.5 第一组实验甘油的测试值与计算值的比较

· 134 ·　第 3 章　微生物间歇发酵非线性动力系统

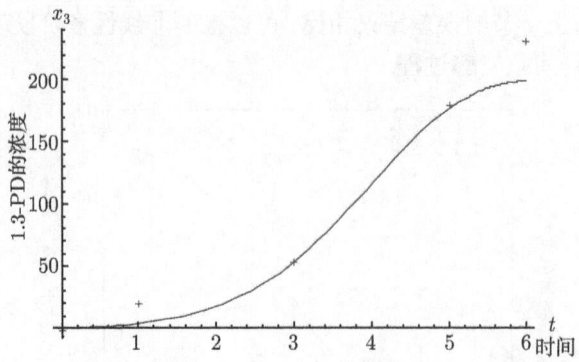

图 3.6　第一组实验 1,3- 丙二醇的测试值与计算值的比较

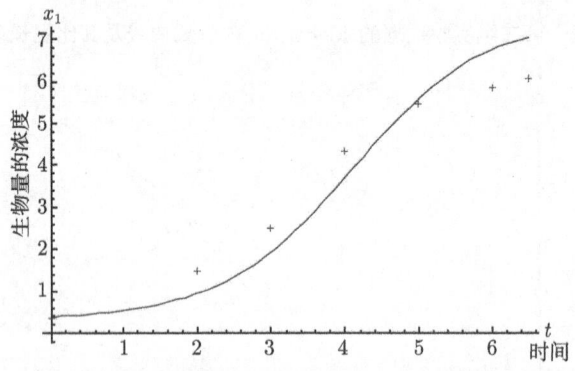

图 3.7　第二组实验生物量的测试值与计算值的比较

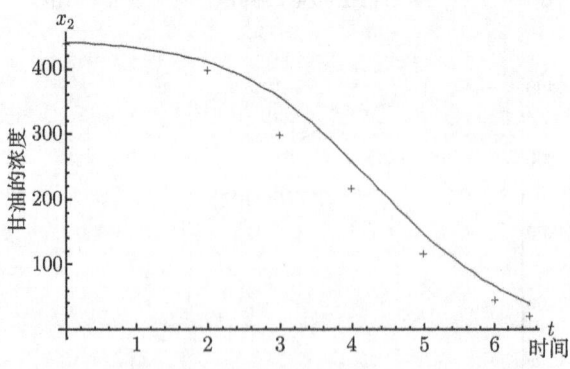

图 3.8　第二组实验甘油的测试值与计算值的比较

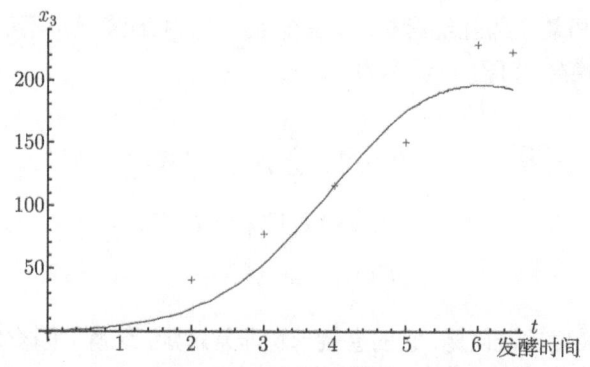

图 3.9 第二组实验 1,3- 丙二醇的测试值与计算值的比较

3.4 时变函数多阶段动力系统

由于在间歇发酵过程中，微生物所处的环境在发酵过程中不断变化，其物理、化学和生物参数都随时间而变化，是一个不稳定的过程. 因而，与 3.2 节处理的方式不同，本节在式 (3.2.2) 中引入一个控制函数 $u(t)$，从而将式 (3.2.2) 作进一步修改如下：

$$\mu = \mu_m \frac{x_2}{x_2 + k_2} \left(\prod_{i=2}^{5} \left(1 - \frac{x_i(t)}{x_i^*}\right) \right) e^{u(t)}. \tag{3.4.1}$$

其中 $u(t)$ 反映了 t 时刻底物和产物对微生物的综合抑制作用. 记控制域为 $U_I \triangleq \{u(\cdot) \in C_b([t_0, t_f], \mathbb{R}) | a \leqslant u(t) \leqslant b, \forall t \in [t_0, t_f]\}$，$u(t)$ 的值域记为 U_{ad}；未知参数为 $p \triangleq (m_2, Y_2, m_3, Y_3, m_4, Y_4, m_5, Y_5) \in \mathcal{P}_{ad} \subset \mathbb{R}^8$.

因此，在假设 H3.2.1 和 H3.2.2 下，微生物间歇培养过程的物料平衡方程，即含有控制和参数的动力系统可表示为

$$\begin{cases} \dot{x}(t) = f(x(t), u(t), p), \\ x(0) = x^0, \end{cases} \quad t \in \mathcal{I}. \tag{3.4.2}$$

其中，

$$f(x(t), u(t), p) \triangleq (\mu x_1(t), -q_2 x_1(t), q_3 x_1(t), q_4 x_1(t), q_5 x_1(t))^{\mathrm{T}}. \tag{3.4.3}$$

采用与 3.3 节相同的证明方法，可以得到类似于性质 3.3.2—3.3.4 的结论，这里不再赘述.

3.4.1 系统辨识模型

本节中，只针对一组实验数据提出系统的辨识模型，即 3.3.4 节中的 t_{j_l} 和 N_l 分别记为 t_j 和 N，其他表示方法与 3.3.4 节中一致. 以间歇发酵实验观测数据和计

算值的误差平方和最小为性能指标,以系统 (3.4.2) 和连续状态不等式约束为约束条件的系统辨识模型 (SIP) 可表示为

$$\text{SIP} \quad \min \quad J(u,p) = \sum_{j=1}^{N} \|x(t_j;u,p) - y^j\|^2$$
$$\text{s.t.} \quad x(t;u,p) \in W_{ad}, \quad t \in \mathcal{I},$$
$$(u,p) \in U_{ad} \times \mathcal{P}_{ad}.$$

SIP 为一个最优控制问题,它的直接求解非常麻烦. 这里,根据微生物的生长特点采用离散化方法将其转化为一个参数辨识问题,从而求得 SIP 模型的一个较满意的近似解.

3.4.2 优化算法

微生物生长过程大致可分为适应期、对数增长期和稳定期三个时期, 在适应期阶段由于底物的抑制作用微生物增长速度很慢, 在对数增长期微生物的增长速度先逐渐大后逐渐变小, 而到了稳定期由于多产物的抑制作用增长速度几乎趋近于零. 根据这一特点, 将发酵时间段 $[t_0, t_f]$ 插入三个时间点 $t_0 < t_1 < t_2 < t_3 < t_f$, 从而将 $[t_0, t_f]$ 分成四个时间段. 其中 t_1 为适应期结束时刻、t_2 为对数增长期微生物增长速度最大的时刻、t_3 为稳定期开始时刻. 在每一个时间段 $u(t)$ 用一个线性函数逼近, 即

$$u(t) = \begin{cases} a_1(t - t_1), & t_0 \leqslant t < t_1, \\ a_2(t - t_1), & t_1 \leqslant t < t_2, \\ a_3(t - t_3), & t_2 \leqslant t < t_3, \\ a_4(t_3 - t), & t_3 \leqslant t < t_f, \end{cases} \quad (3.4.4)$$

其中,

$$a_3 = \frac{a_2(t_2 - t_1)}{t_2 - t_3}. \quad (3.4.5)$$

设 $d \triangleq (t_1, t_2, t_3, a_1, a_2, a_4, m_2, Y_2, m_3, Y_3, m_4, Y_4, m_5, Y_5)^{\mathrm{T}} \in D \subset \mathbb{R}^{14}$, d 对应于系统 (3.4.2) 的解为 $x(\cdot; d)$, 则通过上述离散化方法 SIP 可转化为下述参数辨识问题:

$$\text{PIP3} \quad \min \quad J(d) = \sum_{j=1}^{N} \|x(t_j; d) - y^j\|^2 \quad (3.4.6)$$
$$\text{s.t.} \quad x(t; d) \in W_{ad}, \quad \forall t \in [t_0, t_f],$$
$$d \in D.$$

定理 3.4.1 参数辨识问题 PIP3 存在最优解, 即存在最优参数 d^* 使得对任意的 $d \in D$, 都有 $J(d^*) \leqslant J(d)$.

证明 设 $C \triangleq \{d \in D | x(t;d) \in W_{ad}, \forall t \in [t_0, t_f]\}$, 则 C 为 D 的子集. 另外设序列 $\{\tilde{d}^i\}_{i=1}^{\infty} \subset C$, 且当 $i \to \infty$ 时, $\tilde{d}^i \to \tilde{d}$, 则 $\tilde{d}^i$ 对应系统 (3.4.2) 的解 $x(t;\tilde{d}^i) \in W_{ad}, \forall t \in [t_0, t_f]$. 由 W_{ad} 的紧性和类似性质 3.3.2 的结果可知 $x(t;\tilde{d}) \in W_{ad}$, 从而 $\tilde{d} \in C$, 故 C 为闭的. 又由 D 的紧性知 C 为有界的, 从而 C 为紧集. 而 $J(d)$ 关于 d 连续, 结论得证. □

下面利用粒子群 (PSO) 算法来求解 PIP3, 具体步骤如下:

算法 3.4.1 步 1. 设定粒子数目 m, 参数的可行域 D, 粒子的最大允许速度 $V_{\max} = (v_{\max 1}, \ldots, v_{\max 14})$, 加速系数 $c_1, c_2, \omega_{\max}, \omega_{\min}$, 最大允许迭代次数 $T_{\max}$, 记迭代次数为 k, 令 $k = 1$;

步 2. 按均匀分布从 D 中随机选取 m 个粒子. 记第 i 个粒子的位置为 $d^i(k) = (d_1^i(k), \ldots, d_{14}^i(k)) \in D$, 速度为 $v^i(k) = (v_1^i(k), \ldots, v_{14}^i(k)) \in [-V_{\max}, V_{\max}]$, 设个体最好适应值为 $pbest^i = \infty, i = 1, 2, \ldots, m$, 当前粒子群的最好适应值为 $gbest = \infty$;

步 3. 对每个粒子 $d^i(k)$, 用龙格库塔算法求解系统 (3.4.2) 得到 $x(t_j; d^i(k)), j = 1, 2, \ldots, N$, 然后按 (3.4.6) 计算适应值 $J(d^i(k))$;

步 4. 将粒子 $d^i(k)$ 的当前适应值 $J(d^i(k))$ 与 $pbest^i$ 比较. 如果 $J(d^i(k)) < pbest^i$, 则 $pbest^i = J(d^i(k)), p^i = d^i(k)$, 然后将 $pbest^i$ 与 $gbest$ 比较, 如果 $pbest^i < gbest$, 则 $gbest = pbest^i, p_g = d^i(k)$.

步 5. $k = k + 1$, 如果 $k \leqslant T_{\max}$, 则按下式改变粒子的速度和位置

$$\begin{cases} v_h^i(k) = \omega(k-1)v_h^i(k-1) + c_1\gamma_{1h}(p_h^i - d_h^i(k-1)) + c_2\gamma_{2h}(p_{gh} - d_h^i(k-1)), \\ d_h^i(k) = d_h^i(k-1) + v_h^i(k). \end{cases} \quad (3.4.7)$$

其中, $v_h^i(k)$ 和 $d_h^i(k)$ 分别表示第 i 个粒子迭代到第 k 次时的速度和位置的第 h 个分量, $\gamma_{1h}, \gamma_{2h} \sim U(0,1)$(即 $(0,1)$ 上的均匀分布). 如果 $(v_h^i(k), d_h^i(k)) \in [-V_{\max}, V_{\max}] \times D$, 则转步 3; 否则, 重新执行 (3.4.7) 直到在界内. 为了避免算法在迭代后期出现粒子在全局最优解附近震荡的现象, $\omega(k)$ 按 (3.4.8) 变化,

$$\omega(k) = \omega_{\max} - \frac{\omega_{\max} - \omega_{\min}}{T_{\max}}k. \quad (3.4.8)$$

转步 3.

3.4.3 数值模拟

这一节根据间歇发酵过程中测量的数据, 将 PSO 算法用于问题 POP 的求解, 得到最优参数如下: $t_1^* = 0.3h, t_2^* = 3.22h, t_3^* = 4.65h, a_1^* = 0.1, a_2^* = 0.04, a_4^* = 1.75$, 其余参数如表 3.2 所示. 计算时 PSO 中各参数的取值如下: $m = 20, T_{\max} =$

$1000, c_1 = 2.0, c_2 = 2.0, \omega_{\max} = 0.9, \omega_{\min} = 0.4$. 在表 3.2 中还列出了计算值和实验值之间的相对误差 $e_{1i}, e_{2i}(e_{1i}$ 为本文所得的相对误差, e_{2i} 为 3.2.3 节中的相对误差). 从表中可以看出 $6\% < e_{1i} - e_{2i} < 16\%, i \in \{1, 2, \ldots, 5\}$.

表 3.2 系统 (3.4.2) 中的最优参数

底物/产物	m_i	Y_i	$e_{1i}/\%$	$e_{2i}/\%$
$i = 1$(生物量)	-	-	9.76	20.94
$i = 2$(甘油)	2.2	0.0082	8.67	16.6
$i = 3$ (1,3-丙二醇)	80.69	41.2584	10.21	16.36
$i = 4$(乙酸)	1.97	7.07	11.14	21.28
$i = 5$(乙醇)	-0.083	5.546	11.23	26.83

根据所得到的最优参数 d^* 以及系统 (3.4.2) 模拟了间歇发酵过程中各浓度随时间的变化曲线, 如图 3.10 所示. 图中的点表示实验测量值, 曲线为各浓度随时间的模拟. 从图 3.10 上可以看出本文模型能较好的模拟间歇发酵的整个发酵过程. 图 3.11 给出了依文献 [241] 给出的参数及他们提出的系统所模拟的各浓度随时间变化的曲线. 图 3.12 给出了 $e^{u(t)}$ 随时间的变化曲线. 数值结果表明: 在适应期由于甘油的抑制作用微生物生长缓慢; 当适应期过后, 微生物进入对数生长期, 生长速度逐渐加快, 此阶段由于产物不断生长使微生物处于底物和产物的双重抑制作用下; 随着甘油的消耗, 当进入稳定期后, 微生物的生长主要受产物的抑制作用, 速度趋于稳定.

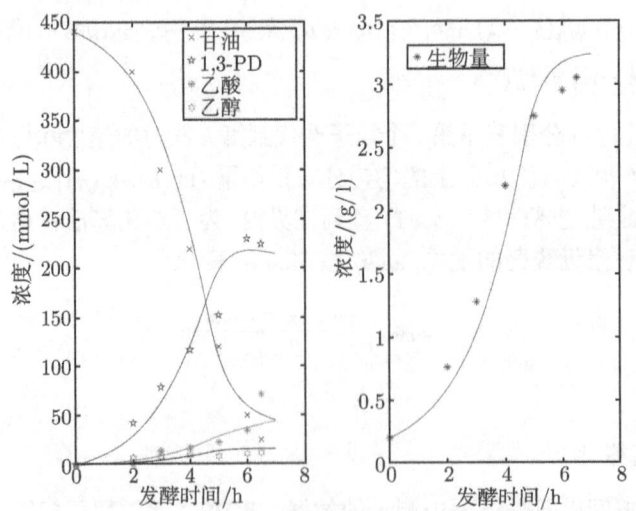

图 3.10 底物和产物浓度随时间变化模拟图

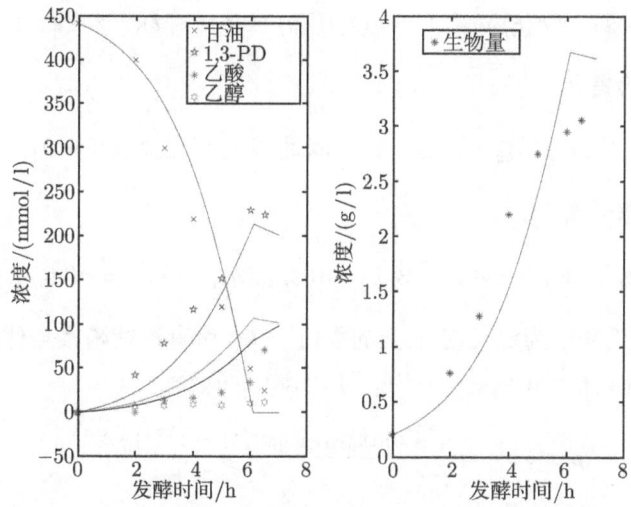

图 3.11 文献 [140] 底物和产物浓度随时间变化模拟图

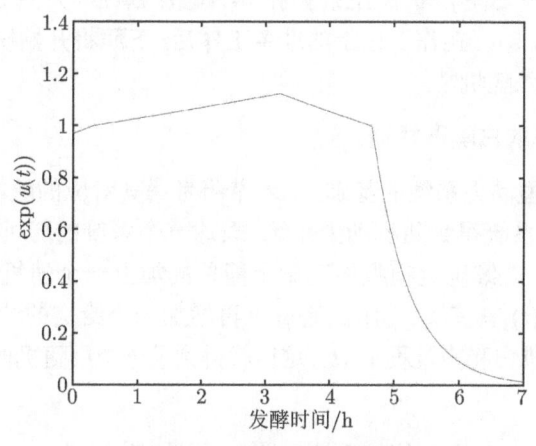

图 3.12 $e^{u(t)}$ 随时间的变化模拟

3.5 间歇发酵随机动力系统

根据微生物发酵的实际情况, 考虑概率空间 $(\mathbb{R}^5, \mathscr{B}(\mathbb{R}^5), \mathcal{P})$, 定义其上的 Brown 运动 $W = \{W(t), \mathscr{F}_t^W : t \in \mathcal{I}\}$, 其中 $\mathscr{F}_t^W$ 为 $W(t)$ 的自然滤子, $\mathcal{I}$ 表示实际发酵的反应时间区域. 这个概率空间足够丰富能满足随机变量 X^0 取值于 $\mathbb{R}^5$ 且与 $\mathscr{F}_\infty^W = \sigma(\cup_{t \geqslant 0} \mathscr{F}_t^W)$ 独立.

考虑左连续滤子

$$\mathcal{G}_t := \sigma(\xi) \vee \mathscr{F}_t^W = \sigma(\xi, W(s) : 0 \leqslant s \leqslant t), \quad t \in \mathcal{I},$$

以及零测度集的集合

$$\mathcal{N} := \{N \subseteq \mathbb{R}^5 : \exists G \subseteq \mathcal{G}_t \text{ 满足 } N \subset G \text{ 且 } \mathcal{P}(G) = 0\}.$$

然后定义广义滤子如下：

$$\mathscr{F}_t := \sigma(\mathcal{G}_t \cup \mathcal{N}), \quad t \in \mathcal{I}; \quad \mathcal{G}_\infty := \sigma(\cup_{t \geqslant 0} \mathcal{G}_t); \quad \mathscr{F}_\infty := \sigma(\cup_{t \geqslant 0} \mathscr{F}_t). \quad (3.5.1)$$

令 $E = C(\mathcal{I}, \mathbb{R}^5)$ 为定义在 $\mathcal{I}$ 上的取值于 $\mathbb{R}^5$ 所有连续函数全体的空间，配有最大范数拓扑 $\|x\|_E = \max_{t \in \mathcal{I}} \|x(t)\|$. 对 $x^1, x^2 \in E$，令

$$\rho(x^1, x^2) = \sum_{k=1}^\infty \frac{\max_{0 \leqslant t \leqslant k} \|x^1(t) - x^2(t)\| \wedge 1}{2^k}.$$

这里 $\|\cdot\|$ 表示 $\mathbb{R}^5$ 中的 Euclidean 范数，$\wedge$ 意味着两者取小. E 在度量 ρ 下是完备可分的度量空间. 令 $\mathcal{B}(E)$ 为 E 上的拓扑 σ-代数，$\mathcal{B}_t(E)$ 为由 $x(s)$ 产生的 $\mathcal{B}(E)$ 的子 σ-代数，$0 \leqslant s \leqslant t$. 在作了以上的准备工作后，下面将开始研究如何在原有确定模型的基础上引入随机性.

3.5.1 比生长速率的白噪声扰动

在 3.2 节确定型动力系统的基础上，本节将考虑其对应的随机动力系统. 首先分析如何从确定型系统得到随机动力系统. 表达一个系统的随机行为有很多方式. 最自然的方法是在 d 维确定模型的基础上简单的加上一个随机的部分[244]，即在原确定模型系统 $\dot{x}(t) = F(t, x(t))$ 的基础上再增加一个给定的映射 $G : \mathbb{R}^{d+1} \longrightarrow \mathbb{R}^{d \times m}$ 和一个 R^m-维白噪声过程 $W(t)$，这样就得到了一个用随机微分方程来描述的系统：

$$\dot{x}(t) = F(t, x(t)) + G(t, x(t))\dot{W}(t),$$

亦可等价地表达如下：

$$x(t) = x(t_0) + \int_{t_0}^t F(\tau, x(\tau))d\tau + \int_{t_0}^t G(\tau, x(\tau))dW(\tau).$$

在本小节中，仅考虑随机噪声对微生物比生长速率的影响，即取 $W(t)$ 为一维白噪声. 应用随机人口模型的标准技术，令 $\tilde{\mu} = \mu + \sigma_\mu \dot{W}(t)$，其中 μ 为式子 (3.2.2) 所定义，σ_μ 是一个未知的参数，表示微生物内在随机扰动的强度. $W(t)$ 是期望为 0 方差为 t 的标准布朗运动，即一维白噪声过程. 由于式 (3.2.2)—(3.2.4) 中都含有 μ，用 $\tilde{\mu}$ 来替换 μ 后，每个式子就都多出一个带有 $dW(t)$ 的项. 这样，就在确定模型的基础上引入了随机性，得到一个用随机微分方程来描述间歇发酵的的动力系统：

3.5 间歇发酵随机动力系统

$$dx = F(x)dt + G(x)dW(t), \quad t \in \mathcal{I}, \quad x(0) = x^0. \tag{3.5.2}$$

其中

$$F(x) = (\mu x_1, -q_2 x_1, q_3 x_1, q_4 x_1, q_5 x_1)^{\mathrm{T}}, \tag{3.5.3}$$

$$G(x) = (\sigma_\mu x_1, \sigma_\mu x_1/Y_2, \sigma_\mu Y_3 x_1, \sigma_\mu Y_4 x_1, \sigma_\mu Y_5 x_1)^{\mathrm{T}}, \tag{3.5.4}$$

$$E(\dot{W}(t)) = 0,$$

$$D(\dot{W}(t)) = 1.$$

σ_μ 是微生物内在随机扰动的强度,其值可由实验数据粗略的估计,在本书中,取 $\sigma_\mu = 0.01638$. 在系统 (3.5.2) 中,$x(t) = (x_1(t), x_2(t), x_3(t), x_4(t), x_5(t))^{\mathrm{T}}$ 是一个随机过程,该随机过程反映了在微生物的内在随机扰动下各组分的振动.

3.5.2 随机系统解的性质

这里仍在 3.2 节中定义的 W_{ad} 上讨论系统的性质.

定理 3.5.1 由式 (3.5.3) 和 (3.5.4) 定义的向量值函数 $F(x)$ 和 $G(x)$,是关于 $t \in \mathcal{I}$ 和 $x \in W_{ad}$ 可测的.

证明 由向量值函数 $F(x)$ 和 $G(x)$ 在 $\mathcal{I}$ 上的连续性易证结论成立. □

定理 3.5.2 对由式子 (3.5.3) 和 (3.5.4) 定义的向量值函数 $F(x)$ 和 $G(x)$,存在正的常数 K 和 K',使得对任意的 $t \in \mathcal{I}$,下面的结论成立:

a) 一致 Lipschitz 条件

$$\|F(x^1) - F(x^2)\| + \|G(x^1) - G(x^2)\| \leqslant K\|x^1 - x^2\|, \quad \forall x^1, x^2 \in W_{ad};$$

b) 线性增长条件

$$\|F(x)\| + \|G(x)\| \leqslant K'(1 + \|x\|), \quad \forall x \in W_{ad}.$$

证明 根据 3.2 节和 3.3 节中的结论,已知函数 $F(x)$ 在 $\mathbb{R}^5$ 几乎处处满足一致 Lipschitz 条件和线性增长条件,即对任意的 $x^1, x^2 \in \mathbb{R}^5$,都存在常数 L 和 C,有下面两式几乎处处成立

$$\|F(x^1) - F(x^2)\| \leqslant L\|x^2 - x^1\|, \tag{3.5.5}$$

$$\|F(x)\| \leqslant C\|x\| \leqslant C(1 + \|x\|). \tag{3.5.6}$$

仅需证明函数 $G(x)$ 也有这样的结论. 令 $a = \max\left\{1, \dfrac{1}{Y_2}, Y_3, Y_4, Y_5\right\}$,根据函数 $G(x)$ 的定义,有

$$\|G(x^1) - G(x^2)\| \leqslant \sigma_\mu a \left(\sum_{i=1}^{5}(x_i^1 - x_i^2)^2\right)^{1/2} \leqslant \sigma_\mu a \|x^2 - x^1\|. \tag{3.5.7}$$

根据式子 (3.5.5) 和 (3.5.7), 容易得到

$$\|F(x^1) - F(x^2)\| + \|G(x^1) - G(x^2)\| \leqslant (L + \sigma_\mu a)\|x^2 - x^1\|.$$

再令 $K = L + \sigma_\mu a$, 就得到了一致 Lipschitz 条件

$$\|F(x^1) - F(x^2)\| + \|G(x^1) - G(x^2)\| \leqslant K\|x^2 - x^1\|.$$

即 $F(x)$ 和 $G(x)$ 满足一致 Lipschitz 条件.

下面, 将证明函数 $G(x)$ 的线性增长条件. 由函数 $G(x)$ 的定义可以推得

$$\|G(x)\| \leqslant \sigma_\mu a\|x\| \leqslant \sigma_\mu a(1 + \|x\|).$$

因此, 令 $K' = \sigma_\mu a + C$, 结合式 (3.5.6) 可得

$$\|F(x)\| + \|G(x)\| \leqslant K'(1 + \|x\|), \quad \forall\, x \in W_{ad}.$$

□

根据定理 3.5.2 中的证明可知, 由式子 (3.5.3) 和 (3.5.4) 定义的向量值函数 $F(x)$ 和 $G(x)$ 满足定理 2.5.1 中的条件, 因此可以得到随机系统 (3.5.2) 解的存在唯一性定理.

定理 3.5.3 (解的存在唯一性) 系统 (3.5.2) 在 $\mathcal{I}$ 上存在满足初值为 x^0 唯一解 $x(\cdot\,; x^0)$.

根据定理 3.5.2 中的证明以及定理 5.4[245] 和定理 5.2.1[214], 不加证明的给出下面两个定理.

定理 3.5.4 (Markov 性和有界性) 系统 (3.5.2) 的解 $x(\cdot\,; x^0)$ 在区间 $\mathcal{I}$ 上是一个 Markov 过程, 它在 $t = 0$ 时刻的初始条件为 x^0, 且 $x(\cdot\,; x^0)$ 有连续的样本轨道; 进一步, 有

$$\left(\sup_{t_0 \leqslant t \leqslant t_f} E\|x(x(\cdot\,; x^0))\|\right)^2 < B(1 + E\|x^0\|^2).$$

其中常数 B 仅与定理 3.5.2 证明中的 K 和时间 t_f 有关.

3.5.3 随机动力系统的生存集

3.5.4 节中仅考虑了比生长速率受随机扰动的情形, 本节将考虑随机扰动底物比消耗速率 q_2 及产物的比生成速率 $q_i, i = 3, 4, 5$ 的情况. 根据剩余底物浓度会对产物产生抑制的影响[139], 对函数 (3.5.4) 作如下修改:

3.5 间歇发酵随机动力系统

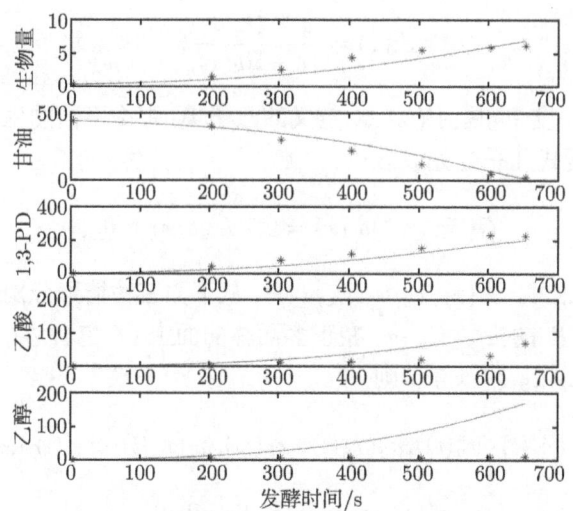

图 3.13 生物量、底物和产物浓度的实验值与计算值的比较

$$G(x(t)) = (a_1(x_1^*(t) - x_1(t)), a_2(x_2(t) - x_2^*(t)), a_3(x_3^*(t) - x_3(t),$$
$$a_4(x_4^*(t) - x_4(t), a_5(x_5^*(t) - x_5(t)))^{\mathrm{T}}. \tag{3.5.8}$$

其中 a_i, $i \in I_5$ 为各分量的扰动强度.

针对新的随机系统, 构造如下一个集合:

$$K = \{(x_1, x_2, x_3, x_4, x_5) \in R^5 | x_i \in [0, x_i^*], \ i = 1, 2, 3, 4, 5\}. \tag{3.5.9}$$

显然由 (3.5.9) 定义的凸子集 K 是一个正多面体. 定义 K 在空间 $\mathbb{R}_+^5$ 中的补集 $K^c = R_+^5 \backslash K$. 下面给出系统生存集的基本定义.

定义 3.5.1 称集合 K 相对于系统 (3.5.2) 是可生存的, 如果对任意的 $x \in K$ 都存在一个关于系统 (3.5.2) 的弱解 $X(\cdot, x)$, 其对于在 $t = 0$ 时刻的初值 $X(0, x)$ 定义在 $\mathbb{R}_+^5$ 上, 使得对所有的 $t > 0, X(t, x) \in K$ 几乎处处成立.

为了更好的表达生存集, 需要引入在 $C_{\mathrm{loc}}^{1,1}(K^c, \mathbb{R}_+)$ 上对于随机系统 (3.5.2) 的如下算子 L_K: 对每一个 $f \in C_{\mathrm{loc}}^{1,1}(K^c, \mathbb{R}_+)$ 和 $x \in K^c$,

$$L_K f(x) = \frac{1}{2} \mathrm{Tr}[GG^*(\Pi_K(x)) f''(x)] + \langle f'(x), F(\Pi_K(x)) \rangle.$$

这里要求二阶导数 $f''(x)$ 存在, $C_{\mathrm{loc}}^{1,1}(K^c, \mathbb{R}_+)$ 表示从 K^c 到 $\mathbb{R}_+$ 的所有连续可微函数的集合且其导数是在 K^c 上局部 Lipschitz, $d(x) \triangleq \min_{k \in K} |x - k|$ 表示从 $x \in \mathbb{R}_+^5$ 到 K 的距离, $\Pi_K(x)$ 表示 x 在 K 上的投影. 由文献 [246] 中的经典结果知 $d \in C_{\mathrm{loc}}^{1,1}(K^c, \mathbb{R})$ 且对所有的 $x \in \partial K$ 有

$$d'(x) = \frac{x - \Pi_k(x)}{|x - \Pi_k(x)|}.$$

定理 3.5.5 设 K 是由 (3.5.9) 定义的凸子集,那么下面的生存条件成立. 即对 $x \in K^c$,下面两式几乎处处成立

$$G(\Pi_K(x)^*)d'(x) = 0, \quad L_K d(x) \leqslant 0.$$

证明 $\forall x \in K^c, x = (x_1, x_2, x_3, x_4, x_5)^{\mathrm{T}}$,从下面三种情形分别进行讨论:

1) 如果 x 在 K 的投影 $\Pi_K(x)$ 在正多面体的面上 (不包含边),不失一般性,假设 $\Pi_K(x) = (x_1^*, x_2, x_3, x_4, x_5)^{\mathrm{T}}$,则

$$G(\Pi_K(x)) = (0, a_2(x_2(t) - x_2^*(t)), a_3(x_3^*(t) - x_3(t)), a_4(x_4^*(t) - x_4(t)), a_5(x_5^*(t) - x_5(t)))^{\mathrm{T}},$$

$$d'(x) = (x_1 - x_1^*, 0, 0, 0, 0).$$

易得

$$\sigma(\Pi_K(x))^* d'(x) = 0,$$

$$\frac{1}{2}\mathrm{Tr}[\sigma\sigma^*(\Pi_K(x))d''(x)] = 0,$$

$$\langle d'(x), F(\Pi_k(x))\rangle = \mu x_1^*(x_1 - x_1^*) \leqslant 0.$$

2) 如果 x 在 K 的投影 $\Pi_K(x)$ 落于正多面体的边上 (不含顶点). 不失一般性,假设 $\Pi_K(x) = (x_1^*, x_2^*, x_3, x_4, x_5)^{\mathrm{T}}$,则

$$G(\Pi_K(x)) = (0, 0, a_3(x_3^*(t) - x_3(t)), a_4(x_4^*(t) - x_4(t)), a_5(x_5^*(t) - x_5(t)))^{\mathrm{T}},$$

$$d'(x) = (x_1 - x_1^*, x_2 - x_2^*, 0, 0, 0).$$

可以推出

$$\sigma(\Pi_K(x)^* d'(x) = 0,$$

$$\frac{1}{2}\mathrm{Tr}[\sigma\sigma^*(\Pi_K(x))d''(x)] = 0,$$

$$\langle d'(x), F(\Pi_K(x))\rangle = \mu x_1^*(x_1 - x_1^*) - q_2 x_2(x_2^* - x_2) \leqslant 0.$$

3) 如果 x 在 K 的投影 $\Pi_K(x)$ 是正多面体的顶点. 不失一般性,假设 $\Pi_K(x) = (x_1^*, x_2^*, x_3^*, x_4, x_5)^{\mathrm{T}}$,则

$$G(\Pi_K(x)) = (0, 0, 0, a_4(x_4^*(t) - x_4(t)), a_5(x_5^*(t) - x_5(t)))^{\mathrm{T}},$$

$$d'(x) = (x_1 - x_1^*, x_2 - x_2^*, x_3 - x_3^*, 0, 0).$$

综上所述,可以从下面的式子中完成证明

3.5 间歇发酵随机动力系统

$$\sigma(\Pi_K(x))^*d'(x) = 0,$$
$$\frac{1}{2}\text{Tr}[\sigma\sigma^*(\Pi_K(x))d''(x)] = 0,$$
$$\langle d'(x), F(\Pi_K(x))\rangle = \mu x_1^*(x_1 - x_1^*) - q_2 x_2^*(x_2^* - x_2) + q_3 x_3(x_3 - x_3^*) \leqslant 0.$$

□

定理 3.5.6 由 (3.5.9) 定义的闭凸子集 K 是随机系统 (3.5.2) 的生存集.

证明 见文献 [247] 中定理 2.2. □

3.5.4 数值模拟

使用蒙特卡罗方法产生 5000 个随机输入, 由它组成标准布朗运动 $dW(t)$ 的无穷小增量. 然后, 使用下面的随机 Euler-Maruyama 方法来求解提出的随机模型.

随机 Euler-Maruyama 方法[245]

$$x_j^k = x_{j-1}^k + F_k(x_{j-1}^k)\Delta t + G_k(x_{j-1}^k)(w_t(\tau_j) - w_t(\tau_{j-1})), \quad j = 1, 2, ..., N.$$

其中, 对于给定正整数 N, $\Delta t = T/N$, $\tau_j = j \cdot \Delta t$. x^k, F_k 和 G_k 分别表示 $x(t)$, F 和 G 的第 k 个分量, $k = 1, 2, 3, 4, 5$.

我们使用上述方法对系统 (3.5.2) 进行数值模拟. 生物量、底物、1,3-丙二醇, 乙酸和乙醇的初始浓度为 $x_0 = (0.173\text{g/L}, 376.982\text{mmol/L}, 0, 0, 0)^\text{T}$. 微生物的内在随机扰动强度 $\sigma_u = 0.01638$. 图 3.13 给出了微生物、底物和产物浓度的实验数据和模拟值之间的比较, 这里点表示实验数据, 实线表示计算曲线.

在本小节中, 令 $a_1 = 0.04$, $a_2 = 0.058$, $a_3 = 0.048$, $a_4 = 0.017$, $a_5 = 0.031$, 应用随机 Euler-Maruyama 数值方法, 所有随机系统的参数见表 3.1. 图 3.14 给出了微

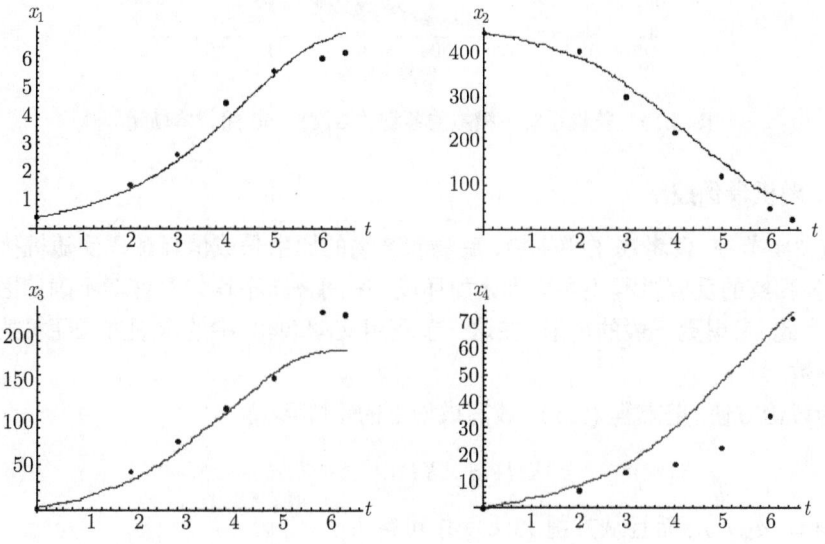

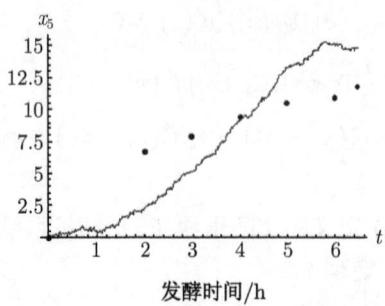

图 3.14 生物量、底物和产物浓度的实验值与计算值的比较

生物、底物和产物浓度的实验数据和模拟值之间的比较，这里点表示实验数据，实线表示计算曲线. 图 3.15 给出了在时间区间 [0, 650s] 样本轨道数为 50 的实验数据和模拟值，从中可以看出，这 50 个样本轨道都在由 (3.5.9) 定义的闭凸子集 K 中.

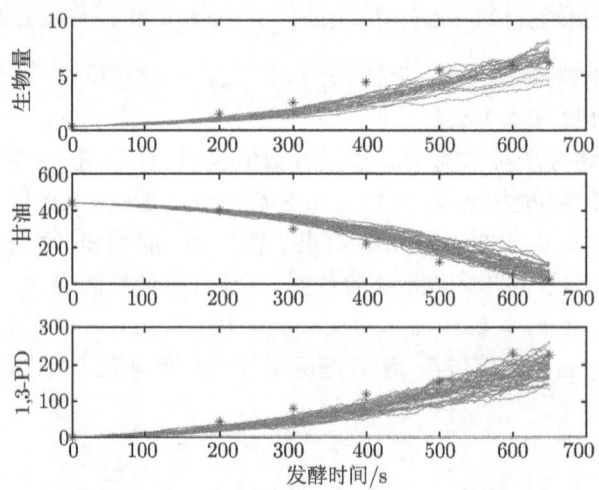

图 3.15 随机系统下模拟的各物质浓度的 50 组样本轨道

3.5.5 随机最优控制

在 3.4 节中，仅考虑了微生物、底物和产物的比生长或消耗速率受随机扰动的情形，但真实的反应过程还会受到诸如环境、空间分布不均匀等许多不确定因素的影响，为此，考虑更一般的情形. 在这一节利用文献 [248] 中的常规方法随机扰动每一个参数.

为讨论方便，把方程 (3.2.1) 改写成如下的矩阵形式：

$$\dot{X}(t) = AX(t), \quad t \in \mathcal{I}. \tag{3.5.10}$$

其中 $A = (a_{ij})_{5 \times 5}$ 而且从方程 (3.2.1) 中可得出

$$\begin{cases} a_{11} = \mu, \quad a_{21} = -q_2, \\ a_{i1} = q_i, \quad i = 3, 4, 5, \\ a_{ij} = 0, \quad i = 1, 2, 3, 4, 5, \ j = 2, 3, 4, 5. \end{cases}$$

随机扰动每一个参数 a_{ij} 如下:

$$a_{ij} \longrightarrow a_{ij} + \sigma_{ij} \dot{W}_j(t),$$

这里 $\dot{W}_j(t)$ 是一个高斯白噪声, $j = 1, 2, 3, 4, 5$. 令矩阵 $\sigma = (\sigma_{ij})_{5 \times 5}$, 根据高斯白噪声的特点引入如下的条件:

$$\begin{cases} \sigma_{ij} > 0, \quad 1 \leqslant i \leqslant 5, \\ \sigma_{ij} \geqslant 0, \quad i \neq j. \end{cases}$$

这样, 间歇发酵过程的非线性随机动力系统可以表示如下:

$$\begin{cases} dX(t) = F(X(t))dt + \sigma(X(t))dW(t), \quad t \in \mathcal{I}, \\ X(0) = x^0. \end{cases} \tag{3.5.11}$$

其中

i) 漂移向量

$$\begin{aligned} F(X(t)) &= AX(t) \\ &= (F_1(x(t)), F_2(x(t)), F_3(x(t)), F_4(x(t)), F_5(x(t))^{\mathrm{T}}) \\ &= (\mu x_1(t), -q_2 x_1(t), q_3 x_1(t), q_4 x_1(t), q_5 x_1(t))^{\mathrm{T}} \in \mathbb{R}^5 \end{aligned} \tag{3.5.12}$$

是连续的.

ii) 扩散系数 $\sigma(X(t)) : \mathbb{R}^5 \to \mathbb{R}^{5 \times 5}$ 是一个 $\mathbb{R}^5$ 上的矩阵

$$\sigma(X(t)) = \sigma X(t). \tag{3.5.13}$$

iii) $W(t) = (W_1(t), \ldots, W_5(t))^{\mathrm{T}} \in \mathbb{R}^5$, 其中 $W_j(t)$ 为定义在给定概率空间 $(\mathbb{R}^5, \mathscr{B}(\mathbb{R}^5), \mathcal{P})$ 上的一维 Brown 运动, 且彼此独立.

与 3.5.4 节的方法类似, 可以证明上述随机系统的解的存在唯一性以及相关重要的性质, 如 Markov 性、二阶矩有界性等, 在这里不再给出详细证明.

当甘油的浓度下降到 150mmol/L 时, 终止间歇发酵过程, 这就是说终止时刻 τ 的判断条件为 $E(c_2^{\mathrm{T}} X(\tau)) = 150$, 其中 $c_2 = (0, 1, 0, 0, 0)^{\mathrm{T}}$, $\tau = \inf\{t : E(c_2^{\mathrm{T}} X(t)) = 150\}$. 在间歇发酵过程, 控制变量是微生物和甘油的初始浓度, 定义容许控制集合为 $U_{ad} = [0.01, 10] \times [100, 2100]$. 状态变量容许集 W_{ad} 与 3.2 节一致.

定义系统 (3.5.11) 关于容许控制集 U_{ad} 的解集如下:

$$S_4(U_{ad}) = \{X(\cdot, u) \in C(\mathcal{I}, \mathbb{R}^5) | X(\cdot, u) \text{是系统 (3.5.11) 关于} u \in U_{ad} \text{的解}\}.$$

为了使产物 1,3- 丙二醇的产量最大, 建立如下间歇发酵的随机最优控制模型:

$$\text{OCP} \quad \inf \quad J(u) := -E(c_3^{\mathrm{T}} X(\tau, u)), c_3 = (0, 0, 1, 0, 0)^{\mathrm{T}} \quad (3.5.14)$$
$$\text{s.t.} \quad X(\cdot, u) \in S_4(U_{ad}), \quad s \in [t_0, \tau].$$

由解关于参数的连续依赖定理, 知道 $X(s, u)$ 是关于 u 连续的, 所以 $J(u)$ 在 $u \in U_{ad}$ 上是连续的. 而且 U_{ad} 是 $\mathbb{R}_+^2$ 上的闭的有界的凸子集. 这样根据文献 [249] 定理 V.6.3 可知最优控制一定存在, 记为 $\exists u^* \in U_{ad}$, 使得 $J(u^*) \leqslant J(u), \forall u \in U_{ad}$.

对任意时间 $s \in [t_0, \tau]$, 定义值函数

$$V(s, X) := \inf_{u \in U_{ad}} [-E(c_3^{\mathrm{T}} X(s, u))]$$

和算子 $L_X^u(s)$:

$$L_X^u(s) = \frac{1}{2} \sum_{i,j \in I_5} \frac{\partial^2}{\partial X_i \partial X_j} + \sum_{i \in I_5} F_i(X, u) \frac{\partial}{\partial X_i}.$$

定理 3.5.7 假设 $V(s, X)$ 是下面动态规划方程的解

$$\frac{\partial V}{\partial s} = -\inf_{u \in U_{ad}} L_X^u(s) V, \quad (s, X) \in [0, \tau] \times W_{ad},$$

其边界条件为

$$V(\tau, X) = -E(c_3^{\mathrm{T}} X(\tau, u)).$$

如果 u^* 是一个容许反馈控制, 那么 u^* 是最优的当且仅当

$$L_X^{u^*}(s) V = \inf_{u \in U_{ad}} L_X^u(s) V.$$

证明 充分性. 对任意的一个 $v \in U_{ad}, (s, X) \in [t_0, \tau] \times W_{ad}$,

$$\frac{\partial V}{\partial s} + L_X^v(s) V \geqslant 0.$$

为了讨论方便, 用 s, X, v 来替代 $t, X(t), u(t) = u(t, X(t)), s \leqslant t \leqslant \tau$. 利用文献 [249] 中定理 V.5.1, 使其中 $M = 0, \psi = V$. 显然有 $E \int_s^\tau |M(t, X(t))| dt = 0 < \infty$. 因此能推出

$$V(s, X) \leqslant [-E c_3 X(s, u)] = J(u).$$

再由式 (3.5.14) 得到 $u = u^*$. 因此, 由文献 [249] 中定理 V.5.2 得到 $V(s, X) = J(u^*)$ 即 u^* 是最优控制.

必要性. 应用动态规划的最优性条件有

$$V(s, X) = \inf_{u \in U_{ad}} [-E(c_3^T X(s, u))] \leqslant V(s + h, X(s + h)),$$

即

$$V(s+h, X(s+h)) - V(s, X) \geqslant 0. \tag{3.5.15}$$

在上面方程两边同时乘以 h^{-1}, 再令 $h \to 0^+$, 注意到 X 由 Itô 随机微分方程 (3.5.11) 控制, 利用 Itô 微分公式 (2.5.2) 推导

$$\lim_{h \to 0^+} \frac{1}{h}[V(s+h, X(s+h)) - V(s, X)]$$

$$= \frac{1}{ds}\lim_{h \to 0^+} \int_s^{s+h} \left\{ \frac{\partial V(\tau, X)}{\partial s} + L_X^u(s)V(\tau, X) \right\} d\tau = \frac{\partial V}{\partial s} + L_X^u(s)V, \tag{3.5.16}$$

从式 (3.5.15) 和 (3.5.16) 能得到

$$\frac{\partial V}{\partial s} + L_X^u(s)V \geqslant 0. \tag{3.5.17}$$

另一方面, 假设最优控制 u^* 可以在区间 $[s, s+h]$ 上得到, 那么

$$\frac{\partial V}{\partial s} + L_X^u(s)V = 0. \tag{3.5.18}$$

从式 (3.5.17) 和 (3.5.18) 得到

$$\frac{\partial V}{\partial s} = -\inf_{u \in U_{ad}} L_X^u(s)V = -L_X^{u^*}(s)V.$$

综上, 定理得证. □

3.6 间歇发酵的 S 系统

在假设 H3.2.1—H3.2.3 下, 根据间歇发酵反应机理和第 1 章中关于 S 系统的建模方法, 建立描述间歇发酵过程的 S 系统如下:

$$\begin{cases} \dot{x}_1(t) = \alpha_1 x_1 x_2^{g_{12}} x_3^{g_{13}} x_4^{g_{14}} x_5^{g_{15}}, \\ \dot{x}_2(t) = -\alpha_2 x_1 x_2^{g_{22}} x_3^{g_{23}} x_4^{g_{24}} x_5^{g_{25}}, \\ \dot{x}_3(t) = \alpha_3 x_1 x_2^{g_{32}} x_3^{g_{33}} x_4^{g_{34}} x_5^{g_{35}}, \quad t \in [0, t_f], \\ \dot{x}_4(t) = \alpha_4 x_1 x_2^{g_{42}} x_3^{g_{43}} x_4^{g_{44}} x_5^{g_{45}}, \\ \dot{x}_5(t) = \alpha_5 x_1 x_2^{g_{52}} x_3^{g_{53}} x_4^{g_{54}} x_5^{g_{55}}, \\ x_i(0) = x_{0i}, \quad i \in I_5 \triangleq \{1, 2, \ldots, 5\}. \end{cases} \tag{3.6.1}$$

$$\hat{p} := (\hat{\alpha}_1, \ldots, \hat{\alpha}_5, \hat{g}_{12}, \ldots, \hat{g}_{15}, \hat{g}_{22}, \ldots, \hat{g}_{25}, \hat{g}_{32}, \ldots, \hat{g}_{35}, \hat{g}_{42}, \ldots, \hat{g}_{45}, \hat{g}_{52}, \ldots, \hat{g}_{55})^{\mathrm{T}} \in \mathbb{R}^{25}$$

为待辨识参数, 其允许取值范围

$$\mathcal{P}_{ad} = \prod_{i=1}^{25} [\hat{p}_i^l, \hat{p}_i^u] \subset \mathbb{R}^{25},$$

其中, $\hat{p}_i^l$, $\hat{p}_i^u$ 分别为参数 $\hat{p}$ 的第 i 个分量的下、上界, 是根据实验结果得到的经验参数值.

3.6.1 S 系统的参数辨识

对给定的初始状态 x^0, 以间歇发酵实验观测数据和计算值的归一化最小二乘误差为性能指标, 以 S 系统 (3.6.1) 和连续状态不等式约束为约束条件的参数辨识问题 PIP4 可描述为

$$\text{PIP4} \quad \min \quad J(\hat{u}) = \frac{1}{5N_l L} \sum_{l=1}^{L} \sum_{j=1}^{N_l} \sum_{i=1}^{5} \left(\frac{x_i(t_{j_l}; x^0, \hat{p}) - y_i^l(t_{j_l})}{\max_{i \in I_5} y_i^l(t_{j_l})} \right)^2 \quad (3.6.2)$$

$$\text{s.t.} \quad x(\cdot; x^0, \hat{p}) \in W_{ad}, \quad t \in [t_0, t_f],$$

$$\hat{p} \in \mathcal{P}_{ad},$$

其中 L 表示进行的实验的次数, 其他与 3.3.3 节的表示方法一致.

根据性能指标 $J(\hat{p})$ 的定义及 S 系统的解关于参数的连续依赖性, 易证性能指标 $J(\hat{p})$ 关于 $\hat{p}$ 在 $\mathcal{P}_{ad}$ 上连续并且 PIP4 存在最优解, 即存在 $\hat{p}^* \in \mathcal{P}_{ad}$ 使得 $J(\hat{u}^*) \leqslant J(\hat{u}), \forall \hat{p} \in \mathcal{P}_{ad}$.

3.6.2 优化算法

为了得到参数辨识问题 PIP4 的最优解 $\hat{p}^*$, 必须计算 S 系统 (3.6.1) 的解 $x(\cdot; x^0, \hat{p})$, 但是由于 S 系统 (3.6.1) 本身具有很强的非线性性, 无法有效得到它的解析解, 所以用数值解

$$x(t_j) \approx x_e(t_{j-1}) + 0.5(t_j - t_{j-1})(f(x_e(t_j), \hat{p}) + f(x_e(t_{j-1}), \hat{p})), \quad j \in I_{N_s} \quad (3.6.3)$$

代替解析解求性能指标 $J(\hat{p})$. 此外由于从 $\hat{p} \in \mathcal{P}_{ad}$ 到 $J(\hat{p})$ 的映射是隐性的, 没有直接的优化算法可以利用, 构造求解参数辨识问题 PIP4 的微分进化 (DE) 算法如下:

算法 3.6.1 步 1. 设定计算精度 ε, 种群 N_p, 参数的可行域 $\mathcal{P}_{ad}$, 变异因子 $\hat{F}$, 交叉因子 C_R, 种群的最大进化代数 $G_{\max}$, 记进化代数为 G, 令 $G = 0$;

步 2. 第 G 代第 i 个个体记为 $u_i^G = (p_{i1}^G, \ldots, p_{i,25}^G) \in \mathcal{P}_{ad}$. 按均匀分布从 $\mathcal{P}_{ad}$ 中随机选取 N_p 个个体 $p_i^0, i \in I_{N_p}$;

步 3. $G = G + 1$, 随机产生三个互不相同的整数 $k, l, m \in I_{N_p}$, 对第 $G - 1$ 代每

一个个体都作突变, 产生第 G 代变异个体:

$$\hat{\boldsymbol{p}}_i^G = \boldsymbol{p}_k^{G-1} + \hat{F} \cdot (\boldsymbol{p}_l^{G-1} - \boldsymbol{p}_m^{G-1}), \quad i \in I_{N_p},$$

其中, 变异因子 $\hat{F} \in (0, 1.2]$;

步 4. 由 $\boldsymbol{p}_i^{G-1}$ 和变异个体 $\hat{\boldsymbol{p}}_i^G$ 得到中间个体:

$$p_{ij}^G = \begin{cases} p_{ij}^{G-1}, & j_{\text{rand}} > C_R, \\ \hat{p}_{ij}^G, & \text{否则}; \end{cases} \quad j \in I_{25}, \ i \in I_{N_p},$$

其中, j_{rand} 为 [0,1] 中的随机数, 交叉因子 $C_R \in [0, 1]$.

步 5. 对每个个体 $\boldsymbol{p}_i^{G-1}$ 和 $\boldsymbol{p}_i^G$ 依式 (3.6.3) 求解 S 系统 (3.6.1), 得到 $x(t_j; \boldsymbol{x}_0, \boldsymbol{p}_i^G)$, $j \in I_{N_l}$, 然后按式 (3.6.2) 计算适应值 $J(\boldsymbol{p}_i^{G-1})$ 和 $J(\boldsymbol{p}_i^G)$. 依

$$\boldsymbol{p}_i^G = \min_{i \in I_{N_p}} \{J(\boldsymbol{p}_i^{G-1}), J(\boldsymbol{p}_i^G)\},$$

产生第 G 代种群个体. 依

$$\boldsymbol{p}_{\text{best}}^G = \arg \min_{i \in I_{N_p}} \{J(\boldsymbol{p}_i^G)\}$$

得到当前最优个体;

步 6. 如果 $J(\boldsymbol{p}_{\text{best}}^G) < \varepsilon$, 或 $G > G_{\max}$, 记 $\hat{\boldsymbol{p}}^* = \boldsymbol{p}_{\text{best}}^G$, 停止; 否则, 转 Step 3.

3.6.3 数值结果

根据间歇发酵过程中测量的数据, 对问题 PIP4 求解, 得到 $J_{\min} = 0.0138084$, 同时还列出了计算值和实验观测值之间的相对误差 e.

辨识后的间歇发酵 S 系统模型为

$$\begin{cases} \dot{x}_1(t) = 0.0226 \ x_1 x_2^{0.4939505} x_4^{0.00301}, \\ \dot{x}_2(t) = -5.414809 \ x_1 x_2^{0.374338} x_4^{0.0407}, \\ \dot{x}_3(t) = 1.526474 \ x_1 x_2^{0.5352827}, \quad t \in [t_0, t_f], \\ \dot{x}_4(t) = 0.0000755 \ x_1 x_2^{1.884337}, \\ \dot{x}_5(t) = 3.09518 \ x_1, \\ x_i(0) = x_i^0, \quad i \in I_5. \end{cases} \quad (3.6.4)$$

给定初始状态 $x^0 = (0.2245, 509.393, 0, 0, 0)^{\text{T}}$, 根据辨识后的 S 系统 (3.6.4) 数值模拟了间歇发酵过程中各底物和产物浓度随时间的变化曲线, 如图 3.16 所示. 图中的点表示实验观测值, 曲线为各底物和产物浓度随时间的模拟. 从图 3.16 可以看出 S 系统取得了非常理想的数值结果, 而且系统的表达方式更简洁.

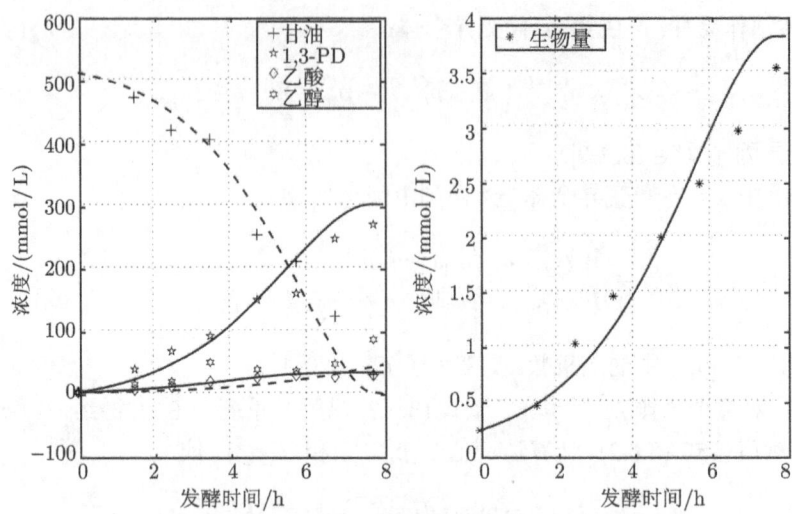

图 3.16 本文底物和产物浓度随时间变化模拟图

3.7 间歇发酵酶催化混杂动力系统

甘油代谢包括细胞内和细胞外两个代谢环境, 它们可以通过代谢物质的跨膜运输被连接起来. 物质通过细胞膜通常有三种可能的方式, 主动运输、被动扩散和主被动结合方式[141]. 本节在文献 [142] 的基础上, 考虑了胞内浓度变化及产物 1,3-PD 的跨膜运输方式, 建立了一个非线性混杂动力系统来描述甘油间歇培养过程.

3.7.1 酶催化混杂动力系统模型

令 $x(t) := (x_1(t), x_2(t), \ldots, x_8(t)) \in \mathbb{R}^8$ 为状态向量, 其中 $x_1(t), x_2(t), \ldots, x_8(t)$ 分别表示菌种、胞外甘油、胞外 1,3-PD、乙酸、乙醇、胞内甘油、胞内 3- 三羟基丙醛 (3-HPA) 及胞内 1,3-PD 在 $t(\in [t_0, t_f])$ 时刻的浓度. 为书写简单, 记 $x_i := x_i(t)$, $i \in I_8$.

假设在整个培养过程中, 菌体细胞生长一直受 3-HPA 的抑制, 则菌体比细胞生长速率可表示为[139, 142]

$$\mu := \mu_m \frac{x_2}{x_2 + K_s} \left(1 - \frac{x_7}{x_7^*}\right) \prod_{i=2}^{5} \left(1 - \frac{x_i}{x_i^*}\right). \tag{3.7.1}$$

如果将胞外甘油的消耗过程视为一个"黑匣子"模型, 则其比消耗速率可表示为[142]

$$q_{20} := m_2 + \frac{\mu}{Y_2} + \Delta q_2 \frac{x_2}{x_2 + K_2^*}. \tag{3.7.2}$$

3.7 间歇发酵酶催化混杂动力系统

根据文献 [142], 假设甘油为主被动结合运输, 则胞外甘油的比消耗速率可表示为

$$q_2 := k_1 \frac{x_2}{x_2 + k_2} + k_3(x_2 - x_6)N_{R+}(x_2 - x_6), \tag{3.7.3}$$

其中 k_1, k_2, k_3 均为动力学参数. 方程 (3.7.3) 右端的第一项和第二项分别为主动运输项和被动扩散项.

$$N_{R+}(\xi) = \begin{cases} 1, & \xi > 0, \\ 0, & \xi \leqslant 0 \end{cases} \tag{3.7.4}$$

表示仅当胞外浓度高于胞内浓度时甘油才从胞外往胞内扩散, 这说明在甘油的跨膜运输中被动扩散是否起作用是依赖于状态变量的, 含有被动扩散项的系统实际上是一个依状态切换的混杂系统[250].

同时考虑所有三种可能的跨膜运输方式, 1,3-PD 的比生成速率可表示为

$$q_3 := l_1 k_4 \frac{x_8}{x_8 + k_5} + l_2 k_6 (x_8 - x_3) N_{R+}(x_8 - x_3).$$

其中 k_4, k_5, k_6 为待辨识的动力学参数, $l_1, l_2 \in \{0, 1\}$ 为待辨识的离散参数. 这里, $l_1 = 0$ ($l_2 = 0$) 表示在 1,3-PD 的跨膜运输中被动扩散 (主动运输) 方式不存在, 而 $l_1 = 1$ ($l_2 = 1$) 则表示存在被动扩散 (主动运输) 方式. 根据实际发酵过程, 不难得知: $\max\{l_1, l_2\} = 1$. 记离散参量 $l := (l_1, l_2)^T \in \mathcal{L}_{ad} := \{(1, 0)^T, (0, 1)^T, (1, 1)^T\}$.

将乙酸和乙醇的生成过程视为"黑匣子"模型, 其比生成速率的表达式同 (3.2.4).

于是, 在假设条件 H3.2.1 和 H3.2.2 下, 微生物间歇发酵生成 1,3-PD 的过程可以用如下酶催化混杂动力系统来描述[142, 251].

$$\begin{cases} \dot{x}_1(t) = \mu x_1, \\ \dot{x}_2(t) = -q_2 x_1, \\ \dot{x}_3(t) = q_3 x_1, \\ \dot{x}_4(t) = q_4 x_1, \\ \dot{x}_5(t) = q_5 x_1, \\ \dot{x}_6(t) = \frac{1}{k_7} \left(k_8 \frac{x_2}{x_2 + k_9} + k_{10}(x_2 - x_6) N_{R+}(x_2 - x_6) - q_{20} \right) - \mu x_6, \\ \dot{x}_7(t) = k_{11} \frac{x_6}{K_m^G \left(1 + \frac{x_7}{k_{12}}\right) + x_6} - k_{13} \frac{x_7}{K_m^P + x_7 \left(1 + \frac{x_7}{k_{14}}\right)} - \mu x_7, \\ \dot{x}_8(t) = k_{13} \frac{x_7}{K_m^P + x_7 \left(1 + \frac{x_7}{k_{14}}\right)} - l_1 k_{15} \frac{x_8}{x_8 + k_{16}} \\ \qquad - l_2 k_{17}(x_8 - x_3) N_{R+}(x_8 - x_3) - \mu x_8, \\ x(t_0) = x^0, \quad t \in [t_0, t_f]. \end{cases} \tag{3.7.5}$$

其中 K_m^G 和 K_m^P 为已知常数, 其值分别为 0.53 mmol·L^{-1} 和 0.14 mmol·L^{-1}. 记动力学参量 $p := (k_1, k_2, \ldots, k_{17}, m_2, m_4, m_5, Y_2, Y_4, Y_5, \Delta q_2, K_2^*)^\mathrm{T} \in \mathbb{R}^{25}$, 其允许集记为 $\mathcal{P}_{ad} \subset \mathbb{R}^{25}$. 于是, 上述非线性混杂动力系统可简写为

$$\dot{x}(t) = f(x(t), p, l), x(t_0) = x^0, \quad (p, l) \in \mathcal{P}_{ad} \times \mathcal{L}_{ad}, \quad t \in [t_0, t_f]. \tag{3.7.6}$$

其中 $f(x, p, l) := (f_1(x, p, l), \ldots, f_8(x, p, l))^\mathrm{T}$, $f_i(x, p, l), i \in I_8$, 表示 (3.7.5) 中第 i 个方程的右端项.

3.7.2 酶催化混杂动力系统性质

实际发酵过程中, 菌体、底物与产物的浓度均不超过其浓度临界值, 记状态变量的允许集为 W_{ad}, 其值为

$$W_{ad} = [0.01, 15] \times [15, 2039] \times [0, 1036] \times [0, 1026]$$
$$\times [0, 360.9] \times [0, 2000] \times [0, 80] \times [0, 1000] \in \mathbb{R}^8.$$

对上述酶催化混杂动力系统 (3.7.6), 类似性质 3.3.1, 可以证明以下性质.

性质 3.7.1 对给定参数 $l \in \mathcal{L}_{ad}$, 矢函数 $f(x, p, l)$ 在集合 $W_{ad} \times \mathcal{P}_{ad}$ 上关于 (x, p) 是连续的, 特别地, $f(x, p, l)$ 关于 x 是 Lipschitz 连续的.

性质 3.7.2 对给定参数 $(p, l) \in \mathcal{P}_{ad} \times \mathcal{L}_{ad}$, 函数 $f(x, p, l)$ 满足线性增长条件, 即存在常数 $a, b > 0$, 使得

$$\|f(x, p, l)\| \leqslant a\|x\| + b, \quad \forall x \in W_{ad}. \tag{3.7.7}$$

性质 3.7.3 对给定参数 $(p, l) \in \mathcal{P}_{ad} \times \mathcal{L}_{ad}$, 酶催化混杂动力系统 (3.7.6) 存在唯一解, 记为 $x(\cdot; p, l)$, 且 $x(\cdot; p, l)$ 关于参数 $p \in \mathcal{P}_{ad}$ 连续.

为以下讨论问题方便, 定义如下集合.
$S(p, l) := \{x(\cdot; p, l) \mid x(\cdot; p, l) \text{ 是系统 } (3.7.6) \text{ 的解, 其中 } (p, l) \in \mathcal{P}_{ad} \times \mathcal{L}_{ad}\}$,
$S_w(p, l) := \{x(\cdot; p, l) \mid x(\cdot; p, l) \in S(p, l), \text{ 且} x(t; p, l) \in W_{ad}, \forall t \in [t_0, t_f]\}$,
$\mathcal{P}_w := \{p \in \mathcal{P}_{ad} \mid x(\cdot; p, l) \in S_w(p, l)\}$.

性质 3.7.4 如果集合 $S(p, l)$、$S_w(p, l)$ 与 $\mathcal{P}_w$ 均非空, 则 $S(p, l)$ 与 $S_w(p, l)$ 为 $C([t_0, t_f]; \mathbb{R}^8)$ 中的紧集, $\mathcal{P}_w$ 为 $\mathbb{R}^{25}$ 中的紧集.

证明 由性质 3.7.3 及集合 $\mathcal{P}_{ad}$ 的紧性可知, 映射 $\psi: p \in \mathcal{P}_{ad} \longmapsto x(\cdot; p, l) \in C([t_0, t_f]; \mathbb{R}^8)$ 是连续的. 因此, $S(p, l)$ 是 $C([t_0, t_f]; \mathbb{R}^8)$ 中的紧集. 类似地, 可以证明 $S_w(p, l)$ 也是 $C([t_0, t_f]; \mathbb{R}^8)$ 中的紧集.

令 $\{p_i\}$ 为 $\mathcal{P}_w$ 中的任意点列. 由 $\mathcal{P}_{ad}$ 的紧性及 $\mathcal{P}_w \subset \mathcal{P}_{ad}$ 可知, 存在 $\{p_i\}$ 的子列 $\{p_{i,r}\}$ 及 $\mathcal{P}_{ad}$ 中的元素 p^*, 使得当 $r \longrightarrow \infty$ 时, 有 $p_{i,r} \longrightarrow p^*$.

3.7 间歇发酵酶催化混杂动力系统

于是，根据 $\mathcal{P}_w$ 的定义可得

$$x(\cdot;p_{i,r},l) \in S(p,l) \text{ 且 } x(t;p_{i,r},l) \in W_{ad}, \quad \forall t \in [t_0,t_f].$$

依据性质 3.7.3, $x(\cdot;p,l)$ 关于 $p \in \mathcal{P}_{ad}$ 连续，则有

$$x(\cdot;p^*,l) \in S(p,l) \text{ 且 } x(t;p^*,l) \in W_{ad}, \quad \forall t \in [t_0,t_f].$$

从而 $p^* \in \mathcal{P}_w$，由此可证明 $\mathcal{P}_w$ 是 $\mathbb{R}^{25}$ 中的紧集. □

3.7.3 系统辨识、优化算法及数值模拟

下面以 $(p,l) \in \mathcal{P}_{ad} \times \mathcal{L}_{ad}$ 为待辨识参量建立系统辨识模型. 设初始状态 $x^0 \in W_{ad}$ 已知，在间歇发酵过程中共测试了 Q 组实验数据. 令 $y^j := (y_1^j, y_2^j, y_3^j)^{\mathrm{T}} \in \mathbb{R}^3$ 与 $x(t_j;p,l) := (x_1(t_j;p,l), x_2(t_j;p,l), x_3(t_j;p,l))^{\mathrm{T}} \in S_w(p,l)$ 分别为 $t_j, j \in I_Q$ 时刻前三种物质浓度的测试值与计算值. 用系统 (3.7.6) 的浓度计算值来逼近物质浓度实验测试值，建立系统辨识模型 (记为 PIP3.7.1) 如下：

$$\text{PIP3.7.1} \quad \min \quad J(p,l) := \sum_{j=1}^{Q}\sum_{i=1}^{3} \frac{|x_i(t_j;p,l) - y_{ji}|}{|y_{ji}|}$$
$$\text{s.t.} \quad x(\cdot;p,l) \in S_w(p,l),$$
$$(p,l) \in \mathcal{P}_{ad} \times \mathcal{L}_{ad}.$$

根据实际发酵过程，做如下假设：

H3.7.1 对给定初始状态 $x^0 \in W_{ad}$，系统 (3.7.6) 是可控可观的.

H3.7.2 集合 $\mathcal{P}_w$ 在 $\mathbb{R}^{25}$ 中非空.

定理 3.7.1 若以上假设均成立，则对任给参数 $l \in \mathcal{L}_{ad}$，辨识问题 PIP3.7.1 均存在一个全局最优解 $p^* = p^*(l) \in \mathcal{P}_w$，使得

$$J(p^*,l) \leqslant J(p,l), \forall p \in \mathcal{P}_w. \tag{3.7.8}$$

证明 由性质 3.7.3 知，对给定的参数 $l \in \mathcal{L}_{ad}$，从 $p \in \mathcal{P}_w$ 到 $x(\cdot;p,l)$ 的映射是连续的，从而函数 $J(p,l)$ 关于 $p \in \mathcal{P}_w$ 是连续的. 再由集合 $\mathcal{P}_w \subset \mathbb{R}^{25}$ 的紧性，可知问题 PIP3.7.1 存在最优解，记为 $p^* = p^*(l)$，即

$$J(p^*,l) \leqslant J(p,l), \quad \forall p \in \mathcal{P}_w.$$

结论得证. □

由于酶催化混杂动力系统 (3.7.6) 中同时含有连续参量和离散参量，直接求解辨识问题 (PIP3.7.1) 比较困难. 考虑到这两类参量的独立性，将问题 PIP3.7.1 分解

为两个辨识子问题, 一个子问题以连续参量 $p \in \mathcal{P}_w$ 为待辨识参量, 另一个子问题以离散参量 $l \in \mathcal{L}_{ad}$ 为待辨识参量.

首先, 固定 $l \in \mathcal{L}_{ad}$, 则关于连续参量 $p \in \mathcal{P}_w$ 的子问题可以写成

$$\text{PIP3.7.2}(l) \quad \min \quad \tilde{J}(p) := \sum_{j=1}^{Q} \sum_{i=1}^{3} \frac{|x_i(t_j; p, l) - y_i^j|}{|y_i^j|}$$

$$\text{s.t.} \quad x(\cdot; p, l) \in S_w(p, l),$$
$$p \in \mathcal{P}_{ad} \subset \mathbb{R}^{25}.$$

因为在该子问题中 $l \in \mathcal{L}_{ad}$ 是固定的, 所以待辨识参量仅有连续参量 $p := p(l) \in \mathcal{P}_w$.

其次, 令 $p^*(l)$ 为子问题 PIP3.7.2(l) 的最优解. 于是, 关于 $l \in \mathcal{L}_{ad}$ 的辨识子问题可表示为

$$\text{PIP3.7.3} \quad \min\{J(p^*(l), l) \mid l \in \mathcal{L}_{ad}\}. \tag{3.7.9}$$

令 $l^* := \arg\min\{J(p^*(l), l) \mid l \in \mathcal{L}_{ad}\}$, 则认为与参数 l^* 相对应的运输方式是 1,3-PD 三种跨膜运输方式中最合理的, $p^*(l^*)$ 为与这种运输方式所对应的最优动力学参数.

求解辨识问题 PIP3.7.1 时的主要难度在子问题 PIP3.7.2(l) 的求解上, 下面构造了一种求解该子问题的优化算法, 具体步骤如下:

算法 3.7.1 步 1. 选取初始步长 $\alpha > 0$ 及精度 $\sigma, \varepsilon > 0$. 在集合 $\mathcal{P}_w$ 中随机生成 M 个样本点, 记为 $p^1, \ldots, p^M$.

步 2. 计算 "坏点" p^{bad}, 使得 $\tilde{J}(p^{\text{bad}}) := \tilde{J}(p^k) := \max_{1 \leqslant i \leqslant M} \tilde{J}(p^i)$. 再计算其余点的加权重心 $p^{\text{cen}} := \dfrac{1}{M-1} \sum_{i=1, i \neq k}^{M} \lambda^i p^i$, 其中 $\lambda^i := \tilde{J}(p^i) / \sum_{j=1, j \neq k}^{M} \tilde{J}(p^j)$.

步 3. 如果 $\alpha \| p^{\text{cen}} - p^{\text{bad}} \| < \varepsilon$, 令 $p^* := p^{\text{bad}}$ 为最优解, 算法停止; 否则转步 4.

步 4. 如果 $\alpha > \sigma$, 计算 $p^{\text{new}} := p^{\text{cen}} + \alpha(p^{\text{cen}} - p^{\text{bad}})$, 转步 5; 否则, 令 $p^i := p^{i+1}, k \leqslant i \leqslant M-1, M := M-1$, 转步 2.

步 5. 如果 $p^{\text{new}} \in \mathcal{P}_w$, 计算 $\tilde{J}(p^{\text{new}})$, 转步 6; 否则, 令 $\alpha := \alpha - 0.001$, 转步 4.

步 6. 如果 $\tilde{J}(p^{\text{new}}) < \tilde{J}(p^{\text{bad}})$, 令 $p^{\text{bad}} := p^{\text{new}}$, 转步 2; 否则, 令 $\alpha := \alpha - 0.001$, 转步 4.

本文共使用了七组实验数据, 算法中参数 $M = 1000, \alpha = 1.3, \sigma = 0.001, \varepsilon = -0.5$. 在表 3.3 中, per($l$) 为问题 PIP3.7.2($l$), $l \in \mathcal{L}_{ad}$ 的最优值, 其值取作算法运行 100 次后所得结果的平均值.

由表 3.3 可知, $l = (1,1)^T$ 时, per(l) 值最小, 这表明与参数 $l^* = (1,1)^T$ 所对应的运输方式是最合理的, 即 1,3-PD 最有可能的跨膜运输方式为主被动结合运输.

3.7 间歇发酵酶催化混杂动力系统

与参数 $l^* = (1,1)^T$ 相对应的最优动力学参数为 $p^*(l^*)$ =(56.1633, 4.6239, 203.853, 128.468, 1.4704, 50.5692, 6.5778, 56.9537, 1.0529, 2100.57, 16.8822, 249.53, 32.9252, 0.7654, 13.1999, 29.8004, 85.7896, 2.9292, −0.8212, 5.2296, 0.0103, 22.391, 12.7145, 40.1832, 9.0077$)^T$. 图 3.17 是初始状态为 $x^0 = (0.102\text{g}\cdot\text{L}^{-1}, 418.2609\text{ mmol}\cdot\text{L}^{-1}, 0, 0, 0, 0, 0, 0)^T$ 的间歇发酵过程中菌体、胞外甘油与胞外 1,3-PD 的浓度计算值与测试值的比较, 其中实线为计算曲线, 离散的点为测试数据.

表 3.3 子问题 PIP3.7.2(l), $l \in \mathcal{L}_{ad}$ 的最优值

l	$(1,0)^T$	$(0,1)^T$	$(1,1)^T$
per(l)	7.23508	14.01192	5.0664

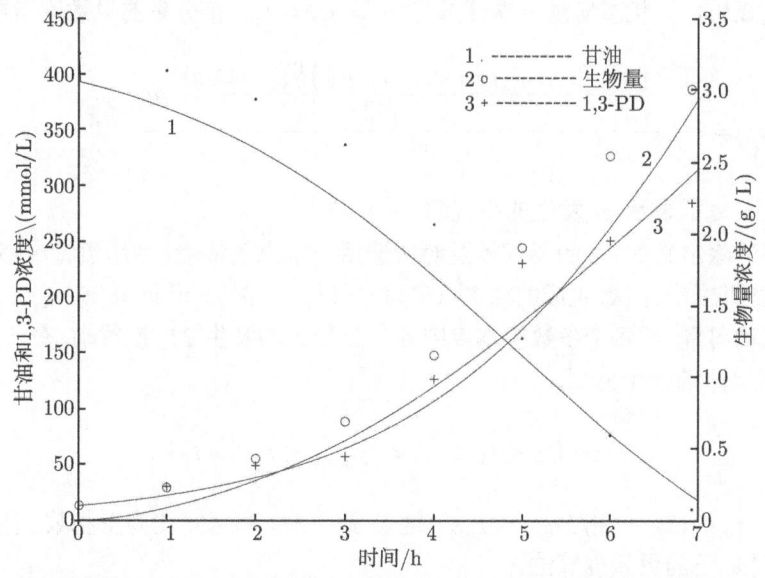

图 3.17 间歇发酵过程中菌体 (biomass)、胞外甘油 (glycerol) 与胞外 1,3- 丙二醇 (1,3-PD) 浓度计算曲线与实验结果的比较

3.7.4 参数灵敏度分析及数值结果

为提高混杂动力系统的可靠性及准确性, 一个很重要的工作是确定系统中未知的动力学参数 $p_i, i \in I_{25}$, 由于参数个数较多, 计算量太大, 首先对该混杂系统进行了参数灵敏度分析, 其目的在于评价各个参数的不确定性对系统性能的影响[252]. 然后在接下来的参数辨识工作中, 仅考虑对系统结果影响程度比较大的参数, 而对于那些对系统影响不大的参数, 只需选取其经验值即可.

灵敏度分析定性或定量地评价模型参数不确定性对模型输出结果的影响, 包括

局部灵敏度分析和全局灵敏度分析[253]. 局部灵敏度分析只检验单个参数的变化对模型输出结果的影响程度, 其他参数只取其中心值. 全局灵敏度分析检验多个参数的变化对模型结果产生的总的影响, 并分析每一个参数及参数之间的相互作用对模型结果的影响. 事实上, 有很多种途径可以将局部分析法转化为全局分析法, 其中较常用的方法是将局部灵敏度分析与抽样法相结合[254]. 蒙特卡洛法是一种全局抽样方法, 在整个可能的参数空间里随机取样, 它与局部灵敏度分析相结合便构成了一种全局意义上的灵敏度分析方法, 其有效性已经被广泛认可[255, 256].

根据文献 [257] 中对灵敏度指数的描述, 本节以状态变量 $x \in \mathbb{R}^8$ 作为模型结果的输出, 定义酶催化混杂动力系统 (3.7.6) 的状态变量 x 关于参数向量 $p \in \mathcal{P}_{ad}$ 的灵敏度指标如下.

定义 3.7.1　状态向量 x 关于参数 p 第 $i, i \in I_{25}$, 个分量的灵敏度指数为

$$R_i^r(p) := \frac{\int_{t_0}^{t_f} \frac{\|x(t; (p_1, \ldots, p_i + rp_i, \ldots, p_{25})^\mathrm{T}) - x(t; p)\|}{\|x(t; p)\|} dt}{|r|}, \quad i \in I_{25}, \quad (3.7.10)$$

其中 $rp_i, |r| \leqslant 1$ 表示 p_i 发生的小扰动.

为了消除定义 3.7.1 的局部性及对所选用样本点的依赖性, 用蒙特卡洛法对参数空间随机取样 M_1 次, 生成的样本点记为 $p^1, p^2, \ldots, p^{M_1}$. 记 $r := (r_1, r_2, \ldots, r_{M_2})^\mathrm{T}$ 为参数扰动向量, 即每个参数样本点的各个分量上均发生 M_2 次扰动. 令 π 为总培养时间 $[t_0, t_f]$ 的一个分划,

$$\pi := \{t_0 < t_1 < \ldots < t_{M_3-1} < t_{M_3} = t_f\},$$

其中 $t_i := t_0 + i|t_f - t_0|/M_3, i \in I_{M_3}$. 这里 M_1, M_2 和 M_3 均为正整数. 基于上述描述, 构造如下的灵敏度算法:

步 1. 选取正整数 M_1, M_2, M_3 和扰动向量 r, 令 $m := 1, k := 1$.

步 2. 若 $m < M_1 + 1$, 随机生成一个样本点 p 使得 $p \in \mathcal{P}_{ad}$. 求解动力系统 (3.7.6), 转步 3. 否则转步 6.

步 3. 若 $p \in \mathcal{P}_w$, 记 $p^m := p$, 转步 4. 否则转步 2.

步 4. 若 $k < M_2 + 1$, 转步 5; 否则, 计算灵敏度指数

$$\bar{\bar{R}}_i := \frac{1}{M_2} \sum_{k=1}^{M_2} \bar{R}_i^{r_k}, \quad i = 1, \ldots, 25.$$

$\bar{\bar{R}}_i$ 即为状态向量 x 关于参数 $p_i, i \in \mathbb{R}^{25}$ 的灵敏度指标, 算法停止.

步 5. 计算

3.7 间歇发酵酶催化混杂动力系统

$$R_i^{r_k}(p^m) = \frac{\sum_{n=0}^{M_3} \frac{\sum_{j=1}^{8}\sqrt{[x_j(t_n;(p_1^m,\ldots,p_i^m+r_k p_i^m,\ldots,p_{25}^m)^T) - x_j(t_n;p^m)]^2}}{\sum_{j=1}^{8}\sqrt{[x_j(t_n;p^m)]^2}} \cdot \frac{|t_f - t_0|}{M_3}}{|r_k|},$$

$i = 1, \ldots, 25$. 令 $m := m + 1$, 转步 2.

步 6. 计算

$$\bar{R}_i^{r_k} := \frac{1}{M_1} \sum_{m=1}^{M_1} R_i^{r_k}(p^m), \quad i = 1, \ldots, 25,$$

令 $k := k + 1$, 转步 4.

考虑初始状态为 $x^0 = (0.102 \text{ g/L}, 418.2609 \text{ mmol/L}, 0, 0, 0, 0, 0, 0)^T$, 总培养时间为 $[0,7]$ 的间歇发酵过程. 取 $r = (-0.2, -0.1, 0.1, 0.2)^T$, $M_1 = 500$, $M_3 = 100$, 利用上述灵敏度算法计算得到系统 (3.7.6) 每一个参数的灵敏度指标如表 3.4. 根据表 3.4, 认为参数 $p_4, p_{11}, p_6, p_{17}, p_{13}, p_{10}, p_3, p_7, p_1$ 和 p_5 比较敏感. 而参数 $p_i, i = 2, 8, 9, 12, 14, 15, 16, 18, 19, \ldots, 25$ 被认为不敏感 (因为其灵敏度指标小于 1).

表 3.4　系统 (3.7.6) 中动力学参数 $p_i, i \in I_{25}$, 的灵敏度指标

p_1	p_2	p_3	p_4	p_5	p_6	p_7	p_8	p_9
6.289	0.106	8.414	21.281	3.588	10.225	7.993	0.562	0.005
p_{10}	p_{11}	p_{12}	p_{13}	p_{14}	p_{15}	p_{16}	p_{17}	p_{18}
8.483	13.396	0.001	9.676	0.89	0.93	0.289	10.094	0.022
p_{19}	p_{20}	p_{21}	p_{22}	p_{23}	p_{24}	p_{25}		
0.059	0.714	0.735	0.86	0.843	0.237	0.0148		

第 4 章　微生物连续发酵非线性动力系统

4.1 引　言

微生物的连续培养是指连续不断地向培养器中注入底物,同时提供各种辅助条件,又连续不断地从培养器中取出已培养成功的微生物并保持体积不变,这样就使得培养微生物的过程连续化. 微生物细胞的连续培养是近几年研究和应用开发较多的一项生物技术,尽管在大规模发酵工业生产中还是以间歇或批式流加发酵方式为主,但是由于连续培养具有生产强度高,产品质量比较稳定,自动化程度高等优点,故它的应用仍然具有很大的吸引力.

1995 年,曾安平博士和 Deckwer 教授[141] 尝试用过量动力学模型描述甘油岐化 1,3-PD 的连续发酵过程,研究其中的动态行为. 2000 年,修志龙、曾安平等[241] 发现,虽然能用过量动力学模型描述甘油转化过程中底物、能量消耗,以及部分产物 (1,3-PD、乙酸) 形成的情况,但是当甘油的浓度变化速率较大时,动力学模型参数必须重新修正,另一方面,原有的模型也难以描述或预测甘油转化过程中的滞后或多稳态现象. 针对上述现象,结合实验数据,修志龙等用最小二乘法对过量动力学模型进行参数辨识,并研究其中的多稳态现象,修改后的模型定性地描述了实验中的多态现象. 基于这个修改模型,2006 年李晓红[258] 分析了该模型的稳定性,证明了平衡点的存在性并给出了平衡点的稳定性条件,从理论上解释了发酵实验中出现的多稳态现象,2009 年叶剑雄等[259] 推导和简化了平衡点的求解并给出了有效求解平衡点的方法. 针对非线性动力系统预测实验结果时出现的较大误差,2004 年高彩霞等[260] 研究了连续发酵动力系统的参数辨识问题,李晓红等[261-263] 对终端时刻产物最大化建立了最优控制模型并给出最优性条件. 为了描述试验中出现的震荡现象,2005 年,李晓芳[264, 265],马永峰[266] 连函生[267] 等在原有模型上引入时滞,用泛函微分方程的 Hopf 分支理论和数值计算方法,通过计算得出系统的 Hopf 分叉值随操作条件的变化规律,并对系统的周期性进行了研究,绘制了周期解的图形和相图,解释了实验中出现的震荡现象. 考虑到微生物发酵法生产 1,3- 丙二醇是一个单菌种发酵的特点,王磊等[268] 提出一个仅考虑微生物内在随机性的连续发酵的随机动力系统,并通过实验数据对这种内在随机性的强度进行估计.

随着研究的不断深入,2008 年孙亚琴等[142] 首先考虑了甘油代谢过程中中间代谢物 3- 羟基丙醛 (3-HPA) 动力学模型、底物甘油跨膜运输动力学模型和胞内最终产物 1,3-PD 的动力学模型,并以此建立了甘油生物歧化为 1,3-PD 过程的还原途径酶催化非线性动力学模型. 针对甘油连续发酵生产 1,3-PD 过程中细胞内物质浓度难以测试, 底物由胞外到胞内、产物由胞内到胞外的跨膜运输机理不清等问题, 冯恩民等[269-271] 首次提出甘油连续发酵生产 1,3-PD 过程中各种主要可能状况的复杂网络的拓扑结构, 并建立相对应的具有离散参量与连续参量的混杂非线性动力系统, 通过生物鲁棒性分析利用并行优化算法推断出最可能的代谢途径.

本章以下几节的结构为: 4.2 节介绍了刻画甘油连续发酵的 Monod 模型, 给出了参数辨识模型及优化算法; 4.3 节介绍甘油发酵的随机动力系统模型, 分析模型的主要性质; 4.4 节介绍甘油发酵的时滞动力系统模型, 分析了系统的性质及 Hopf 分叉值; 4.5 节考虑胞内物质酶催化混杂动力学模型, 分析了模型的性质及生物鲁棒性, 利用并行优化算法辨识了代谢途径及参数; 4.6 节基于双层规划推断甘油代谢的目标函数及鲁棒性分析.

4.2 基于 Monod 模型的微生物连续发酵动力系统

4.2.1 模型描述

在连续发酵过程中, 甘油被连续地加入到发酵罐中, 同时发酵罐中的发酵液以相同的流速流出, 发酵过程中发酵液的体积保持不变. 根据实验过程, 作如下假设:

H4.2.1 发酵罐中物质组成不随空间位置发生变化, 即反应器内各点物质组成均一.

H4.2.2 连续加入的培养基只含甘油, 反应器中物质以稀释速率 D 输出.

在假设 H4.2.1 和 H4.2.2 下, 微生物、底物和产物的过量物料平衡方程为

$$\begin{cases} \dot{x}_1(t) = (\mu - D)x_1(t), \\ \dot{x}_2(t) = D(c_{s0} - x_2(t)) - q_2 x_1(t), \quad t \in \mathcal{I} = [t_0, t_f], \\ \dot{x}_i(t) = q_i x_1(t) - D x_i(t), \quad i = 3, 4, 5, \end{cases} \quad (4.2.1)$$

$$x_i(t_0) = x_i^0, \quad i \in I_5.$$

其中 $t_f \in (0, \infty)$ 为系统达到稳态后的时间, $x_i(t), i \in I_5$ 分别表示 $t \in \mathcal{I}$ 时刻反应器内微生物、甘油、产物 1,3-PD、乙酸和乙醇的浓度. D 为稀释速率, c_{s0} 为注入反应器的底物甘油的浓度, $x_i^0, i \in I_5$ 为各物质的初始浓度. 依 1997 年曾安平等对 Monod 方程的改进, 菌体的比生长速率 μ, 底物的比消耗速率 q_2 和产物 1,3-丙二醇、乙酸和乙醇的比生长速率 $q_i, i = 3, 4, 5$, 可描述为

$$\mu = \mu_m \frac{x_2(t)}{x_2(t) + k_s} \prod_{i=2}^{5} \left(1 - \frac{x_i(t)}{x_i^*}\right), \quad (4.2.2)$$

$$q_2 = m_2 + \frac{\mu}{Y_2} + \Delta q_2 \frac{x_2(t)}{x_2(t) + k_2}, \tag{4.2.3}$$

$$q_3 = m_3 + \mu Y_3 + \Delta q_3 \frac{x_2(t)}{x_2(t) + k_3}, \tag{4.2.4}$$

$$q_4 = m_4 + \mu Y_4 + \Delta q_4 \frac{x_2(t)}{x_2(t) + k_4}, \tag{4.2.5}$$

$$q_5 = q_2 \left(\frac{b_1}{c_1 + Dx_2(t)} + \frac{b_2}{c_2 + Dx_2(t)} \right). \tag{4.2.6}$$

在 37°C，pH 值为 7.0 的厌氧条件下，菌体最大比生长速率 $\mu_m = 0.67\text{h}^{-1}$，Monod 饱和常数 $k_s = 0.28\text{mmol/L}$. 过量条件下各底物、产物的饱和常数和各物质浓度的临界值分别参看表 4.1.

表 4.1 连续发酵动力学模型 (4.2.2)—(4.2.5) 中相关参数值和临界值

底物和产物	k_2	k_3	k_4	x_1^*	x_2^*	x_3^*	x_4^*	x_5^*
饱和常数和临界值	11.43	15.50	85.71	10	2039	939.5	1026	360.9

由于在实际发酵过程中，各底物和产物的浓度均不会超过其临界浓度，故在 $\mathbb{R}^5$ 的子集 W_{ad} 上考虑系统的性质 $W_{ad} := \{x \in \mathbb{R}^5 \mid x_1 \in [0.001, x_1^*], x_2 \in [100, x_2^*], x_i \in [0, x_i^*], i = 3, 4, 5\}$. $c_1 = 0.06, c_2 = 50.45$. b_1, b_2, m_i, Y_i, Δq_i, $i = 2, 3, 4$ 是模型涉及的参数，定义为向量形式：

$$p := (m_2, m_3, m_4, Y_2, Y_3, Y_4, \Delta q_2, \Delta q_3, \Delta q_4, b_1, b_2)^{\mathrm{T}} \in \mathbb{R}^{11}.$$

文献 [241] 根据实验结果得出一组经验参数值，这里取其作为参数的初始取值：$p^0 := (2.20, -2.69, -0.97, 0.0082, 67.69, 33.07, 28.58, 26.59, 5.74, 0.025, 5.18)^{\mathrm{T}} \in \mathbb{R}^{11}$. 参数的允许取值范围取为

$$\mathcal{P}_{ad} = \prod_{i=1}^{11} [p_i^0 - \Delta p_i^0, \ p_i^0 + \Delta p_i^0] \subset \mathbb{R}^{11}.$$

本节取 $\Delta p_i^0 = 0.5 p_i^0$. 令 $x := (x_1, x_2, x_3, x_4, x_5)^{\mathrm{T}} \in \mathbb{R}^5$ 为状态变量，$x^0 := (x_1^0, x_2^0, x_3^0, x_4^0, x_5^0)^{\mathrm{T}} \in S_0 \subset \mathbb{R}^5$，其中 S_0, x^0 分别为初始状态集和初始状态.

$$f(x(t), D, c_{s0}, p) = (f_1(x(t), D, c_{s0}, p), \cdots, f_5(x(t), D, c_{s0}, p))^{\mathrm{T}}$$
$$:= ((\mu - D)x_1(t), D(c_{s0} - x_2(t)) - q_2 x_1(t), q_3 x_1 - D x_3(t),$$
$$q_4 x_1(t) - D x_4(t), q_5 x_1(t) - D x_5(t))^{\mathrm{T}}. \tag{4.2.7}$$

这样可将连续发酵描述为

$$\begin{cases} \dot{x}(t) = f(x(t), D, c_{s0}, p), & t \in \mathcal{I}, \\ x(t_0) = x^0. \end{cases} \tag{4.2.8}$$

4.2.2 非线性动力系统的性质

对于给定一个稀释速率 D 和初始甘油浓度 c_{s0}, 称其为给定一个操作条件, 即 $v = (D, c_{s0})$. 由具体实验过程可知, v 在正的有界闭区间上取值, 不妨设 $v \in \mathcal{V}_{ab} \subset \mathbb{R}_+^2$. 容易得到系统 (4.2.8) 的如下性质:

性质 4.2.1 设 $p \in \mathcal{P}_{ad}$, 则由 (4.2.7) 式定义的函数 $f(x(t), D, c_{s0}, p)$ 在 $\mathcal{I}$ 上连续可微, 即 $f \in C^1(\mathcal{I}; \mathbb{R}^5)$ 且 f 关于 $p \in \mathcal{P}_{ad}$ 连续.

性质 4.2.2 设 $p \in \mathcal{P}_{ad}$, 则由 (4.2.7) 式定义的函数 $f(x(t), D, c_{s0}, p)$ 满足线性增长条件, 即 $\exists a, b > 0$, 使得

$$\|f(x(t), D, c_{s0}, p)\| \leqslant a\|x\| + b.$$

性质 4.2.3 设 $p \in \mathcal{P}_{ad}$, 则非线性动力系统 (4.2.8) 存在唯一解 $x(\cdot; p)$, 且 $x(\cdot; p)$ 在 $\mathcal{P}_{ad}$ 上关于 p 连续.

证明 由于 f 在 $\mathcal{P}_{ad}$ 上关于 p 连续, 由性质 4.2.1, 性质 4.2.2 和引理 2.2.5 可得系统 (4.2.8) 有唯一解. 将此解记为 $x(\cdot; p)$, 则由微分方程理论中的解对参数的连续依赖结果知, $x(\cdot; p)$ 在 $\mathcal{P}_{ad}$ 上关于 p 连续. □

对 $x^0 \in S_0$, 定义系统 (4.2.8) 的解集为 $S(x^0)$:

$$S(x^0) := \{x(\cdot; p) \in C(\mathcal{I}; \mathbb{R}^5) \mid x(\cdot; p) \text{为系统 (4.2.8) 对应} p \in \mathcal{P}_{ad} \text{的解}\}. \quad (4.2.9)$$

依允许集 $\mathcal{P}_{ad}$ 的定义知, $\mathcal{P}_{ad}$ 为 $\mathbb{R}^{11}$ 中的有界闭集, 从而为紧性. 根据性质 4.2.3, 从 $p \in \mathcal{P}_{ad}$ 到 $x(\cdot; p) \in S(x^0)$ 的映射是连续的. 由此可得如下性质.

性质 4.2.4 集合 $S(x^0)$ 是 $C^1(\mathcal{I}; \mathbb{R}^5)$ 中的紧集.

4.2.3 参数辨识模型

在不同的操作条件下 $v_j = (D, c_{s0})_j, j \in I_l$, 其中 l 表示试验次数, 测得达到平衡态时生物量、底物和三种产物的浓度分别是 $y_1^j, y_2^j, y_3^j, y_4^j, y_5^j$. 令 $y^j = (y_1^j, y_2^j, y_3^j, y_4^j, y_5^j)^\mathrm{T} \in \mathbb{R}^5, j \in I_l$. 当系统达到稳态, 系统 (4.2.8) 的解 $x^{ji}(\cdot; p)$ 满足

$$f(x^{ji}(t_f, p), D_j, c_{s0_j}, p) = 0, \quad i \in I_{m_j},$$

其中 $x^{ji}(\cdot; p)$ 表示系统 (4.2.8) 对应 v_j 实验第 i 平衡点, m_j 表示平衡点的个数. 定义目标泛函:

$$J_j^i(p) := \|y_j - x^{ji}(t_f, p)\|^2, \quad i \in I_{m_j}, \quad j \in I_l, \quad (4.2.10)$$

$$J_j(p) := \min\{J_j^i(p) : i \in I_{m_j}\}. \quad (4.2.11)$$

求参数 $p^* \in \mathcal{P}_{ad}$ 使平衡点逼近实测值 y_j 的参数辨识问题, 记为 (PIP$_{4.2.1}$), 可描

述为

$$\text{PIP}_{4.2.1} \quad \min \quad J(p) = \sum_{j=1}^{l} J_j(p) \tag{4.2.12}$$
$$\text{s.t.} \quad p \in \mathcal{P}_{ad}, \quad x^j \in S_{ad}(D_j, c_{s0_j}), \quad j \in I_l.$$

其中

$$S_{ad} = \{x^j(\cdot;p) \in S(x^0) \mid f(x^j(t_f,p), D_j, c_{s0_j}, p) = 0, \mu \geqslant D_j, j \in I_l\}.$$

根据甘油歧化连续培养 1,3-PD 的发酵机理, 可作如下假设:

H4.2.3 对给定的 $x_0 \in S_0$, $v \in \mathcal{V}_{ab}$, 对应的系统 (4.2.8) 是能控和能观的.

在上面假设下, 可得如下结果.

性质 4.2.5 在假设 H4.2.3 下, 辨识问题 $\text{PIP}_{4.2.1}$ 存在最优解 p^*, 即, $\exists p^* \in \mathcal{P}_{ad}$ 使

$$J(p^*) \leqslant J(p), \quad \forall p \in \mathcal{P}_{ad}.$$

证明 在 $\text{PIP}_{4.2.1}$ 中, 依性质 4.2.3, 从 $p \in \mathcal{P}_{ad}$ 到 $x(\cdot;p) \in S(x^0)$ 的映射是连续的. 由性质 4.2.5, $S(x^0)$ 为紧集, 从 $x(\cdot;p) \in S(x^0)$ 到 $J(p) \in \mathbb{R}$ 的映射是连续的, 故 $\text{PIP}_{4.2.1}$ 存在最优解, 记为 p^*, 即

$$J(p^*) \leqslant J(p), \quad \forall p \in \mathcal{P}_{ad}. \qquad \Box$$

4.2.4 优化算法及数值模拟

本节构造了一个可行算法求解问题 $\text{PIP}_{4.2.1}$, 依式 (4.2.10) 和式 (4.2.11), 问题 $\text{PIP}_{4.2.1}$ 的目标泛函 $J(p)$ 可表示为

$$J(p) := \sum_{j=1}^{l} J_j(p) = \sum_{j=1}^{l} \sum_{k=1}^{5} (y_k^j - x_k^j(t_f, p))^2.$$

直接构造求解问题 $\text{PIP}_{4.2.1}$ 的优化算法比较困难, 令 $\bar{y}_k = \sum_{j=1}^{l} y_k^j$, $\bar{x}_k(t_f, p) = \sum_{j=1}^{l} x_k^j(t_f, p), k \in I_5$, 那么

$$\bar{J}(p) := (\bar{y} - \bar{x}(t_f, p))^{\mathrm{T}} G (\bar{y} - \bar{x}(t_f, p)), \tag{4.2.13}$$

其中 $G = \text{diag}(1/g_1, \cdots, 1/g_5)$ 为相应各项的不同权系数, 可由实验需求决定. 考虑用 (4.2.13) 定义的泛函 $\bar{J}(p)$ 代替问题 $\text{PIP}_{4.2.1}$ 的目标函数 $J(p)$, 其他约束条件不变, 这样可得一个新的辨识问题, 记为 $\text{PIP}_{4.2.2}$.

4.2 基于 Monod 模型的微生物连续发酵动力系统

$$\text{PIP}_{4.2.2} \quad \min \quad \bar{J}(p)$$
$$\text{s.t.} \quad p \in \mathcal{P}_{ad}, \quad x^j \in S_{ad}(D_j, c_{s0_j}), \quad j \in I_l.$$

由于 $y_k^j \geqslant 0$, $x_k^j(t_f, u) \geqslant 0$, $j \in I_l, k \in I_5$, 故可证明如下定理.

定理 4.2.1 若 $p^* \in \mathcal{P}_{ad}$ 为辨识问题 $\text{PIP}_{4.2.1}$ 的解, 则 $p^* \in \mathcal{P}_{ad}$ 为辨识问题 $\text{PIP}_{4.2.2}$ 的解, 即

$$\bar{J}(p^*) \leqslant \bar{J}(p), \quad \forall p \in \mathcal{P}_{ad}.$$

为寻找目标函数 $\bar{J}(p)$ 的下降方向, 计算 $\bar{J}(p)$ 的梯度

$$\frac{\partial \bar{J}}{\partial p_i} = \sum_{k=1}^{5} \frac{2}{g_k}(\bar{y} - \bar{x}(t_f, p))\left(-\frac{\partial \bar{x}_k}{\partial p_i}\right), \quad i \in I_{11}, \tag{4.2.14}$$

$$\frac{\partial \bar{x}_k(t_f, p)}{\partial p_i} = \sum_{j=1}^{l} \frac{\partial \bar{x}_k^j(t_f, p)}{\partial p_i}, \quad i \in I_{11}, \tag{4.2.15}$$

$$\nabla_p \bar{J} = \left(\frac{\partial \bar{J}}{\partial p_1}, \cdots, \frac{\partial \bar{J}}{\partial p_{11}}\right) \in \mathbb{R}^{11}, \tag{4.2.16}$$

$d := -\nabla_p \bar{J} \in \mathbb{R}^{11}$ 为 $\bar{J}(p)$ 关于 $p \in \mathbb{R}^{11}$ 的下降方向, 由此可求构造求解问题 $\text{PIP}_{4.2.2}$ 的优化算法. 设 p_0 为初始参数, λ_0 为初始迭代步, α 是一个因子, ε 为计算精度, $r_{\max}$ 为最大迭代步, 算法的基本步骤如下.

算法 4.2.1 步 1. 读入初始值 p_0, 初始步长 λ_0, 因子 α, 精度 ε, 最大迭代步 $r_{\max}$, 令 $r = 0$, 求解 $\{x^{ji} : f_{ji}(x^{ji}, u_0) = 0, j \in I_l, i \in I_5\}$, 计算 J^0. 置 $\lambda_p = \lambda_0$.

步 2. 令 $r := r + 1$, $\lambda_p := \lambda_0$, 如果 $r > r_{\max}$, 则令 $p^* = p^{r-1}$, $\bar{J}^* = \bar{J}(p^{r-1})$, 转步 5. 否则依式 (4.2.15) 计算 $\frac{\partial \bar{x}_k(t_f, p)}{\partial p_i}$, $i \in I_{11}$, 令

$$d := \left(\frac{\partial \bar{x}_k(t_f, p)}{\partial p_1}, \cdots, \frac{\partial \bar{x}_k(t_f, p)}{\partial p_{11}}\right)^{\mathrm{T}},$$

转步 3.

步 3. 令 $p^r := p^{r-1} + \lambda_p d$, 取

$$p_i^r = \begin{cases} p_{0i} - \Delta p_{0i}, & \text{如果 } p_i^r < p_{0i} - \Delta p_{0i}, \\ p_{0i} + \Delta p_{0i}, & \text{如果 } p_i^r > p_{0i} + \Delta p_{0i}, \end{cases}$$

求解

$$\{x_{ji} \mid f_{ji}(x_{ji}, p^r) = 0, j \in I_l, i \in I_5\},$$

计算 $\bar{J}^r$, 如果 $|\bar{J}^r - \bar{J}^{r-1}| \leqslant \varepsilon$, 则令 $p^* = p^r$, $\bar{J}^* = \bar{J}(p^r) = \bar{J}(p^*)$, 转步 5.

步 4. 如果 $\bar{J}^r < \bar{J}^{r-1}$, 转步 2, 否则 $\lambda_p := \alpha\lambda_p$, 转步 3.

步 5. 结束运算, 输出结果.

在不同稀释速率和不同甘油浓度下进行肺炎杆菌的厌氧发酵, 取得 12 组稳态数据, 在此基础上辨识动力系统模型 (4.2.8) 中的参数. 实验中菌体的材料和分析方法在文献 [241] 中有介绍. 数值结果表明用辨识后的模型模拟连续发酵系统, 能降低计算值与实验值的误差. 取 $\Delta u_{0i} = 0.5 u_{0i}$, 通过 12 组实验数据, 按照上述算法对模型进行辨识. 由运算可得辨识问题 $\text{PIP}_{4.2.2}$ 的最优解 p^*. $p_{10}^* = b_1 = 0.03$, $p_{11}^* = b_2 = 4.56$, p^* 的其他分量见表 4.2, 表中误差 e_1 和 e_2 定义为

$$e_{1k} = \left| \frac{\bar{x}_k(t_f, u^*) - \bar{y}_k}{\bar{y}_k} \right|, \tag{4.2.17}$$

$$e_{2k} = \left| \frac{\bar{x}_k(t_f, u^0) - \bar{y}_k}{\bar{y}_k} \right|, \quad k \in I_5. \tag{4.2.18}$$

表 4.2 连续发酵动力学模型 (4.2.8) 中辨识后的相关参数

底物/产物	m_i	Y_i	Δ_i	e_1	e_2
$i=2$	2.1854	0.0082	31.2328	43.76	47.67
$i=3$	-2.2942	75.477	24.2336	10.41	14.18
$i=4$	-1.345	30.8599	5.0099	14.04	27.02
$i=5$	—	—	—	29.48	30.45

上述数值计算结果和实验值的误差降到 50% 以下, 对 1,3-PD 的微生物发酵过程有一定益处, 可误差毕竟还是过大. 这一方面是由于发酵本身附产物多, 用模型描述时又忽略了时滞; 另一方面, 比起通常的参数估计问题[272], $[p_{0i} - 0.5 p_{0i}, p_{0i} + 0.5 p_{0i}]$ 的取值范围是一个比较小的范围, 如果根据实验值可得出经验值作为参数更大的取值范围, 使用上面算法得出的计算结果会更好一些.

4.2.5 非线性动力系统的稳定性

以上介绍了微生物发酵生产 1,3-丙二醇中连续发酵过程的动力学模型. 本小节对这一非线性动力学模型进行稳定性分析. 首先证明了系统平衡点的存在性, 且证明了在给定的稀释速率和初始甘油浓度的一个有界闭区间上, 所有的平衡点所构成的集合是一个紧集. 然后, 给出了求解系统平衡点的数值算法并对系统进行了稳定性分析.

1. 平衡点存在性

本节考虑非线性动力系统 (4.2.8), 为了方便, 令

4.2 基于 Monod 模型的微生物连续发酵动力系统

$$f(x,v) = (f_1(x,v), f_1(x,v), f_2(x,v), f_3(x,v), f_4(x,v), f_5(x,v))^{\mathrm{T}}$$
$$:= ((u-D)x_1, D(c_{s_0} - x_2) - q_2 x_1, q_3 x_1 - D x_3, q_4 x_1 \qquad (4.2.19)$$
$$- D x_4, q_5 x_1 - D x_5)^{\mathrm{T}},$$

其中 $x \in W_{ad} \subseteq R^5$, $v = (c_{s_0}, D) \in \mathcal{V}_{ad} := \Omega_1 \times \Omega_2 := [100, 1800] \times [0.05, 0.67]$, $f_i : W_{ad} \times \mathcal{V}_{ad} \longrightarrow R$. 则系统 (4.2.8) 可写成如下形式:

$$\begin{cases} \dot{x}(t = f(x(t), v), & t \in \mathcal{I}, \\ x(t_0) = x^0. \end{cases} \qquad (4.2.20)$$

观察系统 (4.2.20) 和式 (4.2.19) 定义的函数 f, 容易得到以下结论:

性质 4.2.6 式 (4.2.19) 所定义的函数 f 关于 $(x,v) \in W_{ad} \times \mathcal{V}_{ad}$ 是二次连续可微的.

性质 4.2.7 设 $(x^0, v) \in S_0 \times \mathcal{V}_{ad}$, 则系统 (4.2.20) 有唯一解, 记为 $x(\cdot; x^0, v)$.

证明 见文献 [260]. □

由于实验操作条件 v 的范围 $\mathcal{V}_{ad}$ 是由经验给出的. 故它可能并不准确. 在计算系统平衡点时发现的, 对于有些 $v \in \mathcal{V}_{ad}$, 系统是没有平衡点的. 这就是说, 对于某些 $v \in \mathcal{V}_{ad}$, 实验是达不到稳态的. 为了避免达不到稳态的实验, 通过对系统 (4.2.20) 进行分析, 给出了平衡点存在性条件.

令 $\tilde{x}_v = (\tilde{x}_1^v, \tilde{x}_2^v, \tilde{x}_3^v, \tilde{x}_4^v, \tilde{x}_5^v)^{\mathrm{T}}$ 表示对于给定的 $v \in \mathcal{V}_{ad}$ 下系统的平衡点, 即

$$f(\tilde{x}_v, v) = 0. \qquad (4.2.21)$$

依实际发酵实验过程, 可以令

$$x_1^v \neq 0, \qquad (4.2.22)$$

则有

$$(\mu|_{x=\tilde{x}_v} - D)\tilde{x}_1^v = 0, \qquad (4.2.23)$$

$$D(c_{s_0} - \tilde{x}_2^v) - q_2|_{x_2 = \tilde{x}_2^v} \tilde{x}_1^v = 0, \qquad (4.2.24)$$

$$q_3|_{x_2 = \tilde{x}_2^v} \tilde{x}_1^v - D\tilde{x}_3^v = 0, \qquad (4.2.25)$$

$$q_4|_{x_2 = \tilde{x}_2^v} \tilde{x}_1^v - D\tilde{x}_4^v = 0, \qquad (4.2.26)$$

$$q_5|_{x_2 = \tilde{x}_2^v} \tilde{x}_1^v - D\tilde{x}_5^v = 0. \qquad (4.2.27)$$

由 (4.2.23), 可得

$$\mu|_{x=\tilde{x}_v} = D. \qquad (4.2.28)$$

把 (4.2.28) 和 (4.2.3) 代入 (4.2.24), 即有

$$\tilde{x}_1^v = \frac{D(c_{s_0} - \tilde{x}_2^v)}{m_2 + \dfrac{D}{Y_2} + \Delta q_2 \dfrac{\tilde{x}_2^v}{\tilde{x}_2^v + k_2}} = \frac{D(c_{s_0} - \tilde{x}_2^v)}{q_2|_{x_2=\tilde{x}_2^v}} \triangleq a_1(\tilde{x}_2^v, c_{s_0}, D). \tag{4.2.29}$$

然后把 (4.2.29) 分别代入 (4.2.25), (4.2.26) 和 (4.2.27) 可得

$$\tilde{x}_3^v = \frac{q_3|_{x_2=\tilde{x}_2^v}}{q_2|_{x_2=\tilde{x}_2^v}}(c_{s_0} - \tilde{x}_2^v) \triangleq a_3(\tilde{x}_2^v, c_{s_0}, D), \tag{4.2.30}$$

$$\tilde{x}_4^v = \frac{q_4|_{x_2=\tilde{x}_2^v}}{q_2|_{x_2=\tilde{x}_2^v}}(c_{s_0} - \tilde{x}_2^v) \triangleq a_4(\tilde{x}_2^v, c_{s_0}, D), \tag{4.2.31}$$

$$\tilde{x}_5^v = \left(\frac{b_1}{c_1 + D\tilde{x}_2^v} + \frac{b_2}{c_2 + D\tilde{x}_2^v}\right)(c_{s_0} - \tilde{x}_2^v) \triangleq a_5(\tilde{x}_2^v, c_{s_0}, D). \tag{4.2.32}$$

则 (4.2.28) 可写为

$$\mu_m \frac{\tilde{x}_2^v}{\tilde{x}_2^v + k_s}\left(1 - \frac{\tilde{x}_2^v}{x_2^*}\right)\left(1 - \frac{a_3}{x_3^*}\right)\left(1 - \frac{a_4}{x_4^*}\right)\left(1 - \frac{a_5}{x_5^*}\right) - D = 0. \tag{4.2.33}$$

令

$$g(x_2, c_{s_0}, D) := \mu_m \frac{x_2}{x_2 + k_s}\left(1 - \frac{x_2}{x_2^*}\right)\left(1 - \frac{a_3}{x_3^*}\right)\left(1 - \frac{a_4}{x_4^*}\right)\left(1 - \frac{a_5}{x_5^*}\right) - D, \tag{4.2.34}$$

其中 $a_i(i=3,4,5)$ 如 (4.2.30)—(4.2.32) 所定义. 根据以上推导, 对于给定的 $v \in V_{ad}$, $x \in W_{ad}$ 为系统的平衡点当且仅当

$$g(x_2, c_{s_0}, D) = 0 \text{ 且 } 0 \leqslant a_i(x_2, c_{s_0}, D) \leqslant x_i^*, \quad i=1,3,4,5. \tag{4.2.35}$$

定理 4.2.2 对于给定的 $c_{s_0} \in \Omega$, 当 $0.05 \leqslant D \leqslant d_2(c_{s_0})$ 时, 动力系统 (4.2.8) 有正平衡点, 其中

$$d_2(c_{s_0}) := \mu_m \frac{c_{s_0}}{c_{s_0} + k_2}\left(1 - \frac{c_{s_0}}{x_2^*}\right).$$

证明 对于给定的 $c_{s_0} \in \Omega_1$ 和 $D \in [0.05, d_2(c_{s_0}))$, 由 (4.2.34), 显然有

$$g(0, c_{s_0}, D) = -D < 0.$$

又由式 (4.2.29)—(4.2.32), 可得

$$a_1(c_{s_0}, c_{s_0}, D) = a_3(c_{s_0}, c_{s_0}, D) = a_4(c_{s_0}, c_{s_0}, D) = a_5(c_{s_0}, c_{s_0}, D) = 0,$$

推得

$$g(c_{s_0}, c_{s_0}, D) = \mu_m \frac{c_{s_0}}{c_{s_0} + K_2}\left(1 - \frac{c_{s_0}}{x_2^*}\right) - D = d_2(c_{s_0}) - D.$$

4.2 基于 Monod 模型的微生物连续发酵动力系统

因为 $D < d_2(c_{s_0})$, 所以

$$g(c_{s_0}, c_{s_0}, D) = d_2(c_{s_0}) - D > 0.$$

由于 g 关于 x_2 在 $(0, c_{s_0})$ 连续, 以及介值定理, 则存在 $\tilde{x}_2 \in (0, c_{s_0})$, 使得 $g(\tilde{x}_2, c_{s_0}, D) = 0$. 另一方面, 由于 $D \geqslant 0.05$, 可知 $q_i|_{\tilde{x}_2} > 0, i = 2, 3, 4$. 因此, 把 $\tilde{x}_2$ 代入式 (4.2.29)—(4.2.32), 可知 $\tilde{x}_1, \tilde{x}_3, \tilde{x}_4, \tilde{x}_5$ 均为正值. 即定理成立. □

注 4.2.1 定理 4.2.2 是在 $0.05 \leqslant D < d_2(c_{s_0})$ 条件下成立的. 这就意味着要保证 $0.05 < d_2(c_{s_0})$. 事实上, $0.05 < d_2(c_{s_0})$ 是恒成立的, 因为对所有的 $c_{s_0} \in \Omega_1$, 可以由 $d_2(c_{s_0})$ 的表达式估计得到 $d_2(c_{s_0}) \geqslant 0.07$.

定理 4.2.2 仅仅知道在定理的条件下系统存在正的平衡点, 而在实际的应用中, 要求系统的平衡点限制在 W_{ad} 中. 根据 (4.2.34), 定义集合

$$U_{ad} := \{(c_{s_0}, D) \in \mathcal{V}_{ad} \mid \exists\, x_2 \in \Xi, \text{s.t. } g(x_2, c_{s_0}, D) = 0$$
$$\text{且 } 0 \leqslant a_i(x_2, c_{s_0}, D) \leqslant x_i^*, i = 1, 3, 4, 5\}, \quad (4.2.36)$$

其中 $\Xi = [0, x_2^*]$.

应用 (4.2.23)—(4.2.33) 的推导过程及 U_{ad} 的定义可证明以下结论.

定理 4.2.3 对任意 $v = (c_{s_0}, D) \in U_{ad}$, 系统 (4.2.8) 至少存在一个平衡点 $x_v \in W_{ad}$.

然而, 定义在 (4.2.36) 中的 U_{ad} 是不够直观的, 我们无法知道这个集合的信息. 因此, 将在下面给出这个集合的另外一个刻画, 通过这个刻画, 可以得到 U_{ad} 的更多的信息. 为了讨论方便, 定义集值映射 $\Psi : \Omega_1 \to 2^{\Omega_2}$ 和 $\Pi : \Omega_1 \to 2^{\Xi \times \Omega_2}$:

$$\Psi(c_{s_0}) := \{D \in \Omega_2 \mid \exists x_2 \in \Xi, \text{ s.t. } g(x_2, c_{s_0}, D) = 0$$
$$\text{且 } 0 \leqslant a_i(x_2, c_{s_0}, D) \leqslant x_i^*, i = 1, 3, 4, 5\}; \quad (4.2.37)$$
$$\Pi(c_{s_0}) := \{(x_2, D) \in \Xi \times \Omega_2 \mid g(x_2, D, c_{s_0}) = 0$$
$$\text{且 } 0 \leqslant a_i(x_2, c_{s_0}, D) \leqslant x_i^*, i = 1, 3, 4, 5\}. \quad (4.2.38)$$

对于给定的 $c_{s_0} \in \Omega_1$, 定义集值映射 $\Phi_{c_{s_0}} : \Omega_2 \to 2^{\Xi}$,

$$\Phi_{c_{s_0}}(D) := \{x_2 \in \Xi \mid g(x_2, c_{s_0}, D) = 0 \text{ 且}$$
$$0 \leqslant a_i(x_2, c_{s_0}, D) \leqslant x_i^*, i = 1, 3, 4, 5\}. \quad (4.2.39)$$

令 $\text{Dom}(\Psi)$ 表示 Ψ 的有效域, 即

$$\text{Dom}(\Psi) := \{c_{s_0} \in \Omega_1 \mid \Psi(c_{s_0}) \neq \varnothing\},$$

则有
$$U_{ad} = \bigcup_{c_{s_0} \in \text{Dom}(\Psi)} (c_{s_0}, \Psi(c_{s_0})). \tag{4.2.40}$$

下面讨论集值映射 Ψ 的性质.

定理 4.2.4 式 (4.2.37) 定义的集值映射 Ψ 是紧集值映射.

证明 任意的 $c_{s_0} \in \Omega_1$, 若 $\Psi(c_{s_0}) = \varnothing$, 则其显然是紧集. 因此, 不失一般性的, 假设 $\Psi(c_{s_0}) \neq \varnothing$. 由于 $\Psi(c_{s_0}) \subseteq \Omega_2$, 则其显然为有界的. 因此, 只需证明 $\Psi(c_{s_0})$ 是闭的. 令 $\partial\Psi(c_{s_0})$ 表示 $\Psi(c_{s_0})$ 的所有聚点构成的集合. 则任意的 $y_0 \in \partial\Psi(c_{s_0})$, 存在 $\{y_n\}_{n=1}^\infty \subseteq \Psi(c_{s_0})$, 使得 $y_n \to y_0$. 由 Ψ 和 $\Phi_{c_{s_0}}$ 的定义可知, 对于每个 n, $\Phi_{c_{s_0}}(y_n) \neq \varnothing$ 且

$$g(x_2, c_{s_0}, y_n) = 0 \text{ 且 } 0 \leqslant a_i(x_2, c_{s_0}, y_n) \leqslant x_i^*, \quad \forall x_2 \in \Phi_{c_{s_0}}(y_n), \quad i=1,3,4,5.$$

则对于每个 y_n, 从 $\Phi_{c_{s_0}}(y_n)$ 任取一个元素 x_2^n. 由于 $\{x_2^n\}_{n=1}^\infty \subseteq \Xi$, 故 $\{x_2^n\}_{n=1}^\infty$ 是有界序列. 由 Weierstrass-Bolzanoh 定理, $\{x_2^n\}_{n=1}^\infty$ 存在收敛子列. 设 $\{x_2^{n_k}\}_{k=1}^\infty$ 为其收敛子列, 收敛点为 x_2^0. 又由于 $\{y_{n_k}\}_{k=1}^\infty$ 是 $\{y_n\}_{n=1}^\infty$ 的子列且 $\{y_n\}_{n=1}^\infty$ 收敛于 y_0, 故 $\lim_{k\to\infty} y_{n_k} = y_0$. 由 g 和 $a_i (i=1,3,4,5)$ 的连续性, 有

$$g(x_2^0, c_{s_0}, y_0) = 0, \quad 0 \leqslant a_i(x_2^0, c_{s_0}, y_0) \leqslant x_i^*, \quad i=1,3,4,5.$$

从而 $y_0 \in \Psi(c_{s_0})$ 且 $x_2^0 \in \Phi_{c_{s_0}}(y_0)$. 由 y_0 的任意行, 可知 $\partial\Psi(c_{s_0}) \subseteq \Psi(c_{s_0})$. 即 $\Psi(c_{s_0})$ 是闭集, 再根据其有界性, 可知 $\Psi(c_{s_0})$ 是紧集. 最后, 由 c_{s_0} 的任意性, 可知 Ψ 为紧集值映射. □

定理 4.2.5 式 (4.2.37) 定义的集值映射 Ψ 是上半连续的.

证明 要证明集值映射 Ψ 是上半连续的, 只需证任意的 Ω_2 中的闭集 G, 有 $\Psi^{-1}(G)$ 是 Ω_1 中的闭集. 若 $\Psi^{-1}(G) = \varnothing$, 则其显然为闭的. 因此, 不失一般性的, 假设 $\Psi^{-1}(G) \neq \varnothing$. 令 $c_{s_0}^0$ 为 $\Psi^{-1}(G)$ 的任一聚点, 则存在序列 $\{c_{s_0}^n\}_{n=1}^\infty \subseteq \Psi^{-1}(G)$, 使得 $\lim_{n\to\infty} c_{s_0}^n = c_{s_0}^0$. 对于每个 n, 由于 $c_{s_0}^n \in \Psi^{-1}(G)$, 故 $\Psi(c_{s_0}^n) \cap G \neq \varnothing$. 任取 $y_n \in \Psi(c_{s_0}^n) \cap G$, 然后再从 $\Phi_{c_{s_0}^n}(y_n)$ 任取一个元素, 记为 x_2^n. 则对于每个向量 $(x_2^n, c_{s_0}^n, y_n)^\mathrm{T}$, 有

$$g(x_2^n, c_{s_0}^n, y_n) = 0 \text{ 且 } 0 \leqslant a_i(x_2^n, c_{s_0}^n, y_n) \leqslant x_i^*, \quad i=1,3,4,5. \tag{4.2.41}$$

由于 $\{x_2^n\}_{n=1}^\infty \subseteq \Xi$, 故为有界序列, 故它有收敛子列. 设 $\{x_2^{n_k}\}_{k=1}^\infty$ 为 $\{x_2^n\}_{n=1}^\infty$ 的一个收敛子列, 收敛点为 x_2^0. 同样的, 由于 $\{y_{n_{k_j}}\}_{j=1}^\infty \subseteq \Omega_2$, 故它有收敛子列, 设 $\{y_{n_{k_j}}\}_{j=1}^\infty$ 为其一收敛子列, 收敛点为 y_0. 由上面的构造, 可知 $\{c_{s_0}^{n_{k_j}}\}_{k=1}^\infty, \{y^{n_{k_j}}\}_{k=1}^\infty$

4.2 基于 Monod 模型的微生物连续发酵动力系统

和 $\{x_2^{n_{kj}}\}_{k=1}^{\infty}$ 分别为 Ω_1, G 和 Ξ 的收敛子列, 收敛点分别为 $c_{s_0}^0, y_0$ 和 x_2^0. 由于 Ω_1, G 和 Ξ 均为闭集, 故由 $c_{s_0}^0 \in \Omega_1, x_2^0 \in \Xi$ 且 $y_0 \in G$. 根据式 (4.2.41) 以及 g 和 $a_i(i = 1, 3, 4, 5)$ 的连续性, 可知

$$g(x_2^0, c_{s_0}^0, y_0) = 0 \text{ 且 } 0 \leqslant a_i(x_2^0, c_{s_0}^0, y_0) \leqslant x_i^*, \quad i = 1, 3, 4, 5.$$

即有 $c_{s_0}^0 \in \Psi^{-1}(G), y_0 \in \Psi(c_{s_0})$ 且 $x_2^0 \in \Phi_{c_{s_0}}(y_0)$. 由 $c_{s_0}^0$ 的任意性, 可知 $\Psi^{-1}(G)$ 为闭集. 最后, 由 G 的任意性, 可知定理成立. □

定理 4.2.6 定义在 (4.2.37) 的集值映射 Ψ 是紧映射.

证明 定理 4.2.4 说明 Ψ 是一个紧集值映射, 故也是闭集值映射. 此外, 由定理 4.2.5 知, Ψ 是上半连续的. 即 Ψ 是闭映射. 而由 Ψ 的定义可知, 其图像是有界的, 从而定理成立. □

由定理 4.2.6 及式 (4.2.40) 可得下面定理.

定理 4.2.7 式 (4.2.36) 定义的 U_{ad} 是紧集.

在本节的最后部分, 将讨论一类 $\Psi(c_{s_0})$ 为凸集的特殊情况. 首先, 对任意的 $c_{s_0} \in \text{Dom}(\Psi)$, 定义如下符号:

$$\begin{aligned}
D_{c_{s_0}}^{\min} &:= \min\{D | D \in \Psi(c_{s_0})\}, \\
D_{c_{s_0}}^{\max} &:= \max\{D | D \in \Psi(c_{s_0})\}, \\
\Pi'_{c_{s_0}} &:= \{(x_2, D) \in \Xi \times [D_{c_{s_0}}^{\min}, D_{c_{s_0}}^{\max}] | \ g(x_2, c_{s_0}, D) = 0\}.
\end{aligned} \quad (4.2.42)$$

由定理 4.2.4 可知, $\Psi(c_{s_0})$ 是有界闭集. 因此 $\Psi(c_{s_0})$ 有上下界, 故 (4.2.42) 的定义是有意义的. 此外, 显然有 $\Pi'_{c_{s_0}} \supseteq \Pi(c_{s_0})$. 对于给定的 $c_{s_0} \in \text{Dom}(\Psi), g(x_2, c_{s_0}, D) = 0$ 是一个有两个变量 x_2 和 D 的方程. 因此, 可以根据这个方程把 x_2 视为以 D 为变量的函数. 由隐函数定理可以验证在一定条件下这样的做法是合理的.

引理 4.2.1 (隐函数定理) 给定方程组

$$f_i(x_1, x_2, \ldots, x_l; y_1, y_2, \ldots, y_n) = 0, \quad i = 1, 2, \ldots, n. \quad (4.2.43)$$

其中 $f_i \in C^1(R^{l+n}; R)(i = 1, 2, \cdots, n)$. 假设点 $(p; q) = (p_1, p_2, \ldots, p_l; q_1, q_2, \ldots, q_n)$ 满足方程组 (4.2.43), 且在该点处有

$$\det \begin{pmatrix} \dfrac{\partial f_1}{\partial y_1} & \dfrac{\partial f_1}{\partial y_2} & \cdots & \dfrac{\partial f_1}{\partial y_n} \\ \dfrac{\partial f_2}{\partial y_1} & \dfrac{\partial f_2}{\partial y_2} & \cdots & \dfrac{\partial f_2}{\partial y_n} \\ \vdots & \vdots & & \vdots \\ \dfrac{\partial f_n}{\partial y_1} & \dfrac{\partial f_n}{\partial y_2} & \cdots & \dfrac{\partial f_n}{\partial y_n} \end{pmatrix} \neq 0. \quad (4.2.44)$$

则存在点 $(p;q)$ 的一个邻域 $U \subset \mathbb{R}^{l+n}$ 和连续可微函数 $\phi_j : U \to R, j = 1, 2, \ldots, n$, 使得

$$f_i(x; \phi_1(x), \phi_2(x), \ldots, \phi_n(x)) = 0, \quad i = 1, 2, \ldots, n \tag{4.2.45}$$

对一切 $x = (x_1, x_2, \ldots, x_l) \in \mathbb{R}^l$ 成立.

引理 4.2.2 对于给定的 $c_{s_0} \in \text{Dom}(\Psi)$, 若 g 满足以下条件:

(i) $\dfrac{\partial g}{\partial D}(x_2, c_{s_0}, D) < 0, \ \forall (x_2, D) \in \Pi'_{c_{s_0}}$;

(ii) $\dfrac{\partial g}{\partial x_2}(x_2, c_{s_0}, D) > 0, \ \forall (x_2, D) \in \Pi'_{c_{s_0}}$.

则有

$$x_2^1 = x_2^2 \Leftrightarrow D_1 = D_2, \quad \forall (x_2^1, D_1), (x_2^2, D_2) \in \Pi'_{c_{s_0}}.$$

证明 对于给定的 $c_{s_0} \in \text{Dom}(\Psi)$, 首先证明: 若条件 (i) 满足, 必有

$$x_2^1 = x_2^2 \Rightarrow D_2 = D_2, \quad \forall (x_2^1, D_1), (x_2^2, D_2) \in \Pi'_{c_{s_0}}.$$

假设不成立, 不失一般性, 假设 $D_1 > D_2$. 由条件 (i) 可知, g 是 D 的严格单调递减函数, 若 $x_2^1 = x_2^2$, 则有

$$g(x_2^1, c_{s_0}, D_1) = g(x_2^2, c_{s_0}, D_1) < g(x_2^2, c_{s_0}, D_2).$$

另一方面, 由于 $(x_2^1, D_1), (x_2^2, D_2) \in \Pi'_{c_{s_0}}$, 则有

$$g(x_2^1, c_{s_0}, D_1) = g(x_2^2, c_{s_0}, D_2) = 0.$$

故矛盾. 因此假设不成立. 即有 $D_1 = D_2$. 同样的, 可以证得若条件 (ii) 成立, 必有

$$D_1 = D_2 \Rightarrow x_2^1 = x_2^2, \quad \forall (x_2^1, D_1), (x_2^2, D_2) \in \Pi'_{c_{s_0}}.$$

综上, 则定理成立. □

定理 4.2.8 对于给定的 $c_{s_0} \in \text{Dom}(\Psi)$, 若 g 满足如下两个条件:

(i) $\dfrac{\partial g}{\partial D}(x_2, c_{s_0}, D) < 0, \forall (x_2, D) \in \Pi'_{c_{s_0}}$;

(ii) $\dfrac{\partial g}{\partial x_2}(x_2, c_{s_0}, D) > 0, \forall (x_2, D) \in \Pi'_{c_{s_0}}$.

则存在唯一的定义在一个区间 $\Xi_2 \subseteq \Xi$ 上的连续可微函数 $\varphi(.)$, 满足

$$g(x_2, c_{s_0}, \varphi(x_2)) = 0 \text{ 且 } \frac{d\varphi}{dx_2} = -\left[\frac{\partial g}{\partial x_2}\right] \bigg/ \left[\frac{\partial g}{\partial D}\right], \quad \forall x_2 \in \Xi_2. \tag{4.2.46}$$

4.2 基于 Monod 模型的微生物连续发酵动力系统

更进一步地, 可得

$$\Pi'_{c_{s_0}} = \text{Graph}(\varphi) = \{(x_2, \varphi(x_2))|\ x_2 \in \Xi_2\}. \tag{4.2.47}$$

证明 若 $x_2 = x_2^*$, 则由 (4.2.2) 可得 $\mu = 0$, 从而有

$$g(x_2, c_{s_0}, D) = \mu - D = -D = 0.$$

故任意的 $c_{s_0} \in \text{Dom}(\Psi)$, $(x_2^*, D) \in \Pi'_{c_{s_0}}$ 当且仅当 $D = 0$. 另一方面, 由于 $\Phi_{c_{s_0}}(D_{c_{s_0}}^{\min}) \neq \varnothing$ 且 $\Phi_{c_{s_0}}(D_{c_{s_0}}^{\max}) \neq \varnothing$. 任取 $x_2^l \in \Phi_{c_{s_0}}(D_{c_{s_0}}^{\min})$ 和 $x_2^u \in \Phi_{c_{s_0}}(D_{c_{s_0}}^{\max})$. 若条件 (i) 和 (ii) 满足, 则由引理 4.2.2 可知, x_2^l 和 x_2^u 分别是 $\Phi_{c_{s_0}}(D_{c_{s_0}}^{\min})$ 和 $\Phi_{c_{s_0}}(D_{c_{s_0}}^{\max})$ 的唯一的元素. 此外, 由于 $(x_2^l, D_{c_{s_0}}^{\min}), (x_2^u, D_{c_{s_0}}^{\max}) \in \Pi(c_{s_0}) \subseteq \Pi'_{c_0}$, 则有

$$\frac{\partial g}{\partial D}(x_2^l, c_{s_0}, D_{c_{s_0}}^{\min}) < 0, \quad \frac{\partial g}{\partial x_2}(x_2^l, c_{s_0}, D_{c_{s_0}}^{\min}) > 0; \tag{4.2.48}$$

$$\frac{\partial g}{\partial D}(x_2^u, c_{s_0}, D_{c_{s_0}}^{\max}) < 0, \quad \frac{\partial g}{\partial x_2}(x_2^u, c_{s_0}, D_{c_{s_0}}^{\max}) > 0. \tag{4.2.49}$$

由于 g 关于 $(x_2, D) \in \Xi \times \Omega_2$ 连续可微, 则在点 $(x_2^l, D_{c_{s_0}}^{\min})$ 的某个邻域 V_l 上有

$$\frac{\partial g}{\partial D}(x_2, c_{s_0}, D) < 0, \quad \frac{\partial g}{\partial x_2}(x_2, c_{s_0}, D) > 0, \quad \forall (x_2, D) \in V_l$$

成立. 由隐函数定理可知, 存在唯一的连续可微函数 φ_l 定义在包含点 x_2^l 的开区间 Ξ_l 上, 满足

$$g(x_2, c_{s_0}, \varphi_l(x_2)) = 0 \text{且} \frac{d\varphi_l}{dx_2} = -\left[\frac{\partial g}{\partial x_2}\right] \bigg/ \left[\frac{\partial g}{\partial D}\right], \quad \forall x_2 \in \Xi_l.$$

由 (4.2.48) 可得

$$\frac{d\varphi_l}{dx_2}(x_2^l) = -\left[\frac{\partial g}{\partial x_2}(x_2^l, c_{s_0}, D_{c_{s_0}}^{\min})\right] \bigg/ \left[\frac{\partial g}{\partial D}(x_2^l, c_{s_0}, D_{c_{s_0}}^{\min})\right] > 0.$$

由于 φ_l 在 Ξ_l 上连续可微, 则存在点 x_2^l 的一个邻域 $V_{x_2^l}$, 使 $\frac{d\varphi_l}{dx_2}(x_2^l)$ 在这个邻域内恒正, 即 φ_l 在 $V_{x_2^l}$ 严格单调上升. 由前面的证明可知 $V_{x_2^l} \cap [x_2^*, \infty) = \varnothing$.

往证 $V_{x_2^l}$ 可拓展至使得 $\varphi_l(.)$ 在它上面的像包含 $D_{c_{s_0}}^{\max}$. 假设不成立, 设 $V_{x_2^l} = (x_2^l - \varepsilon_1, x_2^l + \varepsilon_2)$ 为满足 $\varphi_l(.)$ 单调上升的点 x_2^l 的最大邻域, 且 $D_{c_{s_0}}^{\max} \notin \varphi_l(V_{x_2^l})$. 由 $\varphi_l(.)$ 的单调性, 可知对于任意的 $x_2 \in [x_2^l, x_2^l + \varepsilon_2)$, 有 $D_{c_{s_0}}^{\min} \leqslant \varphi_l(x_2) < D_{c_{s_0}}^{\max}$. 设 $\{x_2^n\}_{n=1}^{\infty}$ 为 $[x_2^l, x_2^l + \varepsilon_2)$ 上的一个单调递增序列, 且 $\lim\limits_{n \to \infty} x_2^n = x_2^l + \varepsilon_2$. 由于 $\varphi_l(.)$ 在 $V_{x_2^l}$ 有界且单调上升, 则序列 $\{\varphi_l(x_2^n)\}_{n=1}^{\infty}$ 收敛, 记其收敛点为 y_0. 则由 $\varphi_l(.)$

的连续性可知, $y_0 \leqslant D_{c_{s_0}}^{\max}$. 此外, 由 g 的连续性, 有 $g(x_2+\varepsilon_2, c_{s_0}, y_0) = 0$. 因此, $(x_2+\varepsilon_2, y_0) \in \Pi'_{c_{s_0}}$. 有条件 (i)(ii) 及隐含数定理, 存在唯一的连续可微函数 φ'_l 定义在 $x_2+\varepsilon_2$ 的某一开邻域内, 满足 $g(x_2, c_{s_0}, \varphi'_l(x_2)) = 0$. 由 φ'_l 的唯一性且其定义在 $x_2+\varepsilon_2$ 开邻域内, 可知 $\varphi_l = \varphi'_l$. 因此 $V_{x_2^l}$ 并不是最大的开邻域, 与假设矛盾. 故 $V_{x_2^l}$ 可拓展至使得 $\varphi_l(\cdot)$ 在它上面的像包含 $D_{c_{s_0}}^{\max}$.

记 x_2^{u1} 为 $V_{x_2^l}$ 内满足 $\varphi_l(x_2) = D_{c_{s_0}}^{\max}$ 的点. 由引理 4.2.2 可知 $x_2^{u1} = x_2^u$. 令 $\Xi_2 = [x_2^l, x_2^u]$, 并定义

$$\varphi: \quad [x_2^l, x_2^u] \to \Omega_2,$$
$$x_2 \mapsto \varphi(x_2) := \varphi_l(x_2), \qquad (4.2.50)$$

则任意的 $(x'_2, D') \in \Pi'_{c_{s_0}}$, 有 $\varphi(x_2^l) = D_{c_{s_0}}^{\min} \leqslant D' \leqslant D_{c_{s_0}}^{\max} = \varphi(x_2^u)$. 由 φ 的连续性, 可知存在 $x_2 \in [x_2^l, x_2^u]$ 使得 $\varphi(x_2) = D'$. 再利用引理 4.2.2, 可知 $x_2 = x'_2$. 因此 $\Pi'_{c_{s_0}} = \{(x_2, \varphi(x_2))| \ x_2 \in \Xi_2\}$, 即定理成立. □

定理 4.2.9 对于给定的 $c_{s_0} \in \text{Dom}(\Psi)$, 若 g 满足如下三个条件:

(i) $\dfrac{\partial g}{\partial D}(x_2, c_{s_0}, D) < 0, \quad \forall (x_2, D) \in \Pi'_{c_{s_0}}$;

(ii) $\dfrac{\partial g}{\partial x_2}(x_2, c_{s_0}, D) > 0, \quad \forall (x_2, D) \in \Pi'_{c_{s_0}}$;

(iii) $\Pi(c_{s_0}) = \Pi'_{c_{s_0}}$.

则集合 $\Psi(c_{s_0})$ 是 Ω_2 上的紧凸集.

证明 对于给定的 $c_{s_0} \in \text{Dom}(\Psi)$, 若条件 (i) 和 (ii) 满足, 则由定理 4.2.8 可知, 存在一个区间 $\Xi_2 \subseteq \Xi$ 及唯一的定义在 Ξ_2 上的单调递增连续可微函数 φ, 满足 $\Pi'(c_{s_0}) = \text{Graph}(\varphi)$. 因此

$$0 \leqslant \varphi^{-1}(D_{c_{s_0}}^{\min}) \leqslant \varphi^{-1}(D) \leqslant \varphi^{-1}(D_{c_{s_0}}^{\max}) \leqslant x_2^*, \quad \forall D \in [D_{c_{s_0}}^{\min}, D_{c_{s_0}}^{\max}].$$

另一方面, 由条件 (iii) 可知, 对任意的 $D \in [D_{c_{s_0}}^{\min}, D_{c_{s_0}}^{\max}]$, 有

$$0 \leqslant a_i(\varphi^{-1}(D), c_{s_0,}, D) \leqslant x_i^*, \quad i = 1, 3, 4, 5.$$

故 $D \in \Psi(c_{c_0})$. 由 D 的任意性, 可得

$$\Psi(c_{c_0}) = [D_{c_{s_0}}^{\min}, D_{c_{s_0}}^{\max}].$$

即定理成立. □

2. 平衡点的数值求解

本节根据系统 (4.2.1) 的特点, 介绍一个比较简便有效的求解该系统平衡点的数值方法.

由于系统 (4.2.1) 是非线性的, 故对于某些给定的 (c_{s_0}, D), 它可能存在多个平衡点. 而从实际的角度, 我们仅关心在 W_{ad} 的平衡点. 在文献 [273] 中, 修志龙利用高斯-牛顿最小二乘法求解该系统的平衡点. 这种方法的不足之处在于对于给定的初始点, 经算法迭代后得到收敛点可能并不是系统的零点, 即使能得到零点, 每次也仅能得到一个零点. 最重要的, 这个算法不能保证能求出系统的所有平衡点.

本文把求解系统 (4.2.1) 平衡点的问题转化为求解方程 (4.2.33) 在区间 $[x_{2*}, x_2^*]$ 的根的问题, 这降低了求解的维数, 使计算速度提升. 此外, 对于给定的 (c_{s_0}, D), 通过画出 g 关于变量 x_2 在区间 $[x_{2*}, x_2^*]$ 上的图像, 可以确定方程 (4.2.33) 在区间 $[x_{2*}, x_2^*]$ 上根的个数, 并可以把根限制在一个更小的范围内. 由于 (4.2.33) 是一元方程, 故区间分割法就可以很有效的求解这类问题. 整个求解过程简单的概括为如下四个步骤: 一、画图确定根个数及根的范围; 二、利用区间法求方程 (4.2.33) 的根; 三、把方程 (4.2.33) 代入 (4.2.29)—(4.2.32) 求得 $\tilde{x}_1, \tilde{x}_3, \tilde{x}_4, \tilde{x}_5$ 的值; 最后验证所求得的是否为满足要求的平衡点.

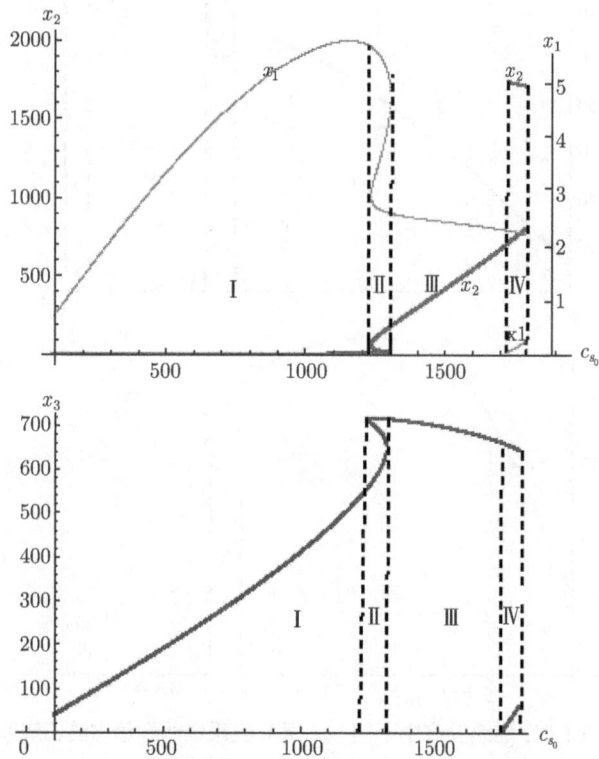

图 4.1 $D = 0.1$ 时, 连续发酵中不同 c_{s_0} 所对应的系统达到稳态的生物量, 甘油和 1,3-PD 的浓度

显然的, D 和 c_{s_0} 影响着系统 (4.2.1) 的动态行为. 因此, 分别固定其中一个, 通过改变另一个, 研究 D 和 c_{s_0} 对 (4.2.1) 的动态行为的影响.

以 $D = 0.1$ 为例, 在 Ω_1 中等间距选取 500 个 c_{s_0} 的值, 分别由上述算法计算系统的对应的平衡点. 所得结果如图 4.1 和图 4.2 所示. 有以下结论: 对任意的 $c_{s_0} \in [100, 1241.80) \bigcup [1311.55, 1734.96)$, 系统 (4.2.1) 有唯一的平衡点; 对任意的 $c_{s_0} \in [1241.8, 1311.55)$, 系统有三个平衡点; 对任意的 $c_{s_0} \in [1734.96, 1800]$, 系统有两个平衡点. 把 $[100, 1241.80)$、$[1241.8, 1311.55)$、$[1311.55, 1734.96)$、$[1734.96, 1800]$ 分别记为区间 I、II、III、IV. 类似地, 通过改变 D, 得到了如下结论: 当 D 增大时, 区间 II 和区间 IV 变小, 当 D 达到 0.16234 时, 区间 II 消失, 即系统没有三稳态现象; 当 D 达到 0.355 时, 区间 IV 也消失, 即系统只有单稳态. 也就是说, 0.16234 和 0.355 是 D 影响系统多态性的两个临界值.

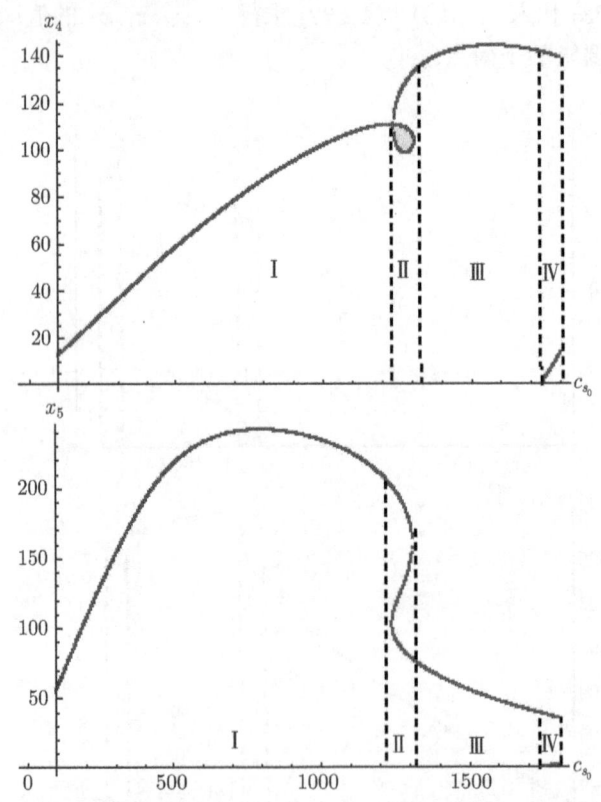

图 4.2 $D = 0.1$ 时, 连续发酵中不同 c_{s_0} 所对应系统达到稳态的乙酸和乙醇浓度

3. 稳定性分析

研究非线性动力系统的稳定性时, 经常通过研究其线性化系统的稳定性. 也就

4.2 基于 Monod 模型的微生物连续发酵动力系统

是依据几乎线性系统的稳定性 (见 2.7 节), 推断原系统局部的稳定性. 与 Lyapunov 方法比较, 这一方法比较易于实现, 因为稍微复杂的非线性动力系统, 其 Lyapunov 函数都不是很好构造的. 所以, 本节利用线性化的方法来研究系统 (4.2.1) 的稳定性.

对 (4.2.19) 定义的函数 f 在 $\tilde{x}_v$ 点进行 Taylor 展开, 有

$$f(x,v) = A(x - \tilde{x}_v) + h(x - \tilde{x}_v). \tag{4.2.51}$$

其中 $A = \left(\dfrac{\partial f_i(\tilde{x}_v, v)}{\partial x_j}\right)_{n \times n}$, $h : \mathbb{R}^n \to \mathbb{R}^n$ 是 $x - \tilde{x}_v$ 的多项式函数, 其最低次为二次, 即有

$$\lim_{\|x - \tilde{x}_v\| \to 0} \frac{\|h(x - \tilde{x}_v)\|}{\|x - \tilde{x}_v\|} = 0. \tag{4.2.52}$$

令 $r(A) := \max\{\mathrm{Re}(\lambda) : \lambda 是 A 的特征值\}$, 其中 $\mathrm{Re}(\lambda)$ 表示 λ 的实部. 当 $r(A) < 0$ 时, x_v 是局部稳定的, 当 $r(A) > 0$ 时是不稳定的.

定理 4.2.10 设 $\tilde{x}_v$ 是系统 (4.2.1) 的一个平衡点, 若式 (4.2.52) 成立, 则 f 在 $\tilde{x}_v$ 可展开为 (4.2.51) 形式.

上述定理保证了可通过考虑系统 (4.2.1) 的线性化系统的特征值来估计系统的稳定性. 以 $D = 0.1$ 为例, 对 c_{s_0} 分别在区间 I、II、III、IV 各选取一个值, 计算对应的平衡点, 然后求得对应线性化系统的特征值, 得到结论如表 4.3 所示.

表 4.3

D	c_{s_0}	平衡点 $(\tilde{x}_1, \tilde{x}_2, \tilde{x}_3, \tilde{x}_4, \tilde{x}_5)$	$r(A)$	稳定性
0.1	200	(1.36806, 0.0857, 73.6941, 23.8863, 105.53)	-0.1	局部稳定
0.1	1250	(5.66947, 3.67735, 561.301, 110.39, 199.249)	-0.1	局部稳定
		(3.18876, 35.9193, 707.331, 102.694, 112.416)	0.0289802	不稳定
		(2.76968, 87.0539, 715.254, 118.139, 93.6261)	-0.0395893	局部稳定
0.1	1500	(2.44308, 406.498, 698.648, 143.616, 55.541)	-0.0867195	局部稳定
0.1	1800	(2.21837, 797.913, 643.889, 138.979, 35.4615)	-0.0716659	局部稳定
		(0.202208, 1708.19, 59.1847, 13.1668, 1.90826)	0.0171012	不稳定

为了方便讨论, 定义 $\mathbb{R}^5$ 上的一个偏序关系 $\prec$: 设 $x, y \in \mathbb{R}^5$, 如果 x 的第一个分量大于 y 的第一个分量, 称 $x \prec y$. 然后, 如表 4.3, 对 $D = 0.1, c_{s_0} \in [100, 1800]$ 进行讨论, 得到以下结果: 当 c_{s_0} 在区间 I 或 III 时, 系统的唯一的平衡点是局部稳定的; 当 c_{s_0} 在区间 II 时, 记系统的三个平衡点分别为 x, y, z, 不妨设 $x \prec y \prec z$, 则 x, z 为局部稳定的, y 为不稳定的; 当 c_{s_0} 在区间 IV 时, 记系统的两个平衡点分别为 x, y, 不妨设 $x \prec y$, 则 y 为局部稳定的, x 为不稳定的.

4.3 连续发酵非线性随机动力系统

本章前面介绍的动力学模型一般需要建立在许多假设的基础上, 如: 发酵动力学模型中一般假设微生物的生长仅仅受底物和主要产物的影响. 这些理想化的假设都降低了所建模型在实际问题研究中的可行性. 更重要的是, 从本质上看, 微生物生长的变化过程与人口增长模型类似, 其增长速率不是一个确定的值, 而是受到一些不确定因素的影响, 这就要求对所考察的系统建立某种随机模型. 此外, 生物学中一个普遍的问题是生物现象本质上往往是无规律的或者说是不确定的, 例如, 发酵过程不具有可重复性, 即使完全相同的初始条件也不会得到完全一致的实验结果, 即发酵过程包括了随机性. 因此同确定模型相比, 随机模型能更好的刻画各种生物现象的本质. 近几十年来, 随机微分方程在物理、化学、力学、生物学、经济与金融学、控制理论、航天工程等多个领域发挥了重要的作用.

在随机微分方程的研究中, 往往关注的是系统的正解和生存集. 对于一些有实际背景的随机微分模型, 考虑其正解或者生存集是非常必要的, 尤其是对于描述一定生物量或经济量的随机微分模型, 正解或生存集是重要的考察对象[274].

考虑到微生物发酵法生产 1,3- 丙二醇是一个单菌种的发酵, 本章考虑了连续发酵中微生物内在随机性, 通过实验数据对这种内在随机性的强度进行初步的估计, 建立以随机微分方程来描述微生物发酵动态行为的动力系统, 讨论了该随机系统解的存在唯一性及其他重要的性质, 并进行了数值模拟.

4.3.1 非线性随机动力系统

连续发酵的确定型物料平衡方程[140]:

$$\begin{cases} \dfrac{dX}{dt} = X(\mu - D), \\ \dfrac{dC_s}{dt} = (D(c_{s_0} - C_s) - Xq_s, \\ \dfrac{dC_p}{dt} = Xq_p - DC_p, \\ x(0) = (X(0), c_s(0), C_p(0))^\mathrm{T} = x^0, \end{cases} \quad t \in \mathcal{I} = [t_0, t_f], \qquad (4.3.1)$$

其中 X, C_s, C_p 分别表示在发酵罐中微生物、底物甘油和产物 1,3- 丙二醇的浓度. x^0 为初始状态, c_{s_0} 表示注入甘油的浓度, D 表示稀释速率. μ 为微生物比生长速率, q_s 和 q_p 分别表示底物的比消耗速率和产物的比生成速率, 具体表示如下:

$$\mu = \mu_{\max}\left(\dfrac{C_s}{C_s + k_s}\right)\left(1 - \dfrac{C_s}{C_s^*}\right)\left(1 - \dfrac{C_p}{C_p^*}\right), \qquad (4.3.2)$$

4.3 连续发酵非线性随机动力系统

$$q_s = m_s + \frac{\mu}{Y_s^m} + \Delta q_s^m \frac{C_s}{C_s + k_s^*}, \tag{4.3.3}$$

$$q_p = m_p + \mu Y_p^m + \Delta q_p^m \frac{C_s}{C_s + k_p^*}. \tag{4.3.4}$$

当温度 37°C 和 pH = 7.0 时, 在厌氧的条件下, 细胞的最大比增长速率为 $0.67\mathrm{h}^{-1}$, Monod 饱和常数 k_s 为 $0.28\,\mathrm{mmol/L}$. 微生物、底物和 1,3- 丙二醇的临界浓度分别为 $X^* = 10\,\mathrm{g/L}$, $C_s^* = 2039\,\mathrm{mmol/L}$, $C_p^* = 939.5\,\mathrm{mmol/L}$. 参数 m_s, m_p Y_s^m, Y_p^m, Δq_s^m, Δq_p^m k_s^*, k_p^* 的意义与数值见文献 [273] 与表 4.4.

表 4.4 式子 (4.3.3) 和 (4.3.4) 参数取值

i	m_i	Y_i^m	$\Delta_{q_i}^m$	k_i^*
s	2.20	0.0082	28.58	11.43
p	-2.69	67.69	26.59	15.50

根据上面提到的确定型动力系统, 本节将考虑其对应的随机动力系统. 首先, 分析如何从确定型系统得到随机动力系统. 表达一个系统的随机行为有很多方式, 最自然的方法是在 d 维确定模型的基础上简单的加上一个随机的部分[244], 即在原确定模型系统 $\dot{x}(t) = F(t, x(t))$ 的基础上再增加一个给定的映射 $G : \mathbb{R}^{d+1} \longrightarrow \mathbb{R}^{d \times m}$ 和一个 $\mathbb{R}^m$-维白噪声过程 $W(t)$, 这样就得到了一个用随机微分方程来描述的系统:

$$\dot{x}(t) = F(t, x(t)) + G(t, x(t))\dot{W}(t),$$

亦可等价地表达如下:

$$x(t) = x(t_0) + \int_{t_0}^{t} F(\tau, x(\tau))d\tau + \int_{t_0}^{t} G(\tau, x(\tau))dW(\tau).$$

在本小节中, 仅考虑随机噪声对微生物比生长速率的影响, 即取 $W(t)$ 为一维白噪声. 应用随机人口模型的标准技术, 令 $\tilde{\mu} = \mu + \sigma_\mu \dot{W}(t)$, 其中 μ 为式子 (4.3.2) 所定义, σ_μ 是一个未知的参数, 表示微生物内在随机扰动的强度. $W(t)$ 是期望为 0 方差为 t 的标准布朗运动, 即一维白噪声过程. 由于式子 (4.3.2)—(4.3.4) 中都含有 μ, 用 $\tilde{\mu}$ 替换 μ 后, 每个式子就都多出一个带有 $dW(t)$ 的项. 这样, 就在确定模型的基础上引入了随机性. 得到了连续发酵的随机模型如下:

$$dx(t) = F(x(t))dt + G(x(t))dW(t), \quad t \in \mathcal{I}, \quad x(0) = x^0. \tag{4.3.5}$$

其中

$$F(x) = (X(\mu - D), D(C_{s_0} - C_s) - Xq_s, Xq_p - DC_p)^{\mathrm{T}}, \tag{4.3.6}$$

$$G(x) = \left(\sigma_\mu X, \frac{\sigma_\mu X}{Y_s^m}, \sigma_\mu Y_p^m X\right)^{\mathrm{T}}, \tag{4.3.7}$$

$$E(W_t) = 0,$$
$$D(W_t) = t.$$

在系统 (4.3.5) 中, $x(t) = (X(t), C_s(t), C_p(t))^{\mathrm{T}}$ 是一个随机过程, 该随机过程反映了在微生物的内在随机扰动下的振动趋势.

在系统 (4.3.5) 中, 为了确定微生物的内在随机扰动强度 σ_μ, 还需要一些额外的方法以及进一步的实验. 图 4.3 画出了在连续发酵稳态时测得的实验数据, 用式 (4.3.2) 计算得到的不同的细胞比生长速率 (实验数据来自参考文献 [140, 275, 276]). 我们用这些数据的方差作为 σ_μ 的值.

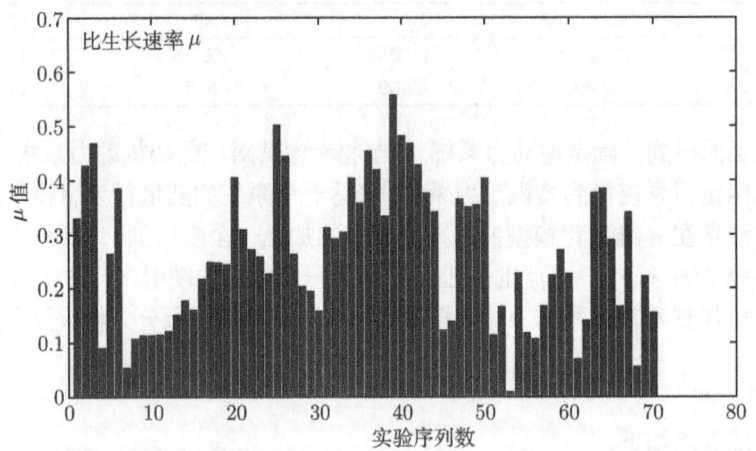

图 4.3 不同稳态数据下生物量比生长速率的变化 (数据源自文献 [140, 275, 276])

4.3.2 非线性随机动力系统性质

由函数 $F(x)$ 和 $G(x)$ 关于 $t \in \mathcal{I}$ 的连续性, 可以得到如下结论.

定理 4.3.1 由 (4.3.6) 和 (4.3.7) 定义的向量值函数 $F(x)$ 和 $G(x)$ 关于 $t \in \mathcal{I}$ 和 $x \in \mathbb{R}^5$ 是可测的.

定理 4.3.2 对由 (4.3.6) 和 (4.3.7) 定义的向量值函数 $F(x)$ 和 $G(x)$, 存在正的常数 K 和 K' 使得下面的条件成立:

a) 一致 Lipschitz 条件
$$\|F(x^1) - F(x^2)\| + \|G(x^1) - G(x^2)\| \leqslant K\|x^1 - x^2\|, \quad \forall x^1, x^2 \in W_{ad};$$

b) 线性增长条件
$$\|F(x)\| + \|G(x)\| \leqslant K'(1 + \|x\|), \quad \forall x \in W_{ad}.$$

证明　首先证明一致 Lipschitz 条件. 令 $x^1, x^2 \in W_{ad}$, 由微分中值定理可推出

$$\|F(x^1) - F(x^2)\| \leqslant \|JF(x^1 + \theta(x^2 - x^1))\| \|x^2 - x^1\|. \tag{4.3.8}$$

这里 $\theta \in (0,1)$, $JF(x^1+\theta(x^2-x^1))$ 表示函数 F 在 $x^1+\theta(x^2-x^1)$ 点的 Jacobi 矩阵. 由于 $F(x)$ 在 W_{ad} 上是连续可微的且 W_{ad} 是一个紧凸集, 令 $L = \max_{x \in W_{ad}} \|JF(x)\|$, 则由式 (4.3.8) 可得

$$\|F(x^1) - F(x^2)\| \leqslant L\|x^2 - x^1\|. \tag{4.3.9}$$

另一方面, 令 $a = \max\{|\sigma_\mu|, |\frac{\sigma_\mu}{Y_s^m}|, |\sigma_\mu Y_p^m|\}$, 由 G 的定义, 有

$$\|G(x^1) - G(x^2)\| \leqslant a \left(\sum_{i=1}^{3}(x_i^1 - x_i^2)^2 \right)^{1/2} \leqslant a\|x^2 - x^1\|. \tag{4.3.10}$$

这样, 由式子 (4.3.9) 和 (4.3.10) 可以得到

$$\|F(x^1) - F(x^2)\| + \|G(x^1) - G(x^2)\| \leqslant (L+a)\|x^2 - x^1\|.$$

令 $K \triangleq L + a$, 则有

$$\|F(x^1) - F(x^2)\| + \|G(x^1) - G(x^2)\| \leqslant K\|x^2 - x^1\|.$$

下面证明函数 F 和 G 满足线性增长条件.

由式子 (4.3.2)—(4.3.4), 可以推出, 存在正的常数 C_1, C_2, C_3 使得

$$0 \leqslant \mu \leqslant \mu_{\max}\left(\frac{C_s}{C_s + k_s}\right)\left(1 - \frac{C_s}{C_s^*}\right)\left(1 - \frac{C_p}{C_p^*}\right) \leqslant \mu_{\max} \leqslant C_1,$$

$$0 \leqslant q_s \leqslant \left| m_s + \frac{\mu}{Y_s^m} + \Delta q_s^m \frac{C_s}{C_s + k_s^*} \right| \leqslant C_2,$$

$$0 \leqslant q_p \leqslant \left| m_p + \mu Y_p^m + \Delta q_p^m \frac{C_s}{C_s + k_p^*} \right| \leqslant C_3.$$

从而有

$$0 \leqslant q_p X - DC_p \leqslant q_p X \leqslant C_3 X.$$

又因为

$$0 \leqslant D \leqslant 0.67, \quad C_s \leqslant C_{s0},$$

则

$$0 \leqslant q_s X - D(C_{s0} - C_s) \leqslant q_s X \leqslant C_2 X.$$

再由式子 (4.3.6), 可以得到

$$\|F(x)\| \leqslant \sqrt{C_1^2 + C_2^2 + C_3^2} \|x\|. \tag{4.3.11}$$

由函数 $G(x)$ 的定义, 有

$$\|G(x)\| \leqslant \sigma_\mu a \|x\| \leqslant \sigma_\mu a (1 + \|x\|).$$

这样, 令 $K' = \sigma_\mu a + C$, 则

$$\|F(x)\| + \|G(x)\| \leqslant K'(1 + \|x\|).$$

即命题得证. □

向量值函数 $F(x)$ 和 $G(x)$ 由 (4.3.6) 和 (4.3.7) 定义, 根据定理 (4.3.2) 中的证明, $F(x)$ 和 $G(x)$ 满足定理 (2.5.1) 的条件, 因此可得下面结论.

定理 4.3.3 (存在唯一性) 随机动力系统 (4.3.5) 在 $\mathcal{I}$ 上存在唯一的满足初始条件 x^0 的解, 记为 $x(t)$.

根据 4.3.1 节定理 4.3.1 的证明以及定理 7.1.2[245], 可以证明下面两个定理.

定理 4.3.4 (Markov 性和有界性) 系统 (4.3.5) 的唯一解 $x(t)$ 在区间 I 上是一个马尔可夫过程, 其在时刻 $t = 0$ 的初始状态为 x^0, 并且

$$\left(\sup_{0 \leqslant t \leqslant t_f} E\|x(t)\|\right)^2 < B(1 + E\|x^0\|^2).$$

其中, 常数 B 仅依赖于定理 4.3.2 证明过程中的 K 和时间 t_f.

定理 4.3.5 (随机连续性) 系统 (4.3.5) 解 $x(t)$ 的几乎所有样本轨道在 I 上是连续的.

4.3.3 数值模拟

在这个例子中, 使用蒙特卡罗方法产生 5000 个随机输入, 由它组成标准布朗运动 $dW(t)$ 的无穷小增量. 然后, 使用下面的随机 Euler-Maruyama 方法来求解前面提出的随机模型.

随机 Euler-Maruyama 方法[245]

$$x_j^k = x_{j-1}^k + F_k(x_{j-1}^k)\Delta t + G_k(x_{j-1}^k)(\dot{w}_t(\tau_j) - w_t(\tau_{j-1})), \quad j = 1, 2, ..., N.$$

其中, 对于给定正整数 N, $\Delta t = t_f/N$, $\tau_j = j \cdot \Delta t$. x^k, F_k 和 G_k 分别表示 $x(t)$, F 和 G 的第 k 个分量, $k = 1, 2, 3$.

在数值模拟中, $D = 0.25/\text{h}$, $c_{s0} = 735\text{mmol/L}$, $x^0 = (0.98\text{g/L}, 464\text{mmol/L}, 184.36\text{mmol/L})^\text{T}$, 其组成分别是生物量、底物、1,3- 丙二醇的初始浓度. 所有随机

4.4 微生物连续发酵时滞动力系统

系统中的参数见表 4.4. 图 4.4 给出了生物量、底物和产物浓度的实验数据和模拟值之间的比较,这里星点表示实验数据,记为 $y(\tau_i)=(y^1(\tau_i), y^2(\tau_i), y^3(\tau_i))^{\mathrm{T}}$, $i=1,2,\cdots,11$, 实线表示计算曲线,记为 $Ex^k(t), k \in I_3$. 定义误差如下:

$$e_k = \frac{\sum_{i=1}^{11}|EX^k(\tau_i) - y^k(\tau_i)|}{\sum_{i=1}^{11} y^k(\tau_i)}, \quad k \in I_3.$$

计算可得误差为: $e_1 = 9.37\%, e_2 = 6.37\%, e_3 = 29.85\%$. 与文献 [277] 中的误差相比,可以推断出随机动力系统更适合于模拟连续发酵生产 1,3- 丙二醇的培养过程.

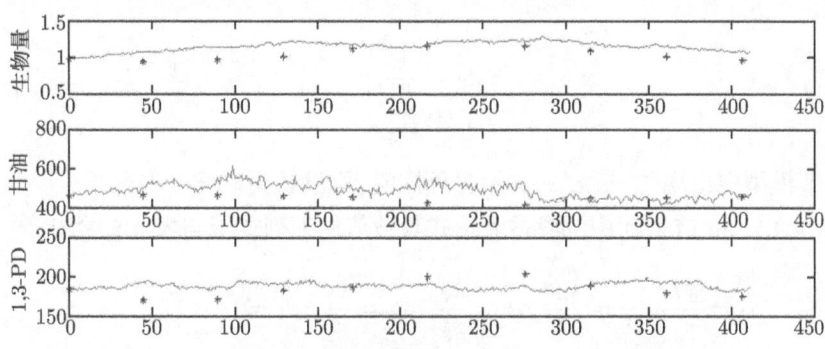

图 4.4 生物量、底物和产物浓度的实验值与计算值的比较

4.4 微生物连续发酵时滞动力系统

根据生物意义,在系统中引入离散时滞,建立了五维非线性离散时滞动力系统. 以时滞为参数,讨论了时滞对系统的正平衡点局部稳定性的影响及 Hopf 分叉的存在性. 并且在稀释速率恒定条件下,数值模拟了分叉值和周期随进料浓度变化的曲线以及固定某一操作条件,模拟了分叉的周期解与相图. 定性描述了实验中出现的振荡现象.

4.4.1 无量纲连续发酵时滞动力系统

为了讨论方便,对模型 (4.2.1) 进行无量纲化. 令

$$x_1 := \frac{x_1}{x_1^*}, \ x_2 := \frac{x_2}{x_2^*}, \ x_3 := \frac{x_3}{x_3^*}, \ x_4 := \frac{x_4}{x_4^*},$$

$$x_5 := \frac{x_5}{x_5^*}, \ y_0 := \frac{c_{S0}}{x_2^*}, \ t := t\mu_m, v := \frac{\mu}{\mu_m}, \ d := \frac{D}{\mu_m},$$

则模型 (4.2.1) 可转化为

$$\begin{cases} \dot{x}_1 = x_1 v - dx_1, \\ \dot{x}_2 = d(y_0 - x_2) - x_1(t)\varphi_1 \left(\beta_1 + \gamma_1 v + \dfrac{x_2}{x_2 + \alpha_1}\right), \quad t \in [t_0\mu_m, t_f\mu_m], \\ \dot{x}_3 = x_1\varphi_2 \left(\beta_2 + \gamma_2 v + \dfrac{x_2}{x_2 + \alpha_2}\right) - dx_3, \\ \dot{x}_4 = x_1\varphi_3 \left(\beta_3 + \gamma_3 v + \dfrac{x_2}{x_2 + \alpha_3}\right) - dx_4, \\ \dot{x}_5 = x_1\varphi_4 \left(\beta_1 + \gamma_1 v + \dfrac{x_2}{x_2 + \alpha_1}\right)\left(\dfrac{b_{11}}{c_{11} + dx_2} + \dfrac{b_{21}}{c_{21} + dx_2}\right) - dx_5, \end{cases} \quad (4.4.1)$$

其中

$$v = \frac{x_2}{x_2 + \alpha_4} \prod_{i=2}^{5}(1 - x_i). \qquad (4.4.2)$$

本节模型中出现的 $\dot{x}_i, x_i, v$ 如不另外注明, 则默认为时间 t 的函数.

式 (4.4.1) 和 (4.4.2) 中的参数表达式与数值由下列式子与表 4.5 给出:

$$\alpha_1 = \frac{k_2}{x_2^*}, \ \alpha_2 = \frac{k_3}{x_2^*}, \ \alpha_3 = \frac{k_4}{x_2^*}, \ \alpha_4 = \frac{k_s}{x_2^*}, \ \beta_1 = \frac{m_2}{\Delta q_2},$$

$$\beta_2 = \frac{m_3}{\Delta q_3}, \ \beta_3 = \frac{m_3}{\Delta q_3}, \ \gamma_1 = \frac{\mu_m}{Y_2 \Delta q_2}, \ \gamma_2 = \frac{\mu_m}{Y_3 \Delta q_3}, \ \gamma_3 = \frac{\mu_m}{Y_4 \Delta q_4},$$

$$\varphi_1 = \frac{x_1^* \Delta q_2}{x_2^* \mu_m}, \ \varphi_2 = \frac{x_1^* \Delta q_3}{x_3^* \mu_m}, \ \varphi_3 = \frac{x_1^* \Delta q_4}{x_4^* \mu_m}, \ \varphi_4 = \frac{X_m \Delta q_S^m}{C_{EtOH}^* \mu_m},$$

$$b_{11} = \frac{b_1}{\mu_m x_2^*}, \ b_{21} = \frac{b_2}{\mu_m x_2^*}, \ c_{11} = \frac{c_1}{\mu_m x_2^*}, \ c_{21} = \frac{c_2}{\mu_m x_2^*}.$$

表 4.5　方程 (4.4.1) 和 (4.4.2) 中的参数

α_1	α_2	α_3	α_4	β_1	β_2	β_3
0.0056	0.0076	0.0420	0.00014	0.07	-0.0947	-0.2685
β_4	γ_1	γ_2	γ_3	φ_1	φ_2	φ_3
0.07	2.6161	2.0868	4.1271	0.2286	0.3850	0.0729
φ_4	b_{11}	b_{21}	c_{11}	c_{21}		
1.2917	0.00022	0.0033	0.000044	0.0369		

系统 (4.4.1) 得出了与实验相符的多态现象, 但并没有出现滞后和振荡行为. 考虑到在微生物的连续培养中, 微生物的增长率不仅与 t 时刻的微生物浓度 $x(t)$ 有关, 而且与前面 $t-\tau$ 时刻 ($\tau > 0$) 的微生物浓度有关, 我们把它解释为微生物储备

4.4 微生物连续发酵时滞动力系统

能量以备自用的时滞, 改进后的模型为

$$\begin{cases} \dot{x}_1 = x_1(t-\tau)v - dx_1, \\ \dot{x}_2 = d(y_0 - x_2) - x_1(t-\tau)q_2, \quad t \in [t_0, t_f\mu_m], \\ \dot{x}_3 = x_1(t-\tau)q_3 - dx_3, \\ \dot{x}_4 = x_1(t-\tau)q_4 - dx_4, \\ \dot{x}_5 = x_1(t-\tau)q_5 - dx_5, \end{cases} \quad (4.4.3)$$

其中

$$v = \frac{x_2}{x_2 + \alpha_4} \prod_{i=2}^{5}(1 - x_i),$$

$$q_2 = \varphi_1\left(\beta_1 + \gamma_1 v + \frac{x_2}{x_2 + \alpha_1}\right),$$

$$q_3 = \varphi_2\left(\beta_2 + \gamma_2 v + \frac{x_2}{x_2 + \alpha_2}\right),$$

$$q_4 = \varphi_3\left(\beta_3 + \gamma_3 v + \frac{x_2}{x_2 + \alpha_3}\right),$$

$$q_5 = \varphi_4\left(\beta_1 + \gamma_1 v + \frac{x_2}{x_2 + \alpha_1}\right)\left(\frac{b_{11}}{c_{11} + dx_2} + \frac{b_{21}}{c_{21} + dx_2}\right).$$

显然非线性系统 (4.4.3) 与 (4.4.1) 有相同的平衡点, 本节利用延拓法做出 $d = 0.1$ 时系统 (4.4.1), 即当 $\tau = 0$ 时, 系统 (4.4.3) 的正平衡点的 x 分量随进料浓度 y_0 变化的曲线. 如图 4.5 所示, 系统 (4.4.1) 有两个多态区域 $[y_{01}, y_{02}]$ 和 $[y_{03}, y_{04}]$. 根

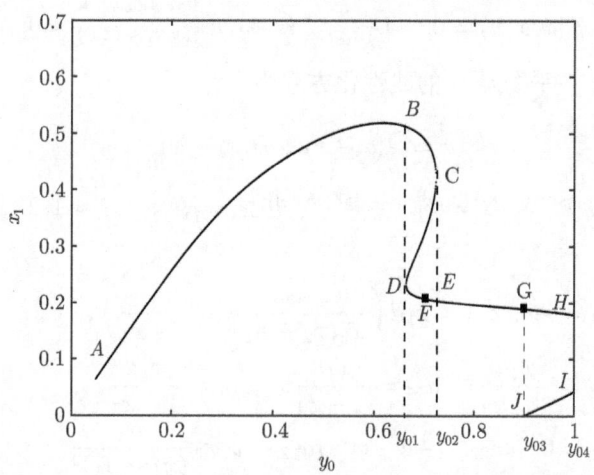

图 4.5 $d = 0.1$ 时, 稳态生物量关于进料浓度 y_0 的变化曲线

据 Hurwitz 准则, 得出 AC 和 DH 段上的平衡点是稳定的, CD 和 IJ 段上的平衡点是不稳定的.

由于实际发酵过程中, 各底物和产物的浓度均不会超过其临界浓度, 故在 $\mathbb{R}^5$ 的子集 S_0 上考虑系统的性质: $S_0 := \{x \in \mathbb{R}^5 | x_1 \in [0.0001, 1], x_2 \in [0.0005, 1], x_i \in [0, 1], i = 3, 4, 5\}$, 令

$$f(x, x_t, u) = (f_1(x, x_t, u), f_2(x, x_t, u), f_3(x, x_t, u), f_4(x, x_t, u), f_5(x, x_t, u))^{\mathrm{T}}$$
$$:= (x_1(t-\tau)v - dx_1, d(y_0 - x_2) - x_1(t-\tau)q_2,$$
$$x_1(t-\tau)q_3 - dx_3, x_1(t-\tau)q_4 - dx_4, x_1(t-\tau)q_5 - dx_5)^{\mathrm{T}},$$

其中

$$u := (d, y_0)^{\mathrm{T}} \in \mathbb{R}^2,$$
$$x := (x_1(t), x_2(t), x_3(t), x_4(t), x_5(t))^{\mathrm{T}} \in \mathbb{R}^5,$$
$$x_t := (x_1(t-\tau), x_2(t-\tau), x_3(t-\tau), x_4(t-\tau), x_5(t-\tau))^{\mathrm{T}} \in \mathbb{R}^5.$$

给定 u (固定 d 和 y_0), 记 $\hat{x} = (\hat{x_1}, \hat{x_2}, \hat{x_3}, \hat{x_4}, \hat{x_5})$ 为系统 (4.4.3) 正平衡点, 由于 $f(\cdot, \cdot, u)$ 在 $S_0 \times S_0$ 上是二次连续可微的, 则对于所有的 $(x, x_t) \in S_0 \times S_0$, 有

$$f(x, x_t, u) = A(x - \hat{x}) + B(x_t - \hat{x}) + F(x, x_t, u),$$

其中

$$A = \frac{\partial}{\partial x} f(\hat{x}, \hat{x}, u), \quad B = \frac{\partial}{\partial x_t} f(\hat{x}, \hat{x}, u),$$
$$F(\hat{x}, \hat{x}, u) = 0, \quad D_{(x, x_t)} F(x, x_t, u)|_{(x, x_t) = (\hat{x}, \hat{x})} = 0.$$

因此系统 (4.4.3) 在平衡点 $\hat{x}$ 的线性化方程为

$$\dot{x} = A(x - \hat{x}) + B(x_t - \hat{x}), \tag{4.4.4}$$

其中 $A = (a_{ij}) \in \mathbb{R}^{5 \times 5}$, $B = (b_{ij}) \in \mathbb{R}^{5 \times 5}$, 并且 $a_{ij}, b_{ij}, i, j = 1, 2, .., 5$, 依赖于参数 u 和正平衡点 $\hat{x}$.

$$a_{11} = -d, \ a_{12} = \hat{x_1} d \left(\frac{\alpha_5}{\hat{x_2}(\hat{x_2} + \alpha_5)} - \frac{1}{1 - \hat{x_2}} \right),$$
$$a_{13} = \frac{\hat{x_1} d}{1 - \hat{x_3}}, \quad a_{14} = \frac{\hat{x_1} d}{1 - \hat{x_4}}, \quad a_{15} = \frac{\hat{x_1} d}{1 - \hat{x_5}},$$
$$a_{21} = 0, \quad a_{22} = -d - \varphi_1 \gamma_1 a_{12} - \hat{x_1} \varphi_1 \frac{\alpha_1}{(\hat{x_2} + \alpha_1)^2},$$
$$a_{23} = -\varphi_1 \gamma_1 a_{13}, \quad a_{24} = \varphi_1 \gamma_1 a_{14}$$
$$a_{25} = \varphi_1 \gamma_1 a_{15}, \quad a_{31} = 0, \quad a_{32} = \varphi_2 \gamma_2 a_{12} + \hat{x_1} \varphi_2 \frac{\alpha_2}{(\hat{x_2} + \alpha_2)^2},$$

4.4 微生物连续发酵时滞动力系统

$a_{33} = \varphi_2\gamma_2 a_{13} - d, \quad a_{34} = \varphi_2\gamma_2 a_{14},$

$a_{35} = \varphi_2\gamma_2 a_{15}, \quad a_{41} = 0, \quad a_{42} = \varphi_3\gamma_3 a_{12} + \hat{x}_1\varphi_3 \dfrac{\alpha_3}{(\hat{x}_2+\alpha_3)^2},$

$a_{43} = \varphi_3\gamma_3 a_{13}, \quad a_{44} = \varphi_3\gamma_3 a_{14} - d,$

$a_{45} = \varphi_3\gamma_3 a_{15}, \quad a_{51} = 0,$

$a_{52} = \hat{x}_1\varphi_4 \dfrac{\alpha_1}{(\hat{x}_2+\alpha_1)^2}\left(\dfrac{b_1}{c_1+d\hat{x}_2}+\dfrac{b_2}{c_2+d\hat{x}_2}\right)$

$\qquad -\hat{x}_1\varphi_4 d\left(\beta_1+\gamma_1 d + \dfrac{\hat{x}_2}{\hat{x}_2+\alpha_1}\right)\left(\dfrac{b_1}{(c_1+d\hat{x}_2)^2}+\dfrac{b_2}{(c_2+d\hat{x}_2)^2}\right),$

$a_{53} = \varphi_4\gamma_1\left(\dfrac{b_1}{c_1+d\hat{x}_2}+\dfrac{b_2}{c_2+d\hat{x}_2}\right)a_{13}, \quad a_{54} = \varphi_4\gamma_1\left(\dfrac{b_1}{c_1+d\hat{x}_2}+\dfrac{b_2}{c_2+d\hat{x}_2}\right)a_{14},$

$a_{55} = \varphi_4\gamma_1\left(\dfrac{b_1}{c_1+d\hat{x}_2}+\dfrac{b_2}{c_2+d\hat{x}_2}\right)a_{15}-d, \quad b_{11}=d,$

$b_{21} = -\varphi_1\left(\beta_1+\gamma_1 d+\dfrac{\hat{x}_2}{\hat{x}_2+\alpha_1}\right), \quad b_{31} = \varphi_2\left(\beta_2+\gamma_2 d+\dfrac{\hat{x}_2}{\hat{x}_2+\alpha_2}\right),$

$b_{41} = \varphi_3\left(\beta_3+\gamma_3 d+\dfrac{\hat{x}_2}{\hat{x}_2+\alpha_3}\right),$

$b_{51} = \varphi_4\left(\beta_1+\gamma_1 d+\dfrac{\hat{x}_2}{\hat{x}_2+\alpha_1}\right)\left(\dfrac{b_1}{c_1+d\hat{x}_2}+\dfrac{b_2}{c_2+d\hat{x}_2}\right), \quad b_{ij}=0, i,j=2,3,4,5.$

则 (4.4.4) 的特征方程为 $D(\lambda,\tau) = \det(\lambda E - A - Be^{-\lambda\tau}) = 0$, 可以得到

$$D(\lambda,\tau) = \lambda^5 + a\lambda^4 + b\lambda^3 + c\lambda^2 + e\lambda + f \\ + (g\lambda^4 + h\lambda^3 + m\lambda^2 + n\lambda + s)e^{-\lambda\tau} = 0, \qquad (4.4.5)$$

其中 a,b,c,e,f,g,h,m,n,s 由 $a_{ij}, b_{ij}(i,j=1,\cdots,5)$ 决定. 把 $\lambda = i\omega(\omega>0)$ 代入 (4.4.5), 分离实部与虚部得

$$\begin{cases} (g\omega^4 - m\omega^2 + s)\cos(\omega\tau) + (n\omega - h\omega^3)\sin(\omega\tau) + a\omega^4 - c\omega^2 + f = 0, \\ (n\omega - h\omega^3)\cos(\omega\tau) - (g\omega^4 - m\omega^2 + s)\sin(\omega\tau) + \omega^5 - b\omega^3 + e\omega = 0. \end{cases} \qquad (4.4.6)$$

化简得

$$\omega^{10} + (a^2 - g^2 - 2b)\omega^8 + (-h^2 + 2mg - 2ca + 2e + b^2)\omega^6 \\ + (-2sg - m^2 + 2nh - 2eb + 2fa + c^2)\omega^4 + (-2fc + 2sm + e^2 - n^2)\omega^2 \\ + f^2 - s^2 \\ = 0.$$

令 $y = \omega^2$ 得

$$\begin{aligned}
&y^5 + (a^2 - g^2 - 2b)y^4 + (-h^2 + 2mg - 2ca + 2e + b^2)y^3 \\
&+ (c^2 - 2sg - m^2 + 2nh - 2eb + 2fa)y^2 + (e^2 - n^2 - 2fc + 2sm)y \\
&+ f^2 - s^2 \\
&= 0.
\end{aligned} \quad (4.4.7)$$

通过计算表明, 图 4.5 中, 在 AC 段, DF 段和 GH 段上, 方程 (4.4.7) 没有正实根, 这表明系统 (4.4.3) 在这三个区域上是无条件稳定的. 而在 FG 上, 方程 (4.4.7) 有唯一一个正实根, 意味着方程 (4.4.5) 有纯虚根, 说明系统的稳定性可能发生变化. 所以只需在 FG 段上讨论 Hopf 分支的存在性.

4.4.2 无量纲连续发酵时滞动力系统的性质

如果 $\tau \neq 0$, 把特征值 λ 看做 τ 的函数. 于是由方程 (4.4.5) 得

$$\left(\frac{d\lambda}{d\tau}\right)^{-1} = -\frac{5\lambda^4 + 4a\lambda^3 + 3b\lambda^2 + 2c\lambda + e}{\lambda^6 + a\lambda^5 + b\lambda^4 + c\lambda^3 + e\lambda^2 + f} + \frac{4g\lambda^3 + 3h\lambda^2 + 2m\lambda + n}{g\lambda^5 + h\lambda^4 + m\lambda^3 + n\lambda^2 + s\lambda} - \frac{\tau}{\lambda},$$

令

$$\begin{aligned}
S &= \text{sgn}\left\{\frac{d(\text{Re}\lambda)}{d\tau}\right\}_{\lambda=i\omega} = \text{sgn}\left\{\text{Re}\left(\frac{d\lambda}{d\tau}\right)^{-1}\right\}_{\lambda=i\omega} \\
&= \text{sgn}\left\{\frac{F(\omega)}{(\omega^5 - b\omega^3 + e\omega)^2 + (a\omega^4 - c\omega^2 - f)^2}\right\} \\
&= \text{sgn}\{F(\omega)\},
\end{aligned} \quad (4.4.8)$$

其中

$$\begin{aligned}
F(\omega) &= (5\omega^4 - 3b\omega^2 + e)(\omega^5 - b\omega^3 + e\omega) + (4a\omega^3 - 2c\omega)(a\omega^4 - c\omega^2 - f) \\
&+ (n - 3h\omega^2)(h\omega^3 - n\omega) + (2m\omega - 4g\omega^3)(g\omega^4 - m\omega^2 + s).
\end{aligned}$$

由 (4.4.6), 可得 τ 的临界时滞集合:

$$\tau_k = \frac{\theta}{\omega} + \frac{2k\pi}{\omega},$$

其中 $0 \leqslant \theta < 2\pi$, $k = 0, 1, 2, \ldots$,

$$\theta = \arcsin\frac{(h\omega^3 - n\omega)(a\omega^4 - c\omega^2 + f) + (\omega^5 - b\omega^3 + e\omega)(g\omega^4 - m\omega^2 + s)}{(m\omega^2 - g\omega^4 - s)^2 + (h\omega^3 - n\omega)^2}.$$

当 $k=0$ 时, τ_0 是 Hopf 分支点, 振荡的周期为 $T = 2\pi/\omega$. 如果超过临界时滞 τ_0, 那么系统将会产生持续振荡现象.

4.4.3 无量纲连续发酵时滞动力系统的数值模拟

由以上的讨论可知, 对于固定的 d 和 y_0, FG 上的平衡点 $\tau=0$ 时是稳定的, 即特征方程 (4.4.5) 所有的根都具有负实部. 计算结果表明只有在 EI 段上, 方程 (4.4.7) 有正根, 并且由图 4.6 左图知, $F(\omega) > 0$, 即 $\{d\text{Re}(\lambda)/d\tau\}_{\lambda=i\omega} \neq 0$, 这表明方程满足 Hopf 分支横截条件. 由有限时滞 n 维 Hopf 分支定理知, 系统 (4.4.3) 有 Hopf 分支产生.

由图 4.6 左图知, 在 FG 上, $S = 1$, 并且方程 (4.4.7) 有唯一的正根, 那么将会有一对特征根随着 τ 增大时从左向右穿越虚轴后不会再回到复平面的左平面, 即方程总有具有正实部的特征根, 也就是系统的平衡点将变得不稳定, 且不会再变成稳定. 即在 FG 上稳定性发生一次切换. 因此只需考虑 τ_0 时产生的 Hopf 分支. 通过数值计算, 得到了在 $d=0.1$ 时分支值 τ_0 随进料浓度 y_0 变化的曲线 (图 4.6 右图).

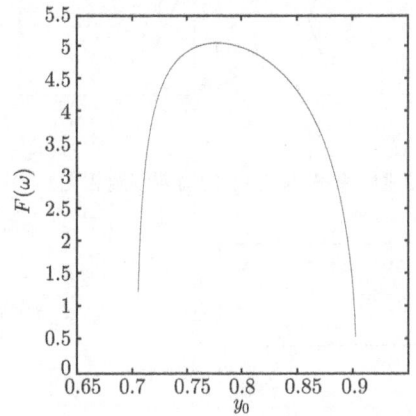 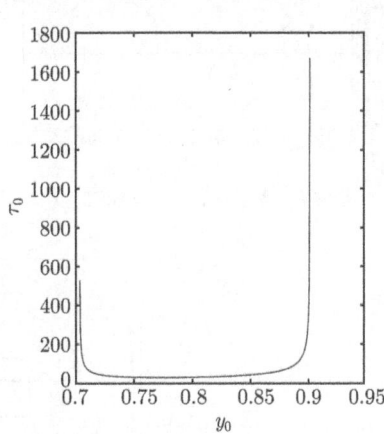

图 4.6 $d = 0.1$ 时 $F(\omega)$ 和分叉值 τ_0 随进料浓度 y_0 的变化曲线

下面数值模拟了系统 (4.4.3) 在 $\tau = \tau_0$ 处的周期振荡及相图.

假设 $d=0.1$, $y_0=0.72$, 计算得正平衡点 $\hat{x}$ =(0.2040, 0.1196, 0.8282, 0.1315, 0.2378)^T, 分叉值 $\tau_0=46.1329$. 由上面的讨论知道当 $\tau \in (0, \tau_0)$ 时, 这个平衡点是渐近稳定的, 而当 $\tau \in (\tau_0, \infty)$ 时, 平衡点是不稳定的. 此时当 $\tau > \tau_0$ 时, 系统 (4.4.3) 出现周期运动. 图 4.7 数值模拟了当 $\tau=47$ ($\tau > \tau_0 =46.1329$) 时的周期振荡和相图.

系统达到稳态之后, 当稀释速率恒定, 底物初始浓度有一个较大的变动时, 系统或者由一个平衡态过渡到另一个平衡态, 或者产生振荡现象. 不管系统是由一个平衡态到另一个平衡态, 还是出现振荡现象, 中间都要明显经历一个过渡态. 实验中发现: 在稀释速率恒定的情况下, 当进料浓度取较小值达到平衡后, 把进料浓度突然增加到较大值, 随着反应器中残余底物浓度的增大, 生物量先增后降, 或者达到新的平衡点, 或者过渡到低生物量并出现振荡, 表明高底物浓度对细胞生长的强烈抑制作用. 对过渡态的描述, 也是求解动力学模型的一个目的. 本节比较了无时滞和具有离散时滞时系统的过渡曲线. 在图 4.8 中, y_0 由 0.2 过渡到 0.72, 当 τ 较小时, 生物量过渡到新的平衡点; 当 τ 较大时, 生物量的变化曲线开始增加, 最后过渡到低平衡点并出现振荡, 定性地描述了实验现象.

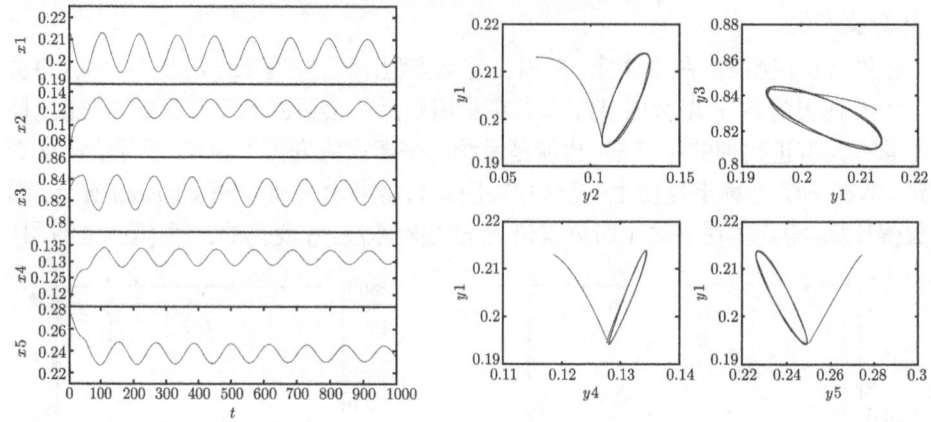

图 4.7　$d = 0.1$, $y_0 = 0.72$, $\tau = 47 > 46.1329$ 时, 系统 (4.2.1) 的周期解及相图

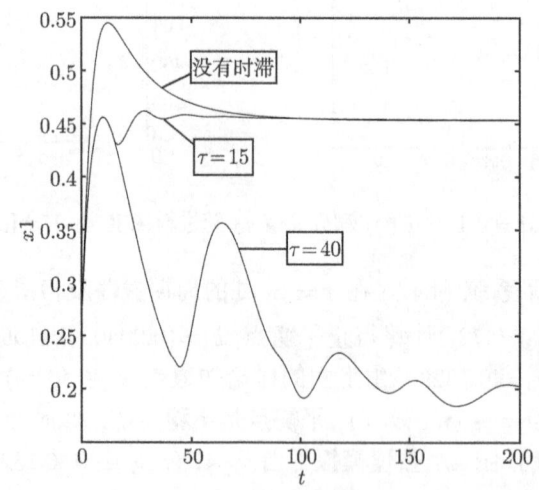

图 4.8　$d = 0.1$ 时, y_0 由 0.2 过渡到 0.72 的变化曲线

4.5　连续发酵酶催化混杂动力系统独立参数辨识与并行优化

在第 3 章中, 建立了涉及胞内物质浓度的间歇发酵过程的酶催化混杂动力系

4.5 连续发酵酶催化混杂动力系统独立参数辨识与并行优化

统, 但这个动力系统中考虑的因素过于简单, 一方面没有考虑两种主要酶 (甘油脱水酶 (简记为 GDHt) 和 1,3-PD 氧化还原酶 (简记为 PDOR)) 的催化作用, 另一方面, 系统辨识中没有将胞内物质浓度作为辨识依据. 本节在已有的工作基础[142] 上, 综合考虑了胞内外物质浓度变化、底物甘油及产物 1,3-PD 的跨膜运输和两种关键酶的催化作用, 建立了反映甘油连续发酵过程中还原路径上各种主要可能状况的复杂代谢网络及相对应的酶催化混杂动力系统, 并证明了系统解的一些基本性质. 由于缺乏胞内物质浓度的实测数据, 为了刻画胞内浓度计算值的可靠性, 本节基于生物系统的基本特征给出了生物鲁棒性的定量描述, 以胞外物质浓度的相对误差及关于胞内物质浓度的鲁棒性作为性能指标建立了混杂动力系统独立参数辨识模型 (即不同动力系统对应不同的待辨识参数), 并进一步证明了辨识问题最优解的存在性. 最后, 构造了并行优化算法对该辨识问题进行了求解.

4.5.1 复杂代谢网络及混杂动力系统模型

甘油在胞内环境的代谢主要有氧化和还原两条代谢路径, 本节主要考虑还原路径上的代谢过程. 假设连续发酵的开始阶段为间歇培养过程, 设总培养时间为 $[t_0, t_f] \subset \mathbb{R}_+$, 其中 $[t_0, t_b]$ 为间歇发酵时间, $[t_b, t_f]$ 为连续发酵时间, $t_0 < t_b < t_f < \infty$. 另设共有 tri 次连续发酵实验, 第 j 次实验的稀释速率与初始甘油浓度记为 $v(j) := (D_j, c_{s0j})^{\mathrm{T}} \in V_{ad} := [0.1, 15] \times [500, 2000] \subset \mathbb{R}_+^2, j \in I_{\mathrm{tri}}$, 其中 V_{ad} 为稀释速率与初始甘油浓度的允许集. 考虑两种微生物比生长速率如下:

$$\mu^1 := \mu_{\max} \frac{x_2}{x_2 + p_{1,j,1}^1} \prod_{j=2}^{5} \left(1 - \frac{x_j}{x_j^*}\right), \tag{4.5.1}$$

$$\mu^2 := \mu^1 \left(1 - \frac{x_7}{x_7^*}\right) p_{1,j,1}^2. \tag{4.5.2}$$

目前底物甘油有四种消耗速率, 其中一种未考虑跨膜运输, 余下三种考虑了不同的跨膜运输方式, 即主动运输、主被动结合运输及被动扩散[142, 238, 270], 可分别表示为

$$q_2^1 := p_{2,j,1}^1 + \frac{\mu^{l_1}}{Y_2} + \Delta_2 \frac{x_2}{x_2 + K_2^*}, \quad l_1 \in I_2, \tag{4.5.3}$$

$$q_2^2 := p_{2,j,1}^2 \frac{x_2}{x_2 + 1.34}, \tag{4.5.4}$$

$$q_2^3 := p_{2,j,1}^3 \frac{x_2}{x_2 + 1.34} + N_{\mathbb{R}_+}(x_2 - x_6) p_{2,j,2}^3 (x_2 - x_6), \tag{4.5.5}$$

$$q_2^4 := N_{\mathbb{R}_+}(x_2 - x_6) p_{2,j,1}^4 (x_2 - x_6). \tag{4.5.6}$$

其中 $N_{\mathbb{R}_+}(\cdot)$ 定义同 (3.7.4).

细胞外产物的比生长速率为

$$q_i := p_{i,j,1}^1 + \mu^{l_1} Y_i + \Delta_i \frac{x_2}{x_2 + K^*}, \quad i = 3, 4, \tag{4.5.7}$$

$$q_5 := q_2^{l_2} \left(\frac{p_{5,j,1}^1}{\bar{b}_1 + D_j x_2} + \frac{\bar{c}_2}{\bar{b}_2 + D_j x_2} \right). \tag{4.5.8}$$

其中 $\mu_{\max}, x_i^*, i \in I_8; Y_i, \Delta_i, K_i^*, i = 2, 3, 4; \bar{b}_1, \bar{c}_2, \bar{b}_2$ 等均为已知参数[141], $p_{\cdot,\cdot,\cdot}^{\cdot}$ 为待辨识参量.

在假设H4.2.1和H4.2.2条件下, 考虑甘油连续发酵过程中还原路径上的各种代谢状况, 整个代谢过程可构成一个复杂代谢网络, 该代谢网络中各种物质浓度的变化速率场分量可分别表示为

$$f_{c1}^{l_1}(x, p, j) := (\mu^{l_1} - D_j)x_1, \quad l_1 \in I_2, \tag{4.5.9}$$

$$f_{c2}^{l_2}(x, p, j) := D_j(c_{s0j} - x_2) - q_2^{l_2} x_1, \quad l_2 \in I_4, \tag{4.5.10}$$

$$f_{c3}^1(x, p, j) := q_3 x_1 - D_j x_3, \tag{4.5.11}$$

$$f_{c3}^2(x, p, j) := p_{3,j,1}^2 (x_8 - x_3) N_{R+}(x_8 - x_3) x_1 - D_j x_3, \tag{4.5.12}$$

$$f_{c3}^3(x, p, j) := p_{3,j,1}^3 \frac{x_8}{x_8 + p_{3,j,2}^3} + p_{3,j,3}^3 (x_8 - x_3) N_{R+}(x_8 - x_3) x_1 - D_j x_3, \tag{4.5.13}$$

$$f_{c3}^4(x, p, j) := p_{3,j,1}^4 \frac{x_8}{(x_8 + p_{3,j,2}^4)x_1} - D_j x_3, \tag{4.5.14}$$

$$f_{c4}^1(x, p, j) := q_4 x_1 - D_j x_4, \tag{4.5.15}$$

$$f_{c5}^1(x, p, j) := q_5 x_1 - D_j x_5, \tag{4.5.16}$$

$$f_{c6}^1(x, p, j) := \frac{1}{0.151} \left(54.664 \frac{x_2}{x_2 + 1.34} + p_{6,j,1}^1 (x_2 - x_6) - q_2^{l_2} \right) - \mu^{l_1} x_6, \tag{4.5.17}$$

$$f_{c6}^2(x, p, j) := \frac{1}{0.151} \left(54.664 \frac{x_2}{x_2 + p_{6,j,1}^2} - q_2^{l_2} \right) - \mu^{l_1} x_6, \tag{4.5.18}$$

$$f_{c6}^3(x, p, j) := \frac{1}{0.151} (N_{R+}(x_2 - x_6) p_{6,j,1}^3 (x_2 - x_6) - q_2^{l_2}), \tag{4.5.19}$$

$$f_{c7}^1(x, p, j) := \frac{1.26 x_6}{0.53 \left(1 + \frac{x_7}{220.319}\right) + x_6} - 42.52 \frac{x_7}{\frac{x_7^2}{0.418} + x_2 + p_{7,j,1}^1} - \mu^{l_1} x_7, \tag{4.5.20}$$

$$f_{c7}^2(x, p, j) := \frac{1.26 x_6}{0.53 \left(1 + \frac{x_7}{220.319}\right) + x_6} N_{R+}(x_7 - p_{7,j,1}^2)$$

$$- 42.52 \frac{x_7}{\left(\frac{x_7^2}{0.418} + x_7\right) N_{R+}(x_7 - p_{7,j,2}^2) + 0.14} - \mu^{l_1} x_7, \tag{4.5.21}$$

$$f_{c8}^1(x, p, j) := \frac{1.26 x_7}{\frac{x_7^2}{0.418} + x_7 + 0.14} - p_{8,j,1}^1 (x_8 - x_3) - \mu^{l_1} x_8, \tag{4.5.22}$$

4.5 连续发酵酶催化混杂动力系统独立参数辨识与并行优化

$$f_{c8}^2(x,p,j) := \frac{1.26x_7}{\frac{x_7^2}{0.418} + x_7 + 0.14} - p_{8,j,1}^2 \frac{x_8}{x_8 + p_{8,j,2}^2} - p_{8,j,3}^2(x_8 - x_3), \quad (4.5.23)$$

$$f_{c8}^3(x,p,j) := \frac{1.26x_7}{\frac{x_7^2}{0.418} + x_7 + 0.14} - p_{8,j,1}^3 \frac{x_8}{x_8 + p_{8,j,2}^3} - \mu^{l_7} x_8. \quad (4.5.24)$$

记 $f_{ci}^{l_i}(x,p,j), l_i \in \mathbb{N}, i \in I_8$，另记 l_i 的所有可能取值的集合为 $D_L(i), i \in I_8$. 根据式 (4.5.1)—(4.5.24) 给出的速率场各个分量可能状况，有 $D_L(1) = I_2, D_L(2) = D_L(3) = I_4, D_L(4) = D_L(5) = I_1, D_L(6) = I_3, D_L(7) = I_2, D_L(8) = I_3$. 基于此，下面给出复杂代谢网络拓扑结构的定义.

定义 4.5.1 令

$$D_L := I_2 \times I_4 \times I_4 \times I_1 \times I_1 \times I_3 \times I_2 \times I_3 = \prod_{k=1}^{8} D_L(k), \quad (4.5.25)$$

称 D_L 为速率场 (4.5.1)—(4.5.24) 所对应复杂代谢网络的拓扑结构. 令 $L := (l_1, l_2, \ldots, l_8)^T \in \mathbb{N}^8$，其中 $l_k \in D_L(k), k \in I_8$，称 $L \in D_L$ 为复杂代谢网络的路径.

不难看出代谢网络中不同的路径 L 和实验条件 $v(j)$ 对应着不同的速率场，对任给 $L \in D_L, j \in I_{tri}$，连续发酵动力系统中的速率场可记为

$$f_c(x,p,j,L) := (f_{c1}^{l_1}(x,p,j), f_{c2}^{l_2}(x,p,j), \ldots, f_{c8}^{l_8}(x,p,j))^T \in \mathbb{R}^8. \quad (4.5.26)$$

令式 (4.5.9)—(4.5.24) 中的 $D_j = 0, j \in I_{tri}$，并把这时相应的 $f_{c1}^{l_1}(x,p,j), \ldots, f_{c8}^{l_8}(x,p,j)$ 分别记为 $f_{b1}^{l_1}(x,p,j), \ldots, f_{b8}^{l_8}(x,p,j)$，则可得间歇发酵动力系统的速率场：

$$f_b(x,p,j,L) = (f_{b1}^{l_1}(x,p,j), f_{b2}^{l_2}(x,p,j), \ldots, f_{b8}^{l_8}(x,p,j))^T \in \mathbb{R}^8. \quad (4.5.27)$$

这样，对任意 $(j,L) \in I_{tri} \times D_L$，在不同生物量比生长速率、细胞外底物消耗速率及细胞内外的不同跨膜运输等条件下，以甘油为底物，从间歇发酵到连续发酵生产 1,3-PD 过程的复杂代谢网络及其酶催化混杂动力系统，记为 NHDS(j,L)，可表示为

$$\begin{cases} \dot{x}(t) = f_b(x,p,j,L), & t \in [t_0, t_b], \\ x(t_0) = x^0, \end{cases} \quad (4.5.28)$$

$$\begin{cases} \dot{x}(t) = f_c(x,p,j,L), & t \in [t_b, t_f], \\ x(t_b) = x^b, \end{cases} \quad (4.5.29)$$

其中，$x^0 \in \mathbb{R}_+^8$ 为间歇发酵的初始状态；$x^b \in \mathbb{R}_+^8$ 为连续发酵的初始状态，同时也是间歇发酵终止时刻 $(t = t_b)$ 的状态.

描述甘油连续发酵整个过程的复杂代谢网络所对应的非线性混杂动力系统记为 NHDS := $\{\text{NHDS}(j,L)|(L,j) \in D_L \times I_{tri}\}$,根据代谢网络的拓扑结构,可知 NHDS 中共有

$$\prod_{k=1}^{8}|D_L(k)| \cdot \text{tri} = 576 \cdot \text{tri}$$

个非线性动力系统. 系统 NHDS 中的离散辨识参量为 $L = (l_1, l_2, \ldots, l_8)^T \in D_L \subset \mathbb{N}^8$,连续辨识参量为 $p := p(j,L) := \{p_{k,j,i}^{l_k}|l_k \in D_L(k), i \in Q_{d_k}(l_k), k \in I_8\} \in \mathbb{R}^{d_s(L)}$,根据式 (4.5.1)—(4.5.24) 可知 $Q_{d_1} = [I_1, I_1]^T \subset \mathbb{N} \times \mathbb{N}, Q_{d_2} = [I_1, I_1, I_2, I_1]^T \subset \mathbb{N} \times \mathbb{N} \times \mathbb{N}^2 \times \mathbb{N}, Q_{d_3} = [I_1, I_1, I_3, I_2]^T \subset \mathbb{N} \times \mathbb{N} \times \mathbb{N}^3 \times \mathbb{N}^2, Q_{d_4} = I_1 \subset \mathbb{N}, Q_{d_5} = I_1 \subset \mathbb{N}, Q_{d_6} = [I_1, I_1, I_1]^T \subset \mathbb{N} \times \mathbb{N} \times \mathbb{N}, Q_{d_7} = [I_1, I_2]^T \subset \mathbb{N} \times \mathbb{N}^2, Q_{d_8} = [I_1, I_3, I_2]^T \subset \mathbb{N} \times \mathbb{N}^3 \times \mathbb{N}^2$. 其中, $d_s(L) = \sum_{k=1}^{8}|Q_{d_k}(l_k)|$.

4.5.2 连续发酵酶催化动力系统的性质

记系统连续参量允许集为 $\mathcal{P}_{ad}(j,L) \subset R^{d_s(L)}, (j,L) \in I_{tri} \times D_L$. 状态变量的允许集为 $W_{ad} := \prod_{i=1}^{8}[x_{*i}, x_i^*] \subset \mathbb{R}_+^8$,其中 x_{*i} 和 x_i^* 分别为第 i 个状态变量取值范围的下界和上界,其值见文献 [142].

依发酵机理,可对系统 NHDS$(j,L), (j,L) \in I_{tri} \times D_L$,作如下假设:

H4.5.1 集合 $W_{ad} \subset \mathbb{R}_+^8, \mathcal{P}_{ad}(j,L) \subset \mathbb{R}^{d_s(L)}$ 均为非空有界闭集.

在假设H4.5.1条件下,根据式 (4.5.1)—(4.5.27),类似性质 3.7.1—3.7.3 可以证明以下性质.

性质 4.5.1 速率矢函数 $f_b : W_{ad} \times \mathcal{P}_{ad}(j,L) \times I_{tri} \times D_L \to \mathbb{R}^8$ 与 $f_c : W_{ad} \times \mathcal{P}_{ad}(j,L) \times I_{tri} \times D_L \to \mathbb{R}^8$ 为定义域上的连续有界矢函数,且 f_b 与 f_c 关于 x 的偏导数有界.

性质 4.5.2 对任意 $(j,L) \in I_{tri} \times D_L, p \in \mathcal{P}_{ad}(j,L)$,矢函数 $f_b(x,p,j,L)$ 与 $f_c(x,p,j,L)$ 关于 $x \in W_{ad}$ 是 Lipschitz 连续的,且满足线性增长条件,即存在 $a_1, a_2, e_1, e_2 > 0$,使

$$\|f_b(x,p,j,L)\| \leqslant a_1 + e_1\|x(t)\|, \quad \forall t \in [t_0, t_b], \tag{4.5.30}$$

$$\|f_c(x,p,j,L)\| \leqslant a_2 + e_2\|x(t)\|, \quad \forall t \in [t_b, t_f]. \tag{4.5.31}$$

性质 4.5.3 对任意 $(j,L) \in I_{tri} \times D_L, p \in \mathcal{P}_{ad}(j,L)$,非线性混杂动力系统 NHDS$(j,L)$ 存在唯一解,记为 $x(\cdot;p,j,L)$,且解 $x(\cdot;p,j,L)$ 关于 $p \in \mathcal{P}_{ad}(j,L)$ 是连续的.

为讨论问题方便,对任意 $(j,L) \in I_{tri} \times D_L$,定义下面几个集合.

$S(j,L) := \{x(\cdot;p,j,L)|x(\cdot;p,j,L)$ 为对应参数 $p \in \mathcal{P}_{ad}(j,L)$ 的 NHDS(j,L) 的解$\}$.
$\mathcal{P}_w(j,L) := \{p \in \mathcal{P}_{ad}(j,L)|x(\cdot;p,j,L) \in S(j,L)$ 且 $x(t;p,j,L) \in W_{ad}, t \in [t_0, t_f]\}$;
$S_w(j,L) := \{x(\cdot;p,j,L) \in S(j,L)|p \in \mathcal{P}_w(j,L)\}$.

在假设H4.5.1条件下, 根据上面的性质, 类似性质 3.7.4 可以证明下面的定理.

定理 4.5.1 集合 $S(j,L)$ 与 $\mathcal{P}_w(j,L)$ 分别为空间 $C([t_0,t_f], \mathbb{R}^8)$ 与空间 $\mathbb{R}^{d_s(L)}$ 中的紧集, $S_w(j,L)$ 是 $C([t_0,t_f], \mathbb{R}^8)$ 空间中的紧集.

定义 4.5.2 对任意 $(j,L) \in I_{\text{tri}} \times D_L$, 设 $\varepsilon_f > 0$, 若存在 $p \in \mathcal{P}_w(j,L)$ 及 $t_s \in [t_b, t_f]$ 使

$$f_{ck}^{l_k}(x,p,j,L) \in [-\varepsilon_f, \varepsilon_f], \quad \forall k \in I_8, \quad t \in [t_s, t_f], \tag{4.5.32}$$

则称 $x(\cdot;p,j,L)$ 为系统 NHDS(j,L) 的近似稳定解, 其精度为 ε_f.

对任意 $(j,L) \in I_{\text{tri}} \times D_L$, 用 $\mathcal{P}_s(j,L)$ 表示混杂动力系统 NHDS(j,L) 的近似稳定解集, 另记 $\mathcal{P}_{\text{tri}}(L) := \prod_{j=1}^{\text{tri}} \mathcal{P}_s(j,L) \subset \mathbb{R}^{\text{tri} \times d_s(L)}$.

由 $f_{ck}^{l_k}(x,p,j,L)$ 关于 $p \in \mathcal{P}_w(j,L)$ 的连续性及文献 [278] 中定理 1.6, 可证明下面的性质.

性质 4.5.4 对任意 $(j,L) \in I_{\text{tri}} \times D_L$, 若集合 $\mathcal{P}_s(j,L)$ 与 $\mathcal{P}_{\text{tri}}(L)$ 非空, 则它们分别是空间 $\mathbb{R}^{d_s(L)}$ 和 $\mathbb{R}^{\text{tri} \times d_s(L)}$ 中的有界闭集.

4.5.3 性能指标与鲁棒性分析

必须考核酶催化混杂动力系统 HNDS$(j,L), (j,L) \in L_{\text{tri}} \times D_L$ 是否能够反映实际发酵过程, 即要给出判断系统 NHDS(j,L) 有效性 (或可信程度) 的标准 (或称为系统的性能指标). 具体说, 要求由系统 NHDS(j,L) 确定的状态变量 (即系统的解)$x(\cdot;p,j,L)$ 应与实际发酵实验测得的浓度一致. 而目前实验技术只能提供细胞外物质的浓度, 即细胞外状态变量 $x_k(\cdot;p,j,L), k = 1,2,\ldots,5$ 对应的浓度. 由于系统 NHDS(j,L) 确定的稳态实际为近似稳态, 即 $f_{ck}^{l_k}(x,p,j,L) \in [-\varepsilon_f, \varepsilon_f], \forall t \in [t_s, t_f], k \in I_8, L \in D_L$, 其中 $\varepsilon_f > 0$ 为近似稳态精度. 因此, 近似稳态下计算浓度 $x(\cdot;p,j,L), t \in [t_s, t_f]$ 仅是基本保持不变, 故取 nt 个时刻 $t_i \in [t_s, t_f], i = 1,2,\ldots,nt$ 上的计算浓度 $x_k(t_i;p,j,L), i \in I_{nt}, k \in I_8$.

定义 4.5.3 细胞外相对误差

设 $x_k(t_i;p,j,L), k \in I_5$ 为系统 NHDS(j,L) 给出的 $t_i \in [t_s, t_f]$ 时刻的计算浓度, $y_k^j, k \in I_5$ 为第 j 次实验测得的细胞外第 k 种物质的浓度. 则第 j 次实验对应

的细胞外相对误差及对应路径 $L \in D_L$ 的细胞外相对误差分别定义为

$$\text{SSD}(p,j,L) := \frac{1}{nt}\sum_{i=1}^{nt}\sum_{k=1}^{5}\frac{[x_k(t_i;p,j,L) - y_k^j]^2}{[y_k^j]^2}, \tag{4.5.33}$$

$$\text{SD}(P,L) := \frac{\sum_{j=1}^{\text{tri}}\text{SSD}(p,j,L)}{\text{tri}}, \tag{4.5.34}$$

其中,$P := (p(1,L),\ldots,p(\text{tri},L))^{\text{T}} \in \mathcal{P}_{\text{tri}}(L) \in \mathbb{R}^{\text{tri}\times d_s(L)}$.

由于细胞内的物质浓度很难测试,且测试的数据也不准.因此,考核动力系统 NHDS(j,L) 关于细胞内物质的浓度计算值的可信程度,只有根据生物系统自身的特征.生物鲁棒性是生物系统发生内部或外部扰动后仍然可以保持其生物功能的一种基本特征[279, 280].微生物代谢网络的生物功能可以被定义为网络动力系统一种特定的稳态行为,我们比较熟悉的动力系统 状态变量的稳态便是系统的一种局部稳态行为[281].另外,一种比较传统的生物网络鲁棒性分析方法是基于对系统参数的扰动,即分析系统参数扰动对系统功能的影响程度.事实上,生物系统对其参数的扰动应该是不敏感的或鲁棒的,这一现象已经被大量实验所证实并逐步被系统生物领域的学者所接受.本节基于参数鲁棒的概念,把辨识参量 $p \in \mathcal{P}_s(j,L) \subset \mathbb{R}^{d_s(L)}$ 扰动后对系统 NHDS(j,L) 的胞内状态变量的影响程度定义为系统的鲁棒性.

定义 4.5.4 (参量相对偏差) $\forall p^1, p^2 \in \mathcal{P}_s(j,L)$,细胞内状态变量 $x_k(\cdot;p^1,j,L)$ 与 $x_k(\cdot;p^2,j,L), k=6,7,8,$ 的参量相对偏差定义为

$$\text{MSD}(p^1,p^2,j,L) := \sum_{k=6,7,8}\int_{t_b}^{t_f}\frac{[x_k(t;p^1,j,L) - x_k(t;p^2,j,L)]^2}{[x_k(t;p^2,j,L)]^2}dt. \tag{4.5.35}$$

定义 4.5.5 (参量最大相对偏差) 对给定参量 $p \in \mathcal{P}_s(j,L)$,设细胞内状态变量为 $x_k(\cdot;p,j,L), k=6,7,8,$ 设关于其他参量 $p' \in \mathcal{P}_s(j,L)$ 的细胞内状态变量为 $x_k(\cdot;p',j,L), k=6,7,8,$ 则 $x_k(\cdot;p,j,L)$ 关于 $x_k(\cdot;p',j,L)$ 的参量最大相对偏差定义为

$$\text{MSD}_{\max}(p,j,L) := \max\{\text{MSD}(p',p,j,L)|p' \in \mathcal{P}_s(j,L)\}. \tag{4.5.36}$$

由性质 4.5.3 知系统 NHDS(j,L) 的解 $x(\cdot;p,j,L)$ 关于参量 $p \in \mathcal{P}_s(j,L)$ 连续,再由式 (4.5.35) 可知参量相对偏差 $\text{MSD}(p^1,p^2,j,L)$ 关于参量 $p^1, p^2 \in \mathcal{P}_s(j,L)$ 是连续的.依定理 4.5.1 知 $\mathcal{P}_s(j,L) \subset \mathbb{R}^{d_s(L)}$ 为紧集,故式 (4.5.36) 定义的函数 $\text{MSD}_{\max}(p,j,L)$ 存在,且关于 $p \in \mathcal{P}_s(j,L)$ 是连续的.由此可得下面性质.

性质 4.5.5 对任一确定的系统 $\mathrm{NHDS}(j,L), (j,L) \in I_{\mathrm{tri}} \times D_L$. 由式 (4.5.35) 定义的参量相对偏差 $\mathrm{MSD}: \mathcal{P}_s(j,L) \times \mathcal{P}_s(j,L) \longrightarrow \mathbb{R}_+$ 及由式 (4.5.36) 定义的参量最大相对偏差 $\mathrm{MSD}_{\max}: \mathcal{P}_s(j,L) \longrightarrow \mathbb{R}_+$ 分别为定义域上的连续函数.

定义 4.5.6 (系统的参量鲁棒性)

$\forall (j,L) \in I_{\mathrm{tri}} \times D_L$, 系统 $\mathrm{NHDS}(j,L)$ 的轨道 $\{x_k(\cdot; p, j, L) | p \in \mathcal{P}_s(j,L), k = 6, 7, 8\}$ 关于 $p \in \mathcal{P}_s(j,L)$ 的参量鲁棒性定义为

$$J(j,L,p^*(j,L)) := \min\{\mathrm{MSD}_{\max}(p,j,L) | p \in \mathcal{P}_s(j,L)\}, \tag{4.5.37}$$

其中

$$p^* := p^*(j,L) := \arg\min\{\mathrm{MSD}_{\max}(p,j,L) | p \in \mathcal{P}_s(j,L)\}. \tag{4.5.38}$$

并称 $p^*(j,L) \in \mathcal{P}_s(j,L)$ 与 $x_k(\cdot; p^*, j, L), k = 6, 7, 8$, 分别为系统 $\mathrm{NHDS}(j,L)$ 的鲁棒性参量与细胞内物质的鲁棒性轨道, 称 $J(j,L,p^*(j,L))$ 为系统 $\mathrm{NHDS}(j,L)$ 的鲁棒性.

对任意固定的 $L \in D_L$, 令

$$P^*(L) := (p^*(1,L), p^*(2,L), \ldots, p^*(\mathrm{tri},L))^{\mathrm{T}} \in \mathcal{P}_s(L) \subset \mathbb{R}^{\mathrm{tri} \times d_s(L)},$$

$$J_P(P^*(L)) := \frac{1}{\mathrm{tri}} \sum_{j=1}^{\mathrm{tri}} J(j, L, p^*(j,L)), \quad L \in D_L. \tag{4.5.39}$$

定义 4.5.7 (路径的参量鲁棒性)

称式 (4.5.39) 定义的 $J_P(P^*(L))$ 为路径 $L \in D_L$ 的关于 $p^*(j,L) \in \mathcal{P}_s(j,L), j \in I_{\mathrm{tri}}$ 的参量鲁棒性.

依定理 4.5.4 与性质 4.5.5 可知: $\mathcal{P}_s(j,L) \subset \mathbb{R}^{d_s(L)}$ 为紧集, $\mathrm{MSD}_{\max}(p,j,L)$ 在 $\mathcal{P}_s(j,L)$ 上连续. 因此, 式 (4.5.37) 定义的参量鲁棒性 $J(j,L,p^*(j,L))$ 有意义.

4.5.4 一簇混杂动力系统的独立参数辨识

从间歇发酵到连续发酵生产 1,3-PD 的复杂网络及其酶催化混杂动力系统 NHDS 有两类辨识参量: 一类是离散变量 $L \in D_L$, 另一类是连续变量 $p \in \mathcal{P}_s(j,L)$, $(j,L) \in I_{\mathrm{tri}} \times D_L$. 有两种性能指标: 一个是细胞外物质浓度的实测值与计算值的相对误差, 另一个是细胞内的物质状态变量的参量最大相对偏差. 考虑的约束条件有一簇混杂动力系统 $\mathrm{NHDS}(j,L), (j,L) \in I_{\mathrm{tri}} \times D_L$、连续发酵的近似稳定性及参量的允许域等.

在上述性能指标与约束下, 描述甘油连续发酵生成 1,3-PD 的复杂网络及酶催化混杂动力系统的辨识问题 (记为 PIP4.5.1) 可表示为

PIP4.5.1　$\min\quad J(P,L) := \dfrac{1}{\text{tri}}\sum_{j=1}^{\text{tri}}(\text{SSD}(p,j,L) + \text{MSD}_{\max}(p,j,L))$

$$\begin{aligned}\text{s.t.}\quad & x(\cdot;p,j,L) \in S_w(j,L),\\ & f_{ck}^{l_k}(x,p,j,L) \in [-\varepsilon_f, \varepsilon_f], k \in I_8,\\ & p \in \mathcal{P}_{ad}(j,L) \subset \mathbb{R}^{d_s(L)},\\ & P(L) = (p(1,L),\ldots,p(\text{tri},L))^{\mathrm{T}} \in \mathcal{P}_s(L),\\ & L \in D_L \subset \mathbb{N}^8,\quad j \in I_{\text{tri}}.\end{aligned}\quad(4.5.40)$$

其中 $\varepsilon_f > 0$ 为近似精度, 优化变量有连续变量 $P \in \mathcal{P}_s(L)$ 及离散变量 $L \in D_L \subset \mathbb{N}^8$. 这里主要约束是非线性混杂动力系统 $\text{NHDS}(j,L)$, $(j,L) \in I_{\text{tri}} \times D_L$, 即共有 $576 \times \text{tri}$ 个 8 维非线性常微分方程组.

定理 4.5.2　若假设H4.5.1成立, 且存在 $(j,L) \in I_{tri} \times D_L$ 使 $\mathcal{P}_s(j,L) \neq \varnothing$, 则辨识问题 PIP4.3.1 是可辨识的, 即存在 $(P^*,L^*) \in \mathcal{P}_s(L^*) \times D_L$ 使

$$J(P^*,L^*) \leqslant J(P,L), \forall (P,L) \in \mathcal{P}_s(L) \times D_L.$$

证明　问题 PIP4.5.1 等价于

$$\min\{J(P,L)|P(L) \in \mathcal{P}_s(L), L \in D_L\}. \quad(4.5.41)$$

由性质 4.5.4 和性质 4.5.5 知: $\mathcal{P}_s(j,L) \subset \mathbb{R}^{d_s(L)}$ 与 $\mathcal{P}_s(L) \subset \mathbb{R}^{\text{tri} \times d_s(L)}$ 为紧集, 且 $J(P,L)$ 关于 $P(L) \in \mathcal{P}_s(L)$ 是连续的, 又 $|D_L| < \infty$, 故辨识问题 (4.5.40) 的最优解存在. □

直接求解具有连续优化变量与离散优化变量的辨识问题 PIP4.5.1 是十分困难的. 为此把它分解为关于连续变量 $p \in \mathcal{P}_s(L)$ 的子问题及关于离散变量 $L \in D_L$ 的子问题. 首先考虑固定 $(j,L) \in I_{\text{tri}} \times D_L$ 对应的非线性混杂动力系统 $\text{HNDS}(j,L)$ 的辨识问题, 记为 PIP4.5.2.

PIP4.5.2　$\min\quad J_1(p,j,L) := \text{SSD}(p,j,L) + \text{MSD}_{\max}(p,j,L)$

$$\begin{aligned}\text{s.t.}\quad & x(\cdot;p,j,L) \in S_w(j,L),\\ & f_{ck}^{l_k}(x,p,j,L) \in [-\varepsilon_f, \varepsilon_f],\quad k \in I_8,\\ & p = p(j,L) \in \mathcal{P}_{ad}(j,L) \subset \mathbb{R}^{d_s(L)}.\end{aligned}\quad(4.5.42)$$

在该问题中, $(j,L) \in I_{tri} \times D_L$ 是固定的, 待辨识参数只有连续优化变量 $p \in \mathcal{P}_s(j,L) \subset \mathbb{R}^{d_s(L)}$.

类似定理 4.5.2, 可以证明下面定理.

定理 4.5.3　若假设H4.5.1成立, 且 $\mathcal{P}_s(j,L) \neq \varnothing$, 则问题 PIP4.5.2 是可辨识的, 即存在 $p^* = p^*(j,L) \in \mathcal{P}_s(j,L)$ 使

4.5 连续发酵酶催化混杂动力系统独立参数辨识与并行优化

$$J_1(p^*, j, L) \leqslant J_1(p, j, L), \quad \forall p \in \mathcal{P}_s(j, L). \tag{4.5.43}$$

其次考虑固定路径 $L \in D_L$ 所对应的关于参量 $P(L)$ 的辨识子问题, 记为 PIP4.5.3, 可表示为

$$\begin{aligned}
\text{PIP4.5.3} \quad \min \quad & J_2(P, L) := \frac{1}{\text{tri}} \sum_{j=1}^{\text{tri}} J_1(p, j, L) \\
\text{s.t.} \quad & x(\cdot; p, j, L) \in S_w(j, L), \\
& f_{ck}^{l_k}(x, p, j, L) \in [-\varepsilon_f, \varepsilon_f], k \in I_8, j \in I_{\text{tri}}, \\
& P(L) \in \mathcal{P}_s(L) \subset \mathbb{R}^{\text{tri} \times d_s(L)}.
\end{aligned} \tag{4.5.44}$$

对固定的路径 $L \in D_L$, 若 $p^*(j, L) \in \mathcal{P}_s(j, L)$ 为 PIP4.5.2 的最优解, 则 $P^*(L) = (p^*(1, L), p^*(2, L), \ldots, p^*(\text{tri}, L))^{\text{T}}$ 为问题 PIP4.5.3 的最优解, 从而问题 PIP4.5.1 的最优解为

$$L^* := \arg\min\{J(P^*(L), L) | L \in D_L\},$$

$$P^*(L^*) := p^*(1, L^*), p^*(2, L^*), \ldots, p^*(\text{tri}, L^*))^{\text{T}} \in \mathcal{P}_s(L). \tag{4.5.45}$$

4.5.5 一簇混杂动力系统独立参数辨识的并行优化

这一节将求解问题 PIP4.5.1 的最优路径和最优参数. 主要的困难在于在求解其子问题的过程中, 每一次数值迭代都包含一个微分方程的数值求解, 以及稳态的判断, 这使得在串行机上求解问题 PIP4.5.1 是无法忍受的, 也就是说, 在可接受的时间内是无法计算的. 为提高求解能力, 设计了一个并行的粒子群路径辨识算法 (PPSO-PIA), 记与给定路径 $(j, L) \in I_{\text{tri}} \times D_L$ 所对应的非线性混杂动力系统 NHDS(j, L) 中参量 $p(j, L)$ 的维数为 $Q(L)$. 设算法分配 n_s 个进程, 种群规模为 N_{size}, 则每个进程上粒子数为 $n_w = N_{\text{size}}/n_s$. 算法步骤如下:

算法 4.5.1

步 1. 读取数据.

    步 1.1. 读取已知数据 μ_m, K_s, K_m^G, K_m^P, W_{ad}, $\mathcal{P}_{ad}$; m_i, Y_i, Δq_i, K_i^*, $i = 2, \ldots, 5$. 给定 x^0, ε_f, t_f, nt, 以及充分大的数 M_{sup}.

    步 1.2. 读取路径集合 D_L, 令 $L^m \in D_L$ 为第 m 条路径, $m = 1, 2, \ldots, |D_L|$.

    步 1.3. 读取数据 D_j, C_{s0j}, $y^j = (y_1^j, \ldots, y_5^j)^{\text{T}}$, $j \in I_{\text{tri}}$.

步 2. 广播根进程上的数据到所有进程.

步 3. 在根进程上初始化变量.

    步 3.1. 置 $J^{\text{opt}} := M_{\text{sup}}$, $L^{\text{opt}} := 0$, $m := 1$.

    步 3.2. 置 $J(k^m) := 0$, $j := 1$.

    步 3.3. 置群体最优值 $G^{\text{opt}} := M_{\text{sup}}$.

步 4. 在每一个进程上执行下列操作, 并记进程号为 s.

步 4.1. 在 $\mathcal{P}_{ad}$ 上以均匀分布随机生成 n_w 个粒子, 粒子的位置和速度分别为 $p_{s,w}^{j,m} \in \mathcal{P}_{ad}$, $z_{s,w}^{(j,m)} \in [Z_{\min}, Z_{\max}]$, $w = 1, 2, \ldots, n_w$, 其中 $[Z_{\min}, Z_{\max}]$ 为粒子速度的范围.

步 4.2. 给定种群最大迭代次数为 M_{Nter}, 迭代过程中, 当前最优的适应值连续不变的最大次数为 M_{Nvar}, 置 $N_{\text{ter}} := 1$, $N_{\text{var}} := 1$, 以及个体最优值 $H_{s,w}^{\text{opt}} := M_{\sup}$, $w = 1, 2, \ldots, n_w$.

步 4.3. 置 $w := 1$.

步 4.4. 将 $p_{s,w}^{j,m}$ 代入问题 PIP4.5.1 中, 用改进欧拉迭代法求解. 若 $p_{s,w}^{j,m} \in P_s(j, L^m)$, 则计算 $J(p_{s,w}^{j,m}, j, L^m)$. 否则令 $J(p_{s,w}^{j,m}, j, L^m) = M_{\sup}/2$.

若 $J(p_{s,w}^{j,m}, j, L^m) < H_{s,w}^{\text{opt}}$, 则令 $H_{s,w}^{\text{opt}} = J(p_{s,w}^{j,m}, j, L^m)$, $p_{s,w}^{\text{opt}} = p_{s,w}^{j,m}$.

步 4.5. 若 $w < n_w$, 则令 $w := w + 1$, 转步 4.4, 否则进行下一步.

步 5. 将每个进程 s 的 $H_{s,w}^{\text{opt}}$, $p_{s,w}^{\text{opt}}$, $w = 1, 2, \ldots, n_w$ 收集到根进程, 记为 G^c, s^c, $c = 1, 2, \ldots, N_{\text{size}}$.

步 6. 指派根进程执行: 若 $\min_c G^c < G^{\text{opt}}$, 则令 $G^{\text{opt}} = \min_c G^c$, $P^{\text{opt}} = \arg\min_c G^c$, 置 $N_{\text{var}} := 1$.

步 7. 广播 H^{opt} 和 N_{var} 到所有进程.

步 8. 在每一个进程上执行下列操作:

步 8.1. 更新粒子.

$$\begin{cases} z_{s,w,i} := \max\{\min\{z'_{s,w,i}, Z_{\max}\}, Z_{\min}\}, \\ p_{s,w,i} := \max\{\min\{p_{s,w,i} + z_{s,w,i}, p_i^*\}, p_{*i}\}, \\ \quad i = 1, 2, \ldots, Q(L), \quad w = 1, 2, \ldots, n_w, \end{cases} \quad (4.5.46)$$

其中

$$z'_{s,w,i} := \omega(N_{\text{ter}}) z_{s,w,i} + c_1 r_1 (p_{s,w,i}^{\text{opt}} - p_{s,w,i}) + c_2 r_2 (P_i^{\text{opt}} - p_{s,w,i}), \quad (4.5.47)$$

$$\omega(N_{\text{ter}}) := \omega_e + (\omega_s - \omega_e) \exp\left(-\gamma \left(\frac{N_{ter}}{M_{\text{Nter}}}\right)^2\right). \quad (4.5.48)$$

c_1, c_2, γ 是控制常数, r_1, r_2 分别为 $[0, 1]$ 区间上均匀分布的随机数, ω_s, ω_e 分别为起始和终止惯性权重.

步 8.2. 若 $N_{\text{ter}} < M_{\text{Nter}}$ 且 $N_{\text{var}} < M_{\text{Nvar}}$, 则令 $N_{\text{ter}} := N_{\text{ter}} + 1$, $N_{\text{var}} := N_{\text{var}} + 1$, 转步 4.3.

步 9. 在根进程上执行下列操作.

步 9.1. 令 $J(p^m) := J(p^m) + G^{\text{opt}}$, 并且输出 G^{opt} 和 P^{opt}.

步 9.2. 若 $j < \text{tri}$, 则令 $j := j + 1$, 转步 3.3. 否则, 若 $J(p^m)/\text{tri} < J^{\text{opt}}$, 令 $J^{\text{opt}} = J(k^{(l)})/\text{tri}$ 及 $m^{\text{opt}} = m$.

4.6 基于双层规划推断甘油代谢的目标函数

步 9.3. 若 $m < |D_L|$, 则令 $m := m + 1$, 转步 3.2. 否则, 输出 J^{opt} 和 $p^{m^{\text{opt}}}$, 算法结束.

4.5.6 数值模拟

根据实际发酵机理, 将代谢网络中的 576 条路径进行筛选, 从中选取了 72 条比较符合实际发酵机理的代谢路径进行更一步的辨识. 共考虑了 tri = 29 组实验数据, 初始状态 $x^0 = (0.405, 440.8578, 0, 0, 0, 0, 0, 0)^{\text{T}}$. 为接近实际实验, 取 $\tau_1 = 1$, $\tau_2 = 1$, $t_0 = 0\text{h}$, $t_f = 100\text{h}$, $\varepsilon_f = 0.001$, 并且令欧拉步长为 1/3600h. 辨识模型中含有 2088 个非线性动力系统, 43848 个连续变量, 1152 个离散变量. 在联想深腾 1800PC 集群上, 分配了 10 节点, 每节点为两个 Intel 5420 CPU(4 Core, 64-bit, clocked at 2.5GHz, 8GB- memory), 利用 PPSO-PIA 进行求解, 共进行了 77172480 次微分方程数值计算. 数值结果显示, 底物甘油和产物 1,3-PD 的最合理跨膜运输方式均为主被动结合运输, 且 3-HPA 对细胞的生长存在抑制, 而 3-HPA 对 GDHt 和 PDOR 的抑制仅当 3-HPA 浓度达到某个临界值时才存在.

4.6 基于双层规划推断甘油代谢的目标函数

4.6.1 甘油在克雷伯氏杆菌中的代谢

本节采用的菌种是德国微生物菌种保藏管理委员会中的克雷伯氏肺炎杆菌 DSM 2026. 发酵培养基组成、发酵条件、产物的分析方法参见文献 [282, 283]. 张青瑞等[284] 根据文献 [285, 286] 及相关知识构造了厌氧条件下克雷伯氏菌歧化甘油生产 1,3-丙二醇的代谢网络图. 该网络图删除了没有分支的中间代谢物, 共有 22 个反应 $(r_1, r_2, \ldots, r_{22})$ 和 11 个中间代谢物 (如 Glycerol, phos., pyruvate, aceytl-CoA 和 acetoin 等) 构成. 本节假定每个与代谢流或能量损耗有关的反应通量都可能与驱动细胞代谢的目标函数有关, 这些通量在图 4.9 中用粗箭头表示. 表 4.6 列出了图 4.9 中所有中间代谢物的物料平衡方程.

表 4.6 厌氧条件下克雷伯氏杆菌歧化甘油生产 1,3-丙二醇胞内代谢物的物料平衡方程

NO.	中间代谢物	稳态下的物料平衡方程
1	glycerol	$v_1 - v_2 - v_3 - v_4 = 0$
2	phos.	$v_4 - v_5 - v_6 = 0$
3	pyruvate	$v_5 - v_8 - v_9 - v_{10} - v_{16} - v_{19} = 0$
4	aceytl-CoA	$v_9 + v_{10} - v_{12} - v_{13} = 0$
5	acetoin	$0.5v_{16} - v_{17} - v_7 = 0$
6	formate	$v_9 - v_{11} - v_{18} = 0$

续表

NO.	中间代谢物	稳态下的物料平衡方程
7	CO_2	$v_{10} + v_{11} + v_{16} - v_6 - v_{20} = 0$
8	H_2	$v_{14} + v_{11} - v_{21} = 0$
9	$NADH_2$	$v_3 - v_2 + 2v_4 - 2v_6 - v_8 - v_7 + v_{15} - 2v_{13} = 0$
10	ATP	$-7.5v_3 + v_5 + v_6 + v_{12} - v_{22} = 0$
11	$FADH_2$	$v_{10} - v_{15} - v_{14} = 0$

注：其中，v_i 表示第 r_i 个反应的通量值，$i = 1, 2, \ldots, 22$.

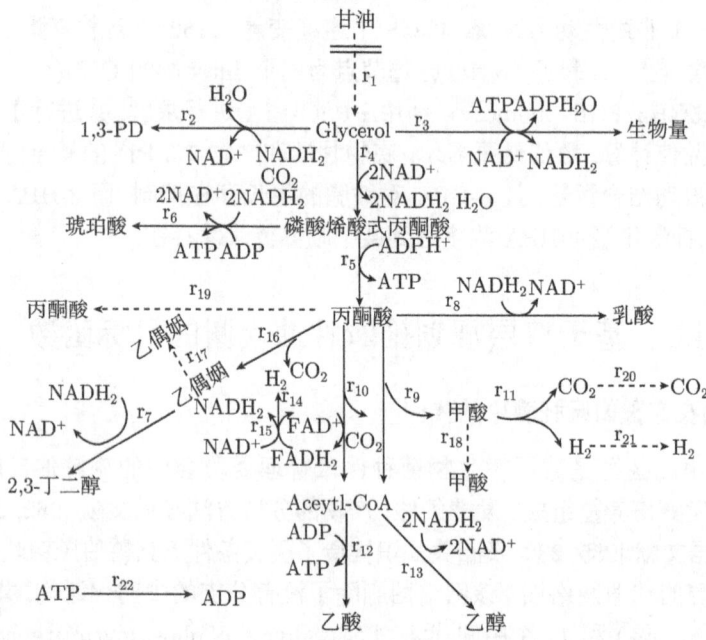

图 4.9 厌氧条件下克雷伯氏杆菌歧化甘油生产 1,3－丙二醇的代谢网络图，粗箭头表示被分配给权系数的反应

4.6.2 通量平衡分析模型

本节假设：

H4.6.1 代谢系统是在拟稳态下进行，即网络中没有胞内代谢积累；

H4.6.2 每个与代谢流或能量损耗有关的通量都分配给一个权系数，这些反应通量的下标集合记为 P，也即 $P \triangleq \{2, 3, 6, 7, 8, 12, 13, 17, 18, 19, 22\}$.

设 $v = (v_1, v_2, \ldots, v_{22})^T \in \mathbb{R}^{22}$ 为通量向量，它的第 j 个元素表示代谢网络图 4.9 中的反应 r_j 的通量值，$j = 1, \ldots, 22$；由各通量 v_j 的权系数 $c_j, j = 1, 2, \ldots, 22$,

4.6 基于双层规划推断甘油代谢的目标函数

组成的权系数向量为 c, $c = (c_1, \ldots, c_{22})^\mathrm{T} \in \mathcal{C} \subset \mathbb{R}^{22}$, 其中

$$\mathcal{C} \triangleq \{c \in \mathbb{R}^{22} | \sum_{j=1}^{22} c_j = 1, \text{且如果} j \notin P, \text{则} c_j = 0; \text{如果} j \in P, \text{则} c_j \in (0,1)\}. \quad (4.6.1)$$

设代谢目标函数为

$$\max \ c^\mathrm{T} v. \quad (4.6.2)$$

基于假设 H4.6.1 和 H4.6.2, 以式 (4.6.2) 为目标函数, 以表 4.6 中的物料平衡方程为约束条件的通量平衡模型可描述为

$$\begin{aligned} \text{FBA} \quad &\max \quad c^\mathrm{T} v \\ &\text{s.t.} \quad Sv = 0, \\ & \quad\quad 0 \leqslant v \leqslant v_{\max}. \end{aligned} \quad (4.6.3)$$

其中, S 为一个 11×22 的化学计量矩阵, S_{ij} 表示在第 j 个反应 r_j 中第 i 个代谢物的化学计量系数, $i = 1, \ldots, 11$, $j = 1, \ldots, 22$; $0 \leqslant v \leqslant v_{\max}$ 为一个盒式约束, $v_{\max}$ 为最大通量向量. 权系数 c_j 越大说明代谢越朝着反应 r_j 的方向进行, 反之相反; 由于方程的个数远小于未知变量的个数, 所以方程组 $Sv = 0$ 是欠定的, 它的解不唯一. 因而, FBA 模型实际上就是求使得目标函数值最大的最优的通量值.

4.6.3 推断目标函数的双层优化模型

利用 FBA 准确地预测细胞内的通量分布, 首先要确定合理的目标函数, 即, 需要辨识权系数 c 使得 FBA 模型的最优解 (记为 v^*) 与实验观测到的通量值尽量一致. 设实验得到的通量为 $v_k^e, k \in E$, 其中 E 表示具有实验观测值的通量的下标的集合, 即, $E = \{1, 2, 3, 6, 7, 8, 12, 13, 17, 18, 19, 20, 21\}$. 在此, 通过 v^* 和 v^e 之间差的平方和来衡量它们之间的一致性, 即

$$\sum_{k \in E} (v_k^* - v_k^e)^2. \quad (4.6.4)$$

显然, 式 (4.6.4) 的值越小, 说明 v^* 与实验观测数据 v^e 越一致. 因此, 推断 FBA 模型的目标函数的双层优化模型可描述为

$$\begin{aligned} \text{NBP1} \quad &\min_{c,v} \quad J(c,v) = \sum_{k \in E}(v_k(c) - v_k^e)^2 \\ &\text{s.t.} \quad c \in \mathcal{C}. \end{aligned}$$

其中, v 是下层优化的最优解 $\quad (4.6.5)$

$$\begin{aligned} &\max_v \quad f(c,v) = c^\mathrm{T} v \\ &\text{s.t.} \quad Sv = 0, \\ & \quad\quad 0 \leqslant v \leqslant v_{\max}. \end{aligned}$$

在模型 NBP1 中,下层为一个目标函数具有未知参数的 FBA 模型,上层为一个刻画实验值与计算值之间一致性的二次规划; $J(c,v)$ 和 $f(c,v)$ 分别是上层和下层的目标函数; $c \in \mathbb{R}^{22}$ 和 $v \in \mathbb{R}^{22}$ 分别表示上层和下层的优化变量; $v_k(c)$ 表示当上层 $c \in \mathcal{C}$ 给定时,下层最优解的第 k 个分量. 上层的决策将直接影响下层的决策,而下层将在上层给定的条件下做出最优反应并把结果反馈到上层.

为了方便后面的讨论,仍采用 4.2 节中的一些定义和符号. 设 $\Omega = \{(c,v) \in \mathbb{R}^{22} \times \mathbb{R}^{22} | c \in \mathcal{C}, Sv = 0, 0 \leqslant v \leqslant v_{\max}\}$ 为 NBP1 的约束域; $\Omega(c) = \{v \in \mathbb{R}^{22} | Sv = 0, 0 \leqslant v \leqslant v_{\max}\}$ 为给定 c 时下层的可行域 (在 NBP1 中,$\Omega(c)$ 与 c 无关的); $\Omega(\mathcal{C}) = \{c \in \mathcal{C} | 存在 v 使得 (c,v) \in \Omega\}$ 为 Ω 在上层决策空间的投影; $M(c) = \arg\min\{f(c,v) | v \in \Omega(c)\}$ 为给定 c 时下层的合理反应集;上层所有可能选取的向量 c 及相应的合理反应集 $v \in M(c)$ 的并集称为吸收域,记为 $\mathrm{IR} = \{(c,v) | c \in \Omega(\mathcal{C}), v \in M(c)\}$.

定义 4.6.1 如果 $(c,v) \in \mathrm{IR}$,则称 (c,v) 为 NBP1 的可行解;如果存在 (c^*, v^*) 使得 $\forall (c,v) \in \mathrm{IR}$ 有 $J(c^*, v^*) \leqslant J(c,v)$,则称 (c^*, v^*) 为 NBP1 的全局最优解.

4.6.4 通量模型性质及数值计算

众所周知,非线性双层规划是 NP-困难问题. 近几年,许多学者提出各种不同的算法求解非线性双层规划问题,如分支定界法、全局优化算法等[287—290]. 但是,提出能有效解决非线性双层规划的算法是一个非常有挑战性的课题. 本节利用精确罚函数方法证明了 NBP1 最优解的存在性,并受文献 [291] 启发提出了求解 NBP1 的有效算法. 最后简单分析了一下算法的收敛性.

由于对给定 $c \in \mathcal{C}$,下层规划为凸规划. 因而可以利用下层规划的 K-K-T 最优性条件 (定理 2.8.8) 替换下层,从而 NBP1 可转化成如下等价的非线性规划:

$$\begin{aligned}
\mathrm{NLP} \quad &\min_{c,v,u,w,r} \quad \sum_{k \in E}(v_k - v_k^e)^2 \\
&\mathrm{s.t.} \quad c \in \mathcal{C}, \\
&\qquad Sv = 0, \\
&\qquad c + S^{\mathrm{T}} u + w - r = 0, \\
&\qquad w^{\mathrm{T}}(v_{\max} - v) + r^{\mathrm{T}} v = 0, \\
&\qquad v \leqslant v_{\max}, \\
&\qquad v, w, r \geqslant 0.
\end{aligned} \qquad (4.6.6)$$

其中,$u \in R^{11}$, $w, r \in \mathbb{R}^{22}$ 为列向量. 将互补松弛条件 $w^{\mathrm{T}}(v_{\max} - v) + r^{\mathrm{T}} v = 0$ 罚到

4.6 基于双层规划推断甘油代谢的目标函数

目标函数上, 这样得到如下问题:

$$\text{NLP}_\lambda \quad \min_{c,v,u,w,r} \sum_{k\in E}(v_k - v_k^e)^2 + \lambda(w^\mathrm{T}(v_{max} - v) + r^\mathrm{T}v)$$
$$\text{s.t.} \quad c \in \mathcal{C},$$
$$Sv = 0, \qquad (4.6.7)$$
$$c + S^\mathrm{T}u + w - r = 0,$$
$$v \leqslant v_{\max},$$
$$v, w, r \geqslant 0.$$

其中, $\lambda \in \mathbb{R}_+$ 为罚因子, 是一个很大的正常数. 令

$$V \triangleq \{v \in \mathbb{R}^{22} | Sv = 0, 0 \leqslant v \leqslant v_{\max}\},$$
$$Z \triangleq \{(c,u,w,r) \in \mathbb{R}^{22} \times \mathbb{R}^{11} \times \mathbb{R}^{22} \times \mathbb{R}^{22} | c \in \mathcal{C}, c + S^\mathrm{T}u + w - r = 0, w, r \geqslant 0\} \text{ 及}$$
$$F^\lambda(v) \triangleq \min_{(c,u,w,r) \in Z} \left\{ \sum_{k \in E}(v_k - v_k^e)^2 + \lambda(w^\mathrm{T}(v_{\max} - v) + r^\mathrm{T}v) \right\}.$$

可以证明 V 非空有界, 所以得到如下定理.

定理 4.6.1 若 $\lambda \in \mathbb{R}_+$, 则问题

$$\min_{v \in V} F^\lambda(v) \qquad (4.6.8)$$

有最优解.

证明

$$\min_{v \in V} F^\lambda(v) = \min_{v \in V} \min_{(c,u,w,r) \in Z} \left\{ \sum_{k \in E}(v_k - v_k^e)^2 + \lambda(w^\mathrm{T}(v_{\max} - v) + r^\mathrm{T}v) \right\}$$
$$\geqslant \min_{v \in V} \left\{ \min_{(c,u,w,r) \in Z} \sum_{k \in E}(v_k - v_k^e)^2 + \min_{(c,u,w,r) \in Z} \lambda(w^\mathrm{T}(v_{\max} - v) + r^\mathrm{T}v) \right\}$$
$$\geqslant \min_{v \in V, (c,u,w,r) \in Z} \sum_{k \in E}(v_k - v_k^e)^2 + \min_{v \in V, (c,u,w,r) \in Z} \lambda(w^\mathrm{T}(v_{\max} - v) + r^\mathrm{T}v). \quad (4.6.9)$$

由 $\mathcal{C}$ 的定义易知 $\mathcal{C}$ 为非空紧的. 而 V 为非空有界, 所以对给定的 $c \in \mathcal{C}$ 下层规划具有最优解. 故 $\min\limits_{v \in V, (c,u,w,r) \in Z} \lambda(w^\mathrm{T}(v_{max} - v) + r^\mathrm{T}v) = 0$, 即

$$\min_{v \in V} F^\lambda(v) \geqslant \min_{v \in V, c \in \mathcal{C}} (v_k - v_k^e)^2. \qquad (4.6.10)$$

所以 $F^\lambda(v)$ 为下有界的, 得证. □

推论 4.6.1　NLP_λ 存在最优解.

定理 4.6.2　设 $\{(c^\lambda, v^\lambda, u^\lambda, w^\lambda, r^\lambda)\}$ 为 NLP_λ 的解序列, 则 $\forall \varepsilon > 0$、存在 $\bar{\lambda}$, 使得对任意的 $\lambda \geqslant \bar{\lambda}$ 都有 $(w^\lambda)^\text{T}(v_{\max} - v^\lambda) + (r^\lambda)^\text{T} v^\lambda < \varepsilon$ 成立.

证明　设 $(c^*, v^*, u^*, w^*, r^*)$ 为 NBP1 的最优解, 则满足互补松弛条件, 即, $(w^*)^\text{T}(v_{\max} - v^*) + (r^*)^\text{T} v^* = 0$. 由于

$$(c^\lambda, v^\lambda, u^\lambda, w^\lambda, r^\lambda) \in \arg\min \left\{ \sum_{k \in E} (v_k - v_k^e)^2 + \lambda(w^\text{T}(v_{\max} - v) + r^\text{T} v), \right.$$
$$\left. v \in V, (c, u, w, r) \in Z \right\}, \qquad (4.6.11)$$

所以

$$\sum_{k \in E} (v_k^\lambda - v_k^e)^2 + \lambda((w^\lambda)^\text{T}(v_{\max} - v^\lambda) + (r^\lambda)^\text{T} v^\lambda) \leqslant \sum_{k \in E} (v_k^* - v_k^e)^2, \qquad (4.6.12)$$

从而

$$0 \leqslant (w^\lambda)^\text{T}(v_{\max} - v^\lambda) + (r^\lambda)^\text{T} v^\lambda$$
$$\leqslant \left\{ \sum_{k \in E} (v_k^* - v_k^e)^2 - \sum_{k \in E} (v_k^\lambda - v_k^e)^2 \right\} / \lambda$$
$$\leqslant \max \left\{ \sum_{k \in E} (v_k^* - v_k^e)^2 - \sum_{k \in E} (v_k^\lambda - v_k^e)^2 | c \in \mathcal{C}, v \in V \right\} / \lambda$$
$$= z / \lambda. \qquad (4.6.13)$$

其中, z 为一个正常数. 故当 $\lambda \to \infty$ 时, $w^\lambda(v_{\max} - v^\lambda) + r^\lambda v^\lambda \to 0$, 即 $\forall \varepsilon > 0$, 存在 $\bar{\lambda}$, 使得对任意 $\lambda \geqslant \bar{\lambda}$ 有 $(w^\lambda)^\text{T}(v_{\max} - v^\lambda) + (r^\lambda)^\text{T} v^\lambda < \varepsilon$ 成立.　□

定理 4.6.3　令 $\{(c^\lambda, v^\lambda, u^\lambda, w^\lambda, r^\lambda)\}$ 为 NLP_λ 的解序列, 其中, $\lambda \in \mathbb{R}^+$. 则存在 λ^* 使得对任意 $\lambda \geqslant \lambda^*$, (c^λ, v^λ) 都是 NBP1 的近似最优解.

证明　设 $\lambda^* = \bar{\lambda}$, 则由定理 4.6.2 显然易证.　□

由上述定理可知通过解 NLP_λ 来求得 NBP1 的近似最优解. 因而, 提出下述算法 4.6.1 求解 NBP1 模型, 算法 4.6.1 仅仅需要求解一系列非线性规划问题. 其主要步骤如下:

算法 4.6.1　步 1. 初始化: 步长 $\alpha > 0$、罚因子 $\lambda > 0$、精度 $\varepsilon > 0$. 令 $i = 0$.

步 2. 求解 NLP_λ, 记最优解为 $(c^\lambda(i), v^\lambda(i), u^\lambda(i), w^\lambda(i), r^\lambda(i))$.

步 3. 如果 $(w^\lambda(i))^\text{T}(v_{\max} - v^\lambda(i)) + (r^\lambda(i))^\text{T} v^\lambda(i) < \varepsilon$, 则 NBP1 的近似最优解为 $(c^\lambda(i), v^\lambda(i))$, 终止; 如果 $(w^\lambda(i))^\text{T}(v_{\max} - v^\lambda(i)) + (r^\lambda(i))^\text{T} v^\lambda(i) > \varepsilon$, 令 $\lambda = \lambda + \alpha$, $i = i + 1$, 转步 1.

4.6 基于双层规划推断甘油代谢的目标函数

定理 4.6.4 由算法 4.6.1 产生的序列 $\{(c^\lambda(i), v^\lambda(i))\}$ 收敛到 NBP1 的近似最优解.

证明 情形 1. 若序列 $\{(c^\lambda(i), v^\lambda(i))\}$ 是有限的. 由算法 4.6.1 的终止条件知序列 $\{(c^\lambda(i), v^\lambda(i))\}$ 中最后一个点就是 NBP1 的近似最优解.

情形 2. 若序列 $\{(c^\lambda(i), v^\lambda(i))\}$ 是无限的. 易知：$\{(c^\lambda(i), v^\lambda(i))\} \subset \{(c,v)|c \in \mathcal{C}, v \in V\}$. 根据 $\mathcal{C}$ 和 V 的性质可知 $\{(c^\lambda(i), v^\lambda(i))\}$ 存在聚点 $(c^*, v^*) \in \{(c,v)|c \in \mathcal{C}, v \in V\}$. 与 (c^*, v^*) 相对应, 存在 (u^*, w^*, r^*) 使得 $(c^*, v^*, u^*, w^*, r^*)$ 是 NLP$_\lambda$ 的最优解. 根据定理 4.6.2, 有 $(w^*)^T(v_{\max} - v^*) + (r^*)^T v^* < \varepsilon$, 因而 $(c^*, v^*, u^*, w^*, r^*)$ 为 NLP 的一个近似最优解, 故 (c^*, v^*) 是 NBP1 的近似最优解. □

本节采用的是文献 [283] 在不同稀释速率和初始条件下得到的 3 组稳态实验数据, 这些数据包括甘油、生物量、1,3-丙二醇、乙醇、乙酸等的浓度. 根据这 3 组实验数据, 可以计算得到 3 组通量值, 其中每组含有 13 个通量. 3 组实验通量 (v_k^e) 及由 NBP1 计算得到的通量 (v_k^*) 都列在表 4.7 中.

在表 4.7 中, 第 1、2 两组数据是在底物限制的条件下得到的, 而第 3 组数据是在底物过量条件下得到的. 辨识的权系数如图 4.10 所示, 其中, 横坐标表示所有被分配给权系数的通量, 纵坐标表示与之相应的辨识后的权系数. 权系数量化了一个给定通量对目标函数的影响, 即, 权系数值越大说明细胞代谢越朝着相应的反应方向进行. 用上述算法 4.6.1 求解时, 各参数设置如下: $\lambda = 10, \alpha = 5, \varepsilon = 10^{-3}$.

表 4.7 在不同 D 和 C_{s0} 条件下分别由实验观测和计算所得的三组通量分布

通量分布	1	2	3
(D, c_{s0})	(0.15, 809)	(0.35, 443)	(0.35, 870)
$v_1^e(v_1^*)$	25.28(25.28)	58.69(58.69)	112.50(112.50)
$v_2^e(v_2^*)$	10.72(10.96)	28.77(28.77)	65.21(65.18)
$v_3^e(v_3^*)$	1.485(1.98)	3.465(3.570)	3.465(3.469)
$v_6^e(v_6^*)$	0.573(0.891)	1.115(1.836)	1.765(2.590)
$v_7^e(v_7^*)$	0.013(0)	0(0.0479)	11.73(8.2)
$v_8^e(v_8^*)$	0.464(0.464)	0.532(0.615)	3.935(3.935)
$v_{12}^e(v_{12}^*)$	3.768(3.747)	10.032(10.089)	10.543(10.543)
$v_{13}^e(v_{13}^*)$	6.992(6.992)	12.459(12.459)	10.130(9.730)
$v_{17}^e(v_{17}^*)$	0(0)	0.047(0)	0.498(0)
$v_{18}^e(v_{18}^*)$	0.541(0.541)	2.226(2.226)	6.017(6.130)
$v_{19}^e(v_{19}^*)$	0.004(0.004)	0.021(1.261)	0.096(1.05)
$v_{20}^e(v_{20}^*)$	9.452(9.452)	18.71(18.71)	22.90(22.90)
$v_{21}^e(v_{21}^*)$	9.306(9.306)	18.58(18.71)	11.55(11.55)

注: D 为稀释速率/h^{-1}; c_{s0} 为初始甘油浓度/(mmolL^{-1}h^{-1}); v_k^e 为实验观测值; v_k^* 计算 NBP1 模型得到的最优的通量值.

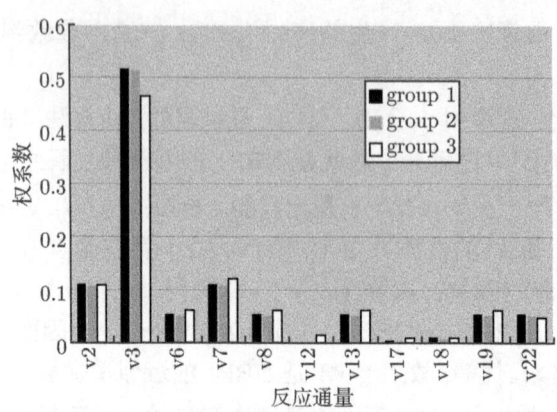

图 4.10 由三组实验数据得到的三组权系数

从表 4.7 和图 4.10 可得到一些有趣的结论:

1) 虽然 3 组实验数据不同, 但是得到的 3 组权系数非常类似. 这个结论与文献 [292] 相一致, 也即, 在不同的条件下可能存在确定的驱动力控制着代谢流的分布.

2) 生物量生成是驱动克雷伯氏杆菌代谢的主要动力, 因为它的权系数在所有的权系数中最大. 1,3-丙二醇和 2,3-丁二醇也是驱动细胞生长的主要动力.

3) 在底物过量条件下得到的生物量的权系数比在底物限制条件下得到权系数稍小, 这与实验观测到的结果相一致, 即, 过量底物会对细胞生长起抑制作用.

4) 计算得到的通量值和实验值之间的误差很小, 故如果通量平衡分析 FBA 模型以得到的代谢目标函数为目标函数, 则能更准确地预测胞内通量分布.

这些结果可为进一步利用代谢调控的方法提高 1,3-丙二醇产量提供重要参考.

4.7 酶催化动力系统共同参数系统辨识及并行优化

4.5 节主要考虑了酶催化动力系统不同实验数据对应不同参数的系统辨识问题, 这样获得的辨识最优参数不能很好地应用到生产实践中的控制问题, 为了更好的解决这个问题, 本节主要研究不同实验数据对应共同参数的系统辨识问题 (即共同参数系统辨识) 及并行优化.

令 K 为可行路径集合. 记 $k^l := (k_1^l, k_2^l, \ldots, k_7^l)^{\mathrm{T}} \in K$ 表示第 l 条代谢途径, k 所表示的实际生物意义及可行参数 $p \in \mathcal{P}_{ad}$ 的范围分别在表 4.8 和 4.9 中给出. 对于给定的 $j \in I_N$ 及 $k := k^l \in K$, 甘油连续发酵酶催化动力系统, 记为 $\mathrm{NDS}(k)$, 并表示为

4.7 酶催化动力系统共同参数系统辨识及并行优化

$$\begin{cases} \dot{x}(t) = f(x,p,j,k), \\ x(0) = x^0. \end{cases} \quad t \in [0, t_f]. \tag{4.7.1}$$

表 4.8 参数 k 的生物意义

i	$k_i = 0$	$k_i = 1$
1	3-HPA 对细胞增长没有抑制作用	3-HPA 对细胞增长存在抑制作用
2	甘油不存在主动运输	甘油存在主动运输
3	甘油不存在被动运输	甘油存在被动运输
4	1,3-PD 不存在主动运输	1,3-PD 不存在主动运输
5	1,3-PD 不存在被动运输 1,3-PD	1,3-PD 不存在被动运输 1,3-PD
6	当 3-HPA 达到一定浓度时对 GDHt 增长有抑制作用	3-HPA 对 GDHt 增长一直存在抑制作用
7	当 3-HPA 达到一定浓度时对 PDOR 增长有抑制作用	3-HPA 对 PDOR 增长一直存在抑制作用

注: $k_2 + k_3 > 0, k_4 + k_5 > 0$.

表 4.9 可行参数的范围

p_1	p_2	p_3	p_4	p_5	p_6	p_7
[30,70]	[1,5]	[100,5000]	[10,100]	[1,10]	[20,30]	[5,10]
p_8	p_9	p_{10}	p_{11}	p_{12}	p_{13}	p_{14}
[40,70]	[0.5,3]	[100,5000]	[1,50]	[100,300]	[100,300]	[0.1,5]
p_{15}	p_{16}	p_{17}	p_{18}	p_{19}	p_{20}	p_{21}
[1,50]	[0.01,2]	[0.01,2]	[0.1,5]	[0.5,20]	[1,30]	[1,100]

考虑甘油连续发酵过程中 3-HPA 的抑制机理及各种物质跨膜运输方式, 该代谢路径中各种物质浓度的变化速率场分量可表示为

$$f_1(x,p,j,k) = (\mu(k) - D_j)x_1, \tag{4.7.2}$$

$$f_2(x,p,j,k) = D_j(C_{s_0,j} - x_2) - q_2(k)x_1, \tag{4.7.3}$$

$$f_3(x,p,j,k) = q_3(k)x_1 - D_j x_3, \tag{4.7.4}$$

$$f_4(x,p,j,k) = q_4(k)x_1 - D_j x_4, \tag{4.7.5}$$

$$f_5(x,p,j,k) = q_5(k)x_1 - D_j x_5, \tag{4.7.6}$$

$$f_6(x,p,j,k) = \frac{1}{p_7}\left(k_2 \cdot \frac{p_8 x_2}{x_2 + p_9} + k_3 \cdot p_{10} N_{R_+}(x_2 - x_6) - q_2^0(k)\right) - \mu(k)x_6, \tag{4.7.7}$$

$$f_7(x,p,j,k) = \frac{p_{11} x_6}{0.53\left(1 + k_6 \cdot \dfrac{x_7}{p_{12}} + (1 - k_6) \cdot \dfrac{x_7 - p_{14}}{p_{13}} \cdot N_{R_+}(x_7 - p_{14})\right) + x_6} \tag{4.7.8}$$

$$- \frac{p_{15} x_7}{0.14 + x_7 + k_7 \cdot \dfrac{x_7^2}{p_{16}} + (1 - k_7) \cdot \dfrac{x_7 - p_{18}}{p_{17}} \cdot N_{R_+}(x_7 - p_{18})}$$

$$- \mu(k)x_7, \tag{4.7.9}$$

$$f_8(x,p,j,k) = \frac{p_{15}x_7}{0.14 + x_7 + k_7 \cdot \dfrac{x_7^2}{p_{16}} + (1-k_7) \cdot \dfrac{x_7 - p_{18}}{p_{17}} \cdot N_{R_+}(x_7 - p_{18})}$$
$$- k_4 \cdot p_{19}\frac{x_8}{x_8 + p_{20}} - k_5 \cdot p_{21} \cdot N_{R_+}(x_8 - x_3) - \mu(k)x_8. \quad (4.7.10)$$

其中

$$\mu(k) = \left(1 - k_1 \cdot \frac{x_7}{x_7^*}\right) \cdot \mu_m \frac{x_2}{x_2 + 0.28} \prod_{i=2}^{5}\left(1 - \frac{x_i}{x_i^*}\right), \quad (4.7.11)$$

$$q_2^0(k) = 2.20 + \frac{\mu(k)}{0.0082} + 28.58 \frac{x_2}{x_2 + 11.43}, \quad (4.7.12)$$

$$q_2(k) = k_2 \cdot p_1 \frac{x_2}{x_2 + p_2} + k_3 \cdot p_3 \cdot N_{R_+}(x_2 - x_6), \quad (4.7.13)$$

$$q_3(k) = k_4 \cdot p_4 \frac{x_8}{x_8 + p_5} + k_5 \cdot p_6 \cdot N_{R_+}(x_8 - x_3), \quad (4.7.14)$$

$$q_4(k) = -0.97 + 33.07\mu(k) + 5.74 \frac{x_2}{x_2 + 85.71}, \quad (4.7.15)$$

$$q_5(k) = 5.26 + 11.66\mu(k), \quad (4.7.16)$$

$$N_{R_+}(\xi) = \begin{cases} \xi, & \xi > 0, \\ 0, & \xi \leqslant 0. \end{cases} \quad (4.7.17)$$

4.7.1 性能指标与鲁棒性分析

生物动力学模型不应只考虑计算值与实验值的拟合度, 而且要求模型符合生物系统的基本特点. 本节给出的生物鲁棒性定义较 4.5.3 节的生物鲁棒性的定义更有利用数值计算, 且能够保证性能指标的连续性, 并给出了其连续性的严格数学证明, 为了研究系统 $NDS(k)$ 的鲁棒性, 给出下面的定义.

定义 4.7.1 细胞外物质的相对误差定义为

$$\mathrm{SSD}(p,j,k) := \frac{1}{3}\sum \frac{(x_i(t_\delta^p; p,j,k) - y_i(j))^2}{y_i(j)^2}, \quad i \in I_3. \quad (4.7.18)$$

为了后面的研究定义下面的集合:

$$S_x(j,k) := \{x(\cdot; p,j,k) | x(\cdot; p,j,k)\text{是系统 } NDS(k) \text{ 对应} p \in \mathcal{P}_{ad}\text{的解}\}, (4.7.19)$$

$$\Phi_x(j,k,\delta,\varepsilon) := \{x(\cdot; p,j,k) | x(\cdot; p,j,k) \in S_x(j,k), x(t;p,j,k) \in W_{ad}, \forall \in [t_0, t_f],$$
$$\|f_i(x(t_\delta^p), p, j, k)\| \leqslant \delta, i \in I_8, \mathrm{SSD}(p,j,k) \leqslant \varepsilon\}, \quad (4.7.20)$$

$$D_p(j,k,\delta,\varepsilon) := \{p | x(\cdot; p,j,k) \in \Phi_x(j,k,\delta,\varepsilon)\}, \quad (4.7.21)$$

$$\Psi_p(I_N, k, \delta, \varepsilon) := \bigcap_{j=1}^{I_N} D_p(j,k,\delta,\varepsilon). \quad (4.7.22)$$

4.7 酶催化动力系统共同参数系统辨识及并行优化

其中 $\delta > 0$ 是一个用来判断系统 NDS(k) 近似稳态系统精度, $\varepsilon > 0$ 是允许的相对偏差.

定理 4.7.1 给定 $\delta > 0, \varepsilon > 0, k \in K, I_N \in N_+, j \in I_N, S_x(j,k), \Phi_x(j,k,\delta,\varepsilon), D_p(j,k,\delta,\varepsilon)$ 和 $\Psi_p(I_N,k,\delta,\varepsilon)$ 都是紧集.

定义 4.7.2 系统 NDS(k) 生物鲁棒性是定义为

$$\text{MSD}(p,k) := \max_{p' \in B(p,\eta)} \phi(p,p',k), \quad (4.7.23)$$

其中

$$\phi(p,p',k) := \frac{1}{3N} \sum_{j=1}^{N} \sum_{i=6}^{8} \frac{((x_i(t_\delta^p;p,j,k) - x_i(t_\delta^p;p',j,k))/x_i(t_\delta^p;p,j,k))^2}{((p-p')/p)^2 + \epsilon} \quad (4.7.24)$$

$$B(p,\eta) := \{p' \mid \|p' - p\| / \|p\| \leqslant \eta\}, \quad (4.7.25)$$

$p, p' \in \Psi_p(I_N,k,\delta,\varepsilon), \epsilon \in (0, 0.001), \eta$ 是一个足够小的正数.

注 4.7.1 给定 $p \in \Psi_p(I_N,k,\delta,\varepsilon)$, 由于 $B(p,\eta)$ 是紧集, 并且 $\phi(p,\cdot,k)$ 是连续的, 则存在 $\hat{p} \in B(p,\eta)$ 使得, 对于所有的 $p' \in B(p,\eta), \phi(p,\hat{p},k) \geqslant \phi(p,p',k)$.

引理 4.7.1 一个集值映射 $\Gamma : \mathbb{R}^n \to 2^{\mathbb{R}^m}$ 在 x 点连续, 如果

$$\rho(\Gamma(x'), \Gamma(x)) \to 0, \quad \text{当 } x' \to x,$$

其中 $\rho(C,S)$ 是 Hausdorff 距离, $C, S \subset \mathbb{R}^m$

$$\rho(C,S) = \max\{\sup_{c \in C} d_S(c), \sup_{s \in S} d_C(s)\},$$

其中 $d_M(z) := \min\{\|z - y\| : y \in M\}$.

那么可得到下面定理.

定理 4.7.2 $B(\cdot, \eta)$ 在 $\Psi_p(I_N,k,\delta,\varepsilon)$ 是连续的.

定理 4.7.3 给定 $k \in K, \text{MSD}(\cdot,k)$ 关于 $p \in \Psi_p(I_N,k,\delta,\varepsilon)$ 是局部 Lipschitz 连续的.

证明 先证明它是上半连续的. 令 $\{p^i\}_{i=0}^{\infty} \subset \Psi_p(I_N,k,\delta,\varepsilon)$ 是一个任意收敛序列, 例如 $p^i \to \hat{p}$, 当 $i \to \infty$, 同时令 $p'^i \in B(p^i,\eta)$ 使得 $\text{MSD}(p^i,k) = \phi(p^i,p'^i,k)$ 对于 $i \in \mathbb{N}$. 由于 $\Psi_p(I_N,k,\delta,\varepsilon)$ 是紧集, 并且 $\phi(\cdot,\cdot,k)$ 是连续的, 则 $\overline{\lim}_{i \to \infty} \phi(p^i,p'^i,k)$ 存在. 假设 $p'^i, i \in M \supset \mathbb{N}$ 使得 $\overline{\lim} \phi(p^i,p'^i,k) = \overline{\lim}_{i \in M} \phi(p^i,p'^i,k)$ 和 $p'^i \to^M \hat{p}'$, 当 $i \to \infty$. 那么 $\hat{p}' \in B(\hat{p},\eta)$ 由于 $B(\cdot,\eta)$ 是连续的, 因此

$$\text{MSD}(\hat{p},k) \geqslant \phi(\hat{p},\hat{p}',k) = \lim_{i \in M} \phi(p^i,p'^i,k) = \overline{\lim_{i \to \infty}} \text{MSD}(p^i,k),$$

所以 $\text{MSD}(\cdot,k)$ 是上半连续的.

下面证明它是下半连续的. 利用反正法, 先假设存在一个点 $\hat{p} \in \Psi_p(I_N, k, \delta, \varepsilon)$ 及一个序列 $p^i \to \hat{p}$ 当 $i \to \infty$, 使得 $\lim \text{MSD}(p^i, k)$ 存在, 并且 $\lim \text{MSD}(p^i, k) < \text{MSD}(\hat{p}, k)$. 假设 $\text{MSD}(\hat{p}, k) = \phi(\hat{p}, \hat{p}', k)$ 和 $\hat{p}' \in B(\hat{p}, \eta)$. 由于 $B(\cdot, \eta)$ 是连续的, 则存在 $\hat{p}'^i \in B(p^i, \eta), i \in \mathbb{N}$ 使得 $\hat{p}'^i \to \hat{p}'$, 当 $i \to \infty$. 又由于 $\phi(\cdot, \cdot, k)$ 是连续的, 则 $\lim_{i \to \infty} \phi(p^i, \hat{p}'^i, k) = \phi(\hat{p}, \hat{p}', k)$. 因此存在一个点 i_0 使得 $\phi(p^i, \hat{p}'^i, k) \geqslant \text{MSD}(p^i, k)$, 对于所有的 $i \geqslant i_0$, 这与开始假设的条件相矛盾 $\text{MSD}(p^i, k)$.

最后证明 $\text{MSD}(\cdot, k)$ 是 Lipschitz 连续的. 由于 $\Psi_p(I_N, k, \delta, \varepsilon)$ 是紧集, 存在一个 Lipschitz 常数 $L < \infty$ 使得

$$|\phi(p^1, p', k) - \phi(p^2, p', k)| \leqslant L\|p^1 - p^2\|,$$

对任意的 $p^1, p^2 \in \Psi_p(I_N, k, \delta, \varepsilon)$ 和所有的 $p' \in \Psi_p(I_N, k, \delta, \varepsilon)$. 因此

$$\text{MSD}(p^1, k) - \text{MSD}(p^2, k) \leqslant \max_{p' \in \Psi_p(I_N, k, \delta, \varepsilon)} \{\phi(p^1, p', k) - \phi(p^2, p', k)\} \leqslant L\|p^1 - p^2\|.$$

在上面的式子中替换 p^1 和 p^2, 能得相应的结论. □

4.7.2 共同参数辨识模型及并行优化算法

在 4.6 节研究的基础上共同参数酶催化混杂动力系统的辨识问题可表示为

$$\begin{aligned}
\text{PIP4.7.1} \quad & \min_{p, k} \quad J(p, k) := \text{MSD}(p, k) \\
& \text{s.t.} \quad x(\cdot; p, j, k) \in S_x(j, k), \\
& \quad x(t; p, j, k) \in W_{ad}, \quad \forall t \in [t_0, t_f], \\
& \quad \|f_i(x(t_\delta^p), p, j, k)\| \leqslant \delta, \quad i \in I_8, \\
& \quad \text{SSD}(p, j, k) \leqslant \varepsilon, \\
& \quad k^l \in K, \quad l = 1, 2, \ldots, |K|.
\end{aligned} \quad (4.7.26)$$

定理 4.7.4　PIP4.7.1 存在最优解, 也就是说存在一个 $p^* \in \Psi_p(I_N, k, \delta, \varepsilon)$, $k^* \in K$ 使得

$$J(p^*, k^*) \leqslant J(p, k), \quad \forall p \in \Psi_p(I_N, k, \delta, \varepsilon), \quad k \in K. \quad (4.7.27)$$

证明　根据定理 4.7.1 与 4.7.2, 容易得到 $\Psi_p(I_N, k, \delta, \varepsilon)$ 是紧集和 $\text{MSD}(p, k)$ 是连续的, 因此 PIP4.7.1 至少存在一个最优解. □

显然 PIP4.7.1 是非线性、不可微、含隐式动态约束, 且含有离散变量和连续变量的优化问题, 这个问题目前没有标准的优化算法, 且无法求得解析解. 同时在求解数值解的时候主要面临的困难在于, 每一次数值迭代都包含一个微分方程的数值求解, 以及稳态的判断, 这使得在串行机上求解问题 PIP4.7.1 是无法实现的. 因此为了求解该辨识问题, 我们设计了一个并行优化算法 4.7.1. 主要步骤如下:

4.7 酶催化动力系统共同参数系统辨识及并行优化

算法 4.7.1 步 1. 为算法分配 N 个进程, 并标记每一个进程的 ID 号为 n. 在跟进程上读取数据.

步 1.1. 读取已知数据 $W_{ad}, \mathcal{P}_{ad}, m_2, m_4, m_5, Y_2, Y_4, Y_5, \Delta q_2, \Delta q_4, K_2^*, K_4^*$. Set $x^0, \delta, \varepsilon, \epsilon, \eta, t_f, A \in \mathbb{Z}_+, M \in \mathbb{Z}_+$.

步 1.2. 读取实验数据 $D_j, C_{s0}, y_{1j}, y_{2j}, y_{3j}, j \in N$.

步 1.3. 读取路径集合 K, 并且令 $k^l := (k_1^l, k_2^l, \ldots, k_7^l) \in K$ 为第 l 条路径, $l = 1, 2, \ldots, |K|$.

步 2. 广播根进程上的数据到所有进程.

步 3. 在根进程上, 令 $l := 1$.

步 4. 在根进程上, 如果 $l < |K|$, 广播它到所有进程中, 否则停止.

步 5. 在根进程上, 令 $a := 0, m := 0$.

步 6. 在根进程上, 如果 $m > M$, 令 $l := l+1$, 转到步 3. 如果 $a < A$, 以均匀分布从 $\mathcal{P}_{ad}$ 随机产生样本点 p^a, 然后把它广播到所有进程, 否则转到步 5.

步 7. 在每个进程上, 用欧拉迭代法求解微分方程组 (4.7.1). 如果解 $x(t_\delta^p; p^a, j, k^l) \in \Phi_x(j, k, \delta, \varepsilon)$, 则令 $\tau := 1$.

步 8. 从进程 n 中收集 τ 到根进程中, 记为 $\Gamma^n = \tau, n = 1, 2, \ldots, N$.

步 9. 在根进程中, 如果 $\sum_{n=1}^{N} \Gamma^n < N$, 则令 $m := m+1$, 并转到步 6.

步 10. 计算 $\mathrm{MSD}(p^a, k^l)$. 令 $a := a+1, m := 0$ 转到步 6.

步 11. 在根进程上执行下面程序, 设置 α, β, R.

步 11.1. 计算 $a_* := \arg\min_{a \in A} \mathrm{MSD}(p^a, k^l)$, $a^* := \arg\max_{a \in A} \mathrm{MSD}(p^a, k^l)$, $r := \max_{a \in A} \|p^{a*} - p^a\|$.

步 11.2. 如果 $r < R$, 输出 $\mathrm{MSD}(p^{a*}, k^l), p^{a*}$ 和 $x(t_\delta^{p^{a*}}; p^{a*}, j, k^l), p = 1, 2, \ldots, N$, 然后令 $l := l+1$ 转到步 4.

步 11.3. 计算 $\lambda_{\max} := \max\{\alpha \geqslant \lambda \geqslant 0 \mid p^{a*} + \lambda(p^{a*} - p^{a^*}) \in \mathcal{P}_{ad}\}$, 令 $c := 1$.

步 11.4. 令 $\widetilde{p} := p^{a*} + \beta^c \lambda_{\max}(p^{a*} - p^{a^*})$ 然后把它广播到所有进程.

步 12. 在每个进程上, 用欧拉迭代法求解微分方程组 (4.7.1). 如果解 $x(t_\delta^{\widetilde{p}}; \widetilde{p}, j, k^l) \in \Phi_x(j, k^l, \delta, \varepsilon)$, 令 $\tau := 1$, 否则令 $\tau := 0$.

步 13. 从进程中 n 中收集 τ 到根进程中, 记为 $\Gamma^n = \tau, n = 1, 2, \ldots, N$.

步 14. 在根进程上, 如果 $\sum_{n=1}^{N} \Gamma^n < N$, 令 $c := c+1$ 转到步 11.4.

步 15. 计算 $\mathrm{MSD}(\widetilde{p}, k^l)$. 如果 $\mathrm{MSD}(\widetilde{p}) > \mathrm{MSD}(p^{a^*}, k^l)$, 令 $c := c+1$ 转到步 11.4, 否则, 转到步 11.1.

注 4.7.2 在步 6, $m > M$ 表示在相应的系统中很难找到可行的参数.

为了计算鲁棒性 $\mathrm{MSD}(p,k)$, 构造了算法 4.7.1 中的子算法步骤如下.

算法 4.7.1 的子算法　步 1. 在根进程上, 设置参数 MaxIter, Iter$:=0$, $\mathrm{MSD}(p,k):=0$.

步 2. 在根进程上, 如果 Iter $<$ MaxIter 以均匀分布从 $B(p,\eta)$ 随机产生样本点 p', 然后把它广播到所有进程, 否则停止.

步 3. 在每个进程上, 用欧拉迭代法求解微分方程组 (4.7.1). 如果解 $x(t_\delta^{p'};p',j,k)$ $\in \Phi_x(j,k,\delta,\varepsilon)$, 则令 $\tau:=1$, 否则令 $\tau:=0$.

步 4. 从各个进程中收集 τ 到根进程中, 标记为 $\Gamma^n, n=1,2,\ldots,N$, 然后在根进程中计算 $\sum_{n=1}^{N}\Gamma^n$, 如果 $\sum_{n=1}^{N}\Gamma^n < N$ 转到步 1, 否则令 Iter $:=$ Iter $+1$.

步 5. 在每一个进程中计算

$$\theta := \frac{1}{3N}\sum_{i=6}^{8}\frac{((x_i(t_\delta^p;p,j,k)-x_i(t_\delta^p;p',j,k))/x_i(t_\delta^p;,p,j,k))^2}{((p-p')/p)^2+\epsilon}. \quad (4.7.28)$$

步 6. 从各个进程中收集 θ 到根进程中, 标记为 $\Theta^n, n=1,2,\ldots,N$. 如果 $\sum_{n=1}^{N}\Theta^n > \mathrm{MSD}(p,k)$, 则令 $\mathrm{MSD}(p,k):=\sum_{n=1}^{N}\Theta^n$. 转到步 2.

4.7.3　数值结果

我们选择了 $N=32$ 组实验数据, 取 $x^0=(0.1, 400, 0, 0, 0, 0, 0, 0)^\mathrm{T}, A=22, M=50000, t_f=100h, \delta=0.001, R=0.1, \varepsilon=0.4, \epsilon=0.0001, \eta=0.01, \alpha=10, \beta=0.8, R=0.05, \mathrm{MaxIter}=100$, 并且令欧拉步长为 $1/3600h$.

辨识模型 PIP4.7.1 包括了 3204 个不同的非线性动力系统, 有 1512 个连续变量和 504 个离散变量. 在联想深腾 1800 机群上利用算法 4.7.1, 共进行了 162855936 次微分方程数值计算. 数值结果显示有 34 组可行解, 并且最优解的路径为 $k^{69}=(1, 1, 1, 1, 1, 0, 0)$.

图 4.11— 图 4.13 分别表示给出了细胞外前 3 种物质实验数据和计算浓度之间的比较. 图 4.14 与图 4.15 在初始甘油浓度为 152mmol/L 稀释速率为 $0.18\ h^{-1}$ 下, 分别给出了在最优路径 k^{69} 和 k^{30} 在 $[0.99p^*, 1.01p^*]$ 区间随机扰动 1000 次, 细胞内三种物质浓度的变化. 数值结果显示, 底物甘油和产物 1,3-PD 的最合理跨膜运输方式均为主被动结合运输, 且 3-HPA 对细胞的生长存在抑制, 而 3-HPA 对 GDHt 和 PDOR 的抑制仅当 3-HPA 浓度达到某个临界值时才存在. 通过算法 4.7.1 获得的 PIP4.7.1 的最优解在表 4.10 中给出, 在表 4.10 中的第一列 (即系统标号列) 中未出现的标号表示其对应的系统不可行.

4.7 酶催化动力系统共同参数系统辨识及并行优化

表 4.10 各个路径对应的最优参数

l	$J(u^*, k^l)$	u^*
1	3.78123	(50.04, 2.18033, 1378.25, 21.9839, 8.17264, 29.4554, 8.46492, 42.0973, 0.812849, 1180.6, 49.9854, 257.385, 254.453, 2.40749, 31.2681, 0.373405, 1.08683, 3.91825, 9.28113, 1.46131, 1.00015)
2	3.66762	(62.0976, 1.92174, 1463.83, 46.241, 6.93194, 23.4219, 5.26966, 45.2337, 0.716523, 1256.12, 50, 113.72, 208.159, 0.715907, 48.919, 1.99881, 1.8918, 4.06085, 16.0467, 6.50767, 1.00872)
5	3.90239	(55.3257, 1.08889, 1064.82, 13.8779, 1.14364, 29.5064, 7.45011, 67.9543, 1.10383, 852.549, 28.6769, 296.388, 290.854, 1.23908, 27.4579, 0.0322897, 1.23173, 0.333813, 19.2537, 3.18254, 56.7846)
6	3.85451	(48.9025, 4.32274, 1616.06, 16.7768, 1.00055, 22.1591, 9.6301, 67.7484, 2.05428, 1309.2, 19.6857, 267.314, 186.206, 3.59202, 27.3971, 1.99782, 0.0388593, 2.88036, 19.4531, 2.4045, 52.158)
7	4.40701	(50.1126, 3.90867, 1443.81, 11.5484, 1.0096, 27.5852, 5.2739, 59.2747, 2.88785, 1110.33, 26.4973, 109.554, 141.833, 2.84161, 49.1912, 1.59277, 1.63742, 4.69734, 12.6834, 9.17812, 43.9125)
9	3.76756	(41.1668, 2.20014, 1468.23, 27.7326, 1.09783, 28.5181, 6.40163, 48.6378, 1.03544, 1169.16, 12.1054, 250.291, 137.774, 4.03025, 7.88737, 0.801868, 1.24481, 2.90305, 18.5902, 2.36547, 1.57726)
10	3.86166	(34.6818, 1.85519, 1279.43, 16.7893, 1.09008, 20.2745, 6.38222, 55.1286, 0.675228, 1018.07, 15.2644, 214.927, 115.222, 1.68511, 25.6245, 0.838739, 0.510547, 0.151404, 19.4325, 4.73657, 76.0901)
25	3.71845	(58.8736, 1.14661, 1646.65, 20.7154, 7.60819, 23.1538, 9.25529, 56.5871, 1.65467, 1577.73, 49.9998, 134.932, 235.05, 2.53479, 38.8193, 0.395332, 1.75904, 2.1774, 18.5891, 7.37441, 1.01558)
26	3.50715	(50.1636, 1.57452, 1616.28, 97.9823, 9.29028, 29.736, 7.4982, 67.8779, 2.32239, 1327.69, 49.9552, 285.029, 292.179, 0.960904, 49.9068, 1.96192, 0.0873184, 1.06749, 1.67721, 9.12014, 1.03058)
29	3.30798	(69.5998, 1.00114, 1458.68, 82.1692, 8.55081, 24.8892, 9.74768, 40.8975, 2.93863, 1872.43, 10.367, 247.127, 294.164, 0.570129, 23.592, 1.28191, 1.437, 0.111694, 19.6267, 5.01553, 14.684)
30	5.11052	(33.8134, 1.00051, 1261.56, 64.0127, 1.02595, 25.3354, 5.43349, 69.4105, 2.48115, 952.31, 33.3473, 270.105, 150.438, 4.99847, 5.03814, 1.66456, 0.885916, 0.786481, 19.0089, 3.60443, 23.8423)
33	3.32418	(68.8407, 1.00381, 1317.7, 81.7497, 9.55682, 20.2959, 5.92244, 42.0721, 2.72255, 1654.09, 9.40866, 133.61, 129.171, 4.53033, 30.5836, 1.32993, 0.46432, 4.91853, 18.6881, 5.99262, 48.1139)
34	3.32441	(69.6849, 1.01265, 801.357, 56.5394, 3.18733, 28.5966, 5.64405, 48.3176, 2.82199, 994.81, 6.98834, 268.889, 181.552, 4.87222, 25.3168, 1.28065, 0.911296, 0.411588, 12.2674, 2.61861, 5.8509)
35	4.20361	(69.0339, 1.00352, 1364.33, 35.881, 2.21783, 20.6769, 6.76488, 51.3209, 2.93255, 1673.64, 10.9697, 164.948, 210.548, 1.29954, 34.0232, 0.280983, 0.800993, 2.35435, 10.2885, 1.25582, 56.9998)
36	3.29171	(69.8875, 1.0023, 1466.76, 56.9217, 8.10699, 23.7336, 5.16761, 40.4195, 2.90912, 1878.73, 13.3555, 298.463, 129.306, 2.00699, 47.1609, 1.09419, 0.384613, 2.60594, 19.2913, 5.20858, 77.0766)
37	3.69195	(56.6907, 3.01896, 1480.71, 52.6523, 8.64579, 29.3625, 9.45636, 47.7777, 2.92029, 1278.11, 50, 146.586, 254.502, 1.59491, 44.8493, 0.227967, 1.47575, 0.762066, 1.40599, 14.2107, 1.00133)
38	3.68150	(54.7088, 4.68398, 1201.16, 52.2991, 4.52388, 29.9937, 6.60497, 59.1032, 1.19693, 1033.37, 49.9999, 289.697, 141.386, 0.695674, 48.6521, 1.94124, 0.48254, 0.430022, 2.97284, 24.0799, 1.00027)

续表

l	$J(u^*, k^l)$	u^*
41	4.10310	(42.0908, 2.2817, 1472.57, 12.3057, 1.30288, 25.8959, 7.42494, 62.1324, 2.38783, 1200.92, 24.4604, 101.706, 158.262, 2.40363, 14.3292, 0.296804, 0.599592, 2.62426, 14.2625, 3.10665, 76.8164)
42	4.27090	(35.1849, 1.31076, 1082.95, 53.7891, 2.01394, 25.2921, 7.24409, 55.8378, 1.21653, 792.68, 10.3185, 136.662, 266.448, 3.00002, 32.7562, 0.368159, 0.560116, 3.63469, 19.2695, 3.61518, 42.0929)
43	4.43056	(39.6002, 3.43796, 1624.65, 11.8202, 1.03043, 20.8326, 6.40281, 41.0899, 2.83019, 1252.67, 19.4121, 115.126, 100.415, 2.05369, 39.5533, 1.44633, 1.29528, 2.84503, 19.8195, 24.3008, 44.8479)
44	4.45063	(49.8024, 3.8068, 1252.82, 11.6796, 1.0016, 25.521, 6.17895, 57.4926, 0.610066, 968.968, 16.0479, 296.348, 234.424, 4.05027, 49.6513, 1.3072, 1.79183, 2.27373, 12.5942, 18.7999, 5.79439)
45	3.87654	(53.1935, 2.969, 936.127, 33.968, 6.03915, 27.5734, 8.26654, 61.3741, 1.86617, 794.169, 7.69779, 212.121, 118.494, 2.79067, 4.98245, 0.316425, 0.762889, 2.55871, 15.5658, 10.8646, 7.54105)
46	3.86551	(31.4733, 3.56844, 1473.48, 97.2448, 6.34742, 24.2168, 6.54719, 68.6414, 2.17912, 1179.37, 7.84499, 289.408, 272.234, 1.13854, 7.22908, 1.52443, 1.54427, 4.53323, 18.7115, 4.62361, 64.6237)
47	4.38189	(30.8406, 3.97554, 1257.75, 11.4674, 1.02344, 23.3331, 6.00818, 41.6618, 0.77159, 971.51, 24.2526, 160.386, 128.782, 2.03805, 46.0487, 1.08558, 1.23365, 2.93218, 6.46185, 1.57501, 49.2444)
61	3.51635	(61.6436, 1.77722, 1197.62, 27.4663, 4.57024, 28.5599, 7.04289, 57.2726, 1.54669, 936.141, 49.9999, 234.459, 163.649, 1.46538, 35.5542, 0.761511, 1.47818, 1.35529, 19.987, 24.9253, 1.02504)
62	3.60363	(43.3991, 1.64686, 1382.03, 42.9402, 3.13445, 27.3651, 5.31859, 52.6297, 2.53709, 1192.21, 49.9841, 189.603, 129.228, 0.452211, 49.7705, 1.7075, 1.40594, 2.05299, 1.46312, 28.7815, 1.00923)
65	3.15644	(69.9871, 1.0028, 970.064, 68.1405, 4.27952, 22.8473, 7.14932, 60.0511, 2.89294, 1159.77, 15.5814, 124.529, 292.4, 0.942275, 10.8354, 1.13403, 1.31525, 3.83439, 18.5688, 1.52797, 37.1533)
66	3.32389	(68.5322, 1.00928, 1636.73, 91.5548, 1.50327, 27.2991, 5.18303, 55.7229, 2.81814, 1941.51, 4.13196, 151.449, 256.885, 1.19196, 45.1536, 0.356006, 1.88868, 2.18975, 16.9988, 1.79853, 38.2132)
67	3.21573	(69.9949, 1.00314, 1651.93, 44.5093, 6.24083, 27.7414, 8.42082, 47.249, 2.82107, 2066.78, 18.4646, 237.912, 130.945, 2.85, 43.9941, 0.874276, 1.89859, 1.27966, 19.2735, 3.23694, 98.851)
68	5.73725	(68.199, 4.57436, 1461.99, 92.982, 2.86293, 29.5788, 5.0272, 48.5453, 2.98446, 1067.59, 4.70024, 135.59, 294.51, 2.98576, 4.23545, 0.748381, 1.0915, 2.27191, 17.1868, 14.7865, 65.1042)
69	3.08436	(67.0623 1.04859 1357.2 20.6161 2.13406 22.5656 7.53888 49.1631 2.8227 1628.78 32.3196 224.545 103.873 1.85826 43.9662 0.647351 0.126378 4.22934 19.9467 1.03525 82.3375)
70	3.47393	(50.7819, 1.03247, 1701.29, 74.9412, 4.93387, 27.6725, 6.66493, 69.9747, 1.98844, 1096.75, 14.6694, 152.582, 257.514, 3.42391, 17.0412, 1.9877, 0.605383, 4.81996, 19.8665, 3.6982, 15.9019)

4.7 酶催化动力系统共同参数系统辨识及并行优化

续表

l	$J(u^*, k^l)$	u^*
71	3.22579	(69.8227, 1.00084, 1882.9, 44.5064, 6.07177, 28.7762, 6.02742, 45.9772, 2.7914, 2358.5, 14.3717, 228.937, 183.065, 4.51174, 45.4778, 1.24154, 0.0742545, 0.336536, 14.5871, 3.03288, 50.9706)
72	3.28049	(69.1811, 1.00096, 983.596, 64.4269, 4.74646, 24.9099, 6.95758, 42.0383, 2.95175, 1249.01, 10.0128, 104.064, 277.212, 3.53748, 44.9268, 1.09282, 0.770315, 2.53856, 17.0732, 3.22632, 94.7746)

注: 总运行时间:289.76h.

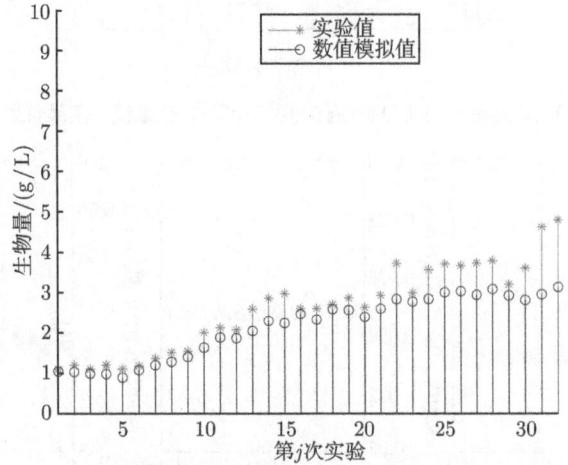

图 4.11 对比实验生物量的测试值与计算值的比较 (在最优路径 k^{69})

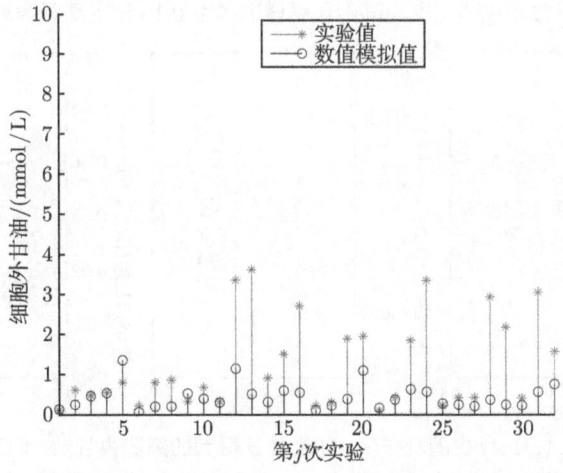

图 4.12 对比实验甘油的测试值与计算值的比较 (在最优路径 k^{69})

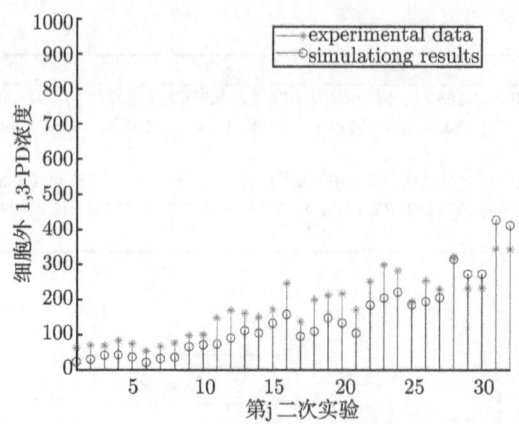

图 4.13 对比实验 1,3-PD 的测试值与计算值的比较 (在最优路径 k^{69})

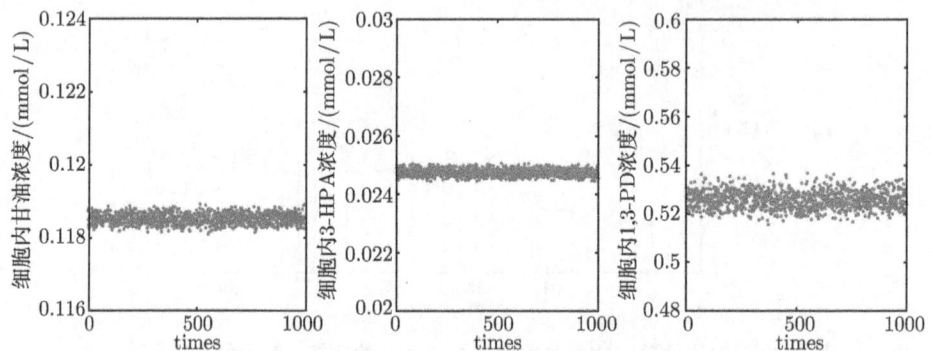

图 4.14 从 $[0.99p^*, 1.01p^*]$ 中随机产生 1000 组 p 得到的细胞内甘油, 3-HPA, 1,3-PD 的计算值 (在初始甘油浓度为 152 mmol/L 稀释速率为 0.18 h^{-1} 路径为最优路径 k^{69})

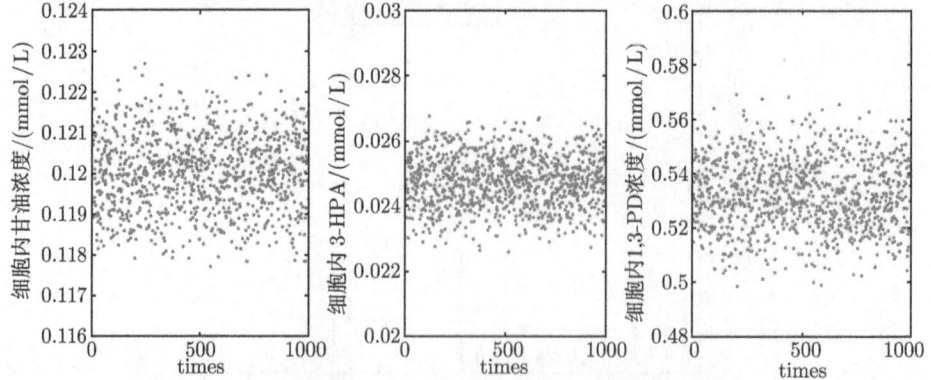

图 4.15 从 $[0.99p^*, 1.01p^*]$ 中随机产生 1000 组 p 得到的细胞内甘油, 3-HPA, 1,3-PD 的计算值 (在初始甘油浓度为 152mmol/L 稀释速率为 0.18h^{-1} 路径为 k^{30})

第 5 章　批式流加发酵动力系统辨识与最优控制

5.1 引　　言

除前两章讨论的间歇和连续发酵外, 批式流加发酵是另外一种典型的发酵方式. 在批式流加发酵的操作中, 向发酵罐中填加物料的过程并不是连续性的, 而是分批次地注入, 且在整个过程中不从发酵罐中取出发酵液. 此外, 为了维持发酵液的 pH 值在一个预定的范围内, 需要利用一个 pH 电极监测发酵液的 pH 值的变化, 当体系 pH 值因为酸性副产物的累积下降到设定范围外时, 通过一 pH 控制系统控制碱的加入.

根据底物控制系统与 pH 控制系统耦联与否, 可把甘油批式流加发酵分为耦联和非耦联. 在耦联批式流加发酵中, 需要将碱溶液消耗量传递给底物控制系统, 底物控制系统再根据底物消耗量和碱消耗量的函数关系计算补底物量, 控制补底物加入量, 使发酵液中即时底物浓度回升到预设底物浓度范围; 在非耦联批式流加发酵中, 碱的加入仍然由一个 pH 控制系统控制, 底物的加入则通过预先给出的流加时间策略控制, 所谓的流加时间策略是一个时间序列, 该序列是整个发酵时间的一个划分, 决定了在每个时间段上甘油的填加与否.

现有的发酵实验中, 无论是耦联批式流加中底物消耗量和碱消耗量函数关系, 还是非耦联批式流加中的底物流加时间策略, 都是通过数次实验的经验给出的. 考虑成本因素, 不能进行大量的实验, 因此通过实验确定的控制策略的效果就不能得到保证. 故利用数学模型对批式流加发酵进行了模拟和优化控制极为必要.

从数学描述的角度来讲, 实现批式流加发酵过程模拟和最优控制是比较困难的. 这主要是因为批式流加发酵过程中发酵液体积是随时间变化的, 且整个发酵过程由于流加和间歇的交替, 无法用单一的动力系统来描述. 本章针对耦联和非耦联两种批式流加发酵, 根据对底物和碱流加的处理方式的不同, 采用了各种动力系统来描述这两种批式流加过程, 并对实际发酵实验进行了模拟和优化控制.

本章结构如下: 5.2 节把底物和中和剂的填加过程视为脉冲事件, 建立了耦联批式流加的脉冲动力系统, 并基于实验数据进行了参数辨识; 在所建立的脉冲动力系统的基础上, 对耦联批式流加发酵进行了最优控制; 5.3 节分别建立了两个子系统来描述底物和碱填加的过程与间歇过程, 进而得到了一个描述整个批式流加的非线性多阶段动力系统, 并基于实验数据进行了参数辨识, 在此基础上对耦联的批式流加发酵过程进行了最优控制, 并根据最优控制的数值结果, 提出了一种可实现的最优控制策略, 在此基础上对耦联批式流加发酵进行了自动控制设计; 5.4 节在 5.2 节的基础上考虑了批式培养中微生物细胞生长的多阶段特性, 建立了多阶段脉冲动力系统, 并对系统进行了参数辨识; 5.5 节和 5.6 节在 5.3 节的基础上, 分别采用了自治切换系统和控制切换系统来描述耦联的批式流加过程; 5.7 节考虑非耦联批式流加发酵, 根据实际发酵实验, 把整个发酵过程分为不同的发酵模式, 提出了一个非耦联批式流加发酵的非线性混杂动力系统, 并讨论了系统的适定性问题.

5.2 耦联批式流加发酵脉冲动力系统

在微生物间歇培养制取 1,3- 丙二醇的实验过程中, 最终发酵液中 1,3- 丙二醇浓度偏低, 造成产品分离成本上升[10]. 而连续发酵的生产强度低, 考虑到发酵过程要兼顾 1,3- 丙二醇的转化率及生产强度, 文献 [10] 建立了批式流加发酵策略. 与间歇和连续发酵不同, 在批式流加发酵的实际操作中, 向发酵罐中添加物料的过程并不连续, 因此不能用连续动力学模型来描述该发酵过程. 考虑到底物和中和剂注入的时间都很短, 可把注入过程视为脉冲过程, 故可采用非线性脉冲微分方程表示批式流加发酵过程.

脉冲微分方程的基本理论在文献 [25] 中有详细阐述, 其中系统解的存在性、正则性及解对初值和参数的连续依赖性等基本理论已比较成熟. 在脉冲微分方程的应用方面, 由于许多生物现象的发生以及人们对某些生命现象的优化控制并非是一个连续的过程, 不能单纯地用微分方程或差分方程进行描述, 因此, 脉冲微分方程模型出现在许多领域中, 如药物动力学、传染病动力学、环境保护领域等.

描述微生物发酵动态行为的非线性常微分方程模型一般没有解析解, 在一定的简化假设下, 可将模型转化为分片线性常微分方程, 采用线性常微分方程的性质进行分析、讨论[293, 294], 也有文献直接对非线性常微分方程模型进行数值模拟[170]. 在描述发酵过程的模型中涉及一些可变参数, 以往的微生物批式流加过程的非结构模型的参数辨识问题大多建立在连续发酵基础上, 所辨识参数引起的计算值和实验值偏差很大, 为使模型与实验真实过程吻合, 辨识其中的参数尤为重要.

在批式流加的发酵实验中, 向反应器中添加培养基的时间和量由经验所得, 这样在消耗一定量的培养基的前提下, 只能通过数次实验比较来确定添加培养基的时间和量以求产物的生产强度和培养基对产物的转化率较大, 这样的重复实验成本高, 不确定因素多, 很难达到预期目标. 因此可以考虑在脉冲微分方程确定的动力系统上实现过程的最优控制.

本节根据甘油生物转化为 1,3- 丙二醇的批式流加过程, 建立了非线性脉冲动力系统 (nonlinear impulsive dynamical system, NIDS) 和系统的参数辨识模型. 在

5.2 耦联批式流加发酵脉冲动力系统

分片连续函数空间上讨论了系统解的存在性、唯一性及解对初值和参数的连续依赖性质. 利用系统解集的紧性论证了辨识模型解的存在性, 导出了达到最优解的一阶必要性条件, 定义了系统的灵敏度矩阵. 依系统关于参数的灵敏度, 构造了求解辨识模型的优化算法, 并结合实验给出实际算例; 考虑到批式流加发酵过程中批次注入物料的时间和填料量的可控性, 以脉冲时刻和脉冲变化量为控制变量, 以非线性脉冲动力系统为约束, 建立了终端最优控制模型, 论证了最优控制的存在性. 基于目标函数对脉冲变化量的偏导数, 构造了求解子区间上最优控制问题的优化算法, 进而构造了求解脉冲时刻固定的最优控制模型的优化算法, 为实现 1,3- 丙二醇的批式流加过程的控制奠定理论基础.

5.2.1 批式流加的非线性脉冲动力系统

1. 非线性脉冲动力系统

甘油为底物、微生物歧化生产 1,3- 丙二醇的批式流加过程始于间歇发酵, 之后分批次加入甘油以控制甘油浓度在一定范围内, 发酵目标是将甘油尽可能多的转化为 1,3- 丙二醇. 批式流加的动力系统, 包括前期的间歇发酵及中后期的批式流加发酵. 其间歇发酵的动力学模型为[241]

$$\begin{cases} \dot{x}_1(t) = \mu x_1(t), \\ \dot{x}_2(t) = -q_2 x_1(t), \\ \dot{x}_3(t) = q_3 x_1(t), \qquad t \in [t_0, t_1). \\ \dot{x}_4(t) = q_4 x_1(t), \\ \dot{x}_5(t) = q_5 x_1(t), \end{cases} \qquad (5.2.1)$$

其中, $x_1(t)$, $x_2(t)$, $x_3(t)$, $x_4(t)$, $x_5(t)$ 分别表示在 t 时刻生物量、残余甘油和产物 1,3- 丙二醇、乙酸和乙醇浓度, μ 表示细胞的比生长速率, q_2, q_3, q_4, q_5 分别表示甘油和三种产物的比消耗速率和比生长速率, 具体表示如下:

$$\mu = \mu_m \frac{x_2(t)}{x_2(t) + k_s} \prod_{i=2}^{5} \left(1 - \frac{x_i(t)}{x_i^*}\right), \qquad (5.2.2)$$

$$q_2 = m_2 + \frac{\mu}{Y_2} + \Delta_2 \frac{x_2(t)}{x_2(t) + K_2^*}, \qquad (5.2.3)$$

$$q_3 = m_3 + \mu Y_3 + \Delta_3 \frac{x_2(t)}{x_2(t) + K_3^*}, \qquad (5.2.4)$$

$$q_4 = m_4 + \mu Y_4 + \Delta_4 \frac{x_2(t)}{x_2(t) + K_4^*}, \qquad (5.2.5)$$

$$q_5 = q_2 \left(\frac{b_1}{c_1 + \mu x_2(t)} + \frac{b_2}{c_2 + \mu x_2(t)}\right). \qquad (5.2.6)$$

这里, μ_m, k_s, b_1, b_2, c_1, c_2, m_i, Y_i, Δ_i, K_i^*, $i=2,3,4$ 为参数, x_i^*, $i=2,3,4,5$ 为各物质的临界浓度, 其值分别为 $x_2^* = 2039\text{mmol/L}$, $x_3^* = 939.5\text{mmol/L}$, $x_4^* = 1026\text{mmol/L}$, $x_5^* = 360.9\text{mmol/L}$. 令状态变量 $x(t) := (x_1(t), x_2(t), x_3(t), x_4(t), x_5(t))^\text{T} \in \mathbb{R}^5$. 由于在实际发酵过程中, 各底物和产物的浓度均不会超过其临界浓度, 故在 $\mathbb{R}^5$ 的子集 W_{ad} 上考虑系统的性质, 其中

$$W_{ad} := \{x \in \mathbb{R}^5 \mid x_1 \in [0.001, x_1^*], x_i \in [0, x_i^*], i = 2, 3, 4, 5\}.$$

这里, $x_1^* = 10\text{g/L}$.

在实验过程中, 为降低底物与多产物的抑制影响, 需要不断地加入碱以中和产物乙酸, 这会对 1,3- 丙二醇的产率及转化率造成一定的影响. 本小节为便于描述作如下假设.

H5.2.1 发酵过程中只考虑底物甘油的注入, 而忽略中和剂等对物质浓度的影响;

H5.2.2 不考虑时滞及空间分布的不均匀性.

在假设 H5.2.1 与 H5.2.2 条件下可得出批式流加的脉冲系统, 设 $\mathcal{I}_1 := [t_0, t_1)$ 为批式流加前期的间歇发酵时间, $\mathcal{I}_2 := [t_1, t_f]$ 为后期的流加发酵时间, $\mathcal{I} := \mathcal{I}_1 \cup \mathcal{I}_2$, $\Pi := \{t_1, t_2, \cdots, t_{n-1}\} \subset [t_1, t_f)$, t_i, $i \in I_{n-1} := \{1, 2, \cdots, n-1\}$ 为脉冲时刻, $t_n = t_f$. 则含有间歇发酵的批式流加发酵过程的非线性脉冲动力系统为

$$\begin{cases} \dot{x}(t) = f(x(t)), & t \in \mathcal{I} \backslash \Pi, \\ \Delta x(t_i) = G^i(x(t_i)), \\ x(t_0) = x^0. \end{cases} \quad (5.2.7)$$

这里 $x^0 \in W_{ad}$ 为初始状态, $\Delta x(t_i) = x(t_i^+) - x(t_i^-) = x(t_i^+) - x(t_i)$ 为 t_i 时刻状态变量的变化量,

$$\begin{aligned} f(x(t)) :=& (f_1(x(t)), f_2(x(t)), f_3(x(t)), f_4(x(t)), f_5(x(t)))^\text{T} \\ :=& (\mu x_1(t), -q_2 x_1(t), q_3 x_1(t), q_4 x_1(t), q_5 x_1(t))^\text{T} \in \mathbb{R}^5, \end{aligned} \quad (5.2.8)$$

$$\begin{aligned} G^i(x(t_i)) :=& (-D_i x_1(t_i), -D_i x_2(t_i) + c_{s0} D_i, -D_i x_3(t_i), -D_i x_4(t_i), \\ & -D_i x_5(t_i))^\text{T} \in \mathbb{R}^5. \end{aligned} \quad (5.2.9)$$

其中 c_{s0} 为加入甘油的浓度, $D_i := F_i \Big/ \left(\sum_{k=1}^{i} F_k + V_0 \right)$ 为 t_i 时刻的稀释速率, D_i 的表达式中 F_i 为 t_i 时刻加入甘油的体积, $i = 1, 2, \cdots, n-1$, V_0 为初始发酵液体积. 定义 $\mathcal{I}$ 上的函数 α 为

$$\alpha(t) := \begin{cases} 0, & t \in \Pi, \\ D_i, & t \in (t_i, t_{i+1}), \quad i = 1, 2, \cdots, n. \end{cases}$$

5.2 耦联批式流加发酵脉冲动力系统

则 G^i 可表示为
$$G^i(x) = \alpha_i g(x).$$
这里 $\alpha_i := \alpha(t_i^+) - \alpha(t_i)$,
$$g(x) := (-x_1(t), -x_2(t) + c_{s0}, -x_3(t), -x_4(t), -x_5(t))^{\mathrm{T}}. \tag{5.2.10}$$

易知 $\alpha(t)$ 为 $\mathcal{I}$ 上的实值有界变差函数. 由有界变差函数的等价条件知 $\alpha(t)$ 可表示为 $\alpha(t) = a(t) - b(t)$, 其中 $a(t), b(t)$ 为非负不降函数. 设 $\mathcal{B}$ 为 $\mathcal{I}$ 上的 Borel σ- 代数, 则 $a(t), b(t)$ 可分别确定 $\mathcal{B}$ 上唯一的测度 ν_a 和 ν_b, 从而 $\alpha(t)$ 可确定 $\mathcal{B}$ 上唯一的 Lebesgue-Stieltjes 测度 $\nu = \nu_a - \nu_b$, 这样系统 (5.2.7) 可转化为系统
$$\begin{cases} dx(t) = f(x(t))dt + g(x(t))\nu(dt), \\ x(t_0) = \xi. \end{cases} \tag{5.2.11}$$
其中, $\xi = x^0$. 由于 α 的总变分有界, ν 可表示为有限和的形式:
$$\nu(dt) = \sum_{t_i \leqslant t} \alpha_i \delta_{t_i}(dt). \tag{5.2.12}$$

这里 δ_{t_i} 为 Dirac 测度. 设 $\mathcal{M}_s(\mathcal{I})$ 为实值有界符号测度空间, 对 $\psi \in \mathcal{M}_s(\mathcal{I})$ 定义总变分范数
$$\|\psi\|_v := \|\psi\|(\mathcal{I}) := \sup_{\pi} \left\{ \sum_i \|\psi(J_i)\| \right\},$$
其中 π 为区间 $\mathcal{I}$ 上的分划
$$\pi := \{t_0 < t_1 < \cdots < t_{n-1} < t_n = t_f, \ J_i := [t_i, t_{i+1})\}, \quad n \in \mathbb{N}.$$
设 $\Gamma := \{\nu \in \mathcal{M}_s(\mathcal{I}) : \nu(dt) = \sum_{t_i \leqslant t} \alpha_i \delta_{t_i}(dt)\}$, $\mathcal{M}_+(\mathcal{I})$ 表示集合 $\mathcal{I}$ 上的 Borel σ- 代数的有界正测度族.

2. 脉冲动力系统解的性质

本小节将证明系统 (5.2.11) 解的存在性、唯一性, 从而得到系统 (5.2.7) 的相应结果. 首先给出函数 $f(x)$ 和 $g(x)$ 的一些性质.

性质 5.2.1 由式 (5.2.8) 定义的函数 $f(x)$ 满足如下条件:
(i) 函数 f 在 $\mathcal{I}$ 上 Borel 可测;
(ii) 函数 f 关于 x 在 $W_{ad} \subset \mathbb{R}^5$ 上 Lipschitz 连续;
(iii) 函数 f 关于 x 满足线性增长条件, 即存在 $K > 0$, 使得
$$\|f(x)\| \leqslant K(1 + \|x\|), \quad \forall x \in W_{ad}.$$

证明 (i) 函数 f 的可测性显然.

(ii) 容易验证 f 的导数在 W_{ad} 上有界, 则利用微分中值定理可得 f 的 Lipschitz 连续性, Lipschitz 常数为 $\|\nabla f\|$ 在 W_{ad} 中的上界.

(iii) 下面证明 f 的线性增长性, 由于

$$\|f(x)\| = (f_1^2(x) + f_2^2(x) + f_3^2(x) + f_4^2(x) + f_5^2(x))^{\frac{1}{2}} = |x_1|(\mu^2 + q_2^2 + q_3^2 + q_4^2 + q_5^2)^{\frac{1}{2}},$$

取

$$a_1 := \max\{1/Y_2, Y_3, Y_4\},$$
$$a_2 := \max\{m_2 + \Delta_2, m_3 + \Delta_3, m_4 + \Delta_4\},$$

由 $x_i/(x_i + K_i^*) \leqslant 1$ 知, $q_i^2 \leqslant (a_1\mu + a_2)^2$, $i = 2, 3, 4$. 又由

$$q_5^2 = q_2^2 \left(\frac{b_1}{c_1 + \mu x_2} + \frac{b_2}{c_2 + \mu x_2} \right)^2$$
$$= q_2^2 \left(2 - \frac{c_1 + \mu x_2 - b_1}{c_1 + \mu x_2} - \frac{c_2 + \mu x_2 - b_2}{c_2 + \mu x_2} \right)^2 \leqslant 4(a_1\mu + a_2)^2,$$

则

$$\|f(x)\| \leqslant |x_1| 2\sqrt{2}(a_1\mu + a_2).$$

令 $K := 2\sqrt{2}(a_1\mu_m + a_2)$, 可得 f 的线性增长性. □

性质 5.2.2 由式 (5.2.10) 定义的函数 $g(x)$ 满足如下条件：

(i) 函数 g 对 $\nu \in \Gamma$ 导出的总变分测度可积;

(ii) 函数 g 关于 x 在 $W_{ad} \subset \mathbb{R}^5$ 上局部 Lipschitz 连续;

(iii) 函数 g 关于 x 满足线性增长条件.

证明 (i) 设 $\nu \in \Gamma$ 导出的总变分测度为 $V(\nu)$, 则 $V(\nu)$ 为可数可加有界正测度, 由函数 g 的解析表达式可得其可积性.

(ii) 和 (iii) 的证明类似性质 5.2.1 的证明, 故略去. □

定义 5.2.1 设 $\xi \in W_{ad}$, $\nu \in \Gamma$, 如果存在 $x(\cdot) \in PWC(\mathcal{I}, \mathbb{R}^5)$ 满足如下积分方程

$$x(t) = \xi + \int_{t_0}^{t} f(x(s))ds + \int_{t_0}^{t} g(x(s))\nu(ds), \quad t \in \mathcal{I}. \tag{5.2.13}$$

则 $x(\cdot)$ 称为系统 (5.2.11) 的解, 记为 $x_{\xi,\nu}(\cdot)$.

引理 5.2.1 考虑半线性脉冲动力系统

$$\begin{cases} dx(t) = Ax(t)dt + f(t, x(t))dt + g(t, x(t))\nu(dt), \\ x(t_0) = \xi, \end{cases} \quad t \in \mathcal{I},$$

这里 A 为 Banach 空间 E 中 C_0 半群的无穷小生成元, $\nu \in \mathcal{M}_s(\mathcal{I})$, 并假设 f 在 E 上 Borel 可测、局部 Lipschtiz 连续, 且满足线增长条件, g 连续有界, 在 E 上局部 Lipschitz 连续, 且存在 $L > 0$, 使得

$$\sup_{\xi \in E} \|g(\xi)\| \leqslant L, \quad t \in \mathcal{I}.$$

则对每个 $\xi \in E$, 脉冲方程存在唯一解 $x(\cdot) \in PWC(\mathcal{I}, E)$.

证明 见文献 [31] 的定理 3. □

定理 5.2.1 考虑系统 (5.2.11), 对每个 $\xi \in W_{ad}$, 系统存在唯一解 $x(\cdot) \in PWC(\mathcal{I}, \mathbb{R}^5)$.

证明 由性质 5.2.1 和性质 5.2.2 知, 系统 (5.2.11) 满足引理 5.2.1 的条件, 这里 $A = 0$, 于是可得结论. □

3. 解对初值和控制变量的连续性

在批式流加发酵过程中, 稀释速率 D_i 是控制变量, 在系统 (5.2.11) 中体现为测度 ν 的变化, 下面定理表明解对初值和测度的连续性, 从而可得解对初值和控制变量 D_i 的连续性.

引理 5.2.2 设 $\psi \in \mathcal{M}_+(\mathcal{I})$ 满足 $\psi(t_0) = 0$ 且 $d\psi = dt + \sum C_i \delta_{t_i}$, 其中 $C_i \geqslant 0$, $\sum_i C_i < \infty$, δ_{t_i} 为 Dirac 测度, 并设 $a(t)$, $\phi(t)$ 为 $\mathcal{I}$ 上的非负有界可测函数, $\rho(t)$ 为 $\mathcal{I}$ 上的正可积函数, 且满足下面不等式

$$\phi(t) \leqslant a(t) + \int_{t_0}^t \rho(s)\phi(s)ds + \sum_{t_i \leqslant t} C_i \rho(t_i)\phi(t_i), \quad t \in \mathcal{I}. \tag{5.2.14}$$

则

$$\phi(t) \leqslant a(t) \exp\left(\int_{t_0}^t \rho(s)ds + \sum_{t_i \leqslant t} C_i \rho(t_i)\right), \quad t \in \mathcal{I}. \tag{5.2.15}$$

定理 5.2.2 系统 (5.2.11) 的解 $x_{\xi,\nu}(\cdot)$ 在 $W_{ad} \times \Gamma$ 上连续, 且存在常数 $C > 0$, 使得

$$\sup_{t \in \mathcal{I}} \|x_{\xi,\nu}(t) - x_{\eta,\mu}(t)\| \leqslant C(\|\xi - \eta\| + \|\nu - \mu\|_v), \quad \forall \xi, \eta \in W_{ad}, \ \nu, \mu \in \Gamma. \tag{5.2.16}$$

证明 对每个 $\xi \in W_{ad}$ 和 $\nu \in \Gamma \subset \mathcal{M}_s$, 系统 (5.2.11) 的解 $x_{\xi,\nu}(\cdot)$ 有界. 由积分方程 (5.2.13) 可得

$$\|x_{\xi,\nu}(t)\| \leqslant \|\xi\| + \int_{t_0}^t K(1 + \|x_{\xi,\nu}(s)\|)ds + \int_{t_0}^t L(1 + \|x_{\xi,\nu}(s)\|)\nu(ds). \tag{5.2.17}$$

其中, L 为引理 5.2.1 所定义. 令 $a(t) := \|\xi\| + \int_{t_0}^{t} Kds + \int_{t_0}^{t} L\nu(ds)$, 由 $a(t)$ 的单调递增性及 $t \in (t_0, t_f]$, 有 $a(t) \leqslant a(t_f) < \infty$, 则 (5.2.17) 式变为

$$\|x_{\xi,\nu}(t)\| \leqslant a(t_f) + \int_{t_0}^{t} K\|x_{\xi,\nu}(s)\|ds + \int_{t_0}^{t} L\|x_{\xi,\nu}(s)\|\nu(ds),$$

将式 (5.2.12) 代入上面不等式得

$$\|x_{\xi,\nu}(t)\| \leqslant a(t_f) + \int_{t_0}^{t} K\|x_{\xi,\nu}(s)\|ds + \sum_{t_i \leqslant t} L\alpha_i \|x_{\xi,\nu}(t_i)\|.$$

由引理 5.2.2 可得

$$\|x_{\xi,\nu}(t)\| \leqslant a(t_f) \exp\left(\int_{t_0}^{t} Kds + \sum_{t_i \leqslant t} L\alpha_i\right), \quad t \in \mathcal{I}.$$

这表明存在正常数 $b = b(\xi)$, 使得

$$\sup_{\nu \in \Gamma} \sup_{t \in \mathcal{I}} \|x_{\xi,\nu}(t)\| \leqslant b(\xi).$$

下面证明不等式 (5.2.16). 设 $(\xi,\nu), (\eta,\mu) \in W_{ad} \times \Gamma$, $x_{\xi,\nu}(\cdot)$ 与 $x_{\eta,\mu}(\cdot)$ 分别表示对应系统 (5.2.11) 的解, 依积分方程 (5.2.13) 可得

$$\|x_{\xi,\nu}(t) - x_{\eta,\mu}(t)\|$$
$$\leqslant \|\xi - \eta\| + \int_{t_0}^{t} K\|x_{\xi,\nu}(s) - x_{\eta,\mu}(s)\|ds$$
$$+ \int_{t_0}^{t} L\|x_{\xi,\nu}(s) - x_{\eta,\mu}(s)\|\nu(ds) + \int_{t_0}^{t} \|g(x_{\eta,\mu}(s))\| \cdot |\nu - \mu|(ds)$$
$$\leqslant \|\xi - \eta\| + \int_{t_0}^{t} K)\|x_{\xi,\nu}(s) - x_{\eta,\mu}(s)\|ds + \sum_{t_i \leqslant t} L\alpha_i \|x_{\xi,\nu}(t_i) - x_{\eta,\mu}(t_i)\|$$
$$+ (1 + b(\eta))\int_{t_0}^{t} |\nu - \mu|(ds).$$

上式中最后一项小于 $(1 + b(\eta))\int_{t_0}^{t_f} |\nu - \mu|(ds)$, 从而由引理 5.2.2 知, 对每个 $t \in \mathcal{I}$, 有

$$\|x_{\xi,\nu}(t) - x_{\eta,\mu}(t)\| \leqslant \left(\|\xi - \eta\| + (1 + b(\eta))\int_{t_0}^{t_f} |\nu - \mu|(ds)\right) \exp\left(\int_{t_0}^{t} Kds + \sum_{t_i \leqslant t} L\alpha_i\right).$$

5.2 耦联批式流加发酵脉冲动力系统

令

$$C := \max\left\{1,\ (1+b(\eta))\int_{t_0}^{t_f}\frac{|\nu-\mu|}{\|\nu-\mu\|_v}(ds)\right\}\exp\left(\int_{t_0}^{t_f}Kds+\sum_{t_i\leqslant t}L\alpha_i\right),$$

则可得

$$\sup_{t\in\mathcal{I}}\|x_{\xi,\nu}(t)-x_{\eta,\mu}(t)\|\leqslant C(\|\xi-\eta\|+\|\nu-\mu\|_v). \qquad \Box$$

注 5.2.1 由定理 5.2.2 可见,对给定的初始状态 $\xi\in W_{ad}$,映射 $\nu\mapsto x_{\xi,\nu}$ 在 $\mathcal{M}_s(\mathcal{I})$ 上局部 Lipschitz 连续, 又由 ν 的有限可加性知, 有界变差函数 $\alpha(t)$ 的微小变化不会引起解 $x_{\xi,\nu}$ 的大的波动.

5.2.2 非线性脉冲动力系统的参数辨识

1. 参数辨识模型及其性质

对脉冲系统的参数进行辨识时,要用模型计算结果与相应的实验数据进行比较, 故 5.2.1 小节中忽略向发酵罐中加入中和剂的假设在参数辨识时不再适用, 因而本节假设:

H5.2.3 发酵过程中同时向发酵罐注入甘油和中和剂碱,两种物质以耦联的方式加入.

记系统 (5.2.7) 所涉及的动力学参数组成的向量为 p, 即

$$p := (p_1, p_2, \cdots, p_{12})^{\mathrm{T}}$$
$$= (\mu_m,\ m_2,\ m_3,\ m_4,\ 1/Y_2,\ Y_3,\ Y_4,\ \Delta_2,\ \Delta_3,\ \Delta_4,\ b_1,\ b_2)^{\mathrm{T}} \in \mathbb{R}^{12}.$$

则在假设 H5.2.3 下, 耦联批式流加发酵可重新描述为

$$\begin{cases}\dot{x}(t)=f(x(t),p),\quad t\in\mathcal{I}\backslash\Pi,\\ \Delta x(t_{i-1})=g(t,x(t_{i-1})),\quad t_i\in\Pi,\\ x(t_0)=x^0.\end{cases} \qquad (5.2.18)$$

其中,

$$f(x(t),p)$$
$$:= (f_1(x(t),p),\ f_2(x(t),p),\ f_3(x(t),p),\ f_4(x(t),p),\ f_5(x(t),p))^{\mathrm{T}}$$
$$= (\mu(p)x_1(t),\ -q_2(p)x_1(t),\ q_3(p)x_1(t),\ q_4(p)x_1(t),\ q_5(p)x_1(t))^{\mathrm{T}}\in\mathbb{R}^5, \quad (5.2.19)$$

$$g(t,x(t)) := \left(-D(t)x_1(t),\ D(t)\left(\frac{r(t)c_{s0}}{1+r(t)}-x_2(t)\right),\right.$$
$$\left. -D(t)x_3(t),\ -D(t)x_4(t),\ -D(t)x_5(t)\right)\in\mathbb{R}^5. \quad (5.2.20)$$

这里，c_{s0} 仍为加入甘油的浓度，$D(t)$ 为 $[t_0, t_f]$ 上的连续有界函数，满足 $D(t_0) = 0$ 且当 $t \in \Pi$ 时，$D(t) = D_i$. D_i 为 t_i 时刻的稀释速率

$$D_i = \frac{F_i + r_i F_i}{\sum_{j=1}^{i}(F_j + r_j F_j) + V_0}.$$

表达式中 F_i 为 t_i 时刻加入碱的体积；$r_i F_i$ 为同时加入的甘油的体积，$i = 1, 2, \cdots, n-1$；V_0 为初始发酵液体积；$r(t)$ 为 $[t_0, t_f]$ 上的连续有界函数，满足 $r(t_0) = 0$ 且当 $t \in \Pi$ 时，$r(t) = r_i$，r_i 为 t_i 时刻加入甘油和碱的体积比，非负有界. 初始参数值取为 $p_0 := (0.67, 2.20, -2.69, -0.97, 1/0.0082, 67.69, 33.07, 28.58, 26.59, 5.74, 0.025, 5.18)^\mathrm{T} \in \mathbb{R}^{12}$，参数允许集为

$$P_{ad} := \prod_{i=1}^{12}[p_{0i} - 0.2p_{0i}, \; p_{0i} + 0.2p_{0i}] \subset \mathbb{R}^{12}.$$

由性质 5.2.1 和 5.2.2，并利用文献 [32] 中的定理 4.2，可得系统 (5.2.18) 解的存在唯一性.

性质 5.2.3 任给 $p \in P_{ad}$，系统 (5.2.18) 存在唯一解 $x(\cdot; p) \in PWC(\mathcal{I}, \mathbb{R}^5)$.

定义系统 (5.2.18) 在参数允许集上的解集 S_1，即

$$S_1 := \{x(\cdot; p) \in PWC(\mathcal{I}, \mathbb{R}^5) \mid x(\cdot; p) \text{为系统 (5.2.18) 对应} p \in P_{ad}\text{的解}\}. \quad (5.2.21)$$

依实验数据，可拟合出批式流加过程中各底物和产物浓度的近似函数 $\varphi \in PWC(\mathcal{I}, \mathbb{R}^5)$. 以系统 (5.2.18) 的解与 φ 之间的误差为性能指标，则非线性脉冲动力系统的参数辨识模型可描述为

$$\text{NIDS-PIP} \quad \min \quad J_1(p) := \sum_{i=1}^{n-1}\int_{t_i}^{t_{i+1}}\|x(t;p) - \varphi(t)\|^2 dt$$
$$\text{s.t.} \quad p \in P_{ad}, \quad x(\cdot; p) \in S_1.$$

为论证辨识问题 NIDS-PIP 解的存在性，需给出系统 (5.2.18) 解的如下性质.

性质 5.2.4 系统 (5.2.18) 的唯一解 $x(\cdot; p)$ 关于 p 在 P_{ad} 上连续.

证明 首先证明 f 关于 (x, p) 在 $W_{ad} \times P_{ad}$ 上满足 Lipschitz 条件. 对任意 $(x', p'), (x'', p'') \in W_{ad} \times P_{ad}$,

$$\|f(x', p') - f(x'', p'')\| = \|f(x', p') - f(x'', p') + f(x'', p') - f(x'', p'')\|$$
$$\leqslant \|f(x', p') - f(x'', p')\| + \|f(x'', p') - f(x'', p'')\|.$$

由性质 5.2.1 知, f 关于 x 在 W_{ad} 上 Lipschitz 连续, 即存在 $L_f > 0$, 使得

$$\|f(x',p') - f(x'',p'')\| \leqslant L_f\|x'-x''\| + \|f(x'',p') - f(x'',p'')\|$$

$$= L_f\|x'-x''\| + x_1''\{(\mu(p') - \mu(p''))^2 + \sum_{i=2}^{5}(q_i(p') - q_i(p''))^2\}^{1/2}.$$

对 $(\mu(p') - \mu(p''))^2$, 由 μ 的定义和 x_i'', $i \in I_5$ 的有界性知, 存在 $C_1' > 0$ 使得

$$(\mu(p') - \mu(p''))^2 \leqslant C_1'(p_1' - p_1'')^2.$$

同理对 $(q_i(p') - q_i(p''))^2$, $i = 2, 3, 4$, 有

$$(q_i(p') - q_i(p''))^2 \leqslant C_2'((p_i' - p_i'')^2 + (\mu(p')p_{i+3}' - \mu(p'')p_{i+3}'')^2 + (p_{i+6}' - p_{i+6}'')^2)$$
$$\leqslant C_2''((p_i' - p_i'')^2 + (p_1' - p_1'')^2 + (p_{i+3}' - p_{i+3}'')^2 + (p_{i+6}' - p_{i+6}'')^2).$$

对 $(q_5(p') - q_5(p''))^2$, 由 q_5 的定义和 p_i'', $i \in I_{12}$, 的有界性知, 存在 $C_5', C_5'' > 0$, 使得

$$(q_5(p') - q_5(p''))^2 \leqslant C_5'(q_2(p') - q_2(p''))^2 + C_5''q_2(p')((p_{11}' - p_{11}'')^2 + (p_{12}' - p_{12}'')^2).$$

综上可知, 存在 $\bar{C} > 0$, 使得

$$\|f(x',p') - f(x'',p'')\| \leqslant L_f\|x' - x''\| + \bar{C}\|p'' - p'\|.$$

利用引理 2.2.4 可知, $x(\cdot;p)$ 关于 p 在 P_{ad} 上连续. □

依允许集 P_{ad} 的定义可知, P_{ad} 为空间 $\mathbb{R}^{12}$ 中的有界闭集, 从而为紧集. 根据性质 5.2.3 和性质 5.2.4, 从 $p \in P_{ad}$ 到 $x(\cdot;p) \in S_1$ 的映射是连续的, 由此可得下面性质.

性质 5.2.5 由式 (5.2.21) 定义的 S_1 是 $PWC(\mathcal{I}, \mathbb{R}^5)$ 中的紧集.

定理 5.2.3 辨识问题 (NIDS-PIP) 存在最优解, 即存在 $p^* \in P_{ad}$, 使得

$$J_1(p^*) \leqslant J_1(p), \quad \forall p \in P_{ad}.$$

2. 一阶最优性条件

本小节考虑辨识问题 NIDS-PIP 的一阶必要性条件. 为得出原问题的最优性必要条件, 首先考虑如下子问题:

$$\text{NIDS-PIP}_i \quad \min \quad J_1^i(p) := \int_{t_i}^{t_{i+1}} \|(x(t;p) - \varphi(t))\|^2 dt$$
$$\text{s.t.} \quad x(\cdot;p) \in S_1, \quad p \in P_{ad},$$
$$i \in I_{n-1}.$$

下面考虑子问题 NIDS-PIP$_i$ 的最优性必要性条件, 首先给出一个引理.

引理 5.2.3 设 f 由式 (5.2.19) 定义，$x(\cdot;p)$ 为系统 (5.2.18) 对应 p 的解，则对给定的 $v \in P_{ad}$，$x'(p)v = z$ 为如下问题的唯一解：

$$\begin{cases} \dfrac{dz}{dt} - f'(x)z = v, & t_0 < t \leqslant S, \\ z(t_0) = 0. \end{cases} \tag{5.2.22}$$

证明 容易证明映射 $x \to f(x)$ 是 Fréchet 可微的，且导函数 $f'(\cdot)$ 连续，又由文献 [54] 推论 3.2 的证明可知 $p \to x(\cdot;p)$ 连续 Gâteaux 可微，从而满足文献 [295] 命题 3.1 的条件，可得引理结论。 $\square$

定理 5.2.4 设 $\hat{p}^i \in P_{ad}$ 为子问题 NIDS-PIP$_i$ 的最优解，$\hat{x}^i \in C([t_i, t_{i+1}], \mathbb{R}^5)$ 为对应的最优状态，则如下线性问题存在唯一解：

$$\begin{cases} -\dfrac{dy_i}{dt} - f'(x)y_i = \hat{x}^i(t) - \varphi(t), & t_i < t \leqslant t_{i+1}, \\ y_i(t_{i+1}) = 0. \end{cases} \tag{5.2.23}$$

进而

$$\int_{t_i}^{t_{i+1}} \langle y_i,\ v - \hat{p}^i \rangle dt \geqslant 0, \quad \forall v \in P_{ad}. \tag{5.2.24}$$

证明 线性问题 (5.2.23) 解的存在唯一性显然。由于在区间 $[t_i, t_{i+1}]$ 上系统 (5.2.18) 简化为非线性常微分方程，这里只需在 $i = 1$ 的情形下证明不等式 (5.2.24) 成立。由于目标泛函 J_1^i 在 $\hat{p}^1$ 点 Gâteaux 可微，且 P_{ad} 为凸集，由 $\hat{p}^1$ 的最优性可得

$$\nabla_p J_1^1(\hat{p}^1)(v - \hat{p}^1) \geqslant 0, \quad \forall v \in P_{ad}.$$

而另一方面，可以证明

$$\nabla_p J_1^1(\hat{p}^1)(v - \hat{p}^1) = \int_{t_0}^{t_1} \langle x(t, \hat{p}^1) - \varphi(t), z \rangle dt,$$

其中 $z = \nabla_p x(\hat{p}^1)(v - \hat{p}^1)$。设 y_1 为方程 (5.2.23) 在 $i = 1$ 情形下的唯一解，依引理 5.2.3，上面的积分方程表明：

$$\begin{aligned} \nabla_p J_1^1(\hat{p}^1)(v - \hat{p}^1) &= \int_{t_0}^{t_1} \left\langle -\dfrac{dy_1}{dt} - \nabla_x f(x)y_1,\ z \right\rangle dt \\ &= \int_{t_0}^{t_1} \left\langle y_1,\ \dfrac{dz}{dt} - \nabla_x f(x)z \right\rangle dt. \end{aligned}$$

由于 P_{ad} 为凸集，对 $p \in P_{ad}$ 和 $h \in [0, 1]$，$p + h(v - p) \in P_{ad}$。令 x 和 x_h 分别为系统 (5.2.18) 中微分方程对应 p 和 $\tilde{p} := p + h(v - p)$ 的解，则

$$\dfrac{d}{dt}(x_h - x) - [f(x_h, \tilde{p}) - f(x, p)] = 0. \tag{5.2.25}$$

等式 (5.2.25) 两边同乘以 $\frac{1}{h}$, 得

$$\frac{d}{dt}\frac{(x_h - x)}{h} = \frac{f(x_h, \tilde{p}) - f(x, \tilde{p})}{h} + \frac{f(x, \tilde{p}) - f(x, p)}{h}.$$

由于映射 $x \to f(x)$ Fréchet 可微且 $\nabla_x f(\cdot)$ 连续, $p \to x(\cdot; p)$ 连续 Gâteaux 可微, 当 $h \to 0$ 时, 上面的表达式表明

$$\frac{dz}{dt} - \nabla_x f(x, \tilde{p})z - \nabla_p f(x, p)(v - p) = 0,$$

其中 $z = \nabla_p x(p)(v - p)$, 进而可得

$$\nabla_p J_1^1(\hat{p}^1)(v - \hat{p}^1) = \int_{t_0}^{t_1} \langle y_1, \nabla_p f(x, \hat{p}^1)(v - \hat{p}^1)\rangle dt.$$

因此

$$\int_{t_0}^{t_1} \langle y_1, \nabla_p f(x, \hat{p}^1)(v - \hat{p}^1)\rangle dt \geqslant 0, \quad \forall v \in P_{ad}. \qquad \square$$

基于子问题 NIDS-PIP$_i$ 的最优性必要条件, 考虑到子问题与原问题目标函数的非负性, 易得如下的 NIDS-PIP 问题的最优性条件.

定理 5.2.5 设 $\hat{p} \in P_{ad}$ 为问题 NIDS-PIP 的最优解, $\hat{x} \in PWC(\mathcal{I}, \mathbb{R}^5)$ 为对应的最优状态, 即 $\hat{x}$ 为系统 (5.2.18) 对应 $\hat{p}$ 的解, 则

$$\sum_{i=1}^{n-1} \int_{t_i}^{t_{i+1}} \langle y_i, \nabla_p f(x, \hat{p})(v - \hat{p})\rangle dt \geqslant 0, \quad \forall v \in P_{ad},$$

这里 y_i 为如下线性问题的唯一解:

$$\begin{cases} -\dfrac{dy_i}{dt} - \nabla_x f(x) y_i = \hat{x}(t) - \varphi(t), & t_i < t \leqslant t_{i+1}, \\ y_i(t_{i+1}) = 0. \end{cases}$$

3. 优化算法

一般来说, 在通常的参数辨识过程中, 不同参数对状态变量或辨识问题的目标函数的影响是相互制约的, 同时辨识模型涉及的所有参数, 计算量较大, 且不易确定. 考虑到各参数引起目标值的变化程度不同, 先选择较敏感的, 即参数的微小变化能引起状态和目标值较大变化的参数, 作为辨识参数, 这样在计算的过程中目标值的下降较快, 达到极小值的运算时间也就较短. 如果在辨识敏感参数后, 想得到更精确的计算结果, 可以固定已辨识的敏感参数, 再辨识灵敏度较小的参数. 本小节首先定义系统的灵敏度矩阵, 然后依系统关于参数的灵敏度, 构造求解辨识模型的优化算法, 最后结合实验数据给出算例.

由于实验数据拟合的函数 $\varphi(t)$ 是确定的, 性能指标 $J_1(p)$ 的大小取决于计算所得函数 $x(t;p)$, 状态变量 $x(t;p)$ 对参数 p 的灵敏度可直接反映性能指标对参数的灵敏度, 故这里考虑状态变量 $x(t;p)$ 对参数 p 的灵敏度. 定义灵敏度矩阵 $X = \partial x/\partial p$, 由系统 (5.2.18) 可得

$$\frac{\partial f}{\partial x}X + \frac{\partial f}{\partial p} = \frac{d}{dt}X, \quad X(t_0) = 0.$$

由式 (5.2.19) 计算可得

$$\frac{\partial f}{\partial x} = \begin{pmatrix} \mu & x_1\dfrac{\partial \mu}{\partial x_2} & x_1\dfrac{\partial \mu}{\partial x_3} & x_1\dfrac{\partial \mu}{\partial x_4} & x_1\dfrac{\partial \mu}{\partial x_5} \\ -q_2 & -x_1\dfrac{\partial q_2}{\partial x_2} & -\dfrac{x_1}{p_5}\dfrac{\partial \mu}{\partial x_3} & -\dfrac{x_1}{p_5}\dfrac{\partial \mu}{\partial x_4} & -\dfrac{x_1}{p_5}\dfrac{\partial \mu}{\partial x_5} \\ q_3 & x_1\dfrac{\partial q_3}{\partial x_2} & x_1 p_6\dfrac{\partial \mu}{\partial x_3} & x_1 p_6\dfrac{\partial \mu}{\partial x_4} & x_1 p_6\dfrac{\partial \mu}{\partial x_5} \\ q_4 & x_1\dfrac{\partial q_4}{\partial x_2} & x_1 p_7\dfrac{\partial \mu}{\partial x_3} & x_1 p_7\dfrac{\partial \mu}{\partial x_4} & x_1 p_7\dfrac{\partial \mu}{\partial x_5} \\ q_5 & x_1\dfrac{\partial q_5}{\partial x_2} & x_1\dfrac{\partial q_5}{\partial x_3} & x_1\dfrac{\partial q_5}{\partial x_4} & x_1\dfrac{\partial q_5}{\partial x_5} \end{pmatrix},$$

其中

$$\frac{\partial \mu}{\partial x_2} = p_1 \left[\left(1 - \frac{x_2}{x_2^*}\right)\frac{k_s}{(x_2+k_s)^2} - \frac{x_2}{(x_2+k_s)x_2^*}\right] \prod_{i=3,4,5}\left(1 - \frac{x_i}{x_i^*}\right),$$

$$\frac{\partial \mu}{\partial x_3} = -\frac{p_1 x_2}{x_3^*(x_2+k_s)} \prod_{i=2,4,5}\left(1 - \frac{x_i}{x_i^*}\right),$$

$$\frac{\partial \mu}{\partial x_4} = -\frac{p_1 x_2}{x_4^*(x_2+k_s)} \prod_{i=2,3,5}\left(1 - \frac{x_i}{x_i^*}\right),$$

$$\frac{\partial \mu}{\partial x_5} = -\frac{p_1 x_2}{x_5^*(x_2+k_s)} \prod_{i=2,3,4}\left(1 - \frac{x_i}{x_i^*}\right).$$

令 q_5 的表达式中 $p_{11}/(c_1+\mu x_2) + p_{12}/(c_2+\mu x_2) = \omega(x,p)$, 则 $\dfrac{\partial \omega}{\partial \mu} = -(p_{11}/(c_1+\mu x_2)^2 + p_{12}/(c_2+\mu x_2)^2)$, $\dfrac{\partial \omega}{\partial x_2} = \dfrac{\partial \omega}{\partial \mu}\left(\mu + x_2\dfrac{\partial \mu}{\partial x_2}\right)$, 从而

$$\frac{\partial q_2}{\partial x_2} = \frac{1}{p_5}\frac{\partial \mu}{\partial x_2} + \frac{p_2 p_8}{(x_2+p_2)^2}, \quad \frac{\partial q_3}{\partial x_2} = p_6\frac{\partial \mu}{\partial x_2} + \frac{p_3 p_9}{(x_2+p_3)^2},$$

$$\frac{\partial q_4}{\partial x_2} = p_7\frac{\partial \mu}{\partial x_2} + \frac{p_4 p_{10}}{(x_2+p_4)^2}, \quad \frac{\partial q_5}{\partial x_2} = \frac{\partial q_2}{\partial x_2}\omega + q_2\frac{\partial \omega}{\partial x_2},$$

$$\frac{\partial q_5}{\partial x_i} = q_2\frac{\partial \omega}{\partial \mu}\frac{\partial \mu}{\partial x_i}, \quad i = 3, 4, 5.$$

5.2 耦联批式流加发酵脉冲动力系统

函数 f 对参数 p 的偏导数 $\frac{\partial f}{\partial p}$ 为 5×12 矩阵,具体表示如下

$$\begin{pmatrix} x_1\frac{\partial \mu}{\partial p_1} & 0 & 0 & 0 & 0 & 0 & 0 & 0 & 0 & 0 & 0 & 0 \\ -\frac{x_1}{p_5}\frac{\partial \mu}{\partial p_1} & -x_1 & 0 & 0 & \frac{x_1\mu}{u_5^2} & 0 & 0 & -\frac{x_1 x_2}{x_2+p_2} & 0 & 0 & 0 & 0 \\ x_1 p_6 \frac{\partial \mu}{\partial p_1} & 0 & x_1 & 0 & 0 & \mu x_1 & 0 & 0 & \frac{x_1 x_2}{x_2+p_3} & 0 & 0 & 0 \\ x_1 p_7 \frac{\partial \mu}{\partial p_1} & 0 & 0 & x_1 & 0 & 0 & \mu x_1 & 0 & 0 & \frac{x_1 x_2}{x_2+p_4} & 0 & 0 \\ \frac{\partial f_5}{\partial p_1} & \frac{\partial f_5}{\partial p_2} & 0 & 0 & \frac{\partial f_5}{\partial p_5} & 0 & 0 & \frac{\partial f_5}{\partial p_8} & 0 & 0 & \frac{\partial f_5}{\partial p_{11}} & \frac{\partial f_5}{\partial p_{12}} \end{pmatrix},$$

其中

$$\frac{\partial \mu}{\partial p_1} = \frac{k_s}{(x_2+k_s)} \prod_{i=2}^{5} \left(1 - \frac{x_i}{x_i^*}\right), \quad \frac{\partial f_5}{\partial p_1} = \frac{x_1}{p_5}\frac{\partial \mu}{\partial p_1}\omega + x_1 q_2 \frac{\partial \omega}{\partial \mu}\frac{\partial \mu}{\partial p_1},$$

$$\frac{\partial f_5}{\partial p_2} = x_1 \omega, \quad \frac{\partial f_5}{\partial p_5} = -\frac{x_1 \mu}{p_5^2}\omega, \quad \frac{\partial f_5}{\partial p_8} = \frac{x_1 x_2}{x_2+p_2}\omega,$$

$$\frac{\partial f_5}{\partial p_{11}} = \frac{q_2 x_1}{c_1+\mu x_2}, \quad \frac{\partial f_5}{\partial p_{12}} = \frac{q_2 x_1}{c_2+\mu x_2}.$$

利用以上灵敏度矩阵的计算结果,借助 Matlab 编程,可以计算出 $\partial x_i/\partial p_j, \forall i \in I_5, j \in I_{12}$.

利用灵敏度计算方程,对每个变量 x_i,分别选择相对敏感的参数:对 x_1 选择 p_1,对 x_2 选择 p_5,对 x_3 选择 p_6,对 x_4 选择 p_7,对 x_5 选择 p_{11}. 为描述方便,将 $p_1, p_5, p_6, p_7, p_{11}$ 分别记为 $p_{l_1}, p_{l_2}, p_{l_3}, p_{l_4}, p_{l_5}$. 对 $p \in P_{ad} \subset \mathbb{R}^{12}$, P_{ad} 为 $\mathbb{R}^{12}$ 中的有界闭集. $x_i(t_j, p), i \in I_5, j \in I_l$,是 x_i 在 t_j 时刻的计算值;$y_i(t_j)$ 表示相应时刻的实验值,l 为实验中测试点的个数. 辨识问题 NIDS-PIP 可离散化为如下问题:

$$\text{NIDS-IPD} \quad \min \quad J_1^D(p) = \sum_{i=1}^{5}\sum_{j=1}^{l} |x_i(t_j;p) - y_i(t_j)|$$

$$\text{s.t.} \quad p \in P_{ad}, \quad x(\cdot;p) \in S_1.$$

由于辨识问题 NIDS-IPD 中主要约束是非线性脉冲动力系统,目标泛函 $J_1^D(p)$ 与参数 p 之间无显性表达式,无法找出可用于优化计算的依赖关系. 目前还没有求解 NIDS-IPD 问题的优化算法,然而动力系统的解 $x_i(t_j;p)$ 与观测值 $y_i(t_j)$ 均是非负有界的,即存在 $b > 0$,使得

$$0 \leqslant x_i(t_j;p) \leqslant b, \quad \forall p \in P_{ad},$$
$$0 \leqslant y_i(t_j) \leqslant b, \quad i \in I_5, \quad j \in I_l.$$

类似定理 5.2.3, 可知存在 $p^* \in P_{ad}$, 使得 $0 \leqslant J_1^D(p^*) \leqslant J_1^D(p), \forall p \in P_{ad}$. 令

$$mx_i(p) := \sum_{j=1}^{l} x_i(t_j; p), \quad i \in I_5,$$

$$my_i := \sum_{j=1}^{l} y_i(t_j), \quad i \in I_5.$$

由于 $y_i(t_j)$ 是实验值, $my_i, i \in I_5$, 是常数. 依动力系统 (5.2.18), 生物量的比生成速率 μ 关于 $p_{l_1} = \mu_m$ 单调上升, 从而 x_1 关于 $p_{l_1} = \mu_m$ 单调上升, 当 $mx_1(p) > my_1$ 时, 应降低增长速率, 从而降低 p_{l_1}, 而甘油的比消耗速率 q_2 关于 p_{l_2} 单调上升, 从而 x_2 关于 $p_{l_2} = 1/Y_2$ 单调下降, 当 $mx_2(p) > my_2$ 时, 应增大消耗速率, 从而增大 p_{l_2}, 同理可知 $mx_i(p)$ 关于 p_{l_i} 单调上升, $i = 3, 4, 5$. 于是可构造算法产生点列 p^k 使得 $mx_i(p^k) \to my_i$, 这样可通过求解如下问题 NIDS-IPD$_1$ 得出问题 NIDS-IPD 的一个次优解:

$$\text{NIDS-IPD}_1 \quad \min \quad J_1^{D1}(p) := \sum_{i=1}^{5} |mx_i(p) - my_i|$$
$$\text{s.t.} \quad p \in P_{ad}.$$

从上述分析易证明:

性质 5.2.6 设 $p^* \in P_{ad}$ 是问题 NIDS-IPD 的最优解, 则 p^* 也是问题 NIDS-IPD$_1$ 的一个最优解.

根据 $mx_i(p)$ 关于分量 p_{l_i} 的单调性, 可构造求解 NIDS-IPD$_1$ 的优化算法如下:

算法 5.2.1 步 1. 读入系统的已知数据, 选择计算精度 $\varepsilon > 0$ 和初始参量 $p^0 \in P_{ad}$, 令 $k := 0$. 计算 $my_i = \sum_{j=1}^{l} y_i(t_j), i \in I_5$.

步 2. 求 $p^k \in P_{ad}$ 对应脉冲系统 (5.2.18) 的数值解 $x_i(t; p^k)$, 并计算

$$mx_i(p^k) = \sum_{j=1}^{l} x_i(t_j; p^k).$$

步 3. 如果 $J_1^{D1}(p^k) = \sum_{i=1}^{5} |mx_i(p^k) - my_i| \leqslant \varepsilon$, 则算法结束, $p^* := p^k$ 为最优解, 否则转步 4.

步 4. 如果 $|mx_i(p^k) - my_i| \leqslant \varepsilon/5$, 则令 $e(i) := 0$, 否则 $e(i) := 1, i \in I_5$.

步 5. 如果 $e(i) \geqslant 1$ 且 $mx_i(p^k) \geqslant my_i$, 则

对 $i=1,3,4,5$, 选择 $p_{l_i}^k$ 的修正量 $\Delta p_{l_i}<0$, 并满足 $p_{l_i}^k+\Delta p_{l_i}\in P_{ad}$;
对 $i=2$, 选择 $p_{l_2}^k$ 的修正量 $\Delta p_{l_2}>0$, 并满足 $p_{l_2}^k+\Delta p_{l_2}\in P_{ad}$.
否则如果 $mx_i(p^k)<my_i$,
对 $i=1,3,4,5$, 选择 $p_{l_i}^k$ 的改变量 $\Delta p_{l_i}>0$, 并满足 $p_{l_i}^k+\Delta p_{l_i}\in P_{ad}$;
对 $i=2$, 选择 $p_{l_2}^k$ 的改变量 $\Delta p_{l_2}<0$, 并有 $p_{l_2}^k+\Delta p_{l_2}\in P_{ad}$.
步 6. 令 $p^{k+1}:=p^k+\Delta p_{l_i}$, $k:=k+1$, 转步 2.
算法中

$$e_i:=\frac{\sum_{j=1}^{l}|x_i(t_j)-y_i(t_j)|}{\sum_{j=1}^{l}y_i(t_j)}.$$

对给定的 $p^0\in P_{ad}$, 显然由算法 5.2.1 产生的序列 $\{p^k\}$ 满足 $\{p^k\}\subset P_{ad}$. 由于 P_{ad} 为有界闭集, 故 $\{p^k\}$ 有收敛子列, 不妨将收敛子列仍记为 $\{p^k\}$. 设收敛子列的极限为 p^*, 即 $\lim_{k\to\infty}\|p^k-p^*\|=0$.

设 $\{p^k\}$ 是由算法 5.2.1 产生的序列, 其收敛子列的极限为 p^*, 假设 p^* 不是问题 NIDS-IPD$_1$ 满足精度条件的最优解, 则存在下降方向 d 及 $\alpha>0$, 使得

$$J_1^{D1}(p^*+\alpha d)\leqslant\varepsilon<J_1^{D1}(p^*).$$

设 $x(t;p^k),x(t;p^*)$ 分别为 p^k,p^* 对应脉冲系统 (5.2.18) 的解, 由性质 5.2.4 知, $x(t;p^k)$ 对 p^k 连续, 这样 $x(t;p^k)$ 收敛到 $x(t;p^*)$. 由分片连续函数空间上范数的定义可知, 目标函数 $J_1^{D1}(p^k)=\sum_{i=1}^{5}|mx_i(p^k)-my_i|$ 收敛到 $J_1^{D1}(p^*)$, 故当 k 足够大时, 有 $J_1^{D1}(p^k)>\varepsilon$. 这与算法构造点列满足 $J_1^{D1}(p^k)<\varepsilon$ 的条件相矛盾, 故 p^* 即为满足算法精度要求的最优点.

4. 数值模拟

本节的数值计算表明辨识后的脉冲动力系统较辨识前的系统引起的误差小, 更适合于描述批式流加发酵过程. 先对真实算例作几点说明:

(I) 求解过程中同时辨识了表达式:

$$\mu=\mu_m\frac{x_2(t)}{x_2(t)+k_s}\prod_{i=2}^{5}\left(1-\frac{x_i(t)}{x_i^*}\right)^{n_i},$$

中的 $n=(n_2,n_3,n_4,n_5)^{\mathrm{T}}\in N_0=\{0,1,2,3\}^4$.

(II) 由于非线性脉冲动力系统中的非线性项比较复杂, 考虑到发酵的最终结果中最重要的项是 x_1,x_2,x_3, 故在求解辨识问题时仅考虑了前三个微分方程中的参数及误差.

在甘油批式流加发酵实验中,根据实验测得的批式流加发酵数据,应用算法 5.2.1 对问题 NIDS-IPD$_1$ 进行求解,得最优解 $n^* = \{1, 3, 3, 3\}$, p^* 的辨识结果见表 5.1. 表 5.2 列出了生物量、甘油和 1,3- 丙二醇的浓度在参数辨识前后计算值和实验值的误差比较,其中 e_i, $i \in I_3$, 为通常定义的相对误差.

表 5.1 批式流加系统 (5.2.18) 中的相关参数

参数	$p_1(\mu_m)$	$p_5(Y_2)$	$p_6(Y_3)$	$p_8(\Delta_2)$	$p_9(\Delta_3)$
初始参数值	0.67	0.0082	−2.69	28.58	26.59
辨识后参数值	0.74	0.0071	−3.06	26.7	21.8

表 5.2 计算值和实验值之间的误差比较

误差	$e_1/\%$	$e_2/\%$	$e_3/\%$
初始误差	49.51	62.15	29.77
辨识后误差	21.45	27.17	6.47

图 5.1 给出批式流加发酵过程中生物量、甘油和 1,3- 丙二醇实验值 (点) 与参数辨识前模拟结果 (虚线) 及辨识后模拟结果 (实线) 的比较,其中 x_1 的模拟结果不好,表明其他各项对 x_1 的抑制过强,还需进一步的分析与计算. 从实验角度考虑,过大的误差可能由微生物发酵过程的复杂性、产物的多样性引起, 反应过程还有其他副产物的生成, 略去副产物物质的量的平衡受到影响, 所得计算结果也受影响.

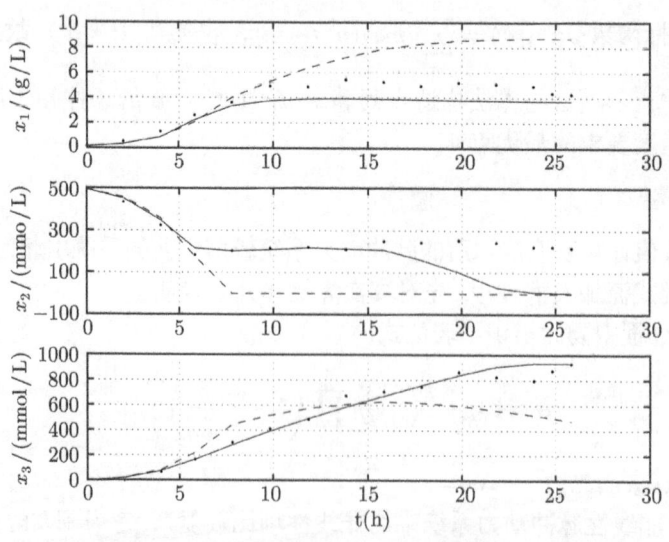

图 5.1 批式流加中生物、甘油和 1,3- 丙二醇实验值与计算值比较

实线: 辨识后计算值; 虚线: 辨识前计算值; 点: 实验值

在最优解 $n^* = \{1,3,3,3\}$ 和 p^* 的基础上, 利用脉冲动力系统 (5.2.18) 同时计算了后两项乙酸和乙醇的值, 所得结果与实验值的比较见图 5.2, 在没有调节后两项参数的情形下得出图中的模拟结果表明系统 (5.2.18) 适合描述批式流加过程.

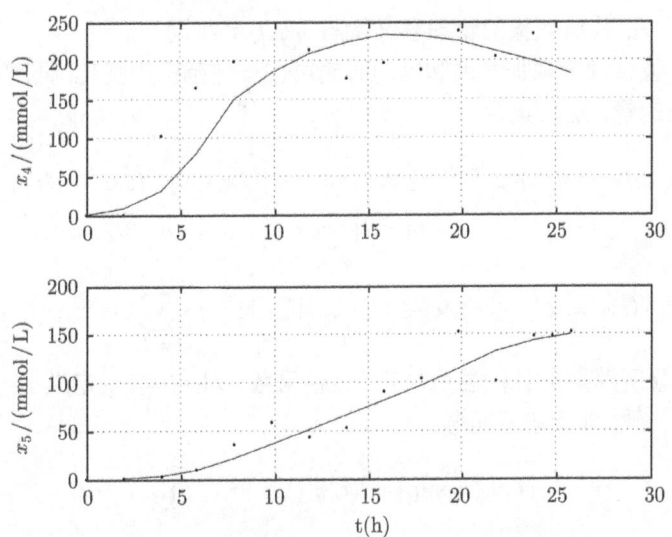

图 5.2 批式流加中乙酸和乙醇实验值 (点) 与计算模拟值 (线) 比较

5.2.3 非线性脉冲动力系统的最优控制

1. 最优控制模型及性质

同前面一样, 依然在 $\mathbb{R}^5$ 的子集 W_{ad} 上考虑系统的性质.

为后面叙述方便, 将区间 $(t_{i-1}, t_i]$ 上的 $x(t)$ 记为 $x^i(t)$, 则含有间歇发酵的批式流加过程可描述为如下非线性脉冲动力系统:

$$\begin{cases} \dot{x}^i(t) = f^i(x^i(t)), \quad t \in (t_{i-1}, t_i], \\ \Delta x(t_{i-1}) = G(t_{i-1}, x^{i-1}(t_{i-1})), \quad i \in I_n, \\ x^1(t_0) = x^0. \end{cases} \quad (5.2.26)$$

其中, $x^0 \in W_{ad}$ 为初始状态, $\Delta x(t_{i-1}) = x^i(t_{i-1}^+) - x^{i-1}(t_{i-1})$ 为 t_i 时刻状态变量的变化量

$$\begin{aligned} f^i(x^i(t)) &:= (f_1^i(x^i(t)),\ f_2^i(x^i(t)),\ f_3^i(x^i(t)),\ f_4^i(x^i(t)),\ f_5^i(x^i(t)))^\mathrm{T} \\ &= (\mu x_1^i(t),\ -q_2 x_1^i(t),\ q_3 x_1^i(t),\ q_4 x_1^i(t),\ q_5 x_1^i(t)) \in \mathbb{R}^5, \quad (5.2.27) \end{aligned}$$

$$G(t,x(t)) := \bigg(-D(t)x_1(t),\ D(t)\bigg(\frac{r(t)c_{s0}}{1+r(t)} - x_2(t)\bigg),\ -D(t)x_3(t),$$
$$-D(t)x_4(t),\ -D(t)x_5(t) \bigg)^{\mathrm{T}} \in \mathbb{R}^5. \tag{5.2.28}$$

这里, $D(t_i) = D_i$, 其他变量的物理意义均与 5.2.1 节相同.

由于在实验过程中填加甘油和碱的时刻可在一定范围内变化, 同时可控制加入的时间和甘油的量. 定义集合

$$\Omega = \{\omega = (t_1, t_2, \cdots, t_n) \in \mathcal{I}^n \mid t_0 < t_1 < \cdots < t_n = t_f,\ t_i \in [t_{il}, t_{ir}],$$
$$t_0 < t_{i-1,l} < t_{i-1,r} < t_{il} < t_{ir} < t_f,\ i \in I_{n-1}\},$$
$$U = \{G(t, x(t)) = (G_1, \cdots, G_5) \in C(\mathcal{I} \times W_{ad}, \mathbb{R}^5) \mid \sum_{i=1}^{n-1} G_2(t_i, x(t_i)) = C\}.$$

这里, C 由实验所消耗的甘油总量决定, 为正常数. 对 $G \in U$, 定义 U 上的范数与 $PWC(\mathcal{I}, \mathbb{R}^5)$ 一致, 即上确界范数

$$\|G\|_c = \sup\{\|G(t, x(t))\| \mid t \in \mathcal{I}\}.$$

令 $\mathcal{U}_{ad} := \Omega \times U$ 为允许控制集. 定义系统 (5.2.26) 在 $u = (\omega, G) \in \mathcal{U}_{ad}$ 上的解集为

$$S_2 := \{x_u(\cdot) \in PWC(\mathcal{I}, \mathbb{R}^5) \mid x_u(\cdot) \text{ 是系统 (5.2.26) 对应 } u \in \mathcal{U}_{ad} \text{ 的解 }\}.$$

则以非线性脉冲动力系统 (5.2.26) 为约束, 1,3- 丙二醇的最终生产强度为性能指标的最优控制问题可描述为

$$\text{NIDS-OCP} \quad \max \quad J_2(u) := \tilde{\phi}(x_u(t_f)) := x_u(t_f)^{\mathrm{T}} \boldsymbol{W} x_u(t_f)/t_f^2$$
$$\text{s.t.} \quad u \in \mathcal{U}_{ad},\quad x_u(\cdot) \in S_2.$$

这里 $\boldsymbol{W}$ 为已知 5×5 对角矩阵, 对角线上的元素均是非负的, 且为对应状态分量的权系数.

最优控制问题 NIDS-OCP 的目标泛函只含终端状态, 为得出最优控制的存在性, 首先需要讨论脉冲系统 (5.2.26) 的解对控制变量的连续依赖性.

性质 5.2.7 由式 (5.2.28) 定义的泛函 $G(\cdot, \cdot)$ 关于 t 和 x 连续, 且在 $\mathbb{R}_+ \times \mathbb{R}^5$ 的有界子集上有界.

证明 设 $S \subset \mathbb{R}^5$ 为非空有界闭集, 由式 (5.2.28) 定义易知函数 $G(\cdot, \cdot)$ 关于 t 和 x 连续. 由函数 $D(t)$ 的定义可得其有界性, 当 $t \in [a,b] \subset \mathbb{R}^+$, $x \in S \subset \mathbb{R}^5$ 时, 则由 $[a,b]$ 和 S 有界性以及 $D(t)$ 的有界性, 立即可得 $G(t,x)$ 在 $[a,b] \times S \subset \mathbb{R}^+ \times \mathbb{R}^5$ 上也有界. □

5.2 耦联批式流加发酵脉冲动力系统

为便于讨论，将脉冲系统 (5.2.26) 脉冲时刻点不固定的情形转化为阶跃点固定的情形. 作变换 $t = (t_i - t_{i-1})(\tau + t_i/(t_i - t_{i-1}) - i) = d(\tau)$, 可得如下脉冲微分系统:

$$\begin{aligned} &\dot{y}^i(\tau) = (t_{i-1} - t_i)f^i(y^i(\tau)), \quad \tau \in (i-1, i], \\ &\Delta y^i(i-1) = G(d(i-1), y^{i-1}(i-1)), \quad i \in I_n, \\ &y^1(0) = x^0. \end{aligned} \quad (5.2.29)$$

对脉冲点固定的情形，有如下存在性结果.

引理 5.2.4 给定 $u = (\omega, G) \in \mathcal{U}_{ad}$, 系统 (5.2.29) 存在解 $y_u(\cdot) \in PWC([0, n], \mathbb{R}^5)$.

证明 由函数 f^i 和 G 的性质可知, 系统 (5.2.29) 满足文献 [32] 定理 4.2 的假设条件, 从而可得系统 (5.2.29) 解的存在性. □

在引理 5.2.4 基础上, 可进一步得到系统 (5.2.26) 解的存在性结果.

定理 5.2.6 对给定的 $u = (\omega, G) \in \mathcal{U}_{ad}$, 系统 (5.2.26) 存在唯一解 $x_u(\cdot) \in PWC(\mathcal{I}, \mathbb{R}^5)$.

证明 首先证明解的存在性. 由引理 5.2.4 知, 系统 (5.2.29) 存在解 $y_u(\tau), \tau \in [0, n]$, 由所作变换知

$$\frac{dt}{d\tau} = t_i - t_{i-1}, \quad t(0) = 0. \quad (5.2.30)$$

其中 $\tau \in (i-1, i], i \in I_n$. 则这个变换把 $t = t_i$ 变换成 $\tau = i$, 令 $x_u^i(t) = x_u^i(d(\tau)) = y_u^i(\tau), t \in (t_{i-1}, t_i], \tau \in (i-1, i]$, 则对 $t \in (t_{i-1}, t_i]$, 有

$$\dot{x}_u^i(t) = \dot{y}_u^i(\tau)\frac{d\tau}{dt} = (t_i - t_{i-1})f^i(y_u^i)\frac{1}{t_i - t_{i-1}} = f^i(x_u^i),$$

而且 $x_u^i(t_{i-1}^+) = y_u^i((i-1)^+) = y^{i-1}(i-1) + G(d(i-1), y^{i-1}(i-1)) = x_u^{i-1}(t_{i-1}) + G(t_{i-1}, x_u^{i-1}(t_{i-1}))$, 同时 $x_u^1(t_0) = y_u^1(0) = x^0$, 所以 $x_u(t) = x_u^i(t), t \in (t_{i-1}, t_i], i \in I_n$. 从而可得 $x_u(\cdot) \in PWC(\mathcal{I}, \mathbb{R}^5)$ 为脉冲系统 (5.2.26) 的解.

下面证明系统 (5.2.26) 解的唯一性. 由系统解的存在性知, 下面积分方程成立

$$\begin{aligned} x^i(t) &= x^{i-1}(t_{i-1}) + G(t_{i-1}, x^{i-1}(t_{i-1})) \\ &\quad + \int_{t_{i-1}}^{t} f^i(x(s))ds, \quad t \in (t_{i-1}, t_i], \quad i \in I_n. \end{aligned} \quad (5.2.31)$$

假设系统存在两个解 $x_u(t)$ 和 $\hat{x}_u(t)$, 那么对 $t \in \mathcal{I}$, 存在 $i \in I_n$ 使得 $t \in (t_{i-1}, t_i]$, 从而由积分式 (5.2.31) 及函数 $D(t)$ 的有界性可得

$$\begin{aligned} &\|x_u(t) - \hat{x}_u(t)\| \\ &= \|x_u^i(t) - \hat{x}_u^i(t)\| \end{aligned}$$

$$\leqslant \|x_u^{i-1}(t_{i-1}) - \hat{x}_u^{i-1}(t_{i-1})\| + \int_{t_{i-1}}^{t} \|f^i(x_u^i(s)) - f^i(\hat{x}_u^i(s))\| ds$$
$$+ \|G(t_{i-1}, x_u^{i-1}(t_{i-1})) - G(t_{i-1}, \hat{x}_u^{i-1}(t_{i-1}))\|$$
$$\leqslant (1 + D(t))\|x_u^{i-1}(t_{i-1}) - \hat{x}_u^{i-1}(t_{i-1})\| + \int_{t_{i-1}}^{t} \|f^i(x_u^i(s)) - f^i(\hat{x}_u^i(s))\| ds$$
$$\leqslant (1 + \bar{M})\|x_u^{i-1}(t_{i-1}) - \hat{x}_u^{i-1}(t_{i-1})\| + L\int_{t_{i-1}}^{t} \|x_u^i(s) - \hat{x}_u^i(s)\| ds.$$

其中 $\bar{M} \in (0, \infty)$ 为稀释速率 D 的上限，L 为函数 f^i 的 Lipschitz 常数 (见引理 5.2.1). 由 Gronwall 引理知

$$\|x_u(t) - \hat{x}_u(t)\| \leqslant (1 + \bar{M})\|x_u^{i-1}(t_{i-1}) - \hat{x}_u^{i-1}(t_{i-1})\| \exp\{L(t_i - t_{i-1})\},$$

由递归运算可得

$$\|x_u(t) - \hat{x}_u(t)\| \leqslant i(1 + \bar{M})\|x^0 - x^0\| \exp\left\{\sum_{j=1}^{i} K_j(t_j - t_{j-1})\right\} = 0.$$

所以 $x_u(t) = \hat{x}_u(t)$, $t \in \mathcal{I}$, 从而系统解唯一. □

引理 5.2.5 对系统 (5.2.26) 给定的初值 $x^0 \in W_{ad}$, 存在 $M > 0$, 使得系统 (5.2.26) 的解满足

$$\|x_{u'}^n(t_f) - x_{u''}^n(t_f)\| \leqslant M(\|\omega' - \omega''\| + \|G' - G''\|), \quad \forall u' = (\omega', G'), \quad u'' = (\omega'', G'') \in \mathcal{U}_{ad}.$$

证明 设 $x_{u'}(\cdot)$ 与 $x_{u''}(\cdot)$ 是系统 (5.2.26) 分别对应于 $u', u'' \in \mathcal{U}_{ad}$ 的解, $y_{u'}(\cdot)$ 与 $y_{u''}(\cdot)$ 是系统 (5.2.29) 分别对应于 $u', u'' \in \mathcal{U}_{ad}$ 的解, 由系统 (5.2.29) 解的存在性可得如下积分方程:

$$y_{u'}^n(n) = x^0 + \sum_{l=1}^{n} \int_{l-1}^{l} (t_l' - t_{l-1}') f^l(y_{u'}^l(s)) ds + \sum_{l=1}^{n-1} G'(\mu'(l), y_{u'}^l(l)),$$
$$y_{u''}^n(n) = x^0 + \sum_{l=1}^{n} \int_{l-1}^{l} (t_l'' - t_{l-1}'') f^l(y_{u''}^l(s)) ds + \sum_{l=1}^{n-1} G''(\mu''(l), y_{u''}^l(l)),$$

从而

$$\|y_{u'}^n(n) - y_{u''}^n(n)\| \leqslant \sum_{l=1}^{n} \int_{l-1}^{l} \|(t_l' - t_{l-1}') f^l(y_{u'}^l(s)) - (t_l'' - t_{l-1}'') f^l(y_{u''}^l(s))\| ds$$
$$+ \|\sum_{l=1}^{n-1} G'(\mu'(l), y_{u'}^l(l)) - G''(\mu''(l), y_{u''}^l(l))\|.$$

5.2 耦联批式流加发酵脉冲动力系统

由 f^i 的连续性知, 对 $i \in I_n$, 存在 K_i, 使得

$$f^i(x) \leqslant K_i, \quad \forall x \in W_{ad},$$

故存在 $\bar{K} < \infty$ 使得

$$\begin{aligned}
\|x^n_{u'}(n) - x^n_{u''}(n)\| &= \|y^n_{u'}(n) - y^n_{u''}(n)\| \\
&\leqslant \sum_{l=1}^{n} (K_l(|t'_l - t''_l| + |t'_{l-1} - t''_{l-1}|)) \\
&\quad + \|\sum_{l=1}^{n-1} G'(\mu'(l), y^l_{u'}(l)) - G''(\mu''(l), y^l_{u''}(l))\| \\
&\leqslant \bar{K} \sum_{l=1}^{n} (|t'_l - t''_l| + |t'_{l-1} - t''_{l-1}|) \\
&\quad + \sum_{l=1}^{n-1} \|G'(\mu'(l), y^l_{u'}(l)) - G''(\mu''(l), y^l_{u''}(l))\|.
\end{aligned}$$

其中, $\bar{K} = \max\{K_l \mid k \in I_n\}$, 由算术平均值不等式

$$\sum_{l=1}^{n} |t'_l - t''_l| \leqslant \sqrt{2n} \left(\sum_{l=1}^{n}(t'_l - t''_l)^2\right)^{\frac{1}{2}},$$

得

$$\begin{aligned}
&\|x^n_{u'}(n) - x^n_{u''}(n)\| \\
&\leqslant 2\sqrt{2n}\bar{K}\|\omega' - \omega''\| + (n-1) \sup_{l \in [0,n]} \|G'(\mu'(l), y^l_{u'}(l)) - G''(\mu''(l), y^l_{u''}(l))\| \\
&= 2\sqrt{2n}\bar{K}\|\omega' - \omega''\| + (n-1) \sup_{t \in \mathcal{I}} \|G'(t'_l, x^l_{u'}(t'_l)) - G''(t''_l, x^l_{u''}(t'_l))\|.
\end{aligned}$$

令 $M := \max\{2\sqrt{2n}\bar{K}, n-1\}$, 则

$$\|x^n_{u'}(t_f) - x^n_{u''}(t_f)\| \leqslant M(\|\omega' - \omega''\| + \|G' - G''\|). \qquad \Box$$

定理 5.2.7 问题 NIDS-OCP 的最优解存在, 即存在 $u^* = (\omega^*, G^*) \in \mathcal{U}_{ad}$, 使得

$$J_2(u^*) \geqslant J_2(u), \quad \forall u = (\omega, G) \in \mathcal{U}_{ad}.$$

证明 由于 $\tilde{\phi}(x) \leqslant C^*\|x\|^2$, $\forall x \in \mathbb{R}^5$, 这里 C^* 为对角阵 $\boldsymbol{W}$ 对角线上的最大元, 故

$$J_2^* := \sup\{J_2(u), u \in \mathcal{U}_{ad}\} < \infty.$$

设 $\{u_n\} \subset \mathcal{U}_{ad}$ 为极大值序列, 满足 $\lim\limits_{n\to\infty} J_2(u_n) = J_2^*$. 由 U 的定义易知 U 为紧集, 从而可得 $\mathcal{U}_{ad}$ 为序列紧, 故存在序列 $\{u_n\}$ 的子序列 (不妨仍记为 $\{u_n\}$) 和 $u^* \in \mathcal{U}_{ad}$, 使得 $u_n \to u^*$. 下面说明 u^* 即为问题 NIDS-OCP 的解. 设 $x_{u_n}, x_{u^*} \in PWC(\mathcal{I}, \mathbb{R}^5)$ 分别为系统 (5.2.26) 对应于 u_n 和 u^* 的解. 定义

$$e_n(t) = \|x_{u_n}(t) - x_{u^*}(t)\|, \quad t \in \mathcal{I}.$$

由引理 5.2.5 可得

$$e_n(t_f) = \|x_{u_n}(t_f) - x_{u^*}(t_f)\| \leqslant M(\|\omega_n - \omega^*\| - \|G_n - G^*\|).$$

当 $n \to \infty$ 时, $x_{u_n}(t_f) \to x_{u^*}(t_f)$, 因此由 $\tilde{\phi}$ 的连续性可得

$$\tilde{\phi}(x^*(t_f)) \geqslant \limsup_{n\to\infty} \tilde{\phi}(x_n(t_f)),$$

由 $\mathcal{U}_{ad}$ 的紧性知 J_2 在 $\mathcal{U}_{ad}$ 上达到极大值,

$$J_2^* \geqslant J_2(u^*) \geqslant \limsup_{n\to\infty} J_2(u_n) = \lim_{n\to\infty} J_2(u_n) = J_2^*. \qquad \square$$

2. 优化算法

本小节依目标函数对状态脉冲变化量的偏导数的计算结果, 构造求解子区间上最优控制问题的优化算法, 进而构造求解脉冲时刻固定的最优控制模型的优化算法.

考虑脉冲时刻 t_k 固定的情形下, 优化状态变量的脉冲变化量 $G(t_k, x(t_k)) \in \mathbb{R}^5$. 首先在区间 $[t_1, t_2]$ 上, 设 t_1 点状态的脉冲变化量 $G_2(t_1, x(t_1))$ 的取值范围为 $[G_{1l}, G_{1u}]$, 则

$$x(t_1^+) = x(t_1) + G(t_1, x(t_1)), \quad G_2(t_1, x(t_1)) \in [G_{1l}, G_{1u}].$$

这里, $G_i(t_1, x(t_1))$, $i = 1, 3, 4, 5$, 是由 $G_2(t_1, x(t_1))$ 引起的脉冲变化量, 其值很小, 在分析过程中不考虑其对系统的影响, 则

$$\begin{aligned} x(t_2) &= x(t_1^+) + \int_{t_1}^{t_2} f(x(s))ds \\ &= x(t_1) + G(t_1, x(t_1)) + \int_{t_1}^{t_2} f(x(s))ds. \end{aligned}$$

这样, 在子区间 $[t_1, t_2]$ 上, 优化 $G_2(t_1, x(t_1)) \in [G_{1l}, G_{1u}]$, 应使 $x_3(t_2)$ 达到极大. 由于

$$x_3(t_2) = x_3(t_1) + G_3(t_1, x(t_1)) + \int_{t_1}^{t_2} f_3(s)ds,$$

5.2 耦联批式流加发酵脉冲动力系统

由积分中值定理知, 存在 $t_1' \in [t_1, t_2]$, 使得

$$x_3(t_2) = x_3(t_1) + G_3(t_1, x(t_1)) + q_3(t_1')x_1(t_1')(t_2 - t_1), \tag{5.2.32}$$

从而

$$\frac{\partial x_3(t_2)}{\partial q_3(t_1')} = x_1(t_1')(t_2 - t_1). \tag{5.2.33}$$

由 q_3 的定义知

$$\frac{\partial q_3(t_1')}{\partial \mu(t_1')} = Y_3. \tag{5.2.34}$$

又由 μ 的定义知

$$\begin{aligned}\frac{\partial \mu}{\partial x_2} &= \mu_m \left(1 - \frac{x_3(t)}{x_3^*}\right)\left(1 - \frac{x_4(t)}{x_4^*}\right)\left(1 - \frac{x_5(t)}{x_5^*}\right)\frac{\partial}{\partial x_2}\left(\frac{x_2(t)}{x_2(t) + k_s}\left(1 - \frac{x_2(t)}{x_2^*}\right)\right) \\ &= \mu_m \left(1 - \frac{x_3(t)}{x_3^*}\right)\left(1 - \frac{x_4(t)}{x_4^*}\right)\left(1 - \frac{x_5(t)}{x_5^*}\right)\frac{x_2^* k_s - x_2^2 - 2x_2 k_s}{x_2^*(x_2 + k_s^2)}.\end{aligned}$$

综合可得

$$\begin{aligned}\frac{\partial x_3(t_2)}{\partial G_2(t_1, x(t_1))} &= \frac{\partial x_3(t_2)}{\partial q_3(t_1')}\cdot\frac{\partial q_3(t_1')}{\partial \mu(t_1')}\cdot\frac{\partial \mu(t_1')}{\partial x_2(t_2)}\cdot\frac{\partial x_2(t_2)}{\partial G_2(t_1, x(t_1))} \\ &= x_1(t_1')(t_2 - t_1)Y_3 \mu_m \left(1 - \frac{x_3(t_1')}{x_3^*}\right)\left(1 - \frac{x_4(t_1')}{x_4^*}\right) \\ &\quad \cdot \left(1 - \frac{x_5(t_1')}{x_5^*}\right)\frac{x_2^* k_s - x_2^2(t_2) - 2x_2(t_2)k_s}{x_2^*(x_2(t_2) + k_s^2)}.\end{aligned}$$

由 $t_1 \leqslant t_1' \leqslant t_2$ 及上式中各量的非负性, 可得

$$\frac{\partial x_3(t_2)}{\partial G_2(t_1, x(t_1))} \geqslant 0 \Leftrightarrow x_2^* k_s - x_2^2(t_2) - 2x_2(t_2)k_s \geqslant 0$$

$$\Leftrightarrow -k_s - \sqrt{k_s^2 + x_2^* k_s} \leqslant x_2(t_2) \leqslant -k_s + \sqrt{k_s^2 + x_2^* k_s}.$$

由 x_2 的非负性知, 当 $\partial x_3(t_2)/\partial G_2(t_1, x(t_1)) \geqslant 0$ 时, $0 \leqslant x_2(t_2) \leqslant -k_s + \sqrt{k_s^2 + x_2^* k_s}$. 要使 $x_3(t_2)$ 达到极大, 可令

$$G_2(t_1, x(t_1)) = \begin{cases} G_2(t_1, x(t_1)) + \Delta G_2(t_1), & \text{当 } 0 \leqslant x_2(t_2) < -k_s + \sqrt{k_s^2 + x_2^* k_s} \text{ 时}, \\ G_2(t_1, x(t_1)) - \Delta G_2(t_1), & \text{当 } x_2(t_2) > -k_s + \sqrt{k_s^2 + x_2^* k_s} \text{ 时}. \end{cases}$$

其中 $\Delta G_2(t_1)$ 满足 $\Delta G_2(t_1) > 0$, 且 $G_2(t_1, x(t_1)) + \Delta G_2(t_1)$, $G_2(t_1, x(t_1)) - \Delta G_2(t_1) \in [G_{1l}, G_{1u}]$.

对给定的 $G_2(t_1,x(t_1)) \in [G_{1l}, G_{1u}]$, 继续考虑区间 $[t_2, t_3]$ 上的微分动力系统. 设 t_2 点状态的脉冲变化量 $G_2(t_2,x(t_2))$ 的取值范围为 $[G_{2l}, G_{2u}]$. t_2 点继任状态为

$$x(t_2^+) = x(t_2) + G(t_2, x(t_2)), \quad G_2(t_2, x(t_2)) \in [G_{2l}, G_{2u}].$$

类似 $[t_1, t_2]$ 区间上的讨论可知, 要使 $x_3(t_3, x(t_3))$ 达到极大, 可令

$$G_2(t_2,x(t_2)) = \begin{cases} G_2(t_2,x(t_2)) + \Delta G_2(t_2), & \text{当 } 0 \leqslant x_2(t_3) < -k_s + \sqrt{k_s^2 + x_2^* k_s} \text{ 时,} \\ G_2(t_2,x(t_2)) - \Delta G_2(t_2), & \text{当 } x_2(t_3) > -k_s + \sqrt{k_s^2 + x_2^* k_s} \text{ 时.} \end{cases}$$

其中, $\Delta G_2(t_2)$ 满足 $\Delta G_2(t_2) > 0$, 且 $G_2(t_2)+\Delta G_2(t_2)$, $G_2(t_2)-\Delta G_2(t_2) \in [G_{2l}, G_{2u}]$. 相同的讨论适用于区间 $[t_i, t_{i+1}]$, $i = 3, 4, \ldots, n-1$. 对 $i \in I_{n-1}$, 有

$$\frac{\partial x_3(t_{i+1})}{\partial G_2(t_i,x(t_i))} = x_1(t_i')(t_{i+1} - t_i)Y_3\mu_m \left(1 - \frac{x_3(t_i')}{x_3^*}\right)$$
$$\cdot \left(1 - \frac{x_4(t_i')}{x_4^*}\right)\left(1 - \frac{x_5(t_i')}{x_5^*}\right) \frac{x_2^* k_s - x_2^2(t_{i+1}) - 2x_2(t_{i+1})k_s}{x_2^*(x_2(t_{i+1}) + k_s^2)}.$$

最后, 通过求解如下子问题

$$\text{NIDS-OCP}_i \quad \max \quad J_2^i(u) = x_3(t_{i+1}; u)/t_{i+1}$$
$$\text{s.t.} \quad u \in \mathcal{U}_{ad},$$
$$\dot{x}^i(t) = f^i(x^i(t)), \quad t \in (t_i, t_{i+1}],$$
$$x^i(t_i) = x^1(t_1) + \sum_{k=1}^{i} G^*(t_i, x(t_i))$$

的最优解进而得出原问题 NIDS-OCP 的最优解, 即把一个以脉冲时刻和脉冲量为控制变量的最优控制问题转化为一个双层最优控制问题, 其中上层控制变量为脉冲时刻, 下层控制变量为脉冲量.

性质 5.2.8 若存在 $G_2^*(t_i, x(t_i)) \in [G_{il}, G_{iu}]$ 满足状态变量 $x_3(t_{i+1})$ 对每个区间 $[t_i, t_{i+1}]$ 上的子问题 NIDS-OCP$_i$ 均达到极大值, 则 $(G_2^*(t_1,x(t_1)), G_2^*(t_2, x(t_2)), \ldots, G_2^*(t_{n-1}, x(t_{n-1}))) \in \prod_{i=1}^{n-1}[G_{il}, G_{iu}]$ 使得状态变量 $x_3(t_n) = x_3(t_f)$ 在脉冲系统 (5.2.26) 的终端时刻达到极大值.

证明 由于对 $(G_2(t_1,x(t_1)), G_2(t_2,x(t_2)), \ldots, G_2(t_{n-1}, x(t_{n-1}))) \in \prod_{i=1}^{n-1}[G_{il}, G_{iu}]$, 有

5.2 耦联批式流加发酵脉冲动力系统

$$x_3(t_n) = x_3(t_{n-1}) + G_3(t_{n-1}, x(t_{n-1})) + \int_{t_{n-1}}^{t_n} q_3(s)x_1(s)ds$$

$$= x_3(t_{n-2}) + G_3(t_{n-1}, x(t_{n-1})) + G_3(t_{n-2}, x(t_{n-2}))$$

$$+ \int_{t_{n-2}}^{t_{n-1}} q_3(s)x_1(s)ds + \int_{t_{n-1}}^{t_n} q_3(s)x_1(s)ds$$

$$= x_3(t_1) + \sum_{i=1}^{n-1} \left(G_3(t_i, x(t_i)) + \int_{t_i}^{t_{i+1}} q_3(s)x_1(s)ds \right).$$

由已知得如下式子对一切 $i \in I_{n-1}$ 成立:

$$x_3(t_{i+1}; G_2^*(t_i, x(t_i))) = \max\{x_3(t_{i+1}, G_2(t_i, x(t_i))) : G_2(t_i, x(t_i)) \in [G_{il}, G_{iu}]\}$$

$$= \max\{x_3(t_1) + \sum_{k=1}^{i} (G_3(t_i, x(t_i))$$

$$+ \int_{t_i}^{t_{i+1}} q_3(s)x_1(s)ds) : G_2(t_i, x(t_i)) \in [G_{il}, G_{iu}]\}.$$

由状态变量的非负性可得 $(G_2^*(t_1, x(t_1)), G_2^*(t_2, x(t_i)), \ldots, G_2^*(t_{n-1}, x(t_{n-1}))) \in \prod_{i=1}^{n-1} [G_{il}, G_{iu}]$ 使得状态变量 $x_3(t_n) = x_3(t_f)$ 在脉冲系统 (5.2.26) 的终端时刻达到极大值。 □

对脉冲时刻 t_k 固定的情形，发酵结束时间 t_f 固定，求 $x_3(t_f)/t_f$ 最大值的问题等价于求 $x_3(t_f)$ 的最大值，由上面的分析可构造如下算法求解脉冲时刻 t_k 固定的情形下的最优控制问题 NIDS-OCP, 这里考虑的情形为 W 的对角线上的元素为 $0, 0, 1, 0, 0$。

算法 5.2.2 步 1. 读入系统的已知数据, 选择计算精度 $\varepsilon > 0$ 和初始脉冲变化量 $(G_2^0(t_1, x(t_1)), G_2^0(t_2, x(t_2)), \ldots, G_2^0(t_{n-1}, x(t_{n-1}))) \in \prod_{i=1}^{n-1}[G_{il}, G_{iu}]$。令 $i := 1$。

步 2. 令 $k := 0$, 求 $G_2^k(t_i, x(t_i))$ 对应区间 $[t_i, t_{i+1}]$ 上微分动力系统 $\dot{x}(t) = f(x(t))$ 的数值解 $x(t; G_2^k(t_i, x(t_i)))$。

步 3. 如果 $|\partial x_3(t_{i+1})/\partial G_2^k(t_i, x(t_i))| \leqslant \varepsilon$, 则 $G_2^*(t_i, x(t_i)) = G_2^k(t_i, x(t_i))$ 为区间 $[t_i, t_{i+1}]$ 上的最优解, 转步 5; 否则转步 4。

步 4. 如果 $0 \leqslant x_2(t_{i+1}; G_2^k(t_i;, x(t_i))) < -k_s + \sqrt{k_s^2 + x_2^* k_s}$, 令

$$G_2^{k+1}(t_i, x(t_i)) := G_2^k(t_i, x(t_i)) + \Delta G_2^k(t_i);$$

否则如果 $x_2(t_{i+1}; G_2^k(t_i, x(t_i))) > -k_s + \sqrt{k_s^2 + x_2^* k_s}$, 令

$$G_2^{k+1}(t_i, x(t_i)) := G_2^k(t_i, x(t_i)) - \Delta G_2^k(t_i).$$

其中 $\Delta G_2^k(t_i)$ 满足 $\Delta G_2^k(t_i) > 0$, 且 $G_2^k(t_i, x(t_i)) + \Delta G_2^k(t_i)$, $G_2^k(t_i, x(t_i)) - \Delta G_2^k(t_i) \in [G_{il}, G_{iu}]$. 令 $k := k+1$, 转步 3.

步 5. 如果 $i+1 < n$, 则令 $i := i+1$, 转步 2, 否则停止运算, $G_2^*(t_1, x(t_1))$, $G_2^*(t_2, x(t_2))$, $\cdots$, $G_2^*(t_{n-1}, x(t_{n-1}))$ 为最优解.

算法分析 与传统的基于极大值原理的优化算法相比, 该算法每步循环不需在整个区间上进行运算, 只需在子区间上运算即可, 这大大节省了运算时间.

在求解脉冲时刻 t_k 固定情形的最优控制问题算法的基础上, 可进一步构造求解脉冲时刻变化的最优控制问题. 这是需要继续研究的方向, 同时还需针对实际发酵过程做数值实验, 为 1,3- 丙二醇的产业化生产提供定量的数值参考.

5.3 耦联批式流加发酵多阶段动力系统

发酵过程建模是实现过程优化控制和提高 1,3- 丙二醇产量的前提条件. 因此, 用恰当的数学模型描述微生物批式流加发酵过程成为一个关键. 近年来, 非线性动力系统被广泛地应用到研究发酵过程中. 5.2 节给出了非线性脉冲动力系统描述批式流加发酵过程. 对于该非线性脉冲动力系统, 文献 [296-302] 研究了该系统的性质、参数辨识问题和最优控制问题. 虽然对脉冲动力系统的研究取得了一些成果, 但是该系统的建立是基于一个假设, 即甘油和碱的流加仅发生在脉冲时刻. 实际上, 由于甘油和碱的流加速度是有限的, 所以该流加过程应该是一个连续的过程而非脉冲形式. 从而, 脉冲动力系统不能准确地描述批式流加发酵甘油生产 1,3- 丙二醇过程.

含有连续状态约束的最优控制问题已经被许多文献所研究. 在理论上, 许多结果可参见文献 [303]. 在计算方面, 许多有效的算法已经形成[157,180,304-307]. 特别地, 文献 [305] 中提出的控制参数化方法把控制函数近似为分片常值函数. 进一步, 以划分点和分片常值函数的高度作为决策变量, 将最优控制问题近似成为一系列参数优化问题. 另外, 许多文献给出了求解批式流加发酵最优流加速度问题的方法, 如 Luus-Jaakola 搜索方法[304]、多重打靶法[308]、遗传算法[309] 等. 但是这些方法仅仅用于解决底物连续流加的批式流加发酵过程. 而在实际的发酵过程中, 甘油和碱是间歇性地到发酵罐中的. 这使得求解这类问题的最优流加策略更加复杂, 从而需要构造新的方法来求解这类问题.

本节将甘油和碱的流加看做一个连续过程, 建立了非线性多阶段动力系统 (nonlinear multistage dynamical systems, NMDS) 来描述微生物批式流加发酵甘油生产 1,3- 丙二醇过程. 与 5.2 节所建立的系统相比, 该系统把甘油和碱的流加看做一个过程而非脉冲形式, 从而使其更接近于实际发酵过程. 针对所提出的多阶段动力系统, 证明了其解的一些性质. 基于实验数据建立了参数辨识模型, 并构造了算法求解辨识问题. 以终端时刻 1,3- 丙二醇的浓度为性能指标, 建立了受连续状态和控制约束的多阶段最优控制模型. 应用有界变差函数理论, 证明了多阶段最优控制问题最优控制的存在性. 通过离散化控制函数空间和近似控制函数为分片常值函数, 多阶段最优控制问题被近似成一系列参数优化问题, 同时给出了这种近似的收敛性证明. 进一步, 基于上述离散化思想和改进的粒子群优化算法构造了一种求解非线性多阶段最优控制问题的全局优化算法. 在最优控制的数值结果的基础上, 提出了一种可实现的最优控制策略. 针对甘油经批式流加发酵生产 1,3- 丙二醇的工艺要求, 从控制电路、软件控制流程到上位机组态进行了设计, 实现了数值最优控制决策与最优生产的结合, 为大规模生产提供了可行的最优决策.

5.3.1 非线性多阶段动力系统

根据前面描述, 批式流加发酵从间歇发酵开始, 当细胞生长到指数生长期末期, 为了维持充足的营养和细胞生长所需的环境, 甘油和碱以一定的速度流加到发酵罐中; 当流加结束时, 又开始新的一个间歇过程; 重复上述过程, 最后以间歇发酵结束. 为方便讨论, 作如下假设:

H5.3.1 只向发酵罐中注入甘油和碱;

H5.3.2 发酵罐各点浓度瞬时均匀, 即不考虑时滞及空间分布的不均匀性.

H5.3.3 在每个流加过程中, 甘油和碱的流加速度是有限的、连续可微的并且具有有界的导函数.

令 $x_1(t), x_2(t), x_3(t), x_4(t), x_5(t)$ 分别表示 t 时刻生物量、甘油、1,3- 丙二醇、乙酸、乙醇的浓度, t_{2i+1} 为流加甘油的起始时刻, t_{2i+2} 为流加甘油的结束时刻, $i \in \bar{I}_{N-1} := \{0, 1, 2, \ldots, N-1\}$, 其中 $t_0 < t_1 < t_2 < \ldots < t_{2N} < t_{2N+1} = t_f$, t_0, t_f 分别为批式流加发酵的起始和终止时刻. 令 $\mathcal{I} := [t_0, t_f]$, $\mathcal{I}_i := (t_{2i}, t_{2i+1}], i \in \bar{I}_N$, $\mathcal{I}'_j := (t_{2j+1}, t_{2j+2}], j \in \bar{I}_{N-1}, \Pi := \{t_0, t_1, \ldots, t_{2N+1}\}$.

当 $t \in \mathcal{I}_i, i \in \bar{I}_N$ 时, 体系处于间歇发酵阶段, 仍采用系统 (5.2.1) 来描述间歇发酵过程, 即

$$\begin{cases} \dot{x}_1(t) = \mu x_1(t), \\ \dot{x}_2(t) = -q_2 x_1(t), \\ \dot{x}_l(t) = q_l x_1(t), \quad l = 3, 4, 5, \end{cases} \quad t \in \mathcal{I}_i, i \in \bar{I}_N. \tag{5.3.1}$$

其中, 细胞的比生长速率 μ, 底物的比消耗速率 q_2 和产物的比生成速率 $q_l, l = 3, 4, 5$ 分别如式 (5.2.2)—(5.2.6) 所定义. 在 37°C、pH 为 7.0 的条件下, 胞外生物量、甘油、1,3- 丙二醇、乙酸和乙醇的临界浓度分别是 $x_1^* = 10 \text{g/L}$, $x_2^* = 2039 \text{mmol/L}$, $x_3^* = 939.5 \text{mmol/L}$, $x_4^* = 1026 \text{mmol/L}$ 和 $x_5^* = 360.9 \text{mmol/L}$. 令 $x(t) := (x_1(t), x_2(t), x_3(t), x_4(t), x_5(t))^{\mathrm{T}} \in \mathbb{R}_+^5$ 为连续状态变量; x^0 为给定的初始状态; $p := (\mu_m, m_2, m_3,$

$m_4, Y_2, Y_3, Y_4, \Delta_2, \Delta_3, \Delta_4, K_2^*, K_3^*, K_4^*, b_1, b_2, c_1, c_2)^{\mathrm{T}} \in \mathbb{R}^{17}$ 为待辨识的参数.

当 $t \in \mathcal{I}'_j, j \in \bar{I}_{N-1}$ 时, 甘油和碱以一定的速度流加到发酵罐中, 设 t 时刻甘油的流加速度为 $u(t)$, 通过推导可利用如下系统描述流加过程.

$$\begin{cases} \dot{x}_1(t) = (\mu - D(t, u(t)))x_1(t), \\ \dot{x}_2(t) = D(t, u(t))\left(\dfrac{1}{r+1}c_{s0} - x_2(t)\right) - q_2 x_1(t), \quad t \in \mathcal{I}'_j, \quad j \in \bar{I}_{N-1}, \\ \dot{x}_l(t) = q_l x_1(t) - D(t, u(t))x_l(t), \quad l = 3, 4, 5. \end{cases} \quad (5.3.2)$$

其中,

$$D(t, u(t)) = \frac{(1+r)u(t)}{V}, \quad V = V_0 + \int_{t_0}^{t}(1+r)u(s)ds. \quad (5.3.3)$$

这里, r 表示流加碱和甘油的速度比; c_{s0} 为实验中流加甘油的初始浓度; $D(t, u(t))$ 为 t 时刻甘油的稀释速率, V_0 为初始时刻发酵液体积. 令

$$f^{2i+1}(t, x(t), p, u(t)) := (\mu x_1(t), -q_2 x_1(t), q_3 x_1(t), q_4 x_1(t), q_5 x_1(t))^{\mathrm{T}}, \quad t \in \mathcal{I}_i, i \in \bar{I}_N, \quad (5.3.4)$$

$$\begin{aligned} f^{2j+2}(t, x(t), p, u(t)) := &((\mu - D(t, u(t)))x_1(t), D(t, u(t))\left(\frac{1}{r+1}c_{s0} - x_2(t)\right) - q_2 x_1(t), \\ & q_3 x_1(t) - D(t, u(t))x_3(t), q_4 x_1(t) - D(t, u(t))x_4(t), \\ & q_5 x_1(t) - D(t, u(t))x_5(t))^{\mathrm{T}}, \quad t \in \mathcal{I}_j, j \in \bar{I}_{N-1}, \end{aligned} \quad (5.3.5)$$

则可用如下多阶段动力系统描述微生物批式流加发酵过程:

$$\begin{cases} \dot{x}(t) = f^i(t, x(t), p, u(t)), \quad t \in \mathcal{I} \setminus \Pi, \\ x(t_{i-1}^+) = x(t_{i-1}^-), \quad i \in I_{2N+1}, \\ x(t_0) = x^0. \end{cases} \quad (5.3.6)$$

取文献 [297] 中的参数值作为 p^0, 参数 p 的容许集 P_{ad} 定义为: $P_{ad} := \prod_{\ell=1}^{17}[p_\ell^0 - \Delta p_\ell^0, p_\ell^0 + \Delta p_\ell^0], \Delta p_\ell^0 := |p_\ell^0| \cdot 50\%$. 令允许状态集为: $W_{ad} := \{x \in \mathbb{R}_+^5 | x \in [0.001, x_1^*] \times [0, x_2^*] \times [0, x_3^*] \times [0, x_4^*] \times [0, x_5^*]\}$, 并定义控制允许集

$$\mathcal{U} := \{u(\cdot) | a_{i,*} \leqslant u(t) \leqslant a_i^*, t \in (t_{i-1}, t_i], i \in I_{2N+1}\}. \quad (5.3.7)$$

其中, $a_{2i+1,*}, a_{2i+1}^*, i \in \bar{I}_N$, 恒等于零; $a_{2i+2,*}, a_{2i+2}^*, i \in \bar{I}_{N-1}$, 为第 i 次批式注入底物甘油的流加速度的下界和上界. 记 $U_i := [a_{i,*}, a_i^*]$.

5.3.2 非线性多阶段动力系统的性质

首先, 讨论函数 $f^i, i \in I_{2N+1}$, 的一些性质.

性质 5.3.1 由式 (5.3.4) 和 (5.3.5) 定义的函数 $f^i : \mathcal{I} \times \mathbb{R}_+^5 \times P_{ad} \times U_i \to \mathbb{R}^5$, $i \in I_{2N+1}$, 满足

(i) f^i 及其关于 x, p 和 u 的偏导数对任意 (t, x, p, u) 在 $\mathcal{I} \times \mathbb{R}_+^5 \times P_{ad} \times U_i$ 上连续;

(ii) f^i 关于 x 满足线性增长条件, 即存在正常数 C, 使得

$$\|f^i(t, x, p, u)\| \leqslant C(\|x\| + 1), \quad \forall\, (t, x, p, u) \in \mathcal{I} \times \mathbb{R}_+^5 \times P_{ad} \times U_i. \tag{5.3.8}$$

证明 (i) 由式 (5.3.4) 和 (5.3.5) 容易验证结论成立.

(ii) 与性质 5.2.1 的证明类似, 故略去.

系统 (5.3.6) 解的一些性质可由如下定理给出.

定理 5.3.1 给定初值 $x^0 \in W_{ad}$ 和参数与控制对 $(p, u) \in P_{ad} \times \mathcal{U}$, 系统 (5.3.6) 存在唯一解, 记作 $x(\cdot; x^0, p, u)$, 且满足如下积分方程

$$\begin{aligned}x(t; x^0, p, u) = {} & x(t_{i-1}; x^0, p, u) \\ & + \int_{t_{i-1}}^{t} f^i(s, x(s; x^0, p, u), p, u(s))ds, \quad \forall\, t \in (t_{i-1}, t_i],\, i \in I_{2N+1}.\end{aligned} \tag{5.3.9}$$

进一步, $x(\cdot; x^0, p, u)$ 在 $\mathcal{I}$ 上一致有界, 关于 p 在 P_{ad} 上连续, 且关于 u 在 $\mathcal{U}$ 上 Lipschitz 连续.

证明 给定初值 x^0 和参数控制对 (p, u), 由性质 5.3.1 及引理 2.2.2, 可得系统 (5.3.6) 存在唯一解 $x(\cdot; x^0, p, u)$, 且满足式 (5.3.9). $x(\cdot; x^0, p, u)$ 关于 p 的连续性由性质 5.3.1 和引理 2.2.4 直接可得. 下面证明 $x(\cdot; x^0, p, u)$ 关于 t 在 $\mathcal{I}$ 上一致有界及关于 u 在 $\mathcal{U}$ 上 Lipschitz 连续.

给定 x^0 和 p, 由式 (5.3.9) 及性质 5.3.1 可知, 对任意的 $u \in \mathcal{U}$, 有

$$\begin{aligned}\|x(t; p, x^0, u)\| \leqslant {} & \|x^0\| + \sum_{j=1}^{i-1} \int_{t_{j-1}}^{t_j} \|f^j(s, x(s; x^0, p, u), p, u(s))\|ds \\ & + \int_{t_{i-1}}^{t} \|f^i(s, x(s; x^0, p, u), p, u(s))\|ds \\ \leqslant {} & \|x^0\| + C \int_0^t (\|x(s; x^0, p, u)\| + 1)ds, \quad \forall\, t \in \mathcal{I}.\end{aligned}$$

由引理 2.2.1 可得

$$\|x(t; x^0, p, u)\| \leqslant (\|x^0\| + C(t_f - t_0)) \exp(C(t_f - t_0)),$$

从而
$$x(t;x^0,p,u) \leqslant M', \quad \forall\, t \in \mathcal{I}.$$

其中, $M' := (\|x^0\| + C(t_f - t_0))\exp(C(t_f - t_0))$, 即 $x(\cdot;x^0,p,u)$ 关于 t 在 $\mathcal{I}$ 上一致有界.

设 $v, \tilde{v}$ 为 $\mathcal{U}$ 中两个不同的控制函数, 应用微分中值定理可得

$$\|f^i(t, x(t;x^0,p,v), p, v(t)) - f^i(t, x(t;x^0,p,\tilde{v}), p, \tilde{v}(t))\|$$
$$\leqslant \gamma_1 \|x(t;x^0,p,v) - x(t;x^0,p,\tilde{v})\| + \gamma_2 \|v(t) - \tilde{v}(t)\|.$$

这里, γ_1 和 γ_2 分别表示 $\|f_x^i\|$ 和 $\|f_u^i\|$ 在 $\mathcal{I} \times \{x \in \mathbb{R}^5 |\, \|x\| \leqslant M'\} \times P_{ad} \times U_i$ 上的上界. 因此

$$\|x(t;x^0,p,v) - x(t;x^0,p,\tilde{v})\|$$
$$\leqslant \sum_{j=1}^{i-1} \int_{t_{j-1}}^{t_j} \|f^j(s, x(s;x^0,p,v), p, v(s)) - f^j(s, x(s;x^0,p,\tilde{v}), p, \tilde{v}(s))\| ds$$
$$+ \int_{t_{i-1}}^{t} \|f^i(s, x(s;x^0,p,v), p, v(s)) - f^i(s, x(s;x^0,p,\tilde{v}), p, \tilde{v}(s))\| ds$$
$$\leqslant \int_0^t (\gamma_1 \|x(s;x^0,p,v) - x(s;x^0,p,\tilde{v})\| + \gamma_2 \|v(s) - \tilde{v}(s)\|) ds.$$

由引理 2.2.1 可得, 对任意的 $v, \tilde{v} \in \mathcal{U}$, 有

$$\|x(t;x^0,p,v) - x(t;x^0,p,\tilde{v})\| \leqslant C' \int_{t_0}^{t_f} \|v(s) - \tilde{v}(s)\| ds$$
$$\leqslant C'(t_f - t_0)\|v - \tilde{v}\|_\infty, \quad \forall\, t \in \mathcal{I}.$$

其中, $C' := \gamma_2 \exp(\gamma_1(t_f - t_0))$. 由此可知系统 (5.3.6) 的解关于 u 是 Lipschitz 连续的. □

5.3.3 多阶段动力系统的参数辨识

1. 辨识模型及性质

对任意的 $x^0 \in W_{ad}$ 和 $u(\cdot) \in \mathcal{U}$, 定义多阶段动力系统 (5.3.6) 的解集为 $\mathcal{S}(x^0, u)$, 即

$$\mathcal{S}(x^0, u) := \{x(\cdot;x^0,p,u) \in C(I;\mathbb{R}^5) |$$
$$x(\cdot;x^0,p,u) \text{ 为系统 } (5.3.6) \text{对于} p \in P_{ad} \text{的解},$$
$$\text{且对任意的} t \in \mathcal{I}, x(t;x^0,p,u) \in W_{ad}\}. \tag{5.3.10}$$

由于 $P_{ad} \subset \mathbb{R}^{17}$ 为紧集, 易得下述性质:

5.3 耦联批式流加发酵多阶段动力系统

性质 5.3.2 对任意的 $x^0 \in W_{ad}$ 和 $u(\cdot) \in \mathcal{U}$, 由 (5.3.10) 定义的系统 (5.3.6) 的解集 $\mathcal{S}(x^0, u)$ 为紧集.

在给定的初始条件 x^0 和控制函数 $u(\cdot) \in \mathcal{U}$ 下进行批式流加发酵实验, 并测得 r 组实验数据. 在 T_l 时刻, 测得的生物量、甘油和 1,3- 丙二醇的浓度分别记为 $y_1^l, \ldots, y_5^l, l \in I_r$, 令 $y^l := (y_1^l, \ldots, y_5^l)^T \in \mathbb{R}^5$. 将实验值和计算值之间的误差平方和最小作为性能指标, 即

$$J(p) := \sum_{l=1}^{r} \|x(T_l; p) - y^l\|^2. \tag{5.3.11}$$

则求解最优参数 $p^* \in P_{ad}$ 使得性能指标 (5.3.11) 最小的参数辨识模型可描述为如下形式:

$$\text{NMDS-PIP} \quad \begin{aligned} &\min_{p \in P_{ad}} \quad J(p) \\ &\text{s.t.} \quad x(\cdot; x^0, p, u) \in \mathcal{S}(x^0, u). \end{aligned} \tag{5.3.12}$$

定理 5.3.2 设 $x^0 \in W_{ad}$, $u(\cdot) \in \mathcal{U}$, 则 NMDS-PIP 存在全局最优解, 即存在 $p^* \in P_{ad}$, 使得

$$J(p^*) \leqslant J(p), \quad \forall \, p \in P_{ad}. \tag{5.3.13}$$

2. 优化算法

模型 NMDS-PIP 中共有 17 个未知参数, 为了简化计算, 根据灵敏度分析选取其中七个变量作为待辨识的参数, 而单纯形法比较适合求解低维优化问题. 基本单纯形法是 Splendley 等于 1962 年提出用于解决无约束优化问题[310]. 1965 年 Nelder 和 Mead[311] 在基本单纯形法的基础上通过引进"延伸"和"扩张"步骤构造了改进的单纯形法. 单纯形是一个几何图形, 在 n 维空间它具有 $n+1$ 个顶点, 这 $n+1$ 个顶点是仿射独立的. 因此, 单纯形在 2 维空间为一个三角形; 在 3 维空间为一个四面体; 在高维空间为一个多面体. 多面体中的每一个顶点代表优化问题的优化向量, 它的坐标值代表该优化向量的性能指标. 单纯形法与解析法的区别在于, 它不是沿某一个方向进行搜索, 而是对 n 维空间的 $n+1$ 个点 (构成初始单纯形的顶点) 进行比较, 丢掉其中最坏的点, 代之以新的点, 从而构成一个新的单纯形, 逐步逼近最优解. 因而, 单纯形法由两部分组成: 一、初始单纯形的形成; 二、该方法的迭代过程. 单纯形法由于不需要目标函数的梯度信息, 故非常容易实现.

NMDS-PIP 是一个以多阶段动力系统作为约束的优化问题. 为了求解性能指标, 首先利用 Runge-Kutta 算法求解多阶段动力系统 (5.3.6). 又由于参数在迭代过程中可能出界, 本算法中, 参数一旦出界, 将采取不同的策略调整它们.

用改进的单纯形法求解 NMDS-PIP 的具体步骤描述如下:

算法 5.3.1 步 1. 利用均匀分布产生初始单纯形,顶点分别记为 $V^1, V^2, \ldots,$ V^8,其中, $V^\lambda = (v_1^\lambda, v_2^\lambda, \ldots, v_7^\lambda) \in P_{ad} = \prod_{s=1}^{7}[p_s^{lb}, p_s^{ub}], \lambda = 1, 2, \ldots, 8$. 将顶点 V^λ 代入多阶段动力系统 (5.3.6) 利用 Runge-Kutta 得到 $x(T_l; V^\lambda)$,并根据 (5.3.11) 计算 V^λ 的适应值 J^λ.

步 2. 根据顶点的适应值,将最好、次好和最差的顶点分别记为 V^b, V^s 和 V^w,相应的适应值分别记为 J^b, J^s 和 J^w.

步 3. 除去最差点 V^w,计算其余点的中心 $V^c, V^c = (V^1 + \ldots + V^{w-1} + V^{w+1} + \ldots + V^8)/7$,计算 V^w 关于 V^c 的反射点 $V^{re}, V^{re} = 2V^c - V^w$. 如果 $V^{re} \notin P_{ad}$,则按下面公式修改 V^{re}:

$$v_s^{re} = \begin{cases} p_s^{lb}, & \text{如果 } v_s^{re} < p_s^{lb}, \\ p_s^{ub}, & \text{如果 } v_s^{re} > p_s^{ub}, \end{cases} \quad s = 1, 2, \ldots, 7. \quad (5.3.14)$$

步 4. 如果 $J^{re} < J^b$,则 $V^e = V^c + \delta_1(V^c - V^w)(\delta_1 > 1)$. 如果 $J^e < J^b$,则按公式 (5.3.15) 修改 V^e,且令 $V^{re} = V^e$.

$$v_s^e = \begin{cases} v_s^{re}, & \text{如果 } v_s^e < p_s^{lb}, \\ v_s^{re}, & \text{如果 } v_s^e > p_s^{ub}, \end{cases} \quad s = 1, 2, \ldots, 7. \quad (5.3.15)$$

步 5. 如果 $J^w > J^{re} > J^s$,则 $V^{re} = V^c + \delta_2(V^c - V^w)(\delta_2 \in (0, 1))$,且按 (5.3.14) 修改 V^{re}.

步 6. 如果 $J^{re} > J^w$,则 $V^{re} = V^c - \delta_3(V^c - V^w)(\delta_3 \in (0, 1))$.

步 7. 由 $V^1, V^2, \ldots, V^{w-1}, V^{re}, V^{w+1}, \ldots, V^8$ 构造新的单纯形,并计算 V^{re} 的适应值. 如果 $|J^b - J^w| < \varepsilon, (\varepsilon > 0$ 为计算精度),则输出 V^b, J^b,终止;否则转步 2.

其中, V^b 为求得的最优参数.

3. 数值结果

反应物的组成及发酵的培养条件见文献 [14]. 根据实验得到的 13 组数据,利用上述改进的单纯形法得到了最优参数 p^* 如表 5.3 所示. 其中,算法中各参数取值如下: $\delta_1 = 2, \delta_2 = 0.5, \delta_3 = 0.5$. 终止准则: $|J^b - J^w| \leqslant \varepsilon, \varepsilon = 0.001$. 表 5.4 分别列出了本节和 5.2 节辨识后的计算值和实验值之间的相对误差,其中相对误差定义如下:

$$e_i = \frac{\sum_{l=1}^{r} |x_i(T_l; p^*) - y_i^l|}{\sum_{l=1}^{r} y_i^l}, \quad i \in I_3.$$

其中, $x_i(T_l;p^*)$ 表示系统 (5.3.6) 取 $p=p^* \in P_{ad}$ 时在 T_l 时刻数值解的第 i 个分量的值.

表 5.3 最优参数

μ_m	Y_2	m_2	k_2	m_3	Δ_2	Δ_3
0.77	0.0088	1.17	16.69	−4.58	13.35	15.06

表 5.4 计算值与实验值之间的相对误差

相对误差	$e_1/\%$	$e_2/\%$	$e_3/\%$
多阶段动力系统	7.71	11.83	5.66
脉冲动力系统	21.45	27.17	6.47

从数值模拟 (图 5.3) 和表 5.4 可以看出本节所提出的非线性多阶段动力系统能很好地描述微生物批式流加发酵过程. 数值结果同时表明所提出的算法是有效的.

5.3.4 多阶段动力系统的最优控制

1. 最优控制模型

给定初值 x^0 和最优参数 p^*, 定义多阶段动力系统 (5.3.6) 在控制允许集上的解集为

$$\mathcal{S}(x^0,p^*) := \{x(\cdot;x^0,p^*,u) \mid \text{对于 } u \in \mathcal{U}, x(\cdot;x^0,p^*,u) \text{ 为系统 (5.3.6) 的解}\}. \tag{5.3.16}$$

由于生物量、甘油及产物的浓度都限制在集合 W_{ad} 中, 所以定义允许解集为

$$\mathcal{S}_{ad}(x^0,p^*) := \{x(\cdot;x^0,p^*,) \in \mathcal{S}(x^0,p^*) \mid \text{对任意的 } t \in \mathcal{I}, x(t;x^0,p^*,u) \in W_{ad}\}. \tag{5.3.17}$$

相应地, 定义可行控制集为

$$\mathcal{U}_{ad} := \{u \in \mathcal{U} \mid x(\cdot;x^0,p^*,u) \in \mathcal{S}_{ad}(x^0,p^*)\}. \tag{5.3.18}$$

基于上述定义, 在批式流加发酵甘油生产 1,3- 丙二醇过程中, 以终端时刻 1,3-丙二醇的浓度为性能指标, 可建立如下多阶段最优控制模型:

$$\text{NMDS-OCP} \quad \min \quad J(u) := -x_3(t_f;x^0,p^*,u)$$
$$\text{s.t.} \quad u \in \mathcal{U}_{ad}.$$

其中, $x_3(\cdot;x^0,p^*,u)$ 是系统 (5.3.6) 解的第 3 个分量.

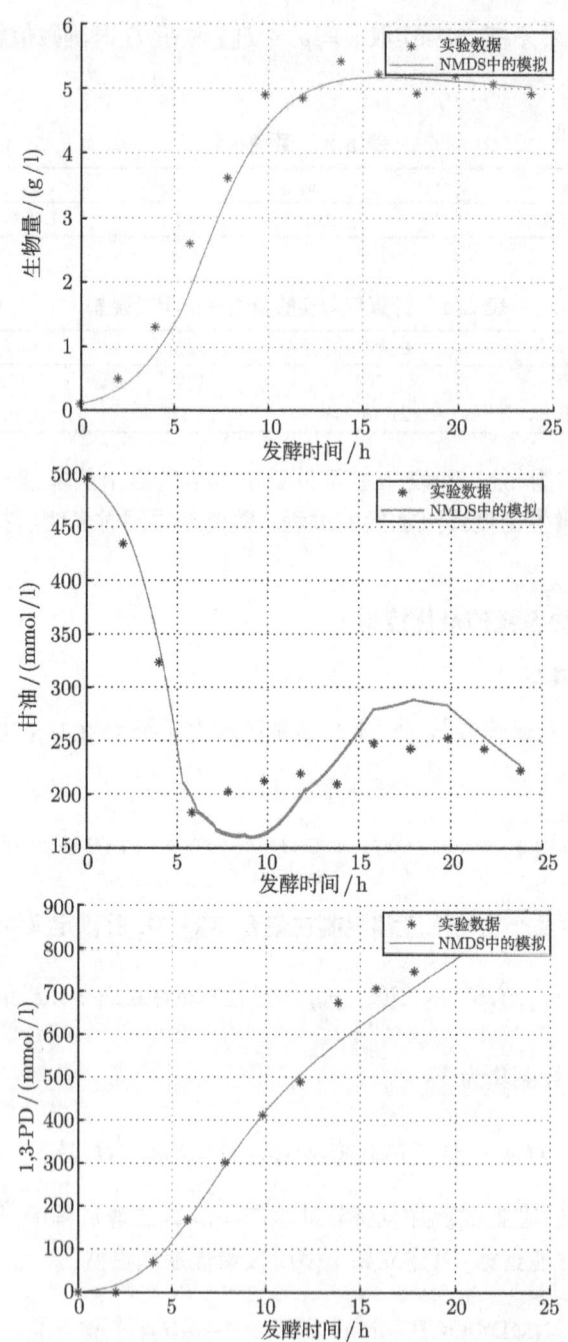

图 5.3 多阶段动力系统 (5.3.6) 的计算值和实验值的比较图

下面给出多阶段最优控制模型 NMDS-OCP 最优控制的存在性定理.

5.3 耦联批式流加发酵多阶段动力系统

引理 5.3.1 在假设 H5.3.3 下, 如下结论成立:

(i) 对任意的 $u \in \mathcal{U}$, 有 $u \in \mathrm{BV}(\mathcal{I}, \mathbb{R})$.

(ii) 给定序列 $\{u^n\} \subseteq \mathcal{U}$, 存在常数 $\bar{C} > 0$ 满足

$$|u^n(t)| \leqslant \bar{C}, \quad \forall\, t \in \mathcal{I} \; \text{及}\; n = 1, 2, \ldots \tag{5.3.19}$$

和

$$\bigvee_{t_0}^{t_f} u^n(t) \leqslant \bar{C}, \quad \forall\, n. \tag{5.3.20}$$

证明 (i) 由控制函数 u 在每一个流加过程是连续可微的且在每一个间歇过程恒等于零可知, 对 $\mathcal{I}$ 的任意划分 $\pi = \{\tau_0, \tau_1, \ldots, \tau_{n_p}\}$, 有

$$\sum_{i=1}^{n_p} |u(\tau_i) - u(\tau_{i-1})| \leqslant \sum_{j=0}^{N-1} \sum_{\substack{(\tau_{k-1}, \tau_k) \\ \subset (t_{2j+1}, t_{2j+2})}} |u'(\theta_k)||\tau_{k-1} - \tau_k| + (2N-1)a^*(t_f - t_0), \quad \forall\, u \in \mathcal{U}, \tag{5.3.21}$$

其中, $\theta_k \in (\tau_{k-1}, \tau_k)$ 且 $a^* = \max\limits_{j \in I_{2N}} \{a_i^*\}$. 进一步, 由 $u'(t)$ 的有界性可知

$$\sum_{i=1}^{n_p} |u(\tau_i) - u(\tau_{i-1})| \leqslant L(t_f - t_0) + (2N-1)a^*(t_f - t_0). \tag{5.3.22}$$

这里, $L := \max\limits_{t \in \mathcal{I}} |u'(t)|$. 这表明

$$\bigvee_{t_0}^{t_f} u(t) < +\infty, \quad \forall\, u \in \mathcal{U}. \tag{5.3.23}$$

由式 (5.3.22) 及式 (5.3.23) 可得结论.

(ii) 对任一序列 $\{u^n\} \subseteq \mathcal{U}$ 可知

$$|u^n(t)| \leqslant a^*, \quad \forall\, t \in \mathcal{I}\; \text{及}\; n = 1, 2, \ldots. \tag{5.3.24}$$

令 $\bar{C} := \max\{a^*, L(t_f - t_0) + (2N-1)a^*(t_f - t_0)\}$. 由于 (i) 中全变分界的选取与 $u(t)$ 无关, 因此式 (5.3.19) 和式 (5.3.20) 成立. □

根据定义 2.2.2、定理 2.2.3 和引理 5.3.1 可得如下最优控制存在性定理.

定理 5.3.3 在假设 H5.3.3 下, NMDS-OCP 至少存在一个最优解.

证明 对任意满足 $u^n \in \mathcal{U}_{ad} \subseteq \mathcal{U}$ 的序列 $\{u^n\}$, 由引理 5.3.1 可知 $\{u^n\}$ 一致有界且具有等度有界的全变分. 由定理 2.2.3 可知, 存在 $\{u^n\}$ 的子序列 $\{u^{n_k}\}$ 在 $[t_0, t_f]$ 上逐点收敛到 u^*. 显然, $u^* \in \mathcal{U}$. 由定理 5.3.1 知, 对应于 u^{n_k} 和 u^* 的解 $x(\cdot; x^0, p^*, u^{n_k})$ 和 $x(\cdot; x^0, p^*, u^*)$ 存在且关于 u 连续. 进一步, 下式

$$\lim_{k \to \infty} x(\cdot; x^0, p^*, u^{n_k}) = x(\cdot; x^0, p^*, u^*) \tag{5.3.25}$$

在 $\mathcal{I}$ 上逐点成立且对任意的 $t \in \mathcal{I}$ 有 $x(t; x^0, p^* u^*) \in W_{ad}$. 因此, $\mathcal{S}_{ad}(x^0, p^*)$ 是紧集. 又由 $J(u)$ 关于 u 的连续性可知 NMDS-OCP 至少存在一个最优解. □

2. 优化算法

本节将基于控制参数化方法和改进粒子群优化算法给出一种求解多阶段最优控制问题的计算方法.

对每一个 $d_i \geqslant 1, i \in I_{2N+1}$, 将区间 $[t_{i-1}, t_i]$ 划分为具有 $n_{d_i} + 1$ 个划分点 $\tau_0^{d_i}, \tau_1^{d_i}, \ldots, \tau_{n_{d_i}}^{d_i}$ 的子区间且满足

$$\tau_0^{d_i} = t_{i-1}, \quad \tau_{n_{d_i}}^{d_i} = t_i, \quad 且\ \tau_{k-1}^{d_i} < \tau_k^{d_i}.$$

令 n_{d_i} 和 $\tau_k^{d_i}$ 满足下式

(1) $n_{d_i+1} \geqslant n_{d_i}$;
(2) $\lim\limits_{d_i \to \infty} |\tau_k^{d_i} - \tau_{k-1}^{d_i}| = 0$.

下面近似控制函数为分片常值函数:

$$u^d(t; \sigma^d) = \sum_{i=1}^{2N+1} \sum_{k=1}^{n_{d_i}} \sigma^{d_i, k} \chi_{(\tau_{k-1}^{d_i}, \tau_k^{d_i}]}(t). \tag{5.3.26}$$

这里, $\chi_{(\tau_{k-1}^{d_i}, \tau_k^{d_i}]}$ 表示区间 $(\tau_{k-1}^{d_i}, \tau_k^{d_i}]$ 上的示性函数, 即

$$\chi_{(\tau_{k-1}^{d_i}, \tau_k^{d_i}]}(t) = \begin{cases} 1, & t \in (\tau_{k-1}^{d_i}, \tau_k^{d_i}], \\ 0, & 否则. \end{cases} \tag{5.3.27}$$

$\sigma^d := ((\sigma^{d_1})^{\mathrm{T}}, \ldots, (\sigma^{d_{2N+1}})^{\mathrm{T}})^{\mathrm{T}}$, 其中, $\sigma^{d_i} := (\sigma^{d_i, 1}, \ldots, \sigma^{d_i, n_{d_i}})^{\mathrm{T}}$. 进一步, 令 $\sum\limits_{i=1}^{2N+1} n_{d_i} = \kappa$ 且 $\mathcal{V}^d$ 表示所有 $u^d(\cdot; \sigma^d)$ 构成的集合. 若限制控制函数在 $\mathcal{V}^d$ 中, 则式 (5.3.7) 中的控制函数上、下界为

$$a_{i*} \leqslant \sigma^{d_i, k} \leqslant a_i^*, \quad k = 1, \ldots, n_{d_i}, \quad i = 1, \ldots, 2N+1. \tag{5.3.28}$$

记 Ξ^d 为满足约束 (5.3.28) 的向量 σ^d 构成的集合, 并记 $\mathcal{U}^d$ 为所有的 $u^d(\cdot; \sigma^d) \in \mathcal{V}^d, \sigma^d \in \Xi^d$, 构成的集合.

这样, 当 $u \in \mathcal{U}^d$ 时, 系统 (5.3.6) 在最优参数 p^* 下可写为如下形式:

$$\begin{cases} \dot{x}(t) = \tilde{f}(t, x(t), p^*, \sigma^d), \\ x(t_{i-1}^+) = x(t_{i-1}),\ t \in (t_{i-1}, t_i], \quad i = 1, 2, \ldots, 2N+1, \\ x(t_0) = x^0. \end{cases} \tag{5.3.29}$$

其中,

$$\tilde{f}(t,x(t),p^*,\sigma^d) := \sum_{i=1}^{2N+1} \chi_{(t_{i-1},t_i]}(t) \cdot f^i\left(t,x(t),p^*,\sum_{k=1}^{n_{d_i}} \sigma^{d_i,k}\chi_{(\tau_{k-1}^{d_i},\tau_k^{d_i}]}(t)\right). \quad (5.3.30)$$

记系统 (5.3.29) 对应于参数化控制向量 $\sigma^d \in \Xi^d$ 的解为 $x(\cdot;x^0,p^*,\sigma^d)$. 类似地, 状态约束可写为

$$x(t;x^0,p^*,\sigma^d) \in W_{ad}. \quad (5.3.31)$$

相应地, 允许状态集和可行控制集成为

$$\mathcal{S}^d(x^0,p^*) := \{x(\cdot;x^0,p^*,\sigma^d)\,|\,x(\cdot;x^0,p^*,\sigma^d) \text{ 是系统 (5.3.29) 的解且}$$
$$\text{对任意的 } t \in \mathcal{I} \text{ 有 } x(t;x^0,p^*,\sigma^d) \in W_{ad}\},$$
$$\mathcal{U}_{ad}^d := \{\sigma^d \in \Xi^d\,|\,x(\cdot;x^0,p^*,\sigma^d) \in \mathcal{S}^d(x^0,p^*)\}.$$

这样, NMDS-OCP 可由如下参数优化问题 NMDS-OCP(d) 近似

$$\text{NMDS-OCP(d)} \quad \min \quad \tilde{J}(\sigma^d) := -x_3(t_f;x^0,p^*,\sigma^d)$$
$$\text{s.t.} \quad \sigma^d \in \mathcal{U}_{ad}^d.$$

用类似文献 [305] 中的证明方法可证得 NMDS-OCP 和参数优化问题 NMDS-OCP(d) 之间的关系.

定理 5.3.4 设 $\sigma^{d,*}$ 为 NMDS-OCP(d) 的最优参数向量, $u^{d,*}$ 为式 (5.3.26) 给出的最优控制函数, 则

$$\lim_{n_{d_i}\to\infty} J(u^{d,*}) = J(u^*).$$

这里, u^* 为 NMDS-OCP 的最优控制函数.

定理 5.3.5 设 $\sigma^{d,*}$ 和 $u^{d,*}$ 为定理 5.3.4 中的最优参数向量和最优控制函数, 且

$$\lim_{n_{d_i}\to\infty} u^{d,*}(t) = \bar{u}(t)$$

在 $\mathcal{I}$ 中几乎处处成立, 则 $\bar{u}$ 为 NMDS-OCP 的最优控制函数.

由以上定理可知: 利用控制参数化方法求解 NMDS-OCP 需要求解一系列参数优化问题 $\{\text{NMDS-OCP(d)}\}_{d=1}^{\infty}$. 但在求解过程中处理连续状态不等式约束是非常困难的. 为此, 令

$$g_\ell^c(x(t;x^0,p^*,\sigma^d)) := x_\ell(t;x^0,p^*,\sigma^d) - x_\ell^*,$$
$$g_{5+\ell}^c(x(t;x^0,p^*,\sigma^d)) := x_{*\ell} - x_\ell(t;x^0,p^*,\sigma^d), \quad \ell = 1,2,\ldots,5.$$

其中 x_{*l} 为 x_l 的下界. 则条件 $x(t;x^0,p^*,\sigma^d) \in W_{ad}, \forall\, t \in \mathcal{I}$, 等价地转化为

$$G^c(\sigma^d) = 0. \tag{5.3.32}$$

其中, $G^c(\sigma^d) = \sum_{l=1}^{10} \int_{t_0}^{t_f} \max\{0, g_l^c(x(t;x^0,p^*,\sigma^d))\}^2 dt.$

下面的定理给出函数 $G^c(\cdot)$ 关于参数向量 σ^d 的梯度计算公式.

定理 5.3.6 函数 $G^c(\sigma^d)$ 关于参数化的控制 σ^d 的梯度为

$$\frac{\partial G^c(\sigma^d)}{\partial \sigma^{d_i,k}} = \int_{t_0}^{t_f} \frac{\partial H(t,x(t),\sigma^d,\lambda(t))}{\partial \sigma^{d_i,k}} dt, \quad k=1,2,\ldots,n_{d_i}, \quad i=1,2,\ldots,2N+1, \tag{5.3.33}$$

其中,

$$H(t,x(t),\sigma^d,\lambda(t)) = \sum_{l=1}^{10} \max\{0, g_l^c(x(t;x^0,p^*,\sigma^d))\}^2 + \lambda^{\mathrm{T}}(t)\tilde{f}(t,x(t),p^*,\sigma^d), \tag{5.3.34}$$

且

$$\lambda(t) = (\lambda_1(t),\lambda_2(t),\lambda_3(t),\lambda_4(t),\lambda_5(t))^{\mathrm{T}}$$

为协态系统

$$\dot{\lambda}(t) = -\left(\frac{\partial H(t,x(t),\sigma^d,\lambda(t))}{\partial x}\right)^{\mathrm{T}} \tag{5.3.35}$$

满足边界条件

$$\lambda(t_0) = \lambda(t_f) = (0,0,0,0,0)^{\mathrm{T}}, \tag{5.3.36}$$

$$\lambda(t_i+) = \lambda(t_i-), \quad i=1,2,\ldots,2N \tag{5.3.37}$$

的解.

证明 设 σ^d 为 Ξ^d 中任一向量且 $\varsigma_{i,k}, k \in \{1,2,\ldots,n_{d_i}\}, i \in \{1,2,\ldots,2N+1\}$ 为任一实数. 定义

$$\sigma^{d_i,\epsilon} := (\sigma^{d_i,1},\ldots,\sigma^{d_i,k}+\epsilon\,\varsigma_{i,k},\ldots,\sigma^{d_i,n_{d_i}})^{\mathrm{T}}.$$

其中, ϵ 是一个充分小的实数且使得

$$\sigma^{d_i,k} + \epsilon\,\varsigma_{i,k} \in [a_{i*}, a_i^*],$$

相应地, 记 $\sigma^{d,\epsilon} := ((\sigma^{d_1})^{\mathrm{T}},\ldots,(\sigma^{d_i,\epsilon})^{\mathrm{T}},\ldots,(\sigma^{d_{2N+1}})^{\mathrm{T}})^{\mathrm{T}}$. 这样, $G^c(\sigma^{d,\epsilon})$ 可表示为

$$G^c(\sigma^{d,\epsilon}) := \sum_{l=1}^{10} \int_{t_0}^{t_f} \max\{0, g_l^c(x(t;x^0,p^*,\sigma^{d,\epsilon}))\}^2 dt$$

$$+ \int_{t_0}^{t_f} \lambda^{\mathrm{T}}(t)(\tilde{f}(t,x(t;x^0,p^*,\sigma^{d,\epsilon}),p^*,u(t;\sigma^{d,\epsilon})) - \dot{x}(t;x^0,p^*,\sigma^{d,\epsilon})) dt,$$

5.3 耦联批式流加发酵多阶段动力系统

其中, $\lambda \in \mathbb{R}^5$ 是任意的. 因此, 有

$$\begin{aligned}\Delta G^c(\sigma^d) &:= \frac{dG^c(\sigma^{d,\epsilon})}{d\epsilon}|_{\epsilon=0} \\ &= \frac{\partial G^c(\sigma^d)}{\partial \sigma^{d_i,k}}\varsigma_{i,k} = \int_{t_0}^{t_f}\left\{\frac{\partial H(t,x(t),\sigma^d,\lambda(t))}{\partial x}\Delta x(t;x^0,p^*,\sigma^d) \right. \\ &\quad \left. + \frac{\partial H(t,x(t),\sigma^d,\lambda(t))}{\partial \sigma^{d_i,k}}\varsigma_{i,k} - \lambda^{\mathrm{T}}(t)\Delta \dot{x}(t;x^0,p^*,\sigma^d)\right\}dt. \quad (5.3.38)\end{aligned}$$

这里, $H(t,x(t),\sigma^d,\lambda(t))$ 由式 (5.3.34) 给出.

对式 (5.3.38) 进行分部积分且应用式 (5.3.35)—(5.3.37), 有

$$\frac{\partial G^c(\sigma^d)}{\partial \sigma^{d_i,k}}\varsigma_{i,k} = \int_{t_0}^{t_f}\frac{\partial H(t,x(t),\sigma^d,\lambda(t))}{\partial \sigma^{d_i,k}}\varsigma_{i,k}dt.$$

由 $\varsigma_{i,k}$ 的任意性可知式 (5.3.33) 成立. □

基于上述定理, 每一个 NMDS-OCP(d) 可看做一个非线性数学规划问题. 对此, 采用下面的改进粒子群优化方法进行求解.

粒子群优化PSO是一种基于群体智能的演化计算方法. PSO算法是由Kennedy 和 Eberhart 最先提出的[312]. 当前, PSO 算法已经广泛应用到演化计算、优化和其他领域[313-315]. 在经典的 PSO 中, 每个粒子根据个体和群体的信息在整个搜索空间里进行搜索. 因此, 种群在寻找最优解的过程中既利用了个体当前的信息又利用了其他粒子以前的信息. 但是原始的 PSO 算法只能处理无约束优化问题. 由于 NMDS-OCP(d) 既含有控制约束又含有状态约束, 所以原始的 PSO 算法不能直接进行求解. 另外, 原始的 PSO 算法容易陷入局部最优解. 因此, 需要对原始的 PSO 算法[312] 进行改进. 为了处理 NMDS-OCP(d) 中的控制界问题, 引入了反射操作. 另外, 处理优化问题中的连续状态约束是非常困难的, 这里利用定理 5.3.6 提供的梯度信息给出了一种处理这类约束的策略. 进一步, 提出了一种新的速度和位置的更新策略和扰动算子来克服种群的局部收敛性. 在演化过程中, 设有 N^d 个粒子, 第 i 个粒子的位置和速度分别用 $\sigma_i^d := (\sigma_{i,1}^d, \sigma_{i,2}^d, \ldots, \sigma_{i,\kappa}^d)$ 和 $v_i^d := (v_{i,1}^d, v_{i,2}^d, \ldots, v_{i,\kappa}^d)$ 表示. 另外, 用 σ_{low} 和 σ_{upp} 表示位置的下界和上界. 这样, 第 i 个粒子在第 $k+1$ 步迭代时按如下改进策略进行演化:

(1) (速度和位置的更新) 为了平衡种群的广度搜索和深度搜索能力, 在迭代初期用如下策略进行迭代

$$\begin{aligned}v_{i,j}^d(k+1) &= r_{ij}^3 v_{i,j}^d(k) + c_1^d r_{ij}^1(pb_{i,j}^d - \sigma_{i,j}^d(k)) + c_2^d r_{ij}^2(gb_j^d - \sigma_{i,j}^d(k)), \\ \sigma_{i,j}^d(k+1) &= r_{ij}^4 \sigma_{i,j}^d(k) + (1-r_{ij}^4)v_{i,j}^d(k+1),\end{aligned}$$

其中, $pb_i^d = (pb_{i,1}^d, pb_{i,2}^d, \ldots, pb_{i,\kappa}^d)^{\mathrm{T}}$ 是第 i 个粒子到目前为止找到的最好位置, $gb^d =$

$(gb_1^d, gb_2^d, \ldots, gb_\kappa^d)^{\mathrm{T}}$ 是当前群体找到的最好的位置. c_1^d 和 c_2^d 是正常数, $r_{ij}^1, r_{ij}^2, r_{ij}^3$ 和 r_{ij}^4 是从 $[0,1]$ 中均匀选取的随机数.

(2) (扰动操作) 为了保持种群的多样性, 当迭代步超过 M_1^d 时, 第 i 个粒子的速度按如下方式进行调整

$$v_{i,j}^d(k+1) = \begin{cases} v_{i,j}^d(k+1), & \text{若 } r_5 \leqslant P_{cr}, \\ 2\mathrm{Rand}_{i,j}(r_5) - 1, & \text{否则}, \end{cases}$$

其中, r_5 是从 $[0,1]$ 中均匀选取的随机数, $\mathrm{Rand}_{i,j}(\cdot)$ 是产生第 i 个粒子速度的第 j 个分量的随机函数. P_{cr} 是一个给定的界.

(3) (处理控制越界策略) 若第 i 个粒子位置的第 j 个分量在 $k+1$ 步迭代越界, 则执行如下反射操作:

$$\sigma_{i,j}^d(k+1) = \begin{cases} 2\sigma_{low,j} - \sigma_{i,j}^d(k+1), & \text{若 } \sigma_{i,j}^d(k+1) < \sigma_{low,j}, \\ 2\sigma_{upp,j} - \sigma_{i,j}^d(k+1), & \text{若 } \sigma_{i,j}^d(k+1) > \sigma_{upp,j}. \end{cases}$$

(4) (处理状态约束策略) 对第 $k+1$ 步迭代中的第 i 个粒子, 检验函数 $G^c(\sigma_i^d(k+1))$ 的值. 若 $G^c(\sigma_i^d(k+1)) = 0$, 则该位置是可行的. 否则, 沿方向 $-\dfrac{\partial G^c(\sigma_i^d(k+1))}{\partial \sigma_i^d(k+1)}$ 向可行区域移动, 步长按 Armijo 线性搜索选取.

(5) (终止准则) 当下述条件之一满足时算法停止:

达到最大迭代步 M^d;

最近 M_2^d 步迭代群体最优值的偏差不超过预先指定的常数 ε^d.

基于上述控制离散化方法和改进的 PSO 算法, 提出如下求解多阶段最优控制问题 NMDS-OCP 的算法.

算法 5.3.2 步 1. 用改进的 PSO 算法求解 NMDS-OCP(d) 得到 $\sigma^{d,*}$.

步 2. 若 $\min\limits_{i \in I_{2N+1}} n_{d_i} \geqslant P$, 其中, P 是一个给定常数, 则转到步 3. 否则令 $n_{d_i} = n_{d_i+1}, i = 1, 2, \ldots, 2N+1$ 且转到步 1.

步 3. 由 $\sigma^{d,*}$ 按 (5.3.39) 计算 $u^{d,*}$, 即

$$u^{d,*}(t; \sigma^{d,*}) = \sum_{i=1}^{2N+1} \sum_{k=1}^{n_{d_i}} \sigma^{d_i,*,k} \chi_{(\tau_{k-1}^{d_i,*}, \tau_k^{d_i,*}]}(t), \quad t \in [0, T], \tag{5.3.39}$$

算法终止.

这样, 由上述算法得到的 $u^{d,*}$ 为 NMDS-OCP 的一个近似最优控制.

3. **数值结果**

反应物的组成, 发酵培养的条件在文献 [286] 已经给出. 发酵反应的初始浓度、初始体积、流加碱和甘油的比例、流加甘油浓度及发酵时间分别为 $x^0 = (0.1115\mathrm{g/L},$

495mmol/L, $0,0,0)^{\mathrm{T}}$, $V_0 = 5\mathrm{L}$, $r = 0.75$, $c_{s0} = 10762$mmol/L 和 $T = 24.16$h. 甘油的流加开始时刻 t_{2j+1} 和停止时刻 $t_{2j+2}, j \in \bar{I}_{676} := \{0, 1, \ldots, 676\}$ 均由实验给定. 为了节省计算时间, 把批式流加发酵过程分为第一个间歇阶段和第 I-IX 阶段并且在每一个阶段采用相同的流加策略. 另外, 第一个间歇过程结束时刻 $t_1 = 5.33$h. 在第 I-IX 阶段采取 100 秒加 5 秒, 7 秒, 8 秒, 7 秒, 6 秒, 4 秒, 3 秒, 2 秒和 1 秒方式进行流加. 表 5.5 列出了甘油流加速度的上、下界.

表 5.5 第 I-IX 阶段甘油流加速度的上、下界

	第 I-II、IV-V 阶段	第 III 阶段	第 VI 阶段	第 VII 阶段	第 VIII-IX 阶段
上界 [mLs^{-1}]	0.2524	0.2390	0.2657	0.2924	0.3058
下界 [mLs^{-1}]	0.1682	0.1594	0.1771	0.1949	0.2038

在改进的 PSO 算法中, 初始种群 N^d、最大迭代步数 M^d 及参数 $c_1^d, c_2^d, P_{cr}, M_1^d, M_2^d, \varepsilon_d$ 分别取值为 200, 100, 2, 2, 0.5, 50, 20 和 10^{-3}. 这些参数值都是由数值实验推导的. 在算法 5.3.2 中, P 取值为 1. 另外, 计算过程用到的常微分方程均采用改进 Euler 法进行数值计算. 应用算法 5.3.2 求解 NMDS-OCP, 得到甘油的最优流加策略. 这里, 每迭代一步在 AMD Athlon 64 X2 双核 TK-57 1.90GH 计算机上需要 53.6 秒. 我们得到终端时刻 1,3- 丙二醇的浓度为 925.127 mmol/L, 这比文献 [300] 中的实验结果增加了 16.04%. 图 5.4 是根据最优流加策略画出的 1,3- 丙二醇浓度随时间的变化曲线, 同时该图也证实了终端时刻 1,3- 丙二醇的浓度的确有显著提高.

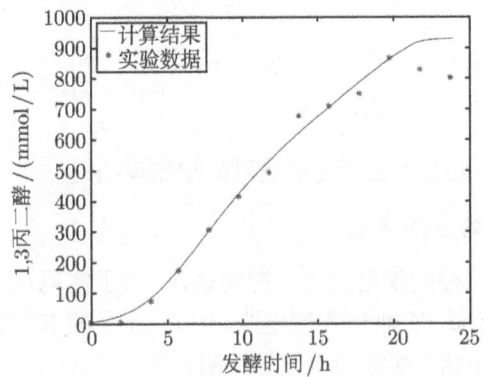

图 5.4 1,3- 丙二醇的浓度随时间的变化曲线

5.3.5 基于最优控制策略的设计

1. 批式流加的最优控制策略

5.3.4 小节以甘油的流加速度作为控制函数, 考虑了批式流加发酵的最优控制. 然而, 在实际的发酵实验中, 甘油流加速度是很难精确调节. 事实上, 现有的实

验仪器只有几个的流加速度可供选择. 因此, 每次的发酵实验中, 甘油的流加速度一般是设为恒定的, 而通过流加时间来控制甘油的流加量和发酵液中残余甘油浓度. 基于以上原因, 需要提供一种可实现的最优流加时间策略. 记 NMDS-OCP 的解为 $u_n^*(\cdot) : (t_{n-1}, t_n] \longrightarrow \mathbb{R}_+ (n \in \Lambda_1)$, 即最优甘油流加策略. 根据甘油和碱按固定比率流加, 则可折算出最优甘油流加策略下的碱的流加策略, 记为 $\{\tilde{u}_n^*(\cdot)\}$, 即 $\tilde{u}_n^*(t) := \dfrac{u_n^*(t)}{r}, t \in (t_{n-1}, t_n]$. 则在时间区间 $(t_{n-1}, t_n]$ 上, 甘油和碱注入的量体积可由下式给出:

$$V_{G_n} = \int_{t_{n-1}}^{t_n} u_n^*(s) ds, \quad n \in \Lambda_1, \tag{5.3.40}$$

$$V_{N_n} = \int_{t_{n-1}}^{t_n} \tilde{u}_n^*(s) ds, \quad n \in \Lambda_1. \tag{5.3.41}$$

设现有仪器可实现的甘油流加速度为 $\hat{u}$, 甘油和碱的流加比率仍为 r. 则在第 n 次底物填加中, 为了使得恒定速率 $\hat{u}$ 下能与最优速率 $v_n^*(\cdot)$ 下获得相同的流加量, 所需的流加时长为

$$\Delta T_n = \frac{V_{G_n}}{\hat{u}}, \quad n \in \Lambda_1,$$

且根据实际发酵实验, 可以假设

$$t_{n-1} + \Delta T_n < t_{n+1}.$$

令 $t_0^* := t_0 = 0$,

$$t_i^* = \begin{cases} t_i, & i = 2n-1, \\ t_{i-1} + \Delta T_i, & i = 2n, \end{cases} \quad n = 1, 2, \ldots, N.$$

则 $\{t_i^*\}$ 为固定甘油流加速度 $\hat{u}$ 下的最优时间控制策略.

2. 最优控制策略的自动实现

本小节主要考虑该控制策略的自动控制设计. 为了实现这一目的, 将采用集中和分散相结合的控制方式, 并考虑控制电路、PLC、上位机和容错等方面的设计. 此外, 还考虑了温度、pH 值、泡沫和液位等控制设计.

首先, 基于微生物发酵生产 1,3- 丙二醇的菌种和发酵工艺的特点, 选择前馈控制和反馈控制相结合的控制方案. 这里采用可编程控制器 PLC 和北京亚控公司的组态王软件进行设计.

我们考虑了在厌氧条件下的温度控制、PH 控制、转速控制、消泡控制和液位控制, 采用松下可编程控制器 (简称 PLC) 做控制器. PLC 的主要特点如下[316]: 高可靠性; 丰富的 I/O 接口模块; 采用模块化结构; 安装简单, 维修方便等. PLC 具

5.3 耦联批式流加发酵多阶段动力系统

有数据处理能力；通信和联网等功能[317]. 本系统 PLC 数字量输入 6 个：甘油泵运行反馈、加碱泵运行反馈、消泡泵运行反馈、排液泵运行反馈、泡沫信号、水电磁阀运行反馈. 数字量输出 5 个：甘油泵运行、加碱泵运行、消泡泵运行、排液泵运行、水电磁阀运行. 4—20mA 模拟量输入 3 个：温度传感器、pH 值传感器、液位传感器.

电路设计按照国家设计规范[318, 319]进行设计. 在实验室阶段，电源为 220V, 50z. 采用微型断路器作为总电源开关. 在安全设计上，把 PLC 输出使用的 24V 电源和模拟量模块 A80 上 4—20mA 的传感器电源分开设计, 防止外部接线错误将 2 个块都烧毁. 考虑 PLC 输出的可靠性和端口带载能力，在输出端增加了中间继电器. 控制电路如图 5.5 所示.

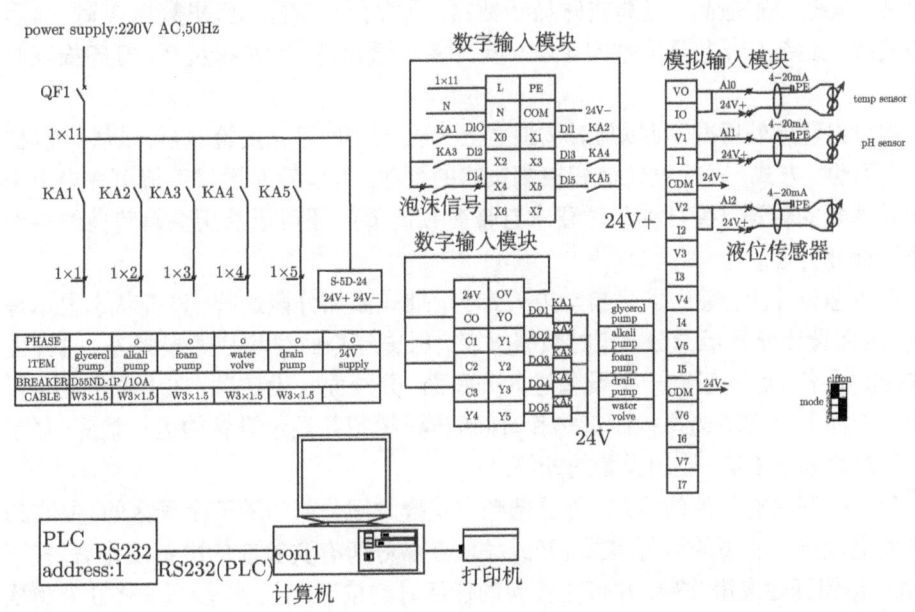

图 5.5　控制电路图

上位组态上考虑了手动/自动的选择，使系统使用更加灵活. 组态王软件用于与 PLC 之间的通讯和数据采集. 软件设计包括两部分：上位机用组态王软件编写，下位机用 PLC 可编程控制器编程. 设计采用 RS232 通讯协议，配有 RS232 连接电缆. 通信设置值如下：波特率: 9600; 数据位长度: 7 位; 停止位长度: 2 位; 奇偶校验位: 奇校验. 在进行 PLC 网络设置时，其中的主链接单元号要与组态王中定义设备时的设备地址相一致，PLC 在组态王中的设置地址范围为 0-31.

温度控制是用电加热和自来水来控制温度保持在一个设定范围内的. 在水路上装有电磁阀，工作时首先要打开外部自来水开关，打开电磁阀，然后将所需温度设定好, 当检测到的温度低于温度设定下限时, 打开电加热; 当检测到的温度高于温度设定上限时, 关闭电加热. PH 控制是把碱的流加泵与甘油流加泵耦联来控制的. 泡沫是通过一支插在罐盖上的电极来检测, 当泡沫碰到电极下端时检测回路会发给控制器一个泡沫信号, 且在自动时, 可以通过泡沫泵自动补入消泡剂值. 液位是通过一支插在罐盖上液位传感器来检测, 当液位超高时, 可以通过液位泵自动将液体排出, 达到自动控制液位的目的. 马达转速可以由变频器控制, 实验时固定转速不变, 转速将按设定值运行.

采用一台计算机作为中控室管理和控制平台, 对整个发酵系统进行集中管理, 可以大大提高工作效率. 我们选用北京亚控公司的组态王软件. 该软件使用方便、运行稳定, 且具有如下特点: 分布式系统, 真正的瘦客户端模式; 支持双机热备, 双网热备, 系统可靠性高; 能够实时显示数据, 保存历史数据, 历史数据查询, 显示趋势曲线; 支持各个主要厂家的 PLC, 支持多种通讯方式, 选择灵活; 打印报表等功能.

如果出现意外情况, 可以随时按画面上 "停止" 钮, 停止实验; 也可以从 "自动" 转到 "手动" 方式, 进行设定值和控制策略的更改; 可以随时通过手调可变电阻来改变甘油泵的转速 (买甘油泵时要求自带变频调节); 还可以从历史趋势曲线查询参数进行分析等.

在组态设计上, 考虑了手自动方式选择; 批式流加分段选择; 设备状态显示等控制. 画面设计分显示部分、实时数据报表、历史趋势曲线和故障报警等. 总画面包含全部设备; 点击任意一个设备进入分画面, 分画面含设定项, 在上位机组态批式流加画面上可实现选择控制策略和时间间隔, 模拟并显示设备的运行状况; 显示运行的进程和 pH 值; 控制设备的开停.

为了控制底物甘油的流加, 需要把整个发酵时间分割为若干个子区间, 并在每个区间上设定甘油泵的运行模式 (开或关). 在做好所有实验前的准备工作后, 按下 "开始" 按钮开始发酵实验, 并可在实验的任何时刻按下 "停止" 按钮来停止发酵实验. 甘油和碱的填加可以通过预先输入的最优流加策略得到控制. 甘油泵运行窗口如图 5.6 所示画面左边的三列分别每个子时间区间的开始时刻、甘油泵模式以及终止时刻, 这组参数需要在实验开始前根据式 (5.3.45)—(5.3.47) 得到的最优策略输入的. 模式 "0" 表示甘油泵在相应的时间段处于关的状态, 模式 "1" 表示甘油泵在相应时段处于开的状态.

通常在工程中电机的电源为: 380V, 三相, 50Hz, 所以要考虑设计断路器、交流接触器、热继电器以及电机的启动方式, 同时 PLC 的输入和输出点也要增加, 在程序上还要考虑故障处理及由硬件所决定的编程容量是否够用, 控制系统的冗余和不间断电源. 尽管控制系统在实验室和工程设计中存在着上述不同之处, 但它们的控制原理是相同的, 所以一个控制思想在实验室可行也一样能用在工程上.

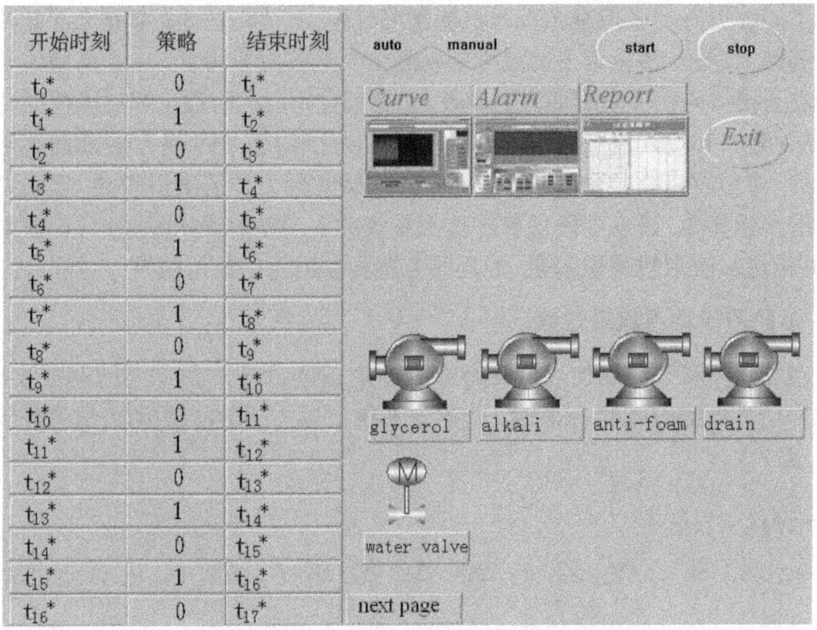
开始时刻
策略
结束时刻
t0* 0 t1*
t1* 1 t2*
t2* 0 t3*
t3* 1 t4*
t4* 0 t5*
t5* 1 t6*
t6* 0 t7*
t7* 1 t8*
t8* 0 t9*
t9* 1 t10*
t10* 0 t11*
t11* 1 t12*
t12* 0 t13*
t13* 1 t14*
t14* 0 t15*
t15* 1 t16*
t16* 0 t17*
auto
manual
start
stop
Curve
Alarm
Report
Exit
glycerol
alkali
anti-foam
drain
water valve
next page

图 5.6 批式流加甘油泵运行窗口

5.4 耦联批式流加发酵多阶段脉冲动力系统

批式培养时, 细胞的生长一般要经历延迟期 (适应期)、指数生长期、稳定期和死亡期等多个阶段: 延迟期主要表示为在培养基接种之后, 细胞在新的环境中表现出的一个适应阶段, 在这个阶段细胞的数目很少增加; 指数增长期阶段为细胞在适应了新的环境后, 由于底物浓度很高, 细胞的生长不受底物的限制, 其浓度随时间呈指数上升, 此时细胞分裂繁殖最为旺盛, 生理活性最高; 稳定期阶段, 由于之前发酵过程中底物的不断消耗以及有害代谢产物的不断积累, 细胞的生长受到限制, 比生长速率逐渐下降, 当比生长速率下降到与死亡率相同时, 细胞的表观比生长速率为零, 此时细胞浓度达到最大值, 此阶段也是细胞大量产生有用的代谢产物阶段; 死亡期阶段, 由于底物的耗尽或有害产物的大量积累, 导致细胞生存环境恶化, 造成细胞的不断死亡.

一般来说, 基于产物浓度和生产强度的考虑, 都在死亡期之前结束批式培养, 因此实验室上或工业生产上的批式培养或生产过程主要经历延迟期、指数生长期和稳定期三个阶段. 在 5.2 节建立的批式流加脉冲动力系统中, 我们忽略了发酵过程细胞生长的多阶段特征. 因此, 即使在辨识后的参数下, 该模型在生物量和残余甘油浓度上的计算值与实验值的模拟效果都不是很好.

为了能够更好的模拟整个批式流加发酵过程,本节将在 5.2 节建立的脉冲动力系统的基础上,进一步考虑发酵过程中细胞生长的多阶段特性. 由于细胞生长的多阶段特性直接体现在模型的动力学参数上,我们在不同的阶段上选用不同的动力学参数,从而建立起批式流加发酵的多阶段脉冲动力系统. 由于各个时期的起始时刻是未知的,本节将以指数生长期、平稳期的起始时刻为外层辨识参数,以动力学参数为内层辨识参数,建立多阶段脉冲动力系统的双层参数辨识模型,讨论模型可辨识性,并构造算法求解辨识问题,最后结合实验数据给出数值结果.

5.4.1 多阶段脉冲系统及性质

把底物和中和剂的填加过程视为脉冲事件,则整个批式流加发酵可由 5.2 节建立的脉冲动力系统 (5.2.7) 来描述. 仍然记系统 (5.2.7) 所涉及的动力学参数组成向量为 p,即

$$p := (p_1, p_2, \cdots, p_{16})^{\mathrm{T}}$$
$$= (m_2, m_3, m_4, 1/Y_2, Y_3, Y_4, \Delta_2, \Delta_3, \Delta_4, K_2^*, K_3^*, K_4^*, b_1, b_2, c_1, c_2)^{\mathrm{T}} \in \mathbb{R}^{16}.$$

考虑到微生物细胞生长的多阶段特性,把整个发酵时间 $\mathcal{I} = [t_0, t_f]$ 分为三个子区间 $[0, s_1)$, $[s_1, s_2)$ 和 $[s_2, t_f]$,其分别表示适应期、指数生长期和稳定期. 根据实际发酵实验,可以给出指数生长期和稳定期的起始时刻所构成的向量 $s := (s_1, s_2)^{\mathrm{T}}$ 的允许集,记为 $T_{ad} := [a_{1*}, a_1^*] \times [a_{2*}, a_2^*]$. 由于不同生长期下动力学参数 p 的取值可能不同,记三个时期的动力学参数为 $p^i, i = 1, 2, 3$,其分量记为 $p_j^i, j = 1, 2, \ldots, 16$,并记动力学参数的初值为 p^0,允许集为 $P_{ad} = \prod_{i=1}^{16} [p_i^0 - \gamma|p_i^0|, p_i^0 + \gamma|p_i^0|]$,其中 $\gamma = 0.2$. 记时间参数 s 和动力学参数 $p^i (i = 1, 2, 3)$ 所构成的向量为

$$u := (s^{\mathrm{T}}, \boldsymbol{p}^{\mathrm{T}})^{\mathrm{T}} \in \mathbb{R}^2 \times \mathbb{R}^{3 \times 16},$$

其允许集记为

$$U_{ad} := \{u \in \mathbb{R}^2 \times \mathbb{R}^{3 \times 16} | \boldsymbol{p} \in \boldsymbol{P}_{ad}, i = 1, 2, 3, s \in T_{ad}\},$$

其中,

$$\boldsymbol{p} := ((p^1)^{\mathrm{T}}, (p^2)^{\mathrm{T}}, (p^3)^{\mathrm{T}})^{\mathrm{T}}, \quad \boldsymbol{P}_{ad} := P_{ad} \times P_{ad} \times P_{ad}.$$

根据上述定义,可用如下多阶段脉冲动力系统来描述整个批式流加发酵过程:

$$\begin{cases} \dot{x}^1(t) = f(x^1(t), p^1), & t \in (\tau_{j-1}, \tau_j] \subseteq [s_0, s_1), \\ x^1(t_0) = x^0, \\ \Delta x^1(t) = G_j(x^1(t)), & t = \tau_j, j \in \mathbb{N}. \end{cases} \tag{5.4.1}$$

5.4 耦联批式流加发酵多阶段脉冲动力系统

$$\begin{cases} \dot{x}^i(t) = f(x^i(t), p^i), \quad t \in (\tau_{j-1}, \tau_j] \subseteq [s_{i-1}, s_i), \\ x^i(s_{i-1}^+) = x^{i-1}(s_{i-1}) + \delta(s_{i-1}) G_{\sigma(s_{i-1})}(x^{i-1}(s_{i-1})), \quad i = 2, 3, \\ \Delta x^i(t) = G_j(x^i(t)), \quad t = \tau_j, j \in \mathbb{N}. \end{cases} \quad (5.4.2)$$

这里, $s_0 = t_0, s_3 = t_f$, $x^i(t) \in \mathbb{R}^5 (i = 1, 2, 3)$ 为第 i 阶段的状态变量, 其分量分别表示 t 时刻生物量、残余甘油、1,3-丙二醇、乙酸和乙醇的浓度; $\Delta x^i(\tau_j) = x^i(\tau_j + 0) - x^i(\tau_j - 0) = x^i(\tau_j + 0) - x^i(\tau_j)$ 表示脉冲时刻 τ_j 的脉冲量. δ, σ 定义如下

$$\delta(s_{i-1}) = \begin{cases} 1, & \text{若存在} j \in I_N \text{使得} \; s_{i-1} = \tau_j, \\ 0, & \text{若} \; s_{i-1} \neq \tau_j, \; \forall j \in I_N, \end{cases}$$

$$\sigma(s_{i-1}) = \begin{cases} j, & \text{若存在} \; j \in I_N \text{使得} s_{i-1} = \tau_j, \\ 0, & \text{若} \; s_{i-1} \neq \tau_j, \; \forall j \in I_N. \end{cases}$$

f 和 $G_j (j \in I_N)$ 的定义如式 (5.2.8) 和 (5.2.9) 所示. 由脉冲注入所产生的稀释速率仍然记为 $D_j := F_j \bigg/ \left(\sum_{k=1}^{j} F_k + V_0 \right)$, 涉及的变量定义与 5.2 节一致.

定义 5.4.1 给定 $x^0 \in W_{ad}, u \in U_{ad}$, 称函数 $x(\cdot) \in PWC_l(\mathcal{I}, \mathbb{R}^5)$ 为系统 (5.4.1)—(5.4.2) 的一个弱解, 如果

$$x(t; x^0, s, \boldsymbol{p}) = \begin{cases} x^1(t; x^0, s, p^1), & t_0 = s^0 \leqslant t < s_1, \\ x^2(t; x^1(s_1^+), s, p^2), & s_1 \leqslant t < s_2, \\ x^3(t; x^2(s_2^+), s, p^3), & s_2 \leqslant t < s_3 = t_f, \end{cases}$$

且对 $i = 1, 2, 3$, 有

$$x^i(t) = x^{i-1}(s_{i-1}^+) + \int_{s_{i-1}}^{t} f(x^i(\tau), p^i) d\tau + \sum_{k=\Gamma_0(s_{i-1})}^{\Gamma_0(t)} G_k(\tau_k, x^i(\tau_k)).$$

式中 $x^0(t_0) := x^0$, $\Gamma_0(t) := \max\{ k \,|\, \tau_k \text{ 为第} k \text{次脉冲时刻}, \tau_k \leqslant t \}$.

类似 5.2 节, 容易验证系统 (5.4.1)—(5.4.2) 具有如下性质.

定理 5.4.1 给定 $x^0 \in W_{ad}, u = (s, \boldsymbol{p}) \in U_{ad}$, 系统 (5.4.1)—(5.4.2) 存在唯一弱解 $x(\cdot; x^0, u) \in PWC_l(\mathcal{I}, \Omega)$, 且 $x(\cdot; x^0, s, \boldsymbol{p})$ 关于初值与参数对 $(x^0, s, \boldsymbol{p})$ 在 $W_{ad} \times U_{ad}$ 上连续.

5.4.2 双层参数辨识

由于系统 (5.4.1)—(5.4.2) 涉及的动力学参数较多, 为了节省计算量且能达到较好的辨识效果, 对参数的灵敏度进行估计, 选取其中较为敏感的进行辨识.

定义 5.4.2 任给 $\Phi: W_{ad} \times P_{ad} \to \mathbb{R}^5$，定义
$$\text{sen}(\Phi) := \sup_{(x,p)\in W_{ad}\times P_{ad}} \max_{1\leqslant i\leqslant 5} |\Phi_i(x,p)|,$$

称 $\text{sen}\left(\dfrac{\partial f}{\partial p_j^i}\right)$ 为 f 关于参数 p^i 的第 i 个分量 u_j^i 的灵敏度.

$\text{sen}\left(\dfrac{\partial f}{\partial p_j^i}\right)$ 反映了 f 关于 u_j^i 灵敏度的全局信息, 而 f 又是系统 (5.4.1)—(5.4.2) 的速率向量场, 因此, $p^i, i=1,2,3$ 中具有较高灵敏度信息的分量对系统 (5.4.1)—(5.4.2) 的影响较大, 应选为辨识参数. 本节选取灵敏度超过 1 的分量作为较灵敏的参数, 所构成的向量仍然记为 p^i, 相应的初值仍记为 p^0, 根据实际计算可得

$$p^i = (m_2^i, Y_2^i, \Delta_2^i, m_3^i, Y_3^i, \Delta_3^i)^T \triangleq (p_{s1}^i, p_{s2}^i, p_{s3}^i, p_{s4}^i, p_{s51}^i, p_{s6}^i)^T,$$
$$p^0 = (2.20, 0.0082, 28.58, -2.69, 67.69, 26.59)^T,$$

参数允许集
$$P_{ad} = \prod_{i=1}^{6}[p_i^0 - \gamma|p_i^0|, p_i^0 + \gamma|p_i^0|]. \tag{5.4.3}$$

记 $y(t) = (y_1(t), y_2(t), y_3(t), y_4(t), y_5(t))^T \in PWC_l(\mathcal{I}, \mathbb{R}^5)$ 为实验数据的分片多项式拟合函数. 则以 s 为外层优化变量, p^i 为内层优化变量, 可建立系统 (5.4.1)—(5.4.2) 的双层参数辨识模型如下:

MIDS-PIP $\quad \min\limits_{s} \; J_{\text{out}}(s, \boldsymbol{p}) := \displaystyle\int_{t_0}^{t_f}\sum_{j=1}^{3}|x_j(t; x^0, s, \boldsymbol{p}) - y_j(t)|dt,$

s.t. $\quad s \in T_{ad}.$ $\hfill$ (5.4.4a)

$\min\limits_{p^i} \; J_{\text{in}}^i(s, p^i), i=1,2,3,$

s.t. $\quad p^1, p^2, p^3 \in P_{ad}.$ $\hfill$ (5.4.4b)

其中, 内层目标函数定义如下:

$$J_{\text{in}}^i(s, p^i) := \left|\sum_{j=1}^{3}\int_{s_{i-1}}^{s_i}(x_j^i(t; x^{i-1}(s_{i-1}^+), s, p^i) - y_j(t))\, dt\right|. \tag{5.4.5}$$

注意到 (5.4.4a) 定义的 J_{out} 和 (5.4.5) 定义的 J_{in}^i 均为连续函数, 故 J_{out} 和 J_{in}^i 的水平集均为有界集, 即 J_{out} 和 J_{in}^i 为水平有界函数.

定理 5.4.2 辨识问题 MIDS-PIP 是可辨识的, 即存在 $(s^*, \boldsymbol{p}^*) \in U_{ad}$, 使得
$$J_{\text{out}}(s^*, \boldsymbol{p}^*) \leqslant J_{\text{out}}(s, \boldsymbol{p}), \forall (s, \boldsymbol{p}) \in U_{ad}.$$

证明 证明辨识问题 MIDS-PIP 可辨识的关键在于分析内层辨识问题的最优解和最优值的性质. 令

$$J_{in}^{i*}(s) := \inf_{p^i \in P_{ad}} J_{in}^i(s, p^i) \text{ 和 } P_i^*(s) := \arg\min_{p^i \in P_{ad}} J_{in}^i(s, p^i), i = 1, 2, 3, \quad (5.4.6)$$

则辨识问题 MIDS-PIP 与如下约束规划问题等价.

$$\min_s \quad J_{out}(s, \boldsymbol{p}) = \int_{t_0}^{t_f} \sum_{j=1}^{3} |x_j(t; x^0, s, \boldsymbol{p}) - y_j(t)| dt \quad (5.4.7)$$

$$\text{s.t.} \quad (s, \boldsymbol{p}) \in T_{ad} \times P_1^*(s) \times P_2^*(s) \times P_3^*(s).$$

由于 J_{in}^i 连续, 故其水平集为 W_{ad} 上的有界集, 且函数 J_{in}^{i*} 为 T_{ad} 上的正常下半连续函数, 另外由文献 [278] 容易验证, 任给 $s \in \text{dom} J_{in}^{i*}$, 集合 $P_i^*(s)$ 为非空紧的. 最后, 由 J_{out} 关于 $(s, \boldsymbol{p})$ 在 $T_{ad} \times P_1^*(s) \times P_2^*(s) \times P_3^*(s)$ 上连续, 可得辨识问题 MIDS-PIP 最优解存在, 从而命题得证. □

5.4.3 优化算法

本小节将构造一个优化算法来解决问题 MIDS-PIP. 为了描述方便, 定义如下函数:

$$\Gamma_1(t) := \max\{k \mid t_k \text{ 为第} k \text{次观测时刻}, t_k \leqslant t\},$$

$$SJ_m^i := \sum_{k=\Gamma_1(s_{i-1})}^{\Gamma_1(s_i)} x_m(t_k), \quad SC_m^i := \sum_{k=\Gamma_1(s_{i-1})}^{\Gamma_1(s_i)} y_m(t_k), \quad i = 1, 2, 3, \ m = 1, 2, 3.$$

式 (5.4.4) 和 (5.4.5) 中积分计算在数值计算中需要通过离散计算来实现, 即

$$\begin{aligned}
\mathfrak{J}_{out}(s, \boldsymbol{p}) &:= \sum_{k=0}^{\Gamma_1(t_f)} \sum_{j=1}^{3} |x_j(t_k; x^0, s, \boldsymbol{p}) - y_j(t_k)|, \\
\mathfrak{J}_{in}^i(s, p^i) &:= \sum_{j=1}^{3} \sum_{k=\Gamma_1(s_{i-1})}^{\Gamma_1(s_i)} |(x_j^i(t_k; x^{i-1}(s_{i-1}^+), s, p^i) - y_j(t_k))|.
\end{aligned} \quad (5.4.8)$$

由于系统 (5.4.1)—(5.4.2) 无法求得解析解, 故式 (5.4.8) 中 $\mathfrak{J}_{out}$ 关于 $(s, \boldsymbol{p})$ 没有解析表达式. 固定 $s \in T_{ad}$, 首先考虑辨识问题 MIDS-PIP 内层问题 (5.4.4b) 的求解. 假设系统 (5.4.1)—(5.4.2) 的解 $x(\cdot; x^0, s, \boldsymbol{p})$ 由欧拉方法来近似求解, 表示如下:

$$x(k+1) = x(k) + h \times f.$$

分析 $f_j(j \in I_5)$ 关于参数 $p_{sk}^i(i \in I_3, k \in I_6)$ 的单调性, 在此基础上可构造如下算法求解内层问题 (5.4.4b).

算法 5.4.1 步 1. 选择精度 $\varepsilon_1 > 0$, 步长因子 α, 内层辨识参数的初始值 $p^1 = p^2 = p^3 = p^0$.

步 2. 根据式 (5.4.8) 计算 $\mathfrak{J}_{\text{in}}^i(s, p^i)$. 如果 $\mathfrak{J}_{\text{in}}^i(s, p^i) > \varepsilon_1$, 转步 3, 否则停止并且返回 $\boldsymbol{p}$.

步 3. 计算 $SJ_m^i, SC_m^i, m = 1, 2, 3, i = 1, 2, 3$. 如果 $SJ_m^i > SC_m^i$, 则令

$$p_j^i := p_j^i - \alpha |p_j^i|, j = 1, 5, 6, 7,$$
$$p_j^i := p_j^i + \alpha |p_j^i|, j = 2, 3, 4;$$

如果 $SJ_m^i < SC_m^i$, 则令

$$p_j^i := p_j^i + \alpha |p_j^i|, \ j = 1, 5, 6, 7,$$
$$p_j^i := p_j^i - \alpha |p_j^i|, \ j = 2, 3, 4.$$

在算法 5.4.1 的基础上, 构造如下改进的模拟退火算法求解问题 MIDS-PIP.

算法 5.4.2 步 1. 选择精度 $\varepsilon > 0$, 初始温度 T 及每个温度取值下的最大迭代步数 $L_{\max}$, 邻域半径因子 d, 温度下降因子 δt.

步 2. 在 T_{ad} 上按均匀分布随机产生外层辨识参数的一个初值 $s^0 := (s_1^0, s_2^0)^{\mathrm{T}}$, 并利用算法 5.4.1 计算 s^0 下的最优内层参数 $\boldsymbol{p}^*(s^0)$.

步 3. 计算 $\mathfrak{J}_{\text{out}}(s^0, \boldsymbol{p}^*(s^0))$. 如果 $\mathfrak{J}_{\text{out}}(s0, \boldsymbol{p}^*(s^0)) < \varepsilon$, 则停止; 否则令 $T := T * \delta t, L := 1$ 并转步 4.

步 4. 从 $\{1, 2\}$ 中随机选取一个数 n_r, 使得 $s_{n_r} = s_{n_r} + \theta \times d \times (a_{n_r}^* - a_{n_r *})$, 这里 θ 是 $(-1, 1)$ 上均匀分布的随机数. 如果 $s_{n_r} < a_{n_r *}$, 取 $s_{n_r} := a_{n_r *}$; 如果 $s_{n_r} > a_{n_r}^*$, 取 $s_r := a_{n_r *}$. 记随机扰动得到的新解为 $s = (s_1, s_2)$, 并应用算法 5.4.1, 计算新外层参数下的最优内层参数 $\boldsymbol{p}^*(s)$.

步 5. 令 $D\mathfrak{J} := \mathfrak{J}_{\text{out}}(s, \boldsymbol{p}^*(s)) - \mathfrak{J}_{\text{out}}(s^0, \boldsymbol{p}^*(s^0))$. 根据 Meropolis 准则判断是否更新解. 如果接受新解, 则令 $s^0 := s, \mathfrak{J}_{\text{out}}(s^0, \boldsymbol{p}^*(s^0)) := \mathfrak{J}_{\text{out}}(s, \boldsymbol{p}^*(s))$ 并转步 6; 否则直接转步 6.

步 6. 如果 $L > L_{\max}$, 那么返回步 3; 否则令 $L := L + 1$, 返回步 4.

5.4.4 数值结果

本小节基于一组给定的实验数据, 利用算法 5.4.1 和算法 5.4.2, 对系统 (5.4.1)—(5.4.2) 进行参数辨识. 采用的发酵实验的初值为 $x^0 = (0.115\text{g/L}, 484.5\text{mmol/L}, 0, 0, 0)^{\mathrm{T}}$. 批式流加的起始时刻 (即间歇培养的终止时刻) 为 $t_0 = 5.33\text{h}$. 定义相对误差

5.4 耦联批式流加发酵多阶段脉冲动力系统

$$e_i := \frac{\sum_{k=0}^{\Gamma_1(t_f)} |y_i(t_k) - x_i(t_k; x^0, s, \boldsymbol{p})|}{\sum_{k=0}^{\Gamma_1(t_f)} y_i(t_k)}, \quad i = 1, 2, 3.$$

系统 (5.4.1)—(5.4.2) 在最优参数下的计算值与实验值的比较及它们之间的相对误差分别见图 5.7 和表 5.6. 图中圆圈表示实验数据, 实线为 5.2 节的脉冲模型在其最优参数下的计算值, 虚线为系统 (5.4.1)—(5.4.2) 在其最优参数下的计算值. 与 5.2 节的结果相比较, 本节所提出多阶段脉冲系统下计算值与实验数据之间的相对误差大幅度减小到 6% 以下, 从而说明了多阶段脉冲动力系统较 5.2 节的脉冲系统能更精确地描述批示流加发酵过程, 也说明了本节所提出的算法能有效求解辨识问题 MIDS-PIP. 表 5.6 列出了多阶段系统在不同阶段的最优参数.

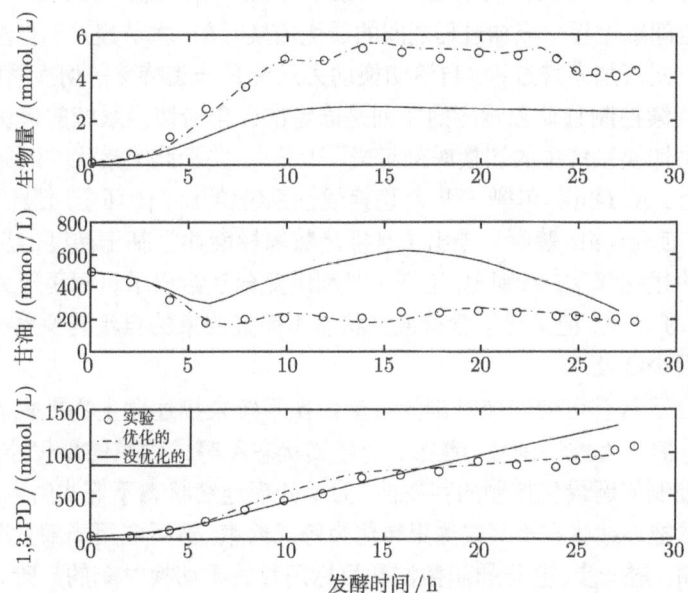

图 5.7 批式流加中生物、甘油和 1,3- 丙二醇实验值与计算模拟值比较

表 5.6 改进模型与原模型的辨识后的计算值与实验值的相对误差比较

相对误差	e_1	e_2	e_3
原脉冲动力系统	21.45%	27.17%	6.47%
多阶段脉冲动力系统	5.37%	4.65%	4.31%

表 5.7 多阶段脉冲动力系统最优参数值

阶段	m_2	m_3	Y_2	Y_3	Δ_2	Δ_3
适应期	2.19	−2.37	0.0084	67.43	25.57	23.86
指数生长期	2.23	−2.67	0.0130	68.62	27.14	27.65
稳定期	1.80	−2.23	0.0038	60.55	22.14	27.24

5.5 耦联批式流加发酵自治切换动力系统

微生物批式流加发酵法生产 1,3- 丙二醇过程开始于间歇过程使得菌种得到充分的培养. 在微生物生长达到指数生长期时, 甘油和碱被连续的流加到发酵罐中以维持细胞生长环境并为菌种提供营养. 流加结束后, 新的间歇过程又重新开始. 重复上述过程直到最后的一个间歇过程结束. 在实际操作中, 甘油和碱经常采用恒定速度的流加方式, 因此, 优化间歇过程与流加过程之间的切换时刻就显得尤为重要.

为了确定间歇过程与流加过程之间的最优切换时刻, 本节建立了自治切换动力系统来描述批式流加发酵过程. 自治切换动力系统是一类特殊的切换系统, 在此系统中不含有连续控制且动态响应的序列是固定的. 自治切换系统的最优控制问题中控制函数由切换系统中的切换时刻组成[320-325]. 关于此类最优控制问题的计算方面的研究有: A. Giua 等[320, 321] 对切换线性系统给出了闭环全局最优解; X. Xu 等[322] 和 M. Egerstedt 等[323] 导出了目标函数的梯度并且基于梯度信息构造了求解切换时刻的优化算法. 特别地, X. Xu 等利用变分法给出了目标函数关于切换时刻得一阶、二阶梯度. 但是对于含有连续状态不等式约束的自治切换系统及其最优控制的研究很少涉及.

本节建立了具有可变切换时刻的自治切换系统来描述微生物批式流加发酵过程. 以切换时刻作为控制函数, 建立了受连续状态不等式约束的最优控制模型, 并讨论了最优控制问题最优控制的存在性. 为了处理连续状态不等式约束, 首先利用约束转化方法把连续状态不等式约束转化为等式约束, 然后应用局部光滑化技术近似该等式约束. 进一步, 基于罚函数法和目标函数关于切换时刻的一阶、二阶梯度信息构造了一种求解最优控制问题的计算方法. 数值结果表明: 终端时刻 1,3- 丙二醇的浓度比以往的结果有显著提高.

5.5.1 自治切换动力系统

根据批式流加发酵过程, 作如下假设.

H5.5.1 反应器内物料充分混合, 浓度均一, 且反应物的浓度仅随反应时间而变化. 忽略时滞和空间上浓度的不均匀.

H5.5.2 在批式流加发酵过程中, 甘油和碱以恒定速度流加到发酵罐中. 另外,

5.5 耦联批式流加发酵自治切换动力系统

碱与甘油的流加速度比为常数 r. 令 $x(t) := (x_1(t), x_2(t), x_3(t), x_4(t), x_5(t), x_6(t))^{\mathrm{T}} \in \mathbb{R}_+^6$ 为连续状态,其分量 $x_1(t), x_2(t), x_3(t), x_4(t), x_5(t), x_6(t)$ 分别表示 t 时刻发酵罐中生物量、甘油、1,3-丙二醇、乙酸、乙醇的浓度和发酵液的体积. $x^0 \in \mathbb{R}^6$ 表示微生物达到指数生长期时发酵罐内各物质的浓度. 假设 t_f 是发酵终止时刻且整个发酵过程有 $2n-1$ 次流加过程与间歇过程之间的切换,这里 t_f 和 n 是常数且满足 $t_0 = \tau_0 < \tau_1 < \tau_2 < \cdots < \tau_{2n-1} < \tau_{2n} = t_f$, 其中, τ_{2i} 表示甘油和碱的流加开始时刻, τ_{2i+1} 表示流加结束时刻, $i \in \Lambda_1 := \{0, 1, 2, \ldots, n-1\}$. 在假设 H5.5.1 和 H5.5.2 下,可建立如下自治切换动力系统来描述微生物批式流加过程:

$$\begin{cases} \dot{x}(t) = f^j(x(t)), & t \in (\tau_{j-1}, \tau_j], \quad j = 1, 2, \ldots, 2n, \\ x(t_0) = x^0, \end{cases} \tag{5.5.1}$$

其中,对 $t \in (\tau_{2i}, \tau_{2i+1}], i \in \Lambda_1$, 有

$$f^{2i+1}(x(t)) = \begin{pmatrix} (\mu(x(t)) - D(t))x_1(t) \\ D(t)\left(\dfrac{c_{s0}}{1+r} - x_2(t)\right) - q_2(x(t))x_1(t) \\ q_3(x(t))x_1(t) - D(t)x_3(t) \\ q_4(x(t))x_1(t) - D(t)x_4(t) \\ q_5(x(t))x_1(t) - D(t)x_5(t) \\ (1+r)v \end{pmatrix}. \tag{5.5.2}$$

对 $t \in (\tau_{2i+1}, \tau_{2i+2}], i \in \Lambda_1$, 有

$$f^{2i+2}(x(t)) = (\mu(x(t))x_1(t), -q_2(x(t))x_1(t), q_3(x(t))x_1(t), q_4(x(t))x_1(t), q_5(x(t))x_1(t), 0)^{\mathrm{T}}. \tag{5.5.3}$$

根据实际发酵过程,自治切换系统 (5.5.1) 在切换时刻不存在跳跃. 在式 (5.5.2) 中, r 为碱与甘油的流加速度比. c_{s0} 表示流加的甘油浓度. $D(t)$ 表示稀释速率其定义为

$$D(t) = \frac{(1+r)v}{x_6(t)}. \tag{5.5.4}$$

在式 (5.5.2) 和式 (5.5.4) 中, $v > 0$ 为甘油的流加速度.

基于文献 [241], 细胞的比生长速率 $\mu(x(t))$、底物的比消耗速率 $q_2(x(t))$ 和产

物的比生成速率 $q_\ell(x(t))$, $\ell = 3, 4, 5$, 可由如下式子表示：

$$\mu(x(t)) = \frac{\Delta_1 x_2(t)}{x_2(t) + k_1} \prod_{\ell=2}^{5} (1 - \frac{x_\ell(t)}{x_\ell^*})^{n_\ell}, \tag{5.5.5}$$

$$q_\ell(x(t)) = m_\ell + \mu(x(t))Y_\ell + \Delta_\ell \frac{x_2(t)}{x_2(t) + k_\ell}, \quad \ell = 2, 3, 4, \tag{5.5.6}$$

$$q_5(x(t)) = q_2(x(t)) \left(\frac{c_1}{c_2 + \mu(x(t))x_2(t)} + \frac{c_3}{c_4 + \mu(x(t))x_2(t)} \right). \tag{5.5.7}$$

在 37°C 和 pH 7.0 的厌氧条件下，细胞生长的临界浓度 x_*, x^* 及式 (5.5.5)—(5.5.7) 中的参数值见表 5.8.

表 5.8　临界浓度值和式 (5.5.5)—(5.5.7) 中的参数值

ℓ	m_ℓ	Y_ℓ	Δ_ℓ	k_ℓ	n_ℓ	c_ℓ	$x_{*\ell}$	x_ℓ^*
1	—	—	0.67	0.28	—	0.025	0.01	6
2	2.20	113.6	28.58	11.43	1	0.06	15	2039
3	−2.69	67.69	26.59	15.50	3	5.18	0	1036
4	−0.97	33.07	5.74	85.71	3	50.45	0	1026
5	—	—	—	—	3		0	60.9
6	—	—	—	—			4	7

因实际微生物发酵过程限制了切换的次数，所以批式流加发酵中的间歇过程和流加过程存在最大和最小时间长度. 基于此事实，定义允许切换时刻构成的集合为

$$\Gamma := \{\tau = (\tau_1, \tau_2, \ldots, \tau_{2n-1})^{\mathrm{T}} \in \mathbb{R}^{2n-1} \mid \varrho_j \leqslant \tau_j - \tau_{j-1} \leqslant \varrho_j, j = 1, 2, \ldots, 2n\}. \tag{5.5.8}$$

其中，$\tau_0 = t_0$, $\tau_{2n} = t_f$, ρ_j 和 ϱ_j 表示最小和最大时间长度. 相应地，任意的 $\tau \in \Gamma$ 称为允许切换时刻向量.

在实际发酵过程中，生物量、甘油和产物的浓度需限制在一定范围内. 因此，动力系统 (5.5.1) 的状态应限制在集合 $W_{ad} := \prod_{\ell=1}^{6} [x_{*\ell}, x_\ell^*]$ 中.

对于自治切换系统 (5.5.1)，依 f^j 的表达式及证明性质 5.2.1 的方法可以证明该系统的如下性质.

性质 5.5.1　由式 (5.5.2) 和式 (5.5.3) 定义的函数 $f^j(\cdot)$, $j = 1, 2, \ldots, 2n$, 满足如下条件：

(i) $f^j(\cdot) : \mathbb{R}_+^6 \to \mathbb{R}^6$ 及其关于 x 的偏导数在 $\mathbb{R}_+^6$ 上连续;

(ii) 存在常数 $C > 0$ 使得线性增长条件成立：

$$\max\{\|f^j(x)\| \mid j = 1, 2, \ldots, 2n\} \leqslant C(\|x\| + 1), \quad \forall x \in \mathbb{R}_+^6, \tag{5.5.9}$$

由性质 5.5.1 和定理 2.4.1、2.4.2 可得如下定理.

定理 5.5.1 对每一个 $\tau \in \Gamma$, 自治切换系统 (5.5.1) 存在唯一的连续解, 记作 $x(\cdot;\tau)$. 进一步, $x(\cdot;\tau)$ 满足如下积分方程

$$x(t;\tau) = x(\tau_{j-1};\tau) + \int_{\tau_{j-1}}^{t} f^j(x(s;\tau))ds, \quad \forall\, t \in (\tau_{j-1}, \tau_j], j \in \Lambda_2 := \{1, 2, \ldots, 2n\}, \tag{5.5.10}$$

且关于 τ 连续.

定理 5.5.2 若 $x(\cdot;\tau)$ 为自治切换系统 (5.5.1) 的解, 则 $x(\cdot;\tau)$ 一致有界.

证明 由式 (5.5.10) 知, 动力系统 (5.5.1) 的解 $x(\cdot;\tau)$ 满足

$$\begin{aligned} x(t;\tau) = x^0 &+ \sum_{k=1}^{j-1} \int_{\tau_{k-1}}^{\tau_k} f^k(x(s;\tau))ds \\ &+ \int_{\tau_{j-1}}^{t} f^j(x(s;\tau))ds, \quad \forall \tau \in \Gamma, t \in (\tau_{j-1}, \tau_j], j \in \Lambda_2. \end{aligned}$$

由式 (5.5.9) 可得

$$\|x(t;\tau)\| \leqslant \|x^0\| + \int_{t_0}^{t} C(\|x(s;\tau)\| + 1)ds.$$

应用引理 2.2.1 可知

$$\|x(t;\tau)\| \leqslant (\|x^0\| + Ct_f)\exp(Ct_f).$$

因此

$$\|x(t;\tau)\| \leqslant M, \quad \forall \tau \in \Gamma, t \in (\tau_{j-1}, \tau_j], j \in \Lambda_2$$

其中, $M := (\|x^0\| + Ct_f)\exp(Ct_f)$. □

5.5.2 最优控制模型

定义动力系统 (5.5.1) 的解集为

$$\mathcal{S}_0 := \{x(\cdot;\tau) \mid x(\cdot;\tau) \text{ 是系统 (5.5.1) 对应于 } \tau \in \Gamma \text{ 的连续解}\}. \tag{5.5.11}$$

因生物量、甘油和产物的浓度限制在集合 W_{ad} 内, 定义允许解集为

$$\mathcal{S} := \{x(\cdot;\tau) \in \mathcal{S}_0 | \text{对任意的 } t \in [t_0, t_f] \text{ 有 } x(t;\tau) \in W_{ad}\}. \tag{5.5.12}$$

进一步, 可行切换时刻向量构成的集合定义为

$$\mathcal{S}_F := \{\tau \in \Gamma | x(\cdot;\tau) \in \mathcal{S}\}. \tag{5.5.13}$$

综上所述，为了最大化终端时刻 1,3-丙二醇的浓度，可建立如下最优控制模型

$$\text{SADS-OCP} \quad \min \quad J(\tau) := -x_3(t_f;\tau)$$
$$\text{s.t.} \quad \tau \in \mathcal{S}_F.$$

下面给出最优控制模型 SADS-OCP 最优控制的存在性定理.

定理 5.5.3 SADS-OCP 存在最优解.

证明 由 $\mathcal{S}_F \subseteq \Gamma$ 且 Γ 是紧集可知：$\mathcal{S}_F$ 是有界集. 对任意的序列 $\{\tau^i\}_{i=1}^{\infty} \subseteq \Gamma$，至少存在一子序列 $\{\hat{\tau}^i\} \subseteq \{\tau^i\}$ 满足：当 $i \to \infty$ 有 $\hat{\tau}^i \to \hat{\tau}$. 对每一个 i，设 $x(\cdot;\hat{\tau}^i)$ 为动力系统 (5.5.1) 的解且对任意的 $t \in [t_0, t_f]$ 有 $x(t;\hat{\tau}^i) \in W_{ad}$，则 $x(\cdot;\hat{\tau})$ 是动力系统 (5.5.1) 的解. 另外，由定理 5.5.1 和 W_{ad} 的紧性可知，对任意的 $t \in [t_0, t_f]$ 有 $x(t;\hat{\tau}) \in W_{ad}$. 从而 $\hat{\tau} \in \mathcal{S}_F$，这表明集合 $\mathcal{S}_F$ 是紧集. 进一步，由性能指标 $J(\tau)$ 关于 τ 的连续性可知 SADS-OCP 存在最优解. □

5.5.3 优化算法

本质上，SADS-OCP 是一个含有泛函约束的优化问题. 本节将给出一种求解这类最优控制问题的计算方法.

首先给出一种处理优化问题中连续状态不等式约束的方法. 记

$$g_\ell^c(x(t;\tau)) := x_\ell(t;\tau) - x_\ell^*,$$
$$g_{6+\ell}^c(x(t;\tau)) := x_{*\ell} - x_\ell(t;\tau), \quad \ell = 1, 2, \ldots, 6,$$

则条件 $x(t;\tau) \in W_{ad}, \forall\, t \in [t_0, t_f]$，可等价地转化为

$$G^c(\tau) = 0, \tag{5.5.14}$$

其中，$G^c(\tau) := \sum_{l=1}^{12} \int_{t_0}^{t_f} \max\{0, g_l^c(x(t;\tau))\}dt$. 但是 $G^c(\tau)$ 在 $g_l^c = 0$ 处是非光滑的，因此，标准的优化方法处理这种等式约束非常困难. 下面利用光滑近似技术用函数 $\hat{g}_{l,\epsilon}^c(x(t;\tau))$ 代替函数 $\max\{0, g_l^c(x(t;\tau))\}$，其中

$$\hat{g}_{l,\epsilon}^c(x(t;\tau)) := \begin{cases} 0, & \text{若 } g_l^c(x(t;\tau)) < -\epsilon, \\ \dfrac{(g_l^c(x(t;\tau)) + \epsilon)^2}{4\epsilon}, & \text{若 } -\epsilon \leqslant g_l^c(x(t;\tau)) \leqslant \epsilon, \\ g_l^c(x(t;\tau)), & \text{若 } g_l^c(x(t;\tau)) > \epsilon. \end{cases} \tag{5.5.15}$$

显然，函数

$$G_\epsilon^c(\tau) = \sum_{l=1}^{12} \int_{t_0}^{t_f} \hat{g}_{l,\epsilon}^c(x(t;\tau))dt \tag{5.5.16}$$

5.5 耦联批式流加发酵自治切换动力系统

关于 τ 是光滑的. 令

$$\begin{aligned}\mathcal{S}_{F_\epsilon} &:= \{\tau \in \Gamma \mid G_\epsilon^c(\tau) = 0\} \\ &= \{\tau \in \Gamma \mid g_l^c(x(t;\tau)) \leqslant -\epsilon, l=1,2,\ldots,12, t \in [t_0,t_f]\}.\end{aligned} \quad (5.5.17)$$

显然, 对任意的 $\epsilon > 0$ 有 $\mathcal{S}_{F_\epsilon} \subseteq \mathcal{S}_F$.

将光滑后的状态约束罚到目标函数上, 则 SADS-OCP 的近似问题可表示为

$$\text{SADS-OCP}_{\epsilon,\gamma} \quad \min \quad J_{\epsilon,\gamma}(\tau) := -x_3(t_f;\tau) + \gamma G_\epsilon^c(\tau), \quad (5.5.18)$$
$$\text{s.t.} \quad \tau \in \mathcal{S}_{F_\epsilon}.$$

利用类似于文献 [326] 中的证明方法可证得最优控制问题 SADS-OCP 的解与近似问题 SADS-OCP$_{\epsilon,\gamma}$ 的解之间的关系.

定理 5.5.4 存在 $\gamma(\epsilon) > 0$, 使得对所有的 $\gamma > \gamma(\epsilon)$, 近似问题 SADS-OCP$_{\epsilon,\gamma}$ 的解也是最优控制问题 SADS-OCP 的可行解.

定理 5.5.5 设 τ^* 是 SADS-OCP 的最优解, 则

$$\lim_{\epsilon \to 0} J(\tau_{\epsilon,\gamma}^*) = J(\tau^*), \quad (5.5.19)$$

其中, $\tau_{\epsilon,\gamma}^*$ 是近似问题 SADS-OCP$_{\epsilon,\gamma}$ 的最优解.

由上述讨论可知: 可以通过求解一系列 SADS-OCP$_{\epsilon,\gamma}$ 来求解 SADS-OCP. 另外, 每一个 SADS-OCP$_{\epsilon,\gamma}$ 是一个光滑的非线性数学规划问题. 为了求解 SADS-OCP$_{\epsilon,\gamma}$, 下面利用变分法给出性能指标 (5.5.18) 关于切换时刻 τ 的梯度信息.

定理 5.5.6 考虑近似问题 SADS-OCP$_{\epsilon,\gamma}$, 则对 $k < \kappa, k,\kappa \in \{1,2,\ldots,2n-1\}$, 有下式成立:

$$\frac{\partial J_{\epsilon,\gamma}(\tau)}{\partial \tau_k}$$
$$= \left(\frac{\partial J_{\epsilon,\gamma}^k(x(\tau_k),\tau_k,\ldots,\tau_{2n-1})}{\partial x}\right)^{\mathrm{T}} (f^k(x(\tau_k)) - f^{k+1}(x(\tau_k))),$$

$$\frac{\partial^2 J_{\epsilon,\gamma}(\tau)}{\partial^2 \tau_k}$$
$$= -\left(\frac{\partial J_{\epsilon,\gamma}^k(x(\tau_k),\tau_k,\ldots,\tau_{2n-1})}{\partial x}\right)^{\mathrm{T}} \frac{\partial f^{k+1}(x(\tau_k))}{\partial x}$$
$$+ \gamma \sum_{l=1}^{12} \left(\frac{\partial \hat{g}_{l,\epsilon}^c(x(\tau_k))}{\partial x}\right)^{\mathrm{T}} (f^k(x(\tau_k)) - f^{k+1}(x(\tau_k)))$$
$$+ \left(\frac{\partial J_{\epsilon,\gamma}^k(x(\tau_k),\tau_k,\ldots,\tau_{2n-1})}{\partial x}\right)^{\mathrm{T}} \left(\frac{\partial f^k(x(\tau_k))}{\partial x} - \frac{\partial f^{k+1}(x(\tau_k))}{\partial x}\right) f^k(x(\tau_k))$$
$$+ (f^k(x(\tau_k)) - f^{k+1}(x(\tau_k)))^{\mathrm{T}} \frac{\partial^2 J_{\epsilon,\gamma}^k(x(\tau_k),\tau_k,\ldots,\tau_{2n-1})}{\partial^2 x}$$
$$\times (f^k(x(\tau_k)) - f^{k+1}(x(\tau_k))),$$

$$\frac{\partial^2 J_{\epsilon,\gamma}(\tau)}{\partial \tau_k \partial \tau_\kappa} = \left(\frac{\partial J^\kappa_{\epsilon,\gamma}(x(\tau_\kappa),\tau_\kappa,\ldots,\tau_{2n-1})}{\partial x}\right)^{\mathrm{T}}\left(\frac{\partial f^\kappa(x(\tau_\kappa))}{\partial x} - \frac{\partial f^{\kappa+1}(x(\tau_\kappa))}{\partial x}\right)$$
$$+(f^\kappa(x(\tau_\kappa)) - f^{\kappa+1}(x(\tau_\kappa)))^{\mathrm{T}}\frac{\partial^2 J^\kappa_{\epsilon,\gamma}(x(\tau_\kappa),\tau_\kappa,\ldots,\tau_{2n-1})}{\partial^2 x}$$
$$\times \Phi(\tau_\kappa,\tau_k)(f^k(x(\tau_\kappa)) - f^{k+1}(x(\tau_\kappa))).$$

其中, $J^\nu_{\epsilon,\gamma}(x(\tau_\nu),\tau_\nu,\ldots,\tau_{2n-1}) := -x_3(t_f) + \gamma \int_{\tau_\nu}^{t_f} \sum_{l=1}^{12} \hat{g}^c_{l,\epsilon}(x(t))dt$, 且 $\Phi(\tau_\kappa,\tau_k)$ 是下面问题的状态转移矩阵

$$\dot{z}(t) = \frac{\partial f(x(t))}{\partial x}z(t), \tag{5.5.20}$$

这里, 当 $t \in (\tau_{j-1},\tau_j], j = k+1,\ldots,\kappa$ 时, 有 $f = f^j$.

证明 用类似文献 [322] 中证明定理 3.1 的方法可以证明此结论.

为了应用定理 5.5.6, 下面给出一种计算状态转移矩阵 $\Phi(\tau_\kappa,\tau_k)$, 偏导数 $\frac{\partial J^k_{\epsilon,\gamma}}{\partial x}$ 和 $\frac{\partial^2 J^k_{\epsilon,\gamma}}{\partial^2 x}$ 的方法.

首先, 求解系统 (5.5.20) 对应于初始条件 $z^{(1)}(\tau_k) = e_1,\ldots,z^{(6)}(\tau_k) = e_6$ 的解 $z^{(1)}(t),\ldots,z^{(6)}(t)$, 其中, $e_\ell, \ell = 1,2,\ldots,6$, 表示第 ℓ 个分量为 1 其他分量为 0 的单位向量. 由线性系统理论可知状态转移矩阵 $\Phi(\tau_\kappa,\tau_k)$ 等于

$$\Phi(\tau_\kappa,\tau_k) = (z^{(1)}(\tau_\kappa),\ldots,z^{(6)}(\tau_\kappa)). \tag{5.5.21}$$

为了计算偏导数 $\frac{\partial J^k_{\epsilon,\gamma}}{\partial x}$, 考虑 $x(\tau_k)$ 的变分 $\delta x(\tau_k)$

$$J^k_{\epsilon,\gamma}(x(\tau_k) + \delta x(\tau_k),\tau_k,\ldots,\tau_{2n-1})$$
$$= J^k_{\epsilon,\gamma}(x(\tau_k),\tau_k,\ldots,\tau_{2n-1})$$
$$+((0,0,-1,0,0,0)\Phi(t_f,\tau_k)$$
$$+\int_{\tau_k}^{t_f}\gamma \sum_{l=1}^{12}\left(\frac{\partial \hat{g}^c_{l,\epsilon}(x(t))}{\partial x}\right)^{\mathrm{T}}\Phi(t,\tau_k)dt)\delta x(\tau_k) + o(\delta x(\tau_k)),$$

则

$$\frac{\partial J^k_{\epsilon,\gamma}(x(\tau_k),\tau_k,\ldots,\tau_{2n-1})}{\partial x} = (0,0,-1,0,0,0)\Phi(t_f,\tau_k)$$
$$+\int_{\tau_k}^{t_f}\gamma \sum_{l=1}^{12}\left(\frac{\partial \hat{g}^c_{l,\epsilon}(x(t))}{\partial x}\right)^{\mathrm{T}}\Phi(t,\tau_k)dt. \tag{5.5.22}$$

进一步,

$$\frac{\partial^2 J^k_{\epsilon,\gamma}(x(\tau_k),\tau_k,\ldots,\tau_{2n-1})}{\partial^2 x} = \gamma \int_{\tau_k}^{t_f}\Phi^{\mathrm{T}}(t,\tau_k)\sum_{l=1}^{12}\frac{\partial^2 \hat{g}^c_{l,\epsilon}(x(t))}{\partial^2 x}\Phi(t,\tau_k)dt. \tag{5.5.23}$$

类似地, $\dfrac{\partial J_{\epsilon,\gamma}^k}{\partial x}$ 和 $\dfrac{\partial^2 J_{\epsilon,\gamma}^k}{\partial^2 x}$ 可由下式计算:

$$\frac{\partial J_{\epsilon,\gamma}^k(x(\tau_k),\tau_k,\ldots,\tau_{2n-1})}{\partial x}=(0,0,-1,0,0,0)\Phi(t_f,\tau_k)+\eta_1(t_f) \qquad (5.5.24)$$

和

$$\frac{\partial^2 J_{\epsilon,\gamma}^k(x(\tau_k),\tau_k,\ldots,\tau_{2n-1})}{\partial^2 x}=\eta_2(t_f), \qquad (5.5.25)$$

其中, $\eta_1(t)$ 和 $\eta_2(t)$ 满足下面初值问题

$$\begin{cases} \dot{\eta}_1(t)=\gamma\sum_{l=1}^{12}\left(\dfrac{\partial \hat{g}_{l,\epsilon}^c(x(t))}{\partial x}\right)^{\mathrm{T}}\Phi(t,\tau_k), \\ \eta_1(\tau_k)=0_{6\times 1} \end{cases} \qquad (5.5.26)$$

和

$$\begin{cases} \dot{\eta}_2(t)=\gamma\Phi^{\mathrm{T}}(t,\tau_k)\sum_{l=1}^{12}\dfrac{\partial^2 \hat{g}_{l,\epsilon}^c(x(t))}{\partial^2 x}\Phi(t,\tau_k), \\ \eta_2(\tau_k)=0_{6\times 6}. \end{cases} \qquad (5.5.27)$$

基于上述梯度信息, 下面给出求解 SADS-OCP 的算法.

算法 5.5.1 步 1. 取初值 ϵ^0, γ^0 和 $\tau_{\epsilon^0,\gamma^0}^0$, 设置参数 α,β,M_1 和 M_2. 令 $h_1:=0$ 和 $h_2:=0$.

步 2. 在初值 $\tau_{\epsilon^{h_1},\gamma^{h_2}}^0$ 下, 应用修正的 Newton 法[327] 求解非线性规划 SADS-OCP$_{\epsilon^{h_1},\gamma^{h_2}}$ 得到 $\tau_{\epsilon^{h_1},\gamma^{h_2}}$.

步 3. 计算函数 $G^c(\tau_{\epsilon^{h_1},\gamma^{h_2}})$ 的值. 若 $G^c(\tau_{\epsilon^{h_1},\gamma^{h_2}})=0$, 则令 $\gamma^{h_2+1}:=\gamma^{h_2}$ 且转到步 4. 否则令 $\gamma^{h_2+1}:=\alpha\gamma^{h_2}$. 若 $\gamma^{h_2+1}>M_1$, 则非正常终止算法. 否则令 $\tau_{\epsilon^{h_1},\gamma^{h_2+1}}^0:=\tau_{\epsilon^{h_1},\gamma^{h_2}}$, $h_2:=h_2+1$ 且转到步 2.

步 4. 令 $\epsilon^{h_1+1}:=\beta\epsilon^{h_1}$. 若 $\epsilon^{h_1+1}>M_2$, 则令 $\tau_{\epsilon^{h_1+1},\gamma^{h_2+1}}^0:=\tau_{\epsilon^{h_1},\gamma^{h_2}}$, $h_1:=h_1+1$, $h_2:=h_2+1$, 且转到步 2. 否则输出 $\tau_{\epsilon^{h_1},\gamma^{h_2}}$ 且算法终止.

由上述算法计算所得 $\tau_{\epsilon^{h_1},\gamma^{h_2}}$ 为 SADS-OCP 的一个近似最优解.

5.5.4 数值结果

反应物的组成, 发酵培养的条件以及微生物、底物和代谢产物的选择在文献 [328] 已经给出. 初始状态、切换次数、流加碱与甘油的速度比、流加甘油浓度、甘油流加速度及发酵时间分别为 $x^0=(1.44839\mathrm{gL}^{-1},220.929\mathrm{mmolL}^{-1},144.905\mathrm{mmolL}^{-1}$, $55.2396\mathrm{mmolL}^{-1},7.20791\mathrm{mmolL}^{-1},5\mathrm{L})^{\mathrm{T}}$, $2n-1=1353$, $r=0.75$, $c_{s0}=10762\mathrm{mmolL}^{-1}$, $v=0.000225873\mathrm{Ls}^{-1}$ 和 $t_f=18.83\mathrm{h}$. 在算法 5.5.1 中, 参数 $\tau_{\epsilon^0,\gamma^0}^0$ 取值为 5.3.1 节中流加开始和结束时刻. 光滑化参数和罚因子的初始值分别取 $\epsilon^0=0.1$ 和 $\gamma^0=1$, 并

按照算法 5.5.1 进行调整. 特别地, 参数 α 和 β 选为 2 和 0.1, 并且直到 γ 和 ϵ 达到 $M_1 = 1.0 \times 10^6$ 和 $M_2 = 1.0 \times 10^{-7}$ 结束. 另外, 计算过程中用到的常微分方程均采用改进 Euler 法进行数值求解. 为了节省计算时间, 把发酵过程根据切换次数分为 I-IX 阶段. 在每一个阶段采取相同的流加和间歇时间长度. 各个阶段流加和间歇时间长度的上界、下界见表 5.9. 应用算法 5.5.1 求解最优控制问题 SADS-OCP, 得到最优切换时刻见表 5.10. 利用所得的最优切换时刻计算终端时刻 1,3- 丙二醇浓度为 997.127 mmolL^{-1}, 这比文献 [300] 中的实验数据提高了 25.074%. 该计算结果说明优化间歇过程和流加过程之间的切换时刻对于提高终端时刻 1,3- 丙二醇的产量具有重要的意义. 这为工业化批式流加发酵生产 1,3- 丙二醇提供了重要参考. 根据最优切换时刻画出的 1,3- 丙二醇浓度随时间的变化如图 5.8 所示. 从图 5.8 可以看出终端时刻 1,3- 丙二醇的浓度比以往的结果的确有显著提高.

表 5.9　第 I-IX 阶段中流加过程和间歇过程时间长度的上、下界

	第 I-III 阶段 ($\iota = 1, 2, \ldots, 126$)	第 IV-VI 阶段 ($\iota = 127, \ldots, 459$)	第 VII-IX 阶段 ($\iota = 460, \ldots, 677$)
$\rho_{2\iota-1}[s]$	4	1	1
$\rho_{2\iota}[s]$	92	92	97
$\varrho_{2\iota-1}[s]$	8	8	3
$\varrho_{2\iota}[s]$	96	99	99

表 5.10　批式流加发酵中最优切换时刻

阶段	切换时刻	最优值 [s]
I	$\tau_{2\iota-1}$	7.837+101.514(ι-1)
($\iota = 1, \ldots, 28$)	$\tau_{2\iota}$	101.514ι
II	$\tau_{2\iota-1}$	2850.329+101.878(ι-29)
($\iota = 29, \ldots, 65$)	$\tau_{2\iota}$	2842.39+101.878(ι-28)
III	$\tau_{2\iota-1}$	6619.752+100.955(ι-66)
($\iota = 66, \ldots, 126$)	$\tau_{2\iota}$	6611.89+100.955(ι-65)
IV	$\tau_{2\iota-1}$	12778.045+100.558(ι-128)
($\iota = 127, \ldots, 245$)	$\tau_{2\iota}$	12770.1+100.558(ι-127)
V	$\tau_{2\iota-1}$	24744.561+100.719(ι-246)
($\iota = 246, \ldots, 378$)	$\tau_{2\iota}$	24736.6+100.719(ι-245)
VI	$\tau_{2\iota-1}$	38134.322+98.767(ι-379)
($\iota = 379, \ldots, 459$)	$\tau_{2\iota}$	38132.2+98.767(ι-378)
VII	$\tau_{2\iota-1}$	46133.440+98.179(ι-460)
($\iota = 460, \ldots, 522$)	$\tau_{2\iota}$	46132.3+98.179(ι-459)
VIII	$\tau_{2\iota-1}$	52318.3+99.679(ι-523)
($\iota = 523, \ldots, 666$)	$\tau_{2\iota}$	52317.3+99.679(ι-522)
IX	$\tau_{2\iota-1}$	66672.257+101.536(ι-667)
($\iota = 667, \ldots, 677$)	$\tau_{2\iota}(\iota \neq 677)$	66671.1+101.536(ι-666)

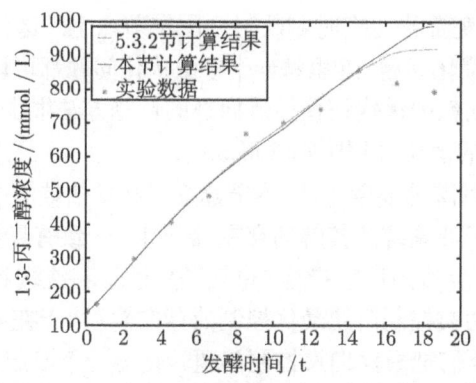

图 5.8　1,3-丙二醇的浓度随发酵时间的变化图

5.6　耦联批式流加发酵的最优切换控制

一般地, 生产各种化工原料的生物过程可分为间歇、批式流加和连续过程. 由于批式流加发酵能有效地克服代谢物的抑制作用, 所以这种发酵方式在工业上得到广泛地应用[329,330]. 在批式流加发酵过程中, 为了提高产物的产量需要流加合理的物质及恰当的流加速度. 另外, 可以通过控制流加速度来实现对发酵过程的最优控制. 因此, 最优控制批式流加发酵中的流加速度受到众多研究者的关注[308,331-333].

由于菌种受底物和产物等抑制作用, 厌氧条件下发酵甘油是一个复杂的生物过程[139]. 特别地, 在批式流加发酵中, 菌种的生长受过量底物的抑制作用, 这使得发酵罐中不能维持过高的甘油浓度. 但是甘油又为菌种的生长提供必要的营养, 这又使得发酵罐中甘油浓度不能过低. 因此, 为了提高 1,3-丙二醇的产量, 需要保持发酵罐中甘油的浓度在一定范围内, 即当发酵罐中甘油浓度达到下切换浓度时, 需要向发酵罐中流加甘油以提高发酵罐中甘油浓度. 相应地, 当发酵罐中甘油的浓度达到上切换浓度时, 需要停止流加甘油, 此时发酵进入间歇过程. 对发酵过程的建模是实现发酵过程控制和提高产物产量的一个前提条件. 描述批式流加发酵过程的数学模型需要包含间歇过程和流加过程的动力学模型, 还必须区别间歇和流加两个过程. 这使得该数学模型包含连续的和离散的状态空间, 即混杂状态空间. 这类轨迹的不连续交替可以用切换动力系统描述.

切换系统是一类特殊的混杂系统. 它由多个子系统和一个切换信号组成. 许多现实过程都可以用切换系统来描述, 如生化过程、自动化系统和制造过程等[334-336]. 近年来, 切换系统的最优控制问题受到广泛的关注. 许多求解切换系统最优控制的有效算法已经形成[62,304-306,337-340]. 特别地, 控制参数化方法[305,340] 和时间尺度转化法[306] 得到了广泛的应用[307,341-346]. 控制参数化方法近似控制函数为分片常值函数, 进一步, 将分片常值函数的划分点和高度作为优化变量. 时间尺度转化法通过引入附加的控制变量将切换时刻映射到固定节点上. 这使得最优切换控制问题转化为一系列参数优化问题, 这里每一个参数优化问题都可以用基于梯度的方法求解. 但是关于状态依赖的最优切换控制问题的计算方法很少涉及, 其难点在于切换序列是在系统轨迹的演化过程中隐含形成的.

考虑到批式流加发酵的混杂特性, 本节建立了状态依赖的非线性切换动力系统来描述该过程. 讨论了该系统及其解的存在唯一性、一致有界性及正则性等. 以终端时刻 1,3- 丙二醇浓度作为性能指标, 建立了受过程和终端约束的最优切换控制模型. 证明了该最优切换控制问题最优控制的存在性. 由于在最优切换控制问题中切换次数事先未知, 我们把最优切换控制问题转化为一个双层优化问题. 通过取定切换次数, 内层优化问题成为一个含有参数和控制的优化问题. 外层问题为切换次数选择问题. 内层问题可用控制参数化方法和时间尺度转化法来求解, 外层优化问题可用启发式算法求解. 基于此构造了一种求解最优切换控制问题的有效算法. 数值结果表明: 终端时刻 1,3- 丙二醇的浓度比实验数据提高了 22.11%, 并且大大地减少了切换次数. 这为实际批式流加发酵甘油生产 1,3- 丙二醇提供了一些借鉴之处.

5.6.1 非线性切换动力系统

批式流加发酵甘油生产 1,3- 丙二醇开始于一个间歇过程. 为给菌种的生长提供必要的营养和适宜的生长环境, 甘油和碱以一定的比例流加到发酵罐中. 因此, 整个批式流加过程在间歇过程和流加过程之间进行切换. 为了有效地减少过量底物对菌种生长的抑制作用, 甘油应该维持在一定的范围内, 即当甘油浓度达到下切换浓度时, 流加过程开始. 而当甘油浓度达到上切换浓度时, 流加过程结束且一个新的间歇过程开始. 根据实际发酵过程, 假设:

H5.6.1 反应器内物料充分混合, 浓度均一, 且反应物的浓度仅随反应时间而变化. 忽略时滞和空间上浓度的不均匀.

H5.6.2 在批式流加发酵过程中, 甘油和碱流加仅发生在流加过程, 碱与甘油的流加速度比为常数 r; 间歇过程无物质流加.

在假设 H5.6.1 和 H5.6.2 下, 根据物料平衡方程, 描述间歇过程的动力系统可表示为

$$\begin{cases} \dot{x}_1(t) = \mu(x(t))x_1(t), \\ \dot{x}_2(t) = -q_2(x(t))x_1(t), \\ \dot{x}_3(t) = q_3(x(t))x_1(t), \\ \dot{x}_4(t) = q_4(x(t))x_1(t), \\ \dot{x}_5(t) = q_5(x(t))x_1(t), \\ \dot{x}_6(t) = 0, \end{cases} \quad (5.6.1)$$

$$x(t_0) = x^0.$$

相应地, 描述流加过程的动力系统可表示为

$$\begin{cases} \dot{x}_1(t) = (\mu(x(t)) - D(x(t), v(t)))x_1(t), \\ \dot{x}_2(t) = D(x(t), v(t))\left(\dfrac{c_{s0}}{1+r} - x_2(t)\right) - q_2(x(t))x_1(t), \\ \dot{x}_3(t) = q_3(x(t))x_1(t) - D(x(t), v(t))x_3(t), \\ \dot{x}_4(t) = q_4(x(t))x_1(t) - D(x(t), v(t))x_4(t), \\ \dot{x}_5(t) = q_5(x(t))x_1(t) - D(x(t), v(t))x_5(t), \\ \dot{x}_6(t) = (1+r)v(t). \end{cases} \quad (5.6.2)$$

在式 (5.6.1) 和 (5.6.2) 中, $x_1(t), x_2(t), x_3(t), x_4(t), x_5(t)$ 和 $x_6(t)$ 为 t 时刻的生物量、甘油、1,3-丙二醇、乙酸和乙醇的浓度及发酵液的体积. $x(t) := (x_1(t), x_2(t), x_3(t), x_4(t), x_5(t), x_6(t))^{\mathrm{T}} \in \mathbb{R}_+^6$, 为 $t \in \mathcal{I} := [t_0, t_f]$ 时刻的连续状态向量, 这里 t_f 为发酵结束时刻. $v(t) \in \mathbb{R}^1$ 为甘油的流加速度. x^0 为初始状态. c_{s0} 表示流加的甘油浓度. r 为碱和甘油的流加速度比. $D(x(t), v(t))$ 表示稀释速率, 具体形式如下:

$$D(x(t), v(t)) = \dfrac{(1+r)v(t)}{x_6(t)}. \quad (5.6.3)$$

细胞的比生长速率 $\mu(x(t))$、底物的比消耗速率 $q_2(x(t))$ 和产物的比生成速率 $q_\ell(x(t)), \ell = 3, 4, 5$, 如式 (5.5.5)—(5.5.7) 所定义.

在 37°C 和 pH 7.0 的厌氧条件下, 细胞生长的临界浓度 x_* 和 x^* 及模型涉及的动力学参数取值见表 5.1. 由于生物量、甘油、产物的浓度及发酵液的体积需限制在一定的范围内, 所以系统的状态应限制在集合 $W_{ad} := \prod_{\ell=1}^{6}[x_{*\ell}, x_\ell^*]$ 中.

令 $v(t)$ 为控制函数, 则描述批式流加发酵过程的状态依赖的非线性切换动力系统为

$$\begin{cases} \dot{x}(t) = f^{j(t)}(x(t), v(t)), \\ v(t) \in V_{ad}^{j(t)}, \qquad t \in \mathcal{I}, \\ x(t_0) = x^0. \end{cases} \quad (5.6.4)$$

其中, 函数 $j(\cdot) : \mathcal{I} \to I_2 := \{1, 2\}$ 为分片常值函数, 称为切换信号. $j(t) = 1$ 表示间歇过程, $j(t) = 2$ 表示流加过程. $f^{j(t)}(x(t), v(t))$ 为对应的式 (5.6.1) 和式 (5.6.2) 的右端项. 间歇过程和流加过程对应的状态禁止区域分别为

$$\mathcal{R}_1 := \{x(t) \in \mathbb{R}_+^6 | \ x_2(t) < \alpha_*\} \quad (5.6.5)$$

和

$$\mathcal{R}_2 := \{x(t) \in \mathbb{R}_+^6 | \ x_2(t) > \alpha^*\}. \quad (5.6.6)$$

这里 $0 < \alpha_* < \alpha^*$ 表示迫使系统进行切换的甘油浓度的下界和上界. 进一步, 切换状态集可定义为

$$\mathcal{S}_{1,2} := \{x(t) \in \mathbb{R}_+^6 |\ x_2(t) = \alpha_*\} \tag{5.6.7}$$

和

$$\mathcal{S}_{2,1} := \{x(t) \in \mathbb{R}_+^6 |\ x_2(t) = \alpha^*\}. \tag{5.6.8}$$

切换信号满足如下切换规则.

(SR$_1$) 若对于时刻 $t \in \mathcal{I}$ 和某个 $k \in I_2$ 有 $x(t) \in \mathcal{R}_k$, 则 $j(t) \neq k$.

(SR$_2$) 若 $\tilde{\tau}$ 为切换时刻, 则 $x(\tilde{\tau}) \in \mathcal{S}_{j(\tilde{\tau}-),j(\tilde{\tau}+)}$.

根据实际发酵过程, 非线性切换系统 (5.6.4) 在切换时刻无状态跳跃发生.

令 $V_{ad}^1 := \{0\}$ 且 $V_{ad}^2 := [a_*, a^*]$, 其中, a_* 和 a^* 表示最小和最大甘油流加速度. 这样, 允许控制集可定义为

$$\mathcal{V} := \{v | v(\cdot) \in L_2(\mathcal{I}, \mathbb{R}^1)\ \text{且对任意的}\ t \in \mathcal{I}\ \text{有}\ v(t) \in V_{ad}^{j(t)}\}, \tag{5.6.9}$$

这里, $L_2(\mathcal{I}, \mathbb{R}^1)$ 为从 $\mathcal{I}$ 到 $\mathbb{R}^1$ 的 Lebesgue 平方可积函数空间.

5.6.2 非线性切换系统的性质

本小节将讨论非线性切换系统 (5.6.4) 及其解的一些性质, 即解的存在唯一性、一致 Lipschitz 连续性和正则性等.

首先, 给出函数 $f^j(x, v)$ 的性质.

性质 5.6.1 函数 $f^j : \mathbb{R}_+^6 \times V_{ad}^1 \cup V_{ad}^2 \to \mathbb{R}^6, j \in I_2$, 满足如下性质：

(i) f^j 关于 v 是仿射的;

(ii) f^j 关于 v 和 x 是连续的;

(iii) f^j 满足线性增长条件, 即存在正常数 α 和 β, 使得

$$\max\{\|f^j(x, v)\|\ |v \in V_{ad}, j = 1, 2\} \leqslant \alpha + \beta \|x\|. \tag{5.6.10}$$

证明 (i) 由 f^j 的定义, 此结论显然成立.

(ii) 由式 (5.6.1) 和式 (5.6.2) 可知 f^j 关于 v 和 x 连续.

(iii) 用类似证明性质 5.2.1 的方法可以证明此结论成立. □

定义 5.6.1 对于任意的 $v \in \mathcal{V}$, 若 $(x(\cdot|v), j(\cdot|v))$ 满足非线性切换系统 (5.6.4) 和切换规则, 这里, $x(\cdot|v)$ 为绝对连续函数, $j(\cdot|v)$ 为分片常值函数, 则称 $(x(\cdot|v), j(\cdot|v))$ 为系统 (5.6.4) 的解.

定义 5.6.2 设 $(x(\cdot|v), j(\cdot|v))$ 为非线性切换系统 (5.6.4) 的解, 若分片常值函数 $j(\cdot|v)$ 具有有限次切换且满足切换规则, 则称解 $(x(\cdot|v), j(\cdot|v))$ 为正则的.

5.6 耦联批式流加发酵的最优切换控制

定理 5.6.1 对任意满足切换规则 (SR$_1$) 的初始值 $(x(t_0), j(t_0))$,非线性切换系统 (5.6.4) 具有全局解 $(x(\cdot|v), j(\cdot|v))$.

证明 用文献 [338] 中证明定理 1 的方法可以得到此结论. □

定理 5.6.2 给定初始条件 $(x(t_0), j(t_0))$,若 $(x(\cdot|v), j(\cdot|v))$ 为非线性切换的解,则 $x(\cdot|v)$ 在 $\mathcal{I}$ 上一致有界且一致 Lipschitz 连续.

证明 给定初始条件 $(x(t_0), j(t_0))$ 及任意的 $v \in \mathcal{V}$,非线性切换系统 (5.6.4) 的解可写为

$$x(t|v) = x(t_0) + \int_{t_0}^{t} f_{j(s|v)}(x(s|v), v(s))ds, \quad \forall\, t \in \mathcal{I}.$$

由式 (5.6.10) 可知

$$\|x(t|v)\| \leqslant \|x(t_0)\| + \int_{t_0}^{t}(\alpha + \beta\|x(s|v)\|)ds.$$

应用引理 2.2.1 可得

$$\|x(t|v)\| \leqslant C\exp(\beta t_f), \quad \forall\, t \in \mathcal{I}, \tag{5.6.11}$$

其中,$C := \|x(t_0)\| + \alpha t_f$. 进一步,对任意的 $t, \tau \in \mathcal{I}$,有

$$\|x(t|v) - x(\tau|v)\| \leqslant \left|\int_{\tau}^{t}(\alpha + \beta\|x(s|v)\|)ds\right|.$$

令 $L := \alpha + \beta C\exp(\beta t_f)$ 可得

$$\|x(t|v) - x(\tau|v)\| \leqslant L|t - \tau|. \tag{5.6.12}$$

即命题得证. □

定理 5.6.3 给定初始条件 $(x(t_0), j(t_0))$ 及任意的 $v \in \mathcal{V}$,非线性切换系统 (5.6.4) 的解 $(x(\cdot|v), j(\cdot|v))$ 是正则的.

证明 因为状态集合 $\mathcal{S}_{1,2}$ 和 $\mathcal{S}_{2,1}$ 是互不相交的紧集,且在切换时刻 τ_k 和 τ_{k+1} 的状态 $x(\tau_k)$ 和 $x(\tau_{k+1})$ 满足 $\|x(\tau_{k+1}) - x(\tau_k)\| > \alpha^* - \alpha_*$. 由定理 5.6.2 可知,存在正常数 L,使得

$$\alpha^* - \alpha_* \leqslant \|x(\tau_{k+1}) - x(\tau_k)\| \leqslant L|\tau_{k+1} - \tau_k|.$$

因此,时间区间 (τ_k, τ_{k+1}) 具有一致的非零下界. 从而可得切换具有有限次,即非线性切换系统的解 $(x(\cdot|v), j(\cdot|v))$ 是正则的. □

5.6.3 最优切换控制模型及其等价形式

定义非线性切换系统 (5.6.4) 的解集为

$$\mathcal{S}_0 := \{(x(\cdot|v), j(\cdot|v))| \text{对任意的 } t \in \mathcal{I} \text{ 及 } v \in \mathcal{V} \text{ 有 } (x(t|v), j(t|v)) \text{ 为系统 (5.6.4)的解}\}. \tag{5.6.13}$$

因为发酵结束时刻发酵液应该达到指定的体积 Δ, 所以定义解的终端约束集为

$$\mathcal{S}_T := \{(x(t_f|v), j(t_f|v)) \mid x_6(t_f|v) = \Delta\}. \tag{5.6.14}$$

另外, 在批式流加发酵过程中, 生物量、甘油、产物的浓度及发酵液的体积应限制在 W_{ad} 中. 因此, 定义非线性切换系统 (5.6.4) 的可行解集为

$$\mathcal{S} := \{(x(\cdot|v), j(\cdot|v)) \in \mathcal{S}_0 \mid \text{对所有的 } t \in \mathcal{I} \text{ 有 } x(t|v) \in W_{ad} \text{ 且 } (x(t_f|v), j(t_f|v)) \in \mathcal{S}_T\}. \tag{5.6.15}$$

相应地, 可行控制函数集为

$$\mathcal{V}_{ad} := \{v \in \mathcal{V} \mid (x(\cdot|v), j(\cdot|v)) \in \mathcal{S}\}. \tag{5.6.16}$$

以终端时刻 1,3-丙二醇的浓度为性能指标且以甘油的流加速度为控制函数, 可建立如下最优切换控制模型

$$\text{NSBSS-OCP} \quad \min \quad J(v) := -x_3(t_f|v)$$
$$\text{s.t.} \quad v \in \mathcal{V}_{ad},$$

其中, $x(\cdot|v)$ 为非线性切换系统 (5.6.4) 的解.

为了讨论最优切换控制问题 NSBSS-OCP 最优控制的存在性, 下面考虑控制函数 $v(\cdot)$ 在 $L_2(\mathcal{I}, \mathbb{R}^1)$ 中的弱收敛性, $x(\cdot)$ 在 $C(\mathcal{I}, \mathbb{R}^6)$ 中的一致收敛性及 $j(\cdot)$ 关于切换时刻的收敛性.

定理 5.6.4 由式 (5.6.15) 定义的可行解集 $\mathcal{S}$ 为紧集.

证明 任取序列 $\{s^i := (x^i(\cdot), j^i(\cdot))\} \subset \mathcal{S}$, 令 $v^i(\cdot) \in \mathcal{V}$ 为相应地满足 $x^i(\cdot) = x^i(\cdot|v^i), j^i(\cdot) = j^i(\cdot|v^i)$ 的控制函数. 由 $L_2(\mathcal{I}; \mathbb{R}^1)$ 的自反性可知, 存在子序列 $\{v^{i_k}\} \subset \{v^i\}$ 有 $w\text{-}\lim_{k\to\infty} v^{i_k} = v$. 对于 $\{\tau_v^i\}$, 存在 $\mathcal{I}$ 上子序列 $\{\tau_v^{i_k}\}$ 有 $\lim_{k\to\infty} \tau_v^{i_k} = \tau_v$, 因此 $\lim_{k\to\infty} j^{i_k} = j$. 由定理 5.6.2 可知存在子序列 $\{x^{i_k}\}$ 在 $\mathcal{I}$ 上一致收敛到 x. 下面证明 $s := (x(\cdot), j(\cdot)) \in \mathcal{S}$. 首先, 由 W_{ad} 和 $\mathcal{S}_T$ 的闭性可知: 对任意的 $t \in \mathcal{I}$, 有 $x(t) \in W_{ad}$ 成立, 并且 $x(t_f) \in \mathcal{S}_T$. 因此, 只需证明 $s \in \mathcal{S}_0$ 成立即可.

考虑开区间 $\mathcal{I}' \subset [\tau_v, \tau_{v+1}]$, 由定理 5.6.3 可知 $\mathcal{I}' \neq \varnothing$. 另外, 存在 i 使得 $\mathcal{I}' \subset [\tau_v^i, \tau_{v+1}^i]$ 且在 $\mathcal{I}'$ 上 $j^i(\cdot) \equiv k$. 应用收敛性定理[347] 和性质 5.6.1 可得 s 满足系

统 (5.6.4). 最后, 因为 $\mathcal{R}_k$ 为开集, 所以 $\lim_{n\to\infty} x^{in}(t) = x(t) \notin \mathcal{R}_k$, 即切换规则 (SR$_1$) 成立. 对于切换时刻 τ_v, 根据定理 5.6.2 可知 $\lim_{n\to\infty} x(\tau_v^{in}) = x(\tau_v)$. 由 $\mathcal{S}_{j(\tau_v-),j(\tau_v+)}$ 的闭性可得切换规则 (SR$_2$) 成立. 综上所述, $s \in \mathcal{S}_0$ 和 $s \in \mathcal{S}$ 成立. □

定理 5.6.5 NSBSS-OCP 至少存在一个最优解.

证明 由性能指标 J 关于 x 的连续性及可行解集 $\mathcal{S}$ 的紧性易知此结论成立. □

由定理 5.6.3 可知非线性切换系统 (5.6.4) 的切换次数为有限数. 不失一般性, 设 $\tau_i, i = 1, 2, \ldots, N, N \in \mathbb{Z}_+$, 为切换时刻且满足

$$t_0 = \tau_0 < \tau_1 < \ldots < \tau_N < \tau_{N+1} = t_f, \tag{5.6.17}$$

其中, N 为切换次数, $\mathbb{Z}_+$ 为正整数集.

由定理 5.6.5 可知 NSBSS-OCP 至少存在一个最优解. 但是, 由于切换次数 N 事先未知, 使得已有的算法不能直接地应用来求解该最优控制问题. 下面把 NSBSS-OCP 转化为含参数和控制的优化问题.

记切换时刻构成的向量为 $\tau := (\tau_1, \tau_2, \ldots, \tau_N)^{\mathrm{T}}$. 分别记系统 (5.6.1) 和系统 (5.6.2) 的允许状态应满足

$$g_1^c(x(t|v)) := x_2(t|v) - \alpha_* \geqslant 0, \tag{5.6.18}$$

$$g_2^c(x(t|v)) := \alpha^* - x_2(t|v) \geqslant 0. \tag{5.6.19}$$

同时, 记

$$h_\ell^c(x(t|v)) := x_\ell(t|v) - x_{*\ell}, \tag{5.6.20}$$

$$h_{6+\ell}^c(x(t|v)) := x_\ell^* - x_\ell(t|v), \quad \ell = 1, 2, \ldots, 6. \tag{5.6.21}$$

则条件 $x(t|v) \in W_{ad}$ 转化为

$$h_l^c(x(t|v)) \geqslant 0, \quad l = 1, 2, \ldots, 12. \tag{5.6.22}$$

令 $\phi_i^c(v) := (x_2(\tau_i|v) - \alpha_*)(x_2(\tau_i|v) - \alpha^*)$, 则切换规则 (SR$_2$) 等价于

$$\phi_i^c(v) = 0, \quad i = 1, 2, \ldots, N. \tag{5.6.23}$$

记 $\phi_{N+1}^c(v) := x_6(t_f|v) - \Delta$, 则终端约束 $x(t_f|v) \in \mathcal{S}_T$ 转化为

$$\phi_{N+1}^c(v) = 0. \tag{5.6.24}$$

这样, 最优切换控制问题 NSBSS-OCP 可以转化为如下含参数和控制的优化问题

$$\text{NSBSS-PCP} \quad \min \quad \tilde{J}(v,\tau,N) := -x_3(t_f|v)$$
$$\text{s.t.} \quad g^c_{j(t|v)}(x(t|v)) \geqslant 0, \quad j=1,2,$$
$$h^c_l(x(t|v)) \geqslant 0, \quad l=1,2,\ldots,12,$$
$$\phi^c_i(v) = 0,$$
$$v(t) \in \mathcal{V}^j_{ad},$$
$$t \in (\tau_{i-1},\tau_i], \quad i=1,2,\ldots,N+1,$$
$$N \in \mathbb{Z}_+.$$

令 Γ 为满足式 (5.6.17)、式 (5.6.23) 和式 (5.6.24) 的切换时刻 τ 构成的向量. 含参数和控制的优化问题 NSBSS-PCP 可以看做如下双层优化问题

$$\min_{N \in \mathbb{Z}_+} \min_{v \times \tau \in \mathcal{V}_{ad} \times \Gamma} \tilde{J}(v,\tau,N).$$

特别地, 内层优化问题为

$$\text{NSBSS-IOP}_N \quad \hat{J}(v^*(\cdot|N),\tau^*(N)) := \min_{v \times \tau \in \mathcal{V}_{ad} \times \Gamma} \tilde{J}(v,\tau,N),$$

其中, $(v^*(\cdot|N),\tau^*(N))$ 为给定 $N \in \mathbb{Z}_+$ 时内层优化问题 NSBSS-IOP$_N$ 的最优解. 因此, NSBSS-PCP 等价于

$$\min_{N \in \mathbb{Z}_+} \hat{J}(v^*(\cdot|N),\tau^*(N)).$$

5.6.4 优化算法

本节将给出求解 NSBSS-PCP 的计算方法, 从而给出求解 NSBSS-OCP 问题的计算方法. 为了求解 NSBSS-PCP, 应该先求解内层优化问题 NSBSS-IOP$_N$, 再优化切换次数 N. 在数值计算过程中, 用启发式算法确定最优切换次数 N. 因此, 求解 NSBSS-PCP 的过程为: 固定切换次数 N 并且求解内层优化问题 NSBSS-IOP$_N$. 随后, 将切换次数 N 增加到 $N+d$ (其中, d 为一个正整数), 重新计算相应的内层优化问题 NSBSS-IOP$_N$. 若性能指标没有减小, 则将 N 作为最优切换次数. 这样, 只需要给出计算内层优化问题 NSBSS-IOP$_N$ 的方法.

下面应用控制参数化方法和时间尺度转化法构造求解内层优化问题 NSBSS-IOP$_N$ 的计算方法. 对每一个子区间 $[\tau_{i-1},\tau_i], i \in \{1,2,\ldots,N+1\}$, 考虑 $[\tau_{i-1},\tau_i]$ 上的非减序列 $\{S^{p_i}\}_{p_i=1}^\infty$. 令 $n_{p_i}+1$ 为 S^{p_i} 的划分点数且满足

$$\tau_0^{p_i},\tau_1^{p_i},\ldots,\tau_{n_{p_i}}^{p_i}, \tau_0^{p_i} = \tau_{i-1}, \tau_{n_{p_i}}^{p_i} = \tau_i, \quad 且 \ \tau_{k-1}^{p_i} \leqslant \tau_k^{p_i}.$$

对于 S^{p_i}, 需要满足下面的性质:

(1) S^{p_i+1} 是 S^{p_i} 的一个细分;

(2) $\lim\limits_{p_i \to \infty} S^{p_i}$ 在 $[\tau_{i-1}, \tau_i]$ 中是稠密的.

这样, 控制函数可以用如下分片常值函数近似:

$$v^p(t) = \sum_{i=1}^{N+1} \sum_{k=1}^{n_{p_i}} \sigma^{p_i,k} \chi_{(\tau_{k-1}^{p_i}, \tau_k^{p_i}]}(t). \tag{5.6.25}$$

其中, $\chi_{(\tau_{k-1}^{p_i}, \tau_k^{p_i}]}$ 表示区间 $(\tau_{k-1}^{p_i}, \tau_k^{p_i}]$ 上的示性函数, 即

$$\chi_{(\tau_{k-1}^{p_i}, \tau_k^{p_i}]}(t) = \begin{cases} 1, & \text{若 } t \in (\tau_{k-1}^{p_i}, \tau_k^{p_i}], \\ 0, & \text{否则}. \end{cases}$$

记 $\sum\limits_{i=1}^{N+1} n_{p_i} = \kappa$ 有 $\sigma^p = ((\sigma^{p_1})^{\mathrm{T}}, \ldots, (\sigma^{p_{N+1}})^{\mathrm{T}})^{\mathrm{T}} \in \mathbb{R}^{\kappa}$, 这里, $\sigma^{p_i} = (\sigma^{p_i,1}, \ldots, \sigma^{p_i,n_{p_i}})^{\mathrm{T}}$, 给出了近似控制 (5.6.25) 的高度. 依式 (5.6.9) 和 $v(t)$ 选择 σ^p, 使

若 $v(t) \in V_{ad}^1$, 有 $\sigma^{p_i,k} \equiv 0$, 若 $v(t) \in V_{ad}^2$, 有 $a_* \leqslant \sigma^{p_i,k} \leqslant a^*, k \in I_{n_{p_i}}, i \in I_{N+1}$. (5.6.26)

令 Ξ^p 为所有的满足式 (5.6.26) 的 σ^p 构成的集合, 其中, $\sigma^{p_i,k}$ 和划分点 $\tau_k^{p_i}$, $k = 1, 2, \ldots, n_{p_i}, i = 1, 2, \ldots, N+1$, 为决策变量.

但是, 以划分时间点 $\tau_k^{p_i}, k = 1, 2, \ldots, n_{p_i}, i = 1, 2, \ldots, N+1$ 为决策变量的内层优化问题 NSBSS-IOP$_N$ 在数值求解方面非常困难[306]. 为此, 引入时间尺度转化方法[306] 将那些时间划分点映射到新时间尺度中的固定节点. 首先, 将时间 $t \in \mathcal{I}$ 按如下方式映射成 $s \in [0, N+1]$:

$$\dot{t}(s) = v^p(s), \tag{5.6.27}$$

且满足初始条件

$$t(0) = 0, \tag{5.6.28}$$

其中, v^p 在时间点 $s = i - 1 + \dfrac{k}{n_{p_i}}$ $(k = 1, 2, \ldots, n_{p_i}, i = 1, 2, \ldots, N+1)$ 有可能不连续且满足

$$v^p(s) = \sum_{i=1}^{N+1} \sum_{k=1}^{n_{p_i}} \delta_k^{p_i} \chi_{\left[i-1+\frac{k-1}{n_{p_i}}, i-1+\frac{k}{n_{p_i}}\right]}(s). \tag{5.6.29}$$

在式 (5.6.29) 中, $\delta_k^{p_i} \geqslant 0, k = 1, 2, \ldots, n_{p_i}, i = 1, 2, \ldots, N+1$, 为决策变量. 令 δ^p 表示 $\delta_k^{p_i}, k = 1, 2, \ldots, n_{p_i}, i = 1, 2, \ldots, N+1$, 构成的向量且 Ω^p 为所有的 δ^p 构成的

集合. 进一步, 记 v^p 构成的集合为 $\mathcal{V}^p$. 显然, 每一个 $\delta^p \in \Omega^p$ 都唯一地确定一个 $v^p \in \mathcal{V}^p$, 反之亦然. 因此, 记 $v^p(\cdot)$ 为 $v^p(\cdot|\delta^p)$. 令

$$w^p(s) = v^p(t(s)),$$

则

$$w^p(s) = \sum_{i=1}^{N+1} \sum_{k=1}^{n_{p_i}} \sigma^{p_i,k} \chi_{\left[i-1+\frac{k-1}{n_{p_i}}, i-1+\frac{k}{n_{p_i}}\right]}(s).$$

因为 w^p 与 σ^p 是一一对应的, 故将其记作 $w^p(\cdot|\sigma^p)$.

定义

$$\tilde{x}(s) := (x(s)^{\mathrm{T}}, t(s))^{\mathrm{T}}, \quad \tilde{j}(s) = j(t(s))$$

和

$$\tilde{f}^{\tilde{j}(s)}(\tilde{x}(s), \sigma^p, \delta^p) := ((v^p(s) f^{j(t(s))}(x(t(s)), w(s|\sigma^p))^{\mathrm{T}}, v^p(s|\delta^p))^{\mathrm{T}}.$$

令 $(\tilde{x}(\cdot|\sigma^p, \delta^p), \tilde{j}(\cdot|\sigma^p, \delta^p))$ 为如下系统对应于控制参数化向量 $(\sigma^p, \delta^p) \in \Xi^p \times \Omega^p$ 的解:

$$\begin{cases} \dot{\tilde{x}}(s) = \tilde{f}^{\tilde{j}(s)}(\tilde{x}(s), \sigma^p, \delta^p), \\ \tilde{x}(0) = ((x^0)^{\mathrm{T}}, 0)^{\mathrm{T}}. \end{cases}$$

这样, 对每一个 p, NSBSS-IOP$_N$ 转化为如下标准的参数优化问题:

$$\begin{aligned} \text{NSBSS-IOP}_N(\text{p}) \quad &\min \quad \hat{J}(\sigma^p, \delta^p) := -\tilde{x}_3(N+1|\sigma^p, \delta^p) \\ &\text{s.t.} \quad g^c_{\tilde{j}(s|\sigma^p, \delta^p)}(\tilde{x}(s|\sigma^p, \delta^p)) \geqslant 0, \\ &\quad h^c_l(\tilde{x}(s|\sigma^p, \delta^p)) \geqslant 0, \quad l = 1, 2, \ldots, 12, \\ &\quad \phi^c_i(\sigma^p, \delta^p) = 0, \qquad\qquad\qquad\qquad (5.6.30) \\ &\quad \sigma^p \in \Xi^p, \\ &\quad \delta^p \in \Omega^p, \\ &\quad s \in (i-1, i], \ i = 1, 2, \ldots, N+1. \end{aligned}$$

注 5.6.1 在原时间尺度上的控制函数 v^p 可以由 $w^p(\cdot|\sigma^p)$ 和 $v^p(\cdot|\delta^p)$ 按如下方式得到.

利用式 (5.6.29) 给出的 $v(s)$, 求解式 (5.6.27) 和 (5.6.28) 可得: 对 $s \in \left[i-1+\frac{k-1}{n_{p_i}}, i-1+\frac{k}{n_{p_i}}\right]$, 有

$$t(s) = \sum_{n=1}^{i-1} \sum_{m=1}^{n_{p_n}} \frac{\delta_m^{p_n}}{n_{p_n}} + \sum_{m=1}^{k-1} \frac{\delta_m^{p_i}}{n_{p_i}} + \delta_k^{p_i}\left(s - i + 1 - \frac{k-1}{n_{p_i}}\right), \qquad (5.6.31)$$

5.6 耦联批式流加发酵的最优切换控制

且

$$\tau_k^{p_i} = \sum_{n=1}^{i-1}\sum_{m=1}^{n_{p_n}} \frac{\delta_m^{p_n}}{n_{p_n}} + \sum_{m=1}^{k} \frac{\delta_m^{p_i}}{n_{p_i}}, \quad (5.6.32)$$

其中, $k = 1, 2, \ldots, n_{p_i}; i = 1, 2, \ldots, N+1$. 这样, 可得控制函数

$$v^p(t|\sigma^p, \delta^p) = \sum_{i=1}^{N+1}\sum_{k=1}^{n_{p_i}} \sigma^{p_i,k} \chi_{\left[\sum_{n=1}^{i-1}\sum_{m=1}^{n_{p_n}}\frac{\delta_m^{p_n}}{n_{p_n}} + \sum_{m=1}^{k-1}\frac{\delta_m^{p_i}}{n_{p_i}}, \sum_{n=1}^{i-1}\sum_{m=1}^{n_{p_n}}\frac{\delta_m^{p_n}}{n_{p_n}} + \sum_{m=1}^{k}\frac{\delta_m^{p_i}}{n_{p_i}}\right]}(t). \quad (5.6.33)$$

利用控制参数化方法求解 NSBSS-IOP$_N$, 需要求解一系列近似问题 $\{$NSBSS-IOP$_N$(p)$\}_{p=1}^{\infty}$. 但是, NSBSS-IOP$_N$(p) 中连续状态不等式约束在计算时非常困难, 因此用 5.5 节给出的方法来处理此类约束.

令

$$G^c(\sigma^p, \delta^p) := \sum_{l=1}^{12} \int_0^{N+1} \min\{0, h_l^c(\tilde{x}(s|\sigma^p, \delta^p))\}ds$$

$$+ \int_0^{N+1} \min\{0, g_{\tilde{j}(s|\sigma^p,\delta^p)}^c(\tilde{x}(s|\sigma^p, \delta^p))\}ds.$$

这样, 条件 $g_{\tilde{j}(s)}^c(\tilde{x}(s|\sigma^p,\delta^p)) \geqslant 0$ 和 $h_l^c(\tilde{x}(s|\sigma^p,\delta^p)) \geqslant 0, l = 1, 2, \ldots, 12$ 等价地转化为

$$G^c(\sigma^p, \delta^p) = 0. \quad (5.6.34)$$

但是, $G^c(\cdot, \cdot)$ 在 $h_l^c = 0$ 和 $g_j^c = 0, l \in \{1, 2, \ldots, 12\}, j \in \{1, 2\}$ 的点上是非光滑的. 因此, 用如下光滑函数

$$\tilde{h}_{l,\varepsilon}(\tilde{x}(s|\sigma^p,\delta^p)) = \begin{cases} h_l^c(\tilde{x}(s|\sigma^p,\delta^p)), & \text{若 } h_l^c(\tilde{x}(s|\sigma^p,\delta^p)) < -\varepsilon, \\ -\dfrac{(h_l^c(\tilde{x}(s|\sigma^p,\delta^p)) - \varepsilon)^2}{4\varepsilon}, & \text{若 } -\varepsilon \leqslant h_l^c(\tilde{x}(s|\sigma^p,\delta^p)) \leqslant \varepsilon, \\ 0, & \text{若 } h_l^c(\tilde{x}(s|\sigma^p,\delta^p)) > \varepsilon \end{cases} \quad (5.6.35)$$

和

$$\tilde{g}_{\tilde{j}(s|\sigma^p,\delta^p),\varepsilon}(\tilde{x}(s|\sigma^p,\delta^p))$$

$$= \begin{cases} g_{\tilde{j}(s|\sigma^p,\delta^p)}^c(\tilde{x}(s|\sigma^p,\delta^p)), & \text{若 } g_{\tilde{j}(s|\sigma^p,\delta^p)}^c(\tilde{x}(s|\sigma^p,\delta^p)) < -\varepsilon, \\ -\dfrac{(g_{\tilde{j}(s|\sigma^p,\delta^p)}^c(\tilde{x}(s|\sigma^p,\delta^p)) - \varepsilon)^2}{4\varepsilon}, & \text{若 } -\varepsilon \leqslant g_{\tilde{j}(s|\sigma^p,\delta^p)}^c(\tilde{x}(s|\sigma^p,\delta^p)) \leqslant \varepsilon, \\ 0, & \text{若 } g_{\tilde{j}(s|\sigma^p,\delta^p)}^c(\tilde{x}(s|\sigma^p,\delta^p)) > \varepsilon \end{cases} \quad (5.6.36)$$

代替 $\min\{0, h_l^c(\tilde{x}(s|\sigma^p,\delta^p))\}$ 和 $\min\{0, g_{\tilde{j}(s|\sigma^p,\delta^p)}^c(\tilde{x}(s|\sigma^p,\delta^p))\}$. 在式 (5.6.35) 和 (5.6.36) 中, ε 为控制近似精度的可调参数. 进一步, 连续状态等式约束 (5.6.34)

可由下式近似

$$\tilde{G}_{\varepsilon,\gamma}^c(\sigma^p, \delta^p) := \gamma + \sum_{l=1}^{12} \int_0^{N+1} \tilde{h}_{l,\varepsilon}(\tilde{x}(s|\sigma^p, \delta^p))ds$$
$$+ \int_0^{N+1} \tilde{g}_{\tilde{j}(s|\sigma^p,\delta^p),\varepsilon}(\tilde{x}(s|\sigma^p, \delta^p))ds \geqslant 0, \quad (5.6.37)$$

其中, $\gamma > 0$ 为控制约束 (5.6.37) 可行性的可调参数.

这样, NSBSS-IOP$_N$(p) 可以由一系列非线性规划问题 NSBSS-IOP$_{N,\varepsilon,\gamma}$(p) 近似, 这里 NSBSS-IOP$_{N,\varepsilon,\gamma}$(p) 为用式 (5.6.37) 替换连续状态不等式约束后的内层优化问题.

用类似于文献 [305] 第八章中的证明方法, 可证得非线性规划问题 NSBSS-IOP$_{N,\varepsilon,\gamma}$(p)、近似问题 NSBSS-IOP$_N$(p) 和内层优化问题 NSBSS-IOP$_N$ 的最优解之间的关系.

定理 5.6.6 设非线性规划问题 NSBSS-IOP$_{N,\varepsilon,\gamma}$(p) 关于 ε 的最优解序列为 $\{(\sigma_{\varepsilon,\gamma}^{p,*}, \delta_{\varepsilon,\gamma}^{p,*})\}$, 则

$$\lim_{\varepsilon \to 0} \hat{J}(\sigma_{\varepsilon,\gamma}^{p,*}, \delta_{\varepsilon,\gamma}^{p,*}) = \hat{J}(\sigma^{p,*}, \delta^{p,*}),$$

其中, $(\sigma^{p,*}, \delta^{p,*})$ 为近似问题 NSBSS-IOP$_N$(p) 的最优解. 进一步, 序列 $\{(\sigma_{\varepsilon,\gamma}^{p,*}, \delta_{\varepsilon,\gamma}^{p,*})\}$ 的任一聚点为近似问题 NSBSS-IOP$_N$(p) 的一个解.

定理 5.6.7 设 $(\sigma^{p,*}, \delta^{p,*})$ 为近似问题 NSBSS-IOP$_N$(p) 的最优解且 $(v^{p,*}, \tau^{p,*})$ 由下式

$$v^{p,*}(t|\sigma^{p,*}, \tau^{p,*}) = \sum_{i=1}^{N+1} \sum_{k=1}^{n_{p_i}} \sigma^{p_i,k,*} \chi_{[\tau_{k-1}^{p_i,*}, \tau_k^{p_i,*}]}(t)$$

给出, 则

$$\lim_{p \to \infty} \hat{J}(v^{p,*}, \tau^{p,*}) = \hat{J}(v^*, \tau^*),$$

其中, (v^*, τ^*) 为内层优化问题 NSBSS-IOP$_N$ 的最优控制.

定理 5.6.8 设 $(\sigma^{p,*}, \delta^{p,*})$ 和 $(v^{p,*}, \tau^{p,*})$ 为定理 5.6.7 中最优解且

$$\lim_{p \to \infty} v^{p,*}(t) = \bar{v}(t),$$

在 $\mathcal{I}$ 中几乎处处成立, 则 $\bar{v}$ 为内层问题 NSBSS-IOP$_N$ 的最优控制.

为了处理约束 $\tilde{G}_{\varepsilon,\gamma}^c(\cdot,\cdot)$ 和 $\phi_\iota^c(\cdot,\cdot), \iota = 1, 2, \ldots, N$, 下面定理给出的梯度信息非常有用.

定理 5.6.9 由式 (5.6.37) 给出的约束 $\tilde{G}^c_{\varepsilon,\gamma}(\sigma^p, \delta^p)$ 关于参数化的控制 σ^p 和 δ^p 的梯度为

$$\frac{\partial \tilde{G}^c_{\varepsilon,\gamma}(\sigma^p, \delta^p)}{\partial \sigma^{p_i,k}} = \int_{i-1+\frac{k-1}{n_{p_i}}}^{i-1+\frac{k}{n_{p_i}}} \frac{\partial \tilde{H}(\tilde{x}(s|\sigma^p, \delta^p), \sigma^p, \delta^p, \tilde{\lambda}(s))}{\partial \sigma^{p_i,k}} ds$$

和

$$\frac{\partial \tilde{G}^c_{\varepsilon,\gamma}(\sigma^p, \delta^p)}{\partial \delta^{p_i,k}} = \int_{i-1+\frac{k-1}{n_{p_i}}}^{i-1+\frac{k}{n_{p_i}}} \frac{\partial \tilde{H}(\tilde{x}(s|\sigma^p, \delta^p), \sigma^p, \delta^p, \tilde{\lambda}(s))}{\partial \delta^{p_i,k}} ds,$$

其中,

$$\tilde{H}(\tilde{x}(s|\sigma^p, \delta^p), \sigma^p, \delta^p, \tilde{\lambda}(s)) = \sum_{l=1}^{12} \tilde{h}_{l,\varepsilon}(\tilde{x}(s|\sigma^p, \delta^p)) + \tilde{g}_{\tilde{j}(s),\varepsilon}(\tilde{x}(s|\sigma^p, \delta^p))$$
$$+ \tilde{\lambda}^T(s) \tilde{f}_{\tilde{j}(s)}(\tilde{x}(s|\sigma^p, \delta^p), \sigma^p, \delta^p),$$

且

$$\tilde{\lambda}(s) = (\tilde{\lambda}_1(s), \tilde{\lambda}_2(s), \tilde{\lambda}_3(s), \tilde{\lambda}_4(s), \tilde{\lambda}_5(s), \tilde{\lambda}_6(s))^T$$

为协态系统

$$\dot{\tilde{\lambda}}(s) = -\left(\frac{\partial \tilde{H}(\tilde{x}(s|\sigma^p, \delta^p), \sigma^p, \delta^p, \tilde{\lambda}(s))}{\partial \tilde{x}}\right)^T$$

满足边界条件

$$\tilde{\lambda}(0) = (0,0,0,0,0,0)^T,$$
$$\tilde{\lambda}(N+1) = (0,0,0,0,0,0)^T,$$
$$\tilde{\lambda}(\iota+) = \tilde{\lambda}(\iota-), \quad \iota = 1,2,\ldots,N$$

的解.

证明 用类似证明 5.3.6 的方法可得此结论成立. □

定理 5.6.10 由式 (5.6.30) 定义的约束 $\phi^c_\iota(\sigma^p, \delta^p), \iota = 1, 2, \ldots, N$ 关于参数化的控制 σ^p 和 δ^p 的梯度为

$$\frac{\partial \phi^c_\iota(\sigma^p, \delta^p)}{\partial \sigma^{p_i,k}} = \int_{i-1+\frac{k-1}{n_{p_i}}}^{i-1+\frac{k}{n_{p_i}}} \frac{\partial \bar{H}_\iota(\tilde{x}(s|\sigma^p, \delta^p), \sigma^p, \delta^p, \bar{\lambda}_\iota(s))}{\partial \sigma^{p_i,k}} ds$$

和

$$\frac{\partial \phi^c_\iota(\sigma^p, \delta^p)}{\partial \delta^{p_i,k}} = \int_{i-1+\frac{k-1}{n_{p_i}}}^{i-1+\frac{k}{n_{p_i}}} \frac{\partial \bar{H}_\iota(\tilde{x}(s|\sigma^p, \delta^p), \sigma^p, \delta^p, \bar{\lambda}_\iota(s))}{\partial \delta^{p_i,k}} ds,$$

其中,
$$\bar{H}_\iota(\tilde{x}(s|\sigma^p,\delta^p),\sigma^p,\delta^p,\bar{\lambda}_\iota(s)) = \bar{\lambda}_\iota^{\mathrm{T}}(s)\tilde{f}_{\tilde{j}(s|\sigma^p,\delta^p)}(\tilde{x}(s|\sigma^p,\delta^p),\sigma^p,\delta^p),$$

且
$$\bar{\lambda}_\iota(s) = (\bar{\lambda}_{\iota,1}(s),\bar{\lambda}_{\iota,2}(s),\bar{\lambda}_{\iota,3}(s),\bar{\lambda}_{\iota,4}(s),\bar{\lambda}_{\iota,5}(s),\bar{\lambda}_{\iota,6}(s))^{\mathrm{T}}$$

为协态系统
$$\dot{\bar{\lambda}}_\iota(s) = -\left(\frac{\partial \bar{H}_\iota(\tilde{x}(s|\sigma^p,\delta^p),\sigma^p,\delta^p,\bar{\lambda}_\iota(s))}{\partial \tilde{x}}\right)^{\mathrm{T}}$$

满足边界条件
$$\bar{\lambda}_\iota(0) = (0,0,0,0,0,0)^{\mathrm{T}},$$
$$\bar{\lambda}_\iota(\iota) = (0, 2\tilde{x}_2(\iota|\sigma^p,\delta^p) - (\alpha_* + \alpha^*), 0, 0, 0, 0)^{\mathrm{T}}, \quad \iota = 1, 2, \ldots, N,$$
$$\bar{\lambda}_{N+1}(N+1) = (0,0,0,0,0,1)^{\mathrm{T}},$$
$$\bar{\lambda}_\iota(\varsigma+) = \bar{\lambda}_\iota(\varsigma-), \quad \varsigma = 1, 2, \ldots, \iota - 1$$

的解.

证明 用类似证明定理 5.3.6 的方法可得此结论成立. □

基于上述梯度信息和 5.3 节的改进粒子群优化算法, 下面给出求解内层优化问题 NSBSS-IOP$_N$ 的算法.

算法 5.6.1 步 1. 设置加速因子 $\alpha > 1$、压缩因子 $0 < \beta < 1$、约束精度 $\varepsilon > 0$、罚因子 $\gamma > 0$、最大迭代次数 P, $\bar{\gamma}$ 为一个给定的常数, $\bar{\varepsilon}$ 为一个给定常数.

步 2. 用改进的粒子群优化方法计算 NSBSS-IOP$_{N,\varepsilon,\gamma}$(p) 得到 $(\sigma_{\varepsilon,\gamma}^{p,*}, \delta_{\varepsilon,\gamma}^{p,*})$.

步 3. 检验约束 $g_{\tilde{j}(s)}^c(\tilde{x}(s|\sigma_{\varepsilon,\gamma}^{p,*},\delta_{\varepsilon,\gamma}^{p,*})) \geqslant 0$ 和 $h_l^c(\tilde{x}(s|\sigma_{\varepsilon,\gamma}^{p,*},\delta_{\varepsilon,\gamma}^{p,*})) \geqslant 0$ 的可行性.

步 4. 如果 $(\sigma_{\varepsilon,\gamma}^{p,*}, \delta_{\varepsilon,\gamma}^{p,*})$ 可行, 则转到步 5. 否则令 $\gamma = \alpha\gamma$. 若 $\gamma < \bar{\gamma}$, 转到步 6. 否则转到步 2.

步 5. 令 $\varepsilon = \beta\varepsilon$. 若 $\varepsilon > \bar{\varepsilon}$, 则转到步 3. 否则转到步 6.

步 6. 如果 $\min_{i \in \{1,2,\ldots,N+1\}} n_{p_i} \geqslant P$, 则转到步 7. 否则 $n_{p_i} = n_{p_i+1}$, 且转到步 2.

步 7. 由 $(\sigma_{\varepsilon,\gamma}^{p,*}, \delta_{\varepsilon,\gamma}^{p,*})$ 按式 (5.6.32) 和 (5.6.33) 计算得到 $v^{p,*}$ 和 $\tau^{p,*}$ 并且算法终止.

这样, 由上述算法得到的 $(v^{p,*}, \tau^{p,*})$ 为内层优化问题 NSBSS-IOP$_N$ 的一个近似最优控制.

5.6.5 数值结果

反应物的组成, 发酵培养的条件以及微生物、底物和代谢产物的选择在文献 [286] 已经给出. 计算非线性切换系统 (5.6.4) 的解所需的参数列在表 5.11 中. 初始粒子群规模 N^p, 最大迭代次数 M^p 及参数值 $c_1^p, c_2^p, P_{cr}, M_1^p, M_2^p, \varepsilon_p$ 与 5.3 节的改进 PSO 算法给出的相同. 在算法 5.6.1 中, 其他的参数 $\varepsilon, \gamma, P, \alpha, \beta, \bar{\varepsilon}, \bar{\gamma}$, 初始切换次数 N 和整数 d 见表 5.12. 这些参数值都是由实验经验给出的.

表 5.11 计算非线性切换系统 (5.6.4) 解的参数

参数	参数值
x^0	$(0.1115\text{g/L}, 495\text{mmol/L}, 0, 0, 0, 5\text{L})^\text{T}$
r	0.75
c_{s0}	10762mmol/L
a^*	3.058×10^{-4}mmol/L
a_*	1.594×10^{-4}mmol/L
α^*	326.0870mmol/L
α_*	217.3913mmol/L
Δ	6.55L
t_f	24.16h

表 5.12 数值模拟中参数

N^p	M^p	c_1^p	c_2^p	P_{cr}	M_1^p	M_2^p	ε_p	P	ε	γ	α	β	$\bar{\varepsilon}$	$\bar{\gamma}$	N	d
150	100	2	2	0.5	50	20	10^{-3}	5	0.1	0.1	0.1	0.1	10^{-5}	10^{-8}	20	1

所有的计算均在 AMD Athlon 64 X2 双核 TK-57 1.90GHz 计算机上进行. 另外, 计算过程中用到的常微分方程均采用改进的 Euler 法进行数值求解. 应用启发式算法及算法 5.6.1 求解最优切换控制问题, 得到最优切换次数和甘油的最优流加策略. 最优切换次数为 28, 这比实验中的切换次数有显著地减少. 因为每次切换都可能增加生产成本, 所以利用该流加策略进行批式流加发酵可以有效地降低生产成本. 这对实际批式流加发酵具有一定的指导意义. 对于间歇过程的时间区间见表 5.13.

根据最优控制策略得到终端时刻 1,3- 丙二醇的浓度为 975.319 mmol/L, 这比实验数据提高了 22.34%, 也比 5.3 节的最优控制结果提高了 5.425%. 图 5.9 给出了甘油浓度随时间的变化曲线. 从图 5.9 可以看出: 在第一个间歇过程之后甘油的浓度都限制在区间 $[\alpha_*, \alpha^*]$ 之内. 这能有效地减少过量底物对细胞生长的抑制作用, 从而可以提高 1,3- 丙二醇的产量. 图 5.10 给出了批式流加发酵中 1,3- 丙二醇的浓度随发酵时间的变化曲线. 从图 5.10 中可以看出 1,3- 丙二醇浓度在间歇过程到流加过程的切换时刻先减小然后增加. 这主要因为在流加开始阶段甘油和碱的流对 1,3-丙二醇的稀释作用超过 1,3-丙二醇的生产, 从而发酵罐中 1,3-丙二醇浓度降低. 而随后 1,3-丙二醇的生产超过甘油和碱的流加引起的稀释作用, 所以发酵罐中 1,3-丙二醇的浓度又增加.

表 5.13 批式流加发酵的间歇过程中最优时间区间

间歇过程	时间区间 [h, h]	间歇过程	时间区间 [h,h]
I	[0, 5.360]	IX	[13.6731, 15.0836]
II	[5.4129, 6.5627]	X	[15.152, 16.6557]
III	[6.6204, 7.6423]	XI	[16.7221, 18.3029]
IV	[7.7051, 8.7066]	XII	[18.3686, 20.0137]
V	[8.7638, 9.801]	XIII	[20.0925, 21.7867]
VI	[9.8622, 10.971]	XIV	[21.8606, 23.5966]
VII	[11.0292, 12.2311]	XV	[23.6647, 24.160]
VIII	[12.298, 13.6052]		

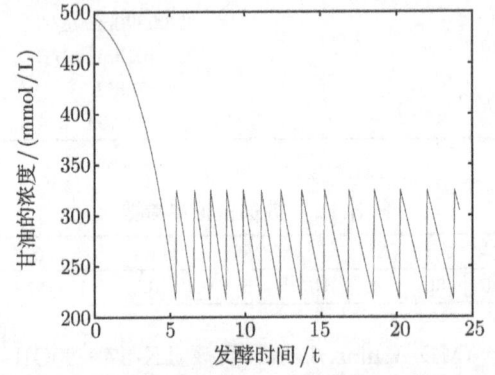

图 5.9 批式流加发酵中甘油浓度随时间变化曲线

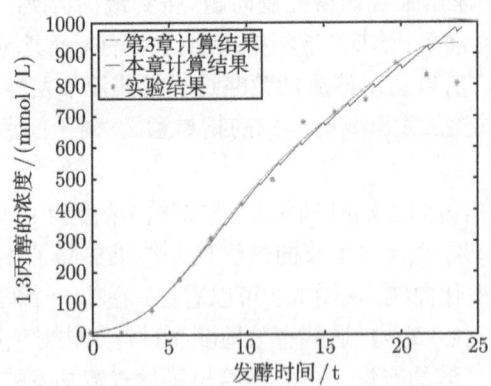

图 5.10 批式流加发酵中 1,3-丙二醇浓度随时间变化曲线

5.7 非耦联批式流加发酵混杂系统

本章的前面几节已经对耦联批式流加发酵过程进行了建模、模拟和最优控制. 总的来说, 该类发酵过程的混杂或者多阶段模型都可视为具有固定切换时间和切换顺序的切换系统. 此类系统正则解的存在唯一性易于验证[350]. 与耦联批式流加发酵不同, 非耦联批式流加发酵过程中, 由于碱的流加是通过 pH 值在线检测控制的, 即碱泵的开关是闭环控制系统, 故非耦联批式流加发酵系统存在状态依赖型的切换. 一般来说, 具有状态依赖型切换的混杂系统的适定性问题研究是比较困难的, 这主要是因为此类系统有可能产生齐诺现象, 而对于非线性混杂系统而言, 这一现象的存在与否是比较难验证的[86-89,350,351].

本节中, 针对甘油和碱非耦联注入的批式流加发酵过程, 首先根据甘油泵和碱泵是否处于工作状态, 将整个批式流加发酵分为四个模式, 然后建立一个含有离散变量和连续变量的混杂速率向量场, 用于描述各物质浓度及发酵液体积的变化速率. 其中, 离散变量表示当前工作模式, 而连续变量则表示关注的物质浓度及发酵液体积. 紧接着, 引入一个 "计时器" 变量, 用于表示甘油泵当前工作状态的运行时间, 结合预先给定的甘油流加时间策略, 来决定是否改变甘油泵的运行状态. 针对碱泵的控制机制, 引入了 pH 值的观测方程. 在上述准备工作的基础上, 建立了批式流加发酵系统的切换规则, 最后建立了描述非耦联批式流加发酵的混杂系统. 我们分析了该混杂系统非奇诺性和适定性问题, 并通过数值模拟说明了该模型可以很好地刻画非耦联的批式流加发酵过程.

5.7.1 非线性混杂动力系统

甘油为底物、微生物歧化生产 1,3-丙二醇的批式流加过程始于间歇发酵, 之后分批次加入甘油以保证反应器内残余甘油浓度维持在一定范围内. 此外, 为了维持发酵液的 pH 值, 需要不时地向发酵液中流加碱. 在实验室中, 甘油和碱的注入速率是固定的, 而通过泵阀的开关来控制甘油与碱的注入. 由于现有发酵设备中不能在线测量发酵液中残余甘油浓度, 故其流加时间策略需要在实验开始前给定. 与甘油的流加不同, 碱的流加可以通过在线检测发酵液的 pH 值来确定. 在发酵反应开始时, 事先调节好发酵液的 pH 值, 由于发酵过程中伴随着酸性副产物 (主要有乙酸、乳酸和琥珀酸等) 的产生, 随着发酵的进行, 发酵液的 pH 值会逐渐降低, 当低于允许下限时, 则自动地往发酵罐注入碱溶液 (实验中选用 5mol/L 的 NaOH 溶液), 直到其值达到允许上限时停止. 如此反复进行, 使得发酵液的 pH 值始终控制在允许范围内.

根据上述描述, 非耦联批式流加发酵过程的任一发酵时刻必在如下四种模式

之一:
    模式 0: 间歇发酵且不流加碱;
    模式 1: 间歇发酵且伴随碱的流加;
    模式 2: 流加甘油但不流加碱;
    模式 3: 流加甘油并伴随碱的流加.

批式流加发酵过程中, 由于需要分批次地注入甘油和碱液, 发酵液的体积会逐步增加. 此外, 为了计算任一时刻发酵液的 pH 值, 需要知道这一时刻之前注入的碱量. 因此, 针对非耦联批式流加发酵的动力学建模, 除了关注以往文献 [139, 141] 讨论的五种物质浓度 (生物量、残余甘油、1,3- 丙二醇, 乙酸和乙醇) 外, 还需引入两个新的状态变量, 即发酵液体积和发酵液中由注入的氢氧化钠产生的钠离子浓度.

根据实际发酵实验作如下假设:
H5.7.1   发酵罐内各物质浓度是均一的;
H5.7.2   发酵过程中注入物质仅包括甘油和碱液.

在假设 H5.7.1 和 H5.7.2 下, 甘油批式流加发酵过程可由如下模型来描述:

$$\frac{dC_X(t)}{dt} = (\mu - d)C_X(t) - \frac{v_G + v_N}{V(t)}C_X(t), \tag{5.7.1}$$

$$\frac{dC_{\text{Gly}}(t)}{dt} = -q_{\text{Gly}}C_X(t) + \frac{v_G}{V(t)}(c_{s_0} - C_{\text{Gly}}(t)) - \frac{v_N}{V(t)}C_{\text{Gly}}(t), \tag{5.7.2}$$

$$\frac{dC_{\text{PD}}(t)}{dt} = q_{\text{PD}}C_X(t) - \frac{v_G + v_N}{V(t)}C_{\text{PD}}(t), \tag{5.7.3}$$

$$\frac{dC_{\text{HAc}}(t)}{dt} = q_{\text{HAc}}C_X(t) - \frac{v_G + v_N}{V(t)}C_{\text{HAc}}(t), \tag{5.7.4}$$

$$\frac{dC_{\text{EtOH}}(t)}{dt} = q_{\text{EtOH}}C_X(t) - \frac{v_G + v_N}{V(t)}C_{\text{EtOH}}(t), \tag{5.7.5}$$

$$\frac{dC_{\text{Na}^+}(t)}{dt} = -\frac{v_G}{V(t)}C_{\text{Na}^+}(t) + \frac{v_N}{V(t)}(\varrho - C_{\text{Na}^+}(t)), \tag{5.7.6}$$

$$\frac{dV(t)}{dt} = v_G + v_N, \tag{5.7.7}$$

这里, $C_X(t), C_{\text{Gly}}(t), C_{\text{PD}}(t), C_{\text{EtOH}}(t)$ 分别为 t 时刻发酵液中生物量、残余甘油、1,3- 丙二醇和乙醇的浓度; $C_{\text{HAc}}(t)$ 是 t 时刻发酵液中乙酸分子和醋酸根离子的总浓度; $C_{\text{Na}^+}(t)$ 是 t 时刻之前注入的氢氧化钠溶液产生的钠离子在发酵液中的浓度; $V(t)$ 是 t 时刻发酵液的体积. 在不造成混淆的情况下, 将 $C_i(t)$ ($i = X$, Gly, PD, HAc, EtOH, Na$^+$) 和 $V(t)$ 简化为 C_i 和 V. d 是细胞的比衰减速率[352]. c_{s_0} (mmol/L) 和 ϱ (mmol/L) 分别是初始甘油浓度和初始碱浓度. v_N 和 v_G 分别是碱和甘油的流加速率, 从有限集 $S_1 := \{0, v_1\}$ 和 $S_2 := \{0, v_2\}$ 中取值. 其中, v_1(L/h) 和 v_2(L/h) 分别是碱和甘油的注入速率常数.

5.7 非耦联批式流加发酵混杂系统

在方程 (5.7.1)—(5.7.5) 中, μ, q_{Gly} 和 q_i ($i=\text{PD, HAc, EtOH}$) 分别为生物量的比生长速率、甘油的比消耗速率和产物的比生成速率, 具体形式由下式给出[139, 141]:

$$\mu = \mu_m \frac{C_{\text{Gly}}}{C_{\text{Gly}}+k_s}\left(1-\frac{C_{\text{Gly}}}{C^*_{\text{Gly}}}\right)\left(1-\frac{C_{\text{PD}}}{C^*_{\text{PD}}}\right)\left(1-\frac{C_{\text{HAc}}}{C^*_{\text{HAc}}}\right)\left(1-\frac{C_{\text{EtOH}}}{C^*_{\text{EtOH}}}\right), \quad (5.7.8)$$

$$q_{\text{Gly}} = m_2 + \frac{\mu}{Y_2} + \Delta_2 \frac{C_{\text{Gly}}}{C_{\text{Gly}}+K^*_2}, \quad (5.7.9)$$

$$q_{\text{PD}} = m_3 + \mu Y_3 + \Delta_3 \frac{C_{\text{Gly}}}{C_{\text{Gly}}+K^*_3}, \quad (5.7.10)$$

$$q_{\text{HAc}} = m_4 + \mu Y_4 + \Delta_4 \frac{C_{\text{Gly}}}{C_{\text{Gly}}+K^*_4}, \quad (5.7.11)$$

$$q_{\text{EtOH}} = m_5 + \mu Y_5 + \Delta_5 \frac{C_{\text{Gly}}}{C_{\text{Gly}}+K^*_5}. \quad (5.7.12)$$

其中, m_i、Y_i、Δ_i 和 K^*_i ($i=2,3,4,5$) 为动力学参数; μ_m 为细胞的最大比生长速率; k_s 是 Monod 常数. C^*_{Gly}、C^*_{PD}、C^*_{HAc} 和 C^*_{EtOH} 分别为甘油、1,3-丙二醇、乙酸和乙醇的临界浓度, 依次取值为 2039mmol/L、1300mmol/L、1026mmol/L 和 360.9mmol/L. 此外, 生物量的临界值 $C^*_X=10\text{g/L}$[353]. 由于各物质浓度都不能超过其临界值, 我们可基于 Logistic 模型[354] 对式 (5.7.8) 所定义的比生长速率作如下修改:

$$\mu = \begin{cases} \mu_m \dfrac{C_{\text{Gly}}}{C_{\text{Gly}}+k_s}\left(1-\dfrac{C_X}{C^*_X}\right)\left(1-\dfrac{C_{\text{Gly}}}{C^*_{\text{Gly}}}\right)\left(1-\dfrac{C_{\text{PD}}}{C^*_{\text{PD}}}\right)\left(1-\dfrac{C_{\text{HAc}}}{C^*_{\text{HAc}}}\right)\left(1-\dfrac{C_{\text{EtOH}}}{C^*_{\text{EtOH}}}\right), \\ \quad \text{如果}\ 0 \leqslant C_i \leqslant C^*_i, i=X,\text{Gly, PD, HAc, EtOH}, \\ 0, \quad \text{否则}. \end{cases} \quad (5.7.13)$$

可以看出, 在方程 (5.7.1)—(5.7.7) 中, $v_N = v_G = 0$ 对应模式 0, $v_N = v_1$ 且 $v_G = 0$ 对应模式 1, $v_N = 0$ 且 $v_G = v_2$ 对应模式 2, $v_N = v_1$ 且 $v_G = v_2$ 对应模式 3. 换而言之, 每一种发酵模式都可以通过方程 (5.7.1)—(5.7.7) 在离散变量 v_N 和 v_G 的某种固定取值下来刻画, 且模式间的切换表现为离散变量取值上的变化.

下面, 将根据具体的实验过程建立模式间的切换规则, 使得我们能够在发酵的任一时刻选取适当的离散变量的值, 从而能够正确地刻画发酵状态.

由于碱的流加是通过 pH 值反馈控制器来控制的, 故需要建立一个 pH 值的观测方程. 为简便起见, 首先定义如下数学符号:

$\mathcal{I}:=[t_0, t_f]$: 批式流加发酵总时间;

$\mathbb{N}$: 自然数集;

γ: 乙酸浓度占所有酸性产物浓度的比率;

$x := (x_1, x_2, x_3, x_4, x_5, x_6, x_7)^\mathrm{T} = (C_X, C_\mathrm{Gly}, C_\mathrm{PD}, C_\mathrm{HAc}, C_\mathrm{EtOH}, C_\mathrm{Na^+}, V)^\mathrm{T}$: 连续状态矢量;

$u := (d, \mu_m, k_s, m_2, m_3, m_4, m_5, Y_2, Y_3, Y_4, Y_5, \Delta_2, \Delta_3, \Delta_4, \Delta_5, K_2^*, K_3^*, K_4^*, K_5^*, \gamma)^\mathrm{T}$: 参量;

$X := \mathbb{R}_+^7$;

$\mathcal{U}_{ad} := \prod_{i=1}^{20} [u_i^l, u_i^u] \subset \mathbb{R}^{20}$: 参量允许集;

$W_{ad} := [0, C_X^*] \times [0, C_\mathrm{Gly}^*] \times [0, C_\mathrm{PD}^*] \times [0, C_\mathrm{HAc}^*] \times [0, C_\mathrm{EtOH}^*] \times [0, C_\mathrm{Na^+}^*] \times [0, V^*] \subset X$: 连续状态矢量允许集, 其中 V^* 为发酵罐的最大工作体积, $C_\mathrm{Na^+}^*$ 为氢氧化钠的临界浓度;

$j_1(t): \mathcal{I} \to \{0, 1\}$: 分片常值函数, 取值为 0 时表示相应时刻 $v_N = 0$, 取值为 1 时表示相应时刻 $v_N = v_1$;

$j_2(t): \mathcal{I} \to \mathbb{N}$: 分片常值函数, 取偶数值时表示相应时刻 $v_G = 0$, 取奇数时表示相应时刻 $v_G = v_2$;

f_i^j: 模式 j 下 (5.7.1)—(5.7.7) 中的第 i 个方程的右端项, $i \in I_7 = \{1, 2, \ldots, 7\}$, $j \in \bar{I}_3 = \{0, 1, 2, 3\}$;

$f^j(x, u) := (f_1^j(x, u), f_2^j(x, u), \ldots, f_7^j(x, u))^\mathrm{T}$: 第 j 个模式的速率向量场, $j \in \bar{I}_3$;

$R_\mathrm{pH} := [\mathrm{pH}_*, \mathrm{pH}^*]$: pH 值的允许集.

由于本节考虑的批式流加发酵是在弱酸性环境 (pH6.5) 下进行的, 可作如下假设.

H5.7.3 在整个发酵过程中, 存在常数 $M > 0$, 使得 $x_4 - \gamma x_6 \geqslant M$.

在假设 H5.7.1—H5.7.3 下, 根据文献 [355], 可推导出 $t \in \mathcal{I}$ 时刻的 pH 值的观测方程, 具体表示如下:

$$pH(t) = y_\mathrm{pH}(x(t))$$
$$= \begin{cases} pK_a - \lg \dfrac{x_4 - \gamma x_6}{\gamma x_6}, & \text{若 } x_6 \geqslant \epsilon_0, \\ -\lg \left(\dfrac{-K_a + \sqrt{K_a^2 + 4K_a x_4/(1000\gamma)}}{2} + \sqrt{K_w^-} \right), & \text{否则.} \end{cases} \quad (5.7.14)$$

这里, K_a 是酸性产物的平均离子积常数, $pK_a = -\lg(K_a)$; K_w^- 是水的离子积常数; ϵ_0 是一个充分小的常数, 当钠离子浓度低于这个值时, 则在 pH 值的计算中不考虑注入的氢氧化钠.

由于在整个发酵过程中发酵液的 pH 值要限制在区间 R_pH 内, 故有如下不等

5.7 非耦联批式流加发酵混杂系统

式约束:

$$h_0(x(t)) := \text{pH}^* - y_{\text{pH}}(x(t)) \geqslant 0, \tag{5.7.15}$$

$$h_1(x(t)) := y_{\text{pH}}(x(t)) - \text{pH}_* \geqslant 0. \tag{5.7.16}$$

由于在不注入碱的情况下发酵液的 pH 值会因酸性副产物的累积而不断降低, 可作如下假设:

H5.7.4 存在常数 $C > 0$, 使得对一切的 $(x, u) \in W_{ad} \times \mathcal{U}_{ad}$, 下面不等式成立

$$\nabla h_1(x) f^j(x, u) \leqslant -C, \quad j = 0, 2,$$

$$\nabla h_0(x) f^j(x, u) \leqslant -C, \quad j = 1, 3.$$

甘油的流加是由一个预先给定的时间序列决定的, 记这个时间序列为 $\{\bar{t}_i\}_{i=0}^{2N}$. 其中, $N \in \mathbb{N}$, $\bar{t}_{2N} = t_f$, $[\bar{t}_0, \bar{t}_1]$ 为间歇发酵阶段, $\bar{t}_i$ ($i \in \{1, 3, \ldots, 2N-1\}$) 为开始注入甘油的时刻, $\bar{t}_{i+1}$ 为停止注入甘油的时刻. 令 $\sigma_i := \bar{t}_{i+1} - \bar{t}_i$ ($i \in \bar{I}_{2N-1} := \{0, 1, 2, \ldots, 2N-1\}$) 和 $\sigma := (\sigma_0, \sigma_1, \ldots, \sigma_{2N-1})^{\text{T}} \in \mathbb{R}^{2N}$, 并称 σ 为甘油切换信号矢量.

在上面定义的函数和符号的基础上, 可建立如下非耦联批式流加发酵过程的非线性混杂系统:

$$\left.\begin{array}{l} \dot{x}(t) = f^{j(t)}(x(t), u) \\ \dot{\tau}(t) = \frac{1}{\sigma_{j_2(t)}} \end{array}\right\} := F^{j(t)}(\xi(t), u, \sigma), \quad \text{若 } \xi(t) \in \text{Dom}F,$$

$$x(t^+) = x(t^-), \quad \text{若 } \tau(t) = 1 \text{ 或 } h_i(x(t)) = 0, \ i \in \{0, 1\},$$

$$\tau(t^+) = 0 \quad \text{若 } \tau(t) = 1,$$

$$j_1(t^+) = i, \quad \text{若 } h_i(x(t)) = 0, \ i \in \{0, 1\}, \quad t \in \mathcal{I}. \tag{5.7.17}$$

$$j_2(t^+) = j_2(t^-) + 1, \quad \text{若 } \tau(t) = 1,$$

$$j_1(t_0) = j_{1,0},$$

$$j_2(t_0) = j_{2,0},$$

$$\left.\begin{array}{l} x(t_0) = x^0 \\ \tau(t_0) = \tau_0 \end{array}\right\} := \xi_0,$$

其中, $j(t) = j_1(t) + 2 \times (j_2(t) \mod 2)$, $\xi := (x, \tau)$, $F^{j(t)}(\xi(t), u, \sigma) = \left(f^{j(t)}(x(t), u), \frac{1}{\sigma_{j_2(t)}}\right)$, $\text{Dom}F := \{(x, \tau) \in X \times \mathbb{R} : \tau \neq 1 \text{ 且 } h_i(x) \neq 0, i = 0, 1\}$. τ 是一个"计时器"变量, 表示甘油泵在当前模式无量纲化的运行时间, 即 τ 的取值范围为 $[0, 1]$, 当它达到 1 时, 表示甘油泵的当前运行模式结束, 这时甘油泵自动切换到另一种模式, τ 的值也随之重置为 0, 然后开始新的计时.

注 5.7.1 观察系统 (5.7.17) 可以看出, 虽然 j_2 的取值范围为 $\mathbb{N}$, 但该系统仅刻画四种不同速率向量场. 当 j_1 固定时, j_2 取任一奇数对应着同一个向量场 (即 $v_G = v_2$), 取任一偶数又对应着另一个向量场 (即 $v_G = 0$). 采用这样的处理方式使得 j_2 不仅可以确定甘油泵当前的工作模式, 还可指定当前工作模式的驻留时间 σ_{j_2}.

5.7.2 混杂系统的适定性分析

本节主要讨论混杂系统 (5.7.17) 的一些基本性质, 包括非齐诺性以及解的存在唯一性、有界性和正则性.

首先给出混杂系统 (5.7.17) 的解的定义如下:

定义 5.7.1 给定甘油切换信号矢量 σ, 称四元组 $(x(\cdot), \tau(\cdot), j_1(\cdot), j_2(\cdot)) : \mathcal{I} \longrightarrow X \times \mathbb{R} \times \{0,1\} \times \mathbb{N}$ 为混杂系统 (5.7.17) 从 $(x^0, \tau_0, j_{1,0}, j_{2,0})$ 出发的完全解, 如果下面条件成立:

$x(t_0) = x^0, \tau(t_0) = \tau_0, j_1(t_0) = j_{1,0}$ 且 $j_2(t_0) = j_{2,0}$;

$j_1(\cdot)$ 和 $j_2(\cdot)$ 为分片常值函数; $\tau(\cdot)$ 和 $x(\cdot)$ 在切换时刻右连续, 并在其他时刻绝对连续;

若 $\xi(t) = (x(t), \tau(t)) \in \mathrm{Dom} F \subset \mathbb{R}^7 \times \mathbb{R}$, 且 $\dot{\xi}(t)$ 存在, 则 $\dot{\xi}(t) = F^{j(t)}(\xi(t), u, \sigma)$, 其中 $j(t) = j_1(t) + 2 \times (j_2(t) \mod 2)$;

若 $h_i(x(t)) = 0, i \in \{0,1\}$, 则 $j_1(t^+) = i$; 若 $\tau(t) = 1$, 则 $\tau(t^+) = 0$ 且 $j_2(t^+) = j_2(t) + 1$.

进一步地, 称 $x(\cdot)$ 为混杂系统 (5.7.17) 从 x^0 出发的解.

根据文献 [87], 引入下面符号: 给定混杂系统 (5.7.17) 的一个解 $x(\cdot)$, 记 $n_*(x) \in \mathbb{N} \cup \{\infty\}$ 为其离散事件的总次数, 并记 $t_n(x)$ 为第 n 次离散事件发生的时刻, $x^{t_n(x)}$ 为 t_n 时刻发生离散事件之前的连续状态, $n_t(x)$ 为 t 时刻之前发生的离散事件总次数.

性质 5.7.1 由 (5.7.17) 所定义的函数 f^j ($j \in \bar{I}_3$) 满足:

(i) f^j 关于 (x, u) 在 $X \times \mathcal{U}_{ad}$ 上二次连续可微;

(ii) f^j 关于 x 满足线性增长条件, 即存在常数 $\alpha > 0$, 使得下面不等式成立

$$\|f^j(x, u)\| \leqslant \alpha(\|x\| + 1), \quad \forall x \in X, \quad u \in \mathcal{U}_{ad}.$$

证明 根据函数 f^j 的定义, 容易验证上述性质成立. □

性质 5.7.2 给定 $u \in \mathcal{U}_{ad}$ 和 $\sigma \in \mathbb{R}_+^{2N}$, 在假设 H5.7.1—H5.7.4 下, 使不等式 (5.7.15) 和 (5.7.16) 在时间区间 $\mathcal{I}$ 上恒成立, 混杂系统 (5.7.17) 仅需有限次切换, 即混杂系统 (5.7.17) 在 $\mathcal{I}$ 上是非齐诺的.

5.7 非耦联批式流加发酵混杂系统

证明 混杂系统 (5.7.17) 包括两类切换：一类是时间依赖的 (即甘油泵切换)；另一类是状态依赖的 (即碱泵的切换). 给定甘油切换信号矢量 $\sigma = (\sigma_0, \sigma_1, \ldots, \sigma_{2N-1})$, 则第一类切换总次数即为 $2N-1$, 故只需再证明第二类切换总次数是有限的, 或进一步地, 只需证明在甘油泵从开到关的任意一个时间段上第二类切换的总次数是有限的.

不失一般性, 考虑甘油泵为开的情况下碱泵从开到关的任意一次完整的时间段, 记这个时间段为 $[t_i, t_{i+1}]$. 此段时间上的发酵过程可用如下子系统来描述:

$$\begin{cases} \dot{x} = f^{j(t_i^+)}(x, u), \\ x(t_i^+) = x^{t_i}, \end{cases} \quad t \in [t_i, t_{i+1}]. \tag{5.7.18}$$

其中, $j(t_i^+) = 2$. 根据性质 5.7.1 和引理 2.2.5, 可知子系统 (5.7.18) 在 $[t_i, t_{i+1}]$ 上存在唯一解, 记为 $x^{i+1}(\cdot; x^{t_i})$, 该解可表示为积分方程

$$x^{i+1}(t) = x^{t_i} + \int_{t_i}^{t} f^{j(t_i^+)}(x^{i+1}(s), u) ds, \quad \forall t \in [t_i, t_{i+1}].$$

根据碱泵开关的切换规则可知, t_i 和 t_{i+1} 时刻分别为发酵液 pH 值达到允许下界和允许上界的时刻, 因此, 式 (5.7.14) 定义的 $pH(\cdot)$ 在 $[t_i, t_{i+1}]$ 上的全变差 $V_{t_i}^{t_{i+1}}(\text{pH})$ 满足

$$V_{t_i}^{t_{i+1}}(\text{pH}) \geqslant \text{pH}^* - \text{pH}_* \triangleq \Delta\text{pH}.$$

令

$$p_1(x_4(t), x_6(t)) := pK_a - \lg \frac{x_4(t) - \gamma x_6(t)}{\gamma x_6(t)},$$

$$p_2(x_4(t), x_6(t)) := -\lg \left(\frac{-K_a + \sqrt{K_a^2 + 4K_a x_4(t)/(1000\gamma)}}{2} + \sqrt{K_w^-} \right),$$

则可得

$$\frac{dp_1}{dt} = \frac{(f_4^{j(t_i^+)}(x, u) - \gamma f_6^{j(t_i^+)}(x, u))\gamma x_6 - \gamma f_6^{j(t_i^+)}(x, u)(x_4 - \gamma x_6)}{(x_4 - \gamma x_6)\gamma x_6},$$

$$\frac{dp_2}{dt} = \frac{4K_a f_4^{j(t_i^+)}(x, u)/(1000\gamma)}{\left(\frac{-K_a + \sqrt{K_a^2 + 4K_a x_4/(1000\gamma)}}{2} + \sqrt{K_w^-} \right) \sqrt{K_a^2 + 4K_a x_4/(1000\gamma)}}.$$

另一方面, 由函数 $f^{j(t_i^+)}$ 的定义, 容易得到下面不等式.

$$|f_6^{j(t_i^+)}(x, u)| \leqslant v_N \leqslant v_2, \quad \forall x \in W_{ad},$$

$$|f_4^{j(t_i^+)}(x,u)| \leqslant (|m_4| + |\mu_{\max}Y_4| + |\Delta_4|)C_X^* \triangleq M_1 > 0, \quad \forall x \in W_{ad}.$$

故可得

$$\left|\frac{dp_1}{dt}\right| \leqslant \frac{(M_1 + \gamma v_2)C_{\mathrm{Na}^+}^* + \gamma v_2 C_{\mathrm{HAc}}^*}{M\gamma\epsilon_0} \triangleq M_2, \quad \forall x \in W_{ad}, x_6 \geqslant \epsilon_0;$$

$$\left|\frac{dp_2}{dt}\right| \leqslant \frac{M_1}{250\sqrt{K_w^-}} \triangleq M_3, \quad \forall x \in W_{ad}.$$

从而有

$$\frac{dpH(t)}{dt} \leqslant \max\{M_2, M_3\} \triangleq M_4,$$

$$t_{i+1} - t_i \geqslant \frac{V_{t_i}^{t_{i+1}}(\mathrm{pH})}{M_4} \geqslant \frac{\Delta \mathrm{pH}}{M_4} > 0.$$

由时间区间 $[t_i, t_{i+1}]$ 选取的任意性, 可知任意两个相邻的第二类切换时刻的差的绝对值有一致的下界, 即混杂系统 (5.7.17) 在这类切换之间的驻留时间有下界. 又由于甘油泵运行时间是一个预先给定的有限值, 故混杂系统 (5.7.17) 在甘油泵为开的状态的任意一个完整时间段上, 至多经历有限次第二类切换. 同样可以证明系统 (5.7.17) 在甘油泵关闭状态的任意一个完整时间段上至多经历有限次切换. 从而可知系统 (5.7.17) 在整个发酵时间 $\mathcal{I}$ 上至多经历有限次切换, 即系统 (5.7.17) 在 $\mathcal{I}$ 上是非齐诺的. □

性质 5.7.3 在假设 H5.7.1—H5.7.4 下, 给定 $u \in \mathcal{U}_{ad}, x^0 \in W_{ad}, \tau_0 \in [0,1]$ 和甘油切换矢量 σ, 混杂系统 (5.7.17) 存在唯一解, 记为 $x(\cdot; u, \sigma, x^0, \tau_0)$. 进一步地, $x(\cdot; u, \sigma, x^0, \tau_0)$ 满足下列不等式

$$\|x(t; u, \sigma, x^0, \tau_0) - x_0\| \leqslant (e^{\alpha(t-t_0)} - 1)(\|x_0\| + 1), \quad \forall t \in \mathcal{I},$$

其中 α 如性质 5.7.1 所定义.

证明 根据性质 5.7.2, 可知系统 (5.7.17) 在时间区间 $\mathcal{I}$ 至多经历有限次离散转换. 不妨假设系统经历 n_* 次离散转换, 记转换时刻序列为 $\{t_i\}_{i=1}^{n_*}$, 则有 $t_0 < t_1 < t_2 < \ldots < t_{n_*} \leqslant t_f$. 不妨设 $t_{n_*} < t_f$, 并令 $t_{n_*+1} = t_f$. 在任意时间区间 $[t_i, t_{i+1})$ 上, $i \in \{0, 1, \ldots, n_* - 1\}$, 连续状态 x 受子系统 (5.7.18) 的驱动, 对应着某一固定的 $j(t_i^+) \in \bar{I}_3$, 由性质 5.7.2 的证明可知, 该子系统存在唯一解 $x^{i+1}(\cdot; x^{t_i})$. 根据性质 5.7.1, 可得

$$\|\dot{x}^{i+1}(t)\| = \|f^{j(t_i^+)}(x^{i+1}(t), u)\| \leqslant \alpha(\|x^{i+1}(t)\| + 1), \quad \forall t \in [t_i, t_{i+1}).$$

则由引理 2.2.1 可得

$$\|x^{i+1}(t) - x^{t_i}\| \leqslant (e^{\alpha(t-t_i)} - 1)(\|x^{t_i}\| + 1), \quad \forall t \in [t_i, t_{i+1}). \tag{5.7.19}$$

5.7 非耦联批式流加发酵混杂系统

令

$$x(t; u, \sigma, x^0, \tau_0) = \begin{cases} x^1(t; x^0), & t \in [t_0, t_1), \\ x^2(t; x^{t_1}), & t \in [t_1, t_2), \\ \vdots \\ x^{n_*+1}(t; x^{t_{n_*}}), & t \in [t_{n_*}, t_f]. \end{cases}$$

则 $x(\cdot; u, \sigma, x^0, \tau_0)$ 是混杂系统 (5.7.17) 在 $\mathcal{I}$ 上的唯一解. 由于 $x(\cdot; u, \sigma, x^0, \tau_0)$ 在 $\mathcal{I}$ 不存在脉冲跳跃, 则由 (5.7.19) 可得

$$\|x(t; u, \sigma, x^0, \tau_0) - x^0\| \leqslant (e^{\alpha(t-t_0)} - 1)(\|x^0\| + 1), \quad \forall t \in \mathcal{I}.$$

即命题得证. □

混杂系统 (5.7.17) 受多个不同向量场的驱动, 其解的正则性不仅依赖于各向量场的连续性, 还与离散事件有关. 为了研究系统解的正则性问题, 首先根据 5.7.1 节, 提出混杂系统 (5.7.17) 切换字的概念.

定义 5.7.2 给定初值–参数–甘油切换信号矢量 (x^0, u, σ), 称字符串 $\boldsymbol{L} = l_1 l_2 \ldots l_i \ldots l_{n_*}$ $(l_i \in \bar{I}_3)$ 为混杂系统 (5.7.17) 在 $\mathcal{I}$ 上的切换字, 如果系统 (5.7.17) 的连续状态 x 在 $\mathcal{I}$ 上依次受向量场 $f^{l_1}, f^{l_2}, \ldots, f^{l_i}, \ldots, f^{l_{n_*}}$ 的驱动.

注 5.7.2 由性质 5.7.2 可知, 任给初值–参数–甘油切换信号矢量 (x^0, u, σ), 系统 (5.7.17) 在 $\mathcal{I}$ 上的切换字 $\boldsymbol{L}$ 是有限字符串, 即 $n_* < \infty$.

定义 5.7.3 固定甘油切换信号矢量 σ, 设 $\boldsymbol{L} = l_1 l_2 \ldots l_n$ 和 $\boldsymbol{L}' = l'_1 l'_2 \ldots l'_{n'}$ 分别为 $\mathcal{I}$ 上混杂系统 (5.7.17) 在初值–参数对 (x^0, u) 和 $(x^{0\prime}, u')$ 下对应的切换字. 称这两个切换字为一致的, 如果

$$l_1 l_2 \ldots l_{n_M} = l'_1 l'_2 \ldots l'_{n_M},$$

其中 $n_M = \min\{n, n'\}$, 称这两个切换字为完全一致的, 如果

$$n = n' \text{ 且 } l_1 l_2 \ldots l_n = l'_1 l'_2 \ldots l'_n.$$

对于具有状态依赖型切换的混杂系统, 其切换时刻可能因初值–参数对的不同而不同. 因此, 给定两个不同的初值参数对, 即便它们对应的系统在 $\mathcal{I}$ 上具有完全一致的切换字, 仍然有可能在某些时间区间上对应着不同的向量场. 可以通过图 5.11 的示意图来说明这一点. 图中 x 表示矢量 $x \in R^7$ 中各分量变化示意趋势. 实线和虚线分别表示系统 (5.7.17) 在初值与参数对 (x^0, u) 和 $(x^{0\prime}, u')$ 下的两个解 $x(t; x^0, u)$ 和 $x(t; x^{0\prime}, u')$ 的轨迹. 设 t_1 和 t'_1 时刻分别满足 $h_1(x(t_1; x^0, u)) = 0$ 和 $h_1(x(t'_1; x^{0\prime}, u')) = 0$ (即 pH 值达到其允许下界迫使碱泵开始工作的时刻), $\bar{t}_1$ 为预先指定的甘油泵开始工作的时刻, t_2 和 t'_2 分别为满足 $h_0(x(t_1; x^0, u)) = 0$ 和

$h_0(x(t'_1; x^{0'}, u')) = 0$ 的时刻 (即 pH 达到其上界迫使碱泵停止工作的时刻). 图中表明两个不同初值与参数对的切换字是完全一致的, 即 $\boldsymbol{L} = \boldsymbol{L}' = l_1 l_2 l_3 l_4 \cdots$. 但是, 可以看出, 在 (t'_1, t_1) 时间段内, $x(t; x^0, u)$ 的向量场为 f^{l_1}, 而 $x(t; x^{0'}, u')$ 的向量场为 f^{l_2}; 在 (t'_2, t_2) 时间段内, $x(t; x^{0'}, u')$ 的向量场为 f^{l_4}, 而 $x(t; x^0, u)$ 的向量场为 f^{l_3}. 因此, 这两个不同初值–参数对下的混杂系统虽然对应着相同的切换字, 但在某些时间段上仍然受不同向量场的驱动. 造成这一问题的原因在于状态依赖 (自治) 切换时刻会因初值选取的不同而发生变化.

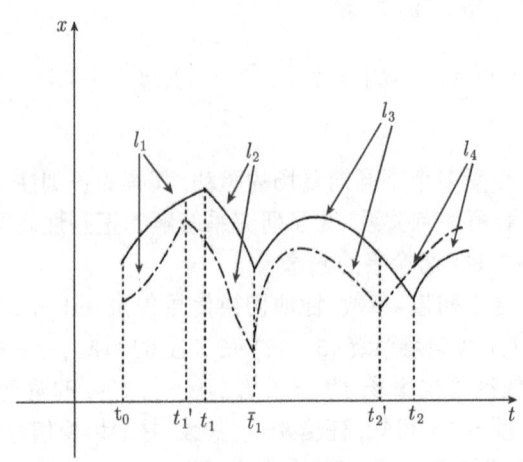

图 5.11 初值 (x^0, u) 和 $(x^{0'}, u')$ 下混杂系统 (5.7.17) 对应的两个解

实线表示解 $x(t; x^0, u)$ 的轨迹, 虚线表示解 $x(t; x^{0'}, u')$ 的轨迹. $l_i, i = 1, 2, 3, 4$, 表示相应曲线段的速率场为 f^{l_i}

根据图 5.11 的分析可以看出, 欲验证系统 (5.7.17) 解的正则性, 需验证如下几个条件:

(i) 所有的向量场关于状态变量和参数是连续依赖的;

(ii) 对于两个充分靠近的初值–参数对, 混杂系统 (5.7.17) 在两个初值 – 参数对下, 若从同一个向量场开始演化, 其后续的向量场也应该是一样的, 即具有一致的切换字;

(iii) 切换时刻关于初值–参数对是连续依赖的.

显然, 条件 (i) 由性质 5.7.1 直接可得. 此外, 对于给定的甘油切换信号矢量, 可以把整个发酵时间分割为一个个甘油泵运行的时间段和不运行的时间段. 在每一个甘油泵状态固定的时间段上, 系统 (5.7.17) 仅在两个不同的向量场之间进行切换, 即为双模式切换系统, 故条件 (ii) 也显然满足. 下面仅需验证条件 (iii).

定理 5.7.1 在假设 H5.7.1—H5.7.4 下, 给定 $j_1 \in \{0, 1\}, j_2 \in \bar{I}_{2N+1}$, 令

5.7 非耦联批式流加发酵混杂系统

$\varphi(\cdot;\varphi_0,u)$ 为下面系统

$$\begin{cases} \dot{x} = f^j(x,u), \\ x(t'_0) = \varphi_0 \end{cases} \tag{5.7.20}$$

的一个解. 其中, $j = j_1 + 2 \times (j_2 \mod 2)$, $t'_0 \in \mathcal{I}$, $\varphi_0 \in W_{ad}$, 且不等式 (5.7.15) 和 (5.7.16) 成立. 令 $s \in \mathcal{I}$ 为继 t'_0 后首次满足等式 (5.7.21) 的时刻:

$$h_{j_1}(\varphi(s;\varphi_0,u)) = 0. \tag{5.7.21}$$

那么, s 关于 (t'_0,φ_0,u) 在 $\mathcal{I} \times W_{ad} \times \mathcal{U}_{ad}$ 上连续.

证明 令 $M_{\varphi_0} := h_{j_1}(\varphi_0) \geqslant 0$. 根据假设 H5.7.4, 可知存在 $s \geqslant t'_0$ 满足 (5.7.21) 且 $s \leqslant t'_0 + \dfrac{M_{\varphi_0}}{C}$. 由于 (5.7.20) 是自治系统, 故 s 关于 t'_0 连续是显然的. 下面仅需证明 s 关于 φ_0 和 u 连续.

对于给定的 j_1 和 j_2, 系统 (5.7.20) 即为常微分方程动力系统. 根据性质 5.7.1 和引理 2.2.3—2.2.5, 可知 $\varphi(\cdot;\varphi_0,u)$ 关于 (φ_0,u) 在 $W_{ad} \times \mathcal{U}_{ad}$ 上连续. 因此, 对任意的 $\varepsilon > 0$, 存在 $\delta > 0$, 使得对一切满足 $\|\varphi'_0 - \varphi_0\| + \|u' - u\| \leqslant \delta$ 的 (φ'_0,u'), 有

$$-C\varepsilon < h_{j_1}(\varphi(s;\varphi'_0,u')) < C\varepsilon. \tag{5.7.22}$$

若 $h_{j_1}(\varphi(s;\varphi'_0,u')) > 0$, 则由 $\nabla h_{j_1}(x) f^j(x,u) \leqslant -C$ 可知, 存在 $s' \geqslant t'_0$, 使得

$$0 < s' - s < \varepsilon \text{ 且 } h_{j_1}(\varphi(s';\varphi'_0,u')) = 0;$$

若 $h_{j_1}(\varphi(s;\varphi'_0,u')) < 0$, 则存在 $s' \geqslant t'_0$, 使得

$$-\varepsilon < s' - s < 0 \text{ 且 } h_{j_1}(\varphi(s';\varphi'_0,u')) = 0.$$

因此, 对一切满足 $\|\varphi'_0 - \varphi_0\| + \|u' - u\| \leqslant \delta$ 的 (φ'_0,u'), 存在 $s' \leqslant t'_0$ 使得

$$-\varepsilon < s' - s < \varepsilon \text{ 且 } h_{j_1}(\varphi(s';\varphi'_0,u')) = 0.$$

即 s 关于 φ_0 和 u 连续. 故命题得证. □

定理 5.7.2 在假设 H5.7.1—H5.7.4 下, 对于给定的 σ 和 τ_0, 混杂系统 (5.7.17) 的解 $x(\cdot;u,\sigma,x^0,\tau_0)$ 关于初值-参数对 (x^0,u) 在 $W_{ad} \times \mathcal{U}_{ad}$ 上连续.

证明 任给 $(x^0,u) \in W_{ad} \times \mathcal{U}_{ad}$, 则由性质 5.7.2 和 5.7.3 可知, 系统 (5.7.17) 存在唯一解 $x(\cdot;u,\sigma,x^0,\tau_0)$, 且离散事件总次数 $n_*(x) < \infty$. 记系统 (5.7.17) 在给定的 (x^0,u) 下的切换字为 $\boldsymbol{L}(x) = j_1 j_2 \ldots j_{n_*(x)}$, 并记相应的切换时刻为 $t_1(x) < t_2(x) < \ldots < t_{n_*(x)}(x)$. 令 $t_0(x) = t_0$. 下面, 分两种情形进行证明.

(i) $t_{n_*(x)}(x) < t_f$. 此时, 令 $t_{n_*(x)+1}(x) := t_f$. 由定理 5.7.1 可知, 任给 $0 < \varepsilon < t_f - t_{n_*(x)}(x)$, 存在 $0 < \delta_1 < \varepsilon$, 使得对一切满足 $\|x^{0'} - x^0\| + \|u' - u\| \leqslant \delta_1$ 的 $(x^{0'},u')$,

系统 (5.7.17) 的解 $x'(\cdot; u', \sigma, x^{0'}, \tau_0)$ 满足：(a) $n_*(x') = n_*(x)$; (b) $\boldsymbol{L}(x') = \boldsymbol{L}(x)$; (c) $|t_i(x') - t_i(x)| < \dfrac{\varepsilon}{n_*(x)}$, $i = 1, 2, \ldots, n_*(x)$. 再由性质 5.7.3 可得

$$x(t; u, \sigma, x^0, \tau_0) = x^0 + \sum_{i=0}^{n_t(x)-1} \int_{t_i(x)}^{t_{i+1}(x)} f^{j_i}(x(s), u) ds + \int_{t_{n_t(x)}}^{t} f^{j_{n_t(x)}}(x(s), u) ds, \quad \forall t \in \mathcal{I}.$$

令 $t_i^m := \min\{t_i(x), t_i(x')\}$, $t_i^M := \max\{t_i(x), t_i(x')\}$, 则有

$$t_i^M - t_i^m < \frac{\varepsilon}{n_*(x)}, \quad i = 1, 2, \ldots, n_*(x). \tag{5.7.23}$$

令 $t_0^m = t_0^M = t_0$ 和 $t_{n_*(x)+1}^m = t_{n_*(x)+1}^M = t_f$, 则对一切的 $t \in \mathcal{I}$, 有

$$\|x(t; u, \sigma, x^0, \tau_0) - x'(t; u', \sigma, x^{0'}, \tau_0)\|$$
$$\leqslant \|x^0 - x^{0'}\| + \sum_{i=0}^{n_*(x)} \int_{t_i^M}^{t_{i+1}^m} \|f^{j_i}(x(s), u) - f^{j_i}(x(s), u')\| ds$$
$$+ \sum_{i=1}^{n_*(x)} \int_{t_i^m}^{t_i^M} \|f^{j(s)}(x(s), u) - f^{j'(s)}(x(s), u')\| ds. \tag{5.7.24}$$

由性质 5.7.1 可知, 存在 $\delta_2 \leqslant \delta_1$, 使得对一切满足 $\|u - u'\| \leqslant \delta_2$ 的 u', 有

$$\|f^j(x, u) - f^j(x, u')\| \leqslant \frac{\varepsilon}{t_f}, \quad \forall j \in \bar{I}_3. \tag{5.7.25}$$

另一方面, 由 f^j 关于 (x, u) 的连续性可知, 存在 $M_f > 0$, 使得不等式

$$\|f^j(x, u) - f^{j'}(x', u')\| < M_f, \quad \forall j, j' \in \bar{I}_3, \forall (x, u), (x', u') \in \mathcal{W}_{ad} \times \mathcal{U}_{ad} \tag{5.7.26}$$

成立. 由 (5.7.23)—(5.7.26) 可得

$$\|x(t; u, \sigma, x^0, \tau_0) - x'(t; u', \sigma, x^{0'}, \tau_0)\| < (1 + 1 + M_f)\varepsilon, \quad \forall t \in \mathcal{I}. \tag{5.7.27}$$

最后, 令 $\varepsilon \to 0$, 则有

$$\|x(t; u, \sigma, x^0, \tau_0) - x'(t; u', \sigma, x^{0'}, \tau_0)\| \to 0 \text{ 当} (x^{0'}, u') \to (x^0, u), \quad \forall t \in \mathcal{I}.$$

即 $x(\cdot; u, \sigma, x^0, \tau_0)$ 关于 (x^0, u) 连续.

(ii) $t_{n_*(x)}(x) := t_f$. 此时, 由性质 5.7.2 可知, 存在 $T_m > 0$, 使得混杂系统 (5.7.17) 的时间区间从 $\mathcal{I} = [t_0, t_f]$ 扩大为 $\mathcal{I}' = [t_0, t_f + T_m]$ 后, 其解 $x(\cdot; u, \sigma, x^0, \tau_0)$

满足 $n_{t_f+T_m}(x) = n_{t_f}(x)$. 令 $t_f' := t_f + T_m$, 则有 $t_{n_*(x)}(x) = t_f < t_f'$. 由情形 (i) 的证明, 可知 $x(\cdot; u, \sigma, x^0, \tau_0)$ 在 $\mathcal{I}'$ 关于 (x^0, u) 连续, 故 $x(\cdot; u, \sigma, x^0, \tau_0)$ 定义在 $\mathcal{I}$ 部分也关于 (x^0, u) 连续.

由情形 (i) 和情形 (ii) 的证明可知, 系统 (5.7.17) 的解 $x(\cdot; u, \sigma, x^0, \tau_0)$ 关于 (x^0, u) 在 $\mathcal{W}_{ad} \times \mathcal{U}_{ad}$ 上连续.

5.7.3 数值模拟

本节根据一个非耦联批式流加发酵实验数据, 利用混杂系统 (5.7.17) 对该发酵过程进行了数值模拟. 该发酵实验是在 37°C 条件下进行的, 并开始于间歇发酵 (即 $j_{1,0} = j_{2,0} = 0$), 初值条件为 $x^0 = (0.155, 434.783, 0.0, 0.0, 0.0, 0.0, 2.0)^T$. 发酵过程中, pH 被控制在 6.48—6.52 之间, 即 $pH_* = 6.48$, $pH^* = 6.52$. 碱和甘油的注入速率常数分别为 $v_1 = 0.10L/h$ 和 $v_2 = 0.80L/h$, 初始甘油浓度为 $c_{s_0} = 12888mmol/L$, 初始碱液浓度为 $\varrho = 5000mmol/L$. 整个发酵实验进行了 39 个小时. 整个发酵时间按 100 秒为单位分割成 39×36 个小区间. 每个单位时间上设定注入甘油的时间长度. 甘油流加策略如表 5.14 所示.

表 5.14 甘油流加策略

时间段	0h—10h	10h—12h	12h—15h	15h—18h	18h—20h	20h—22h	22h—24h
注入时长/(s/100s)	0	1.25	1.61	1.65	2.22	2.32	1.77
时间段	24h—26h	26h—28h	28h—30h	30h—32h	32h—34h	34h—36h	36h—39h
注入时长/(s/100s)	1.89	1.23	1.0	0.76	0.97	1.58	0.89

整个发酵过程中进行了 l (=18) 次取样, 测量相应的生物量、残余甘油、1,3-丙二醇、乙酸和乙醇的浓度以及发酵液的体积. 每个观测时刻的钠离子浓度根据加入的氢氧化钠总量和发酵液的体积进行计算得出. 数值模拟中, 参数 d 和 γ 根据实验数据初步估计给出. 其他参数则参考文献 [139, 141]. 混杂系统的数值解是通过欧拉法进行计算的, 其步长在多次数值实验比较的基础上设定为 1/72000h. 数值计算过程中, 整个发酵过程中每个发酵模式运行的频数 (即每个发酵模式运行的总次数) 及其运行的总时间也记录下来, 结果列于表 5.15. 图 5.12—5.18 为数值结果和实验值之间的比较, 其中, 实线表示计算值, '×' 表示实验值. 图 5.19 给出了 pH 值在整个发酵过程的变化情况.

表 5.15 每个模式运行的次数和总时间

模式	0	1	2	3
频数	4443	3470	1036	64
运行总时间/h	36.745	1.811	0.396	0.048

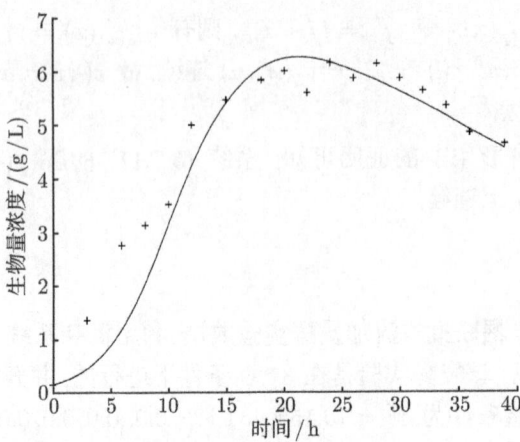

图 5.12 生物量浓度实验值和数值结果的比较

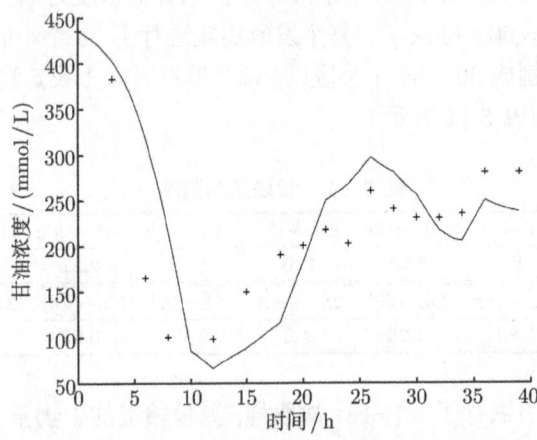

图 5.13 残余甘油浓度实验值和数值结果的比较

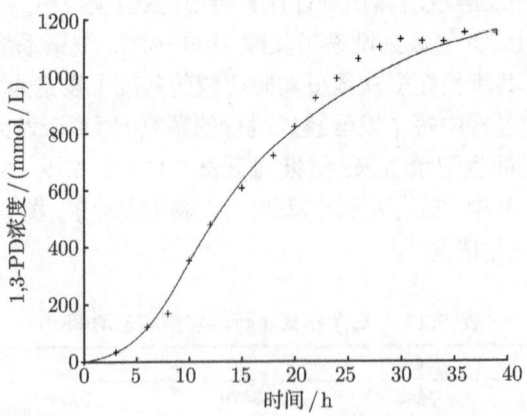

图 5.14 1,3-丙二醇浓度实验值和数值结果的比较

5.7 非耦联批式流加发酵混杂系统

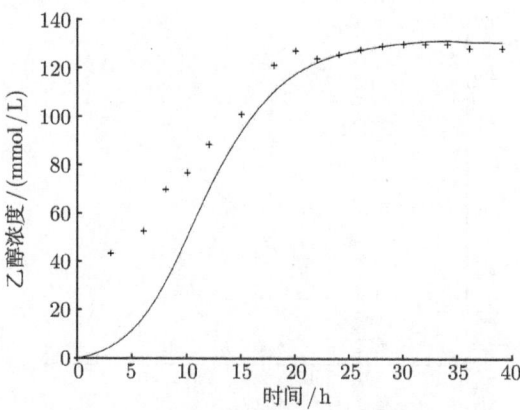

图 5.15 乙酸浓度实验值和数值结果的比较

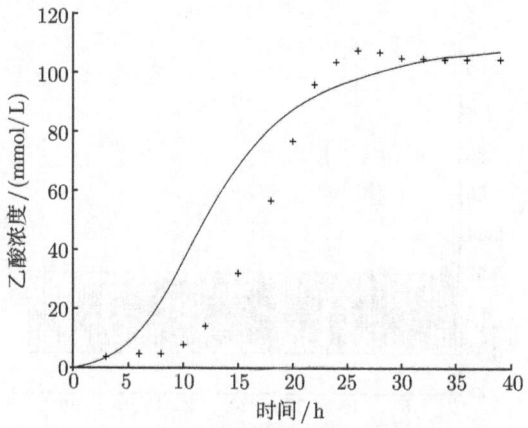

图 5.16 乙醇浓度实验值和数值结果的比较

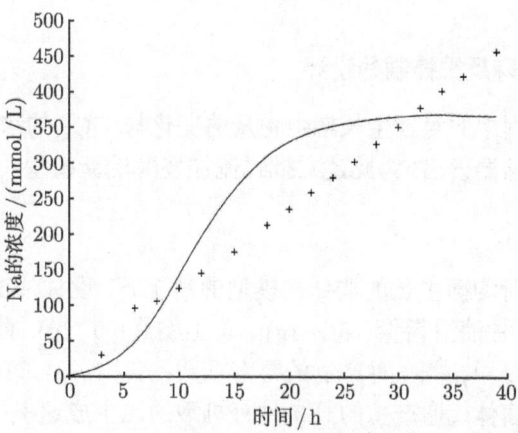

图 5.17 钠离子浓度实验值和数值结果的比较

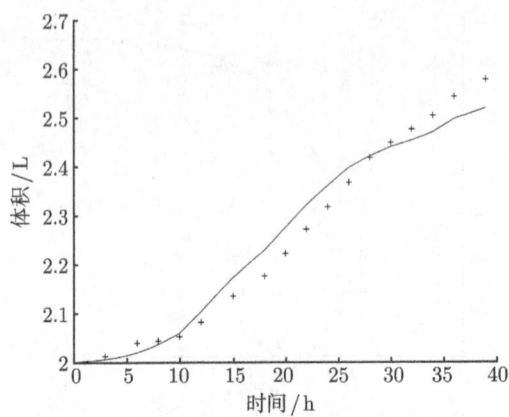

图 5.18　发酵液体积实验值和数值结果的比较

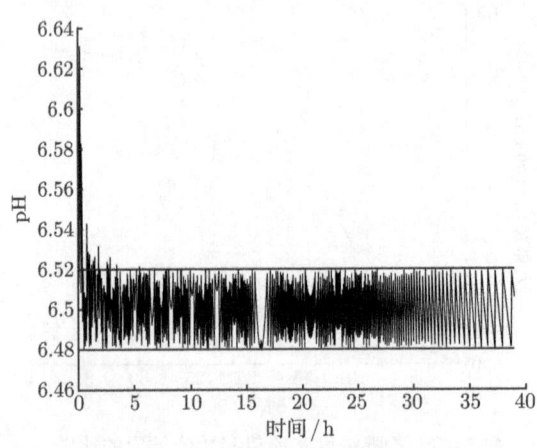

图 5.19　pH 值变化的数值模拟

5.7.4　批式流加发酵反馈控制的设计

由于在发酵过程中的对数生长期生物量的变化与 CO_2 的浓度成正比, 且 CO_2 的浓度可直接从传感器读出. 为此建立批式流加发酵的新模型.

1. 建立控制模型

在发酵过程负荷均衡生长的非结构模型的情况下, 设甘油密度: ρ_G (g/L); 碱液密度: ρ_N (g/L); 甘油消耗量: M_G (g);, 总生物量: Y (g); 菌体得率系数: K_Y^* (g/g); 维持常数: c (h^{-1}); 第 i 种产物的得率系数: K_{p_i} (g/g); 第 i 种产物的比生成速率: r_{p_i} (g/g·h);; 菌体代谢产生的第 j 种有机酸的比生成速率: r_{q_j} (g/g·h); K_j 为其得率系数; 发酵时间: t (h); 代谢产物种类总数: P; 流加底物甘油的质量分数: G_g

5.7 非耦联批式流加发酵混杂系统

(g/g); 甘油浓度 G_S (g/L); 发酵液体积: V (L); 甘油流加速率: F_G (g/h); 碱液流加速率: F_N (g/h); 碱溶液的摩尔浓度: ϱ_2 (mmol/L); m_j 和 K_{aj} 分别为第 j 种有机酸的摩尔质量和解离系数. 根据底物消耗速率, 底物的流加速率关系, 甘油流加和加碱引起发酵液体积的变化及碱液消耗与生成总酸量的关系为

$$-\frac{dM_G}{dt} = \frac{1}{K_Y^*}\frac{dY}{dt} + cY + Y\sum_{i=1}^{P}\frac{r_{pi}}{K_{pi}}, \quad (5.7.28)$$

$$G_g F_G = \frac{dM_G}{dt} + G_S\frac{dV}{dt}, \quad (5.7.29)$$

$$\frac{dV}{dt} = \frac{F_G}{\rho_G} + \frac{F_N}{\rho_N}, \quad (5.7.30)$$

$$\frac{\varrho_2 F_N}{\rho_N} = Y\sum_{j=1}^{n}K_{aj}\frac{r_{q_j}}{m_j}. \quad (5.7.31)$$

综合上述方程, 可得出底物流加速率为

$$F_G = b_1\frac{dY}{d_t} + b_2 Y + b_3 F_N, \quad (5.7.32)$$

其中

$$b_1 = \frac{\rho_G}{G_g\rho_G - G_S}\frac{1}{K_Y^*},$$

$$b_2 = c + \sum_{k=1}^{k}\frac{q_k}{K_k},$$

$$b_3 = \frac{\rho_G}{G_g\rho_G - G_S}\left(\frac{G_S}{\rho_N} + \frac{\varrho_2}{\rho_N}\frac{\sum\frac{r_{q_j}}{K_j}}{\sum K_{aj}\frac{r_{q_j}}{m_j}}\right).$$

q_k (g/g·h) 为第 k 种非有机酸产生的比生成速率, K_k 为其得率系数. 进一步简化方程, 设 X 为 CO_2 浓度. 考虑编程实现的可行性, 增加一个数值修正系数 k_2, 在实现时所有系数采用正实数, CO_2 浓度 X 值可以直接从传感器读出, 考虑菌体生长情况, 发酵过程可以分为两个阶段, 第一阶段为对数生长期, 此阶段菌体生长较快, 并且生物量变化与 CO_2 浓度成正比, 第二阶段为稳定期, 此阶段生物量变化较缓慢, 假定 Y 为常数, 且有

$$\text{对数生长期} \quad F_G = k_1 X + c_1 F_N + k_2, \quad (5.7.33)$$

$$\text{稳定期} \quad F_G = c_2 F_N - k_3, \quad (5.7.34)$$

其中 k_1, k_2, k_3, c_1, c_2 为正实数.

建立了控制模型后开始进行自动控制系统的设计, 首先要根据实验要求统计控制点数, 在了解原电控控制功能的基础上, 进行批式流加专用电控箱的设计.

2. 电控箱的设计

本节只考虑根批式流加控制有关的设计. 实验设备在现有实验室已有设备的基础上, 设计电控箱. 采用 5.3.5 节介绍的可编程控制器 (PLC) 作为控制器, 考虑实验的可行和方便, 采用发酵罐自带电控箱控制消泡泵、加碱泵、排液泵、水电磁阀、电加热、pH 值控制等发酵过程, 新设计批式流加控制箱和原控制箱相结合进行控制的方案. 针对现有控制箱, 新设计的电控箱与发酵罐自带电控箱的控制线对接点有两个: 一个是要知道每个小时的加碱量 F_N, 需在现有控制台取出加碱泵运行的无源点, 接到新设计的 PLC 控制箱内的数字量输入模块上. 另一个是 PLC 控制箱内的数字量输出模块上输出甘油泵运行信号接到现有控制台的甘油泵运行点上. 另外采集 CO_2 传感器输出 4—20mA 信号接到 PLC 控制箱内的模拟量输入模块上. 新增电控箱的设计电气元件有松下 FPX-C14R 系列 PLC 一套, 24V DC 电源模块一个, 24V DC 中间继电器一个, 用于输出控制甘油泵运行, 36V AC 中间继电器一个, 用于取出加碱泵运行点.

3. 实验材料与方法

所用菌种为克雷伯氏肺炎杆菌 (*Klebsiella pneumoniae*). 发酵培养基和种子培养基的配制都是在 121°C 下灭菌 20 分钟. 现有主要实验仪器如下: 5L 发酵罐 (BIOTECH-5JG, 上海保兴生物设备工程有限公司) 及自带的电控箱, 红外二氧化碳在线检测仪 (JX55702068), pH 值传感器, 721 分光光度计, 气相色谱仪, 恒温振荡培养箱.

种子培养按 1%(V/V) 接种量将克雷伯氏肺炎杆菌接种到已装有 100mL 种子培养基的 250mL 三角瓶中, 温度 37°C, 转速 150r/min 摇床培养 12h. 5L 发酵罐初始装液量 3L, 接种量 10%(V/V), 温度 37°C, 转速 300r/min, 甘油初始浓度 40g/L, 向发酵罐中通入 0.1 vvm 氮气维持厌氧条件, 流加 5mol/L 的 NaOH 维持 pH 值在 7.0.

底物流加反馈控制的实验是先加入一罐料, 用原来控制箱进行发酵控制, 3 小时后进入批式流加阶段, 在计算机监控画面上按"开始"按钮, 统计 1 个小时流加的碱量, 进入程序控制, 当运行时间到了设定时间或者按监控画面"停止"按钮, 则结束实验过程, 主要控制部分详见下面的程序设计.

分析方法: 甘油浓度采用高碘酸钠氧化法测定; 生物量测定采用比浊法于 650 nm 处测定; 1,3-PD、乙醇、已偶姻和 2,3- 丁二醇浓度测定使用气相色谱法, 进样量 1μL, 检测器为 FID, 检测温度 200°C, 采用 Chromsorb101 填充柱, 柱气温度 170°C, 进样口温度 220°C, 载气为氮气, CO_2 浓度通过输出是 4—20mA 的 CO_2 传感器测定.

5.7 非耦联批式流加发酵混杂系统

4. 程序设计

程序设计主要分为模拟量采集、加碱量计算、对数生长期甘油泵运行时间计算、稳定期甘油泵运行时间计算、甘油流加总量统计、与上位组态传送数据和计算机组态软件设计七部分程序设计。当在初始发酵时，CO_2 的浓度持续增加，当 CO_2

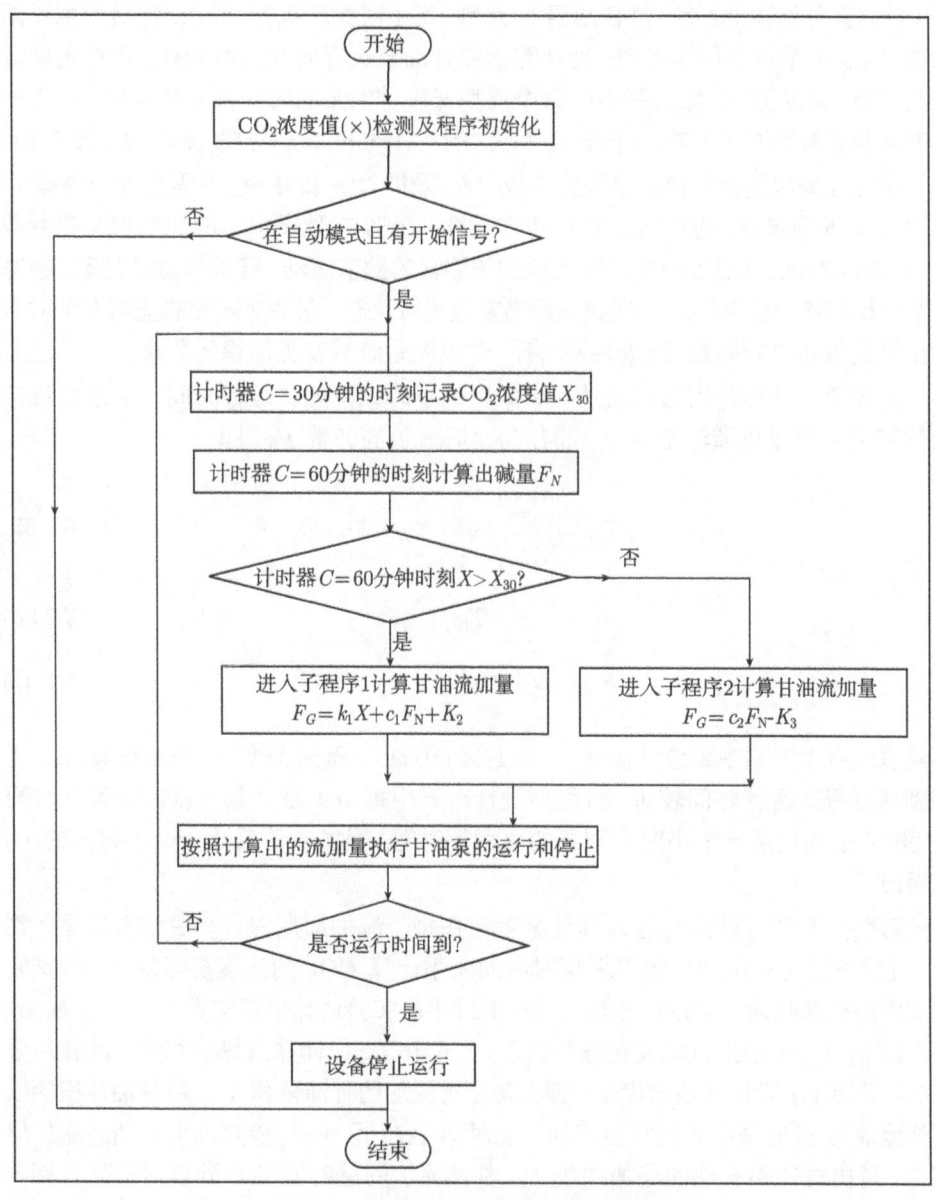

图 5.20 反馈控制批式流加控制流程图

的浓度开始减少时, 则进入稳定期. 甘油泵运行程序的控制是在设定的流加周期内, 按计算出的运行时间控制甘油泵的开停, 每周期循环执行, 甘油泵流加时间的执行精确到 0.1 秒, 程序的编制是以每小时计算一次来考虑的, 考虑计算的准确性, 在程序计算时采用浮点数运算, 有些数据要在浮点数和整数之间转换. 为便于理解批式流加的自动控制, 假设流加周期为 100 秒, 计算出的甘油泵运行时间为 5.7 秒, 则在 100 秒内开甘油泵 5.7 秒, 停甘油泵 94.3 秒, 每小时循环执行 36 次, 在对数生长期如果 CO_2 的浓度采用实时值, 则计算出的甘油泵运行时间实时变化, 在稳定期运算与 CO_2 浓度无关, 那么每小时每个周期开停甘油泵的时间都是相同的, 到下一小时再重新计算甘油泵在一个流加周期内的运行时间. 程序控制流程图如图 5.20.

模拟量采集是针对模拟量采集模块 A80 采集 CO_2 的浓度, 有固定的一段程序. 4—20mA 对应 CO_2 的浓度为 0%—20%, 0%—20% 在程序中对应的数据寄存器数值为 800—4000. 考虑到 CO_2 浓度检测传感器的数值波动, 要进行滤波处理, 在每次数值比较前一段时间送一次数值跟当前值进行比较, 在多次试验的基础上可以摸索出设定值和控制幅差, 改进控制程序, 使控制系统运行更加稳定可靠.

加碱量的计算是用碱的流速 v_N 乘以每小时碱泵的总运行时间 T_N 求出流加的体积 V_N, 再乘以碱液密度 ρ_N 得出每小时流加的碱量 F_N, 即

$$T_N = \sum_{t_N=0}^{18000} t_N, \quad t_N \in [0, 1h], \tag{5.7.35}$$

$$V_N = v_N \times T_N, \tag{5.7.36}$$

$$F_N = V_N \times \rho_N. \tag{5.7.37}$$

实验室现有发酵罐中碱泵的流速 v_N =14.4 ml/min. 碱液密度 $\rho_N = 1.124$g/ml. 考虑到碱泵每次运行时间较短, 故程序设计时采用每 0.2 秒采集一次碱泵运行时间 t_N, 保证准确记录一个小时内碱泵的总运行时间, 程序自动累计一个小时内的 t_N 值得出 T_N.

对数生长期甘油泵运行时间计算考虑在每个流加周期内计算甘油泵的运行时间. 计算方法是先根据模拟量采集对应的关系计算 CO_2 的浓度实际值 X, 定义它所对应的机器数为 $DT300$, 求出 X 值, 通过手动实验估算出正实数 k_1, k_2, c_1, k_3, c_2, 正实数 k_1, k_2, c_1 由上位机设定好, 再代入公式 (5.7.34) 计算出每小时流加的甘油量 F_G, 之后用 F_G 除以甘油密度 ρ_G 得出每小时流加的甘油体积 V_G, 用甘油体积除以甘油流速 $\bar{u}$ 得出每小时内甘油流加的总时间 ΔT, 用 3600 秒除以生长期的流加周期 T_g^1 得出对数生长期的流加次数 I_G, 甘油流加的总时间 ΔT 除以对数生长期的流加次数 I_G 就得出在每个流加周期内甘油泵的运行时间 t_G. 具体计算如下:

5.7 非耦联批式流加发酵混杂系统

$$X = \frac{DT300 - 800}{160}, \tag{5.7.38}$$

$$F_G = k_1 X + c_1 F_N + k_2, \tag{5.7.39}$$

$$V_G = \frac{F_G}{\rho_G}, \tag{5.7.40}$$

$$\Delta T = \frac{V_G}{\bar{u}}, \tag{5.7.41}$$

$$I_G = \frac{3600}{T_g^1}, \quad T_g^1 \in (0, 1h), \tag{5.7.42}$$

$$t_G = \frac{\Delta T}{I_G}, \tag{5.7.43}$$

实验室现有发酵罐中甘油泵的流速 v_G =17.1 ml/min, 甘油密度 ρ_G =1.229 g/ml.

稳定期甘油泵运行时间计算也是考虑在每个流加周期内计算甘油泵的运行时间. 计算方法参照公式 (5.7.34) 计算, 正实数 k_3, c_2 由上位机设定好, 稳定期的流加周期为 T_g^2, 其他类似对数生长期甘油泵运行时间计算, 即

$$F_G = c_2 F_N - k_3, \tag{5.7.44}$$

$$V_G = \frac{F_G}{\rho_G}, \tag{5.7.45}$$

$$\Delta T = \frac{V_G}{\bar{u}}, \tag{5.7.46}$$

$$I_G = \frac{3600}{T_g^2}, \quad T_g^2 \in (0, 1h), \tag{5.7.47}$$

$$t_G = \frac{\Delta T}{I_G}. \tag{5.7.48}$$

甘油流加总量统计是用甘油泵运行每次时间 t_G 乘以甘油流速 v_G 求出流加的甘油体积, 再乘以甘油密度 ρ_G 得出每次流加甘油的质量 m_G, 时间采集也是每 0.2 秒采集一次, 求和即得出甘油流加总量 M_G,

$$V_G = t_G \times v_G, \quad t_G \in [0, 1h], \tag{5.7.49}$$

$$m_G = V_G \times \rho_G, \tag{5.7.50}$$

$$M_G = \sum m_G. \tag{5.7.51}$$

与上位组态传送数据是考虑记录数据和设定数据. 通常一次批式流加发酵实验不会超过 35 小时, 第一个小时用来统计流加的碱量, 之后每个小时内甘油泵每次的流加时间都记录下来, 故设定传送寄存器从 "DT36—DT69". 采用计时器来计数, 每小时加 1, 可实现每小时把甘油泵每次的流加时间传送给上位寄存器.

计算机组态软件设计采用的组态同 5.3.5 节, 设计思想也同 5.3.5 节所述, 在底层软件的基础上针对本实验设计了设定显示画面和报表、趋势曲线等功能. 除了有

"开始"和"停止"钮之外，主要显示有每小时中每个流加周期甘油泵的运行时间，总运行时间，对数生长期和稳定期的流加周期，CO_2 浓度，每小时碱液的流量和甘油总流量. 甘油总流量的计算在 PLC 程序里进行计算，把每次甘油泵运行时流入的量进行累加，计算出总流量. 在多次手动流加的基础上，拟合出常数 k_1, k_2, k_3, c_1, c_2 的值，在画面上可把数值写入到 PLC 程序中. 考虑要记录下不同阶段甘油流加的量，所以进行了报表和趋势曲线的设计，同时也便于进行数据分析.

5. 实验结果

基于批式流加发酵反馈控制的程序设计，进行数据分析，主要实验数据显示画面如图 5.21，可以看出执行批式流加控制的时间为 16 小时 22 分钟，每小时临近结束时的流加时间在画面上可以看出从 8.0 秒至 15.6 秒不等，这个数值每次都不会一样，根据程序实时计算得出，数据从画面上可以一目了然地看出. 实验的初始数据如下：甘油浓度：40g/L, 碱重:1027.2g, 甘油重:1784.2 g, CO_2 浓度:0.04%. 根据实验数据，进一步分析的结果，从图 5.22 可以看出从执行批式流加第 8 小时二氧化碳浓度开始下降，进入稳定期，图 5.23 明显看出甘油每个小时的消耗量，图 5.24 显示出 1,3-PD 的浓度一直呈上升趋势. 从图 5.25 可知从第 9 个小时流加甘油的量开始减少，稳定期甘油流加量明显下降. 从图 5.26 可以看出甘油浓度的变化.

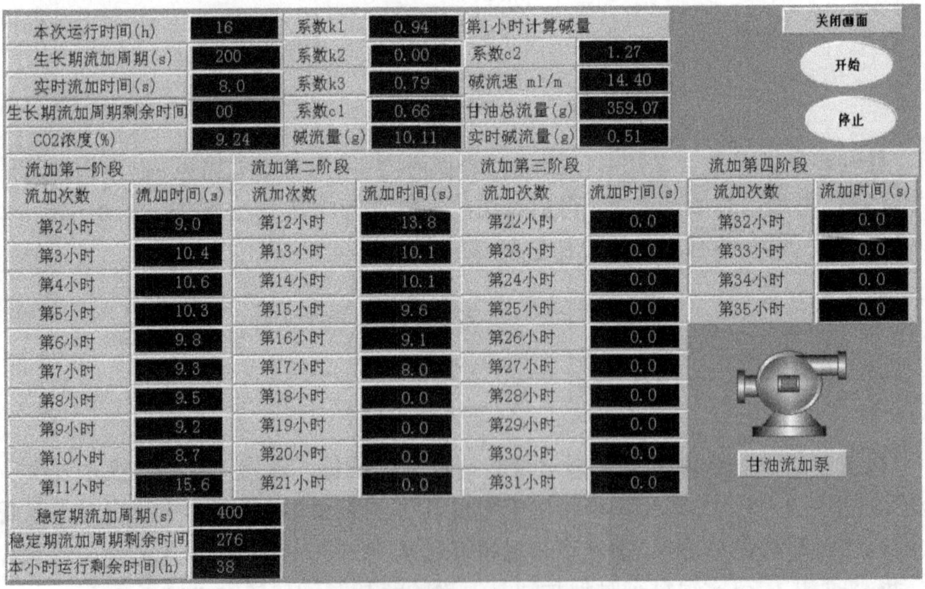

图 5.21 反馈控制批式流加画面

5.7 非耦联批式流加发酵混杂系统

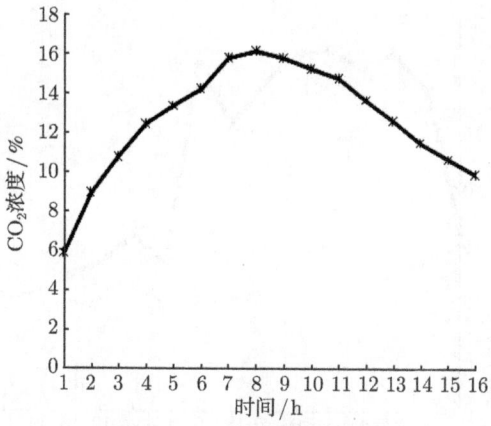

图 5.22 CO_2 的浓度变化

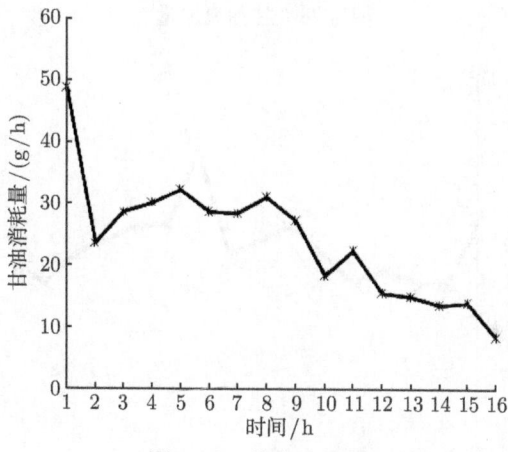

图 5.23 甘油消耗量

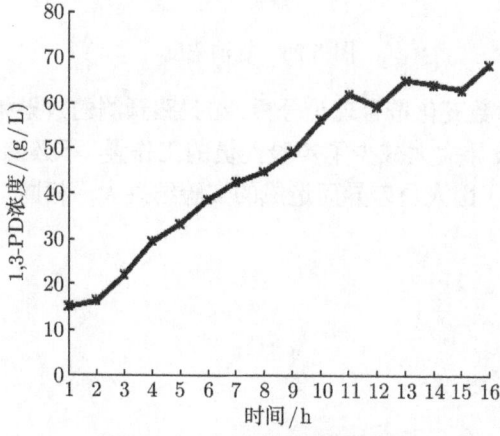

图 5.24 1,3-PD 的浓度变化

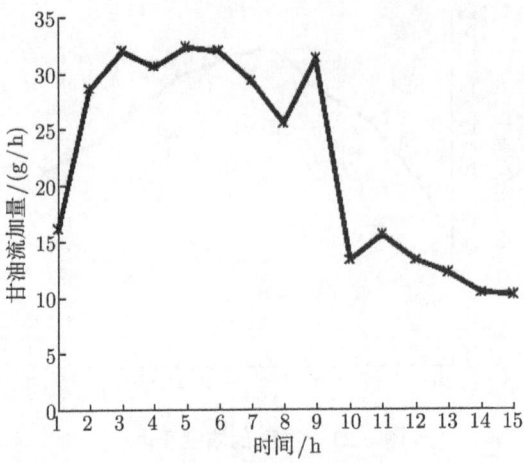

图 5.25 甘油流加量

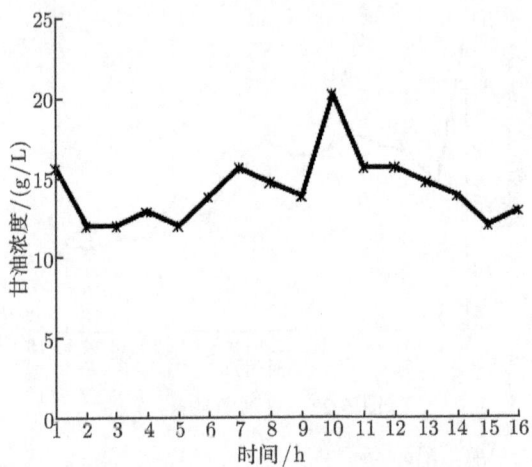

图 5.26 甘油浓度

整个控制过程参数变化符合理论分析,结果跟预测的效果相同.

此反馈控制的设计大大减少了实验人员的工作量,不必始终在实验室进行手动实验,同时也避免了因人员差异而造成的实验结果大不相同.为工程设计奠定了基础.

参 考 文 献

[1] 戚以政, 夏杰. 生物反应工程. 化学工业出版社, 2004.
[2] Hermann B G, Patel M. Today's and tomorrow's bio-based bulk chemicals from white biotechnology: a techno-economic analysis. Appl Biochem Biotechnol, 2007, 136(3): 361-388.
[3] Witt U, Miiller R J, Augusta J, et al. Synthesis, properties and biodegradability of polyesters based on 1,3-propanediol. Makromol. Chem. Phys., 1994, 195: 793-802.
[4] 王剑锋, 刘海军, 修志龙. 生物转化法生产 1,3- 丙二醇的研究进展. 化学通报, 2001, 64: 621-625.
[5] 修志龙. 微生物发酵法生产 1,3- 丙二醇的研究进展. 微生物通报, 2000, 4: 300-302.
[6] Gottschalk G, Averhoff B. Process for the microbial preparation of 1,3-propanediol from glycerol. European patent EP 0373230 A1, 1990.
[7] Homann T, Tag C, Biebl H, et al. Fermentation of glycerol to 1,3-propanediol by Klebsiella and Citrobacter strains. Appl. Microbiol. Biotechnol., 1990, 33: 121-126.
[8] Biebl H, Marten S, Hippe H, et al. Glycerol conversion to 1,3-propanediol by newly isolated clostridia. Appl. Microbiol. Biotechnol., 1992, 36: 592-597.
[9] Reimann A, Biebl H. Production of 1,3-propanediol by clostridium butyricum DSM 5431 and product tolerant mutants in fedbatch culture: feeding strategy for glycerol and ammonium. Biotechnol. Lett., 1996, 18(7): 827-832.
[10] 刘海军, 王剑锋, 张代佳等. 用克雷伯氏菌批式流加发酵法生产 1,3- 丙二醇. 食品与发酵工业, 2001, 27: 4-7.
[11] 王剑锋, 修志龙, 刘海军等. 克雷伯氏菌微氧发酵生产 1,3- 丙二醇的研究. 现代化工, 2001, 21: 28-31.
[12] Deckwer W. Microbial conversion of glycerol into 1,3-propanediol. FEMS Microbiol. Reviews, 1995, 16: 143-149.
[13] Biebl H, Menzel K, Zeng A P, et al. Microbial production of 1,3-propanediol. Appl. Microbiol. Biotechnol., 1999, 52(3): 289-297.
[14] Zeng A P, Biebl H. Bulk chemicals from biotechnology: the case of 1,3-propanediol production and the new trends. Adv. Biochem. Eng. Biotechnol., 2002, 74: 239-259.
[15] Cameron D C, Altaras N E, Hoffman M L, et al. Metabolic engineering of propanediol pathways. Biotechnol. Prog., 1998, 14(1): 116-125.
[16] Boenigk R, Bowien S, Gottschalk G. Fermentation of glycerol to 1,3-propanediol in continuous cultures of Citrobacter freundii. Appl. Bicrobiol. Biotechnol., 1993, 38: 453-457.
[17] Daniel R, Boenigk R, Gottschalk G. Purification of 1,3-propanediol dehydrogenase from ctrobacter freundii and cloning, sequencing, and overexpression of the corresponding gene in Escherichia coli. J. Bacteriol., 1995, 2151-2156.
[18] Barbirato F, Grivet J P, Soucaille P, et al. 3-hydroxypropionaldehyde, an inhibitory metabolite of glycerol fermentation to 1,3-propanediol by enterobacterial species. Appl. Environ. Microbiol., 1996, 62: 1448-1451.
[19] Barbirato F, Soucaille P, Bories A. Physiologic mechanisms involved in accumulation of 3-hydroxypropionaldehyde during fermentation of glycerol by enterobacter agglomerans. Appl. Environ. Microbiol., 1996, 62: 4405-4409.
[20] Malthus. An essay on the principle of population, 1st edition. Library of Economics and Liberty, 1798.
[21] Verhulst P F. Notice sur la loi que la population poursuit dans son accroissement. Corre-

spondance math é matique et physique, 1838, 10: 113-121.

[22] Michaelis L, Menten M L. Die Kinetik der invertinwirkung. Biochem. Zertschrift., 1913, 49: 333-369.

[23] Lotka A J. Contribution to the theory of periodic reaction. J. Phys. Chem., 1910, 14(3): 271-274.

[24] Volterra V. Variazioni e fluttuazioni del numero d' individui in specie animali conviventi. Mem. Acad. Lincei Roma, 1926, 2:31-113.

[25] Lakshmikantham V, Bainov D D, Simeonov P S. Theory of impulsive differential equations. World scientific, 1989.

[26] Bainov D D, Simeonov P S. Impulsive differential equations: asymptotic properties of the solutions. World Scientific, 1995.

[27] Bainov D D, Simeonov P S. Impulsive differential equations: stability theory and applications. Horwood Chichester, 1989.

[28] Lakshmikantham V, Leela S, Kaul S. Comparison principle for impulsive differential equation with variable times and stability theory. Nonlinear Analysis, 1994, 22: 499-503.

[29] Bainov D D, Simeonov P S. Impulsive differential equations: periodic solutions and applications. England: Longman Scientific & Technical, 1993.

[30] Liu X Z. Impulsive stabilizability of autonomous systems. J. Math. Anal. Appl., 1997, 187: 17-39.

[31] Ahmed N U. Some remarks on the dynamics of impulsive systems in Banach spaces. Dynamics of Continuous, Discrete and Impulsive Systems, 2001, 8: 261-274.

[32] Ahmed N U, Teo K L, Hou S H. Nonlinear impulsive systems on infinite dimensional spaces. Nonlinear Analysis, 2003, 54: 907-925.

[33] Kaul S K, L X Z. Generalized variation of parameters and stability of impulsive systems. Nonlinear Analysis, 2000, 40: 295-307.

[34] Dong Y J, Zhou E X. An application of coincidence degree continuation theorem in existence of solutions of impulsive differential equations. J. Math. Anal. Appl., 1996, 197(3): 875-889.

[35] Cooke K J. The existence of periodic solutions to certain impulsive differential equations. Computers and Mathematics with Applications, 2002, 44(5-6): 667-676.

[36] Sun J L, Ma Y H. Initial value problems for the second order mixed monotone type of impulsive differential equations in Banach spaces. J. Math. Anal. Appl., 2000, 247: 506-516.

[37] Guo D J, Liu X Z. Multiple positive solutions of boundary-value problems for impulsive differential equations. Nonlinear Analysis, 1995 25(4): 327-337.

[38] Shen J H. New maximum priciples for first-order impulsive boundary value problems. Applied Mathematics Letters, 2003, 16(1): 105-112.

[39] Luo Z G, Shen J H. Stability and boundness for impulsive functional differential equations with infinite delays. Nonlinear Analysis, 2001, 46(4): 475-493.

[40] Qi J G, Fu X L. Existence of limit cycles of impulsive differential equations with impulsives at variable times. Nonlinear Analysis, 2001, 44(3): 345-353.

[41] Fu X L, Qi J G, Liu Y S. General comparison principle for impulsive variable time differential equations with application. Nonlinear Analysis, 2000, 42(8): 1421-1429.

[42] Yan J R. Oscillation of nonlinear delay impulsive differential equations and inequalities. J. Math. Anal. Appl., 2002, 265: 332-342.

[43] Shulgin B, Stone L, Agur Z. Pulse vaccination strategy in the SIR epidemic model. Bulletin of Mathematical Biology, 1998, 60:1123-1148.

[44] Wiktorsson M, Varanasi S, Bai S X. An optimal production flow control problem with impulsive demand. Mathematical and Computer Modelling, 1997, 26(2): 53-67.

[45] Liu X N, Chen L S. Global dynamical of the period Logistic system with periodic impulsive perturbations. J. Math. Anal. Appl., 2004, 289(1): 279-291.

[46] 惠静. 脉冲微分方程理论在流行病学及种群生态学中的应用. 博士学位论文. 北京: 中国科学院, 2004.

[47] Bobisud L E. Quasi-steady-state solutions of some population models. J. Math. Anal. Appl., 1999, 236(1): 207-222.

[48] Zhang X Y, Shuai Z S, Wang K. Optimal impulsive harvesting policy for single population. Nonlinear Analysis, 2003, 4: 639-651

[49] Abdelkader L, Ovide A. Nonlinear mathematical model of pulsed-theraph of heterogeneous tumors. Nonlinear Analysis, 2001, 2: 455-465.

[50] Ahmed N U. A general result on measure solutions for semilinear evolution equations. Nonlinear Analysis, TMA, 2000, 42: 1335-1349.

[51] Ahmed N U. Measure solutions for impulsive systems in Banach spaces and their control. Dynamics of Continuous, Discrete and Impulsive Systems, 1999, 6: 519-535.

[52] Ahmed N U. Existence of optimal control for a general class of impulsive systems on Banach spaces. SIAM J. Contr. & Optim., 2003, 42(2): 669-685.

[53] Ahmed N U. Impulsive evolution equations in infinite dimensional spaces. Dynamics of Continuous, Discrete and Impulsive Systems, Series A, 2003, 10: 11-24.

[54] Ahmed N U. Necessary conditions of optimality for impulsive systems on Banach spaces. Nonlinear Analysis, 2002, 51: 409-424.

[55] Xiang X, Ahmed N U. Necessary conditions of optimality for differential inclusions on Banach space. Nonlinear Analysis, Theory, Methods & Applications, 1997, 30(8): 5437-5445.

[56] Akhmetov M U, Zafer A. Successive approximation method for quasilinear impulsive differential equations with control. Applied Mathematics Letters, 2000, 13(5): 99-105.

[57] Pereira, F L, Silva G N. Necessary conditions of optimality for vector-valued impulsive control problems. Syst. Control Lett., 2000, 40(3): 205-215.

[58] Hans S W. A class of hybrid-state continuous-time dynamic systems. IEEE Trans. Automat. Contr., 1966, 11(2): 161-167.

[59] Theodosios P. Stability of systems described by differential equations containing impulses. IEEE Trans. Automat. Contr., 1967, 12(1): 43-45.

[60] Timothy L J. Analytic models of multistage processes. In Proc. IEEE Conf. Decision Contr., San Diedo, 1991.

[61] van der Schaft A, Schumacher H. An introduction to hybrid dynamical systems. Springer-Verlag, 2000.

[62] Branicky Michael S, Borkar Vivek S, Mitter Sanjoy K. A unified framework for hybrid control: model and optimal control theory. IEEE Trans. Automat. Contr., 1998, 43(1): 31-45.

[63] Leonessa A, Haddad W M, Chellaboina V S. Nonlinear system stabilization via hierarchical switching control. IEEE Trans. Automat. Contr., 2001, 46(1): 17-28.

[64] Liberzon D. Switching in systems and control. Birkhäuser, 2003.

[65] Albert B, Gerard B. The synchronous approach to reactive and real-time systems. In Proc.

IEEE, 1991, 79(9): 1270-1282.

[66] Baleani M, Ferrari A, Mangeruca L, et al. Correct-by-construction transformations across design environments for model-based embedded software development. In Proc. DATE, 2005, 2: 1-6.

[67] Filippov A F. Differential equations with discontinuous righthand sides. Dordrecht: Kluwer Academic Publishers, 1988.

[68] Danca M F. Controlling chaos in discontinuous dynamical systems. Chaos Solitons Fractals, 2004, 22: 605-612.

[69] 吴锋, 刘文煌, 郑应平. 混杂系统研究综述. 系统工程, 1997, 15(2): 1-5.

[70] Gollu A, Varaiya P P. Hybrid dynamical systems. In Proc. IEEE Conf. Decision Contr., Tampa, 1989. 2708-2712.

[71] Noguchi S, Hirata M, Adachi S. Hybrid modeling of hard disk drives based on input-output data. In Proceedings of SICE Annual Conference, 2005: 1132-1135.

[72] Back A, Guckenheimer J, Myers M. A dynamical simulation facility for hybrid systems. Hybrid Systems, Lecture Notes in Computer Science, 1993, 736: 255-267.

[73] Varaiya P P. Smart cars on smart roads: problems of control. IEEE Trans. Automat. Contr., 1993, 38: 195-207.

[74] Hynes C S, Meyer G, Palmer E A, et al. Vehicle management for the high speed civil transport. NASA Ames Res. Center, Tech. Rep., 1993.

[75] Mohamed G L, Bayoumi M, Rudie K. A survey of modeling and control of hybrid systems. A. Rev. Control, 1997, 2: 79-92.

[76] Buss M, Glocker M, Hardt M, et al. Nonlinear hybrid dynamical systems: modeling, optimal control, and applications//Modelling, Analysis and Design of Hybrid Systems, Engell S, Frehse G, Schnieder E (Eds.). LNCIS, 2002, 279: 311-335.

[77] Nerode A, Yakhnis A. Modelling hybrid systems as games. In Proc. IEEE Conf. Decision Contr., Tucson, 1992: 2947-2952.

[78] Gao Y, Lygeros J, Quincampoix M. On the reachability problem for uncertain hybrid systems. IEEE Trans. Automat. Contr., 2007, 52(9): 1572-1586.

[79] Branicky M S. Multiple lyapunov functions and other analysis tools for switched and hybrid systems. IEEE Trans. Automat. Contr., 1998, 43(4): 475-482.

[80] Dayawansa W P, Martin C F. A converse Lyapunov theorem for a class of dynamical systems which undergo switching. IEEE Trans. Automat. Contr., 1999, 44(4): 751-759.

[81] Hespanha J P, Morse A S. Stability of switched systems with average dwell-time. In Proc. IEEE Conf. Decision Contr., Phoenix, AR, 1999: 2655-2660.

[82] Zhai G, Hu B, Yasuda K, Michel A N. Stability analysis of switched systems with stable and unstable subsystems: An average dwell time approach. Int. J. Syst. Sci., 2001, 32(8): 1055-1061.

[83] Michael M. Stability analysis of switched systems using variational principles: An introduction. Automatica, 2006, 42: 2059-2077.

[84] Mancilla-Aguilara J L, Garcia R A. An extension of LaSalle's invariance principle for switched systems. Syst. Control Lett., 2006, 55: 376-384.

[85] Broucke M, Arapostathis A. Continuous selections of trajectories of hybrid systems. Syst. Control Lett., 2002, 47: 149-157.

[86] Broucke M. Regularity of solutions and homotopic equivalence for hybrid systems. In Proc. IEEE Conf. Decision Contr., New York, 1998.

[87] Collins P. Generalised hybrid trajectory spaces. In Proc. 17th Int. Symp. Mathematical Theory of Networks and Systems, Kyoto, Japan, 2006: 2101-2109.

[88] Wu C Z, Teo K L, Rehbock V. Well-posedness of bimodal state-based switched systems. Appl. Math. Lett., 2008, 21: 835-839.

[89] Wu C Z, Teo K L, Rehbock V, et al. Existence and uniqueness of solutions of piecewise nonlinear systems. Nonlinear Analysis, 2009, 71: 6109-6115.

[90] Sussmann H. A maximum principle for hybrid optimal control problems. In Proc. IEEE Conf. Decision Contr., Phoenix, 1999: 425-430.

[91] Riedinger P, Kratz F, Iung C, Zanne C. Linear quadratic optimization for hybrid systems. In Proc. IEEE Conf. Decision Contr., 1999, 3: 3059-3064.

[92] Cassandras Christos G, Pepyne David L, Wardi Y. Optimal control of a class of hybrid systems. IEEE Trans. Automat. Contr., 2001, 46(3): 398-415.

[93] Hedlund S, Rantzer A. Optimal control of hybrid systems. In Proc. IEEE Conf. Decision Contr., Phoenix, 1999: 3972-3977.

[94] Xu X P, Antsaklo Panos J. Optimal control of switched systems via non-linear optimization based on direct differentiations of value functions. Int. J. Control, 2002, 75: 1406-1426.

[95] Shahid Shaikh M, Caines Peter E. On the optimal control of hybrid systems: optimization of trajectories, switching times, and location schedules. LNCS, 2003, 466-481.

[96] Church A. Logic, arithmetic, and automata. In Proc. Int. Congress Math., 1962: 23-35.

[97] Büchi J, Landweber L. Solving sequential conditions by finitestate operators. In Proc. Amer. Math. Soc., 1969: 295-311.

[98] Rabin M O. Automata on infinite objects and Church's problem. In Regional Conf. Series in Math., 1972.

[99] Maler O, Pnueli A, Sifakis J. On the synthesis of discrete controllers for timed systems//Theoretical Aspects of Computer Science. LNCS, Berlin Springer-Verlag, 1995, 900: 229-242.

[100] Heymann M, Lin F, Meyer G. Synthesis and viability of minimally interventive legal controllers for hybrid systems. Discrete Event Dyn. Syst.: Theory and Applicat., 1998, 8(2): 105-135.

[101] Lygeros J, Godbole D, Sastry S. Verified hybrid controllers for automated vehicles. IEEE Trans. Autom. Contr., 1998, 43(4): 522-5398.

[102] Lygeros J, Tomlin C, Sastry S. Controllers for reachability specifications for hybrid systems. Automatica, 2000, 35(3): 349-370.

[103] Tomlin C, Lygeros J, Sastry S. A game theoretic approach to controller design for hybrid systems. In Proc. IEEE, 2000, 88(7): 949-969.

[104] Hale J K. Theory of runctional differential equations. New York: Springker-Verlag, 1977.

[105] Kuang Y. Delay differential equations with application to population dynamics. New York: Academic Press, 1993.

[106] 李森林, 温立志. 泛函微分方程. 湖南科学技术出版社, 1987.

[107] 胡海岩, 王在华. 非线性时滞动力系统的研究进展. 力学进展, 1999, 29(4): 501-512.

[108] 秦元勋等. 带具时滞的动力系统的运动稳定性 (第二版). 北京: 科学出版社, 1989.

[109] Hu H Y, Wang Z H. Dynamics of controlled mechanical systems with delayed feedback. Springer-Verlag, 2002.

[110] Atay F M. Delayed-feedback control of oscillation in nonlinear planar systems. International Journal of Control, 2002, 75: 297-304.

[111] 胡海岩. 力学系统混沌的主动控制. 力学进展, 1996, 24(6): 453-463.

[112] Hu H Y. Using delayed state feedback to stabilize periodic motions of an oscillator. Journal of Sound and Vibration, 2004, 275: 1009-1025.

[113] Stephen G, Kuang Y. A stage structured predator-prey model and its dependence on maturation delay and death rate. Mathematical Biology, 2004, 49: 188-200.

[114] Song X Y, Cai L M, Neumann A U. Ratio-dependent predator-prey system with stage structure for prey. Discrete and Continuous Dynamical Systems-Series B, 2004, 4(3): 747-758.

[115] 宋永利等. 多时滞捕食——食饵系统正平衡点的稳定性及全局 Hopf 支. 数学年刊, 2004, 25(6): 783-790.

[116] Nelson P W, Murray J D, Perelson A S. A model of HIV-1 pathogenesis that includes an intracellular delay. Mathematical Biosciences, 2000, 163: 201-215.

[117] Stepan G. Retarded dynamical systems: stability and characteristic functions. Longman Scientific and Technical, 1989.

[118] 叶彦谦. 极限环论. 上海: 上海科学技术出版社, 1984.

[119] 张锦炎. 常微分方程几何理论与分支问题. 北京大学出版社, 1981.

[120] 李炳熙. 高维动力系统的周期轨道: 理论和应用. 上海科学技术出版社, 1984.

[121] Hassard D, Karinoff N, Wan Y H. Theory and applications of Hopf bifurcation. Cambridge University Press, 1981.

[122] Cushing J M. Integro-differential equationsand delay models in population dynamics//Lecture Notes in Biomathematics, 20. Springer, Berlin, 1977.

[123] Kuang Y. Basic properties of mathematical population models. J.Biomath.,2002,17:129-142.

[124] Finn R K, Wilson R E. Population dynamics of a continuous propagator for microorganisms. J. Agric. Food. Chem., 1953, 2: 66-69.

[125] Caperson J. Time lag in population grwth response of isochrysis galbana to a variable nitrate environment. Ecology, 1969, 50: 188-192.

[126] Rusan S, Wolkowicz G S K. Bifurcation analysis of a chemostat model with discrete delays. J. Math. Anal. Appl., 1996, 204: 188-192.

[127] Wolkowicz G S K, Xia H. Global asymptotic behavior of a chemostat model with discrete delays. SIAM J. Appl. Math., 1997, 57: 1019-1043.

[128] Wolkowicz G S K, Xia H, Rusan S. Competition in the chemostat: adistributed delay model and its global asymptotic behavior. SIAM J. Appl. Math., 1997, 57: 1281-1310.

[129] Freedman H I, Xu Y T. Model of competition in the chemostat with in stantaneous and delayed nutrient recycling. J. Math. Biol., 1993, 31: 513-527.

[130] Itô K. On stochastic differential equations. Mem. Amer. Math. Soc. 1951, 4: 51.

[131] Delworthy K. Stochastic dyanimical system and their flows//Stochastic Analysis, Friedman A and Pinsky M(Eds). Academic Press, 1978: 79-95.

[132] Pardoux É, Peng S. Adapted solution of a backward stochastic differential equation. Syst. Contr. Lett., 1990, 14: 55-61.

[133] Liu P, Qian M. Smooth ergodic theory of random dynamical systems. Lecture Notes in

Mathematies, Springer-Verlag, 1995, 1606.

[134] Yong J M, Zhou X Y. Stochastic controls. Hmailtonian systems and HJB equations. Springer-Verlag, 1999.

[135] Jiang D, Shiand N, Zha Y. Existence uniqueness and global stability of positive solutions to the food-limited population model with random perturbation. J. Mathematical and Computer Modelling, 2005, 42: 651-658.

[136] Jiang D, Shiand N. A note on nonautonomous Logistic equation with random perturbation. Math. Anal. Appl., 2005, 303: 164-172.

[137] Savageau M A. Biochemical systems analysis (I) Some mathematical properties of the rate law for the component enzymatic reactions. J. Theor. Biol., 1969, 25: 365-369.

[138] Savageau M A. Biochemical systems analysis (II) The steady-state solutions for an n-pool system using a power-law approximation. J. Theor. Biol., 1969, 25: 370-379.

[139] Zeng A P, ROSE A, Biebl H, et al. Multiple product inhibition and growth modeling of clostridium butyricum and klebsiella pneumoniae in fermentation. Biotechnol. Bioeng., 1994, 44: 902-911.

[140] 修志龙, 曾安平, 安利佳. 甘油生物歧化过程动力学数学模拟和多稳态研究. 大连理工大学学报, 2000, 40(4): 428-433.

[141] Zeng A P, Deckwer W D. A kinetic model for substrate and energy consumption of microbial growth under substrate-sufficient conditions. Biotechnol Progr., 1995, 11: 71-79.

[142] Sun Y Q, Qi W, Teng H, et al. Mathematical modeling of glycerol fermentation by klebsiella pneumoniae: concerning enzyme-catalytic reductive pathway and transport of glycerol and 1,3-propanediol across cell membrane. Biochem. Eng. J., 2008, 38: 22-32.

[143] Bard Y. Nonlinear parameter estimation. Academic Press, 1974.

[144] Wu J, Wang J S, You Z. An overview of dynamic parameter identification of robots. Robot. Comput.-Integr. Manuf., 2010, 26: 414-419.

[145] Wolpert D H, MAcredy W G. No free lunch theorems for optimization. Transactions on Evolutionary Computation, 1997, 1: 67-82.

[146] Guay M, Mclean D D. Optimization and sensitivity analysis for multiresponse in systems of ordinary differential equations. Comput. Chem. Eng., 1995, 19(12): 1271-1285.

[147] Papamichail I, Adjiman C S. A rigorous global optimization algorithm for problems with ordinary differential equations. J. Glob. Optim., 2002, 24: 1-33.

[148] Lin Y, Stadtherr M A. Deterministic global optimization for parameter estimation of dynamic systems. Ind. Eng. Chem. Res., 2006, 45: 8438-8448.

[149] Victor J L, Yogeshwar S. Computation of the gradient and sensitivity coefficients in sum of squares minimization problems with differential equation models. Computers Chem. Engng., 1997, 21(12): 1471-1479.

[150] Goldstine H H. A history of calculus of variations from the 17th to the 19th century. Springer, 1981.

[151] Loewen P D, Rockafellar R T. New necessary conditions for the generalized problem of bolza. SIAM J. Control Optim., 1996, 34: 1496-1511.

[152] Loewen P D, Rockafellar R T. Bolza problems with general time constraints. SIAM J. Control Optim., 1997, 35: 2050-2069.

[153] Clarke F H, Ledyaev S, Stern R J, et al. Nonsmooth analysis and control theory. Springe-

Verlag, 1998.
- [154] Hartl R F, Sathi S P, Vickson R G. A survey of the maximum principles for optimal control problems with state constraints. SIAM Rev., 1995, 37(2): 181-218.
- [155] Zeiden V. The Riccati equation for optimal control problems with mixed state-control constraints: necessity and sufficiency. SIAM J. Control Optim., 1994, 32: 1297-1321.
- [156] Li X J, Yong J M. Optimal control theory for infinite dimensional systems. Birkhauser, 1995.
- [157] Polak E. Optimization algorithms and consistent approximations. Springer-Verlag, 1997.
- [158] Dontchev A S, Hager W W, Poore A B, et al. Optimality, stability and convergence in nonlinear control. J. Applied Mathematics and Optimization, 1995, 31: 297-326.
- [159] Hage W W. Multiolier methods of nonlinear control. SIAM J. Numerical Analysis, 1990, 27(4): 1060-1080.
- [160] Schwartz A, Polak E. Consistent approximations for optimal control problems based on Runge-Kutta integration. SIAM J. Control and Optim., 1996, 34(4): 1235-1269.
- [161] Rodrigues L, How J. Observer-bases control of piecewise-affine systems. International Journal of Control, 2003, 76: 459-477.
- [162] Cuzzala F A, Geromel J C, Morari M. An improved approach for constrained robust model predictive control. Automatica, 2002, 38: 1183-1189.
- [163] El-Farra N H, Chrislofides P D. Bounded robust control of constrained multivariable nonlinear processes. Chem. Eng. Sci., 2003, 58: 3025-3047.
- [164] Fernando A, Fontes C, Magni L. Min-max model predictive control of nonlinear systems using discontinuous feedback. IEEE Trans. Automat. Contr., 2003, 48: 1750-1755.
- [165] Wang G S, Wang L J. State-constrained optimal control governed by non-well-posed parabolic differential equations. SIAM J. Control Optim., 2002, 40(5): 1517-1539.
- [166] Wang G S, Wang L J. The Carlman inequality and its application to periodic optimal control governed by semilinear parabolic differential equations. Journal of Optimization Theory and Applications, 2003,118(2): 429-461.
- [167] Lou H W. Existence of optimal controls for semilinear parabolic equations without cesari type conditions. J. Appl. Math. Optim., 2003, 47(2): 121-142.
- [168] Lou H W. Maximum principle of optimal control for degenerate quasilinear elliptic equations. SIAM J. Control Optim., 2003, 42(1): 1-23.
- [169] 高夯. 半线性椭圆方程支配系统的最优性条件. 数学学报, 2001, 44(2): 319-332.
- [170] Smolen P, Baxter D A, Byrne J H. Modelling transcriptional control in gene networks: methods, recent results and future directions. Bull. Math. Biol., 2000, 62: 247-292.
- [171] 江胜宗等. 侧钻水平井轨道三维优化设计模型及应用. 石油学报, 2001, 22(3): 98-105.
- [172] 江胜宗, 冯恩民. 三维水平井井眼轨迹设计最优控制模型及算法. 大连理工大学学报, 2002, 42(3): 261-264.
- [173] Jiang S Z, Feng E M, Wei Y H. The multi-objective optimal control model and algorithm for designing 3D trajectory in horizontal wells and its application. The 2002 International Conference on Control and Automation, Xiamen, 2002.
- [174] 李健全, 陈任昭. 时变种群系统最优生育率控制的非线性问题. 应用数学学报, 2002, 25(4): 626-641.
- [175] 刘康生. 非均匀储层储量再估计的适应性. 数学物理学报, 1996,16: 42-47.
- [176] Yao P F. The observability inequalities of shallow shells. SIAM J. Contr. and Optim., 2000,38(6): 1729-1756.

[177] 王康宁. 最优控制的数学基础. 国防工业出版社, 1995.

[178] Yu W H. Necessary condition for optimality in the identification of elliptic system with pointwise parameter constraints. J. Optim. Appl., 1996, 88: 725-742.

[179] 邓子辰, 钟万勰. 非线性最优控制系统的时程精细计算研究. 计算力学学报, 2002, 19(2): 184-187.

[180] Bryson A E, Ross S E. Optimum rocket trajectories with aerodynamic drag. Jet propulsion, 1958.

[181] Breakwell J V. The optimization of trajectories. SIAM J., 1959, 7: 215-247.

[182] Miele A. Method of particular solutions for linear two-point boundary-value problems. J. Optim. Theory Appl., 1968, 2(4): 315-334.

[183] Kelley H J. Gradient theory of optimal flight paths. J. Acket Soc., 1960, 30: 115-123.

[184] Breakwell J, Speyer J, Bryson A E. Optimization and control of nonlinear systems using the second variation. SIAM J. Control, 1963,1(2): 193-223.

[185] Lasdon L S, Mitter S K. The conjugate gradient methods for optimal control problems. IEEE Trans. Automat. Control., 1967, 12: 132-138.

[186] Pollard G M, Sargent R W H. Off-line computation of optimum controls for a plate distillation column. Automatica, 1970, 6: 59-76.

[187] Tsang T H, et al. Optimal control via collocation and nonlinear programming. Int. J. Control, 1975, 21: 763-768.

[188] Tanartkit P, Biegler L T. A nested dimultaneous approach for dynamic optimization problems. Comput. Chem. Eng., 1996, 20: 735-741.

[189] Betts J T, Huffman W P. Application of sparse nonlinear programming to trajectory optimization. J. Guidance Control Dynamics, 1992, 15(1): 198-205.

[190] Dennis J E, Vicente L N. Trust-region interior-point algorithms for a class of nonlinear programming problems. SIAM J. Control Optim., 1998, 36: 1750-1794.

[191] Vassilladis V S, Sargent R W H. Solution of a class of multi-stage dynamic optimization problems: 1, problems without path constraints, 2, problems with path constraints. I and EC Res., 1994, 33: 2111-2122.

[192] Bock H G, Plitt K J. A multiple-shooting Algorithm for direct solution of optimal control problems. Proceeding of the 9th IFAC World Congress, Budapest, Pergamon Press, 1984: 1603-1608.

[193] 刘同仁. 用参数最优化方法计算最优飞行. 航空学报, 1994, 15(11): 1298-1305.

[194] Stoer J, Bulirsch R. Introduction to numerical analysis. Springer, 1980.

[195] Maurer H, Gillessen W. Application of multiple shooting to numerical solutions of optimal control problems with bounded state variables. Computing, 1975, 15: 105-126.

[196] Miele A, Wang T. Parallel computation of two-point boundary-value problems via particular solutions. J. Optim. Theory Appl., 1993, 79: 5-29.

[197] Dixon L C W, Bartholomew-Biggs M C. Adjoin-control transformations for solving practical optimal control problems. Optim. Control Appl. Methods, 1981, 2: 365-381.

[198] Fraser-Andrews G. A multiple-shooting technique for optimal control. J. Optim. Theory Appl., 1999, 102: 299-313.

[199] Bell M L, Sargent R W H. Optimal control of inequality constrained DAE systems. Computers and Chemical Engineering, 2000, 24: 2385-2404.

[200] Kitano H. Biological robustness. Nat. Rev. Genetic, 2004, 5 (11): 826-837.

[201] Kitano H. Towards a theory of biological robustness. Molecular Systems Biology, 2007, 3: 137.
[202] Barkai N, Leibler S. Robustness in simple biochemical networks. Nature, 2007, 387: 913-917.
[203] Bhalla U S, Iyengar R. Robustness of the bistable behavior of a biological signaling feedback loop. Chaos, 2001, 11: 221-226.
[204] von Dassow G, Meir E, Munro E M, et al. The segment polarity network is a robust developmental module. Nature, 2000, 406: 188-192.
[205] Tian T H. Robustness of mathematical models for biological systems. Austral. Mathematical Soc., 2004, 45(E): C565-577.
[206] Chen B S, Wang Y C, Wu W S, et al. A new measure of the robustness of biochemical networks. Bioinformatics, 2005, 21(11): 2698-2705.
[207] Alon U, SuretteMG, Barkai N, et al. Robustness in bacterial chemotaxis. Nature, 1999, 397: 168-171.
[208] Kitano H. Cancer as a robust system: implications for anticancer therapy. Nat. Rev. Cancer, 2004, 4(3): 227-235.
[209] Stelling J, Sauer U, Szallasi Z, et al. Robustness of cellular functions. Cell, 2004, 118(6): 675-685.
[210] 朱炳, 包家立, 应磊. 生物鲁棒性的研究进展. 生物物理学报, 2007, 23(5): 357-363.
[211] 马知恩, 周义仓. 常微分方程定性与稳定性方法. 科学出版社, 2005.
[212] 钱伟懿, 徐恭贤, 宫召华. 最优控制理论及其应用. 大连理工大学出版社, 2010.
[213] Galán S, Feehery W F, Barton P I. Parametric sensitivity functions for hybrid discrete/continuous systems. Appl. Numer. Math., 1999, 31: 17-47.
[214] Øksendal B. Stochastic differential equations, 6th ed. Springer-Verlag, 2005.
[215] 张芷芬, 丁同仁, 黄文灶, 董镇喜. 微分方程定性理论. 科学出版社, 1985.
[216] 高慧贞, 黄启宇. 微分方程定性与稳定性理论. 福建科学技术出版社, 1995.
[217] 王鹏, 吕爽, 聂治, 谢千河. 并行计算应用及实战. 机械工业出版社, 2008.
[218] 陈国良. 并行算法研究进展. 中国计算机学会通信, http://www.ccf.org.cn/web/resource/newspic/2005/9/20/bingxin.pdf.
[219] V. Kumar, A. Gupta, et al. Introduction to parallel computing: design and analysis of algorithms. Benjamin/Cummings Publishing Company, Inc., 1994.
[220] 陈国良. 并行算法的设计与分析. 高等教育出版社, 1994(第一版), 2002(第二版).
[221] 陈国良. 并行算法 —— 结构·算法·编程. 高等教育出版社, 1999(第一版), 2003(第二版).
[222] 陈国良, 安虹, 陈崚, 郑启龙, 单久龙. 并行算法实践. 高等教育出版社, 2004.
[223] Conforti D, Musmanno R. Parallel algorithm for unconstrained optimization based on decomposition techniques. Journal of Optimization Theory and Applications, 1997, 95: 531-544.
[224] Liu C S, Tseng C H. Parallel synchronous and asynchronous space-decomposition algorithms for large-scale minimization problems. Computational Optimization and Applications, 2000, 17: 85-107.
[225] Migdalas A, Toraldo G, Kumar V. Nonlinear optimization and parallel computing. Parallel Computing, 2003, 29: 375-391.
[226] Schutte J F, Reinbolt J A, Fregly B J, Haftka R T, George A D. Parallel global optimization with the particle swarm algorithm. International Journal for Numerical Methods in Engineering, 2004, 61: 2296-2315.

[227] Koh B, George A D, Haftka R T, Fregly B J. Parallel asynchronous particle swarm optimization. International Journal for Numerical Methods in Engineering, 2006, 67: 578-595.

[228] Ozcan E, Onbasioglu E. Memetic Algorithms for parallel code optimization. International Journal of Parallel Programming, 2007, 35: 34-61.

[229] 李俊燕, 罗家融. 基于 Linux 集群的并行计算. 计算机测量与控制, 2004, 12(11): 1064-1067.

[230] 高彩霞, 王宗涛, 冯恩民等. 微生物间歇发酵生产 1,3- 丙二醇过程的辨识与优化. 大连理工大学学报, 2006, 46(5): 771-774.

[231] 李晓红, 冯恩民, 修志龙. 微生物间歇发酵非线性动力系统的性质及最优控制. 运筹学学报, 2005, 9(4): 89-96.

[232] 单锋, 冯恩民, 李艳杰, 修志龙. 非线性动力系统多阶段辨识模型、算法及应用. 运筹与管理 2006, 15(3): 6-12.

[233] Wang L, Feng E M, Ye J X, Xiu Z L. An improved model for multistage simulation of glycerol fermentation in batch culture and its parameter identification. Nonlinear Analysis: Hybrid System, 2009, 3: 455-462.

[234] Wang L, Xiu Z L, Gong Z H, Feng E M. Modeling and parameter identification for multistage simulation of microbial bioconversion in batch culture. To appear in International Journal of Biomathematics.

[235] Wang L, Xiu Z L, Zhang Y D, Feng E M. Optimal control for multistage nonlinear dynamic system of microbial bioconversion in batch culture. Journal of Applied Mathematics, vol. 2011, Article ID 624516, 11 pages, 2011. doi:10.1155/2011/624516.

[236] 宫召华, 冯恩民, 修志龙. 微生物间歇发酵比生长速率辨识及优化算法. 大连理工大学学报. 2009, 49(4): 611-616.

[237] Gong Z H, Liu C Y, Feng E M. Modeling in microbial batch culture and its parameter identification. Joint 48th IEEE Conference on Decision and Control and 28th Chinese Control Conference Shanghai, P.R. China, 2009.

[238] Wang J, Ye J X, Feng E M, Yin H C, Xiu Z L. Modeling and identification of a nonlinear hybrid dynamical system in batch fermentation of glycerol. Mathematical and Computer Modelling, 2011, 54: 618-624.

[239] Wang L, Feng E M, Xiu Z L. Nonlinear stochastic dynamical system of bio-dissimilation of glycerol to 1,3-propanediol in batch culture and its viable set. 3rd International Conference on Bioinformatics and Biomedical Engineering, 2009.

[240] Wang L, Xiu Z L, Feng E M. A stochastic model of microbial bioconversion process in batch culture. International Journal of Chemical Reactor Engineering, 2011, 9: A82.

[241] 修志龙, 曾安平, 安利佳. 甘油生物歧化过程动力学数学模拟和多稳态研究. 大连理工大学学报, 2000, 40(4): 428-433.

[242] Lin J, Lee S, Koo Y J. Microbiol biotechnol, 2005, 15: 40-471.

[243] Song J, et al. A new population growth model based on the time dependent changes of the specific growth rate. Microbiology, 2007, 5: 836-839.

[244] Kinder M, Wiechert W. Stochastic simulation of biotechnical processes. Mathematics and Computers in Simulation, 1996, 42: 171-178.

[245] Klebaner I C. Intruduction to stochastic calculus with applications, 2th ed. Imperical College Press 2005.

[246] Aubin J P. Applied functional analysis. John Wiley & Sons, 1999.

[247] Giuseppe D P, Helene F. Stochastic viability of convex sets. J.Math.Anal.Appl, 2006.

[248] Mao X R. Stochastic differential equations with Markovian switching. Imperial College Press, 2007.

[249] Wendell H F, Raymond W R., Deterministic and stochastic optimal control. Springer-Verlag Berlin Heidelberg, 1975.

[250] Engell S, Frehse G, Schnieder E. Nonlinear hybrid dynamical systems: modelling, optimal control, and applications. Modelling, Analysis ans Design of Hybrid Systems, 2002, 279: 311-335.

[251] Zeng A P. Quantitative Z. Metabolic engineering und modellierung der glycerinfermentation zu 1,3-propandiol. Habilitationschrift, Technical University of Braunschweig, 2000.

[252] Morris. Factorial sampling plans for preliminary computational experiments. Technometrics, 1991, 33(2): 161-174.

[253] Saltelli A, et al. Sensitivity aanlysis, probability and statistics series. John Wiley Sons, 2000.

[254] van Griensven A, Meixner T, Grunwald S, Bishop T, Diluzil M, Srinivasan R. A global sensitivity analysis tool for the parameters of multi-variable catchment models. J. Hydrol,. 2006, 324: 10-23.

[255] Hamby D M. A review of techniques for parameter sensitivity analysis of environmental models. Environ. Monit. Assess, 1994, 32: 135-154.

[256] Helton J C, et al. Survey of sampling-based methods for uncertainty and sensitivity analysis. Reliab. Eng. Syst. Saf., 2006, 91: 1175-1209.

[257] A. Saltelli, et al. Global sensitivity aanlysis. The Primer, John Wiley Sons Ltd, The Atrium, Southern Gate, Chichester, West Sussex PO19 8SQ, England, 2008: 1-6.

[258] 李晓红, 冯恩民, 修志龙. 微生物连续培养过程平衡点的稳定分析. 高校应用数学学报 B 辑, 2005, 20(4): 377-383.

[259] Ye J X, Feng E M, Lian H S, Xiu Z L. Existence of equilibrium points and stability of the nonlinear dynamical system in microbial continuous cultures. Applied Mathematics and Computation, 2009, 207: 307-318.

[260] Gao C X, Feng E M, Wang Z T, Xiu Z L. Parameters identification problem of the nonlinear dynamical system in microbial continuous cultures. Applied Mathematics and Computation, 2005, 1(1): 476-484.

[261] Li X H, Feng E M, Xiu Z L. Optimiztion algorithm and its convergence for microbial continuous fermentation. Rocky Mountain Journal of mathematics, 2008, 38(5): 1481-1491.

[262] 李晓红, 冯恩民, 修志龙. 微生物连续发酵稳定模型的算法与收敛性. 清华大学学报 (自然科学版), 2007, 47(s2): 1907-1909.

[263] 李晓红, 冯恩民, 修志龙. 微生物连续培养非线性动力系统的性质及最优性条件. 工程数学学报, 2006, 23(1): 7-12.

[264] Li X F, Qu R N, Feng E M. HoPf bifureation of a five-dimensional delay differential system. International Journal of Computer Mathematics, 2011: 79-96.

[265] Li X F, Qu R N, Feng E M. Stability and HoPf bifureation of a delay differential system in mierobial continuous culture. InternationalJournal of Biomathematies, 2009, 2(3): 321-328.

[266] 马永峰, 孙丽华, 修志龙. 微生物连续培养过程中振荡的理论分析. 工程数学学报, 2003, 20(1): 1-6.

[267] Lian H S, Feng E M, Li X F, et al. Oscillatory behavior in microbial continuous culture with discrete time delay. Nonlinear Analysis: Real World Applications, 2009, 10: 2749-2757.

[268] Wang L, Feng E M, Ye J X, Xiu Z L. Lecture notes of the institute for computer sciences, social informatics and telecommunications engineering, complex. Springer Berlin Heidelberg, 2009, 4(1): 458-466.

[269] Feng E M, Liu C Y, Gong Z H, Sun Y Q. Identification of intracellular kinetic parameters in continuous bioconversion of glycerol by Klebsiella pneumoniae. The Second International Symposium on Optimization and Systems Biology (OSB 08) Lijiang, China, October 31-November 3, 2008.

[270] Wang J. Ye J, Feng E, Xiu Z, Tan B. Complex metabolic network of glycerol fermentation by Klebsiella pneumoniae and its system identification via biological robustness. Nonlinear Anal. Hybrid Syst. 2011, 5: 102-112.

[271] Zhai J G, Ye J X, Wang L, Feng E M, Yin H C, Xiu Z L. Pathway identification using parallel optimization for a complex metabolic system in microbial continuous culture. Nonlinear Analysis: Real World Applications, 2011.

[272] Wang F S, Shen J W. Multiobjective parmaeter Estimation probelms of fermentation proeesses using a hihg ethanol tolernaee yeast. Chemieal Engineering Seienee, 2000, 55: 3685-3695.

[273] Xiu Z L, Zeng A P, Deckwer W D. Multiplicty and stablity analysis of microorganisms in continuous culture: effects of mutabolic overflow and growth inhibition. Biotechnol Bioeng, 1998, 57: 251-261.

[274] 胡适耕, 黄乘明, 吴付科. 随机微分方程. 科学出版社, 2008.

[275] Biebl H, Menzel K, Zeng AP, et al. Microbial production of 1,3-propanediol. Applied Microbiology and Biotechnology. 1999, 52(3): 289-297.

[276] Zeng A P, Menzel K, Deckwer W D. Kinetic, dynamic, and pathway studies of glycerol metabolism by Klebsiella pneumoniae in anaerobic continuous culture (2) Analysis of metabolic rates and pathways under oscillation and steady-state conditions. Biotechnology and Bioengineering, 1996, 52(5): 561-571.

[277] Gao C X, Wang Z T, Feng E M, Xiu Z L. Parameters identification problem of the nonlinear dynamical system in microbial continuous cultures. Applied Mathematics and Computation, 2005, 169(1): 476-484.

[278] Rockafeller R T, Wets R I B. Variational aanlysis. Spriger-Verlag Berlin Herdel berg, 1998.

[279] Kitano H. Biological robustness. Nature Reviews Genetics, 2004, 5: 826-837.

[280] Kitano H. Towards a theory of biological robustness. Molecular Systems Biology, 2007, 3: 137.

[281] Trane C. Robustness analysis of intracellular oscillators with application to the circadian clock. Licentiate Thesis, Stockholm, Sweden, 2008.

[282] Ahrens K, Menzel K, et al. Kinetic, dynamic, and pathway studies of glycerol metabolism by Klebsiella pneumoniae in anaerobic continuous culture (III) Enzymes and fluxes of glycerol dissimilation and 1,3-propanediol formation. Biotechnology and Bioengineering, 1998, 59(5): 544-552.

[283] Menzel K, Zeng A P, Deckwer W D. Kinetic, dynamic, and pathway studies of glycerol metabolism by Klebsiella pneumoniae in anaerobic continuous culture (I) The phenomena and characterization of oscillation and hysteresis. Biotechnology and Bioengineering, 1996, 52(5), 549-560.

[284] 张青瑞, 修志龙, 曾安平. 克雷伯氏杆菌发酵生产 1,3- 丙二醇的代谢通量优化分析. 化工学报, 2006, 57(6): 1403-1409.
[285] Zeng A P, Biebl H, Schlieker H, Deckwer W D. Pathway analysis of glycerol fermentation by Klebsiella pneumoniae: regulaiton of reducing equivalent balance and product formation. Enzyme and Microbial Technology, 1993, 15(9): 770-779.
[286] Chen X, Xiu Z L, Wang J F, Zhang D J, Xu P. Stoichiometric analysis and experimental investigation of glycerol bioconversion to 1,3-propanediol by Klebsiella pneumoniae under microaerobic conditions. Enzyme and Microbial Technology, 2003, 33(4): 386-394.
[287] Amouzegar M A. A global optimizaiton method for nonlinear bilevel programming problem. IEEE Xplore: Systems, Man, and Cybernetics, Part B: Cybernetics, 1999, 29(6): 771-777.
[288] Fliege J, Vicente L N. Multicriteria approach to bilevel optimization. Journal of Optimization Theory and Applications, 2006, 131(2), 209-225.
[289] Gümüs Z H, Floudas C A. Gloabal optimization of nonlinear bilevel programming problems. Journal of Global Optimization, 2001, 20(1): 1-31.
[290] Wang G M, Wang X J, Wan Z P, Lv Y B. A globally convergent algorithm for solving a class of bilevel nonlinear programming problem. Applied Mathematics and Computation, 2007, 188(1): 166-172.
[291] Lv Y B, Hu T S, Wang G M, Wan Z P. A penalty function method based on Kuhn-Tucker condition for solving linear bilevel programming. Applied Mathematics and Computation, 2007, 188(1): 808-813.
[292] Burgard A P, Maranas C D. Optimization-based framework for inferring and testing hypothesized metabolic objective functions. Biotechnology and Bioengineering, 2003, 82(6): 670-677.
[293] Voit E O. Computational analysis of biochemical systems. A practial guide for biochemists and molecular biologists. Cambridge University Press, 2000.
[294] Edwards R, Siegelmann H T, Gauss L. Symbolic dynamics and computation in model gene networks. Chaos, 2001, 11: 160-169.
[295] Ryu S U. Optimal control problems governed by some semilinear parabolic equations. Nonlinear Analysis, 2004, 56: 241-252.
[296] Gao C X, Feng E M, Wang Z T, et al. Nonlinear dynamical systems of bio-dissimilation of glycerol to 1,3-propanediol and their optimal controls. Journal of Industrial and Management Optiminization, 2005, 1(3): 377-388.
[297] Gao C X, Lang Y H, Feng E M, et al. Nonlinear impulsive system of microbial production in fed-batch culture and its optimal control. Journal of Applied Mathematics and Computing, 2005, 19(1): 203-214.
[298] Gao C X, Feng E M, Xiu Z L. Identification and optimization of the nonlinear impulsive system in microbial fed-batch fermentation. Dynamics of Continuous Discrete and Impulsive Systems-Series A-Mathmatical Analysis, 2006, 13: 625-632.
[299] Gao C X, Li K Z, Feng E M. Nonlinear impulsive system of fed-batch culture in fermentative production and its properties. Chaos, Solitons and Fractals, 2006, 28(1): 271-277.
[300] Wang G, Feng E M, Xiu Z L. Vector measure for explicit nonlinear impulsive system of glycerol bioconversion in fed-batch cultures and its parameter identification. Applied Mathematics and Computation, 2007, 188: 1151-1160.
[301] Wang G, Feng E M, Xiu Z L. Vector measure as controls for explicit nonlinear impulsive

system of fed-batch culture. J. Math. Anal. Appl., 2009, 351: 120-127.

[302] Wang G, Feng E M, Xiu Z L. Modeling and parameter identification of microbial bioconversion in fed-batch cultures. J Process Contr., 2008, 18: 458-464.

[303] Cesari L. Optimization-theory and applications: problems with ordinary differential equations. Springer-Verlag, 1983.

[304] Luus R, Chen Y Q. Optimal switching control via direct search optimization. Asian Journal of Control, 2004, 6: 302-306.

[305] Teo K L, Goh C J,. Wong K H. A unified computational approach to optimal control problems. Longman Scientific Technical, Essex, England, 1991.

[306] Teo K L, Jennings L S, Lee H W J, Rehbock V. The control parameterizaton enhancing transform for constrained optimal control problems. Journal of the Australian Mathematical Society-Series B, 1999, 40: 314-335.

[307] Wu C Z, Teo K L. Global impulsive optimal control computation. Journal of Industrial and Management Optimization, 2006, 2: 435-450.

[308] Oberle H J, Sothmann B. Numerical computation of optimal feed rates for a fed-batch fermentation model. Journal of Optimization Theory and Applications, 1999, 100: 1-13.

[309] Sarkar D, Modak J M. Optimization of fed-batch bioreactors using genetic algorithm: multiple control variables. Computers & Chemical Engineering, 2004, 28: 789-798.

[310] Splendley W, Hext G R, Himsworth F R. Sequential application of simplex designs in optimization and evolutionary operation. Technometrics, 1962, 4: 441-461.

[311] Nelder J A, Mead R A. Simplex method for function minimization. Computer Journal, 1965, 7: 308-313.

[312] Kennedy J, Eberhart R C. Particle swarm optimization. Proceedings of the 1995 IEEE International Conference on Neural Networks, Perth, Australia, 1995, 1942-1948.

[313] Hayashi Y, Matsuki J, Kanai G. Application of improved PSO to power flow control by TCSC for maximum acceptance of requested wheeled power, Translated from Denki Gakkai Ronbunshi, 2003, 10: 1133-1141.

[314] Li H Q, Li L, Kim T H and Xie S L. An improved PSO-based of harmony search for complicated optimization problems. Internat. J. Hybrid Inform. Technol., 2008, 1: 57-64.

[315] Yu J B, Xi L F and Wang S J. An improved particle swarm optimization for evolving feedforward artificial neural networks. Neural Process Lett., 2007, 26: 217-231.

[316] 李旭. 可编程控制器原理及应用: 松下 FP 系列. 天津大学出版社. 2009.

[317] 松下电工株式会社. 可编程控制器 FP-X 用户手册. 松下电工株式会社. 2008.

[318] 低压配电设计规范 GB 50054-95.

[319] 通用用电设备配电设计规范 GB 50055-93.

[320] Giua A, Seatze C, van Der Mee C. Optimal control of autonomous linear systems switched with a preassigned finite sequence. Proceedings of 2001 IEEE International Symposium on Intelligent Control, México City, México, 2001.

[321] Giua A, Seatze C, van Der Mee C. Optimal control of autonomous linear systems. Proceedings of the 40th IEEE Conference on Decision and Control, Orlando, Florida USA, 2001.

[322] Xu X, Antsaklis P J. Optimal control of switched systems via nonlinear optimization based on direct differentiations of value functions. International Journal of Control, 2002, 75: 1406-1426.

[323] Egerstedt M, Wardi Y, Delmotte F. Optimal control of switching times in switched dynamical systems. Proc. of the 42nd IEEE CDC, Maui, Hawaii USA, 2003.

[324] Spinelli W, Bolzern P, Colaneri P. A note on optimal control of autonomous switched systems on a finite time interval. Proceedings of the 2006 American Control Conference, Minneapolis, Mna USA, 2006.

[325] Zhang L, Chen Y, Cui P. Stabilization for a class of second-order switched systems. Nonlinear Analysis, 2005, 62: 1527-1535.

[326] Jennings L S, Teo K L. Computational algorithm for functional inequality constrained optimization problems. Automatica, 1991, 26: 371-376.

[327] Gill P E, Murray W. Newton-type methods for unconstrained and linearly constrained optimization. Mathematical Programming, 1974, 7: 311-350.

[328] Chen X, Zhang D J, Qi W T, et al. Microbial fed-batch production of 1,3-propanediol by Klebsiella pneumoniae under microaerobic conditions. Microbiol Biotechnology, 2003, 63: 143-146.

[329] McNeil B, Harvey L M. Fermentation, a practical approach. IRL Press, Tokyo, 1990.

[330] Mészáros A, Bales V. A contribution to optimal control of fed-batch biochemical processes. Bioprocess and Biosystems Engineering, 1992, 7: 363-367.

[331] Shin H S, Lim H C. Maximization of metabolite in fed-batch cultures sufficient conditions for singular arc and optimal feed rate profiles. Biochemical Engineering Journal, 2007, 37: 62-74.

[332] Korytowski A, Szymkat M, Maurer H, Vossen G. Optimal control of a fedbatch fermentation process: numerical methods, sufficient conditions and sensitivity analysis. Proceedings of the 47th IEEE Conference on Decision and Control, Cancun, Mexico, 2008: 1551-1556.

[333] Ashoori A, Moshiri B, Khaki-Sedigh A, Bakhtiari M R. Optimal control of a nonlinear fedbatch fermentation process using model predictive approach. Journal of Process Control, 2009, 19: 1162-1173.

[334] Seidman T I. Switching systems: thermostats and periodicity. Math. Research Report 83-07, UMBC, Baltimore, 1983.

[335] Wang L Y, Beydoun A, Cook J, Sun J, Kolmanovsky I. Optimal hybrid control with applications to automotive powertrain systems//Lecture Notes in Control and Information Sciences,. Springer, 1997, 222: 190-200.

[336] Lenhart S M, Seidman T I, Yong J M. Optimal control of a bioreactor with modal switching. Mathematical Models and Methods in Applied Sciences, 2001, 6: 933-949.

[337] Xu X, Antsaklis P J. Optimal control of switched systems based on parametrization of the switching instants. IEEE Transactions on Automatic Control, 2004, 49: 2-16.

[338] Seidman T I. Optimal control of switching systems. In Proceedings of the 21st Annual Conference on Information Sciences and Systems, The Johns Hopkins University, Baltimore, Maryland, 1987.

[339] Xu X, Antsaklis P J. Results and perspectives on computational methods for optimal control of switched systems//Hybrid Systems: Computation and Control 2003, Lecture Notes in Computer Science, Springer, 2003, 2623: 540-555.

[340] Jennings L S, Teo K L, Goh C J. Optimal control software: theory and user manual. Department of Mathematics, The University of Western Australia, Australia, 2000.

[341] Li R, Teo K L, Wong K H, Duan G R. Control paramterization enhancing transform for optimal control of switched systems. Mathematical and Computer Modelling, 2006, 43:1393-1403.

[342] Li R, Feng Z G, Teo K L, Duan G R. Optimal piecewise state feedback control for impulsive switched systems. Mathematical and Computer Modelling, 2008, 48: 468-479.

[343] Loxton R C, Teo K L, Rehbock V. Optimal control problems with multiple characteristic time points in the objective and constraints. Automatica, 2008, 44: 2923-2929.

[344] Farhadinia B, Teo K L, Loxton R C. A computational method for a class of non-standard time optimal control problems involving multiple time horizons. Mathematical and Computer Modelling, 2009, 49: 1682-1691.

[345] Loxton R C, Teo K L, Rehbock V, Ling W K. Optimal switching instants for a switched capacitor DC/DC power converter. Automatica, 2009, 45: 973-980.

[346] Loxton R C, Teo K L, Rehbock V, Yiu K F C. Optimal control problems with a continous inequality constraint on the state and the control. Automatica, 2009, 45(10): 2250-2257.

[347] Aubin J P, Cellina A. Differential inclusions. Springer-Verlag, 1984.

[348] 程可可, 孙燕, 刘卫斌等. 底物流加策略对发酵法生产 1,3- 丙二醇的影响. 食品与发酵工业, 2004, 30(4): 1-5.

[349] Hao J, Lin R H, Zheng Z M, et al. 3-Hydroxypropionaldehyde guided glycerol feeding strategy in aerobic 1,3-propanediol production by Klebsiella pneumoniae. Journal of Industrial Microbiological Biotechnology, 2008, 35: 1615-1624.

[350] Ceragioli F. Finite valued feedback laws and piecewise classical solutions. Nonlinear Analysis, 2006, 65: 984-998.

[351] Rafal G, Richrdo G S, Andraw R T. Hybrid dynamical systems: robust stability and control for systems that combine continuous-time and discrete-time dynamics. IEEE Control Systems Maganize, 2009.

[352] Holmberg A, Ranta J. Procedures for parameter and state estimation of microbial growth process models. Automatica, 1982, 18(2): 191-193.

[353] Menzel K, Zeng A P, Deckwer W D. High concentration and productivity of 1,3-propanediol from continuous fermentation of glycerol by Klebsiella pneumoniae. Enzyme Microb. Technol., 1997, 20(2): 82-86.

[354] Pielou E C. An introduction to mathematical ecology. Wiley, 1969.

[355] 党雄英. 有关溶液 pH 的计算. 甘肃高师学报, 2007, 12(2): 45-48.

附录 A 关于非线性发酵动力系统其他文献

除了本书参考文献列出的文献外，关于非线性发酵动力系统研究的其他文献如下：

[1] Caixia Gao, Enmin Feng, Zhilong Xiu. Nonlinear impulsive system of fed batch in fermentation productive and its parameter identification .2004 8th International Conference on Control, Automation, Robotics and Vision (ICARCV), 2004, 2160-4: 3.

[2] Enmin Feng, Zhigang Jiang, Yanjie Li. The optimal properties of nonlinear bilevel multi-stage dynamic system .Sixth World Congress on Intelligent Control and Automation ,2006, 5.

[3] Qingrui Zhang, Hu Teng, Yaqin Sun .Metabolic flux analysis of bioconversion of glycerol into 1,3-propandiol by klebsiella pneumoniae. 2007 1st International Conference on Bioinformatics and Biomedical Engineering, 2007: 1269-1272.

[4] Caixia Gao, Enmin Feng .Stability analysis of the nonlinear impulsive system in microbial fed-batch fermentation . Rocky Mountain Journal of Mathematics. 2008, 38: 1377-1384.

[5] Huiyuan Wang, Enmin Feng, Zhilong Xiu .Optimality condition of the nonlinear impulsive system in fed-batch fermentation. Nonlinear Analysis, 2008, 68: 12-23.

[6] Huiyuan Wang, Enmin Feng, Zhilong Xiu .A class of nonlinear multistage dynamical system and its optimal control. Rocky Mountain Journal of Mathematics, 2008, 38: 1745-1760.

[7] Xiaohong Li, Enmin Feng, Zhilong Xiu. Optimization algorithm and its convergence for microbial continuous fermentation. Rocky Mountain Journal of Mathematics, 2008, 38: 1481-1491.

[8] Shen Lijuan, Wang Yan, Feng Enmin. Bilevel parameters identification for the multistage nonlinear impulsive system in microorganisms fed-batch cultures. Nonlinear Analysis-Real World Applications, 2008, 9: 1068-1077.

[9] Shiyun Wang, Enmin Feng, An Li. The $(h 0, h)$-stability of critical solution of nonlinear impulsive system in microbial fed-batch fermentation. ICIC Express Letters, 2008: 287-293.

[10] Zhaohua Gong, Chongyang Liu, Enmin Feng. Computational method for inferring objective function of glycerol metabolism in klebsiella pneumoniae. Computational Biology and Chemistry, 2009, 33: 1-6.

[11] Chongyang Liu. Optimal control for nonlinear dynamical system of microbial fed-batch culture. Journal of Computational and Applied Mathematics, 2009, 232-252.

[12] Wang Huiyuanj, Feng Enmin, Xiu Zhilong .Optimality condition of the nonlinear impulsive system in fed-batch fermentation. Nonlinear Analysis-Theory Methods & Applications, 2008, 68: 12-23.

[13] Zhang Qingrui, Xiu Zhilong. Metabolic pathway analysis of glycerol metabolism in klebsiella pneumoniae incorporating oxygen regulatory system. Biotechnologyprogress, 2009, 25: 103-115.

[14] Mou Ying, Wang Yuanhao, Xiu Zhilong. Determination of organic acids in 1,3-propanediol fermentation broth by reversed phase high performance liquid chromatography. Chinese Journal Of Analytical Chemistry, 2006, 34: S183-S186.

[15] Li Xiaohong, Guo Jianjun, Feng Enmin. Discrete optimal control model and bound error for microbial continuous fermentation. Nonlinear Analysis-Real World Applications, 2010, 11: 131-138.

[16] Shan Jiang, Jianxiong Ye, Enmin Feng. Automatic control design for optimal strategy in fed-batch culture with coupled feed of glycerol and alkali. International Journal of Chemical Reactor Engineering, 2010: 12.

[17] Zhaohua Gong, Yongsheng Yu, Enmin Feng. Infer objective function of glycerol metabolism in klebsiella Pneumoniae basing on bilevel programming. Journal of Systems Science and Complexity, 2010, 23: 334-342.

[18] Sun Yaqin, Teng Hu, Xiu Zhilong. Nonlinear enzyme-catalytic kinetics of glycerol dissimilation to 1,3-propanediol by klebsiella pneumoniae. 14th International Biotechnology Symposium and Exhibition (IBS-2008). JOURNAL OF BIOTECHNOLOGY, 2010, 150: S527-S527.

[19] Ye Jianxiong, Zhang Yuduo, Feng Enmin. Nonlinear hybrid system and parameter identification of microbial fed-batch culture with open loop glycerol input and pH logic control , Applied Mathematical Modelling, 2012, 36: 357-369.

[20] Shen Bangyu, Liu Chongyang, Ye Jianxiong. Parameter identification and optimization algorithm in microbial continuous culture. Applied Mathematical Modelling, 2012, 36: 585-595.

[21] Zhaohua Gong. A multistage system of microbial fed-batch fermentation and its parameter identification. Mathematics and Computers in Simulation, 2010, 80: 1903-1910.

[22] Chongyang Liu, Zhaohua Gong, Zhaoyi Huo, and Bangyu Shen. Optimal control of a fed-batch fermentation involving multiple feeds. Journal of Applied Mathematics, 2012, 245315: 13.

[23] Lijuan Shen, Enmin Feng, Qidi Wu. Impulsive control in microorganisms continuous fermentation. International Journal Of Biomathematics, 2012, 5. 2.

[24] Xiaofang Li, Rongning Qu. Parameter identification and terminal steady-state optimization for S system in microbial continuous fermentation. International Journal Of Biomathematicsvol. 2012, 5, 2, 1250020: 11.

[25] Gongxian Xu. Robust control of continuous bioprocesses. Mathematical Problems in Engineering, 2010, 627035: 18.

[26] Juan Wang, Jianxiong Ye, Enmin Feng, Hongchao Yin, Zhilong Xiu. Modelling and identification of a nonlinear hybrid dynamical system in batch fermentation of glycerol. Mathematical and Computer Modelling, 2011, 54: 618-624.

[27] Juan Wang, Jianxiong Ye, Hongchao Yin, Enmin Feng, Lei Wang. Sensitivity analysis and identification of kinetic parameters in batch fermentation of glycerol. Journal of Computational and Applied Mathematics, 2012, 236: 2268-2276.

[28] Juan Wang, Jianxiong Ye, Enmin Feng, Hongchao Yin. Bing Tan, Complex metabolic network of glycerol by klebsiella pneumoniae and its system identification via biological robustness. Nonlinear Analysis: Hybrid Systems, 2011, 5: 102-112.

[29] Juan Wang, Jianxiong Ye, Enmin Feng, Hongchao Yin. Modelling and parameter estimation of a nonlinear switching system in fed-batch culture with pH feedback. Applied Mathematical Modeling, 2012, 36: 4887-4897.

[30] 李晓芳, 冯恩民, 连涵生. 连续时滞对微生物连续培养过程振荡行为影响. 大连理工大学学报, 2011, 03: 309-312.

[31] 单锋, 冯恩民, 李艳杰, 修志龙. 非线性动力系统多阶段辨识模型、算法及应用. 运筹与管理, 2006, 06: 6-12.

[32] 王红丽, 叶剑雄, 冯恩民. 甘油生物歧化非线性动力系统的平衡点及其稳定性分析. 生物数学学报, 2011, 06: 339-346.

[33] 申丽娟, 冯恩民, 陈宝凤, 修志龙. 微生物批式流加发酵脉冲系统的参数辨识及稳定性. 系统科学与数学, 2008, 7: 802-810.

[34] 王诗云, 杨淑辉, 叶剑雄, 冯恩民. 微生物连续发酵模型及正解的存在性与稳定性分析. 生物数学学报, 2010, 03: 113-121.

[35] 姜永, 李艳杰, 冯恩民, 修志龙. 一种非线性多阶段动力系统的最优控制及数值优化. 生物数学学报, 2010, 12: 616-622.

[36] 高彩霞, 王宗涛, 冯恩民, 修志龙. 微生物间歇发酵生产 1,3- 丙二醇过程辨识与优化. 大连理工大学学报, 2006, 09: 771-774.

[37] 刘重阳, 尹蕾, 冯恩民, 修志龙. 微生物连续发酵建模及胞内动力学参数辨识. 大连理工大学学报, 2011, 05: 458-463.

[38] 高彩霞, 冯恩民. 一类以脉冲系统为约束最优控制问题的优化算法. 中国运筹学会第八届学术交流会论文集, 2006, 08: 329-334.

[39] 宫召华, 刘重阳, 冯恩民. 微生物批式流加发酵的建模及基于 HPSO 算法的参数辨识 (英文). 山东大学学报 (理学版), 2009, 07: 71-76.

[40] 张誉铎, 张玉娟, 冯恩民. 微生物连续发酵酶催化动力系统的鲁棒性与并行计算. 生物数学学报, 2011, 09: 524-532.

[41] 李晓红, 冯恩民, 修志龙. 微生物连续培养过程的多目标最优控制. 第四届全国决策科学/多目标决策研讨会论文集, 2007, 05: 231-237.

[42] 高彩霞, 冯恩民. 微生物批式流加发酵过程的建模及参数辨识. 中国运筹学会第九届学术交流会论文集, 2008, 10: 584-590.

[43] 高彩霞, 王宗涛, 冯恩民, 修志龙. 间歇发酵过程的非线性动力系统辨识及最优控制. 中国运筹学会第七届学术交流会论文集 (下卷), 2004, 10: 1203-1208.

[44] 王剑锋, 刘海军, 修志龙, 范圣第. 生物转化生产 1,3- 丙二醇的研究进展. 化学通报, 2001, 10: 621-625.

[45] 修志龙. 甘油连续生物歧化过程培养基和 pH 调控策略研究. 高校化学工程学报, 2001, 08: 397-402.

[46] 修志龙. 1,3- 丙二醇的微生物法生产分析. 现代化工. 1999, 03: 33-35.

[47] 马永峰, 孙丽华, 修志龙. 微生物连续培养过程中振荡的理论分析. 工程数学学报, 2003, 02: 1-6.

[48] 修志龙, 安利佳, 曾安平. 甘油连续生物歧化过程的过渡行为及其数学模拟. 高校化学工程学报, 2000, 02: 53-58.

[49] 修志龙, 曾安平, 安利佳. 甘油生物歧化过程动力学数学模拟和多稳态研. 大连理工大学学报, 2000, 07: 428-433.

[50] 修志龙. 微生物连续培养过程中多稳态和振荡行为的实验与理论研究. 大连理工大学, 2000, 05, 博士论文.

[51] 张青瑞, 修志龙, 曾安平. 克雷伯氏杆菌发酵生产 1,3- 丙二醇的代谢通量优化分析. 化工学报, 2006, 06: 1403-1409.

[52] 王剑锋, 修志龙, 范圣第. 甘油转化生产 1,3- 丙二醇发酵液中甘油含量的测定. 工业微生物, 2001, 06: 33-35.

[53] 刘海军, 王剑锋, 张代佳, 修志龙. 用克雷伯氏菌批式流加发酵法生产 1,3- 丙二醇. 食品与发酵工业, 2001, 08: 4-7.

[54] 刘海军, 张代佳, 徐友海, 孙亚琴, 吕继萍, 牟英, 修志龙. 微生物发酵法中试生产 1,3- 丙二醇. 现代化工, 2007, 02: 56-60.

[55] 王剑锋, 修志龙, 刘海军, 范圣第. 克雷伯氏菌微氧发酵生产 1,3- 丙二醇的研究. 现代化工. 现代化工, 2001, 05: 193-194.

附录 B 发酵动力系统研究获得资助情况

国家自然科学基金项目：

1. 微生物法连续发酵生产 1,3-丙二醇过程振荡机理研究 (项目批准号：29806002; 时间：1999.1—2001.12).
2. 运用功能基因组学研究甘油连续生物歧化过程的非线性动力学 (项目批准号：20176005; 时间：2002.1—2004.12).
3. 非线性分段光滑动力系统的优化理论 (项目批准号：10471014; 时间：2005.1—2007.12).
4. 生存性与稳定性中的非光滑优化理论与方法 (项目批准号：10671126; 时间：2007.1—2009.12).
5. 一类复杂网络上非光滑动力系统的优化理论与方法 (项目批准号：10871033; 时间：2009.1—2011.12).
6. 一簇非线性混杂系统辨识与控制的优化理论与并行算法 (项目批准号：11171050; 时间 2012.1—2015.12).

国家"十五"科技攻关计划子项目：

7. 发酵法生产 1,3-丙二醇 (项目批准号：2001BA708B01; 时间：2001—2005) (续研项目批准号：2004BA13B06-03; 时间：2004—2008);

"973"子项目：

8. 生物催化和生物转化中关键问题的基础研究 (项目批准号：2003CB716000; 时间：2003—2007);
9. 工业生物过程的系统控制与优化 (项目批准号：2007CB714306; 时间：2007—2012).

"863"计划项目：

10. 生物柴油与 1,3-丙二醇联产工艺优化研究 (项目批准号：2007AA02Z208; 时间：2007—2010).

作者在此对上述资助单位表示衷心感谢!